Die Bonus-Seite

Ihr Vorteil als Käufer dieses Buches

Auf der Bonus-Webseite zu diesem Buch finden Sie zusätzliche Informationen und Services. Dazu gehört auch ein kostenloser **Testzugang** zur Online-Fassung Ihres Buches. Und der besondere Vorteil: Wenn Sie Ihr **Online-Buch** auch weiterhin nutzen wollen, erhalten Sie den vollen Zugang zum **Vorzugspreis**.

So nutzen Sie Ihren Vorteil

Halten Sie den unten abgedruckten Zugangscode bereit und gehen Sie auf **www.sap-press.de**. Dort finden Sie den Kasten **Die Bonus-Seite für Buchkäufer**. Klicken Sie auf **Zur Bonus-Seite/ Buch registrieren**, und geben Sie Ihren **Zugangscode** ein. Schon stehen Ihnen die Bonus-Angebote zur Verfügung.

Ihr persönlicher **Zugangscode** 3wpi-98qu-zgxc-6eav

Instandhaltung mit SAP® – Customizing

SAP PRESS

SAP PRESS ist eine gemeinschaftliche Initiative von SAP und Galileo Press. Ziel ist es, Anwendern qualifiziertes SAP-Wissen zur Verfügung zu stellen. SAP PRESS vereint das fachliche Know-how der SAP und die verlegerische Kompetenz von Galileo Press. Die Bücher bieten Expertenwissen zu technischen wie auch zu betriebswirtschaftlichen SAP-Themen.

Ernst Greiner
SAP-Materialwirtschaft – Customizing
638 S., 2., erweiterte Auflage 2014, geb.
ISBN 978-3-8362-2261-7

Ferenc Gulyássy, Binoy Vithayathil
Kapazitätsplanung mit SAP
720 S., 2014, geb.
ISBN 978-3-8362-1975-4

Marc Hoppe, Martin Wollmann
Lean Production mit SAP
411 S., 2011, geb.
ISBN 978-3-8362-1637-1

Karl Liebstückel
Praxishandbuch Instandhaltung mit SAP
651 S., 3., aktualisierte und erweiterte Auflage 2013, geb., mit Referenzkarte
ISBN 978-3-8362-2110-8

Yvonne Lorenz
Qualitätsmanagement mit SAP
700 S., 2013, geb.
ISBN 978-3-8362-2035-4

Aktuelle Angaben zum gesamten SAP PRESS-Programm finden Sie unter *www.sap-press.de*.

Karl Liebstückel

Instandhaltung mit SAP® – Customizing

Galileo Press

Bonn • Boston

Liebe Leserin, lieber Leser,

vielen Dank, dass Sie sich für ein Buch von SAP PRESS entschieden haben.

Ich freue mich, dass wir Karl Liebstückel als Autor für ein Buch über das Customizing in der Instandhaltung gewinnen konnten. Er ist Professor für Wirtschaftsinformatik und Business Software und betreut seit vielen Jahren Instandhaltungsprojekte in SAP.

Er zeigt Ihnen auf anschauliche und verständliche Weise, wie Sie SAP EAM an Ihre Bedürfnisse und Abläufe in der Instandhaltung anpassen können. Dabei erläutert er Ihnen nicht nur im Detail die einzelnen Einstellungen, sondern zeigt Ihnen auch, wie Sie in einem Customizing-Projekt vorgehen und welche Fallstricke Sie beachten sollten. Dabei hat er stets im Blick, wie Sie das System möglichst benutzerfreundlich gestalten, damit Ihr Projekt ein Erfolg wird. Ich bin sicher, dass Ihnen dieses Buch ein wertvolles Nachschlagewerk sein wird, um Ihr SAP-System an Ihre unternehmenseigenen Bedürfnisse anzupassen, damit Ihre Mitarbeiter ihre Aufgaben einfach erledigen können.

Wir freuen uns stets über Lob, aber auch über kritische Anmerkungen, die uns helfen, unsere Bücher zu verbessern. Am Ende dieses Buches finden Sie daher eine Postkarte, mit der Sie uns Ihre Meinung mitteilen können. Als Dankeschön verlosen wir unter den Einsendern regelmäßig Gutscheine für SAP PRESS-Bücher.

Ihre Kerstin Billen
Lektorat SAP PRESS

Galileo Press
Rheinwerkallee 4
53227 Bonn

kerstin.billen@galileo-press.de
www.sap-press.de

Auf einen Blick

Der Name Galileo Press geht auf den italienischen Mathematiker und Philosophen Galileo Galilei (1564–1642) zurück. Er gilt als Gründungsfigur der neuzeitlichen Wissenschaft und wurde berühmt als Verfechter des modernen, heliozentrischen Weltbilds. Legendär ist sein Ausspruch *Eppur si muove* (Und sie bewegt sich doch). Das Emblem von Galileo Press ist der Jupiter, umkreist von den vier Galileischen Monden. Galilei entdeckte die nach ihm benannten Monde 1610.

Lektorat Kerstin Billen
Korrektorat Alexandra Müller, Köln
Herstellung Kamelia Brendel
Einbandgestaltung Mai Loan Nguyen Duy
Titelbild Shutterstock: 44947069 © Christian Lagerek
Typografie und Layout Vera Brauner
Satz SatzPro, Krefeld
Druck und Bindung Beltz Bad Langensalza GmbH, Bad Langensalza

Gerne stehen wir Ihnen mit Rat und Tat zur Seite:
kerstin.billen@galileo-press.de bei Fragen und Anmerkungen zum Inhalt des Buches
service@galileo-press.de für versandkostenfreie Bestellungen und Reklamationen
thomas.losch@galileo-press.de für Rezensionsexemplare

Bibliografische Information der Deutschen Nationalbibliothek
Die Deutsche Nationalbibliothek verzeichnet diese Publikation in der Deutschen Nationalbibliografie; detaillierte bibliografische Daten sind im Internet über *http://dnb.d-nb.de* abrufbar.

ISBN 978-3-8362-2111-5

1. Auflage 2014

Inhalt

Willst Du im laufenden Jahr ein Ergebnis sehen, so säe Samenkörner. Willst Du in zehn Jahren ein Ergebnis sehen, so setze Bäume. Willst Du das ganze Leben lang ein Ergebnis sehen, so entwickle die Menschen.
KUAN CHUNG TZU, chinesischer Philosoph, 350–290 v. Chr.

1 Über dieses Buch

Im *Praxishandbuch Instandhaltung mit SAP*[1] habe ich Ihnen die SAP-Lösung für die Instandhaltung von der funktionalen Seite her nähergebracht: SAP Enterprise Asset Management (SAP EAM) in Release 6.0. Im Mittelpunkt stehen dort die Möglichkeiten und Grenzen des Systems bei der Bewältigung des Tagesgeschäfts. Es werden hier vor allem betriebswirtschaftlich orientierte Fragen diskutiert. Somit hat das Praxishandbuch eine *anwendungsbezogene Sicht*.

Vor Ihnen liegt nun das Buch *Instandhaltung mit SAP – Customizing*. Dieses hat eine eher *technische Sicht*. Es werden Fragen nach dem *Wie* im Mittelpunkt stehen – wie etwa die folgenden:

- *Wie* richte ich meine Organisationsstrukturen ein?
- *Wie* müssen die Customizing-Einstellungen gesetzt werden, damit die Anlagenstrukturen abgebildet werden können, wie von den Anwendern gefordert?
- *Wie* muss ich das Customizing einstellen, damit meine Geschäftsprozesse abgewickelt werden können, wie mit den Anwendern besprochen?
- *Wie* muss ich die Hilfsmittel zur Benutzerfreundlichkeit einstellen, damit das System von den Anwendern besser akzeptiert wird?

Dieses Buch vermittelt Ihnen einen Überblick über die aktuellen Konfigurationsmöglichkeiten. Auf der Basis meiner mehr als 25-jährigen Erfahrung in der Instandhaltung mit SAP und auf der Basis der mehr als 70 Kundenprojekte zeige ich Ihnen, *wie* Sie SAP EAM an die Bedürfnisse Ihres Unternehmens und Ihrer Anwender anpassen können: was Sie dabei tun sollten (Dos), aber auch was Sie dabei lassen sollten (Don'ts).

1 Liebstückel, Karl: Praxishandbuch Instandhaltung mit SAP. Bonn: SAP PRESS 2013.

Sie werden anhand von Kundenbeispielen sehen, wie es andere Firmen gemacht haben. Ich werde Ihnen viele nützliche Praxistipps geben – egal, ob Sie noch vor der Einführung stehen oder ob Sie als Fortgeschrittener das System mit einem älteren Releasestand bereits einsetzen.

Über die Informationen, die ich Ihnen in diesem Buch vermitteln möchte, hinaus können Sie auch auf die folgende Weise Ihr Wissen vertiefen: Auf der Trainingsseite der Hochschule für angewandte Wissenschaften Würzburg-Schweinfurt *http://saptraining.fh-wuerzburg.de/* können Sie sich die wichtigsten Customizing-Funktionen quasi live ansehen. Folgen Sie dort dem Pfad SAP ERP • Instandhaltung Customizing.

1.1 An wen das Buch sich wendet und an wen nicht

Ich werde in diesem Buch immer *Sie* ganz direkt ansprechen. Wen meine ich mit *Sie*? Was können Sie von diesem Buch erwarten?

- Sie sind ein *Projektleiter*, der das Projekt zur SAP-Instandhaltung verantwortet. Sie bekommen viele Hinweise zum Projektmanagement und zu den Einstellungs- und Anpassungsmöglichkeiten des Systems.
- Sie sind ein *Projektmitarbeiter*, der in das SAP-Einführungsprojekt integriert ist und dort die Aufgabe hat, das System an die Unternehmens- und Anwenderbedürfnisse anzupassen. Sie erhalten viele Tipps zu den Einstellungs- und Anpassungsmöglichkeiten des Systems.
- Sie sind ein *externer Berater* und sind als Fachberater auf der Suche nach Hintergrundinformationen, nach Erläuterungen zu den Einstellungs- und Anpassungsmöglichkeiten des Systems und nach Empfehlungen für Best Practices, die Sie dann Ihrem Kunden weitergeben können. Im vorliegenden Buch sollten Sie fündig werden.
- Dasselbe gilt, wenn Sie ein *interner Berater* sind (oft als *Business Consultant* bezeichnet). Sie sollen aus der IT-/Organisationsabteilung heraus die IT-technische Betreuung der Fachabteilung übernehmen. Auch Sie erhalten viele Tipps zu den Einstellungs- und Anpassungsmöglichkeiten des Systems.
- Sie sind ein *Key-User*, der seinen Kollegen im Tagesgeschäft weiterhelfen soll und deshalb etwas mehr über die Hintergründe des Systems wissen möchte als seine Kollegen. Sie werden in diesem Buch viele Hintergrundinformationen finden, warum sich das System so verhält, wie es sich verhält. Das Buch ist für Sie dann ein Hilfsmittel, um mit den verantwortli-

chen Projektmitarbeitern, dem Projektleiter und den Beratern gezielter und qualifizierter über die Wünsche Ihrer Anwender sprechen zu können.

- Sie sind ein *Entwickler*, der sich von dem Buch Hinweise zur Programmierung (z. B. von Schnittstellen oder Add-ons) erhofft. Sie werden in diesem Buch *ansatzweise* fündig werden. Ich gebe Ihnen an verschiedenen Stellen Hinweise auf technische Implementierungen (z. B. Customer-Exits, BAPIs, BAdIs), aber ohne auf die Realisierung oder Programmierung selbst einzugehen.

Wen spreche ich mit diesem Buch nicht an? Was werden Sie in diesem Buch nicht finden?

- Sie sind *Endanwender* und erhoffen sich von dem Buch eine Benutzerdokumentation, wie das SAP-System anzuwenden ist. Sie werden hier nicht fündig werden.
- Sie sind ein *Manager*, der vor der Entscheidung steht, ob er die SAP-Instandhaltung einführen soll oder nicht. Da die in diesem Buch enthaltenen Informationen ausschließlich systemorientiert sind, bringen sie Ihnen deshalb keine Argumentationshilfen, ob das SAP-System sich für Sie eignet oder nicht.
- Sie interessieren sich ganz allgemein für die SAP-Instandhaltung. Die vielen Details würden Sie wahrscheinlich eher verwirren, als dass sie zu einem Grundverständnis oder einem Überblick beitragen. Ihnen empfehle ich eher das Praxishandbuch.

1.2 Was das Buch leisten kann und was nicht

Mit diesem Buch möchte ich Folgendes erreichen:

- Es soll Ihnen einen Weg aufzeigen, wie Sie das SAP-System einführen können – insbesondere was Sie bei der Einführung beachten sollten (Erfolgsfaktoren) und was Ihr Einführungsprojekt gefährden könnte (Risikofaktoren).
- Es wird Ihnen ein Grundverständnis für die Philosophie in Bezug auf die Konfiguration von SAP-Systemen vermitteln – insbesondere über dessen Möglichkeiten und dessen Grenzen.
- Es soll Ihnen anhand der Customizing-Einstellungen zeigen, wie Sie das System an die Bedürfnisse Ihres Unternehmens anpassen können – aber auch die Grenzen der Einstellungsmöglichkeiten verdeutlichen.

- Es wird Ihnen Empfehlungen geben, welche Einstellungen Sie vornehmen bzw. nicht vornehmen sollten.
- Es soll Ihnen Technologien vorstellen, mit denen Sie die Oberfläche des Systems an die Bedürfnisse der Anwender anpassen können – aber auch wo deren Grenzen liegen.
- Es wird Ihnen viele Tipps und Tricks für Ihre SAP-Instandhaltung geben.

Das Buch wird aber Folgendes nicht leisten: Es enthält keine Anwendungsbeschreibungen und keine Funktionsbeschreibungen, es gibt zwar Hinweise auf Programmierungen, aber keine Coding-Ausprägungen, und es ist keine Endbenutzerdokumentation.[2]

Die Erfahrungen aus meinen bisherigen Projekten haben eines gezeigt: Jedes Unternehmen entwickelt seine eigenen Vorstellungen, wie das System genutzt werden soll. Das heißt z. B., dass jedes Unternehmen seine technischen Anlagen anders abbildet, jedes Unternehmen seine Geschäftsprozesse individuell einrichtet, jedes Unternehmen andere anzubindende Systeme hat und vieles andere mehr. Nehmen Sie deshalb die Ausführungen in diesem Buch als Hilfsmittel, um das System für sich auszuprägen und um so zu *Ihrer* Instandhaltung mit SAP zu kommen.

1.3 Wie das Buch aufgebaut ist

Dieses Buch ist in neun Kapitel gegliedert, die ich Ihnen im Folgenden kurz vorstellen werde:

In **Kapitel 2**, »Das SAP-Projekt in der Instandhaltung«, werde ich Ihnen die Ergebnisse einer empirischen Studie vorstellen, worin bei anderen Unternehmen nach eigenen Aussagen die Erfolgs- und Risikofaktoren ihrer SAP-Projekte bestanden haben. Danach werden Sie erfahren, wie Sie ein SAP-Projekt in der Instandhaltung methodisch angehen könnten und worauf Sie in Ihrem Instandhaltungsprojekt achten sollten.

Den Ausgangspunkt für sämtliche weiteren Überlegungen bilden in einem SAP-System die Organisationsstrukturen. Ich werde Ihnen in **Kapitel 3**, »Organisationsstrukturen«, die allgemeinen SAP-Organisationseinheiten erläutern. Darüber hinaus werde ich Ihnen aufzeigen, welche instandhaltungsspezifischen Organisationseinheiten bis hin zu den Arbeitsplätzen für die weitere Vorgehensweise notwendig sind und wie Sie diese einstellen sollten.

2 Wie es übrigens auch die SAP-Dokumentation nicht ist.

Das SAP-System kennt Customizing-Funktionen, die von mehreren Objekten genutzt werden (z. B. Feldauswahl, Statussteuerung, Listen). Um diese nicht bei jedem Objekt immer wieder neu beschreiben zu müssen, finden Sie in **Kapitel 4**, »Generische Funktionen«, die Beschreibung der Einstellungs- und Anpassungsmöglichkeiten – mit dem Verweis, welches Objekt welche der Funktionen nutzt.

SAP bietet diverse Elemente (z. B. Equipments, Technische Plätze) zur Abbildung der eigenen Anlagenstruktur an. In **Kapitel 5**, »Anlagenstrukturierung«, erfahren Sie, welche Einstellungsmöglichkeiten Ihnen das SAP-System bietet, um die Elemente der Anlagenstrukturierung an Ihre Bedürfnisse anzupassen.

Kapitel 6, »Instandhaltungsabwicklung«, zeigt Ihnen für einen typisierten Grundprozess alle Einstellungsmöglichkeiten, mit deren Hilfe Sie die Abwicklung von Instandhaltungsmaßnahmen an Ihre Bedürfnisse anpassen können – von der Meldungserfassung über die Auftragsplanung und -steuerung bis hin zum Abschluss. Dabei gebe ich Ihnen stets Empfehlungen, welche Einstellungen Sie vornehmen sollten und welche Einstellungen nicht sinnvoll sind.

In **Kapitel 7**, »Vorbeugende Instandhaltung«, lernen Sie die speziellen Einstellungsmöglichkeiten kennen, die Ihnen das System in Bezug auf Arbeitspläne und Wartungspläne zur Verfügung stellt, und erhalten Empfehlungen, wie Sie diese Einstellungen vornehmen sollten.

In **Kapitel 8**, »Sonstige Geschäftsprozesse«, betrachten wir Geschäftsprozesse, die über die normale Instandhaltungsabwicklung hinausgehen (wie etwa Aufarbeitung, Lohnbearbeitung oder Pool Asset Management). Dabei werden die Einstellungsmöglichkeiten aus Kapitel 6 zugrunde gelegt und nur die speziellen, zusätzlichen Einstellungsmöglichkeiten dargestellt, die darüber hinausgehen. So wird z. B. die Frage beantwortet, welche die speziellen Customizing-Funktionen der Aufarbeitung sind und was dabei zu beachten ist. Analoges gilt für die anderen Geschäftsprozesse.

In **Kapitel 9**, »Die Benutzerfreundlichkeit«, erfahren Sie, wie Sie die Benutzeroberfläche des SAP-Systems verbessern und damit die Akzeptanz unter Ihren Anwendern erhöhen können. Das geschieht aus drei Blickwinkeln: Was kann der Endanwender selbst tun? Was kann die IT tun, ohne programmieren zu müssen? An welchen Stellen kann die IT mit Programmierung eingreifen (aber ohne die Programmierung selbst darzustellen)?

Im **Anhang** finden Sie nützliche Zusatzinformationen wie etwa eine Priorisierung der Ausbaustufen bei der EAM-Einführung oder die komplette Liste der Customer-Exits.

1.4 Wie das Buch zu lesen ist

Um Ihnen die Arbeit mit diesem Buch zu erleichtern, habe ich großen Wert auf eine stringente Darstellung der Customizing-Funktionen gelegt. Da ich weiß, dass Sie dieses Buch nicht wie ein belletristisches Werk von vorne bis hinten durchlesen, sondern mit dem Buch eher wie mit einem Nachschlagewerk arbeiten werden, ist jede Customizing-Funktion einheitlich strukturiert und nach dem folgendem Muster aufgebaut:

Customizing-Funktion laut IMG

Die Überschrift beinhaltet genau die Bezeichnung der Customizing-Funktion aus dem SAP Implementation Guide (IMG). Damit können Sie dann im IMG suchen. Im ersten Abschnitt wird diese Funktion definiert und allgemein beschrieben.

Voraussetzungen

Im zweiten Abschnitt werden die Voraussetzungen erläutert, die Sie schaffen müssen, um die Customizing-Funktion einstellen zu können. Dies können andere Customizing-Funktionen sein, die Sie vorher einzustellen haben, oder aber auch organisatorische Voraussetzungen, die Sie schaffen müssen.

Customizing-Pfad

In diesem Abschnitt finden Sie den genauen Customizing-Pfad, über den Sie die Customizing-Funktion im IMG erreichen.

Transaktion

Viele Customizing-Funktionen können Sie alternativ zum Customizing-Pfad über eine oder mehrere Transaktionen aufrufen. Dies ist praktisch, denn über die Transaktion haben Sie in der Regel einen schnelleren Zugriff als über den Pfad. Leider bietet SAP Transaktionen nicht für alle Funktionen an.

Einstellungen bzw. empfohlene Einstellungen

In diesem Abschnitt lernen Sie die Einstellungsmöglichkeiten kennen, die die jeweilige Customizing-Funktion bietet. Dies können Einträge sein, die Sie vornehmen müssen, oder Schalter, die Sie zu setzen haben. An dieser Stelle werden auch immer die Auswirkungen beschrieben, die die Einstellungen nach sich ziehen.

Sie werden zu jeder Customizing-Funktion auch mindestens eine Abbildung vorfinden, damit die verbalen Erläuterungen visuell unterstützt werden und Ihnen damit leichter im Gedächtnis bleiben (siehe Abbildung 1.1).

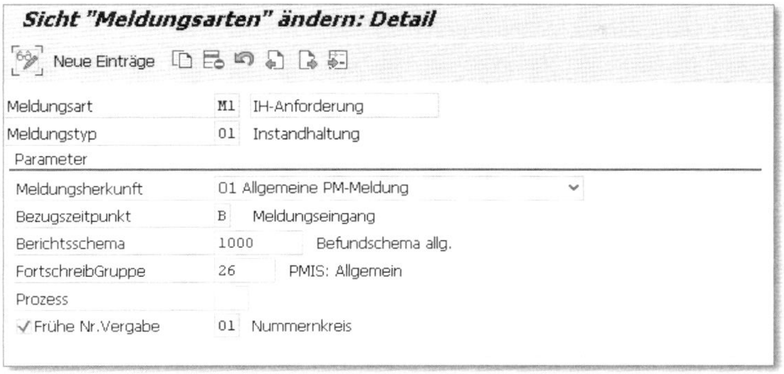

Abbildung 1.1 Einleitung – Musterabbildung

Empfehlungen [+]

In der Regel werden Sie am Ende der allgemeinen Erläuterungen Empfehlungen vorfinden, welche Parameter Sie setzen, wie Sie die Customizing-Funktion einstellen und worauf Sie achten sollten.

Ich spreche Ihnen aber auch Empfehlungen aus, was Sie vermeiden sollten. Diese Empfehlungen stehen in der Regel in Kästen wie diesem hier.

Spezielle Symbole im Buch

Um Ihnen die Arbeit mit diesem Buch zu erleichtern, sind besondere Informationen mit speziellen Symbolen hervorgehoben:

Achtung

Kästen mit diesem Icon geben Ihnen besonders wichtige Hinweise zur besprochenen Thematik. Außerdem warne ich Sie hier vor möglichen Fehlerquellen. [!]

Praxistipp

Kästen mit diesem Icon geben Ihnen Empfehlungen zu den Customizing-Einstellungen oder Tipps aus der Berufspraxis. [+]

So, nun wünsche ich Ihnen, dass Sie aus der Lektüre dieses Buches für Ihr eigenes Unternehmensumfeld zahlreiche Anregungen ziehen und Ideen entwickeln werden.

Im Sinne des Zitats von Kuan Chung Tzu wünsche ich Ihnen, dass die Lektüre bei Ihnen und Ihren Anwendern auf fruchtbaren Boden fällt und nachhaltige Erkenntnisgewinne nach sich zieht.

Ihr Karl Liebstückel

Dieses Kapitel gibt Ihnen einen Leitfaden für Ihr Instandhaltungsprojekt an die Hand. Ich stelle Ihnen u. a. eine empirische Studie zu Risiko- und Erfolgsfaktoren von SAP-Projekten sowie eine Roadmap für Ihr Instandhaltungsprojekt vor und gebe Ihnen viele nützliche Hinweise, worauf Sie bei Ihrem Projekt achten sollten.

2 Das SAP-Projekt in der Instandhaltung

In jedem SAP-Einführungsprojekt werden die Grundlagen dafür gelegt, ob Ihre Anwender später erfolgreich mit dem SAP-System arbeiten können und die erhofften Ziele erreicht werden oder ob das SAP-System für Sie, Ihre Geschäftsleitung und Ihre Anwender zu einer Enttäuschung wird. In einem SAP-Einführungsprojekt gibt es viele Punkte, auf die Sie achten sollten (*Dos*); diese werden Ihre Erfolgsfaktoren. Allerdings gibt es mindestens ebenso viele potenzielle Fehlerquellen, die Sie vermeiden sollten (*Don'ts*); diese werden zu Ihren Risikofaktoren. In den folgenden Abschnitten werde ich Ihnen nützliche Hinweise dazu geben, wie Sie Ihr SAP-Projekt in der Instandhaltung zu einem Erfolg werden lassen können.

2.1 Wie Ihr SAP-Projekt in der Instandhaltung ablaufen könnte

Bei der grundsätzlichen Diskussion, wie Ihr SAP-Projekt in der Instandhaltung ablaufen könnte, sollten Sie zwischen der Einführungsstrategie und der dabei gewählten methodischen Vorgehensweise unterscheiden.

2.1.1 Die Einführungsstrategie

Normalerweise führen Unternehmen die SAP-Instandhaltung nicht in einem Schritt mit dem vollen Funktionsumfang und in allen Werken ein, sondern wählen eine gestufte Vorgehensweise. Sie treffen also bei der Projektplanung eine Grundsatzentscheidung, in welchen Stufen Sie die SAP-Instandhaltung einführen. Dabei geht es um zwei Aspekte:

- In welchen funktionalen Stufen erfolgt die Einführung?
- In welchen räumlichen Stufen erfolgt die Einführung?

Eine funktionale Abstufung in Ihrem SAP-Instandhaltungsprojekt könnte folgendermaßen unterteilt sein:

Stufe 1: Einführung der Anlagenstrukturierung (Die erste Stufe kann entfallen, wenn die Anlagenstrukturen aus einem Altsystem übernommen werden können.)

- Stufe 2: Einführung der Meldungs- und Auftragsabwicklung
- Stufe 3: Einführung der vorbeugenden Instandhaltung
- Stufe 4: Ausbau durch potenzielle Erweiterungen (z. B. Mobile Asset Management, CAD-Anbindung, SAP NetWeaver Portal mit Rollen, Prüfmittelabwicklung, Instandhaltungsprojekte)

Eine Entscheidung hinsichtlich der räumlichen Abstufung kann folgendermaßen aussehen:

- Stufe 1: Einführung in einem Pilotbetrieb
- Stufe 2: Einführung in einem ersten Werk
- Stufe 3: Roll-out auf andere Werke

Auf dieser Basis erstellen Sie einen Plan, zu welchem Zeitpunkt welcher Betrieb bzw. welches Werk mit welchen Funktionen eingeführt wird. Sie treffen eine grundsätzliche Entscheidung, welche der folgenden Strategien Sie für sinnvoll halten:

- horizontale Strategie (z. B. Auftragsabwicklung in allen Werken gleichzeitig einführen)
- vertikale Strategie (z. B. volle Einführung in einem Werk und dann Roll-out auf andere Werke)
- gemischte Strategie (z. B. voller Funktionsumfang in einem Werk und Roll-out der Auftragsabwicklung auf alle Werke)

Abbildung 2.1 fasst die funktionale und räumliche Abstufung noch einmal zusammen.

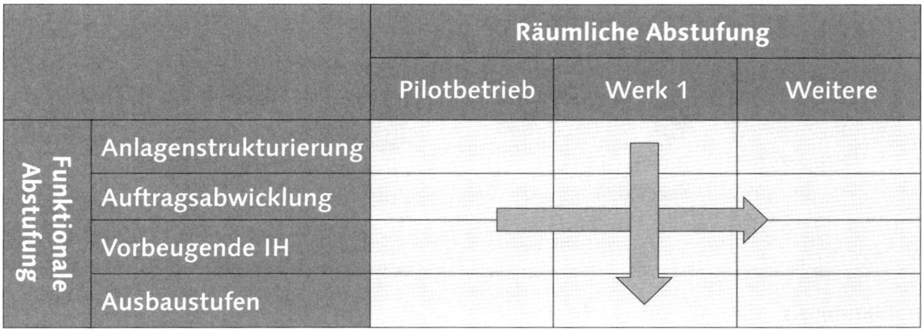

Abbildung 2.1 Einführungsstrategie

2.1.2 Die Methodik

Wie bei allen SAP-Projekten ist es grundsätzlich auch beim SAP-Einführungsprojekt in der Instandhaltung empfehlenswert, sich an der Methodik der ASAP-Roadmap zu orientieren (siehe Abbildung 2.2). *ASAP* (Accelerated SAP) ist eine von SAP entwickelte Methode zur Einführung eines SAP-Systems. ASAP wurde in der ersten Version bereits 1996 veröffentlicht und liegt mittlerweile in der Version 8 vor, die 2012 auf den Markt kam. ASAP8 gibt es in zwei Ausprägungsvarianten (siehe *https://service.sap.com/asap*):

- Standard ASAP
- Agile ASAP

Agile SAP integriert agile Projektmanagement- und Entwicklungsmethoden wie Scrum und agiert in kurzen Planungs- und Entwicklungszyklen, um die Planungsphase möglichst kurz zu halten und möglichst schnell zu greifbaren und überprüfbaren Ergebnissen zu kommen. Im Hinblick auf die inhaltliche Ausgestaltung ist der Unterschied zwischen den beiden ASAP-Varianten sehr gering und soll deshalb im Folgenden nicht vertieft werden.

ASAP8 unterscheidet die folgenden sechs Phasen bei der Projekteinführung (Abbildung 2.2):

1. Projektvorbereitung (Project Preparation)
2. Business Blueprint
3. Realisierung (Realization)
4. Produktionsvorbereitung (Final Preparation)
5. Go-Live und Support
6. laufender Betrieb (Operate)

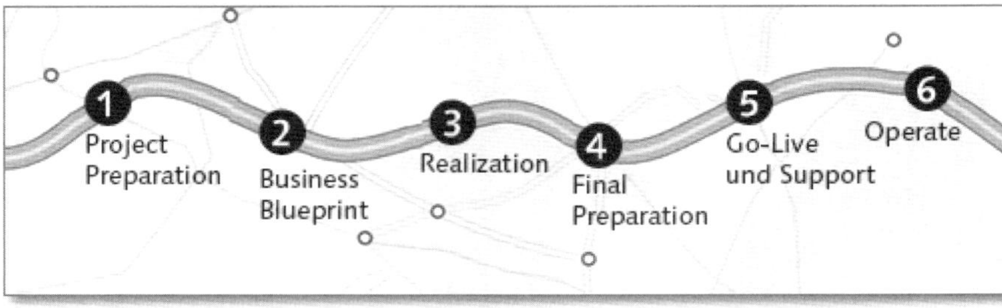

Abbildung 2.2 ASAP-Roadmap

Phase 1: Projektvorbereitung

In der Phase ❶ der Projektvorbereitung (*Project Preparation*) bestimmen Sie die Organisation des Projekts und erarbeiten ein Einführungskonzept. Die Projektvorbereitung nehmen Sie als erste Aktivität innerhalb des Einführungsprojekts oder als vorgelagerte Einsatzuntersuchung vor. Vor allem folgende Aktivitäten stehen in dieser Phase an:

- Ziele einer SAP-Einführung definieren
- wichtig: auch die Nicht-Ziele der SAP-Einführung definieren
- Einführungsstrategie festlegen
- Projektaufbauorganisation festlegen
- Projektstandards und -arbeitsweise festlegen
- Aufwands-, Termin- und Kostenplan erstellen
- hausinternes Marketing planen
- Projektantrag erstellen und genehmigen lassen
- Dokumentationswerkzeuge festlegen und ausprägen
- Monitoring-Instrumente festlegen und ausprägen
- Change-Management-Prozess definieren
- Systemumgebung einrichten
- Projektteam schulen
- Trainingsstrategie für Key User und Endanwender festlegen
- Ist-Analyse der geplanten Prozesse durchführen
- Prozesslandkarte und Business Process Master List (BPML) entwerfen
- Teststrategie für den Go-Live entwerfen

- vorhandenes Stammdatenmaterial sichten
- Strategie für Datenmigration festlegen
- Schnittstelleninventur durchführen
- einzusetzende Projekttools festlegen

Phase 2: Business Blueprint

Die Phase ❷, *Business Blueprint* (zu Deutsch etwa »fachliches Feinkonzept«), umfasst alle Aktivitäten, um ein detailliertes Soll-Konzept zur Nutzung des SAP-Systems in der Instandhaltung zu erstellen und einen Prototyp aufzubauen. Folgende Aktivitäten nehmen Sie in dieser Phase vor:

- fachliches Feinkonzept für Organisationsstrukturen erarbeiten
- fachliches Feinkonzept für Stammdaten (insbesondere die Anlagenstrukturierung) erarbeiten
- fachliches Feinkonzept für die Geschäftsprozesse und Funktionen in der Instandhaltung erarbeiten
- Geschäftsprozesse dokumentieren und visualisieren (z. B. mit ereignisgesteuerten Prozessketten, die in Abschnitt 2.3.1, »Phase 1: Projektvorbereitung«, näher beschrieben werden)
- fachliches Feinkonzept für die Altdatenübernahme bzw. für die Neuaufnahme der Stammdaten entwerfen
- fachliches Feinkonzept für das Berichtswesen und für Auswertungen entwerfen
- Kommunikationsplan für die Kommunikation an die Stakeholder entwerfen und einrichten
- Fit-Gap-Liste erstellen
- Lastenheft und Pflichtenheft für Schnittstellen erstellen
- Lastenheft und Pflichtenheft für Erweiterungen erstellen (GAPs)
- Konzept für die Archivierung erstellen
- Berechtigungskonzept entwerfen
- Konzept für Endanwenderschulung erstellen
- Customizing für Prototypen durchführen
- Prototypen mit Musterstammdaten aufbauen
- Teststrategie verfeinern

Phase 3: Realisierung

In der Phase ❸ der Realisierung (*Realization*) geht es um die Umsetzung und Abbildung des Soll-Konzepts. Vor allem folgende Aktivitäten stehen hier im Mittelpunkt:

- finales Customizing durchführen
- Bildschirm- und Listenlayouts anpassen
- Datenübernahmeprogramme entwickeln, implementieren und testen
- ... oder alternativ: SAP-Tools (z. B. LSMW) zur Datenübernahme ausprägen
- Stammdaten erfassen (falls dies keine eigene Stufe der Einführung ist)
- Erweiterungen entwickeln (z. B. Druckprogramme, Customer Exits, Auswertungen)
- Rollen und Berechtigungen einrichten
- Testpläne und Testfälle erstellen
- Zwischen- und Abschlusstests der Anwendung durchführen
- System- und Performancetests durchführen
- User Acceptance Tests durchführen
- Archivierung und sonstige Jobs einstellen
- Key User schulen
- Schulungen für Endanwender entwickeln (z. B. Unterlagen, Schulungsbeispiele)
- Anwenderdokumentation entwickeln
- Übergabe von der Projektphase in den laufenden Betrieb planen

Phase 4: Produktionsvorbereitung

Die Phase ❹, Produktionsvorbereitung (*Final Preparation*), umfasst sämtliche Aktivitäten, die in zeitlicher Nähe und als Vorbereitung des Go-Lives notwendig sind. Dazu zählen:

- Endanwender schulen
- Altdaten ins Produktivsystem übernehmen
- Going Live Check durchführen
- Cut-Over-Plan entwickeln

Phase 5: Go-Live und Support

Zum geplanten Stichtag gehen Sie dann live (Phase ❺) und beginnen, Ihre ersten Meldungen und Aufträge im neuen System abzuwickeln. Typische Aktivitäten zu und nach diesem Zeitpunkt sind folgende:

- Support für den Produktivbetrieb leisten, d. h. Betreuung der Anlaufphase
- Nachschulungen für die Endanwender durchführen
- offizieller Projektabschluss (Kick-out-Meeting)

Phase 6: Laufender Betrieb

In Phase ❻ (*Operate*) geht es hauptsächlich darum, den laufenden Betrieb des SAP-Systems in der Instandhaltung zu verbessern und Optimierungspotenziale zu eruieren. Dazu gehören:

- Optimierung der Dokumentation
- Optimierung der Schulungsmaßnahmen
- Optimierung der Implementierung
- Optimierung der Tests
- Optimierung des technischen Betriebs
- Optimierung der Geschäftsprozesse
- Optimierung der Systemupgrades
- Optimierung der Systemwartung

Wie in jedem Projekt gibt es auch im Rahmen Ihres SAP-Einführungsprojekts Risiko- und Erfolgsfaktoren. Es kann für Sie nur von Vorteil sein, wenn Sie von der Erfahrung anderer Unternehmen profitieren und nicht jeden Fehler selbst machen müssen. Deshalb stelle ich Ihnen zunächst die Ergebnisse einer empirischen Studie vor. Darauf aufbauend und basierend auf meinen eigenen Erfahrungen, werde ich Ihnen dann zahlreiche Tipps für Ihr Instandhaltungsprojekt geben.

2.2 Allgemeine Risiko- und Erfolgsfaktoren in SAP-Projekten: eine empirische Studie

Von den Erfahrungen anderer lernen: Nach diesem Motto haben wir an der Hochschule für angewandte Wissenschaften Würzburg-Schweinfurt eine empirische Studie durchgeführt, deren Inhalt und Ergebnisse ich Ihnen im Folgenden präsentieren möchte.[1]

Es wurde ein Katalog von 33 potenziellen Risikoquellen und 27 möglichen Erfolgsfaktoren entwickelt, der an SAP-Anwenderfirmen verschickt wurde. Die Firmen sollten die Risikoquellen jeweils nach ihren eigenen Erfahrungen einschätzen als *Trifft vollständig zu*, *Trifft zu*, *Trifft eher nicht zu* und *Trifft nicht zu*. Für die Einschätzung der Erfolgsfaktoren haben wir eine Skala mit den Werten *Sehr wichtig*, *Wichtig*, *Neutral* und *Unwichtig* eingesetzt. Insgesamt haben 148 Firmen an der Umfrage teilgenommen, und wir haben die Ergebnisse ausgewertet.

2.2.1 Risikoquellen

Folgende mögliche Risikoquellen wurden in den verschiedenen Kategorien vorgegeben:

Risikoquellen im Projektumfeld

- R01: mangelnde Dokumentation zu Geschäftsprozessen
- R02: keine Erfahrung mit Softwareeinführungsprojekt dieser Art und Größe
- R03: zu geringer Stellenwert des SAP-Einführungsprojekts
- R04: mangelnde Einbeziehung der Wünsche der Endbenutzer
- R05: Widerstand durch Betroffene
- R06: keine Prioritäten bei den Anforderungen an das SAP-System
- R07: permanente Änderungswünsche im Projektverlauf

Risikoquellen bei den Projektzielen

- R08: mangelnde Kommunikation der Ziele, die mit der Einführung des SAP-Systems verfolgt werden
- R09: versteckte Ziele, die mit der Einführung verfolgt wurden
- R10: unrealistische Zielvorgaben
- R11: unklare Anforderungen

---

1 Mein Dank gilt Herrn Andreas Weber, der im Rahmen seiner Diplomarbeit »Risikomanagement in Standardsoftware-Einführungsprojekten – Konzept und empirische Studie« diese Befragung durchgeführt hat.

Risikoquellen im Projektmanagement

- R12: unstrukturiertes Vorgehen im Projekt, Meilensteine unbekannt
- R13: mangelnde Termin- und Kostenüberwachung
- R14: mangelnde Anpassung der Termin- und Budgetplanung bei Änderungswünschen
- R15: schlechte Planung mit nachträglich auftretenden Änderungswünschen
- R16: mangelnde Kontrolle des Projektmanagements über das Projekt
- R17: mangelnde Einbeziehung der Projektmitarbeiter in die Planung
- R18: mangelnder Informationsfluss im Projekt

Risikoquellen in der Projektorganisation

- R19: unklare Kompetenzen, Ansprechpartner und Verantwortlichkeiten
- R20: Mehrbelastung, Projektmitarbeiter für die Projektarbeit nicht freigestellt
- R21: mangelnde Ausstattung (z. B. PC, Software)

Risikoquellen beim Projektteam

- R22: mangelndes Management- und IT-Fachwissen der Projektmitarbeiter
- R23: fehlendes Know-how der Berater
- R24: mangelnde Sorgfalt bei der Beraterauswahl
- R25: Personalmangel, zu wenig Projektmitarbeiter
- R26: mangelnde Motivation der Projektmitarbeiter

Risikoquellen im Projektablauf

- R27: mangelndes Projektbudget
- R28: zu wenig Zeit für Projektplanung
- R29: unrealistischer Fertigstellungstermin, zu wenig Pufferzeiten
- R30: unerwartete Verzögerungen, Terminverschiebungen
- R31: mangelnde Zeit insgesamt
- R32: Probleme mit der Konfiguration der Hardware und der Beherrschung der SAP-Technologie
- R33: mangelnde Qualitätskontrolle

Auswertung

Fasst man die beiden ersten Kategorien *Trifft vollständig zu* und *Trifft zu* zusammen, ergibt sich ein Risk Radar, wie es in Abbildung 2.3 zu sehen ist. Je weiter die Spitzen vom Mittelpunkt des Netzes entfernt sind, desto größer war die Wahrscheinlichkeit, dass ein Implementierungsprojekt während der Projektlaufzeit mit dem Risiko konfrontiert wurde.

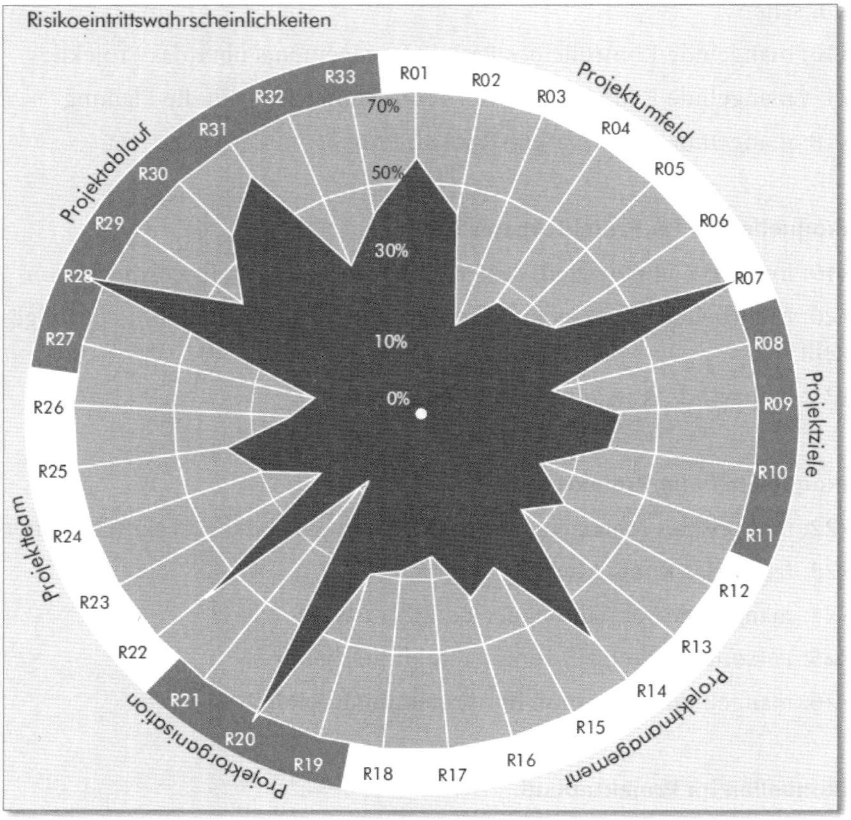

Abbildung 2.3 Risk Radar

- Auffallend hohe Eintrittswahrscheinlichkeiten sind im Projektumfeld bei der *mangelnden Dokumentation* und den *Änderungswünschen* während des Projektablaufs aufgetreten.
- Im Rahmen des Projektmanagements war es die Tatsache, dass bei Änderungen *keine Plananpassungen* stattfanden.
- Bei der Projektorganisation traten besonders die *Mehrbelastung* der Projektmitarbeiter sowie deren mangelndes Fachwissen auf.

- Im Projektablauf wiederum lagen hohe Eintrittswahrscheinlichkeiten bei der *mangelnden Zeit für die Planung*, bei unerwarteten *Verzögerungen* und bei *Zeitmangel* vor.

2.2.2 Erfolgsfaktoren

Bei den Erfolgsfaktoren zeigt sich das in Tabelle 2.1 dargestellte Bild.[2]

Erfolgsfaktor	Rang	Sehr wichtig
E12: Unterstützung durch die Geschäftsleitung	1	82,2 %
E02: kompetentes Projektmanagement	2	78,1 %
E15: gute Zusammenarbeit	3	67,1 %
E01: strukturierte Vorgehensweise	4	67,1 %
E10: Einbeziehung der Betroffenen	5	65,8 %
E05: fachliche Kompetenz der Mitarbeiter	6	64,4 %
E21: klare Zielvorgaben	7	61,6 %
E16: realistische Terminplanung	8	57,5 %
E25: Identifikation der Projektmitarbeiter mit dem Projekt	9	58,9 %
E19: frühzeitiges Erkennen von Problemen	10	54,8 %
E03: geeignete Projektorganisation	11	54,8 %
E14: offene Informationspolitik	12	52,1 %
E26: Entlastung der Projektmitarbeiter vom Tagesgeschäft	13	47,9 %
E07: angemessene Anzahl von Projektmitarbeitern	14	39,7 %
E11: angemessener Budgetrahmen	15	38,4 %
E13: Arbeitsmittelbereitstellung (Tools, ...)	16	37,0 %
E24: eindeutige Kompetenzregelungen	17	45,2 %
E27: Qualitätssicherung während des Projekts	18	39,7 %
E04: Erfahrungen aus anderen Projekten	19	41,1 %
E22: hohe Priorität des Einführungsprojekts	20	34,2 %
E06: geeignete Meilensteinplanung	21	26,0 %
E17: frühzeitige Schulungen	22	26,0 %
E18: angemessene Größe der Arbeitspakete	23	19,4 %

Tabelle 2.1 Die Erfolgsfaktoren eines SAP-Projekts

2 Hinweis: Bei der Rangberechnung wurden die Gewichtungsfaktoren eingesetzt (*Sehr wichtig* = 4, *Wichtig* = 3, *Neutral* = 2, *Unwichtig* = 1). Deshalb entspricht der Rang nicht der prozentualen Angabe bei *Sehr wichtig*.

Erfolgsfaktor	Rang	Sehr wichtig
E23: wenige Anforderungsänderungen	24	23,3 %
E20: detaillierte Projektdokumentation	25	26,0 %
E08: Einsatz externer Berater	26	27,4 %
E09: kleines Projektteam	27	8,2 %

Tabelle 2.1 Die Erfolgsfaktoren eines SAP-Projekts (Forts.)

Besonders signifikant für den Projekterfolg waren nach der Einschätzung der Befragten demnach folgende Aspekte:

- die Unterstützung durch die Geschäftsleitung
- ein kompetentes Projektmanagement
- die Zusammenarbeit
- eine strukturierte Vorgehensweise
- fachlich versierte Mitarbeiter

2.3 Spezielle Hinweise für Ihr Instandhaltungsprojekt

Aufbauend auf den Hinweisen nach der allgemeinen ASAP-Methode und auf Ergebnissen dieser empirischen Studie sowie basierend auf den Erfahrungen, die ich in meinen eigenen Instandhaltungsprojekten machen durfte, möchte ich Ihnen nun im Folgenden Tipps und Tricks für Ihr Instandhaltungsprojekt mit auf den Weg geben. Bei der Reihenfolge werde ich mich an der zeitlichen Abfolge der ASAP-Roadmap orientieren, wie sie in Abschnitt 2.1.2, »Die Methodik«, vorgestellt wurde.

2.3.1 Phase 1: Projektvorbereitung

Durch die Definition der Zielsetzung, mit einer genauen Zeit- und Budgetplanung und anderen Aufgaben legen Sie in der Projektvorbereitung die Basis für die weitere inhaltliche Arbeit im Projekt.

Allgemeines zur Projektvorbereitung

Häufig wird die Wichtigkeit einer guten Projektvorbereitung unterschätzt.

Fehler in der Projektvorbereitung haben gravierende Auswirkungen [+]

Grundsätzlich gilt: Je früher im Projektablauf Sie einen Fehler machen, desto größere Auswirkungen wird er auf Ihr Projekt haben. Deshalb sollten Sie bei der Projektvorbereitung besonders sorgfältig vorgehen. Lassen Sie sich ausreichend Zeit für die Projektplanung. Investieren Sie in diese Phase Ihre ganze Energie.

Wie die empirische Befragung gezeigt hat, wurde es im Nachhinein von den Anwenderfirmen als größte Risikoquelle empfunden, dass man sich zu wenig Zeit für die Vorplanung gelassen hat.

Planen Sie ausreichend Zeit für die Projektvorbereitung ein [+]

Erst wenn Sie in der Projektvorbereitung alle Aufgaben erledigt haben, beginnen Sie mit dem Business Blueprint.

Je schlechter die Planung, desto öfter muss später nachgebessert werden. Je besser die Projektplanung durchgeführt wird, desto besser lässt sich ein weiteres Top-3-Problem in den Griff bekommen: die Änderungswünsche im Projektablauf. Meine Erfahrung hat mir gezeigt, dass viele Nachbesserungen nur wegen einer schlechten Vorplanung notwendig wurden. Ganz werden Sie jedoch Änderungen im Projektablauf nicht vermeiden können:

- Das kann zum einen äußere Gründe haben (z. B. SAP hat ein neues Release herausgebracht, die Geschäftsleitung hat eine Umstrukturierung beschlossen o. Ä.).
- Das kann aber auch projektinterne Gründe haben (z. B. Korrekturen aufgrund des Feedbacks der Referenzgruppe, erkannte Fehler oder Verfeinerungen des Konzepts).

Da in jedem Projekt Änderungen notwendig sein werden, sollten Sie definieren, wie diese gestaltet werden sollen.

Richten Sie ein Change Management ein [+]

Implementieren Sie ein Change Management, und definieren Sie folgende Richtlinien:

- welche Änderungen zugelassen werden und welche nicht
- welche Art von Änderungen Sie unterscheiden möchten
- welche Dokumente für welche Änderungsart benötigt werden
- welcher Genehmigungsablauf bei welcher Änderung greift

Das Ziel der Einführung

Den Ausgangspunkt für jede SAP-Einführung stellt das Ziel dar, das man mit der Einführung erreichen möchte.

[+]

Definieren Sie das Ziel des SAP-Instandhaltungsprojekts

Sobald Sie ein konkretes Ziel definiert haben:

- Schreiben Sie es auf, und publizieren sie es: z. B. auf einem Plakat im Projektraum, in einer E-Mail an Mitarbeiter, im Intranet etc.
- Richten Sie alle inhaltlichen Aktivitäten auf dieses Ziel aus.
- Definieren Sie auch die Nicht-Ziele des Projekts (wie etwa Personalabbau). Auf diese Weise vermeiden Sie unbegründete Befürchtungen und unerfüllte Hoffnungen.

Vergegenwärtigen Sie sich, Ihrem Team und Ihren späteren Anwendern permanent, was Sie eigentlich mit der Einführung des SAP-Systems erreichen möchten. Gegen das, was sich eigentlich wie eine Binsenweisheit anhört, wird erfahrungsgemäß sehr häufig verstoßen:

- Man formuliert ein Ziel, hält sich aber nicht daran.
- Man hat ein Ziel, verbalisiert und kommuniziert es aber nicht.

Nun stellt sich natürlich die Frage: Was können denn Ziele sein, die Sie in Ihrem Unternehmen mit der Einführung eines SAP-Systems in der Instandhaltung erreichen möchten? Als Anhaltspunkt habe ich Ihnen mal eine kleine Liste von Zielen zusammengestellt, die sich meine Kunden in der Instandhaltung gesetzt haben:

- Wir möchten die *Störungen reduzieren* – und zwar auf x %.
- Wir möchten die *Anlagenverfügbarkeit erhöhen* – und zwar auf y %.
- Unsere Kunden verlangen von uns eine *lückenlose Dokumentation* unserer Instandhaltungsmaßnahmen, damit wir weiterhin qualitativ hochwertige Produkte an sie liefern dürfen.
- Unsere Lieferanten verlangen von uns eine *lückenlose Dokumentation* unserer Instandhaltungsmaßnahmen, damit wir weiterhin ihre Garantiemaßnahmen in Anspruch nehmen dürfen.
- Wir möchten die *Wegezeiten und Wartezeiten reduzieren*, die unsere Techniker umsonst unterwegs sind, und zwar um ... %.
- Wir benötigen *vollständige Anlagenstammdaten*.
- Wir benötigen *Transparenz bei den Kosten*.

- Wir möchten *keinen Überwachungsaufwand* mehr für die Wartungstermine, und die Wartungstermine dürfen nur um z Tage abweichen.
- Wir möchten unsere *Mitarbeiter gezielter nach Qualifikation und Verfügbarkeit einsetzen*.
- Ziel ist die *Ablösung eines Altsystems*: Wir müssen bis zum Stichtag 31.12. unser bisheriges System Y ablösen, weil es nicht mehr gewartet wird.
- Wir möchten die *aktuelle Übersicht* über die Ersatzteilbestände.
- Wir möchten *gebundenes Kapital senken* – und zwar um x %.
- Wir möchten das *Lieferverhalten unserer Lieferanten und Dienstleister* besser überwachen können.

Den größten Erfolg erzielen Sie, wenn Sie ein konkretes Ziel benennen und auf die Erreichung dieses Ziels hinarbeiten, wie etwa einer meiner Kunden aus dem Automobilzuliefererbereich: Dieser war mit der damals aktuellen Situation von 6,2 % Ausfallzeit seiner Anlagen unzufrieden. Für ihn hatte die *Reduzierung der Ausfallzeit* in seinem SAP-Instandhaltungsprojekt oberste Priorität. Demzufolge ging es in der ersten Phase der Einführung ausschließlich um das Störungsmanagement. Dazu sollten die Störungen aufgezeichnet, analysiert und Gegenmaßnahmen eingeleitet werden. Es zeigte sich schnell, dass das verspätete Melden von Störungen – vor allem bei Schichtende – zu einem Auftragsstau bei der nachfolgenden Schicht und in der Konsequenz zu unnötig hohen Ausfallzeiten führte. Als Gegenmaßnahme wurden z. B. gleitende Schichten in der Instandhaltung eingeführt, und innerhalb von sechs Monaten war eine Ausfallzeit von 2,8 % erreicht.

Kompetenzen und Verantwortlichkeiten

Wie die empirische Untersuchung gezeigt hat und wie ich auch in meinen Projekten immer wieder erfahre, ist die *Unterstützung durch die Geschäftsleitung* der wichtigste Erfolgsfaktor in einem SAP-Projekt.

Holen Sie sich die Unterstützung der Geschäftsleitung [+]

Ein absolutes Muss für Projektprofis: Holen Sie sich die aktive Unterstützung der Geschäftsleitung, und zeigen Sie sie.

Geben Sie sich nicht mit einem »Ist schon in Ordnung« oder »Macht mal« zufrieden, sondern fordern Sie eine aktive Rolle der Geschäftsleitung ein. Wie könnte das aussehen? Zum Beispiel könnte die Geschäftsleitung folgende Aufgaben wahrnehmen:

- auf einer Betriebsversammlung öffentlich die Wichtigkeit des Projekts herausstellen und die volle Unterstützung zusagen
- in einer E-Mail die Mitarbeiter über das Vorhaben informieren
- sich regelmäßig über den Fortschritt berichten lassen
- als Mitglied des Lenkungsausschusses Entscheidungen treffen

[+] **Fordern Sie die notwendigen Kompetenzen ein**

Noch ein weiteres absolutes Muss für Projektprofis: Sorgen Sie dafür, dass das Projekt organisatorisch richtig aufgehängt und der Projektleiter mit den notwendigen Kompetenzen ausgestattet ist.

Häufig überträgt man das Projekt einem Mitarbeiter, der in der Linienfunktion einer Unter-Unter-Abteilung tätig ist und der in dieser Funktion bestenfalls Konzepte schreiben, sie aber nicht entscheiden darf. Damit würden Sie einen Kardinalfehler begehen.

Das Projekt muss bei einer Stabsstelle angesiedelt sein, die in der Unternehmenshierarchie so weit wie möglich oben steht, z. B. bei einer der folgenden Instanzen:

- der technischen Leitung
- der Geschäftsleitung
- der Werksleitung
- der Bereichsleitung
- oder ähnlichen Instanzen

Sorgen Sie dafür, dass der Projektleiter (gegebenenfalls nach Vorlage beim Lenkungskreis) die fachlichen und projektbezogenen Entscheidungen fällen kann.

[+] **Vermeiden Sie unnötige Entscheidungswege**

Zu viele Entscheidungsinstanzen sind eine der Hauptursachen für zu lange Laufzeiten bei SAP-Projekten.

Nicht, dass es Ihnen so geht wie einem Unternehmen aus dem Verkehrssektor: Dieses war nach drei Jahren Projektlaufzeit gerade mal so weit, dass die Anlagenstrukturierung über alle Entscheidungsinstanzen hinweg Zustimmung gefunden hat.

Legen Sie Wert auf richtige Kompetenzen [+]

Vermeiden Sie folgende Situation: Diejenigen, die die fachliche Kompetenz haben, dürfen nichts entscheiden, und denjenigen, die aus rein disziplinarischen Gründen entscheiden müssen, fehlt der fachliche Hintergrund.

Auch bei der Zusammensetzung des Projektteams sind einige Punkte zu beachten:

Setzen Sie Ihr Projektteam richtig zusammen [+]

Sorgen Sie dafür, dass Ihr SAP-Instandhaltungsprojekt qualitativ und quantitativ richtig zusammengesetzt ist. Sie benötigen im Projekt Folgendes:

- die fachliche Kompetenz aus dem Fachbereich (Mechanik, Elektrik, Mess- und Regeltechnik, Haustechnik, Arbeitsvorbereitung o. Ä.).
- die IT-technische Kompetenz aus der IT/Organisation
- In der Regel sind Sie auch gut beraten, sich einen sachkundigen und erfahrenen Berater ins Projektteam zu holen.

Die Frage nach der Größe des Projektteams ist nicht ganz so einfach zu beantworten. Ich hatte kleine Instandhaltungsprojekte, die aus einem einzigen Mitarbeiter bestanden, bis hin zu ganz großen, bei denen ein Projektteam aus über 25 Mitarbeitern rekrutiert wurde. Das ist sicher eine große Bandbreite, aber konkretere Empfehlungen kann ich Ihnen an dieser Stelle nicht geben.

Ich kann Ihnen jedoch folgenden wichtigen Hinweis geben:

Stellen Sie Mitarbeiter für das Projekt ab [+]

Sorgen Sie dafür, dass die Projektmitarbeiter zu 100 % für das Projekt abgestellt sind – mindestens einer von ihnen.

In vielen Projekten wird der Fehler begangen bzw. ist man der Meinung, dass drei Mitarbeiter zu 50 % oder sechs Mitarbeiter zu 30 % das schon hinkriegen.

Weit gefehlt. Aus Sicht des Projektmanagements gilt nämlich folgende Gleichung: 1 * 100 > 3 * 50 > 6 * 30

Ich weiß, dass dies mathematisch nicht korrekt ist. Ich meine damit: Ein Mitarbeiter, den Sie zu 100 % für das Projekt abstellen können, bringt Ihnen mehr als drei, die Sie zu 50 % abstellen; und diese bringen Ihnen mehr als sechs, die Sie zu 30 % abstellen.

Warum ist das so? Zum einen gilt: Je größer das Projektteam ist, desto mehr Zeit geht Ihnen für die Abstimmung und die Kommunikation verloren. Zum anderen werden aus 50 % sehr schnell 30 %, dann 20 %, dann 10 %, dann 5 %, bis letztlich 0 % Verfügbarkeit für das Projekt zu Buche schlagen.

Jetzt denken Sie sich wahrscheinlich: Der hat gut reden ... blanke Theorie ... Das klappt bei uns nie. Was aber bei Ihnen klappten sollte:

[+] **Definieren Sie feste Projekttage**

Wenn es Ihnen nicht gelingt, Mitarbeiter komplett für das Projekt abzustellen, dann sorgen Sie dafür, dass sich alle Projektmitarbeiter zu festen Terminen treffen.

Beispiel: »Bei uns ist Donnerstag und Freitag immer Projekttag.« Dann sollten Sie aber zusätzlich darauf achten, dass Ihre Mitarbeiter an den festgelegten Projekttagen in Ruhe am Projekt arbeiten können.

[+] **Schaffen Sie einen eigenen Projektraum**

Mitarbeiter werden an ihrem eigentlichen Arbeitsplatz viel zu sehr abgelenkt (Telefon, Fragen von Kollegen etc.), als dass eine sinnvolle Projektarbeit möglich wäre. Außerdem entstehen in einem Projektraum eine eigene Dynamik und Energie, die es erlauben, sich auf das Projekt und sonst nichts zu konzentrieren.

Eng verbunden mit den schon getroffenen Aussagen gilt auch:

[+] **Überlasten Sie Ihre Mitarbeiter nicht**

Einem Mitarbeiter, der sowieso schon zu 120 % durch sein Tagesgeschäft ausgelastet ist, können Sie nicht auch noch »nebenbei« ein SAP-Projekt übertragen.

Trotzdem habe ich bei vielen Unternehmen den Eindruck gewonnen, dass sich im Unternehmen die Meinung durchgesetzt hat, die Mitarbeiter könnten das SAP-Projekt in der Instandhaltung »so nebenbei« erledigen.

Eine weitere wichtige Frage, die Sie im Vorfeld klären sollten (etwa um Ihr Projektbudget bei der Geschäftsleitung zu beantragen), ist die des Projektaufwands.

Aufwandsplanung

Eine allgemeingültige Aussage zum erwarteten Projektaufwand kann ich an dieser Stelle nicht machen! Dies hängt von sehr, sehr vielen Faktoren ab, die bei der Aufwandsschätzung berücksichtigt werden müssen. Der Projektaufwand hängt z. B. von folgenden Faktoren ab:

- von der räumlichen Ausdehnung der Einführung (siehe Abschnitt 2.1.1, »Die Einführungsstrategie«)
- von der genutzten bzw. anvisierten Funktionsbreite und Funktionstiefe (siehe dazu das »Praxishandbuch Instandhaltung mit SAP«)
- von Ihren hausinternen Entscheidungs- und Genehmigungswegen
- von Ihrer Projektkompetenz bzw. der Entscheidungsbefugnis des Projektleiters
- von der Qualität der vorhandenen Stammdaten
- von der Anzahl neu zu erfassender Stammdaten
- von Anzahl und Schwierigkeit der zu realisierenden Schnittstellen
- von Anzahl und Umfang der Zusatzentwicklungen (z. B. Auswertungen, Druckprogramme, Customer Exits, Weboberfläche)
- von der Integration mit anderen SAP-Applikationen
- vom Umfang der Endanwenderschulungen
- davon, ob es sich um die Ablösung eines Altsystems oder um eine komplette Neueinführung handelt

Gerade beim letzten Punkt unterliegen viele Unternehmen einem weit verbreiteten Irrtum: Man ist der Meinung, wenn man bereits ein Altsystem im Einsatz hat, dürfte die Einführung eines SAP-Systems in der Instandhaltung doch umso schneller gehen, weil doch z. B. die Stammdaten schon in elektronischer Form vorliegen. Leider ist dies nicht der Fall.

Mehraufwand bei vorhandenem Altsystem [!]

Die Ablösung eines Altsystems erfordert *deutlich* mehr Aufwand als eine Neueinführung.

Warum ist das so? Dafür gibt es mehrere Gründe:

- Zum einen baut sich um ein IT-System herum immer eine bestimmte Organisation mit individuellen Geschäftsprozessen auf. Und diese Organisation muss beim Wechsel eines IT-Systems immer angepasst werden. So auch bei der Ablösung eines Altsystems – etwa Maximo durch SAP.
- Zum anderen hat jedes IT-System seinen spezifischen Funktionsumfang, seine eigenen Begriffe und sein individuelles Layout. Und daran haben sich die Anwender im Laufe der Jahre gewöhnt. Installiert man nun ein

neues IT-System, ist erst mal alles fremd, schaut anders aus und passt scheinbar überhaupt nicht. Forderungen bis hin zu »das Feld muss aber links oben statt rechts in der Mitte stehen« werden laut.

- Zum dritten ist jeder Umgewöhnungsprozess schwierig – und zwar für alle Beteiligten: für die Endanwender, für die Anwendungsbetreuer, für die IT, für die Entscheider. Es werden Vorbehalte und Hemmnisse aufgebaut, die erst einmal abgebaut werden müssen – und das immer wieder in der Einführungsphase.

Die Aufwandsschätzungen bei meinen Instandhaltungsprojekten schwanken meist zwischen den folgenden Werten:

- weniger als 50 Tage bei kleinen Neueinführungen mit hoher Entscheidungskompetenz, vorliegenden Stammdaten, keinen Schnittstellen und wenig Zusatzprogrammierung
- deutlich mehr als 10.000 Tage bei Altablösungen in internationalen Großprojekten mit mehrstufigen Genehmigungsverfahren, manueller Neuaufnahme der Stammdaten, vielen Zusatzprogrammierungen und anzubindenden Non-SAP-Systemen

Einen weiteren Anhaltspunkt gibt Ihnen auch die Aufwandsverteilung auf die Projektphasen, die ich folgendermaßen einschätze:

- Projektvorbereitung: 5–10 %
- Business Blueprint: 25–30 %
- Realisierung: 45–50 %
- Produktionsvorbereitung: 20–30 %

Für Ihre eigene Aufwandsplanung empfehle ich Ihnen, zwei Verfahren miteinander zu kombinieren.

[+]

Top-down-Schätzung und Bottom-up-Planung

Gehen Sie dabei folgendermaßen vor:

- Machen Sie eine Top-down-Schätzung, d. h. eine grobe Aufwandsschätzung anhand der Ziele und Rahmenbedingungen.
- Brechen Sie diese auf die einzelnen Projektphasen herunter.
- Nehmen Sie anschließend mithilfe der Planung einzelner Arbeitspakete eine Bottom-up-Planung vor.
- Falls Ihre beiden Planungsansätze zu weit auseinanderliegen, prüfen Sie noch einmal intensiv Ihre Annahmen.

Ein weiterer Aspekt, den Sie in der Phase der Projektvorbereitung festlegen sollten, ist die Art der Dokumentation.

Dokumentation

Als einer der wichtigsten Risikofaktoren wurde von den in der Studie befragten Unternehmen die mangelnde Dokumentation genannt. Deshalb der dringende Rat:

Erstellen Sie ein Konzept für die Dokumentation (»das Dokument der Dokumente«) [+]

Legen Sie darin Folgendes fest:

- Welche Dokumente sollen für welchen Verwendungszweck erstellt werden?
- Welches Werkzeug wird verwendet?
- Wie werden die Dokumente benannt?
- Wo werden sie abgelegt?
- Wer ist für die Dokumentation verantwortlich?

Welche Dokumente könnten das sein? Sie benötigen im Projektablauf unter anderem folgende Unterlagen:

- *Projektplan* (genereller Plan, Schwerpunkt auf Meilensteinen und Arbeitspaketen, Projektbeteiligte, Aufgabenverteilung)
- *Business Case* (Dokument zur Berechnung der Wirtschaftlichkeit des Projekts, wird in der Regel bei Budgetanträgen benötigt)
- *Monitoring-Dokumente* (Dokumente, anhand derer Sie als Projektleiter die Meilensteine, Aktivitäten, Termineinhaltungen etc. überwachen können)
- *Ist-Analyse* (Bestandsaufnahme der bisherigen Stammdaten und Geschäftsprozesse)
- *BPML* – Business Process Master List (Übersicht der neuen Geschäftsprozesse)
- *BPP* – Business Process Procedures (Detailkonzept der neuen Geschäftsprozesse)
- *Customizing* (Dokumente mit allen Customizing-Einstellungen)
- *GAP-Liste* (Liste mit allen Punkten, die im Standard nicht abgedeckt sind und bei denen nach einer organisatorischen oder systemtechnischen Lösung gesucht werden muss)

- *WRICEF-Liste* (Liste mit allen Workflows, Reports, Interfaces, Conversions, Enhancements und Forms, d. h. eine Liste mit allen Programmieraufgaben, quasi eine Übersicht mit den Lösungen für die GAP-Liste)
- *Benutzerrollen* (Definition der Rollen mit ihren Menüs und Berechtigungen)
- *Testplan und Testdokumente* (Dokumente für Planung, Durchführung und Ergebnisse von Tests)
- *Datenübernahme* (Dokument mit Details zu den Objekten, die aus dem Altsystem in das SAP-System übernommen werden sollen)
- *Programmentwicklung* (Einzelheiten von Programmierungsanforderungen)
- je nach Ausprägung auch unterschieden in *Feinspezifikation* (betriebswirtschaftliche Seite) und *technische Spezifikation* (technische Seite)
- *Schulungsplan* (Übersicht, wann, wo und von wem die Benutzer mit welchen Funktionen geschult werden)
- *Benutzerschulungsmaterial* (für die Durchführung der erforderlichen Schulungen vor dem Produktivstart)
- *Benutzerdokumentation* (als Nachschlagewerk)
- *Cut-Over-Plan* (Einzelheiten des Übergangs in die Produktivumgebung und des Produktivstarts)
- *Feedback-Formulare* (für Problemmeldungen)
- *Sprint Backlog* (falls Sie das Projekt im Scrum-Verfahren durchführen)
- *Projektabschlussbericht* (Dokument für die Übergabe an die Fachabteilung in den operativen Betrieb, Grundlage für die Abschlusspräsentation)
- »*Dokument der Dokumente*« (Gerade wenn Sie viele Dokumentarten benutzen, sollte in einem zentralen Dokument beschrieben werden, welche Dokumente es gibt, für welchen Verwendungszweck sie eingesetzt werden und welchen Inhalt sie haben.)

Möglicherweise werden Sie nicht so viele Dokumente benötigen, eventuell fassen Sie hier auch mehrere aufgelistete Dokumente zu einem einzigen zusammen, möglicherweise kommt bei Ihnen noch das eine oder andere Dokument dazu.

Aber keine Angst: Sie müssen das Rad nicht zum x-ten Male neu erfinden.

SAP stellt Templates bereit [+]

SAP stellt Ihnen im SAP-Service-Marktplatz (*http://service.sap.com/asap*) und im SAP Solution Manager für alle hier aufgelisteten und weitere Dokumente Templates zur Verfügung (z. B. Kalkulationsschema für Business Case oder Kapazitätsberechnungen, Präsentationen, Checklisten, Berichtsvorlagen und vieles andere mehr).

Ausbildung und Training

Sowohl die empirische Studie als auch meine eigenen Erfahrungen zeigen, dass eine gute Ausbildung der Projektmitarbeiter die notwendige Basis für eine gute inhaltliche Arbeit ist.

Bilden Sie die Projektmitarbeiter umfassend aus [+]

Noch ein absolutes Muss für Projektprofis: Sie müssen Ihre Projektmitarbeiter komplett ausbilden – entweder durch die Standardkurse bei SAP oder als Inhouse-Workshop.

Es reicht nicht, den Projektmitarbeitern eine Kurzeinführung zu geben. Wenn die Mitarbeiter später eine erfolgreiche Konzeptarbeit leisten sollen, müssen sie über umfangreiches Wissen zu SAP EAM verfügen.

Momentan bietet SAP folgende Kurse an (siehe Abbildung 2.4):

PLM300 und PLM315 für die Projektmitarbeiter

Ihre Projektmitarbeiter sollten mindestens an den Kursen PLM300 und PLM315 teilnehmen; andere sollten sie nach Bedarf besuchen.

Einen weiteren Aspekt, der zur Phase der Projektvorbereitung zu rechnen ist, habe ich Ihnen schon in Abschnitt 2.1.1, »Die Einführungsstrategie«, erläutert, er sei hier der Vollständigkeit halber noch mal erwähnt:

Legen Sie sich eine Einführungsstrategie zurecht [+]

Erstellen Sie einen Plan, zu welchem Zeitpunkt welcher Betrieb bzw. welches Werk mit welchen Funktionen eingeführt wird. Sie müssen sich für eine der folgenden Strategien entscheiden:

- eine horizontale Strategie (z. B. Auftragsabwicklung in allen Werken)
- eine vertikale Strategie (z. B. volle Einführung in einem Werk und dann Roll-out auf andere Werke)
- eine gemischte Strategie (z. B. voller Funktionsumfang in einem Werk und Roll-out der Auftragsabwicklung auf alle Werke)

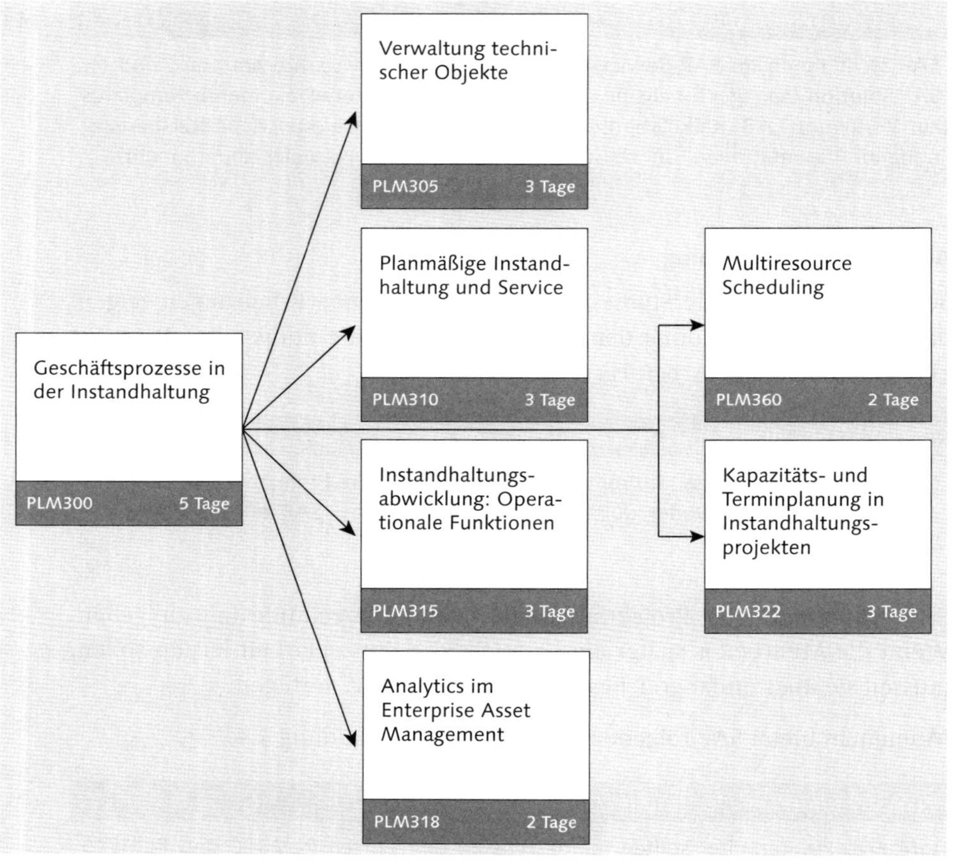

Abbildung 2.4 SAP-Kurse zu SAP EAM

Denken Sie bitte dabei auch an den Tipp, den ich Ihnen schon im Buch »Praxishandbuch Instandhaltung mit SAP« gegeben habe:

[+] **Mut zur Lücke**

Das SAP-System muss nicht und sollte auch nicht auf einmal mit seinem gesamten Funktionsumfang eingeführt werden.

Marketing

Ihr Projekt wird mehr Erfolg haben, wenn es von Anfang an von den Mitarbeitern – insbesondere von den späteren Anwendern – mitgetragen wird und wenn Sie ihm eine gewisse »Hausmacht« verschaffen. Ein erster Schritt dazu – später folgen noch weitere – ist die Öffentlichkeitsarbeit.

Tue Gutes, und rede darüber [+]

Machen Sie Ihr Projekt bekannt (Inhouse-Marketing).

Ihnen stehen viele Wege offen, wie Sie dies tun können. Hier ein paar Beispiele, wie es andere Unternehmen gemacht haben:

- Ein Verkehrsunternehmen hat einen *Flyer* entworfen und unter der Belegschaft verteilt.
- Ein Energieerzeuger hat im Foyer des Eingangsbereichs auf einem Bildschirm eine automatische *Präsentation* gezeigt.
- Ein Automobilzulieferer hat eine *Homepage* eingerichtet, auf der er über den jeweiligen Stand des Projekts berichtet.
- Ein Chemieunternehmen hat einen monatlichen *Newsletter* an die Belegschaft – insbesondere die späteren Anwender und an die Geschäftsführung – verschickt.
- Ein Verkehrsunternehmen hat eine *CD* mit Präsentation, Beschreibung und Projektplan produziert.
- Viele Unternehmen berufen offizielle *Kick-off-Meetings* für Belegschaft und Projektteam ein.

Sie sehen: Es gibt viele Möglichkeiten, die auch nicht viel kosten müssen. Seien Sie kreativ!

Ist-Analyse bzw. Einsatzuntersuchung

Dieser Aspekt sollte eine Selbstverständlichkeit sein, denn ohne ihn kann man eigentlich im Projekt gar nicht weiterarbeiten. Trotzdem wird er im Einführungsprojekt oft vernachlässigt oder ganz übergangen: die Erhebung der aktuellen Situation.

Nehmen Sie eine Ist-Analyse (Einsatzuntersuchung) vor [+]

Bevor Sie sich an das System setzen, sollten Sie eine saubere Ist-Analyse der Rahmenbedingungen insbesondere der Geschäftsprozesse durchführen. Der Aufwand für eine vollständige und korrekte Einsatzuntersuchung zahlt sich auf jeden Fall aus.

Eine solche Einsatzuntersuchung sollte mehrere Ziele verfolgen:

- Die bisher verwendeten Stammdaten, Instandhaltungs- und Materialwirtschaftsprozesse sowie die Auswertungsbedürfnisse sollen analysiert, dokumentiert und visualisiert werden.

- Der Funktionsumfang der Instandhaltung mit SAP-Software und deren Zuordnung in mögliche Ausbaustufen sollen festgelegt werden.
- Die Einsatzuntersuchung dient dann als Grundlage für die weitere Projektfeinplanung (Termine, Aufwand, Personal, Kosten) ...
  - ... und als Grundlage für die Festlegung der Workshops im Business Blueprint
  - ... sowie als Grundlage für den Entwurf von Soll-Prozessen unter Einsatz von SAP-Software (siehe Abbildung 2.5).

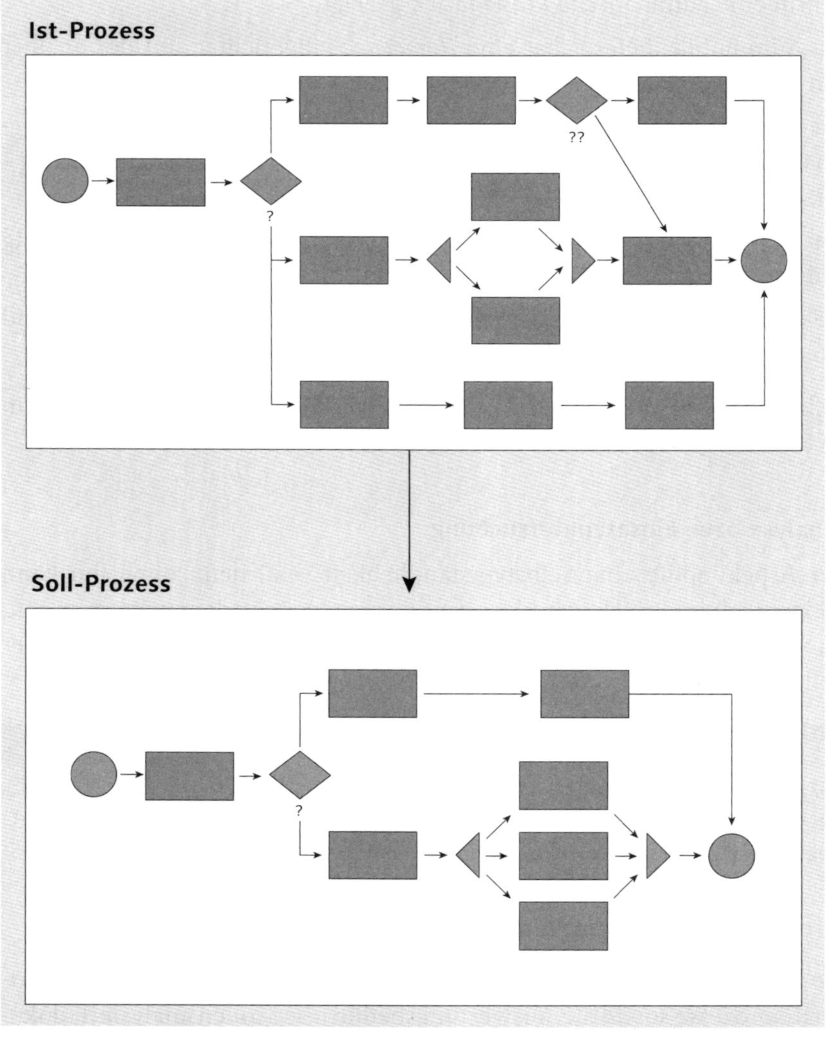

Abbildung 2.5 Ist- und Soll-Prozesse

Damit Sie nicht auf der »grünen Wiese« beginnen müssen, habe ich Ihnen im Folgenden einen Fragenkatalog zusammengestellt, der im Rahmen einer solchen Einsatzuntersuchung diskutiert und beantwortet werden sollte.

Grundsatzfragen zum Anlagenmanagement

1. Welche Arten von Objekten sollen verwaltet werden?
   - Gebäude
   - Anlagen
   - Maschinen
   - Fahrzeuge
   - Flurförderzeuge
   - Betriebsmittel
   - Werkzeuge
   - Messmittel
   - Sonstiges
2. Gibt es eine Trennung zwischen festen Anlagen und Inventaren mit wechselndem Einbauort?
3. Wie groß ist das Mengengerüst?

Detailfragen zum Anlagenmanagement

1. Welche Informationen sollen bei welchen Objekten hinterlegt werden?
2. Sollen Inventare bestandsmäßig geführt werden?
3. Sollen zu den Anlagen mehrere Kennzeichnungen parallel gehalten werden?
4. Sollen die Inventare und Anlagen klassifiziert werden (z. B. nach E-Class oder einem eigenen Klassifizierungsverfahren?
5. Sollen Ersatzteilstücklisten verwaltet werden?
   - Sind diese ein- oder mehrstufig?
   - Beziehen sich diese auf ein einzelnes Aggregat oder auf einen Typ?
   - Gibt es zu den Ersatzteilen Materialnummern im SAP-System?
6. Sollen Änderungen, die an der Anlagenstruktur durchgeführt wurden, dokumentiert werden?
7. Sollen den Anlagen und/oder Inventaren Dokumente (z. B. Bilder, Zeichnungen, Verfahrensanweisungen) zugeordnet werden?
   - Sind diese Dokumente elektronisch abgelegt?

- Wenn ja, wo und wie?
- Wenn ja, gibt es zu den Dokumenten Stammsätze?

8. Sollen Garantien verwaltet werden?
   - Sind diese den Anlagen und/oder den Inventaren zuzuordnen?
   - Sind diese Garantien zeit- oder leistungsabhängig?
9. Sind die Anlagen und/oder Inventare als Anlagenstammsätze im SAP-System abgebildet?

Grundsatzfragen zu Prozessen der Instandhaltung

1. Welche Instandhaltungsprozesse sollen zukünftig im SAP-System abgebildet werden?
   - Beseitigung von Störungen
   - Instandsetzung
   - Wartung und Inspektion
     - zeitbasiert
     - leistungsbasiert
     - zeit- und leistungsbasiert
     - zustandsabhängig
   - Kalibrier- oder Prüfabwicklung
   - Einsatz von Fremdfirmen
   - Investitionsmaßnahmen
   - Neubau von Anlagen
   - Ersatzteilanfertigung
   - Aufarbeitung
   - Schichtbuch
   - Werkzeug- und Vorrichtungsbau
2. Wie werden die Kernprozesse heute abgewickelt?
3. Wer ist dabei an welcher Stelle und wie an der Planung und Ausführung beteiligt?
4. Wo sehen Sie die Schwachstellen und Funktionsdefizite in den heutigen Instandhaltungsprozessen? Was soll oder kann besser werden?

Detailfragen zu Prozessen der Instandhaltung

1. Welche Werkstätten sind abzubilden (E, M, M&R, ...)?

2. Gibt es so etwas wie Kataloge für Schadenscodes oder Ursachencodes?
3. Welche Werkstattpapiere werden benötigt?
4. Soll eine Kapazitätsplanung – Kapazitätsangebot, Belastung und Abgleich – durchgeführt werden?
5. Wird eine Einsatzplanung benötigt, d. h., welcher Mitarbeiter arbeitet wann und wie lange an welchem Auftrag?
6. Sollen Maßnahmen budgetiert werden?
7. Sollen technische oder kaufmännische Genehmigungsabläufe abgebildet werden?
8. Welche Arten von Rückmeldungen sollen abgebildet werden?
   - Zeitrückmeldungen
   - technische Rückmeldungen
   - Materialrückmeldungen
   - Schichtnotizen
9. Wie erfolgt die Weiterverrechnung der Leistungen auf die Anlagenkostenstellen?
10. Sollen Arbeitspläne verwaltet werden?
    - Beziehen sich diese auf ein einzelnes Aggregat oder auf einen Typ?
    - Welche Informationen beinhalten die Arbeitspläne?
    - Sollen dort auch Ersatzteile hinterlegt werden?
11. Wie groß ist das Mengengerüst bei Arbeitsplänen?
12. Falls zeitbasierte Wartung und Inspektion erfolgen:
    - Unterliegen die Maßnahmen einem Zyklus?
    - Oder gibt es unterschiedliche Zyklen in einem Arbeitsplan? Wenn ja, welche?
13. Falls leistungsbasierte Wartung und Inspektion erfolgen:
    - Welche Arten von Zählern (BH, km, Stück, ...) gibt es?
    - Wie wird die Zählerstandserfassung vorgenommen?
      - im SAP-System
      - mobil
      - per Datenübernahme
    - Unterliegen die Maßnahmen einem Zyklus?

- Oder gibt es unterschiedliche Zyklen in einem Arbeitsplan?
  - Wenn ja, welche?
- Kann es mehrere Zähler in einem Wartungsplan geben?

14. Wenn eine zustandsabhängige Instandhaltung erfolgt:
    - Welche Arten von Messpunkten (Temperatur, Druck, Drehgeschwindigkeit, Durchfluss, ...) sind vorhanden?
    - Wie wird die Zählerstandserfassung vorgenommen?
      - im SAP-System
      - mobil
      - per Datenübernahme
15. Wie groß ist das Mengengerüst bei Wartungsplänen?

Grundsatzfragen zu Prozessen in Einkauf und Lager

1. Welche Materialwirtschaftsprozesse sollen zukünftig im SAP-System abgebildet werden?
   - Beschaffung von Direktmaterial (Freitextbestellungen)
   - Beschaffung von Ersatzteilen auf Lager
   - Einsatz von Fremdfirmen
     - Einzelbeauftragung
     - Rahmenverträge
     - Leistungsverzeichnisse
     - Fremdfirmenarbeitsplätze
2. Wie werden diese Prozesse heute abgewickelt?
3. Wer ist dabei an welcher Stelle und wie an der Planung und Ausführung beteiligt?
4. Wo sehen Sie die Schwachstellen und Funktionsdefizite in den heutigen Materialwirtschaftsprozessen? Was soll oder kann besser werden?

Detailfragen zu Prozessen in Einkauf und Lager

1. Sind die Lieferanten und Dienstleister als Lieferantenstammsätze im SAP-System abgebildet?
2. Sollen Rahmenverträge mit Lieferanten und Dienstleistern abgebildet werden?
   - Wenn ja, wie soll dann die Abrufbestellung ausgelöst werden?

3. Gibt es Firmen, für die eigene Arbeitsplätze verwaltet werden sollen?
   - Wenn ja, wie soll deren Beauftragung und Abrechnung erfolgen?
4. Sollen die Dienstleistungen als Leistungsstammdaten bzw. bei Beauftragung Leistungsverzeichnisse erstellt werden?
5. Sind die Ersatzteile als Materialstammdaten im SAP-System abgebildet?
6. Sollen die Ersatzteile im Auftrag geplant werden?
   - Wenn ja, wird es Ersatzteilkataloge im Intranet geben?
   - Sollen automatische Reservierungen ausgelöst werden?
   - Sollen die Ersatzteile einer Bestandsführung unterliegen?
     - Wenn ja, wie erfolgt die Entnahme?
     - Wenn ja, sollen die Ersatzteile disponiert werden?
     - Wenn ja, Bestellpunktverfahren? Oder ein anderes?
   - Oder sollen Ersatzteile nur für den direkten Verbrauch beschafft werden?
7. Gibt es Konsignationsläger?
   - Wenn ja, wie werden diese verwaltet?
   - Wer ist für den Nachschub verantwortlich?
   - Wie erfolgt die Abrechnung von Entnahmen?
8. Gibt es Genehmigungsverfahren bei den Beschaffungsprozessen?
9. Wie groß ist das Mengengerüst für Ersatzteile, Lieferanten und Rahmenverträge?

Grundsatzfragen zu Auswertungen und Kennzahlen

1. Welche Listen und Auswertungen werden heute wem und wann zur Verfügung gestellt?
   - Welche dieser Listen und Auswertungen müssen sofort beim Start des SAP-Systems zur Verfügung stehen?
   - Welche Listen könnten nachgereicht werden?
2. Welche Kennzahlen werden heute wem und wann zur Verfügung gestellt?
   - Welche dieser Kennzahlen müssen sofort beim Start des SAP-Systems zur Verfügung stehen?
   - Welche Kennzahlen können nachgereicht werden?

3. Wo sehen Sie die Schwachstellen und Funktionsdefizite in den heutigen Listen, Auswertungen und Kennzahlen? Was muss oder sollte besser werden?

Informationsgewinnung

In diesem Zusammenhang stellt sich dann die Frage: An wen wenden Sie sich, um ein möglichst vollständiges und richtiges Bild von den bestehenden Abläufen zu gewinnen? In der Praxis haben sich bei der Durchführung von Ist-Analysen folgende Informationsquellen bewährt:

- an Geschäftsprozessen beteiligte Personen, die ausführen, steuern und überwachen
- Anwender gleichartiger oder ähnlicher IT-Systeme
- Kunden, die kritische und oft ideenreiche Wissensträger sind
- Geschäftspartner, wie etwa Lieferanten, die mit dem Prozess zu tun haben
- Fachexperten, die ein kritisches Feedback geben sollen
- Management, das letztlich die Prozesse zu genehmigen hat

Eine weitere Frage ist, welche Techniken eingesetzt werden können, um an die für eine vollständige und richtige Ist-Analyse notwendigen Informationen zu gelangen. Die folgenden Techniken haben sich in der Praxis als geeignet erwiesen:

- Durchführung von Workshops
- Beobachtung der beteiligten Mitarbeiter bei der Arbeit
- Mitarbeit bei den zu untersuchenden Geschäftsprozessen
- Übernahme der Rolle eines Außenstehenden (z. B. der Produktionsleiter als Kunde)
- Verwendung von Fragebögen
- Durchführung von Interviews
- Brainstorming mit den Beteiligten
- Diskussion mit Fachexperten
- Durchsicht bestehender Formulare, Dokumentationen, Beschreibungen und Handbücher, Arbeitshilfen
- verbale Beschreibung der Aufbau- und Ablauforganisation (Organigramme etc.)

Aber vielleicht gibt es in Ihrem Hause ja noch andere Möglichkeiten für eine Informationsrecherche.

Ergebnis der Einsatzuntersuchung [+]

Die Einsatzuntersuchung sollte Ihnen folgende Ergebnisse bringen:

- Sie wissen, welche Stammdaten, Instandhaltungs- und Materialwirtschaftsprozesse sowie die Auswertungen im SAP-System abzubilden sind.
- Sie wissen, welche Funktionen der Instandhaltung mit dem SAP-System eingeführt werden, und haben eine Zuordnung in mögliche Ausbaustufen (A/B/C, siehe Anhang A1).
- Sie haben eine zusätzlich Grundlage und können damit Ihre weitere Projektplanung im Hinblick auf Termine, Aufwand, Personal und Kosten verfeinern.
- Sie wissen, welche Workshops im Business Blueprint durchzuführen sind.
- Sie haben eine Grundlage für den Entwurf von Soll-Prozessen unter Einsatz von SAP-Software.

Methoden der Geschäftsprozessmodellierung

Eine weitere Frage ist dann, in welcher äußeren Form die Geschäftsprozesse dokumentiert und präsentiert werden, also welche Methode der Geschäftsprozessmodellierung zum Einsatz kommen soll.

Grundsätzlich ist aufgrund der besseren Visualisierungsmöglichkeiten eine grafische oder tabellarische Darstellung einer rein textlichen Beschreibung vorzuziehen.

Für die grobe Ablaufbeschreibung eines komplexen Prozesses wie z. B. Instandhaltungsprojekten eignen sich sogenannte *Wertschöpfungskettendiagramme* (WKD, siehe Abbildung 2.6). WKD stellen Vorgänger-Nachfolger-Beziehungen (auch mehrstufig) – z. B. für eine Revisionsplanung – dar.

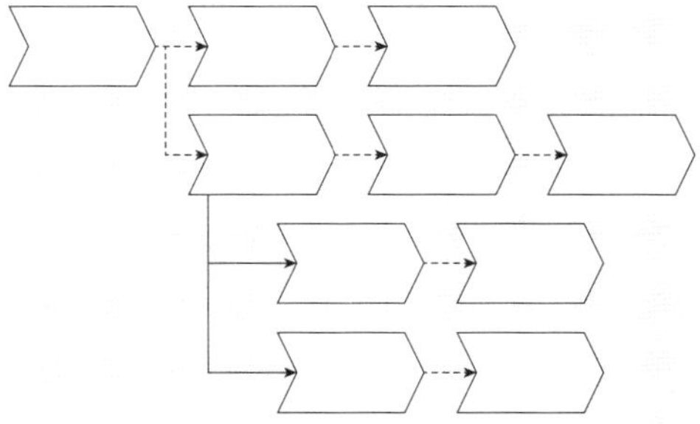

Abbildung 2.6 Wertschöpfungskettendiagramm

Für Prozesse von einfacher und mittlerer Komplexität eignen sich *ereignisgesteuerte Prozessketten* (EPK). Diese gibt es in einfacher und erweiterter Ausprägung.

Die einfache Ausprägung einer EPK stellt einen Prozessablauf auf einer feineren Ebene als WKDs dar und besteht aus zwei Objekttypen:

- Funktionen (z. B. Auftrag drucken, Materialverfügbarkeit prüfen)
- Ereignisse (z. B. Störmeldung eingegangen, Auftrag rückgemeldet)

Von erweiterten ereignisgesteuerten Prozessketten (eEPK) spricht man dann, wenn zusätzliche Objekttypen modelliert werden:

- Belege (z. B. Laufkarte, Rückmeldeschein, Objektliste)
- Organisationseinheiten (z. B. Arbeitsvorbereitung, mechanische Werkstatt)
- Prozessschnittstellen (z. B. Bestellabwicklung, Nachkalkulation)
- Informationssysteme (z. B. SAP-ERP-Transaktion IW31)
- Dateien oder Datenbanken (z. B. AFRU (Auftragsrückmeldungen) und BANF (Bestellanforderungen))

Es bleibt Ihnen überlassen, ob und – wenn ja – welche Objekttypen Sie in Ihr Geschäftsprozessmodell mit aufnehmen. Ein Ausschnitt aus einem solchen Modell könnte dann z. B. wie in Abbildung 2.7 aussehen.

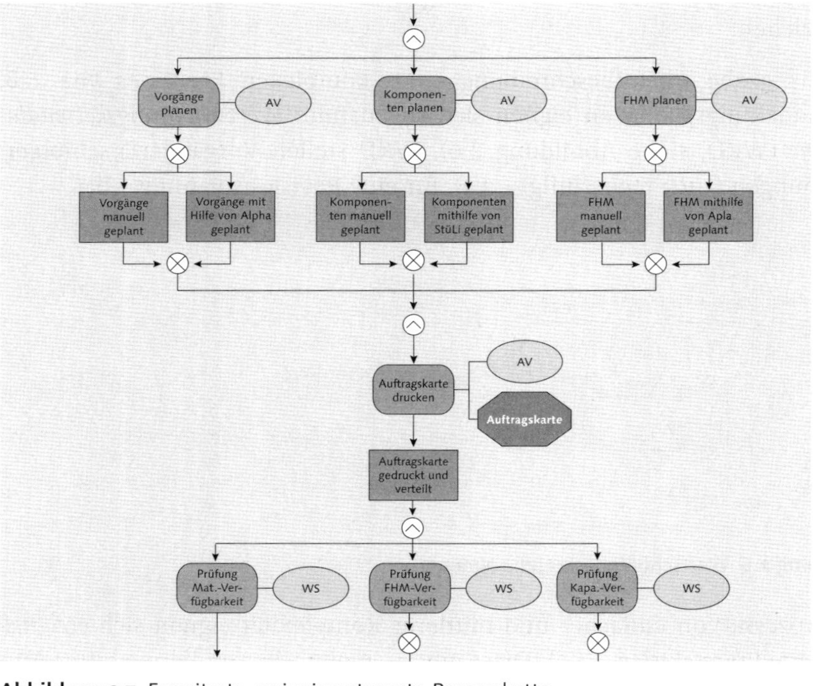

Abbildung 2.7 Erweiterte ereignisgesteuerte Prozesskette

Vorgangskettendiagramme (VKD) eignen sich für einfache Prozesse. Für komplexere Prozesse sind sie nicht geeignet. Ein wesentliches Kennzeichen der VKDs ist die Tatsache, dass sie die Objekttypen in feste Spalten einteilen. VKDs gibt es in rein grafischer Form oder in tabellarisch verbaler Form. In grafischer Form besitzen sie dieselben Objekttypen wie eine eEPK (siehe Abbildung 2.8). Tabelle 2.2 zeigt ein Vorgangskettendiagramm in tabellarisch-verbaler Form.

Nr.	Ereignis/ Ergebnis	Funktion/ Aktivität	Input (Daten)	Output (Daten)	Beteiligte/ Org.	Systemfunktion
1.	IH-Maßnahme ist durchgeführt	Rückmeldung Einzelerfassung oder über Vorgangsliste → weiter mit Pos. 3	Auftragsnummer, Personalnummer, Zeit	Rückmeldedatensatz	MA WI	SAP:IW41
2.	Rückmeldung ist erfolgt	weiter mit Pos. 4		Rückmeldedatensatz		
3.	Vorgangsliste ist erzeugt	Auswahl rückzumeldender IH-Vorgänge und Verzweigungen in Einzelerfassung	Selektionsdaten, Vorgangsliste, Personalnummer, Zeit	Rückmeldeliste	MA WI	SAP:IW48
4.	Rückmeldungen sind erfolgt	Überprüfung der Rückmeldedaten	Selektionsdaten, Rückmeldeliste	Geänderte Datensätze	MA WI	SAP:IW47
5.	Abweichung wurde festgestellt	Korrektur vornehmen (Storno o. Nacherfassung)	IH-Auftragsnummer, Korrekturdaten		MA WI	SAP:IW48 oder IW41

Tabelle 2.2 Tabellarisches Vorgangskettendiagramm[3]

3 Entnommen aus Kempchen, M.: Praxisbericht Abwicklung von Instandhaltungsmaßnahmen. In: SAP R/3 PM in der Instandhaltung. München 2007.

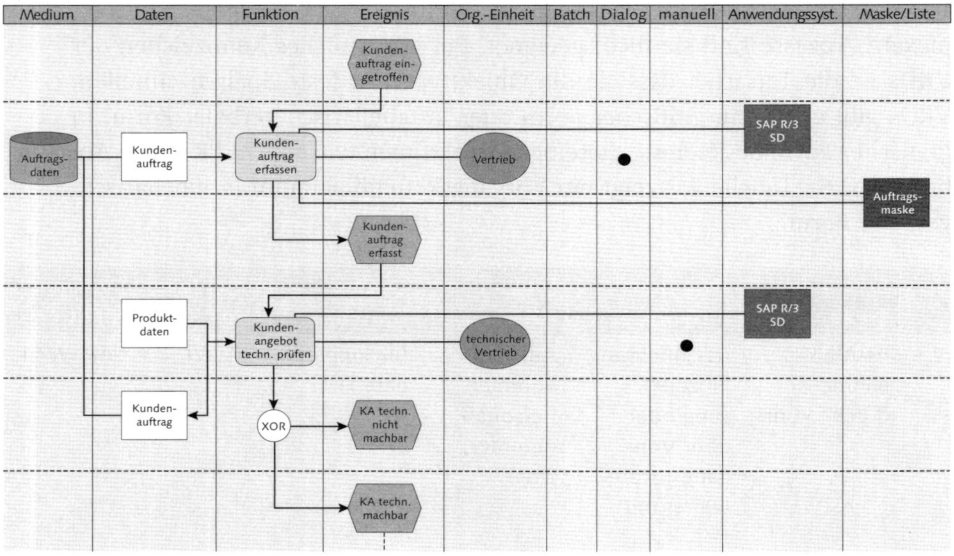

Abbildung 2.8 Grafisches Vorgangskettendiagramm

In IT-Projekten ist mittlerweile auch die Business Process Model and Notation (BPMN) sehr beliebt. Vom äußeren Erscheinungsbild sieht BPMN zwar völlig anders aus als eine eEPK (siehe Abbildung 2.9), sie verwendet aber eine ähnliche Symbolik.

- Eine *Activity* beschreibt eine Aufgabe, die in einem Geschäftsprozess zu erledigen ist (z. B. Ersatzteilbedarf erfassen).
- Ein *Gateway* stellt einen Entscheidungspunkt dar (Split/Fork, z. B. auf Lager oder nicht auf Lager) oder einen Punkt, an dem verschiedene Kontrollflüsse zusammenlaufen (Join/Merge, z. B. Kurier bestellt und Material verpackt).
- Ein *Event* (Ereignis) ist etwas, das sich in einem Geschäftsprozess ereignen kann, etwa das Eintreffen einer Nachricht, das Erreichen eines bestimmten Datums (z. B. drei Tage nach Versenden der Bestellung) oder das Auftreten einer Ausnahmesituation.
- *SequenceFlows* verbinden Activities, Gateways und Events. Sie stellen dar, in welcher Reihenfolge Activities ausgeführt werden.
- Ein *Pool* repräsentiert einen Participant, d. h. einen Benutzer bzw. eine Benutzerrolle oder ein System (z. B. Einkäufer).

- Eine *Lane* ist eine Unterteilung eines Pools, die sich über die komplette Länge des Pools erstreckt (z. B. die Prozesslinie des Einkäufers).
- Ein *Message Flow* zeigt an, dass zwei Lanes oder Pools in einem Business-Process-Diagramm oder zwei Elemente daraus Meldungen austauschen (z. B. die Bedarfsübergabe aus dem Prozessfluss des Instandhaltungsplaners an den Prozessfluss des Einkäufers).
- Eine *Annotation* ist ein Kommentar, der einem Element eines Geschäftsprozesses zugeordnet werden kann.
- Ein *Data Object* repräsentiert ein Artefakt, das der Geschäftsprozess bearbeitet. Mit Data Objects können sowohl elektronische Objekte wie Belege oder Datensätze (z. B. der EAM-Auftrag) als auch physische Objekte wie Ersatzteile oder Dokumente (z. B. die Materialbereitstellungsliste) dargestellt werden.

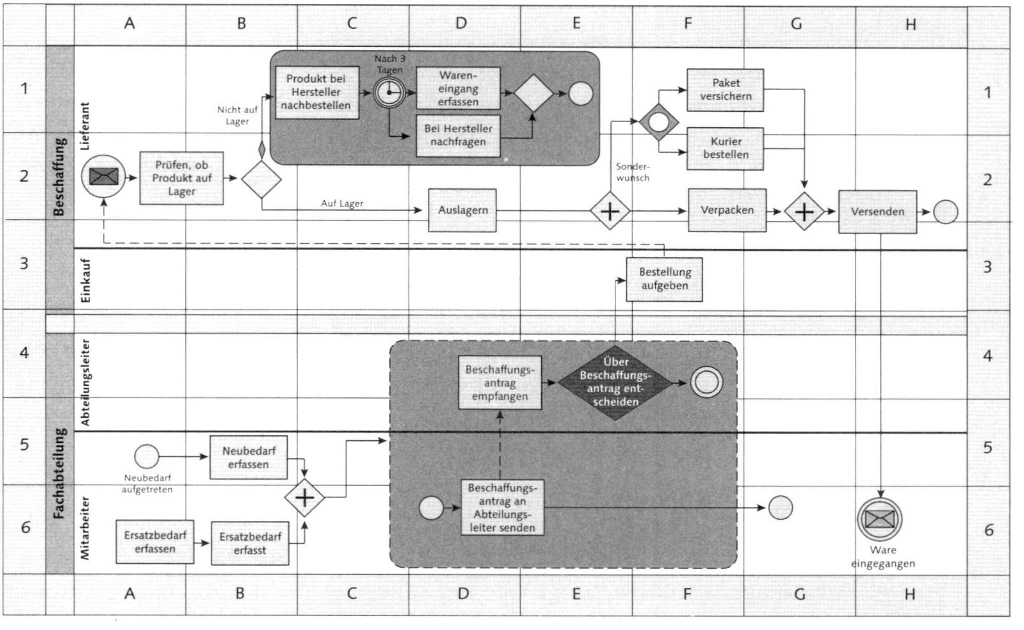

Abbildung 2.9 Business Process Model and Notation

[+]

Visualisieren Sie die Geschäftsprozesse

Erstellen Sie Geschäftsprozessmodelle von den Ist- und von den Soll-Abläufen. Setzen Sie dabei unterschiedliche Modelltypen ein:

- Wertschöpfungskettendiagramme (WKD) als Überblick über komplexe Geschäftsprozesse
- ereignisgesteuerte Prozessketten (EPK) oder Business Process Model and Notation (BPMN) für die Detaillierung der komplexen Prozesse oder zur Darstellung weniger komplexer Prozesse
- Vorgangskettendiagramme (VKD) in tabellarischer oder in grafischer Form für einfache Prozesse

Systemlandschaft

Ein weiterer Fehler, der vielen Firmen in dieser Phase unterläuft: Die SAP-Systemlandschaft wird zu spät zur Verfügung gestellt.

[+]

Bauen Sie rechtzeitig ein Testsystem auf

Spätestens, wenn Ihre Mitarbeiter ihre SAP-Ausbildung beendet haben, muss ihnen ein SAP-Testsystem zur Verfügung stehen. Haben sie keines, können sie das Gelernte nicht anwenden, und es ist ganz schnell ein Großteil wieder vergessen. Also: rechtzeitig einplanen!

2.3.2 Phase 2: Business Blueprint

Im »Praxishandbuch Instandhaltung mit SAP« habe ich Ihnen viele inhaltliche Tipps gegeben, die Sie dann vor allem in der Phase des Business Blueprints berücksichtigen können. Im Folgenden liste ich einige typische Fragestellungen kurz auf:

- Zu Organisationseinheiten: Was ist zu tun bei kostenrechnungsübergreifender Instandhaltungsabwicklung?
- Zur Anlagenstrukturierung: Wie tief sollen Sie bei der Anlagenstrukturierung gehen? Oder welche Hilfsmittel sollen eingesetzt werden?
- Zu den Geschäftsprozessen: Wie werden Fremdfirmen abgebildet? Oder wie kann das Layout der Aufträge festgelegt werden?
- Zur Integration: Wie kann ein Abgleich zwischen Equipments und Anlagen realisiert werden? Welches Dispositionsverfahren ist bei Ersatzteilen empfehlenswert?

- Zum Instandhaltungscontrolling: Wie kann eine aktive Verfügbarkeitskontrolle in der Budgetierung aktiviert werden? Oder wie werden dynamische Datumsberechnungen durchgeführt?
- Zu den neuen SAP-Technologien: Worin unterscheidet sich das SAP NetWeaver Portal vom SAP NetWeaver Business Client? Oder welche Möglichkeiten zur Nacherfassung haben Sie?
- Zur Benutzerfreundlichkeit: Wie stellen Sie instandhaltungsspezifische Benutzerparameter ein? Oder wie können Sie Table Controls an die jeweiligen Benutzerbedürfnisse anpassen?

All diese Beschreibungen und Hinweise schlagen sich in der Phase des Business Blueprints in Ihrem Detailkonzept nieder. Im Folgenden werde ich Ihnen nun weitere Hinweise – vor allem aus dem organisatorischen Umfeld – geben, die in der Phase des Business Blueprints zu beachten sind.

Am wichtigsten ist wahrscheinlich die Unterstützung der Mitarbeiter für das Projekt und vor allem für das spätere System. Diese sollten Sie sich so früh wie möglich sichern:

Beziehen Sie Ihre späteren Anwender in die Konzeption mit ein [+]

Nur ein System, das die Anwender akzeptieren, wird Sie wirklich weiterbringen. Deshalb ist es wichtig, dass Sie von Anfang an die späteren Anwender in Ihre konzeptionellen Überlegungen mit einbeziehen.

Wie können Sie dies tun? Hier sind einige Vorschläge:

- Sie können z. B. eine *Referenzgruppe* gründen, d. h. eine Gruppe von ausgewählten Anwendern, die Sie sich zum fachlichen Input und als Feedback in die Projektgruppe holen.
- Sie können in regelmäßigen Abständen Ihre *Zwischenergebnisse präsentieren* (Präsenzpräsentation, Newsletter, Homepage).
- Sie können Einzelbefragungen durchführen und sich *Feedback* einholen.

Benutzerfreundlichkeit und Benutzerakzeptanz

Zu den Aspekten der Benutzerfreundlichkeit und Benutzerakzeptanz gab es im »Praxishandbuch Instandhaltung mit SAP« ein eigenes Kapitel, in dem die organisatorischen und benutzerspezifischen Maßnahmen erläutert wurden. Auch im vorliegenden Buch werden in Kapitel 9, »Die Benutzerfreundlichkeit«, die Möglichkeiten des Customizings und der Programmierung dargestellt. Deshalb möchte ich dieses Thema an dieser Stelle inhaltlich nicht vertiefen, sondern mit ein paar allgemeinen Hinweisen seine Bedeutung noch einmal unterstreichen.

[+] **Gestalten Sie das System so einfach wie möglich**

Sei es die Anlagenstrukturierung oder die Abwicklung von Geschäftsprozessen: Die Benutzerakzeptanz steigt mit der Einfachheit des Systems. Es ist besser, ein 80%iges System zu haben, das von 100 % der Anwender akzeptiert wird, als ein 100%iges System, das nur von 20 % akzeptiert wird.

Das SAP-System steht nicht gerade im Ruf, besonders benutzerfreundlich zu sein. Der Frage, ob das tatsächlich so ist und was Sie selbst in Ihrem Projekt dafür tun können, werden wir noch nachgehen. Folgenden Tipp kann ich Ihnen an dieser Stelle geben:

[+] **Tun Sie alles, um das System für Ihre Anwender so benutzerfreundlich wie nur möglich zu machen**

Greifen Sie vor allem das Thema BenutzerUNfreundlichkeit des SAP-Systems aktiv auf: Setzen Sie sich in der Einführungsphase offensiv mit den Befürchtungen Ihrer Mitarbeiter in Bezug auf die Benutzerfreundlichkeit des SAP-Systems auseinander. Schweigen Sie das Thema nicht tot, sondern greifen Sie die Befürchtungen Ihrer Mitarbeiter auf, und versuchen Sie, Abhilfe zu schaffen.

Und hier noch ein weiterer Tipp, wie Sie die Benutzerakzeptanz von Anfang an verbessern können.

[+] **Low Hanging Fruits sind leicht zu erreichen, locken aber die Mitarbeiter an**

Finden Sie in der Ist-Analyse Aspekte heraus, bei denen die Mitarbeiter heute Probleme haben oder die sie als suboptimal empfinden. Bieten Sie ihnen genau für diese Aspekte eine Lösung an, die eine Verbesserung gegenüber dem heutigen Zustand darstellt. Umso eher sind Ihre Anwender bereit, beim neuen System mitzuziehen.

Da diese Aspekte sehr individuell sind, hier nur ein paar Ideen, was andere Firmen gemacht haben:

- eine Liste mit Informationen, die heute nur mit Rechercheaufwand erreichbar sind
- die Erfassung von Meldungen in der Produktion, wo heute Belege hin- und hergetragen werden
- die automatische Berechnung von Wartungsterminen, wo heute Ablagetaschen gewälzt werden

- der Ausdruck der Materialbereitstellungsliste direkt im Lager für eine Vorabkommissionierung, wo der Handwerker heute im Lager lange auf die Warenausgabe warten muss
- der Hinweis auf eine neue Störung, die per Paging verschickt wurde, während der Handwerker heute in die Störleitstelle zurücklaufen muss, um sich die Anweisungen zu holen
- Wartungslisten für die Produktion, die automatisch per E-Mail zugestellt werden, wo heute die Handwerker vor verschlossenen Anlagen stehen und die Wartungsarbeiten nicht beginnen können, weil die Produktion davon nichts wusste und deshalb die Anlage noch läuft

Wenn Sie ein wenig aufmerksam sind, werden Sie sicherlich auch in Ihrem Unternehmen solche Aspekte finden. Und wenn Sie ein wenig kreativ sind, werden Sie Ihren Anwendern eine Verbesserung anbieten können.

Als Nächstes werde ich auf einen Aspekt eingehen, der erfahrungsgemäß am Anfang etwas vernachlässigt wird:

Das Berechtigungskonzept

Über das Berechtigungskonzept steuern Sie, welcher Benutzer in welcher Organisationseinheit welche Funktionen an welchen Objekten ausführen darf. Es handelt sich hier nicht um ein instandhaltungsspezifisches Thema, sondern um ein generisches. Insofern dürfte die Verantwortung für das Berechtigungskonzept bei der IT, Organisation oder ähnlichen Instanzen liegen. Sie sollten sich aber rechtzeitig darum kümmern, dass ein Berechtigungskonzept für die Nutzung von SAP EAM erstellt wird.

Das Berechtigungskonzept ist ein Projekt im Projekt [+]

Vergessen Sie nicht, parallel zum fachlichen Feinkonzept ein Berechtigungskonzept zu entwerfen.

In Anhang A2 ist zusammengefasst, über welche Berechtigungsobjekte SAP EAM verfügt und welche Organisationseinheiten, Funktionen und Felder dabei jeweils geprüft werden.

Ich möchte dieses Thema an dieser Stelle nicht weiter vertiefen, sondern Sie auf die Spezialliteratur verweisen.[4] Dort werden die wichtigsten Einstellungen im Detail erläutert, z. B. die folgenden:

4 Zum Beispiel Lehnert/Bonitz: SAP-Berechtigungswesen. Bonn: SAP PRESS 2010.

- wie Sie auf Basis der Berechtigungsobjekte die Berechtigungen definieren
- wie Sie mehrere Berechtigungen zu einem Berechtigungsprofil zusammenfassen
- wie Sie mit der Transaktion PFCG Einzelrollen erstellen (siehe Abbildung 2.10) und sie zu Sammelrollen zusammenfassen
- wie Sie Benutzer mit den notwendigen Berechtigungen definieren

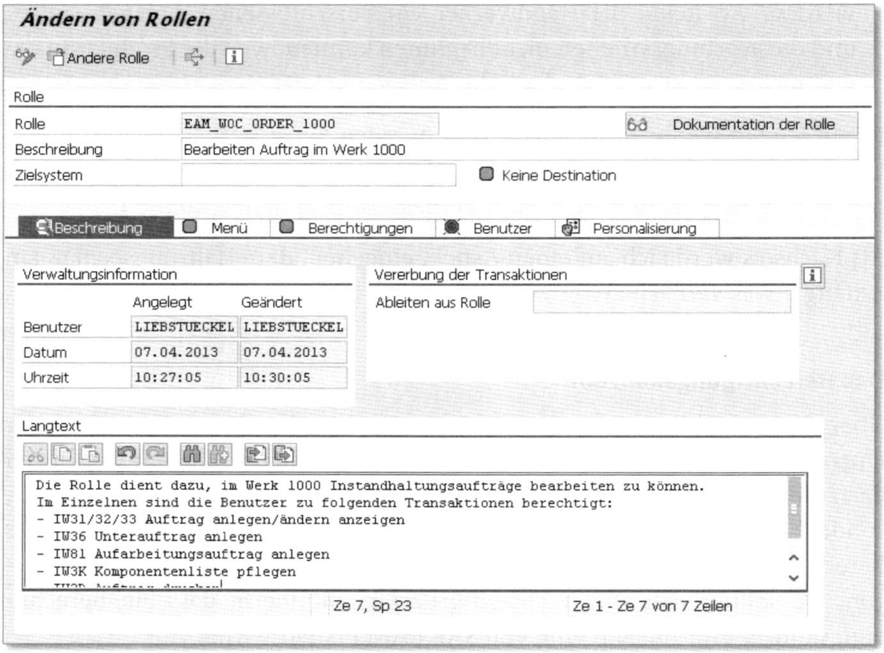

Abbildung 2.10 Pflege von Einzelrollen mit der Transaktion PFCG

Altdatenübernahme und Stammdatenpflege

Es gibt immer zwei Möglichkeiten, wie Sie Ihre Stammdaten in das SAP-System bringen können – manuell oder automatisch.

Wenn Sie von einem anderen Instandhaltungsplanungs- und -steuerungssystem (IPS) zum SAP-System wechseln oder wenn die Anlagendaten in sonstiger elektronischer Form vorliegen (z. B. in einem CAD-System), sollten Sie grundsätzlich versuchen, diese Daten automatisch in das SAP-System zu bringen.

Nutzen Sie die Tools der SAP [+]

Für die Datenübernahme aus vorgelagerten oder Altsystemen bietet SAP zwei Standardtools an: entweder eine instandhaltungsspezifische Datenübernahme (Transaktion IBIP) oder die allgemeine Datenübernahme-Workbench (Transaktion LSMW). Beide bieten Ihnen die Möglichkeit, die Instandhaltungsobjekte mit ihren Daten ins SAP-System zu übernehmen.

Der *Instandhaltungs-Batch-Input* (IBIP), siehe (Abbildung 2.11) ist ein Datenübernahmeprogramm, das auf die speziellen Datenbankobjekte der Instandhaltung zugeschnitten ist.

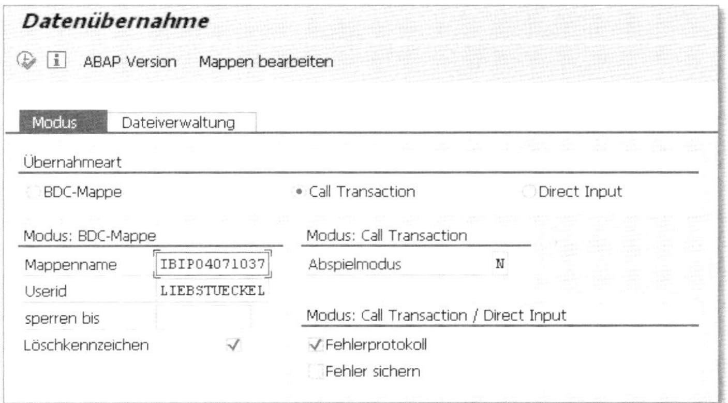

Abbildung 2.11 IBIP

Demgegenüber ist die Legacy System Migration Workbench (LSMW, siehe Abbildung 2.12) eine allgemeine Datenübernahme-Workbench, die nicht nur Instandhaltungsobjekte, sondern auch Objekte aus vielen SAP-Applikationen übernehmen kann. Der wesentliche Unterschied zwischen den Systemen ist folgender:

- **IBIP**
  Der IBIP benötigt eine Quelldatei, deren Feldfolge einer vorgegebenen Struktur entsprechen muss. Wie diese Strukturen heißen (z. B. IBIPEQUI für den Equipmentstammsatz), können Sie der Dokumentation des IBIP entnehmen, und die Feldstruktur selbst finden Sie im Data Dictionary (Transaktion SE11). Wenn die Struktur eingehalten ist, sind keine weiteren Voraussetzungen nötig.
- **LSMW**
  Die LSMW benötigt keine feste Struktur, sondern kennt ein Field Mapping, in dem die Felder der Quellstruktur den Feldern des SAP-Objekts

zugeordnet werden. Die Beschreibung der Quellstruktur erfolgt projektabhängig im SAP-System.

Damit wird die LSMW flexibler, aber auch aufwendiger als der IBIP.

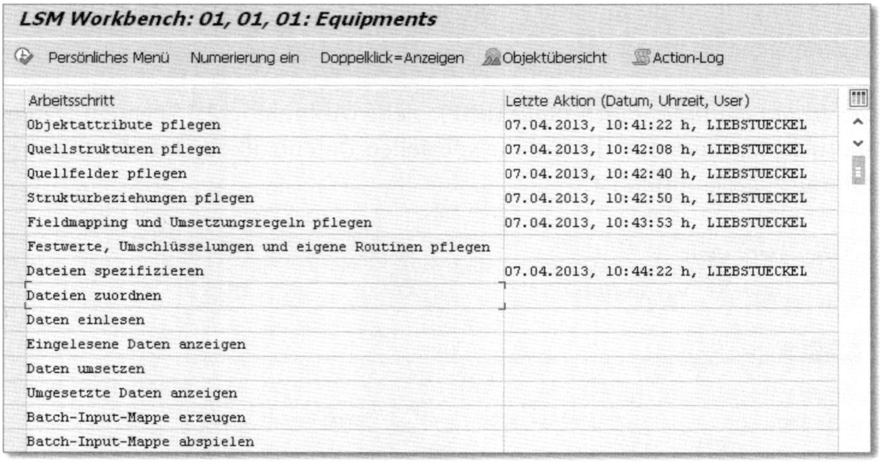

Abbildung 2.12 LSMW

Wenn Sie mit der IT-Unterstützung Ihrer Instandhaltung »auf der grünen Wiese« beginnen, d. h. noch keine Stammdaten in elektronischer Form vorhanden sind, müssen Sie die Daten manuell erfassen.

[+]

Office-Tools zur Datenerfassung

Neben der Standardmöglichkeit, die Daten direkt im SAP-System anzulegen, können Sie auch die SAP-Tabellenstrukturen mithilfe des Programms RIACCESS als lokale Datenbank nach Microsoft Access exportieren, die Daten dezentral auf dem PC erfassen und dann mit IBIP oder der LSMW in das SAP-System überführen.

Egal, für welches Verfahren Sie sich entscheiden:

[+]

Planen Sie die Datenaufnahme

Erstellen Sie einen detaillierten Plan für die Datenerhebung. Darin sollten Sie insbesondere Folgendes festlegen:

- welche Mitarbeiter an der Datenaufnahme beteiligt sind
- welche Vorlagen (Karteien, Ablagen, Zeichnungen etc.) benutzt werden
- wie die Auf- und Vorbereitung der Daten erfolgen soll
- zu welchen Terminen die Erfassung der Daten im System durchgeführt wird
- wie die Qualität der Daten kontrolliert wird

- wer für die Qualitätskontrolle verantwortlich ist
- wie die Freigabe der Stammdaten zu erfolgen hat
- und nicht zu vergessen: wie lange die einzelnen Aktivitäten dauern

Customizing für Prototypen

Last but not least haben Sie in der Phase des Business Blueprints eine ganz wichtige Aufgabe:

Bauen Sie einen Prototyp auf [+]

Während der Phase des Business Blueprints werden Sie viele Entscheidungen treffen, die Auswirkungen auf das Customizing haben. Warten Sie mit dem Customizing nicht bis zur Phase der Realisierung, sondern nehmen Sie alle Customizing-Einstellungen schon im Business Blueprint vor, und bauen Sie im Business Blueprint einen Prototyp auf.

Zu diesem Prototyp gehören die folgenden Daten:

- alle steuernden Customizing-Einstellungen für die Organisationsstrukturen, für die Anlagenstrukturierung, für die Geschäftsprozesse und für die Integration mit anderen Komponenten
- repräsentative Einstellungen in nicht-steuernden Customizing-Einstellungen wie etwa Instandhaltungsplanergruppe, Einkäufergruppe, Disponenten, Standorte, Betriebsbereiche und ähnliche Tabellen. Diese müssen im Prototyp nicht vollständig gepflegt sein.
- repräsentative Stammdaten (Arbeitsplätze, Technische-Platz-Struktur, Equipments, Arbeitspläne etc.)

In einem solchen Prototyp bilden Sie das spätere produktive System schon annähernd ab. Ihre Anwender haben somit die Möglichkeit, das System schon vorab zu sehen.

2.3.3 Phase 3: Realisierung

In der Phase der Realisierung geht es nun darum, die in der Phase des Business Blueprints entworfenen Pläne und Konzepte in die Tat umzusetzen. Demzufolge warten nun folgende Aufgaben auf Sie:

- Sie finalisieren die Customizing-Einstellungen. Im Business Blueprint haben Sie bereits die steuernden Customizing-Einstellungen vorgenommen, um dort einen Prototyp aufzubauen. In nicht-steuernden Customizing-Einstellungen wie z. B. Instandhaltungsplanergruppe, Einkäufergruppe, Disponenten, Standorte, Betriebsbereiche und ähnliche Tabellen haben Sie nur repräsentative Einträge vorgenommen. Diese müssen nun vervollständigt werden.

- Sie entwickeln notwendige Ergänzungen und Schnittstellenprogramme.
- Sie bereiten die Altdaten für die Übernahme vor und richten die Übernahmetools LSMW oder IBIP ein.
- Sie erfassen die Stammdaten direkt im SAP-System.
- Sie entwickeln die Anwenderschulungen und Anwenderdokumentationen.
- Sie organisieren die Durchführung der Anwenderschulungen.
- Sie richten die Benutzer, Rollen und Berechtigungen ein.

Diese Aufgaben sind definiert und bedürfen an dieser Stelle keiner weiteren Erläuterungen. Stattdessen möchte ich auf einen bisher nicht dargestellten Aspekt eingehen: das Testen. Vor einem Übergang in den Produktivbetrieb sollten Sie Ihr umgesetztes Konzept ausgiebig testen.

[+] **Führen Sie ausreichende Tests durch**

Umfangreiche Tests in der Einführungsphase sind eine notwendige Voraussetzung für einen erfolgreichen Produktivstart. Planen Sie sie rechtzeitig, und führen Sie sie konsequent durch.

Es gibt unterschiedliche Arten von Tests:

- **Funktionstests**
  Dies ist die niedrigste Testebene, auf der Programme oder Transaktionen auf Fehler untersucht und beurteilt werden. Der Schwerpunkt des Tests liegt auf den inneren Funktionen des Programms. Hier geht es hauptsächlich darum, das System im Hinblick auf die eigenen Anforderungen kennenzulernen.
- **Szenariotest**
  Während des Customizings müssen Transaktionsketten getestet werden, die in Abhängigkeit zueinander stehen und zentrale Geschäftsprozesse und Szenarien widerspiegeln. Testschwerpunkt sind hier komplette Geschäftsprozesse.
- **Integrationstest**
  Ein abschließender Test überprüft die Integration mithilfe vordefinierter Geschäftsprozesse oder Szenarien, die die Abläufe in Ihrem System simu-

lieren. Die besagten Geschäftsabläufe verwenden bereits die migrierten Daten und werden in der echten IT-Infrastruktur ausgeführt, die sich aus dem SAP-System, Software von Fremdherstellern, Systemschnittstellen und verschiedenen Hardware- und Softwarekomponenten zusammensetzt.

2.3.4 Phase 4: Produktionsvorbereitung

Diese Phase umfasst nun sämtliche Aktivitäten, die in zeitlicher Nähe und als Vorbereitung des Go-Lives notwendig sind.

Dazu gehört die Übernahme von Altdaten ins Produktivsystem. Da jedoch die Datenübernahme nur in Ausnahmefällen vollständig und fehlerfrei gelingt, benötigen Sie einige Zeit für die Korrektur und Ergänzung der Daten. Je nachdem, wie umfangreich dieses Änderungsvolumen ist, sollten Sie ausreichend Zeit für die Nachpflege einplanen.

Einen Tag bis zu einer Woche für die Nachpflege einplanen [+]

Planen Sie ausreichend Zeit (einen oder mehrere Tage) für Fehlerkorrekturen und Ergänzungen an den Stammdaten ein.

Eine weitere Aktivität, die in dieser Phase auf Sie wartet, ist die Anwenderschulung. Hatte ich es bei der Ausbildung des Projektteams noch empfohlen, gilt dies für Endanwenderschulungen nicht: SAP-Schulungen sind für Endanwender normalerweise nicht geeignet.

Führen Sie Anwenderschulungen inhouse durch [+]

Die Endanwenderschulungen sollten von Mitarbeitern Ihres Hauses durchgeführt werden, am besten durch die Vertreter des Fachbereichs im Projektteam. Verwenden Sie dazu die Systemumgebung und die Beispiele von technischen Objekten, auf die die Endanwender später auch treffen. Wichtig ist auch: Führen Sie die Endanwenderschulungen in zeitlicher Nähe zum Produktivstart durch, sonst haben die Anwender bis zum Produktivstart vieles wieder vergessen.

Cut-Over-Plan

Spätestens zum Zeitpunkt der Anwenderschulungen sollten Sie auch einen kompletten Cut-Over-Plan erstellt haben.

[+]

Entwickeln Sie einen Cut-Over-Plan

Ein Cut-Over-Plan enthält sämtliche Aktivitäten, die entweder unmittelbar vor, während oder kurz nach Produktivstart durchzuführen sind. Damit erfüllt der Cut-Over-Plan die Funktion eines »Knotens im Taschentuch«, einer Erinnerungsliste, damit nichts vergessen wird.

Auf einer solchen Liste stehen oft nur Kleinigkeiten. Aber weil gerade Kleinigkeiten bei so etwas Großem wie einem Produktivstart gerne vergessen werden, kann auf einer solchen Liste z. B. Folgendes stehen:

- welche Stammdaten noch manuell anzulegen sind, weil eine automatische Übernahme sich nicht lohnt
- welche Einstellungen am System vorzunehmen sind, weil sie nicht transportiert werden können
- welche Selektions- und Anzeigevarianten einzustellen sind
- welche Batch-Jobs angestoßen werden müssen
- welche Nummernkreise entweder manuell anzulegen sind oder deren Transport manuell angestoßen werden muss

2.3.5 Phase 5: Go-Live und Support

Zum geplanten Stichtag gehen Sie dann live und beginnen, Ihre ersten Meldungen und Aufträge im neuen System abzuwickeln. Das Wichtigste in dieser Phase ist, für die Betreuung der Systeme und Mitarbeiter zu sorgen:

[+]

Schicken Sie die Projektmitarbeiter in die Werkstatt

Organisieren Sie in den ersten Tagen nach dem Go-Live einen Support für die Endanwender: am besten eine Vor-Ort-Betreuung der Anwender durch Mitarbeiter aus dem Projektteam. Geben Sie darüber hinaus auch eine zentrale Hotline-Nummer und E-Mail-Adresse bekannt, sodass Probleme zeitnah bearbeitet werden können.

In dieser Phase sollten – wenn die Tests zielgerichtet und intensiv betrieben wurden – keine konzeptionellen Schwierigkeiten oder Systemprobleme mehr auftreten. Erfahrungsgemäß gibt es in dieser Phase Probleme beim Umgang mit der Software oder stellen sich Detailfragen. Aber auch diese nehmen nach einer gewissen Eingewöhnungsphase schnell ab.

2.3.6 Phase 6: Laufender Betrieb

In der letzten Phase (*Operate*) geht es hauptsächlich darum, den laufenden Betrieb des SAP-Systems in der Instandhaltung zu verbessern und zu eruieren, welche Maßnahmen aus der Projektphase für zukünftige Projekte Optimierungspotenzial bieten. Dazu gehören:

- Optimierung der Dokumentation
- Optimierung der Schulungsmaßnahmen
- Optimierung der Implementierung
- Optimierung der Tests
- Optimierung des technischen Betriebs
- Optimierung der Geschäftsprozesse
- Optimierung der Systemupgrades
- Optimierung der Systemwartung

Damit schließen wir das Kapitel mit den eher projektbezogenen Fragestellungen und Hinweisen ab und wenden uns den ersten systembezogenen Fragestellungen zu, nämlich den einzurichtenden Organisationsstrukturen.

Dieses Kapitel stellt Ihnen die Elemente vor, ohne die eine Instandhaltungsabwicklung im SAP-System nicht auskommt: die allgemeinen Organisationseinheiten, die instandhaltungsspezifischen Organisationseinheiten und den Arbeitsplatz.

3 Organisationsstrukturen

Die SAP-Organisationseinheiten legen die Aufbauorganisation Ihres Unternehmens im Allgemeinen und Ihrer Instandhaltung im Speziellen fest. Die SAP-Organisationseinheiten bilden somit die Grundlage für alle Stammdaten und Geschäftsprozesse.

SAP stellt Ihnen eine Reihe von Organisationseinheiten zur Verfügung, mit deren Hilfe Sie Ihre Unternehmensstruktur abbilden können.

- Einige von ihnen werden auch in anderen Applikationen verwendet wie z. B. der Buchungskreis, der Kostenrechnungskreis oder das Werk.
- Manche der Organisationseinheiten werden in der Instandhaltung verwendet, aber die Instandhaltung hat ihre eigene Sichtweise darauf, wie etwa das Werk als Instandhaltungsplanungs- und als Standortwerk.
- Manche Organisationseinheiten betreffen nur die Instandhaltung – etwa der Betriebsbereich oder die Instandhaltungsplanergruppe.

Organisationseinheiten als Berechtigungsobjekte [+]

Zu jeder Organisationseinheit gibt es mindesten ein Berechtigungsobjekt, in der Regel aber mehrere. Sie eignen deshalb hervorragend, um Berechtigungen zu vergeben bzw. einzuschränken. So können Sie z. B. mithilfe der Instandhaltungsplanergruppe die Berechtigung zum Bearbeiten von Instandhaltungsaufträgen gezielt zuordnen.

Zwar kann die Unternehmensstruktur im laufenden Betrieb vorsichtig erweitert werden, das Löschen von bereits produktiv eingesetzten Organisationseinheiten ist jedoch eine heikle Angelegenheit. Bei Veränderung der Organisationsstruktur fallen unter anderem folgende Arbeiten an:

- betroffene Customizing-Tabellen herausfinden und anpassen
- betroffene Selektionsvarianten herausfinden und anpassen
- Eigenentwicklungen überprüfen, da diese eventuell abhängig von bestimmten Organisationsstrukturen entwickelt wurden
- neue Stammdaten anlegen
- Berechtigungskonzept überprüfen
- »Datenarchivierung, damit die Beleghistorie nicht verloren geht.«[1]
- Sämtliche potenziell betroffenen Belege prüfen und korrigieren (Zum Beispiel können Sie einen Auftrag nicht weiterbearbeiten, wenn die Planergruppe gelöscht wurde.)
- sämtliche potenziell betroffenen Stammdaten prüfen und korrigieren (Zum Beispiel können Sie ein Equipment nicht weiterbearbeiten, wenn der Arbeitsplatz gelöscht wurde.)

Die Festlegung der Organisationsstrukturen umfasst aus Sicht der Instandhaltung die folgenden Bereiche:

- die allgemeinen SAP-Organisationseinheiten (z. B. Kostenrechnungskreis, Buchungskreis, Werk, Lagerort)
- die Definition der instandhaltungsspezifischen Organisationseinheiten (z. B. Standort oder Betriebsbereich)
- schließlich das Customizing zu den Arbeitsplätzen in der Instandhaltung (z. B. Mechanik, Elektrik, Mess- und Regeltechnik)

3.1 Allgemeine SAP-Organisationseinheiten

Grundlage für alle Stammdaten und Geschäftsprozesse sind in SAP ERP die Organisationseinheiten. In den folgenden Abschnitten lernen Sie die wichtigsten Organisationseinheiten aus Sicht der Instandhaltung kennen und erfahren, wie Sie die dazugehörenden Customizing-Funktionen nutzen sollten. Abbildung 3.1 zeigt typische allgemeine Organisationseinheiten.

[+] **Normalerweise sind die allgemeinen Organisationseinheiten schon da**

Um eines vorwegzunehmen: In der Regel sind die allgemeinen Organisationseinheiten im SAP-System, wie z. B. Buchungskreis, Kostenrechnungskreis und Werk, bereits definiert, wenn Sie sich an die Einführung von SAP EAM machen, denn die

1 Greiner, Ernst: SAP-Materialwirtschaft – Customizing. Bonn: SAP PRESS 2011. S. 91.

Definition erfolgt bereits bei der Einführung anderer Applikationen (z. B. CO, MM etc.). Nur dann, wenn SAP EAM in der ersten Welle dabei ist oder wenn Sie aus einer reinen Instandhaltungsperspektive eigene Organisationseinheiten definieren, haben Sie Einfluss auf die Ausgestaltung.

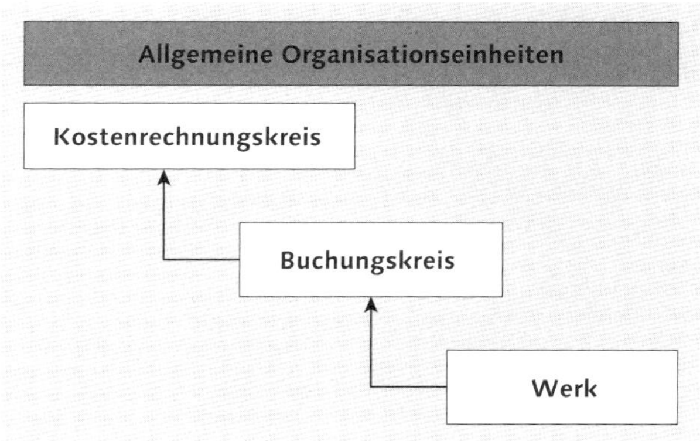

Abbildung 3.1 Allgemeine Organisationseinheiten

3.1.1 Buchungskreis

Der Buchungskreis bildet in SAP ERP eine selbstständig bilanzierende Einheit ab und ist damit die kleinste Organisationseinheit des externen Rechnungswesens. Mit einem Buchungskreis bilden Sie also innerhalb Ihres Konzerns (Mandant) eine Firma ab, die am (Bilanz-)Jahresende eine Bilanz, eine Gewinn- und Verlustrechnung und andere jahresabschlussrelevante Unterlagen erstellen muss.

Buchungskreis bearbeiten

Der Buchungskreis bildet die Grundlage für viele andere Applikationen, so auch die Instandhaltung. Mit dieser Customizing-Funktion legen Sie neue Buchungskreise an und nehmen an bestehenden Buchungskreisen Änderungen vor.

Customizing-Pfad

UNTERNEHMENSSTRUKTUR • DEFINITION • FINANZWESEN • BUCHUNGSKREIS BEARBEITEN, KOPIEREN, LÖSCHEN, PRÜFEN

Voraussetzungen

Es müssen vorher Länder, Sprachen und Währungen gepflegt sein.

Einstellungen

Wählen Sie die Unterfunktion BUCHUNGSKREISDATEN BEARBEITEN. Sie erhalten die Tabelle mit den definierten Buchungskreisen (siehe Abbildung 3.2).

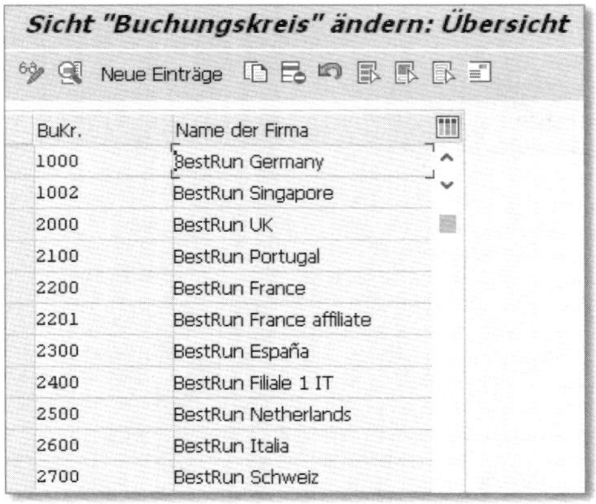

Abbildung 3.2 Buchungskreise – Übersicht

Im Detailbild können Sie die wichtigsten Parameter wie Land oder Währung pflegen (siehe Abbildung 3.3).

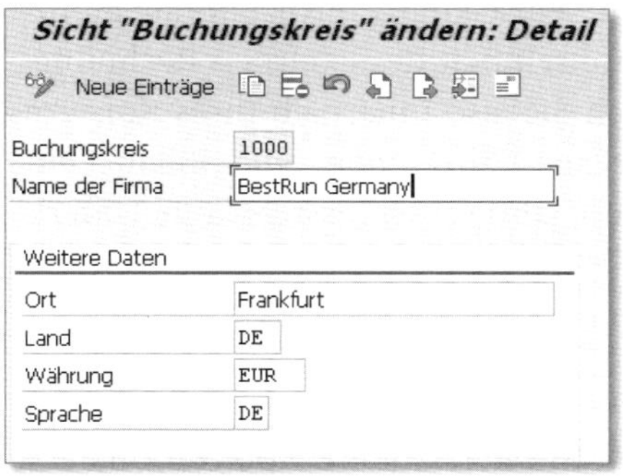

Abbildung 3.3 Buchungskreis – Basisdaten

Die Adressdaten zum Buchungskreis können Sie dann über das Icon angeben.

Globale Parameter zum Buchungskreis

Mit dieser Customizing-Funktion können Sie die wichtigsten Festlegungen zum Buchungskreis treffen. Dazu zählen u. a. der Kontenplan und die Geschäftsjahresvariante.

Customizing-Pfad

Finanzwesen (neu) • Grundeinstellungen Finanzwesen (neu) • Globale Parameter zum Buchungskreis • Globale Parameter prüfen und ergänzen

Voraussetzungen

Die Festlegungen müssen vorher entweder als Stammdaten (z. B. Kontenplan) oder in anderen Customizing-Funktionen definiert sein (wie z. B. Gesellschaft, Kreditkontrollbereich, Geschäftsjahresvariante).

Einstellungen

Die aus Sicht der Instandhaltung wichtigsten Felder sind Kontenplan und GeschJahresvariante (Geschäftsjahresvariante, siehe Abbildung 3.4).

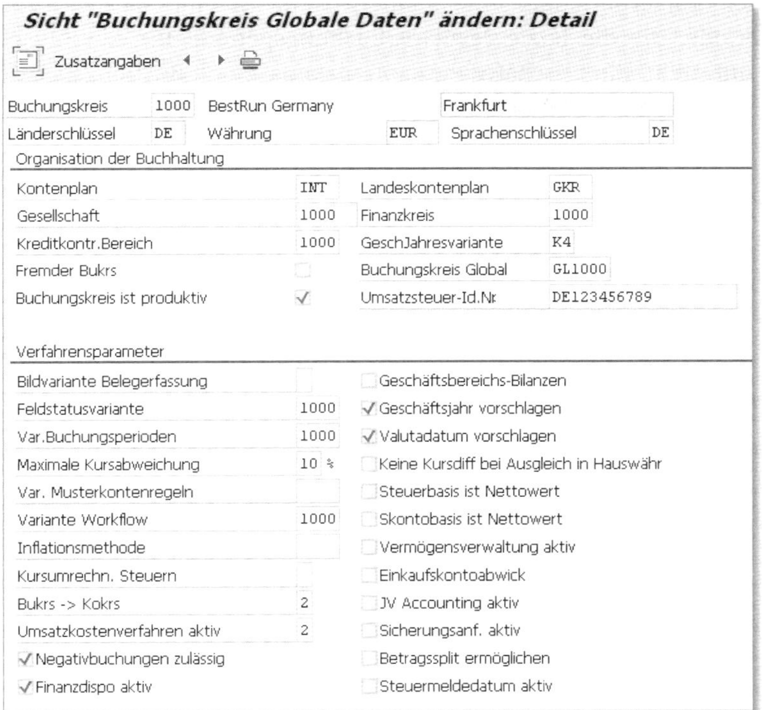

Abbildung 3.4 Buchungskreis – globale Parameter

- Der *Kontenplan* ist ein Verzeichnis aller Sachkonten. Er ist die Grundlage aller Geschäftsvorfälle in SAP ERP. Bei jedem Geschäftsvorfall wird im Hintergrund immer auf ein oder mehrere Sachkonten gebucht, so werden bei einer Warenentnahme auf einen Instandhaltungsauftrag immer mindestens ein Bestandskonto (z. B. Bestand Ersatzteile) und ein Verbrauchskonto (z. B. Verbrauch Ersatzteile) angesprochen. »Jedem Buchungskreis muss zwingend ein Kontenplan zugeordnet werden. Der zugeordnete Kontenplan wird als operativer Kontenplan bezeichnet, d. h., auf den Konten des operativen Kontenplans werden die Buchungen im Tagesgeschäft durchgeführt. Der operative Kontenplan wird sowohl von der Buchhaltung als auch vom Controlling verwendet.«[2]

- Die *Geschäftsjahresvariante* definiert das Geschäftsjahr und die Buchungsperioden. Das Geschäftsjahr kann sich mit dem Kalenderjahr decken, muss es aber nicht, um z. B. die Jahresabschlussarbeiten nicht an den Feiertagen im Dezember durchführen zu müssen. Die Buchungsperioden beinhalten die Anzahl der Buchungsperioden (in der Regel: zwölf Monate) und die Anzahl der Sonderperioden. Eine Sonderperiode ist eine spezielle Buchungsperiode, die die letzte reguläre Buchungsperiode für Abschlussarbeiten unterteilt. Ein Geschäftsjahr kann maximal zwölf Buchungsperioden und vier Sonderperioden umfassen.

3.1.2 Kostenrechnungskreis

Der Kostenrechnungskreis ist die zentrale Organisationseinheit im Controlling, von der alle weiteren Stammdaten (wie etwa Kostenstellen oder Leistungsarten) abhängen.

Kostenrechnungskreis pflegen

Ein Kostenrechnungskreis ist definiert als »organisatorische Einheit innerhalb eines Unternehmens, für die eine vollständige, in sich geschlossene Kostenrechnung durchgeführt werden kann«[3]. Ein Kostenrechnungskreis kann einen oder mehrere, gegebenenfalls unterschiedliche Währungen führende Buchungskreise umfassen. Die zugehörigen Buchungskreise müssen denselben operationalen Kontenplan und dieselbe Geschäftsjahresvariante nutzen.

Customizing-Pfad

Unternehmensstruktur • Definition • Controlling • Kostenrechnungskreis pflegen

---

2 Munzel, Martin; Munzel, Renata: SAP-Controlling – Customizing. Bonn: SAP PRESS 2011. S. 25.

3 siehe SAP-Glossar (*http://help.sap.com/saphelp_glossary/de/index.htm*)

Transaktion
OX06

Voraussetzungen
Vorher müssen Währung, Kontenplan und Geschäftsjahresvariante definiert sein.

Einstellungen
Wählen Sie die Unterfunktion KOSTENRECHNUNGSKREIS PFLEGEN (siehe Abbildung 3.5), um die Einstellungen an einem Kostenrechnungskreis zu prüfen oder zu verändern.

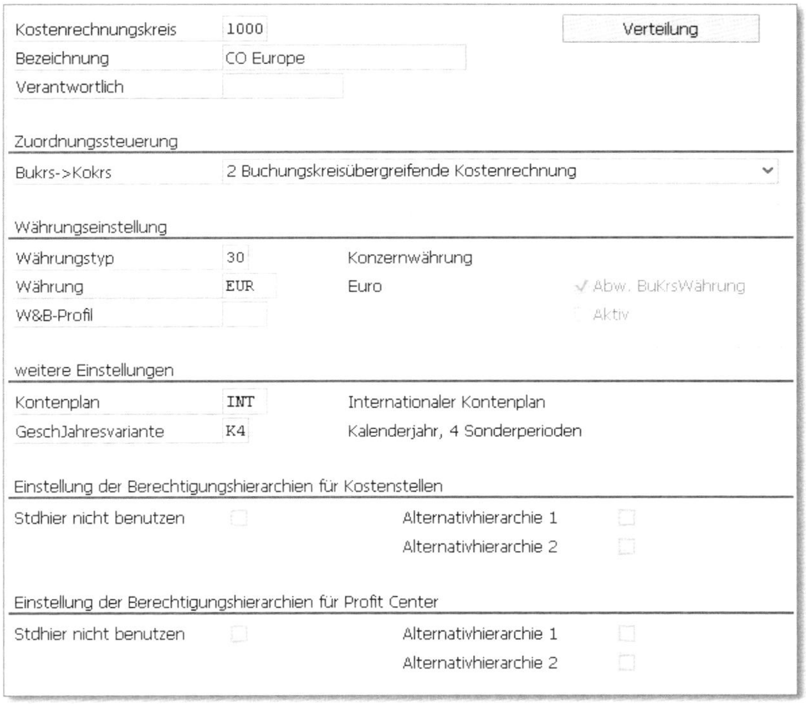

Abbildung 3.5 Kostenrechnungskreis

Ein Buchungskreis bildet eine Firma aus externer Sicht ab, und es spielen hauptsächlich steuerliche Gründe eine Rolle, d. h., Buchungskreise werden gegründet, um seine Steuerbelastung zu optimieren. Ein Buchungskreis spiegelt somit nicht unbedingt das tatsächliche Leistungsgeflecht wider. Demgegenüber bildet ein Kostenrechnungskreis eine Firma aus interner Sicht ab, und dabei spielen vor allem die tatsächlich gelebten Geschäftsprozesse und der Leistungsaustausch zwischen den verschiedenen Unternehmenseinheiten eine Rolle.

Ein Beispiel: Der Produktionsplaner Müller und der Instandhaltungsplaner Ludwig sitzen im selben Büro und haben auch mal zur selben Firma (Buchungskreis) gehört. Ludwig plant weiterhin die Reparaturaufträge und Wartungsmaßnahmen an Müllers Maschinenpark, sitzt mit ihm auch noch im selben Büro, aber seitdem die Instandhaltung ausgelagert wurde, gehört er zu einer anderen Firma (Buchungskreis). Die Prozesse haben sich im Tagesgeschäft nicht geändert. Ludwig kann seine Aufträge auch weiterhin so planen wie in der Vergangenheit, weil seine Firma aus interner Sicht (Kostenrechnungskreis) zur selben Firma gehört wie Müllers Produktion und dort die Option BUCHUNGSKREISÜBERGREIFENDE KOSTENRECHNUNG aktiviert ist.

Buchungskreis – Kostenrechnungskreis zuordnen

Mit dieser Customizing-Funktion ordnen Sie die Buchungskreis, für die Sie eine gemeinsame Kostenstellenrechnung durchführen möchten, einem Kostenrechnungskreis zu. Nur dann, wenn Sie eine buchungskreisübergreifende Kostenrechnung durchführen möchten, müssen Sie die Buchungskreise dem Kostenrechnungskreis explizit zuordnen.

Customizing-Pfad

UNTERNEHMENSSTRUKTUR • ZUORDNUNG • CONTROLLING • BUCHUNGSKREIS • KOSTENRECHNUNGSKREIS ZUORDNEN

Transaktion

OX19

Voraussetzungen

Buchungskreis und Kostenrechnungskreis müssen vorher definiert sein. Beide müssen über denselben Kontenplan und dieselbe Geschäftsjahresvariante verfügen.

Einstellungen

Wie Abbildung 3.6 zeigt, rufen Sie den betreffenden Kostenrechnungskreis (hier: 1000) auf und ordnen die notwendigen Buchungskreise (hier: u. a. 1000) zu.

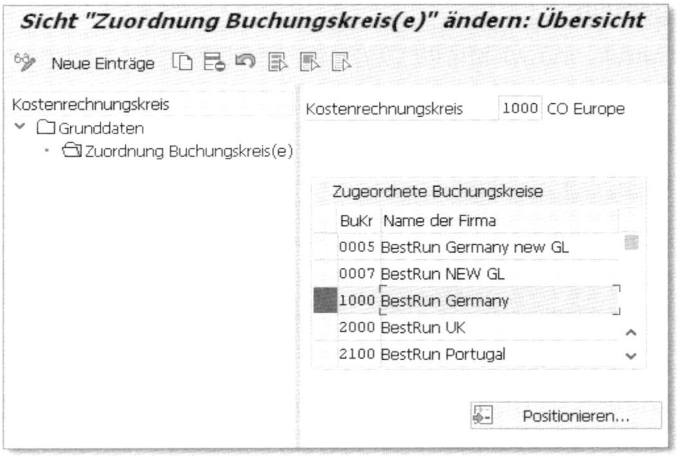

Abbildung 3.6 Buchungskreis – Kostenrechnungskreis zuordnen

Aufgrund meiner schlechten Erfahrungen mit anderen Konstellationen kann ich der Empfehlung meiner Kollegen Munzel und Munzel nur vorbehaltlos zustimmen:[4]

Aufbau der Organisationsstruktur [+]

Es gibt eine klare Empfehlung von SAP, für das gesamte Unternehmen nur einen Kostenrechnungskreis zu führen. Das bedeutet, Sie ordnen alle Buchungskreise diesem einen Kostenrechnungskreis zu. Dies bietet Ihnen folgende Vorteile:

Ein Buchungskreis darf einem Kostenrechnungskreis nur dann zugeordnet werden, wenn beide dieselbe Geschäftsjahresvariante und denselben Kontenplan verwenden. Damit können Sie gewährleisten, dass alle Buchungskreise denselben Kontenplan verwenden, und auf diese Weise eine grundlegende Standardisierung sicherstellen.

Stammdaten wie Kostenarten, Kostenstellen und Profit-Center müssen für jeden Kostenrechnungskreis angelegt werden. Bei nur einem Kostenrechnungskreis verringern Sie den Aufwand für die Stammdatenpflege erheblich.

Sie können buchungskreisübergreifende Auswertungen im Controlling fahren. Es ist in SAP ERP nicht möglich, Daten aus unterschiedlichen Kostenrechnungskreisen in einem Bericht anzuzeigen.

Grundlegende Funktionen im Controlling sind nur innerhalb eines Kostenrechnungskreises möglich, wie etwa buchungskreisübergreifender Verkauf, Transferpreise, Verrechnungen im Controlling oder werksübergreifende Kalkulation – und eben auch eine werks- und buchungskreisübergreifende Instandhaltung.

4 Munzel, Martin; Munzel, Renata: SAP-Controlling – Customizing. Bonn: SAP PRESS 2011. S. 32.

3.1.3 Werk allgemein

Das Werk ist die zentrale und wichtigste Organisationseinheit der Logistik.

Werk definieren, kopieren, prüfen

Sie benötigen ein Werk z. B. für folgende Bereiche:

- in der Produktion für die Fertigungsauftragsabwicklung und Kapazitätsplanung
- im Einkauf als einkaufendes oder als lieferndes Werk
- im Versand als Auslieferungswerk
- in der Bestandsführung als Organisationseinheit, in der Sie Bestände und Werte führen
- im Qualitätsmanagement als Einheit, in der Sie Prüflose bearbeiten
- in der Materialwirtschaft für Prognose, Materialbedarfsplanung und Erzeugniskalkulation
- für die gesamte Stammdatenverwaltung der Logistik (Arbeitsplätze, Arbeitspläne, Stücklisten, Material)

Customizing-Pfad

Unternehmensstruktur • Definition • Logistik Allgemein • Werk definieren, kopieren, löschen, prüfen

Voraussetzungen

Vorher müssen Sie Sprachen- und Länderschlüssel sowie Regionen und Fabrikkalender pflegen.

Einstellungen

Mit der Unterfunktion Werk definieren gelangen Sie in die Übersicht der vorhandenen Werke (siehe Abbildung 3.7).

Im Detailbild der Werke können Sie insbesondere die Werksadresse pflegen (siehe Abbildung 3.8). Diese wird dann später z. B. als Objektadresse der technischen Objekte oder als Anlieferadresse für Ersatzteile benötigt.

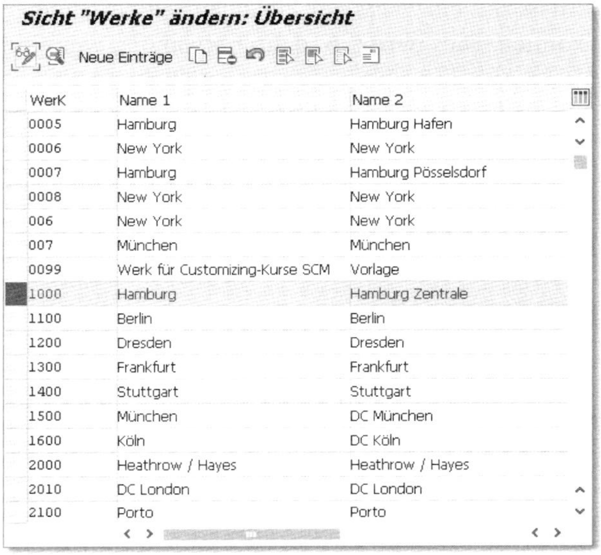

Abbildung 3.7 Werke – Übersicht

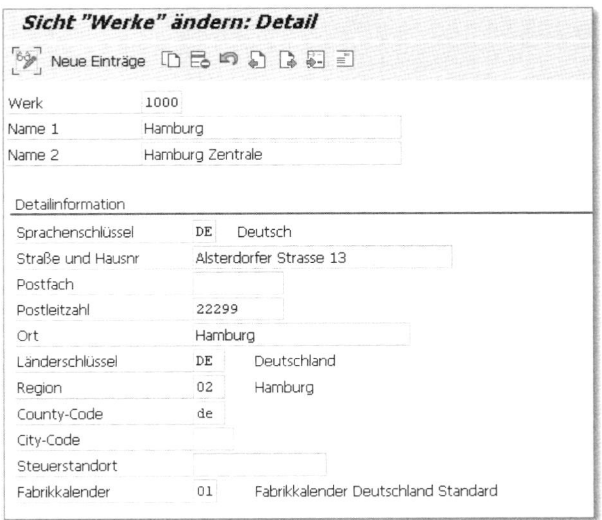

Abbildung 3.8 Werk – Adresse

Werk – Buchungskreis zuordnen

Die Zuordnung eines Werkes zu seinem Buchungskreis nehmen Sie über die Customizing-Funktion WERK • BUCHUNGSKREIS ZUORDNEN vor. Zu einem Zeitpunkt kann ein Werk immer nur zu einem Buchungskreis gehören. Im

Umkehrschluss heißt das, dass Sie ein Werk im Zeitablauf einem anderen Buchungskreis zuordnen können. Dies wird z. B. dann notwendig, wenn Ihr Instandhaltungsbereich ausgelagert und eine eigene Firma wird.

Customizing-Pfad

Unternehmensstruktur • Zuordnung • Logistik Allgemein • Werk • Buchungskreis zuordnen

Transaktion

OX19

Voraussetzungen

Werk und Buchungskreis müssen vorher definiert sein.

Einstellungen

Wie Abbildung 3.9 zeigt, definieren Sie einfach einen neuen Eintrag mit der Zuordnung des Werkes (hier: 1000) zum Buchungskreis (hier: 1000).

Sicht "Zuordnung Werk - Buchungskreis" ändern: Übersicht

Neue Einträge

Zuordnung Werk - Buchungskreis

BuKr	Werk	Name der Firma	Name des Werks	Status
0005	0005	BestRun Germany new GL	Hamburg	
0006	0006	BestRun US INC New GL	New York	
0007	0007	BestRun NEW GL	Hamburg	
0008	0008	BestRun US INC New GL 8	New York	
1000	0099	BestRun Germany	Werk für Customizing-Kurse SCM	
1000	1000	BestRun Germany	Hamburg	
1000	1100	BestRun Germany	Berlin	
1000	1200	BestRun Germany	Dresden	
1000	1300	BestRun Germany	Frankfurt	
1000	1400	BestRun Germany	Stuttgart	
1000	1500	BestRun Germany	München	
1000	1600	BestRun Germany	Köln	
2000	2000	BestRun UK	Heathrow / Hayes	
2000	2010	BestRun UK	DC London	

Abbildung 3.9 Zuordnung Werk • Buchungskreis

3.2 Das Werk aus Instandhaltungssicht

Die für die Instandhaltung wichtigste Organisationseinheit ist zweifelsfrei das Werk. Dieses erfüllt für die Instandhaltung mehrere Funktionen:

- als Instandhaltungsplanungswerk
- als Standortwerk

Eine Übersicht über die Organisationseinheiten in der Instandhaltung gibt Ihnen Abbildung 3.10.

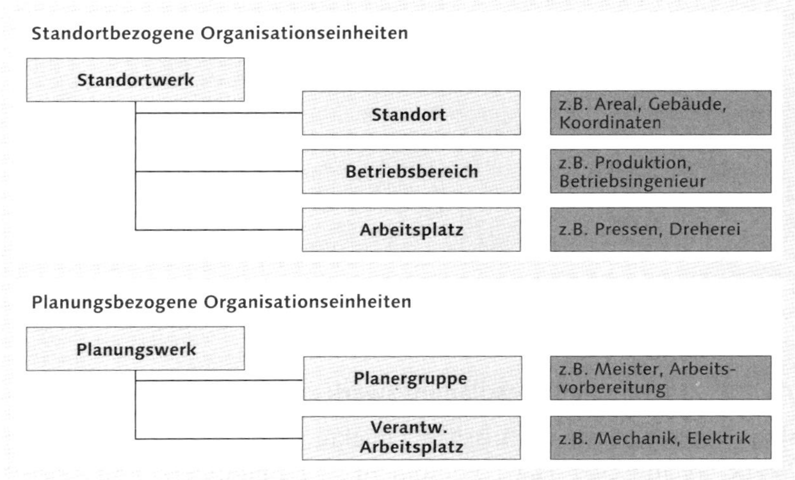

Abbildung 3.10 Organisationseinheiten der Instandhaltung

Instandhaltungsplanungswerk pflegen

Ein Werk ist für die Planung der Instandhaltungsaktivitäten verantwortlich. Man spricht in diesem Zusammenhang von einem *Instandhaltungsplanungswerk* (oder kurz: *Planungswerk*). Ein Werk wird über die Customizing-Funktion PLANUNGSWERK PFLEGEN zu einem Planungswerk.

Customizing-Pfad

UNTERNEHMENSSTRUKTUR • DEFINITION • INSTANDHALTUNG • INSTANDHALTUNGSPLANUNGSWERK PFLEGEN

Voraussetzungen

Das Instandhaltungsplanungswerk muss vorher als normales logistisches Werk definiert sein (siehe Abschnitt 3.1.3, »Werk allgemein«).

Einstellungen

Sie erhalten die Übersicht über die vorhandenen Instandhaltungsplanungswerke (siehe Abbildung 3.11) und können eventuell neue Werke dort aufnehmen.

Sicht "Instandhaltungsplanungswerke" ändern: Übersicht

Neue Einträge

Planungswerk	Name 1	Name 2
0005	Hamburg	Hamburg Hafen
0006	New York	New York
0007	Hamburg	Hamburg Pösselsdorf
0008	New York	New York
1000	Hamburg	Hamburg Zentrale
1100	Berlin	Berlin
1200	Dresden	Dresden
1500	München	DC München
1600	Köln	DC Köln
2000	Heathrow / Hayes	Heathrow / Hayes
2010	DC London	DC London
2200	Paris	Paris

Abbildung 3.11 Instandhaltungsplanungswerk

Standortwerk – Instandhaltungsplanungswerk zuordnen

Alle instand zu haltenden technischen Objekte befinden sich physisch in einem Werk (Technischer Platz, Equipment, Serialnummer). Man spricht dabei von einem *Standortwerk*. Ein Werk wird zu einem Standortwerk, wenn Sie dort ein technisches Objekt anlegen. Es gibt keine gesonderte Customizing-Tabelle für Standortwerke.

Jedes Werk, in dem Instandhaltungsprozesse geplant oder ausgeführt werden sollen, muss eine Zuordnung vom Standortwerk zum Planungswerk haben. Die Zuordnung nehmen Sie über die Customizing-Funktion INSTANDHALTUNGSPLANUNGSWERK ZUORDNEN vor (siehe Abbildung 3.12).

Customizing-Pfad

UNTERNEHMENSSTRUKTUR • ZUORDNUNG • INSTANDHALTUNG • STANDORTWERK • INSTANDHALTUNGSPLANUNGSWERK ZUORDNEN

Voraussetzung

Beide Werke (Standortwerk und Planungswerk) müssen vorher als normale logistische Werke definiert sein (siehe Abschnitt 3.1.3, »Werk allgemein«). In einem Werk, das keine Zuordnung zu einem Planungswerk besitzt (z. B. Werk 1100), können weder technische Objekte stehen (Standortwerk) noch Instandhaltungsmaßnahmen geplant oder ausgeführt werden (Planungswerk).

Einstellungen

Ordnen Sie über die Spalte PLWK das allgemeine logistische Werk einem Planungswerk zu, wenn dort Anlagen stehen und Instandhaltungsarbeiten geplant oder ausgeführt werden sollen.

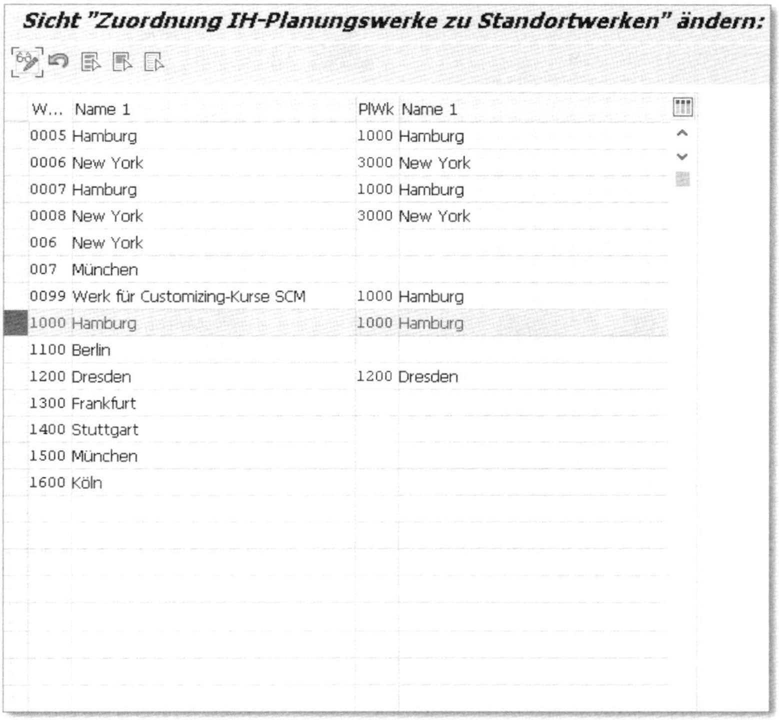

Sicht "Zuordnung IH-Planungswerke zu Standortwerken" ändern:

W...	Name 1	PlWk	Name 1
0005	Hamburg	1000	Hamburg
0006	New York	3000	New York
0007	Hamburg	1000	Hamburg
0008	New York	3000	New York
006	New York		
007	München		
0099	Werk für Customizing-Kurse SCM	1000	Hamburg
1000	Hamburg	1000	Hamburg
1100	Berlin		
1200	Dresden	1200	Dresden
1300	Frankfurt		
1400	Stuttgart		
1500	München		
1600	Köln		

Abbildung 3.12 Zuordnung Standortwerk – Planungswerk

Bei den Geschäftsprozessen in der Instandhaltung müssen Sie differenzieren, ob die Planung und die Ausführung der Aufträge in nur einem Werk oder in unterschiedlichen Werken stattfinden.

Werksbezogene Instandhaltung

In der Praxis trifft man am häufigsten auf die Situation, dass der Instandhaltungsbedarf in dem Werk geplant wird, in dem er entsteht, dass also die Aufträge von Werkstätten aus dem gleichen Werk ausgeführt werden und dass auch das Ersatzteillager sich im gleichen Werk befindet. In Abbildung 3.13 ist dies das Werk 1000. Hier gilt: Standortwerk = Planungswerk = Werk des Ersatzteillagers.

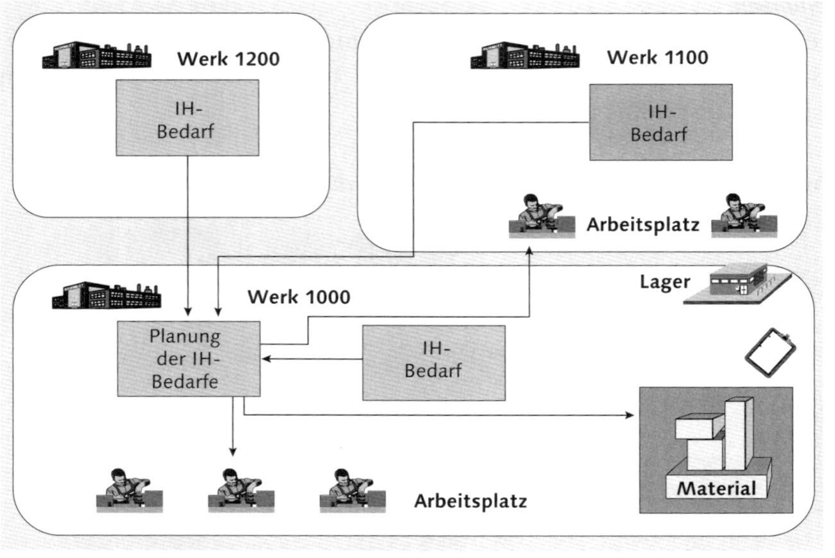

Abbildung 3.13 Werk und Instandhaltung

Werksübergreifende Instandhaltung

Neben der werksbezogenen Instandhaltung sind noch weitere Konstellationen anzutreffen:

- In einem Werk (hier z. B. 1200) entsteht ein Bedarf, da dort eine technische Anlage instand zu halten ist (= Standortwerk), aber alle weiteren Funktionen (Planung, Auftragsausführung, Ersatzteillager) werden von einem anderen Werk (hier z. B. 1000) übernommen.
- In einem Werk (hier z. B. 1100) entsteht ein Bedarf, und es werden hier weitere Teilfunktionen (Auftragsausführung) wahrgenommen; andere Teilfunktionen (Auftragsplanung, Ersatzteilbevorratung) finden hingegen in anderen Werken (hier z. B. 1000) statt.

Eine werksübergreifende Instandhaltung ist unproblematisch, wenn das Standortwerk des technischen Objekts und das Werk des ausführenden Arbeitsplatzes im selben Buchungskreis liegen. Dasselbe gilt, wenn die Werke zu unterschiedlichen Buchungskreisen, aber zum selben Kostenrechnungskreis gehören. Auch hier handelt es sich um ein Standardszenario.

Problematisch wird es, wenn die Werke zu unterschiedlichen Kostenrechnungskreisen gehören. Hier gibt es kein Standardszenario, sondern es entsteht eine Kunden-Lieferanten-Beziehung. Das Standortwerk (Kunde) müsste in diesem Fall also Bestellungen auslösen. Beim Werk des Arbeitsplatzes (Lieferant) wird ein Kundenauftrag ausgelöst, zu dem dann eine Faktura erstellt wird. Die Faktura wird wiederum im Standortwerk als Eingangsrechnung erfasst – insgesamt also ein sehr umständliches Verfahren. Wie können Sie dies nun vereinfachen?

Werke in unterschiedlichen Kostenrechnungskreisen

Wenn Sie eine werksübergreifende Instandhaltung nutzen und sich die Werke in unterschiedlichen Kostenrechnungskreisen befinden, ist die folgende Vorgehensweise empfehlenswert:

- Legen Sie im Arbeitsplatzwerk eine Kostenstelle für das eigentliche Standortwerk an.
- Ordnen Sie alle technischen Objekte dem Arbeitsplatzwerk als Standortwerk und dieser Kostenstelle zu.
- Wickeln Sie alle Instandhaltungsaufträge im Arbeitsplatzwerk ab.
- Führen Sie manuell periodische Fakturen (z. B. monatlich) vom Arbeitsplatzwerk zulasten des Kundenstandortwerks und zugunsten der Kostenstelle durch.

Diese Vorgehensweise erspart Ihnen das Erstellen von Bestellungen und Kundenaufträgen, das Erstellen einzelner Fakturierungen und das Buchen einzelner Eingangsrechnungen.

3.3 Instandhaltungsspezifische Organisationseinheiten

Im Zusammenhang mit dem Werk spielen weitere instandhaltungsspezifische Organisationseinheiten, die entweder standortwerk- oder planungswerkbezogen sind, eine Rolle (Abbildung 3.10). Die standortwerk- und planungswerkbezogenen Daten finden sich allesamt in technischen Objekten (Technischer Platz, Equipment) wieder und werden von dort in Meldung und Auftrag kopiert. Im Folgenden werden diese Daten näher erläutert.

Arbeitsplätze führen Instandhaltungsmaßnahmen durch oder sind für diese verantwortlich. Sie haben entweder einen Bezug zum Planungswerk oder zum Standortwerk (siehe Abschnitt 3.4, »Arbeitsplätze«).

Planergruppen festlegen

Eine Planergruppe ist für die Planung der Instandhaltungsmaßnahmen zuständig und hat ebenfalls einen Bezug zu einem Planungswerk. Sie pflegen Planergruppen mit der Customizing-Funktion PLANERGRUPPEN FESTLEGEN.

Customizing-Pfad

INSTANDHALTUNG UND KUNDENSERVICE • INSTANDHALTUNGS- UND SERVICEABWICKLUNG • GRUNDEINSTELLUNGEN • ALLGEMEINE DATEN • PLANERGRUPPEN FESTLEGEN

Voraussetzungen

Da Planergruppen immer planungswerkspezifisch angelegt werden, muss vorher das Werk als allgemeines logistisches Werk und als Instandhaltungsplanungswerk angelegt sein.

Einstellungen bzw. empfohlene Einstellungen

Vergeben Sie für jede Planergruppe einen dreistelligen Schlüssel, eine Beschreibung und gegebenenfalls eine Telefonnummer (siehe Abbildung 3.14).

[+] **Empfehlung für die Nutzung von Planergruppen**

Planergruppen richten Sie z. B. ein, wenn Sie eine Arbeitsvorbereitung oder einzelne, namentlich benannte Instandhaltungsplaner abbilden möchten.

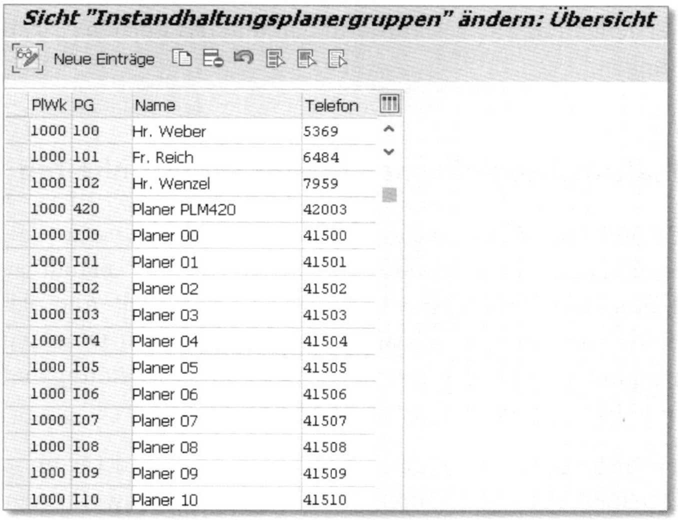

PlWk	PG	Name	Telefon
1000	100	Hr. Weber	5369
1000	101	Fr. Reich	6484
1000	102	Hr. Wenzel	7959
1000	420	Planer PLM420	42003
1000	I00	Planer 00	41500
1000	I01	Planer 01	41501
1000	I02	Planer 02	41502
1000	I03	Planer 03	41503
1000	I04	Planer 04	41504
1000	I05	Planer 05	41505
1000	I06	Planer 06	41506
1000	I07	Planer 07	41507
1000	I08	Planer 08	41508
1000	I09	Planer 09	41509
1000	I10	Planer 10	41510

Abbildung 3.14 Instandhaltungsplanergruppen

Standort festlegen

Als Standort verwenden Sie eine Kennzeichnung, die besagt, wo sich das technische Objekt physisch befindet. Ein Standort wird immer mit Bezug zu einem Standortwerk definiert; Standorte pflegen Sie mithilfe der Customizing-Funktion STANDORT FESTLEGEN.

Customizing-Pfad

UNTERNEHMENSSTRUKTUR • DEFINITION • LOGISTIK ALLGEMEIN • STANDORT FESTLEGEN

Voraussetzungen

Standorte werden immer werksspezifisch angelegt; deshalb muss das Werk des Standortes vorher als normales logistisches Werk definiert sein. Stimmen Sie sich mit Ihren Kollegen aus der Produktion und Anlagenbuchhaltung ab, denn dort wird die Standorttabelle bei den Arbeitsplätzen und Anlagen ebenfalls genutzt.

Einstellungen bzw. empfohlene Einstellungen

Vergeben Sie pro Standort eine maximal zehnstellige Nummer und eine Bezeichnung (siehe Abbildung 3.15).

Werk	Standort	Bezeichnung
1000	1	Produktion
1000	2	Lager
1000	3	Hochregallager
1000	A01	Gebäude A01
1000	A02	Gebäude A02
1000	A03	Gebäude A03
1000	B01	Gebäude B01
1100	1	Produktionsbereich 1100/01
1100	2	Schadmateriallager 1100/02

Abbildung 3.15 Standort

Empfehlung für die Benennung von Standorten [+]

In der Praxis haben sich als Standorte entweder Gebäudenummern (z. B. F141 oder WDF21) oder – falls vorhanden – die Werkskoordinaten (z. B. A01 oder K15) durchgesetzt.

Betriebsbereiche festlegen

Der *Betriebsbereich* ermöglicht Ihnen die Gliederung eines Standortwerk aus Sicht der Produktionsverantwortung. Der Verantwortliche für den Betriebsbereich ist Ansprechpartner für die Abstimmung zwischen Produktion und Instandhaltung. Jedem Equipment und jedem Technischen Platz kann ein Betriebsbereich zugeordnet werden. Bei der Abwicklung von Meldungen und Aufträgen können Sie ebenfalls einen Betriebsbereich angeben.

Als Betriebsbereich definieren Sie die Zuständigkeiten für den Betrieb der (Produktions-)Anlage; Betriebsbereiche pflegen Sie mithilfe der Customizing-Funktion BETRIEBSBEREICHE FESTLEGEN.

Customizing-Pfad

INSTANDHALTUNG UND KUNDENSERVICE • INSTANDHALTUNGS- UND SERVICE-ABWICKLUNG • GRUNDEINSTELLUNGEN • ALLGEMEINE DATEN • BETRIEBSBEREICHE FESTLEGEN

Transaktion

OIAB

Voraussetzungen

Da Betriebsbereiche immer eine Zuordnung zu einem Werk haben, muss das Werk vorher als allgemeines logistisches Werk definiert sein.

Einstellungen bzw. empfohlene Einstellungen

Vergeben Sie pro Betriebsbereich eine dreistellige Nummer, eine Bezeichnung oder einen Namen und gegebenenfalls eine Telefonnummer (siehe Abbildung 3.16).

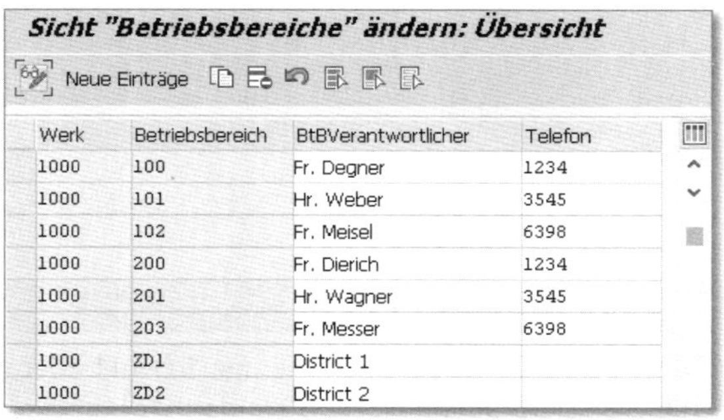

Werk	Betriebsbereich	BtBVerantwortlicher	Telefon
1000	100	Fr. Degner	1234
1000	101	Hr. Weber	3545
1000	102	Fr. Meisel	6398
1000	200	Fr. Dierich	1234
1000	201	Hr. Wagner	3545
1000	203	Fr. Messer	6398
1000	ZD1	District 1	
1000	ZD2	District 2	

Abbildung 3.16 Betriebsbereiche

[+]

Empfehlung für den Betriebsbereich

In der Praxis haben sich als Betriebsbereiche entweder der für die Anlage zuständige Betriebsingenieur oder der zur Anlage gehörende Produktionsbereich bewährt.

3.4 Arbeitsplätze

Aus Sicht der Instandhaltung repräsentiert ein Arbeitsplatz entweder eine einzelne Person (z. B. den Techniker M. Huber) oder eine Werkstatt, also eine Gruppe von Personen. Die folgenden Werkstätten sind in der Praxis häufig anzutreffen:

- Mechanik
- Elektrik
- Mess- und Regeltechnik
- Schlosserei
- Schweißerei
- Lackiererei
- Reinigungskolonne
- Haus- und Gebäudetechnik

Arbeitsplätze werden in der Instandhaltung an vielen Stellen verwendet:

- verantwortlicher Arbeitsplatz im Stammsatz des Equipments und Technischen Platzes
- verantwortlicher Arbeitsplatz in einer Wartungsposition
- verantwortlicher Arbeitsplatz im Kopf eines Arbeitsplans
- ausführender Arbeitsplatz in den Vorgängen eines Arbeitsplans
- verantwortlicher Arbeitsplatz in der Meldung
- verantwortlicher Arbeitsplatz im Auftragskopf
- ausführender Arbeitsplatz in den Vorgängen eines Auftrags

Im Folgenden werden nun die wichtigsten Customizing-Funktionen beschrieben, mit denen Sie Arbeitsplätze anlegen und pflegen können.

Arbeitsplatzarten festlegen und mit Plananwendung verknüpfen

Mit dieser Customizing-Funktion legen Sie die Arbeitsplatzarten fest. Jedem Arbeitsplatz müssen Sie beim Anlegen eine Arbeitsplatzart zuordnen (siehe Abbildung 3.17). Die Arbeitsplatzart bestimmt Folgendes:

- die zulässige *Plananwendung* (z. B. Instandhaltung, Produktion)
- die Bildfolge (z. B. Grunddaten, Kapazitäten)

- die Feldauswahl
- die Dokumentation von Änderungen anhand von Änderungsbelegen

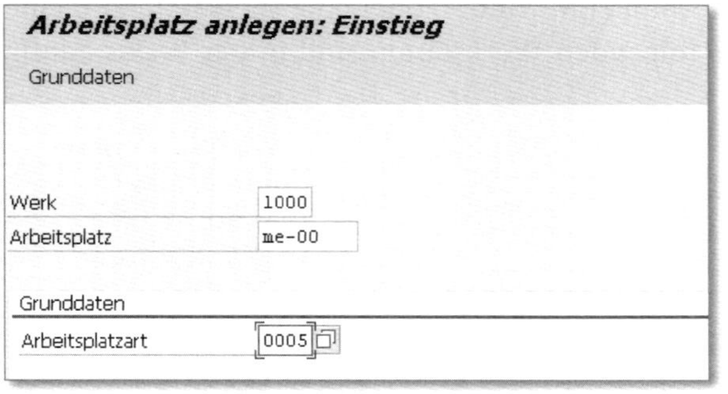

Abbildung 3.17 Arbeitsplatz – Einstiegsbild

Voraussetzungen
Es sind keine Voraussetzungen notwendig.

Customizing-Pfad
Instandhaltung und Kundenservice • Wartungspläne, Arbeitsplätze, Arbeitspläne und FHM • Arbeitsplätze • Allgemeine Daten • Arbeitsplatzarten festlegen und mit Plananwendung verknüpfen

Transaktion
OIZA

Einstellungen bzw. empfohlene Einstellungen
SAP liefert die Arbeitsplatzart 0005 (Instandhaltung) aus (siehe Abbildung 3.18). Im Normalfall reicht diese Arbeitsplatzart aus. Nur dann, wenn Sie andere oder erweiterte Steuerungsmöglichkeiten benötigen, werden Sie eine eigene Arbeitsplatzart anlegen.

Damit Sie die Arbeitsplatzart in der Instandhaltung verwenden können, muss diese einer Plananwendung zugeordnet sein (siehe Abbildung 3.19). Achten Sie darauf, dass Ihre Arbeitsplatzart der Plananwendung I = Instandhaltung zugeordnet ist. Wollen Sie Ihre Arbeitsplätze darüber hinaus noch in anderen Applikationen verwenden (z. B. in Fertigungsaufträgen als Produktionsbeihilfe), müssen Sie noch andere Plananwendungen hinzufügen.

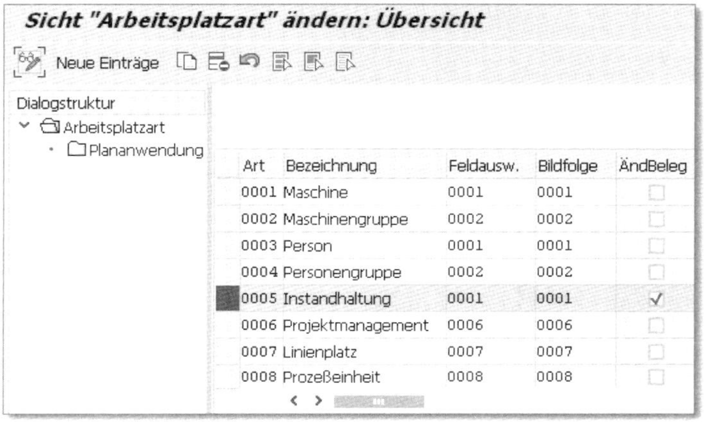

Abbildung 3.18 Arbeitsplatz – Arbeitsplatzart

Arbeitsplatzart 0005 sollte ausreichen [+]

Im Normalfall reicht die Arbeitsplatzart 0005 mit der Zuordnung zur Instandhaltung aus, und Sie müssen keine eigenen Arbeitsplatzarten definieren.

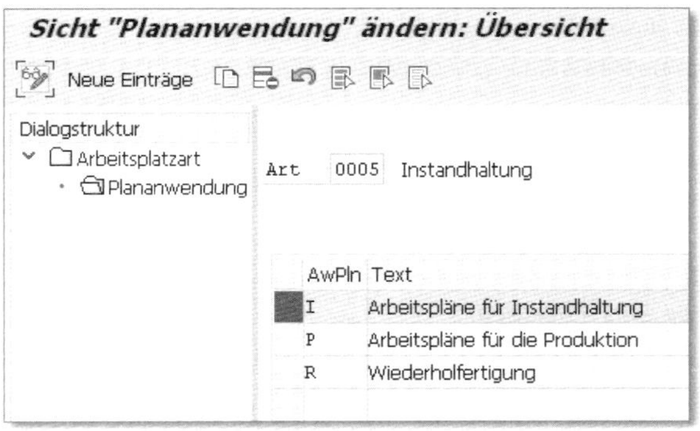

Abbildung 3.19 Arbeitsplatz – Plananwendung

Feldauswahl festlegen

Mit dieser Customizing-Funktion legen Sie die Eigenschaften der Felder bei der Pflege der Arbeitsplätze fest. Es gibt folgende Möglichkeiten:

- Muss-Feld
- ausgeblendetes Feld
- Anzeigefeld
- normales Eingabefeld

Dabei sind die Felder in sogenannte *Bildgruppen* aufgeteilt (siehe Abbildung 3.20).

Abbildung 3.20 Arbeitsplatz – Bildgruppen

Voraussetzungen

Da es empfehlenswert ist, die Feldauswahl nicht generell für alle Arbeitsplatzarten einzustellen, sondern immer spezifisch pro Arbeitsplatzart, muss die Arbeitsplatzart vorher gepflegt sein.

Customizing-Pfad

INSTANDHALTUNG UND KUNDENSERVICE • WARTUNGSPLÄNE, ARBEITSPLÄTZE, ARBEITSPLÄNE UND FHM • ARBEITSPLÄTZE • ALLGEMEINE DATEN • FELDAUSWAHL FESTLEGEN

Transaktion

OBFA

Einstellungen bzw. empfohlene Einstellungen

Wählen Sie im Übersichtsbild den Button 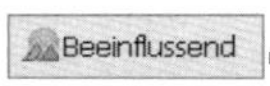

, um im Detailbild die Feldauswahl von der jeweiligen Arbeitsplatzart abhängig machen zu können. Abbildung 3.21 zeigt Ihnen exemplarisch die Feldauswahl für die Bildgruppe GRUNDDATEN.

Vorgabewertschlüssel definieren

Mit dieser Customizing-Funktion definieren Sie die *Vorgabewertschlüssel*. Die Vorgabewerte sind Planwerte zur Ermittlung der Durchführungszeit von Vorgängen in Arbeitsplan und Auftrag.

Voraussetzungen

Es sind keine Voraussetzungen notwendig.

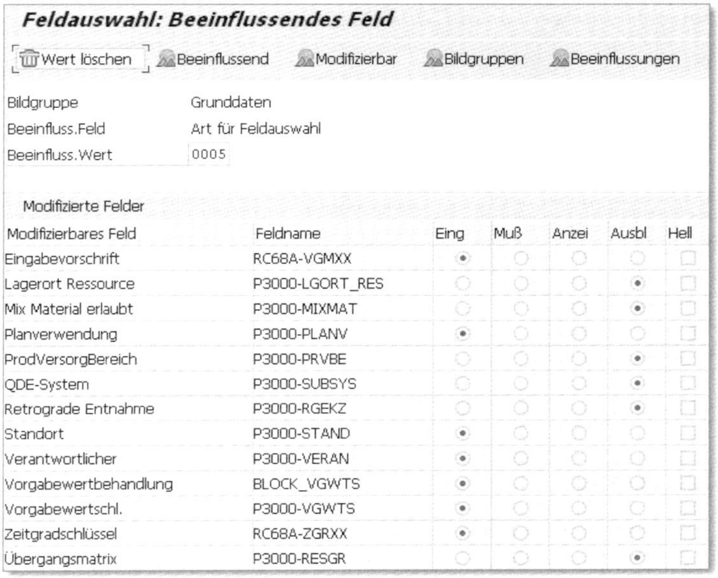

Modifizierbares Feld	Feldname	Eing	Muß	Anzei	Ausbl	Hell
Eingabevorschrift	RC68A-VGMXX	●				
Lagerort Ressource	P3000-LGORT_RES				●	
Mix Material erlaubt	P3000-MIXMAT				●	
Planverwendung	P3000-PLANV	●				
ProdVersorgBereich	P3000-PRVBE				●	
QDE-System	P3000-SUBSYS				●	
Retrograde Entnahme	P3000-RGEKZ				●	
Standort	P3000-STAND	●				
Verantwortlicher	P3000-VERAN	●				
Vorgabewertbehandlung	BLOCK_VGWTS	●				
Vorgabewertschl.	P3000-VGWTS	●				
Zeitgradschlüssel	RC68A-ZGRXX	●				
Übergangsmatrix	P3000-RESGR				●	

Abbildung 3.21 Arbeitsplatz – Feldauswahl

Customizing-Pfad

Instandhaltung und Kundenservice • Wartungspläne, Arbeitsplätze, Arbeitspläne und FHM • Arbeitsplätze • Allgemeine Daten • Vorgabewertschlüssel definieren

Transaktion

OIZ2

Einstellungen bzw. empfohlene Einstellungen

Die Arbeitspläne und Aufträge in der Instandhaltung berücksichtigen fix die Dauer eines Arbeitsvorgangs für die Terminierung der Aufträge und die Arbeit für die Kalkulation und Kapazitätsplanung. Verwenden Sie bei Arbeitsplätzen, die nur von der Instandhaltung genutzt werden, den Vorgabewertschlüssel, für den keine Vorgabewerte definiert sind. SAP liefert dafür den Vorgabewertschlüssel SAP0 aus (siehe Abbildung 3.22). Ordnen Sie diesen jedem Ihrer Arbeitsplätze in der Instandhaltung zu.

Vorgabewertschlüssel SAP0 zuordnen [+]

Der SAP-Standard-Vorgabewertschlüssel reicht aus. Sie müssen keinen eigenen definieren. Aber achten Sie darauf, dass Sie den Standard-Vorgabewertschlüssel jedem Ihrer SAP-Arbeitsplätze zuordnen.

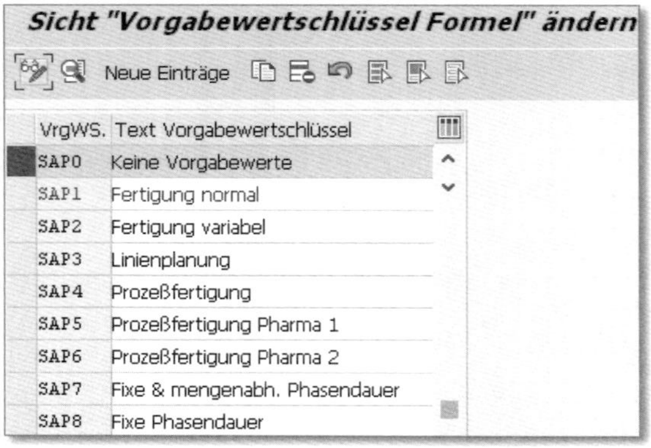

Abbildung 3.22 Arbeitsplatz – Vorgabewertschlüssel

Planverwendungsschlüssel definieren

Mit dieser Customizing-Funktion legen Sie fest, aus welchen Arbeitsplänen in welchen Auftragstypen ein *Arbeitsplatz* werden darf. Sie könnten damit z. B. unterscheiden, ob Sie Arbeitsplätze in der Instandhaltungsabwicklung oder in der Prüfabwicklung einsetzen möchten.

Voraussetzungen
Es sind keine besonderen Voraussetzungen nötig.

Customizing-Pfad
INSTANDHALTUNG UND KUNDENSERVICE • WARTUNGSPLÄNE, ARBEITSPLÄTZE, ARBEITSPLÄNE UND FHM • ARBEITSPLÄTZE • ARBEITSPLANDATEN • PLANVERWENDUNGSSCHLÜSSEL DEFINIEREN

Transaktion
OIZD

Einstellungen bzw. empfohlene Einstellungen
SAP liefert für Instandhaltungszwecke die beiden Planverwendungen 004 (nur Instandhaltungspläne) und 009 (Alle Plantypen) aus (siehe auch Abbildung 3.23).

Einen von beiden sollten Sie jedem Ihrer Arbeitsplätze in der Instandhaltung zuordnen. Im Detailbild geben Sie die Arbeitsplantypen an (z. B. E = Equipmentpläne, A = Anleitungen oder T = Technische-Platz-Pläne, siehe Abbildung 3.24).

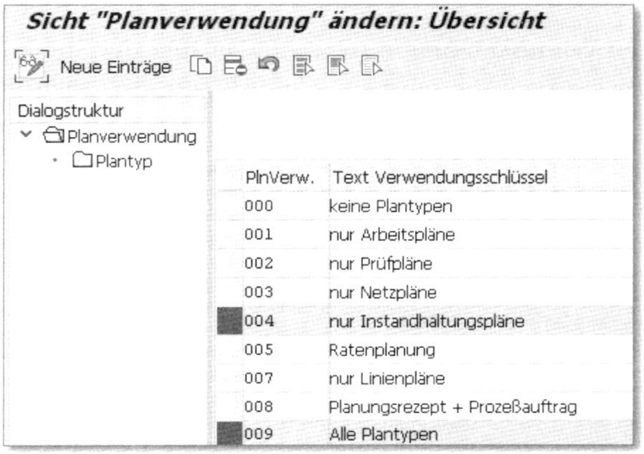

Abbildung 3.23 Arbeitsplatz – Planverwendung

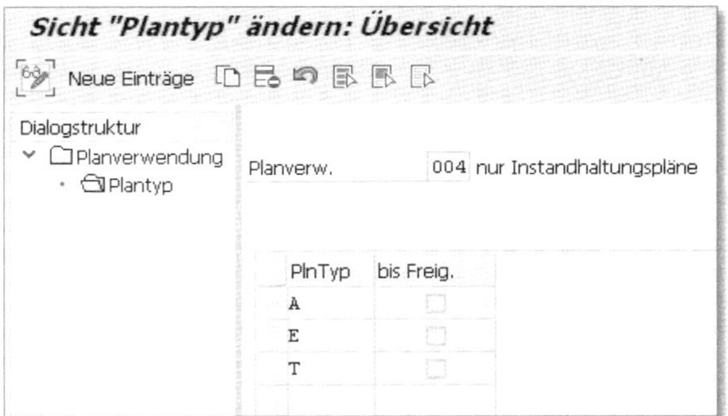

Abbildung 3.24 Arbeitsplatz – Plantypen

Planverwendungsschlüssel 004 oder 009 zuordnen [+]

Die SAP-Standard-Planverwendungsschlüssel reichen aus. Sie müssen keinen eigenen definieren. Achten Sie aber darauf, dass Sie einen von beiden jedem Ihrer Arbeitsplätze zuordnen.

Steuerschlüssel pflegen

Einem Arbeitsplatz können Sie im Bild VORSCHLAGSWERTE einen Steuerschlüssel zuordnen. Von dort aus wird er dann als Vorschlagswert in die Vorgänge eines Arbeitsplans bzw. in die Vorgänge eines Auftrags übernommen. Über den *Steuerschlüssel* des Vorgangs legen Sie fest, welche betriebswirtschaftlichen Funktionen Sie ausführen möchten bzw. wie Sie den *Vorgang* behandeln möchten.

Voraussetzungen

Sie müssen keine technischen Voraussetzungen schaffen. Da aber der Steuerschlüssel nicht nur in der Instandhaltung verwendet wird, sondern auch in Produktion, Qualitätsmanagement und Projektabwicklung, sollten Sie sich mit den Kollegen hinsichtlich der Nomenklatur der Steuerschlüssel abstimmen (siehe Abbildung 3.25).

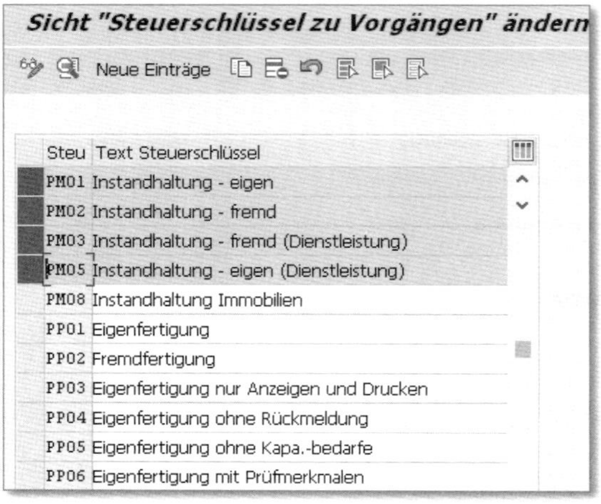

Abbildung 3.25 Arbeitsplatz – Steuerschlüssel-Übersicht

Customizing-Pfad

INSTANDHALTUNG UND KUNDENSERVICE • WARTUNGSPLÄNE, ARBEITSPLÄTZE, ARBEITSPLÄNE UND FHM • ARBEITSPLÄTZE • ARBEITSPLANDATEN • STEUERSCHLÜSSEL PFLEGEN

Einstellungen bzw. empfohlene Einstellungen

Über den Steuerschlüssel legen Sie fest, welche der folgenden betriebswirtschaftlichen Funktionen später im Auftrag ausgeführt werden sollen (siehe Abbildung 3.26):

- ob der Vorgang in die Kalkulation einfließen soll
- ob der Vorgang terminiert werden soll
- ob der Vorgang Kapazitätsbedarfe erzeugen soll
- ob zum Vorgang Rückmeldungen erwartet werden
- ob der Vorgang an eine Fremdfirma vergeben werden soll

- ob ein fremdbearbeiteter Vorgang in der Terminierung berücksichtigt werden soll
- ob im Vorgang Leistungsverzeichnisse aufgebaut werden sollen
- ob der Vorgang gedruckt werden soll
- ob für den Vorgang zusätzlich Lohnscheine oder Rückmeldescheine gedruckt werden sollen
- ob dem Vorgang Prüfmerkmale zugeordnet werden sollen

Abbildung 3.26 Arbeitsplatz – Steuerschlüssel – Detail

Nutzung des Steuerschlüssels [+]

Mithilfe des Steuerschlüssels können Sie sehr fein aussteuern, welche betriebswirtschaftlichen Funktionen ein Vorgang haben soll (Kalkulieren, Drucken, Rückmelden, Fremdvergeben, Terminieren etc.).

Sie benötigen mindestens zwei Steuerschlüssel: einen Schlüssel für die Eigenbearbeitung und einen Schlüssel für die Fremdbearbeitung; die Verwendung weiterer Steuerschlüssel richtet sich nach dem jeweiligen Bedarf.

Den Steuerschlüssel sollten Sie im Arbeitsplatz auf jeden Fall als Vorschlagswert hinterlegen, damit Sie ihn in Arbeitsplan und Auftrag nicht immer manuell eingeben müssen.

Bildfolge Arbeitsplatz einrichten

Mit dieser Customizing-Funktion legen Sie fest, welche Bildschirmbilder bei der Pflege eines Arbeitsplatzes und in welcher Reihenfolge erscheinen sollen.

Voraussetzungen
Die Reihenfolge der Bildschirmbilder ist abhängig von der Arbeitsplatzart. Deshalb muss die Arbeitsplatzart definiert sein.

Customizing-Pfad
Instandhaltung und Kundenservice • Wartungspläne, Arbeitsplätze, Arbeitspläne und FHM • Arbeitsplätze • Bildfolge Arbeitsplatz einrichten

Transaktion
OIZU

Einstellungen bzw. empfohlene Einstellungen
Abbildung 3.27 zeigt Ihnen einen Überblick über die gebräuchlichsten Bildschirmbilder des Arbeitsplatzes. Fügen Sie über den Button Neue Einträge die Bildschirmbilder ein, die bei Ihnen gepflegt werden sollen, bzw. löschen Sie mit dem Button diejenigen heraus, die nicht notwendig sind. Folgende Bildschirmbilder sind verfügbar:

- Grunddaten
- Vorschlagswerte
- Terminierung
- Kapazitätsplanung
- Kalkulation
- Technologie
- Hierarchieeinordnung
- Verknüpfung Personalsystem
- Netzeinordnung

Bestimmen Sie über die Spalte Nr die Reihenfolge.

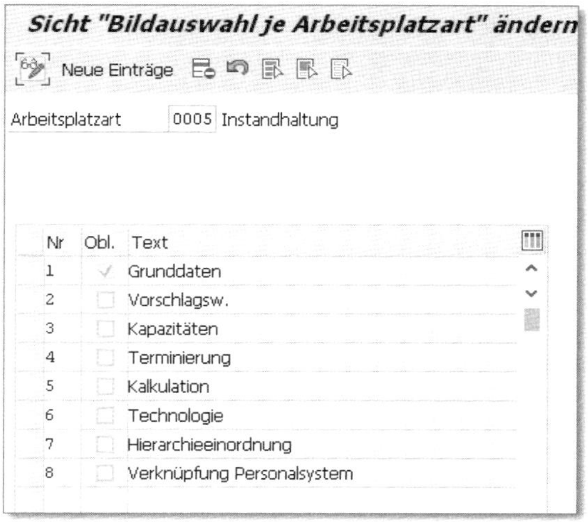

Abbildung 3.27 Arbeitsplatz – Bildauswahl

Dieses Kapitel macht Sie mit generischen Funktionen wie etwa der Statusverwaltung oder den Partnern vertraut, die an mehreren Stellen in SAP EAM genutzt werden. Ich zeige Ihnen, wie Sie die Hilfsmittel konfigurieren können, und gebe Ihnen zahlreiche Hinweise, worauf Sie beim Customizing der Funktionen achten sollten.

4 Generische Funktionen

Es gibt in SAP EAM einige Funktionen, die an mehreren Stellen bzw. von mehreren Objekten genutzt werden. Zum Beispiel können Sie die Statusverwaltung nicht nur für die technischen Objekte (Technischer Platz, Equipment, Serialnummer) nutzen, um den Zustand zu dokumentieren, sondern Sie können über die Statusverwaltung auch die Prozesse im Meldungs- und Auftragswesen steuern. Die Feldauswahlsteuerung, mithilfe derer Sie Felder ausblenden oder Eingaben erzwingen, können Sie ebenfalls bei jedem SAP-Objekt einsetzen.

Tabelle 4.1 zeigt, welche generische Funktion bei welchem SAP-Objekt genutzt werden kann.

Funktion	Technischer Platz	Equipment	Materialnummer	Meldung	Auftrag	Arbeitsplan	Wartungsplan
Objektinformation	X	X		X	X		
Statusverwaltung	X	X		X	X		
Nummernvergabe		X	X	X	X	X	X
Garantien	X	X		X	X	X	
Messpunkte/Zähler	X	X			X	X	X
Genehmigungen	X	X			X		
Partner	X	X		X	X		
Dokumente	X	X	X	X	X	X	

Tabelle 4.1 Generische Funktionen – Übersicht

Funktion	Technischer Platz	Equipment	Material-nummer	Meldung	Auftrag	Arbeitsplan	Wartungs-plan
Feldauswahl	X	X	X	X	X	X	X
Listvarianten	X	X	X	X	X	X	X
Mehrstufige Listen	X	X		X	X		

Tabelle 4.1 Generische Funktionen – Übersicht (Forts.)

4.1 Objektinformation

Wenn vom Anforderer eine neue Meldung eingeht und Sie eine Entscheidung zu treffen haben, ob die Instandhaltungsmaßnahme durchgeführt werden soll oder nicht, ist es ganz hilfreich, sich in kompakter Form über das Objekt zu informieren. Dazu dient die sogenannte *Objektinformation*.

Objektinformationsschlüssel definieren

Mit dieser Customizing-Funktion können Sie ein Dialogfenster konfigurieren, das kompakte Informationen über das Bezugsobjekt, die sogenannten Objektinformationen, enthält.

Die Objektinformation können Sie an folgenden Stellen im System aufrufen:

- im Equipment und in der Serialnummer
- im Technischen Platz
- in der Meldung
- im Auftrag

Voraussetzungen

Es sind keine besonderen Voraussetzungen notwendig.

Customizing-Pfad

Instandhaltung und Kundenservice • Stammdaten in Instandhaltung und Kundenservice • Grundeinstellungen • Objektinformationsschlüssel definieren

Transaktion

OIZA

Einstellungen

Über den Objektinformationsschlüssel legen Sie fest, welche Daten zu einem technischen Objekt im Fenster Objektinformation eingeblendet werden (siehe Abbildung 4.1). Die Objektinformation enthält außerdem Historiendaten aus dem Informationssystem und Daten aus den durchgeführten Meldungen und Aufträgen.

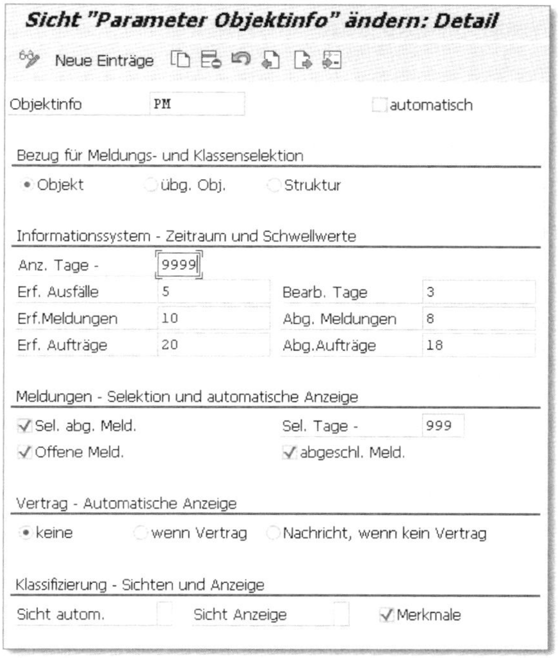

Abbildung 4.1 Objektinformation

Im Abschnitt Bezug für Meldungs- und Klassenselektion legen Sie fest, welche Meldungs- und Auftragsinformationen angezeigt werden sollen:

- zu einem technischen Objekt
- zum übergeordneten Objekt
- zur gesamten Struktur

Mit dem Schalter automatisch legen Sie fest, ob die Objektinformationen automatisch angezeigt werden (z. B. sofort, wenn Sie eine Meldung oder einen Auftrag aufrufen), wenn zu dem angegebenen Objekt Objektinformationen selektiert wurden. Ist der Schalter nicht aktiv, können Sie die Objektinformationen über den Button [i] aufrufen.

Im Abschnitt Informationssystem – Zeitraum und Schwellenwerte können Sie Folgendes definieren:

- den zu selektierenden Zeitraum im Informationssystem (größter Wert 9.999 Tage, also ca. 27 Jahre)
- Schwellenwerte, bei deren Überschreitung im Fenster der Objektinformation ein  angezeigt wird

Im Abschnitt Meldungen – Selektion und automatische Anzeige können Sie Folgendes definieren:

- den zu selektierenden Zeitraum in der Meldungsliste (größter Wert 9.999 Tage, also ca. 27 Jahre)
- welcher Meldungsstatus bei der Selektion berücksichtigt werden soll (offene und/oder abgeschlossene)

Im Abschnitt Klassifizierung – Sicht und Anzeige definieren Sie im Wesentlichen, ob die Merkmale des Objekts angezeigt werden sollen (Schalter Merkmale aktiviert).

[+] **Objektinformationen sind hilfreich**

Sie sollten Objektinformationsschlüssel definieren, um sich dann in den Stammdaten und in der Abwicklung ein kompaktes, übersichtliches Bild von der Situation des technischen Objekts machen zu können. Allerdings sollten Sie sich die Objektinformationen nur bei Bedarf anzeigen lassen und deshalb den Schalter Automatisch nicht aktivieren.

4.2 Statusverwaltung

Die technischen Objekte sowie die komplette Abwicklung mit Meldung und Auftrag sind an die allgemeine SAP-Statusverwaltung angeschlossen. Dabei ist zwischen Systemstatus und Anwenderstatus zu unterscheiden.

Systemstatus werden im Rahmen der allgemeinen Statusverwaltung vom System bei bestimmten betriebswirtschaftlichen Vorgängen intern und automatisch gesetzt. Dies passiert z. B., wenn im Equipmentstamm EEGB das Equipment auf einem Technischen Platz eingebaut ist, oder im Auftrag RÜCK, wenn ein Auftrag endrückgemeldet ist. Systemstatus werden im Statusbild auf der linken Seite dargestellt (siehe Abbildung 4.2).

Anwenderstatus definieren

Neben den vorgegebenen Systemstatus können Sie davon völlig unabhängig und ausschließlich nach Ihren eigenen Bedürfnissen sogenannte *Anwenderstatus* definieren. Anwenderstatus werden im Statusbild auf der rechten Seite gesetzt und dargestellt (siehe Abbildung 4.2). SAP unterscheidet zwei Typen von Anwenderstatus:

- Status mit Ordnungsnummer (oben im Bild): Davon kann immer nur einer markiert werden (Radio-Buttons).
- Status ohne Ordnungsnummer (unten im Bild): Davon können beliebig viele markiert werden (Checkboxen).

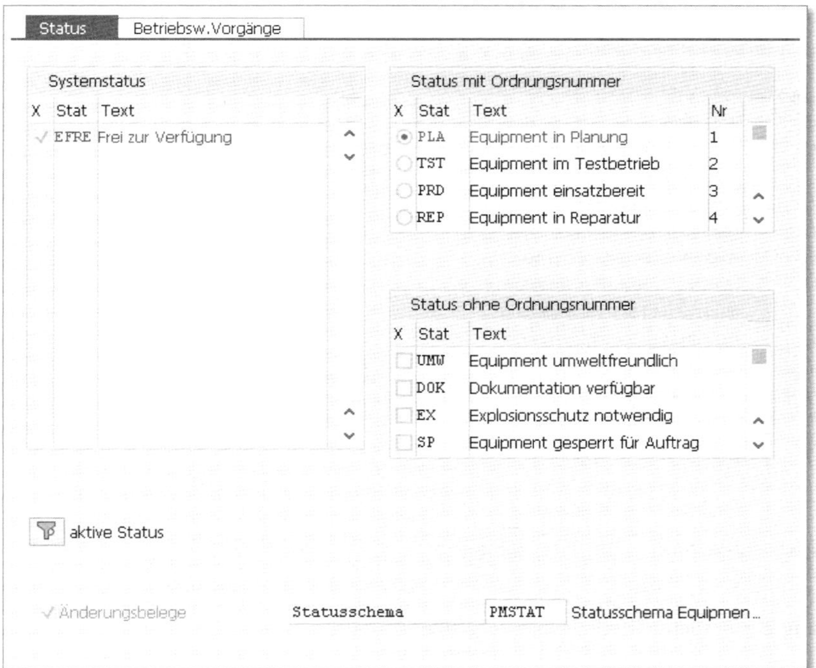

Abbildung 4.2 Systemstatus und Anwenderstatus

Darüber hinaus ist in der Statusverwaltung definiert, welche betriebswirtschaftlichen Vorgänge Sie aufgrund des Status für das Objekt ausführen dürfen. Wenn Sie z. B. ein Equipment inaktiv setzen, informieren Sie Statusanzeigen über die betriebswirtschaftlichen Vorgänge, die noch erlaubt sind (grüne Ampel), zu denen eine Warnmeldung erscheint (gelbe Ampel) und die verboten sind (rote Ampel). Siehe dazu Abbildung 4.3.

Für die folgenden Objekte können Sie einen Anwenderstatus definieren:

- Equipments und Serialnummern
- Technische Plätze
- Meldungen
- Aufträge und Auftragsvorgänge

Der Einfachheit halber werde ich die Statusverwaltung am Beispiel der Equipments darstellen. Sie gilt aber in ähnlicher Weise für alle anderen Objekte.

Voraussetzungen

Es sind keine besonderen Voraussetzungen notwendig.

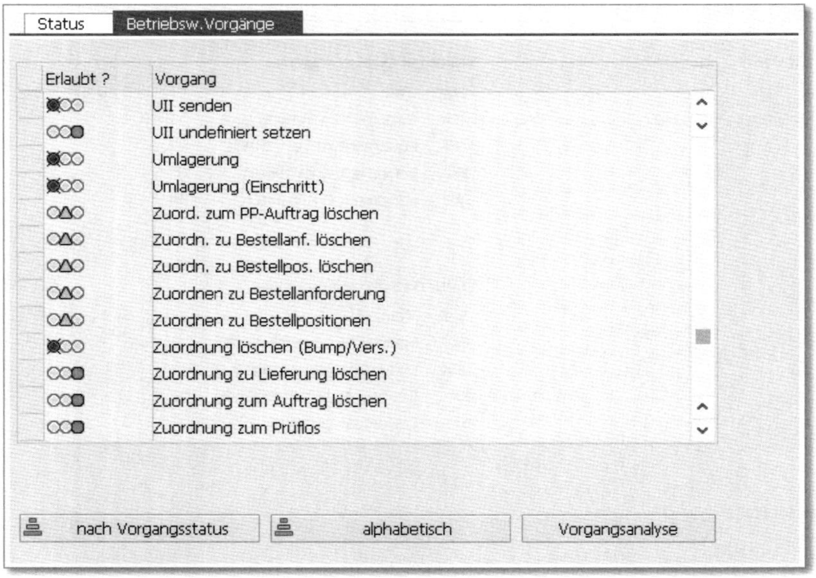

Abbildung 4.3 Betriebswirtschaftliche Vorgänge

Customizing-Pfade

Instandhaltung und Kundenservice • Stammdaten in Instandhaltung und Kundenservice • Grundeinstellungen • Anwenderstatus definieren

Instandhaltung und Kundenservice • Instandhaltungs- und Serviceabwicklung • Instandhaltungs- und Serviceaufträge • Allgemeine Daten • Anwenderstatus für Aufträge • Statusschema definieren

INSTANDHALTUNG UND KUNDENSERVICE • INSTANDHALTUNGS- UND SERVICEABWICKLUNG • INSTANDHALTUNGS- UND SERVICEMELDUNGEN • MELDUNGSBEARBEITUNG • ANWENDERSTATUS FÜR MELDUNGEN • STATUSSCHEMA DEFINIEREN

Transaktion
OIBS

Egal, welchen Customizing-Pfad Sie aufrufen oder ob Sie die Transaktion nutzen, Sie gelangen immer zur selben Customizing-Funktion.

Einstellungen
Wenn Sie die Customizing-Funktion aufgerufen haben, erhalten Sie zunächst einen Überblick über alle Statusschemata – unabhängig davon, für welche Applikation oder für welches Objekt sie gültig sind. Das heißt, Sie sehen nicht nur die Statusschemata für Instandhaltungsobjekte, sondern alle eingerichteten Statusschemata. Wenn Sie nun ein neues Statusschema anlegen, richten Sie zunächst einen Status nach dem andern ein (siehe Abbildung 4.4).

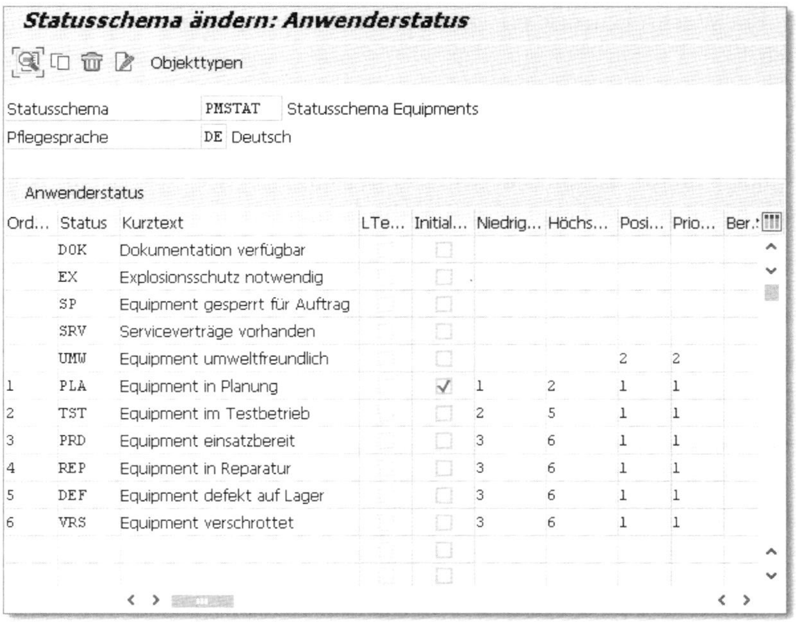
Statusschema ändern: Anwenderstatus

Objekttypen

Statusschema PMSTAT Statusschema Equipments
Pflegesprache DE Deutsch

Anwenderstatus

Ord...	Status	Kurztext	LTe...	Initial...	Niedrig...	Höchs...	Posi...	Prio...	Ber.:
	DOK	Dokumentation verfügbar		☐					
	EX	Explosionsschutz notwendig		☐					
	SP	Equipment gesperrt für Auftrag		☐					
	SRV	Serviceverträge vorhanden		☐					
	UMW	Equipment umweltfreundlich		☐			2	2	
1	PLA	Equipment in Planung		☑	1	2	1	1	
2	TST	Equipment im Testbetrieb		☐	2	5	1	1	
3	PRD	Equipment einsatzbereit		☐	3	6	1	1	
4	REP	Equipment in Reparatur		☐	3	6	1	1	
5	DEF	Equipment defekt auf Lager		☐	3	6	1	1	
6	VRS	Equipment verschrottet		☐	3	6	1	1	

Abbildung 4.4 Statusschema – Status

Im oberen Teil werden die *Status ohne Ordnungsnummer* einsortiert und im unteren Teil die *Status mit Ordnungsnummer*, sortiert nach der Ordnungsnummer.

Was hat es nun mit der Ordnungsnummer auf sich?

- Status mit Ordnungsnummer schließen sich gegenseitig aus. Im gezeigten Fall kann ein Equipment entweder einsatzbereit sein (Ordnungsnummer 3) oder in Reparatur (Ordnungsnummer 4).
- Über die Status mit Ordnungsnummer bilden Sie in der Regel einen Prozess ab, etwa den Durchlauf eines geplanten Instandsetzungsauftrags. Im gezeigten Fall wird quasi der ganze Lebenszyklus eines Equipments von der Planung über den Betrieb bis hin zur Verschrottung abgebildet.
- Einer der Status – in der Regel derjenige mit der kleinsten Ordnungsnummer – wird als Initialstatus markiert und später im Objekt automatisch gesetzt. Hier ist es Status PLA.
- Ist ein bestimmter Status mit Ordnungsnummer gesetzt, kann ein Wechsel auf einen anderen Status immer nur innerhalb der Grenzen von niedrigster und höchster Ordnungsnummer vollzogen werden. Sitzt im gezeigten Beispiel der Status Equipment in Reparatur (Ordnungsnummer 4), kann der nächste Status nur zwischen 3 (einsatzbereit) und 6 (verschrottet) liegen. Ein Wechsel zurück auf Testbetrieb (Ordnungsnummer 2) ist nicht möglich.

Um einem Status Betriebswirtschaftliche Vorgänge zuzuweisen, doppelklicken Sie auf den Status und fügen mit neue Einträge hinzu. Sie können für jeden Status definieren, wie der jeweilige betriebswirtschaftliche Vorgang gehandhabt werden soll (siehe Abbildung 4.5):

- Vorgang wird explizit erlaubt.
- Beim Ausführen wird eine Warnmeldung erzeugt.
- Vorgang ist verboten.

Schließlich müssen Sie noch dafür sorgen, dass das Statusschema auch vom jeweiligen Objekttyp genutzt werden kann. Mit dem Button Objekttypen öffnen Sie die Liste aller Objekttypen, die an die Statusverwaltung angeschlossen sind (siehe Abbildung 4.6), und markieren den betroffenen Objekttyp. Sie können dasselbe Statusschema auch für mehrere Objekttypen erlauben, also z. B. ein Statusschema sowohl den Equipments als auch Technischen Plätzen zugänglich machen. Sie können aber auch ein anderes Statusschema sowohl für Meldungen als auch für Aufträge und Auftragsvorgänge nutzen.

Die Zuordnung eines Statusschemas zu den Objekten erfolgt dann mit speziellen, objektbezogenen Customizing-Funktionen (z. B. Anwenderstatusschema Equipmenttyp zuordnen oder Typ Technische Plätze festlegen).

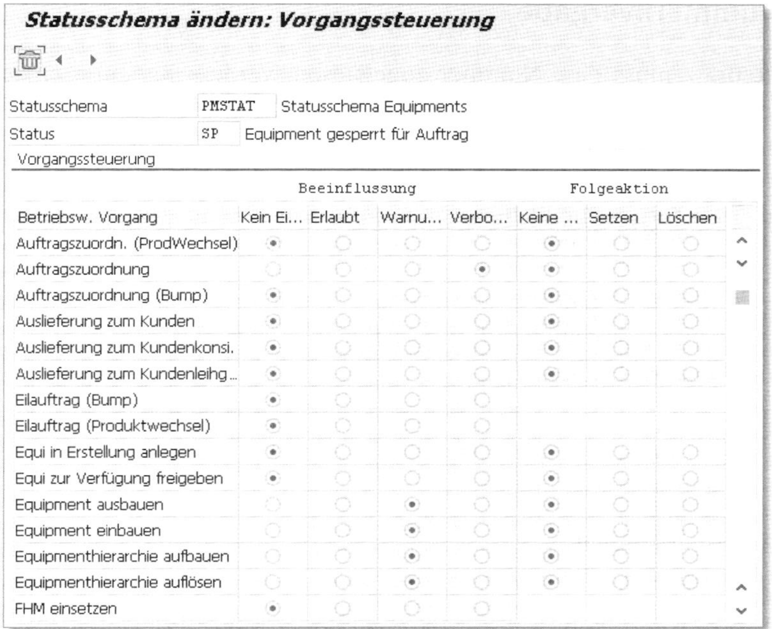

Abbildung 4.5 Status – betriebswirtschaftliche Vorgänge

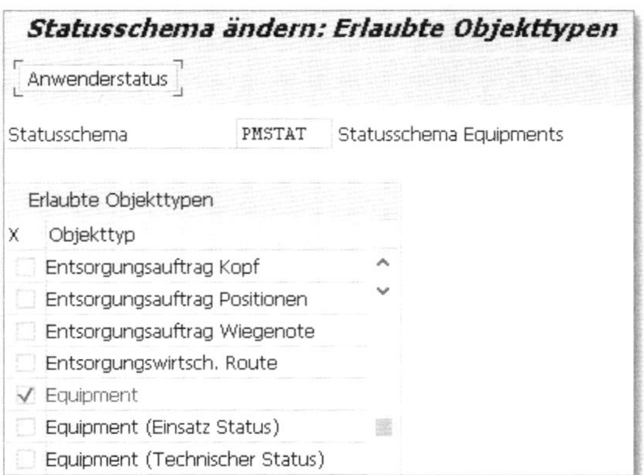

Abbildung 4.6 Statusschema – Objekttypen

Nutzen Sie die Möglichkeiten der Statusschemata **[+]**

Über eine zielgerichtete Statusdefinition können Sie nicht nur fein aussteuern, welche betriebswirtschaftlichen Funktionen bei welchem Objekt in welcher Situation zulässig sein oder verboten werden sollen.

Status können darüber hinaus auch immer zur Suche von Objekten genutzt werden (z. B. um alle Equipments anzuzeigen, die sich aktuell in Planung befinden).

4.3 Nummernvergabe

Jedem Datensatz muss eine Nummer zugewiesen werden. Bis auf wenige Ausnahmen (z. B. Technische Plätze) erfolgt die Nummernvergabe für die Objekte im SAP-System auf die gleiche Art und Weise. Sie müssen für jedes Objekt eine eindeutige Nummer manuell vergeben oder vom System vergeben lassen. Dementsprechend bietet Ihnen die Nummernvergabe folgende Möglichkeiten:

- Interne Nummernvergabe: Bei der internen Nummernvergabe werden die Nummern vom System automatisch fortlaufend innerhalb eines vorher definierten Nummernkreises vergeben.
- Externe Nummernvergabe: Bei der externen Nummernvergabe werden die Nummern vom Anwender manuell vergeben.

Nummernkreise festlegen

Mit diesen Customizing-Funktionen legen Sie pro Objekt die Art der Nummernvergabe fest. Die hier beschriebene Verfahrensweise wird bei folgenden Instandhaltungsobjekten verwendet:

- Equipments
- Serialnummern
- Objektverbindungen
- Materialnummern
- Meldungen
- Aufträge
- Messpunkte und Zähler
- Messbelege
- Mustergarantien
- Arbeitspläne
- Wartungspläne

Der Einfachheit halber stelle ich Ihnen im Folgenden die Nummernvergabe am Beispiel des Equipments vor. Sie gilt aber in ähnlicher Weise für alle anderen Objekte.

Die Nummernvergabe erfolgt immer über sogenannte *Gruppen*. Dabei werden mehrere Objektarten zu einer Gruppe zusammengefasst (z. B. mehrere Equipmenttypen, mehrere Meldungsarten oder mehrere Auftragsarten). Sie können dann für eine Gruppe sowohl einen internen als auch einen externen Nummernkreis festlegen. Im dargestellten Beispiel können also mehrere Equipmenttypen zur gleichen Gruppe gehören und damit den gleichen Nummernkreise haben (siehe Abbildung 4.7).

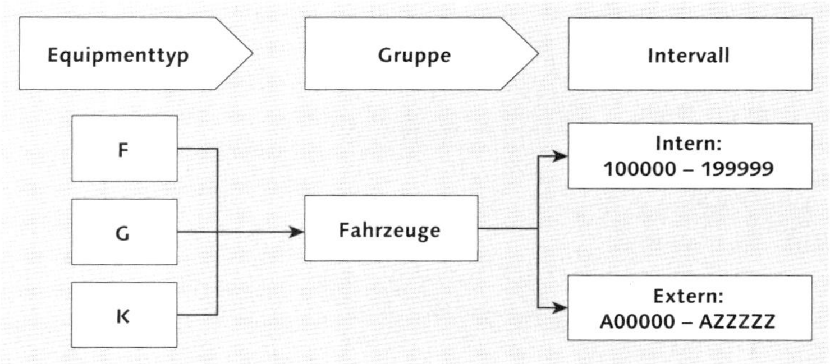

Abbildung 4.7 Nummernvergabe – Gruppen

Voraussetzungen

Die Objektarten (z. B. Equipmenttypen, Auftragsarten, Meldungsarten) müssen vorher definiert sein.

Customizing-Pfad

INSTANDHALTUNG UND KUNDENSERVICE • STAMMDATEN IN INSTANDHALTUNG UND KUNDENSERVICE • TECHNISCHE OBJEKTE • EQUIPMENTS • EQUIPMENTTYPEN • NUMMERNKREISE FESTLEGEN

Andere Objekte haben natürlich andere Customizing-Pfade.

Transaktion

OIEN

Andere Objekte haben andere Transaktionen (z. B. IW20 (Meldungen), OION (Aufträge), IN20 (Objektverbindungen), BG20 (Garantien), OIL4 (Anleitungen) oder IP20 (Wartungspläne), um die wichtigsten zu nennen).

Einstellungen bzw. empfohlene Einstellungen

Gehen Sie wie folgt vor, wenn Sie für eine Gruppe einen Nummernkreis definieren möchten:

- Nach dem Aufruf der Customizing-Funktion wählen Sie den Button Gruppen.
- Dort erhalten Sie dann eine Übersicht, welche Gruppen bereits existieren und welche Objektarten (im vorliegenden Fall Equipmenttypen) welchen Gruppen zugeordnet sind bzw. welche Objektarten noch nicht zugeordnet sind (siehe Abbildung 4.8).

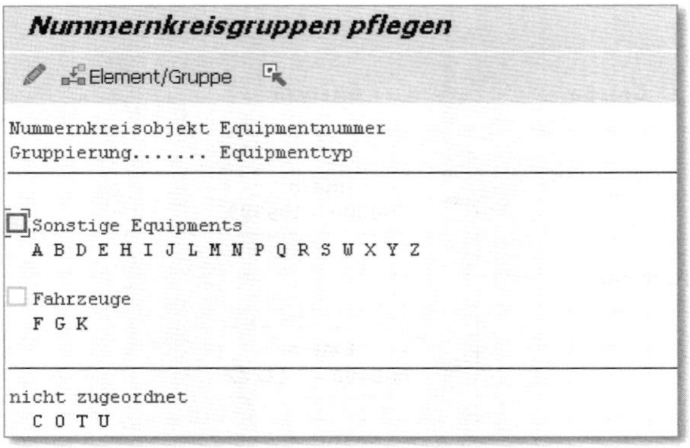

Abbildung 4.8 Nummernkreisgruppen

- Über die Menüfunktion Gruppe • Gruppe einfügen erhalten Sie die Möglichkeit, eine neue Gruppe anzulegen. Gleichzeitig fordert Sie das System auf, Nummernkreise festzulegen – einen internen und/oder einen externen (siehe Abbildung 4.9).
- Wenn Sie nun einen Equipmenttyp der Gruppe zuordnen möchten, machen Sie einen Doppelklick auf den Equipmenttyp, markieren die Gruppe und klicken auf den Button Element/Gruppe.
- Über die Menüfunktion Intervalle • Pflegen können Sie nachträgliche Veränderungen an den Nummernkreisintervallen vornehmen.
- Über die Menüfunktion Gruppe • Text pflegen können Sie nachträglich die Bezeichnung der Gruppe verändern.

[+]

Definieren Sie kurze Nummern

Im Sinne der Benutzerfreundlichkeit sollten Sie möglichst kurze Nummern definieren. Ihre Anwender werden es Ihnen später danken, wenn sie bei der Auftragsnummer nur eine sechsstellige Nummer eingeben müssen (z. B. 800123) und keine zwölfstellige (z. B. 800121232343).

Abbildung 4.9 Nummernkreise

4.4 Garantien

Eine Garantie ist eine Zusage des Herstellers, Lieferanten oder Verkäufers an einen Kunden, für einen bestimmten Zeitraum Serviceleistungen ganz oder teilweise ohne Berechnung zu gewähren. Eine Garantie bezieht sich immer auf ein technisches Objekt (Technischer Platz, Equipment, Serialnummer).

Garantien werden in folgenden Bereichen verwendet:

- im Equipment und in der Serialnummer
- im Technischen Platz
- in der Meldung
- im Auftrag

Um den technischen Objekten Garantien zuzuordnen und in der Instandhaltungsabwicklung zu verwenden, gibt es die folgenden Customizing-Funktionen.

Garantietypen prüfen

Mit dieser Customizing-Funktion definieren Sie, ob Sie Garantiegeber oder Garantienehmer sind.

Voraussetzungen
Es sind keine besonderen Voraussetzungen notwendig.

Customizing-Pfad
INSTANDHALTUNG UND KUNDENSERVICE • STAMMDATEN IN INSTANDHALTUNG UND KUNDENSERVICE • GRUNDEINSTELLUNGEN • GARANTIEN • GARANTIETYPEN PRÜFEN

Transaktion
GM01

Einstellungen bzw. empfohlene Einstellungen
In der SAP-Standardauslieferung werden folgende Garantietypen unterschieden (siehe Abbildung 4.10):

- Garantietyp I (Inbound): Dieser Garantietyp liegt vor, wenn Sie der Garantienehmer sind.
- Garantietyp O (Outbound): Dieser Garantietyp liegt vor, wenn Sie der Garantiegeber sind.

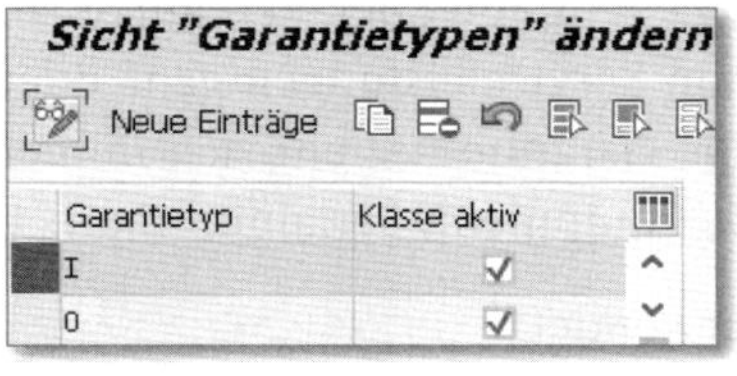

Abbildung 4.10 Garantietypen

[+] **Löschen Sie die Kundengarantien**

Meine Empfehlung: Löschen Sie Garantietyp O, denn in der Regel sind Sie in der Instandhaltung ausschließlich Garantienehmer und haben grundsätzlich nie Garantien zu verwalten, die Sie Kunden einzuräumen haben.

Garantiearten festlegen

Mit dieser Customizing-Funktion legen Sie fest, ob Sie zu einem Garantietyp eine oder mehrere Garantiearten verwalten möchten. Zum Beispiel können Sie zum Garantietyp I (Inbound) eine Garantieart für Herstellergarantie und eine Garantieart für Lieferantengarantie definieren.

Voraussetzungen

Die Garantietypen müssen definiert sein. Falls sie zugeordnet werden sollen, müssen auch Partner- und Statusschema definiert sein.

Customizing-Pfad

INSTANDHALTUNG UND KUNDENSERVICE • STAMMDATEN IN INSTANDHALTUNG UND KUNDENSERVICE • GRUNDEINSTELLUNGEN • GARANTIEN • GARANTIEARTEN FESTLEGEN

Einstellungen bzw. empfohlene Einstellungen

Wenn Sie Lieferantengarantien und Herstellergarantien unterscheiden möchten, können Sie dafür zwei Garantiearten anlegen (siehe Abbildung 4.11).

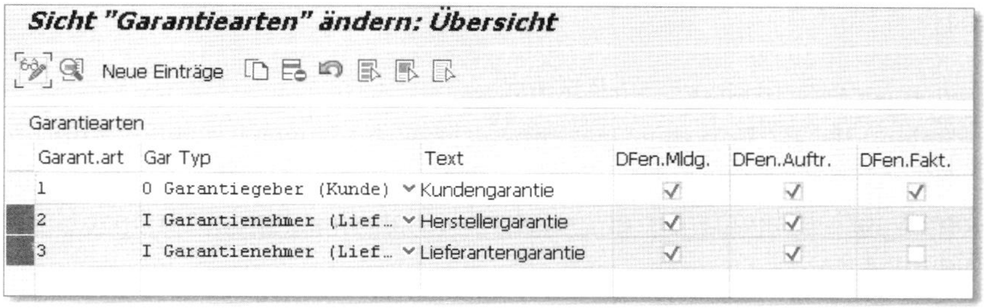

Sicht "Garantiearten" ändern: Übersicht

Neue Einträge

Garantiearten

Garant.art	Gar Typ	Text	DFen.Mldg.	DFen.Auftr.	DFen.Fakt.
1	0 Garantiegeber (Kunde)	Kundengarantie	✓	✓	✓
2	I Garantienehmer (Lief...	Herstellergarantie	✓	✓	
3	I Garantienehmer (Lief...	Lieferantengarantie	✓	✓	

Abbildung 4.11 Garantiearten

Für jede Garantieart legen Sie Folgendes fest:

- Soll beim Eröffnen einer Meldung ein Dialogfenster erscheinen?
- Soll beim Eröffnen eines Auftrags ein Dialogfenster erscheinen?
- Soll ein Statusschema zugeordnet werden?
- Soll ein Partnerschema zugeordnet werden?

Lieferanten- und Herstellergarantie [+]

Sie sollten zum Garantietyp Inbound vorsorglich immer zwei Garantiearten anlegen:

- einen für die Herstellergarantie
- einen für die Lieferantengarantie

Garantiezähler definieren

Mit dieser Customizing-Funktion legen Sie die Zähler fest, die in der Garantieabwicklung zum Einsatz kommen. Die Customizing-Funktion ist allerdings nur dann notwendig, wenn Sie mit Mustergarantien bzw. leistungsabhängigen Garantien arbeiten. Wenn Sie im Equipment oder Technischen Platz nur einfache Garantiedaten (Beginn, Ende) direkt eintragen, sind keine Zähler notwendig.

Voraussetzungen
Die Zähler müssen als Merkmale im Klassensystem definiert sein.

Customizing-Pfad
Instandhaltung und Kundenservice • Stammdaten in Instandhaltung und Kundenservice • Grundeinstellungen • Garantien • Garantiezähler definieren

Transaktion
GM04

Einstellungen bzw. empfohlene Einstellungen
Die Zähler, die als Vorschlag gekennzeichnet sind, werden beim Anlegen einer Mustergarantie automatisch vorgeschlagen. Zum Messen der Zeit sollte es immer auch einen Zähler geben, der als zeitabhängig definiert ist (siehe Abbildung 4.12).

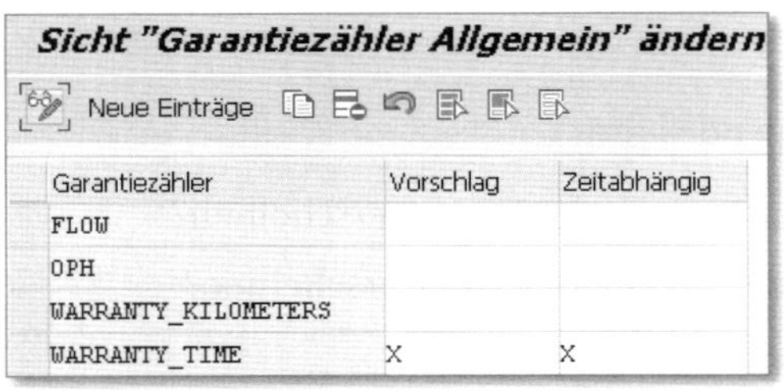

Abbildung 4.12 Garantiezähler

4.5 Messpunkte und Zähler

Als *Messpunkte* werden Stellen bezeichnet, mit deren Hilfe der aktuelle Zustand einer Anlage beschrieben wird, wie z. B.: Temperatur, Umdrehungszahl, Druckzustand, Verschmutzungsgrad oder Viskosität. An den einzelnen Messpunkten können Sie die Soll-Werte und die Ober-/ Untergrenzen angeben. Messpunkte sind Grundvoraussetzung für eine zustandsabhängige Instandhaltung.

Als *Zähler* werden im SAP-System die Stellen bezeichnet, mit deren Hilfe Sie die Abnutzung eines Objekts, einen Verbrauch oder den Abbau eines Nutzungsvorrats darstellen können, z. B. Kilometerzähler, Betriebsstundenzähler, Stückzahlen, Ausbringung in Tonnen etc. Zähler sind Grundvoraussetzung für eine leistungsabhängige Instandhaltung.

Messpunkte und Zähler werden an folgenden Stellen im System verwendet:

- in Equipments und Serialnummern
- in Technischen Plätzen
- in Arbeitsplänen
- in Wartungsplänen
- in Auftragsrückmeldungen

Um Messpunkte und Zähler den technischen Objekten zuzuordnen und in der Instandhaltungsabwicklung zu verwenden, gibt es mehrere Customizing-Funktionen.

Systemeinstellungen für Meßpunkte und Meßbelege vornehmen

Mit dieser Customizing-Funktion definieren Sie globale Systemeinstellungen. Allerdings gibt es in der aktuellen SAP-Version nur eine einzige: die Erzeugung von Intervallbelegen.

Was sind Intervallbelege? Wenn Sie die Messbelegweitergabe nutzen, dann werden bei der Erfassung eines Messbelegs auf einem Technischen Platz Differenzmessbelege an die untergeordneten Equipments weitergegeben. In dem in Abbildung 4.13 gezeigten Beispiel werden bei jeder Messbelegerfassung auf dem Technischen Platz K1-M 14 Messbelege für eingebaute Equipments erzeugt. Bei größeren Anlagen kann so bei jeder Messbelegerfassung die Anzahl der Messbelege leicht mehrere Hundert übersteigen.

Wenn Sie das nicht möchten, dann können Sie die Intervallbelege aktivieren. Dann wird für die Zeitdauer, für die das Equipment auf dem Technischen Platz eingebaut ist, ein einziger sogenannter *Intervallbeleg* erzeugt, der immer fortgeschrieben wird. Damit stellt der Intervallbeleg sozusagen einen Dauerbeleg dar, der immer wieder mit den aktuellen Daten überschrieben wird. Erst wenn das Equipment seinen Einbauort ändert, wird ein neuer Intervallbeleg erzeugt.

Voraussetzungen

Es sind keine besonderen Voraussetzungen notwendig.

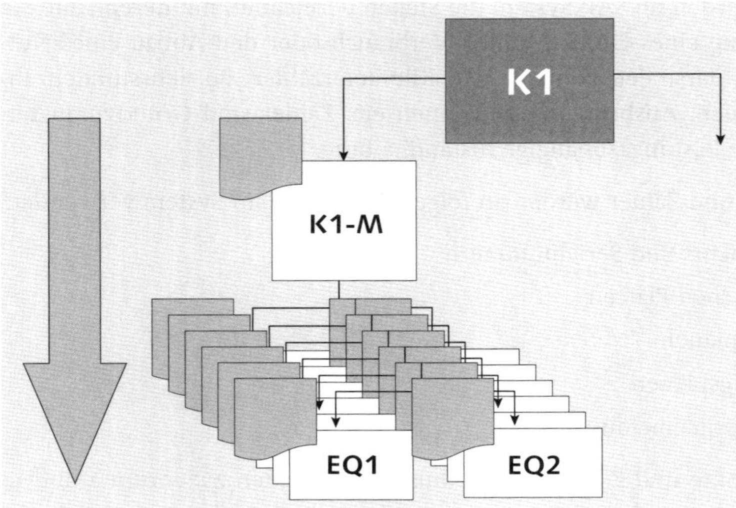

Abbildung 4.13 Messbelegweitergabe

Customizing-Pfad

INSTANDHALTUNG UND KUNDENSERVICE • STAMMDATEN IN INSTANDHALTUNG UND KUNDENSERVICE • GRUNDEINSTELLUNGEN • MESSPUNKTE, ZÄHLER UND MESSBELEGE • SYSTEMEINSTELLUNGEN FÜR MESSPUNKTE UND MESSBELEGE VORNEHMEN

Einstellungen bzw. empfohlene Einstellungen

Aktivieren Sie den Schalter WEITERGABE ERZEUGT INTERVALLBELEGE (siehe Abbildung 4.14).

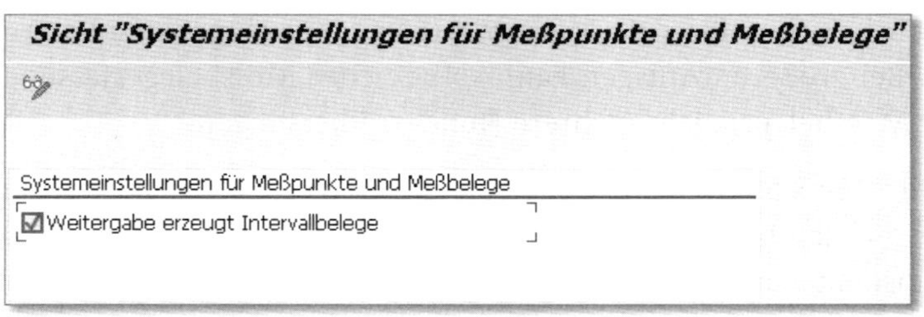

Abbildung 4.14 Intervallbelege

Meßpunkttypen definieren

Jedem Messpunkt und jedem Zähler muss ein *Messpunkttyp* zugeordnet werden, der dem Messpunkt bzw. dem Zähler bestimmte steuernde Eigenschaften zuweist. Mit dieser Customizing-Funktion definieren Sie die Messpunkttypen und damit generische Eigenschaften, die für Messpunkte und Zähler gelten sollen.

Voraussetzungen
Wenn Kataloge zugeordnet werden sollen, muss das Katalogwesen gepflegt sein.

Customizing-Pfad
INSTANDHALTUNG UND KUNDENSERVICE • STAMMDATEN IN INSTANDHALTUNG UND KUNDENSERVICE • GRUNDEINSTELLUNGEN • MESSPUNKTE, ZÄHLER UND MESSBELEGE • MESSPUNKTTYPEN DEFINIEREN

Einstellungen
Folgende Eigenschaften können Sie über den Messpunkttyp einem Messpunkt oder Zähler zuordnen (siehe Abbildung 4.15):

- ob die Messposition *eindeutig* sein soll (EINDTGK.MESSPOS.). Die Messposition verwenden Sie, um die Einbauposition des Messpunktes am Messpunktobjekt festzulegen (z. B. Messposition 1 (Messung Innentemperatur), Messposition 2 (Messung Außentemperatur)). Mit der Eindeutigkeitsprüfung für Messpositionen können Sie verhindern, dass eine Messposition mehrmals pro Objekt definiert wird. Folgende Einstellungsmöglichkeiten haben Sie: 0 = keine Prüfung, 1 = Prüfung auf Objektebene, 2 = Prüfung auf Mandantenebene.
- welche KATALOGART für die Messwerterfassung genutzt wird, um Inspektionsergebnisse festzuhalten (z. B. C = Schadenscodes)
- welche Systemreaktion beim Überschreiten der Messbereichsgrenzen erfolgt (MELDUNG MESSBER.): blank = keine Meldung, W = Warnmeldung oder E = Fehlermeldung
- welche zulässige Toleranzzeit (TOLERZEIT (SEC)) für die Erfassung zukünftiger Messwerte besteht, wenn im Falle einer Datenübernahme aus einem externen System der externe Server eine andere Systemzeit besitzt als das SAP-System. Die Zeit wird in Sekunden angegeben.
- ob Sie für einen Messpunkt lineare Daten erfassen können (Schalter LIN. ANLAGE)

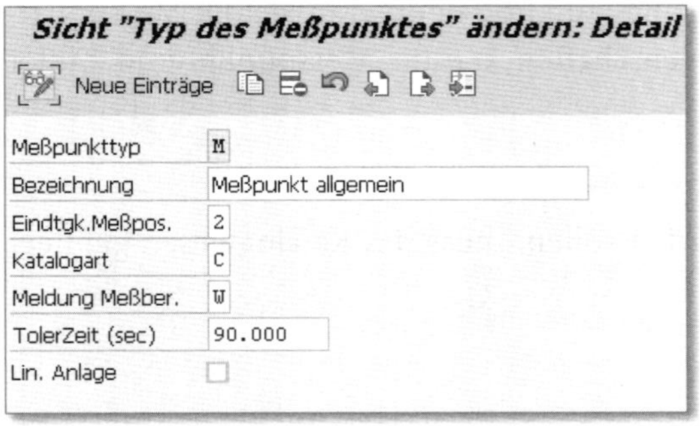

Abbildung 4.15 Messpunkttyp

Zur Steuerung der Messpunkte und Zähler gibt es noch weitere Customizing-Funktionen, die allerdings als generische Funktionen bereits an anderer Stelle beschrieben werden:

- Nummernkreise für Messpunkte anlegen: Erläuterungen zur Nummernvergabe finden Sie in Abschnitt 4.3, »Nummernvergabe«. Die Nummer der Messpunkte wird ausschließlich intern vergeben. Legen Sie deshalb nur einen Nummernkreis 01 an.
- Nummernkreise für Messbelege anlegen: Erläuterungen zur Nummernvergabe finden Sie ebenfalls in Abschnitt 4.3. Die Nummer der Messbelege wird ausschließlich intern vergeben. Legen Sie deshalb nur einen Nummernkreis 01 an.
- Feldauswahl für Messpunkte und Messbelege festlegen: Erläuterungen zur Feldauswahl erhalten Sie in Abschnitt 4.9, »Feldauswahl«.
- Listbearbeitung für Messpunktlisten einstellen: Mehr zur Technik der Gestaltung von Listen erfahren Sie in Abschnitt 4.10, »Listvarianten«.
- Listbearbeitung für Messbeleglisten einstellen: Erläuterungen zur Technik der Gestaltung von Listen finden Sie in Abschnitt 4.10, »Listvarianten«.

4.6 Genehmigungen

Für manche technischen Objekte gelten bestimmte Vorschriften oder Auflagen bei der Bedienung oder auch bei der Durchführung von Instandhaltungsarbeiten. Diese Vorschriften können Sie am technischen Objekt als Genehmigungen hinterlegen. Diese Genehmigungen müssen dann im Rahmen der Instandhaltungsabwicklung in den Aufträgen erteilt werden. Genehmigungen, die im Instandhaltungsumfeld eine Rolle spielen, sind z. B.:

- Feuererlaubnisscheine
- Umweltschutzscheine
- Schweißgenehmigungen
- Führerscheine
- Brandschutzscheine
- Kesselbefahrscheine
- Freischaltscheine
- TÜV-Berechtigungsscheine
- Explosionsschutzzonen

An folgenden Stellen werden Genehmigungen verwendet:

- in Equipments und Serialnummern
- in Technischen Plätzen
- in Aufträgen

Im Folgenden beschreibe ich Ihnen die Customizing-Funktionen, die Ihnen für die Genehmigungen zur Verfügung stehen.

Genehmigungstypen definieren

Mit dieser Customizing-Funktion definieren Sie die Genehmigungstypen. Mithilfe des Genehmigungstyps können Sie Genehmigungen gruppieren, dabei muss jede Genehmigung einem Genehmigungstyp zugeordnet werden. Allerdings haben die Genehmigungstypen keinen steuernden Charakter, sondern dienen lediglich zur Gruppierung und zur Selektion.

Voraussetzungen

Es sind keine spezifischen Voraussetzungen notwendig.

Customizing-Pfad

Instandhaltung und Kundenservice • Stammdaten in Instandhaltung und Kundenservice • Grundeinstellungen • Genehmigungen • Genehmigungstypen definieren

Einstellungen

Definieren Sie die Gruppen nach Ihren individuellen Bedürfnissen (siehe Abbildung 4.16).

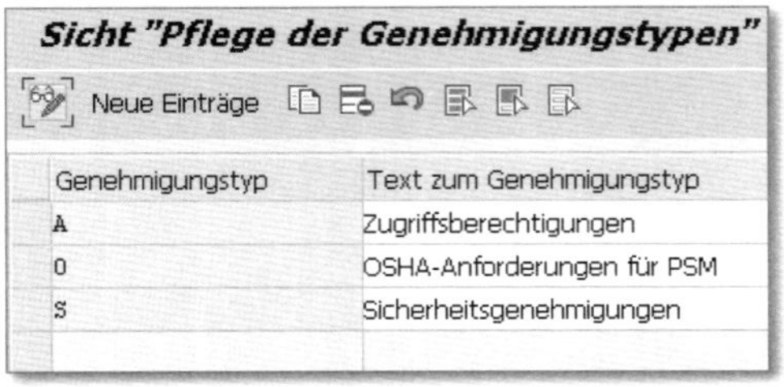

Abbildung 4.16 Genehmigungstypen

4.7 Partner

Das SAP-System kennt standardmäßig nur wenige Organisationseinheiten (wie z. B. Planergruppe oder verantwortlicher Arbeitsplatz), die Sie einem technischen Objekt oder einem Auftrag zuordnen können.

Mit der Definition von Partnern können Sie diese Zuständigkeiten und Verantwortlichkeiten deutlich ausweiten und auch näher spezifizieren. Bei einem Partner kann es sich um eine natürliche oder um eine juristische Person handeln.

Ein Partner ist entweder eine interne Organisationseinheit (z. B. Abteilungen, Kostenstellen oder Personen) oder eine externe Organisationseinheit (z. B. Lieferanten, Hersteller oder Servicefirmen).

Partner werden an folgenden Stellen verwendet:

- in Equipments und Serialnummern
- in Technischen Plätzen
- in Meldungen
- in Aufträgen

Abbildung 4.17 zeigt die Vorgehensweise, mit der Sie technischen Objekten oder Abwicklungsobjekten Partner zuordnen können:

- Die *Partnerart* ist von SAP fest vordefiniert und beinhaltet immer eine Datenbanktabelle (Kunde, Ansprechpartner, Lieferant, Benutzer, Personalnummer, Organisationseinheit, Stelle).

- *Partnerrollen* können Sie im Customizing (PARTNERSCHEMA UND PARTNERROLLE DEFINIEREN) mit Bezug auf eine Partnerart frei definieren. Zum Beispiel können Sie Partnerrollen wie Hersteller, Anlagenlieferant und Servicefirma definieren und alle Rollen auf die Datenbanktabelle *Lieferant* verweisen lassen.
- Ein *Partnerschema* können Sie frei definieren. Es ist eine Gruppierung von Partnerrollen und gibt an, welche Partnerrollen erlaubt sind bzw. zwingend angegeben sein müssen. Sie können also z. B. festlegen, dass zu einem Equipment immer der Hersteller und Lieferant angegeben werden müssen, aber die Angabe einer Servicefirma optional ist.

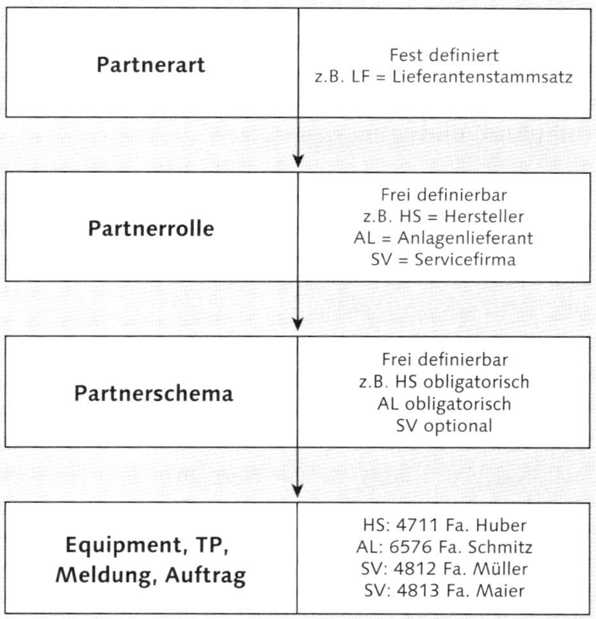

Abbildung 4.17 Partner

Partnerschema und Partnerrolle definieren

Mit dieser Customizing-Funktion definieren Sie die Partnerrollen und dabei insbesondere, zu welcher Partnerart eine Partnerrolle gehören soll. Darüber hinaus definieren Sie mit dieser Customizing-Funktion die Partnerschemata und weisen die entsprechenden Rollen einem Partnerschema zu.

Voraussetzungen

Es sind keine spezifischen Voraussetzungen notwendig.

Customizing-Pfade

Instandhaltung und Kundenservice • Stammdaten in Instandhaltung und Kundenservice • Grundeinstellungen • Partner • Partnerschema und Partnerrolle definieren

Instandhaltung und Kundenservice • Instandhaltungs- und Serviceabwicklung • Instandhaltungs- und Servicemeldungen • Meldungseröffnung • Partner • Partnerschema und Partnerrolle definieren

Instandhaltung und Kundenservice • Instandhaltungs- und Serviceabwicklung • Instandhaltungs- und Serviceaufträge • Partner • Partnerschema und Partnerrolle definieren

Transaktion
VOP2

Wählen Sie dann Instandhaltung und Partner ändern.

Einstellungen
Mit der Funktion Partnerrollen (siehe Abbildung 4.18) definieren Sie die von Ihnen benötigten Rollen in den technischen Objekten oder Abwicklungsobjekten.

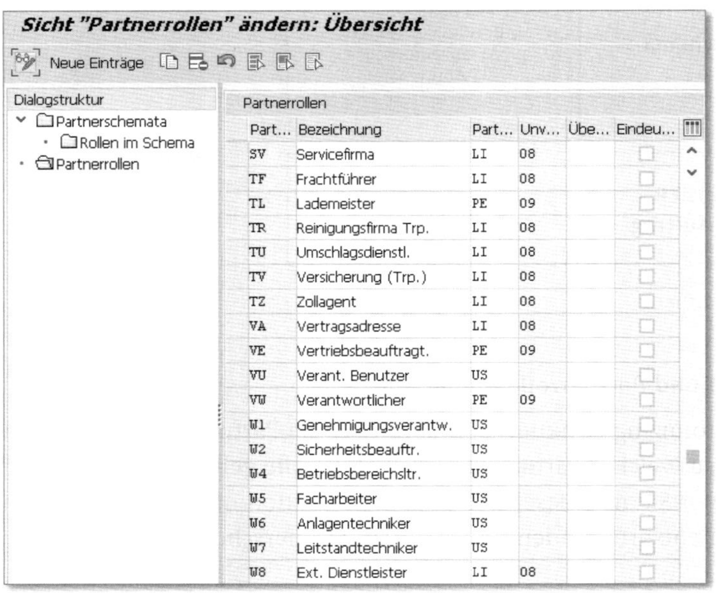

Part...	Bezeichnung	Part...	Unv...	Übe...	Eindeu...
SV	Servicefirma	LI	08		
TF	Frachtführer	LI	08		
TL	Lademeister	PE	09		
TR	Reinigungsfirma Trp.	LI	08		
TU	Umschlagsdienstl.	LI	08		
TV	Versicherung (Trp.)	LI	08		
TZ	Zollagent	LI	08		
VA	Vertragsadresse	LI	08		
VE	Vertriebsbeauftragt.	PE	09		
VU	Verant. Benutzer	US			
VW	Verantwortlicher	PE	09		
W1	Genehmigungsverantw.	US			
W2	Sicherheitsbeauftr.	US			
W4	Betriebsbereichsltr.	US			
W5	Facharbeiter	US			
W6	Anlagentechniker	US			
W7	Leitstandtechniker	US			
W8	Ext. Dienstleister	LI	08		

Abbildung 4.18 Partnerrollen

Vorsicht beim Bearbeiten der Partnerrollen [!]

Bitte beachten Sie: Mit der Customizing-Funktion PARTNERROLLEN DEFINIEREN pflegen Sie nicht nur die Rollen aus der Instandhaltung, sondern alle Rollen, die im SAP-System verwendet werden (also z. B. auch die aus dem Qualitätsmanagement oder dem Kundenservice).

Jede Partnerrolle weisen Sie einer Partnerart zu. Aus Sicht der Instandhaltung sind dabei folgende Partnerarten von Relevanz:

- PE = Person
- US = SAP-Systembenutzer
- LI = Lieferant
- S = Planstelle
- O = Organisationseinheit

Mit der Funktion PARTNERSCHEMATA pflegen Sie die von Ihnen benötigten Partnerschemata, und mit der Funktion ROLLEN IM SCHEMA weisen Sie die jeweils benötigten Rollen zu (siehe Abbildung 4.19). Dabei legen Sie auch folgende Eigenschaften fest (die vier Schalter von links nach rechts):

- ob eine Partneränderung nachträglich möglich sein soll
- ob die Rolle obligatorisch sein soll
- ob die Rolle eindeutig ist, d. h., die Rolle darf am Objekt nicht mehrfach vergeben werden
- ob ein Termineintrag im Kalender des Mitarbeiters erfolgen soll

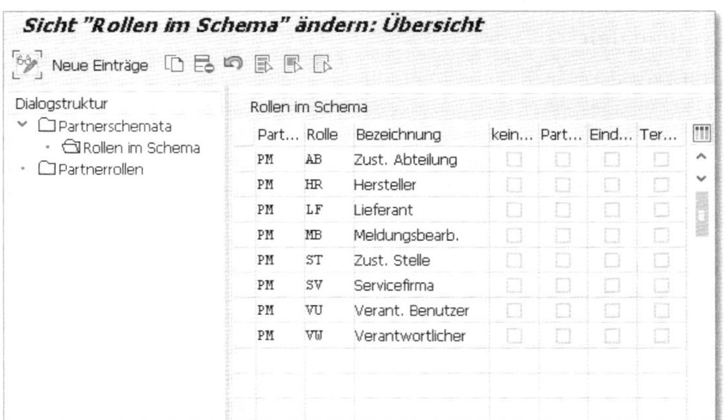

Abbildung 4.19 Partnerschema

Customizing-Funktionen zur Feldauswahl der Partner

Mit diesen Customizing-Funktionen definieren Sie, welche Felder zu welcher Partnerart am Ort ihrer Verwendung (also z. B. im Equipmentstamm oder im Auftrag) angezeigt werden sollen.

Voraussetzungen
Es müssen Partnerrollen zu den jeweiligen Partnerarten ausgeprägt sein.

Customizing-Pfade
Instandhaltung und Kundenservice • Stammdaten in Instandhaltung und Kundenservice • Grundeinstellungen • Partner

Instandhaltung und Kundenservice • Instandhaltungs- und Serviceabwicklung • Instandhaltungs- und Servicemeldungen • Meldungseröffnung • Partner Feldauswahl für Listdarstellung der Partnerdaten

Dann stehen Ihnen folgende Customizing-Funktionen zur Verfügung:

- Feldauswahl für Listdarstellung der Lieferantendaten festlegen
- Feldauswahl für Listdarstellung der Personaldaten festlegen
- Feldauswahl für Listdarstellung der Org.einheiten festlegen
- Feldauswahl für Listdarstellung der Planstellen festlegen
- Feldauswahl für Listdarstellung der Benutzerdaten festlegen
- Feldauswahl für Listdarstellung der Adressdaten festlegen

Transaktionen
- OIR1 – Kundendaten
- OIR2 – Lieferantendaten
- OIR3 – Personaldaten
- OIR4 – Ansprechpartner
- OIR5 – OrgEinheiten
- OIR6 – Planstellen
- OIR7 – Benutzerdaten
- OIR8 – Adressdaten

Einstellungen
Stellvertretend für alle anderen zeigt Abbildung 4.20 die Einstellungen für die Feldauswahl von Lieferanten: Sie definieren, welche Felder nicht sichtbar

sein sollen und an welchen Anzeigepositionen die sichtbaren Felder erscheinen sollen.

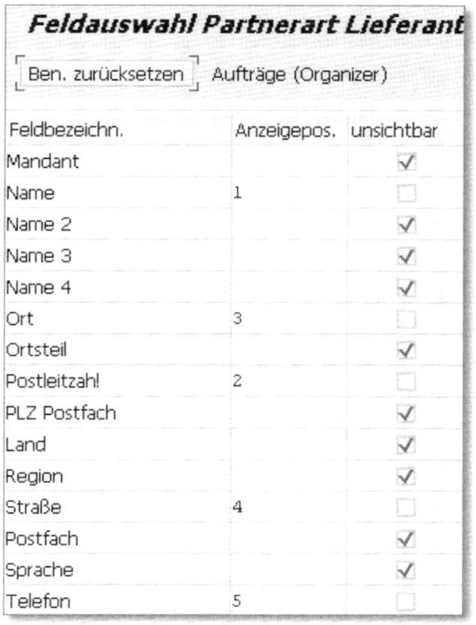

Feldbezeichn.	Anzeigepos.	unsichtbar
Mandant		✓
Name	1	
Name 2		✓
Name 3		✓
Name 4		✓
Ort	3	
Ortsteil		✓
Postleitzahl	2	
PLZ Postfach		✓
Land		✓
Region		✓
Straße	4	
Postfach		✓
Sprache		✓
Telefon	5	

Abbildung 4.20 Partnerart – Feldauswahl

4.8 Dokumente

In vielen Unternehmen ist es wünschenswert, die technischen Objekte und/oder die Abwicklungsobjekte mit Dokumenten zu verknüpfen, wie etwa Konstruktionszeichnungen, Arbeitsanweisungen, Checklisten, Bilder, Prüfanweisungen, Explosionszeichnungen, MSR-Schemata, 3-D-Modelle etc.

Ihre Dokumente können Sie im SAP-System als Dokumentenstammsätze verwalten (Transaktionen CV01N bis CV04N). Innerhalb dieser Dokumentenstammsätze hinterlegen Sie eine Verlinkung zu den Originalen der Dokumente (also z. B. zum Ablageort der CAD-Datei oder zum File-Server für Office-Dokumente), wobei die Verlinkung erhalten bleibt oder aber die Originale in eine SAP-Datenbank hochgeladen werden.

Dokumente werden in der Instandhaltung an folgenden Stellen verwendet:

- in Equipments und Serialnummern
- in Technischen Plätzen

- in Stücklisten
- in Meldungen
- in Aufträgen
- in Arbeitsplänen

Im Folgenden soll nicht das für den vollen Funktionsumfang des SAP-Dokumentenmanagementsystems erforderliche Customizing beschrieben werden. Für die reinen Instandhaltungszwecke ist es in den meisten Fällen ausreichend, ein reduziertes Szenario zu definieren und das Customizing dafür einzurichten. Dieses Szenario schaut folgendermaßen aus:

- Um sich von anderen Anwendungsbereichen abzugrenzen, möchten Sie eine eigene *Dokumentart*.
- Diese soll auch nur für die *Objekte der Instandhaltung* nutzbar sein.
- Um anderen Unternehmensbereichen nicht ins Gehege zu kommen, möchten Sie im SAP-System einen eigenen *Sicherheitsbereich* schaffen, in dem die Originale abgelegt werden können.
- Andere Funktionen des SAP-Dokumentenmanagementsystems (wie z. B. Statusnetze, Versionierungen) spielen keine Rolle.

Im Folgenden beschreibe ich Ihnen nun, was Sie im Customizing tun müssen, um dieses Szenario abzubilden.

Dokumentarten definieren

Mit dieser Customizing-Funktion nehmen Sie die grundlegenden Einstellungen zu einer Dokumentart vor – z. B. Nummernvergabe oder Objektverknüpfungen.

Voraussetzungen

Die Nummernkreise (extern, intern) sind definiert.

Customizing-Pfad

Anwendungsübergreifende Komponenten • Dokumentenverwaltung • Steuerungsdaten • Dokumentarten definieren

Einstellungen

Abbildung 4.21 zeigt die Grundeinstellungen zu einer Dokumentart und wie sie aus Sicht der Instandhaltung gesetzt werden sollten:

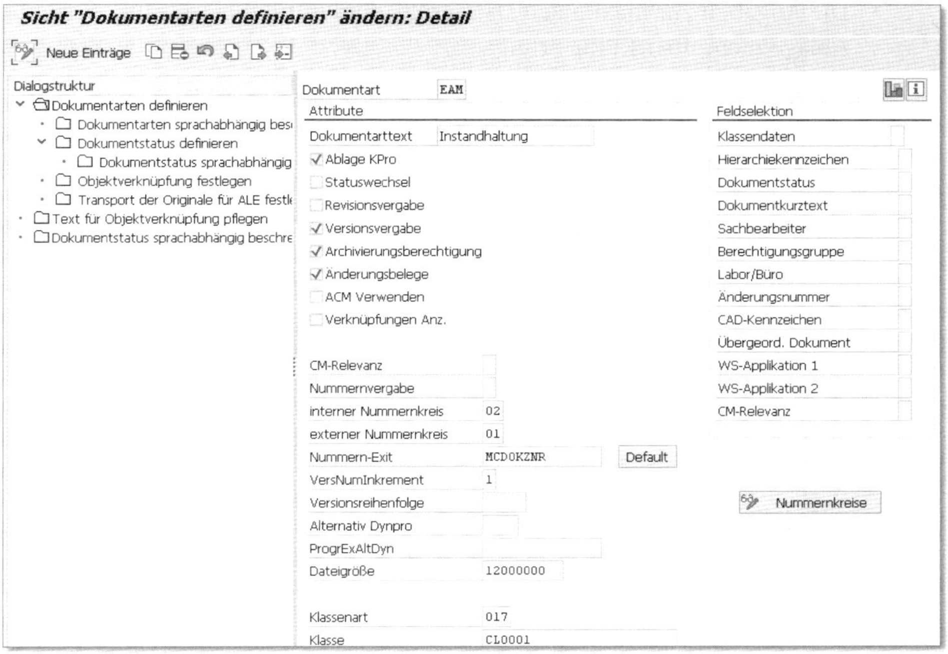

Abbildung 4.21 Dokumentart – Grundeinstellungen

- Das Kennzeichen ABLAGE KPRO steuert, dass die Originaldateien via Knowledge Provider in definierte Ablagesysteme (Content Repository) abgelegt werden. Wenn Sie eine neue Dokumentart definieren, sollten Sie die Ablage ausschließlich über den Knowledge Provider steuern. Setzen Sie das Kennzeichen nicht mehr nachträglich für eine Dokumentart. Wenn für eine Dokumentart bereits Originaldateien gepflegt sind und die Ablage bisher nicht über den Knowledge Provider gesteuert wurde, kann das System diese Originaldateien nicht mehr verwalten.
- Wenn das Kennzeichen VERSIONSVERGABE gesetzt ist, dann vergibt das System automatisch die neue Versionsnummer. Da man in der Instandhaltung selten mit Versionsnummern arbeitet, bedeutet dies die automatische Vergabe der Version 00 für das Dokument.
- Das Kennzeichen ARCHIVIERUNGSBERECHTIGUNG steuert, dass die Originaldateien im Archiv abgelegt werden können.
- Das Kennzeichen ÄNDERUNGSBELEGE aktivieren Sie, wenn Sie Änderungen am Dokumenteninfosatz über Änderungsbelege protokollieren möchten.
- Über die Nummernkreise erfolgt die Zuordnung des externen und des internen Nummernkreises.

- Die Angaben zur maximalen Dateigröße sind nur dann relevant, wenn die Ablage nicht über KPRO erfolgt.

Mit der Unterfunktion Dokumentenstatus definieren (siehe Abbildung 4.22) legen Sie die einzusetzenden Status fest. Ein mehrstufiges Statusnetz, wie es z. B. in der Produktentwicklung zum Einsatz kommt, ist in der Instandhaltung normalerweise nicht notwendig. Sie benötigen lediglich einen Status, der das Freigabekennzeichen aktiv geschaltet hat, damit das Dokument in den weiteren Geschäftsprozessen eingesetzt werden kann.

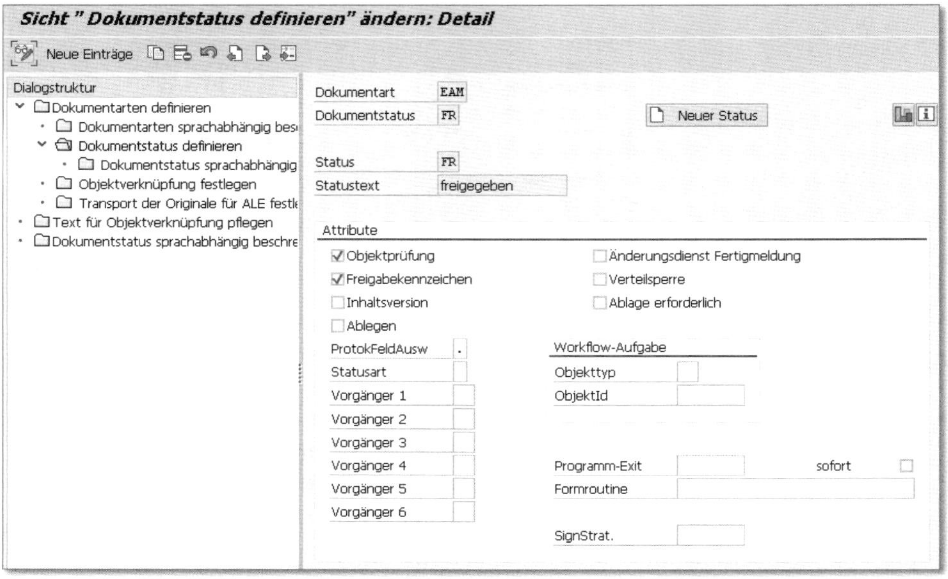

Abbildung 4.22 Dokumentart – Status

Mit der Unterfunktion Objektverknüpfung festlegen (siehe Abbildung 4.23) definieren Sie, welchen SAP-Objekten Dokumente mit dieser Dokumentart zugeordnet werden können.

Aus Sicht der Instandhaltung sind dies:

- Equipments (EQUI)
- Technische Plätze (IFLOT)
- Referenzplatz (IRLOT)
- Objektverknüpfung (INET)
- Material (MARA)
- Werksmaterial (MARC)

- Messpunkte (IMPTT)
- Meldungen (PMQMEL)
- Maßnahmen (IMAV)
- Aufträge (PMAUFK)
- Auftragsvorgänge (PMAFVC)
- Stücklistenkopf (STKO_DOC)
- Stücklistenpositionen (STPO_DOC)
- Arbeitsplan (PMPLKO)

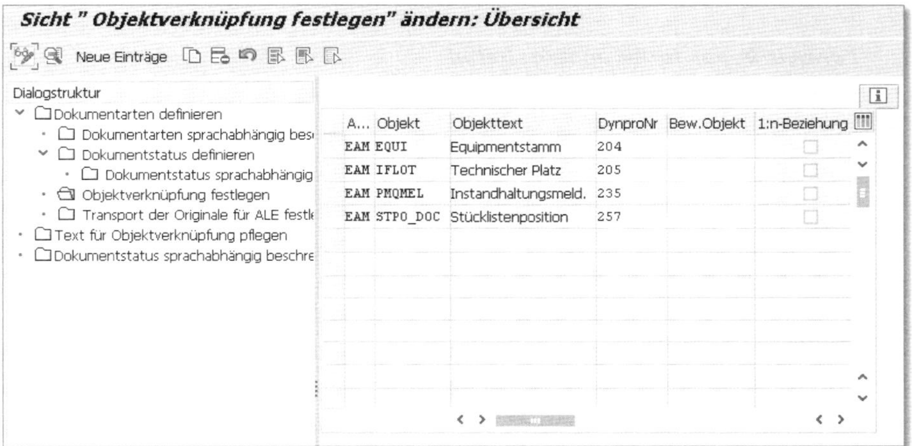

Abbildung 4.23 Dokumentart – Objektverknüpfungen

Bitte setzen Sie den Schalter 1:N-BEZIEHUNG nicht, denn dann könnten Sie dem Objekt nur ein einziges Dokument mit dieser Dokumentart zuordnen. Dies ist meist nicht sinnvoll.

Ablagesystem pflegen

Mit dieser Customizing-Funktion definieren Sie den Ablageort für Originaldateien (Content Repository). Das System nutzt diese Ablagesysteme für Dokumente, deren Dokumentart eine Ablage via Knowledge Provider vorsieht.

Voraussetzungen

Wenn Sie eigene Datenbanktabellen für die physische Ablage der Dokumente nutzen möchten, müssen diese vorher über SE11 definiert werden und in ihrem Aufbau der Datenbanktabelle SDOKCONT1 entsprechen.

Customizing-Pfad

Anwendungsübergreifende Komponenten • Dokumentenverwaltung • Allgemeine Daten • Einstellungen für Ablagesysteme • Ablagesystem pflegen

Transaktion

OAC0

Einstellungen

Abbildung 4.24 zeigt die Einstellungen zum Ablagesystem, wie sie aus Sicht der Instandhaltung gesetzt werden sollten:

Abbildung 4.24 Ablagesystem

- Der Ablagetyp sollte die Datenbank des SAP-Systems sein.
- Sie sollten immer die aktuellste Versions-Nr für die Datenbankschnittstelle wählen (zurzeit 0045).
- Die Inhaltstabelle ist die Datenbanktabelle, in der die Dokumente abgelegt werden. Diese kann mandantenabhängig oder mandantenunabhängig definiert werden. Eigene Datenbanktabellen müssen vorher über SE11 definiert werden.

Ablagekategorie pflegen

Mit dieser Customizing-Funktion richten Sie für ein Ablagesystem (Content Repository) eine oder mehrere logische Sichten (Ablagekategorien) ein. Durch mehrere Sichten auf ein Ablagesystem können Sie Originaldateien strukturierter ablegen.

Voraussetzungen
Das Content Repository (Ablagesystem) muss definiert sein.

Customizing-Pfad
Anwendungsübergreifende Komponenten • Dokumentenverwaltung • Allgemeine Daten • Einstellungen für Ablagesysteme • Ablagekategorie pflegen

Transaktion
OACT

Einstellungen
Abbildung 4.25 zeigt Ihnen, wie Sie eine Kategorie einem Content Repository zuordnen.

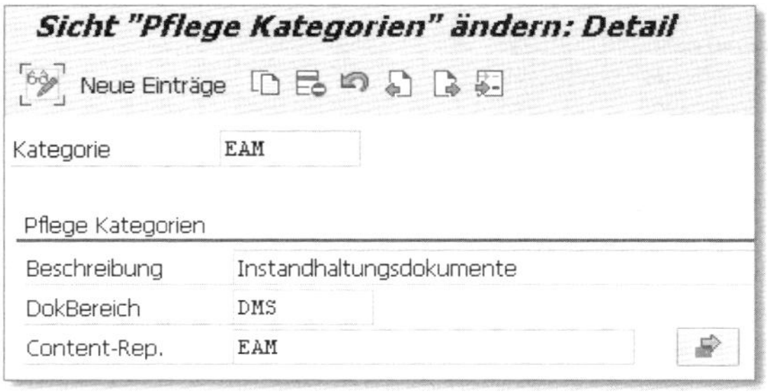

Abbildung 4.25 Ablagekategorie

Workstation-Applikation definieren

Mit dieser Customizing-Funktion müssen Sie für alle Dateitypen, die Sie im Rahmen von SAP EAM verwenden möchten (z. B. PDF, JPG, DWG, DOC) angeben, zu welcher Applikation sie gehören und wie Sie die Dateitypen steuern möchten.

Voraussetzungen
Die benötigten Programme zum Start der jeweiligen Dateitypen müssen installiert werden.

Customizing-Pfad
Anwendungsübergreifende Komponenten • Dokumentenverwaltung • Allgemeine Daten • Workstation-Applikation definieren

Einstellungen

Abbildung 4.26 zeigt Ihnen die Übersichtstabelle mit allen Applikationen und den dazugehörenden Dateitypen. In der SAP-Standardauslieferung sind schon viele Applikationen und Dateitypen vorhanden; diese sollten Sie auf Richtigkeit und Vollständigkeit prüfen. Sollten Dateitypen nicht vorhanden sein, müssen Sie die Tabelle um die entsprechenden neuen Einträge erweitern.

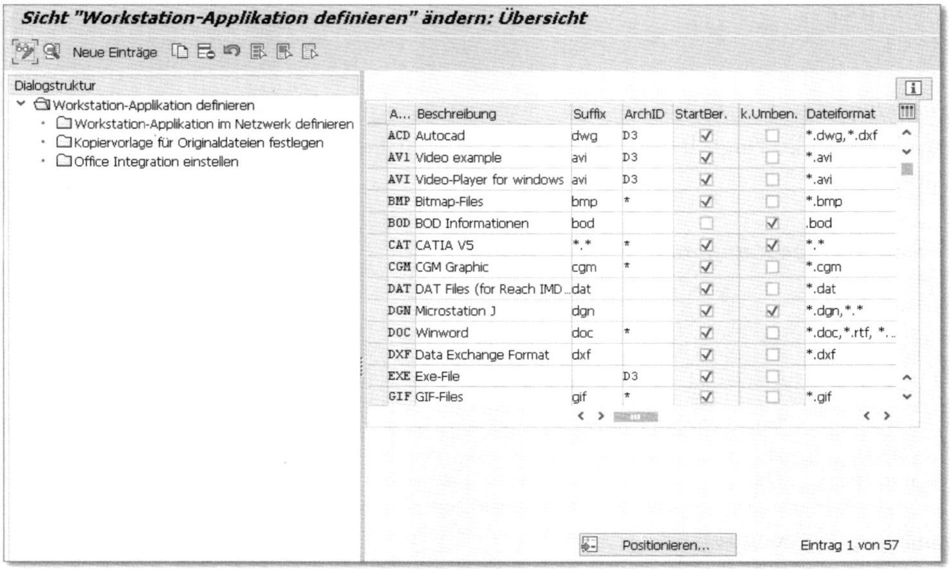

Abbildung 4.26 Workstation-Applikationen – Übersicht

Abbildung 4.27 zeigt Ihnen am Beispiel der Applikation JPG die Details. Wichtig ist hier Folgendes:

- die vollständige Zuordnung aller potenziellen DATEIFORMATE (z. B. Applikation DOC mit Dateiformaten DOC, DOCX, RTF u. a.)
- das Aktivieren der STARTBERECHTIGUNG. Das bedeutet, dass mit einem Doppelklick auf die Datei (z. B. ein PDF im Equipmentstamm) die Applikation direkt gestartet und das Dokument angezeigt werden darf.

Abbildung 4.27 Workstation-Applikationen – Detail

Mit der Unterfunktion Workstation-Applikation im Netzwerk definieren legen Sie fest, welches Programm gestartet werden soll, wenn ein bestimmter Dateityp aufgerufen wird. In Abbildung 4.28 ist dies für JPEG-Dateien dargestellt.

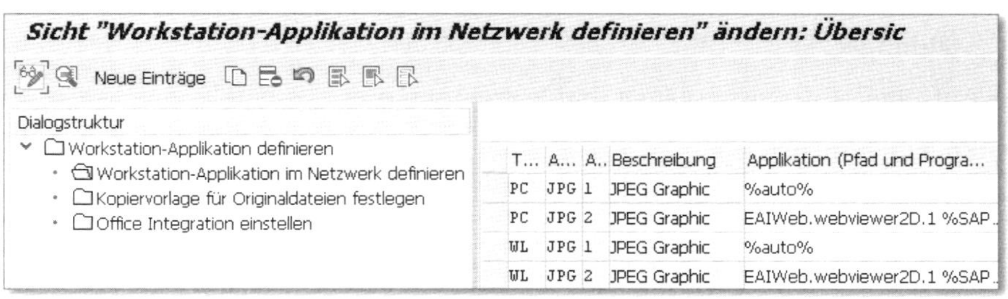

Abbildung 4.28 Workstation-Applikationen im Netzwerk definieren

- Es ist sinnvoll, als erste Alternative immer %AUTO% anzugeben, damit die Workstation zunächst mal – unter Verwendung der allgemeinen MIME-Technik – automatisch nach dem richtigen Programm sucht.
- Als zweite Alternative geben Sie einen konkreten Pfad zu einem Programm an, das gestartet werden soll.

Für bestimmte Verwendungszwecke stellt SAP auch integrierte Viewer bereit, die dann mit einem vorgegebenen String aufgerufen werden, z. B. 2-D-CAD-Zeichnungen über *EAIWeb.webviewer2D.1 %SAP-CONTROL%* oder 3-D-CAD-Zeichnungen über *EAIWeb.webviewer3D.1 %SAP-CONTROL%* oder Right Hemisphere Files über *%VIEWER-CONTROL% %SAPPROVIS%*.

4.9 Feldauswahl

Mit einer Feldauswahl legen Sie für jede Objektart Eigenschaften fest. Sie können z. B. Folgendes bestimmen:

- welches Feld gepflegt werden muss
- ob es sich bei dem Feld um ein reines Anzeigefeld handelt
- ob es ein normales Eingabefeld ist
- ob das Feld ausgeblendet werden soll

Sie können und sollten die Feldauswahl auch von sogenannten *beeinflussenden Feldern* abhängig machen.

Die Technik der Feldauswahl steht Ihnen bei fast allen SAP-Objekten zur Verfügung. Aus Sicht der Instandhaltung sind dies insbesondere die folgenden:

- Equipments und Serialnummern
- Technische Plätze und Referenzplätze
- Materialien
- Meldungen
- Aufträge, Auftragsvorgänge und Komponenten
- Rückmeldungen
- Messpunkte und Messbelege
- Wartungspläne
- Arbeitspläne
- Arbeitsplätze

Customizing-Funktionen zur Feldauswahl

Für jedes der oben genannten Objekte gibt es im System eigene Customizing-Funktionen zur Steuerung der Feldauswahl. Die Technik ist jedoch bei allen die gleiche. Im Folgenden stelle ich Ihnen diese Technik anhand der Feldauswahl der Technischen Plätze vor.

Voraussetzungen

Möchten Sie die Feldauswahl von beeinflussenden Feldern abhängig machen (z. B. die Feldauswahl des Technischen Platzes vom *Typ Technischer Platz* oder die Feldauswahl des Auftrags von der *Auftragsart*), müssen diese Einflussfaktoren vorher festgelegt sein.

Customizing-Pfad

Instandhaltung und Kundenservice • Stammdaten in Instandhaltung und Kundenservice • Technische Objekte • Technische Plätze • Feldauswahl für Technische Plätze festlegen

Transaktionen

- OIAE für platzspezifische Daten
- OIAF für gemeinsame Felder Technischer Platz und Equipment

Auch allen anderen Objekten sind für die Feldauswahl eigene Transaktionen zugeordnet (z. B. OIAD (Equipments), OIW0 (Wartungspläne), OP5A–OP5H (Arbeitspläne), OIAL (Meldungen), OIAN (Auftragskopfdaten), OIOPD (Auftragsvorgänge) oder OIZN (Rückmeldungen)).

Einstellungen

Mit der Unterfunktion Feldauswahl spez. Felder Technischer Platz legen Sie die Feldauswahl von Feldern fest, die nur den Technischen Platz betreffen.

Mit der Unterfunktion Feldauswahl Technischer Platz (gemeinsame Felder Equi/Platz) legen Sie die Felder fest, die sowohl den Technischen Platz als auch das Equipment betreffen.

Nach Auswahl der Funktion und Aufruf des Icons Beeinflussend gelangen Sie in die Übersicht der beeinflussenden Felder. Für den Technischen Platz eignen sich folgende Felder:

- der Aktivitätstyp (Hinzufügen, Ändern, Anzeigen)
- die Objektart
- der Technische-Platz-Typ

Vor allem der Technische-Platz-Typ wird häufig ausgewählt, um die Feldauswahl davon abhängig zu machen. Sie haben dann für jedes Feld folgende Möglichkeiten (siehe Abbildung 4.29):

- Feld ist normales Eingabefeld.
- Feld ist Muss-Feld.
- Feld wird nur angezeigt.
- Feld wird ausgeblendet.
- Feld wird hervorgehoben (es wird dann farblich anders dargestellt).

Feldauswahl: Beeinflussendes Feld

Wert löschen | Beeinflussend | Modifizierbar | Bildgruppen | Beeinflussungen

Bildgruppe	Daten für Technische Objekte
Beeinfluss.Feld	Typ TechnPlatz
Beeinfluss.Wert	M

Modifizierte Felder

Modifizierbares Feld	Feldname	Eing	Muß	Anzei	Ausbl	Hell
ABC-Kennzeichen	ITOB-ABCKZ	○	●	○	○	☐
Abrechnungsauftrag	ITOB-AUFNR	●	○	○	○	☐
Anlage	ITOB-ANLNR	○	○	○	●	☐
Anschaffungsdatum	ITOB-ANSDT	●	○	○	○	☐
Anschaffungswert	ITOB-ANSWT	●	○	○	○	☐
Arbeitsplatz	ITOBATTR-ARBPL	○	○	○	●	☐
Art techn. Objekt	ITOB-EQART	●	○	○	○	☐
Baujahr	ITOB-BAUJJ	●	○	○	○	☐
Baumonat	ITOB-BAUMM	●	○	○	○	☐
Bautyp	ITOB-SUBMT	●	○	○	○	☐
BerechtigGruppe	ITOB-BEGRU	●	○	○	○	☐
Berichtsschema	ITOB-RBNR	●	○	○	○	☐
Betriebsbereich	ITOB-BEBER	●	○	○	○	☐
Buchungskreis	ITOB-BUKRS	○	○	●	○	☐
Dauerauftrag	ITOB-DAUFN	●	○	○	○	☐
Geschäftsbereich	ITOB-GSBER	●	○	○	○	☐
Gewicht des Objektes	ITOB-BRGEW	●	○	○	○	☐
Gewichtseinheit	ITOB-GEWEI	●	○	○	○	☐

Abbildung 4.29 Feldauswahl – Technischer Platz

Wenn Sie nun die Feldauswahl von mehreren beeinflussenden Feldern abhängig gemacht haben (z. B. vom Typ des Technischen Platzes und von der Objektart), dann treffen zwei Einflussfaktoren auf ein Feld. Für diesen Fall hat SAP eindeutige Vorfahrtsregeln festgelegt (siehe Abbildung 4.30):

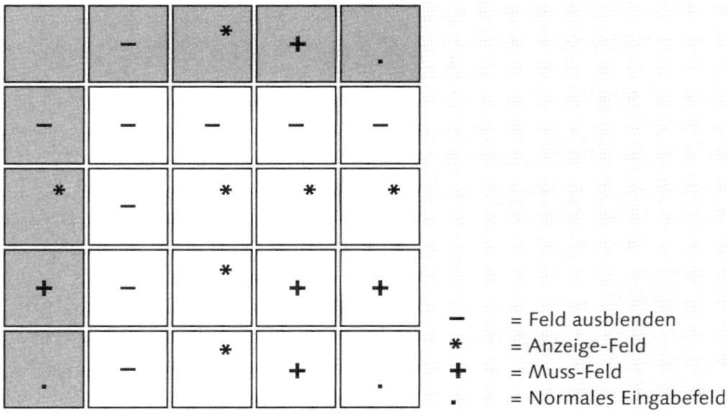

Abbildung 4.30 Feldauswahl – Prioritätsregeln

- Priorität 1: Ausblenden (d. h., wenn einer der Einflussfaktoren ein Feld als auszublenden definiert, ist es ausgeblendet – ganz egal, wie die Steuerung der anderen beeinflussenden Felder aussieht).
- Priorität 2: Anzeigen (d. h., wenn es nicht ausgeblendet ist und ein Einflussfaktor es als reines Anzeigefeld definiert, wird es nur angezeigt, auch wenn es andere Einflussfaktoren als Muss- oder als normale Eingabefelder definieren).
- Priorität 3: Muss (d. h., wenn es nicht ausgeblendet oder ein Anzeigefeld ist und ein Einflussfaktor es als Muss-Feld definiert, wird es ein Muss-Feld, auch wenn andere Einflussfaktoren es als normales Eingabefeld definieren).
- Priorität 4: normales Eingabefeld (d. h., nur dann, wenn kein Einflussfaktor es anderweitig definiert, wird ein Feld ein normales Eingabefeld bleiben.
- Die farbliche Hervorhebung eines Feldes unterliegt keiner Prioritätenregelung: Wenn ein Einflussfaktor es als hell definiert, wird es farblich anders gekennzeichnet.

4.10 Listvarianten

Im Bereich der Instandhaltung stehen Ihnen viele Listen zur Verfügung. Sie finden Listen für folgende Objekte:

- Equipments (IE05, IH08)
- Fahrzeuge (IE36, IE37)

- Serialnummern (IQ08, IQ09)
- Technische Plätze (IL05, IH06)
- Referenzplätze (IL15, IH07)
- Objektverbindungen von Technischen Plätzen (IN15, IN16)
- Objektverbindungen von Equipments (IN18, IN19)
- Materialien (IH09)
- Meldungen (IW28, IW29)
- Meldungspositionen (IW68, IW69)
- Aktionen (IW64, IW65)
- Maßnahmen (IW66, IW67)
- Aufträge (IW38, IW39)
- Auftragsvorgänge (IW37, IW49)
- Rückmeldungen (IW47)
- Messpunkte (IK07, IK08)
- Messbelege (IK17, IK18)
- Wartungspläne (IP15, IP16)
- Wartungspositionen (IP17, IP18)
- Arbeitspläne (IA08, IA09)

Bei allen Listen stehen Ihnen Customizing-Funktionen zur Verfügung, um die Selektion und das Layout der Listen zu bestimmen. Diese möchte ich Ihnen im Folgenden beschreiben.

Customizing-Funktionen zum Einstellen der Listen

Mit diesen Customizing-Funktionen können Sie für alle Anwender folgende Voreinstellungen definieren:

- die möglichen Selektionsfelder festlegen
- die Selektionsfelder mit konkreten Werten belegen
- die Feldauswahl für die Listdarstellung vornehmen

Diese Einstellungen gelten dann für alle Anwender, die sich keine eigenen benutzerspezifischen Varianten angelegt haben oder andere allgemeine Varianten verwenden.

Die Listbearbeitung, die ich Ihnen im Folgenden vorstelle, gilt in gleicher Weise für alle oben genannten Objekte. Der Einfachheit halber soll die Technik der Listbearbeitung am Beispiel des Technischen Platzes dargestellt werden.

Voraussetzung

Normalerweise sind keine Voraussetzungen nötig. Nur dann, wenn Sie eine Selektions- oder Anzeigevariante definieren wollen, in der auf andere Customizing-Funktionen Bezug genommen wird (z. B. Typ Technischer Platz), müssen diese vorher angelegt sein.

Customizing-Pfad

Instandhaltung und Kundenservice • Stammdaten in Instandhaltung und Kundenservice • Technische Objekte • Technische Plätze • Listbearbeitung für Techn. Plätze einstellen

Transaktion

OIW6

Auch den anderen Customizing-Funktionen zur Listbearbeitung sind in der Regel eigene Transaktionen zugeordnet (z. B. OIYC (Equipments), OIYH (Serialnummern), OIWW (Wartungspläne), OIW5 (Wartungstermine), OIWO (Arbeitspläne), OIWI (Meldungen), OIWL (Aufträge), OIWU (Vorgänge) oder OIW3 (Rückmeldungen)).

Einstellungen

Wenn Sie die Customizing-Funktion ausführen, erhalten Sie drei Unterfunktionen:

- Selektionsbild Liste Anzeigemodus
- Selektionsbild Liste Änderungsmodus
- Feldauswahl Liste

Sie sollten zunächst das Selektionsbild pflegen und erhalten bei der entsprechenden Auswahl zunächst eine Liste aller potenziellen Selektionsfelder. Mit dem Button [Attribute] gelangen Sie in das Detailbild, in dem Sie entscheiden können, wie Sie mit jedem einzelnen Feld verfahren möchten. Die Einstellungsmöglichkeiten haben dabei folgende Bedeutung (siehe Abbildung 4.31):

- Ist das Feld Geschützt angekreuzt, wird das betreffende Selektionskriterium zur Laufzeit – also z. B., wenn ein Benutzer die Variante startet – gegen Eingaben geschützt.

- Wird das Feld UNSICHTBAR angekreuzt, dann wird das betreffende Selektionskriterium beim Start über Variante oder beim Ändern der Werte ausgeblendet.
- Dasselbe gilt für »BIS« FELD AUSBLENDEN. Dann sind keine Intervallangaben möglich.
- Wird das Feld MUSSEINGABEFELD angekreuzt, dann muss das betreffende Selektionskriterium beim Start über Variante mit einem Wert versehen werden.

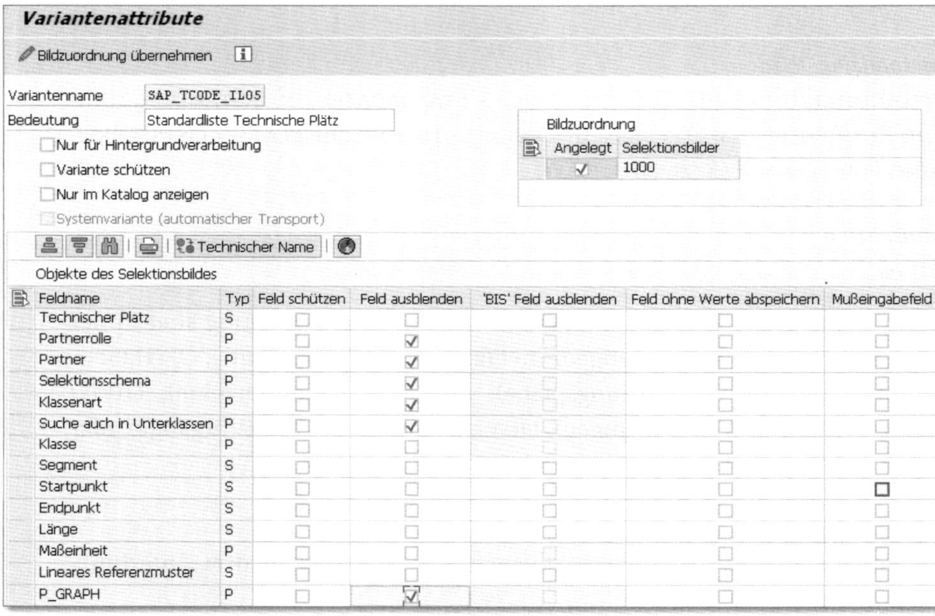

Abbildung 4.31 Technischer Platz – Selektionsvariante

Mit der Unterfunktion FELDAUSWAHL LISTE PFLEGEN bestimmen Sie das Layout der Standardliste. Über den Button gelangen Sie in ein Fenster, in dem Sie diese Einstellungen vornehmen können (siehe Abbildung 4.32):

- Spaltenauswahl: Welche Felder sollen angezeigt werden?
- Sortierung: Nach welchen Kriterien soll die Liste sortiert werden?
- Filter: Soll ein Filter verwendet werden?
- Ansicht: Wünschen Sie eine SAP-Liste, oder soll eine Excel-Tabelle ausgegeben werden?

- Darstellung: Wünschen Sie z. B. ein Streifenmuster oder eine Optimierung der Spaltenbreite?

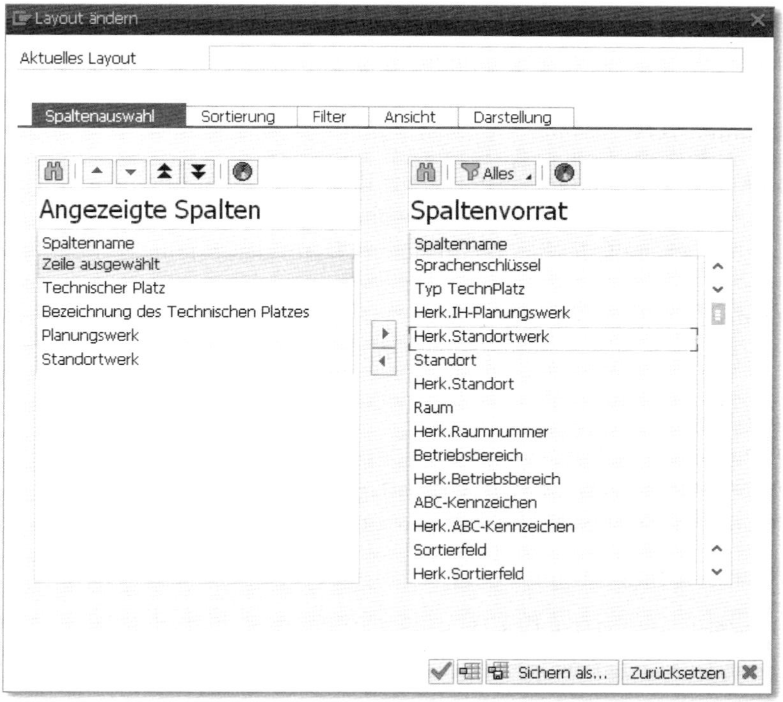

Abbildung 4.32 Technischer Platz – Listvariante

4.11 Mehrstufige Listen

Aus Sicht der Instandhaltung gibt es folgende mehrstufige Listen:

- bei Equipments (IE07)
- bei Technischen Plätzen (IL07)
- bei Referenzplätzen (IH18)
- bei Meldungen (IW30)
- bei Aufträgen (IW40)
- bei Arbeitsplänen (IA10)

Mehrstufige Listen bedeutet, dass zu einem Listobjekt (z. B. einem Technischen Platz) andere Objekte (z. B. Aufträge, Meldungen und Dokumente des Technischen Platzes) angezeigt werden sollen.

Customizing-Funktionen zur Feldauswahl bei mehrstufigen Listdarstellungen

Mit dieser Customizing-Funktion passen Sie die Voreinstellungen für mehrstufige Listen an. Sie legen fest, bei welchen Objekten welche Felder angezeigt werden sollen. Diese Einstellungen gelten für alle Anwender, die sich nicht eigene benutzerspezifische Varianten angelegt haben oder andere allgemeine Varianten verwenden.

Die Technik der mehrstufigen Listen steht Ihnen bei allen oben genannten SAP-Objekten zur Verfügung. Der Einfachheit halber soll die Technik der Listbearbeitung am Beispiel des Technischen Platzes dargestellt werden.

Voraussetzungen
Es sind keine spezifischen Voraussetzungen notwendig.

Customizing-Pfad
Instandhaltung und Kundenservice • Stammdaten in Instandhaltung und Kundenservice • Technische Objekte • Technische Plätze • Feldauswahl für Listdarstellungen mehrstufiger Techn. Plätze

Für die einzelnen Objekte gibt es folgende Unterfunktionen:

- Feldauswahl für Felder des Technischen Platzes festlegen
- Feldauswahl für Felder der Equipmenteinsatzdaten festlegen
- Feldauswahl für Felder der Equipmentstammdaten festlegen
- Feldauswahl für Felder der Partnerdaten festlegen
- Feldauswahl für Felder der Meldungsdaten festlegen
- Feldauswahl für Felder der Auftragsdaten festlegen
- Feldauswahl für Felder der Klassendaten festlegen
- Feldauswahl für Felder der Sachmerkmalsdaten festlegen
- Feldauswahl für Felder der Dokumentenverwaltung festlegen
- Feldauswahl für Felder der Objektverbindungsdaten festlegen
- Feldauswahl für Felder der Messpunkte und Zähler festlegen
- Feldauswahl für Felder der Messbelege und Zählerstände festlegen
- Feldauswahl für Felder der Genehmigungen festlegen

Einstellungen

Abbildung 4.33 zeigt stellvertretend für alle anderen Objekte die Einstellungsmöglichkeiten am Beispiel des Auftragssegments in der mehrstufigen Liste von Technischen Plätzen:

Abbildung 4.33 Feldauswahl – mehrstufige Liste für Technische Plätze (Auftragssegment)

- Sie legen die Position fest, an der das Feld als Voreinstellung erscheinen soll. Felder ohne Positionsnummer werden defaultmäßig nicht angezeigt. Benutzer können bei der Gestaltung ihres individuellen Layouts sowohl die Positionsnummer verändern oder löschen als auch bei anderen Feldern eine Positionsnummer eintragen, damit das Feld angezeigt wird.
- Sie legen fest, ob das Feld für die benutzerindividuelle Gestaltung der Liste unsichtbar sein soll. Dann kann ein Benutzer es nicht für seine Variante auswählen.

Dieses Kapitel macht Sie mit den Strukturierungshilfsmitteln von SAP EAM vertraut. Ich zeige Ihnen, wie Sie die Hilfsmittel konfigurieren können, und gebe Ihnen Hinweise, worauf Sie beim Customizing der Anlagenstrukturen achten sollten.

5 Anlagenstrukturierung

Eine anforderungsgerechte Anlagenstrukturierung bildet die Basis, um mit SAP EAM die Geschäftsprozesse in der Instandhaltung abbilden und anschließend abwickeln zu können. Im *Praxishandbuch Instandhaltung mit SAP*[1] habe ich in diesem Zusammenhang folgende Fragen erörtert:

- Welche Strukturierungshilfsmittel sollen eingesetzt werden?
- Wie tief soll strukturiert werden?
- Ab welcher Strukturstufe soll welches Hilfsmittel zum Einsatz kommen?
- Welche Informationen sollen hinterlegt werden?
- Welche Funktionen sollen genutzt werden?
- In welchen Stufen sollen die Anlagen abgebildet werden?

5.1 Strukturierungsmittel

SAP EAM bietet Ihnen ein breites Spektrum an potenziellen Strukturierungshilfsmitteln: Technische Plätze, Referenzplätze, Equipments, Objektverbindungen, Serialnummern, Instandhaltungsbaugruppen, Materialien und verschiedene Arten von Stücklisten.

Technische Plätze repräsentieren eine komplexe, in der Regel mehrstufige Anlagenstruktur. Sie müssen jedes Element der Anlagenstruktur als Technischen Platz anlegen. Technische Plätze dienen also dazu, eine vertikale Anlagenstruktur aufzubauen. Sie stellen in der Regel funktionale Einheiten dar und haben eher immobilen Charakter. Beispiele für Technische Plätze sind

1 Liebstückel, Karl: Praxishandbuch Instandhaltung mit SAP. Bonn: SAP PRESS 2013.

Prozessanlagen in der Chemie und Pharmazie, Kraftwerke, Fließstraßen, Gebäude, Rohrleitungssysteme, Infrastruktur und Rechnernetzwerke.

Referenzplätze dienen ausschließlich als Vorlage, um daraus *echte* Strukturen für Technische Plätze generieren oder um später Daten auf echte Technische Plätze vererben zu können.

Equipments repräsentieren einzelne Aggregate (Inventare) und haben eher mobilen Charakter. Beispiele sind Maschinen, Pumpen, Motoren, Fertigungshilfsmittel, Fahrzeuge (Pkws, Lkws, Stapler, Flurförderzeuge) und IT-Inventare (PCs, Drucker, Monitore, Notebooks, Beamer). Equipmenttypen, die nur selten bewegt werden (z. B. Pumpen), sind darauf ausgelegt, auf Technischen Plätzen eingebaut zu werden; andere Equipmenttypen (z. B. Fahrzeuge) werden aufgrund ihrer permanenten Beweglichkeit nicht auf Technischen Plätzen installiert.

Objektverbindungen bauen Sie zwischen verschiedenen technischen Objekten (z. B. Equipments oder Technischen Plätzen) auf. Solche Verbindungen gibt es z. B. zwischen Produktionseinheiten untereinander, zwischen Produktionsanlagen und Versorgungssystemen sowie zwischen Ver- und Entsorgungssystemen. Mit den Objektverbindungen bilden Sie ein sogenanntes *Objektnetz* ab. Auf diese Weise können Sie Ihre Anlagen horizontal strukturieren. Objektverbindungen können nicht Gegenstand von Geschäftsprozessen (z. B. Störmeldungen) sein, sondern dienen lediglich der Information und Visualisierung.

Lineare Anlagen (Linear Asset Management) sind technische Systeme mit einer linearen Infrastruktur, deren Eigenschaften und Zustände sich von Abschnitt zu Abschnitt ändern können (dynamische Segmentierung). Beispiele für lineare Anlagen sind Pipelines, Straßennetze, Schienennetze, Überlandleitungen, Rohrleitungen etc. Sie können lineare Anlagen als technische Objekte (z. B. Technische Plätze, Equipments) anlegen und dort lineare Daten hinterlegen.

Ein *Material* repräsentiert im Gegensatz zum Equipment kein Einzelstück, sondern einen Objekttyp, also z. B. den Typ *Pumpe normalsaugend 400–100*, oder den Typ *Drehstrom-Normmotor SM/I, 220/380 V, 50 Hz, 0.18 kW*. Hinter einem Material verbirgt sich eine gewisse Anzahl von Objekten des jeweiligen Typs. Materialien benötigen Sie für Ersatzteile, für lagerfähige Equipments und Instandhaltungsbaugruppen (IH-Baugruppen).

Eine *IH-Baugruppe* dient als Element, um einen Technischen Platz oder ein Equipment tiefer zu strukturieren. So könnte z. B. ein Stapler aus den IH-Baugruppen *Hubgerüst*, *Chassis*, *Bremsanlage* und *Antriebsaggregat* bestehen. Eine IH-Baugruppe können Sie einer Meldung, einem Auftrag oder einem Wartungsplan zur Spezifizierung des Schadensortes zuordnen.

Serialnummern legen Sie zu einer Materialnummer an, wobei es zu einer Materialnummer beliebig viele Serialnummern geben kann. Eine Serialnummer ist ein Einzelstück und entspricht somit einem Equipment. Die Serialnummernfunktion erlaubt es Ihnen, das Equipment auf Lager zu legen. Im Hinblick auf die Verwendungsweise entspricht eine Materialserialnummer einem Equipment.

Eine *Equipmentstückliste* beinhaltet in der Regel eine Liste von Ersatzteilen und ist einem Equipment direkt zugeordnet. Das bedeutet, dass diese Stückliste nur von diesem einen Equipment verwendet werden kann.

Eine *Technische-Platz-Stückliste* beinhaltet in der Regel eine Liste von Ersatzteilen und ist einem Technischen Platz direkt zugeordnet. Das heißt, dass diese Stückliste nur von diesem einen Technischen Platz verwendet werden kann.

Eine *Materialstückliste* beinhaltet ebenfalls eine Liste von Ersatzteilen. Sie können die Materialstückliste aber über eine sogenannte *indirekte Zuordnung* für beliebig viele Equipments und/oder Technische Plätze verfügbar machen.

In den folgenden Abschnitten finden Sie nun alle wichtigen Einstellungsmöglichkeiten zu den einzelnen technischen Objekten.

5.2 Technische Plätze und Referenzplätze

Technische Plätze repräsentieren eine komplexe, in der Regel mehrstufige Anlagenstruktur und haben immobilen Charakter. Sie dienen dazu, eine vertikale Anlagenstruktur aufzubauen.

Referenzplätze dienen ausschließlich als Vorlage, um daraus *echte* Strukturen für Technische Plätze generieren oder um später Daten auf echte Technische Plätze vererben zu können. Referenzplätze können nicht Gegenstand von Geschäftsprozessen (z. B. Störmeldungen) sein, sondern dienen lediglich als Referenzvorlage.

Beispiele aus der Praxis sind:

- Prozessanlagen in Chemie-, Pharma- und Lebensmittelindustrie
- Kraftwerke wie Kohle-, Wasser- oder Kernkraftwerke

- Fließstraßen in der diskreten Fertigung
- komplexe Maschinen wie Automaten oder flexible Fertigungszellen
- Immobilien
- Strom-, Gas-, Wasser- und Wärmeversorgungsanlagen
- Rohrleitungssysteme
- Infrastruktureinrichtungen wie Straßen, Plätze, Gleise, Tunnel und Brücken
- Rechnernetzwerke
- komplexe Fahrzeuge wie z. B. Lokomotiven, ICEs, Zugmaschinen
- Flugzeuge

Abbildung 5.1 zeigt eine Übersicht über die Customizing-Funktionen der Technischen Plätze.

Abbildung 5.1 Technische Plätze – Customizing-Funktionen

Die wichtigsten davon werde ich Ihnen im Folgenden erläutern.

Strukturkennzeichen für Referenzplätze/Techn. Plätze anlegen

Bei einem Technischen Platz und einem Referenzplatz vergeben Sie immer eine externe Nummer nach dem sogenannten *Strukturkennzeichen*. Diese Nummer des Technischen Platzes vergeben Sie manuell nach der Vorgabe durch das Strukturkennzeichen.

Voraussetzungen

Es sind keine besonderen Voraussetzungen notwendig.

Customizing-Pfad

Instandhaltung und Kundenservice • Stammdaten in Instandhaltung und Kundenservice • Technische Objekte • Technische Plätze • Strukturkennzeichen für Referenzplätze/Techn. Plätze anlegen

Transaktion

OIPK

Einstellungen

Abbildung 5.7 zeigt Ihnen die Übersicht über vorhandene Strukturkennzeichen. Wenn Sie ein neues Strukturkennzeichen anlegen, definieren Sie dort den Namen und den Text des Strukturkennzeichens.

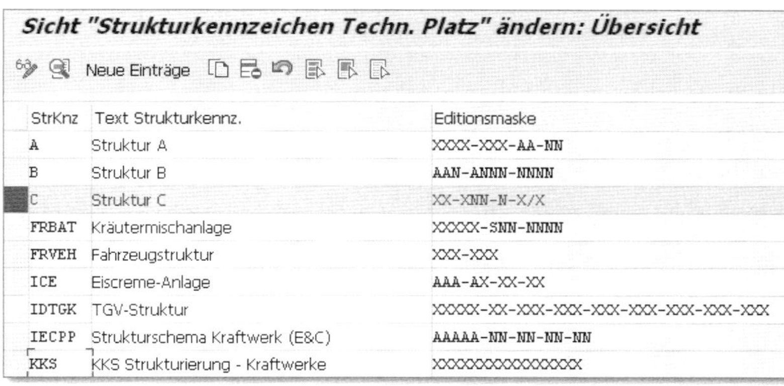

StrKnz	Text Strukturkennz.	Editionsmaske
A	Struktur A	XXXX-XXX-AA-NN
B	Struktur B	AAN-ANNN-NNNN
C	Struktur C	XX-XNN-N-X/X
FRBAT	Kräutermischanlage	XXXXX-SNN-NNNN
FRVEH	Fahrzeugstruktur	XXX-XXX
ICE	Eiscreme-Anlage	AAA-AX-XX-XX
IDTGK	TGV-Struktur	XXXXX-XX-XXX-XXX-XXX-XXX-XXX-XXX-XXX
IECPP	Strukturschema Kraftwerk (E&C)	AAAAA-NN-NN-NN-NN
KKS	KKS Strukturierung - Kraftwerke	XXXXXXXXXXXXXXX

Abbildung 5.2 Technischer Platz – Strukturkennzeichen-Übersicht

Im Detailbild legen Sie weitere Einstellungen fest (siehe Abbildung 5.3):

- wie lang die Nummer eines Technischen Platzes sein soll
- aus wie vielen Stufen die Anlagenstruktur bestehen soll
- wie viele Stellen die Nummer in den einzelnen Stufen haben soll

- nach welcher Regel die Nummer des Technischen Platzes aufgebaut sein soll:
  - A: Alphazeichen
  - N: numerische Zeichen
  - X: alphanumerische Zeichen
  - S: Sonderzeichen und alphanumerische Zeichen

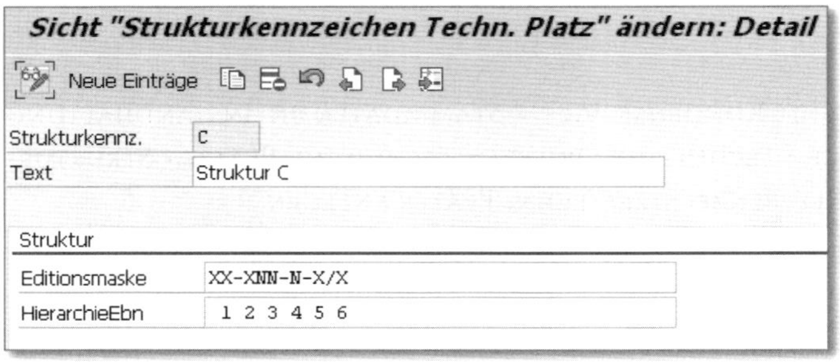

Abbildung 5.3 Technischer Platz – Strukturkennzeichen – Details

Sichtenprofile für technische Objekte einstellen

Mit dieser Customizing-Funktion können Sie das Layout der Bildschirmbilder der technischen Objekte (Equipments, Technische Plätze) festlegen. Sie bestimmen:

- wie viele Registerkarten Sie haben möchten
- welche Bildgruppen auf welcher Registerkarte und wo platziert werden sollen
- wie die Registerkarte heißen soll
- ob der Registerkarte ein Icon zugeordnet werden soll

Voraussetzungen

Es sind keine speziellen Voraussetzungen notwendig. Definierte Sichtenprofile ordnen Sie einem Equipmenttyp bzw. Typ des Technischen Platzes zu.

Customizing-Pfad

Instandhaltung und Kundenservice • Stammdaten in Instandhaltung und Kundenservice • Technische Objekte • Allgemeine Daten • Sichtenprofile für technische Objekte einstellen

Einstellungen

Definieren Sie zunächst einen Namen für das Sichtenprofil, und legen Sie dann fest, ob es für Equipments oder Technische Plätze gültig sein soll (siehe Abbildung 5.4).

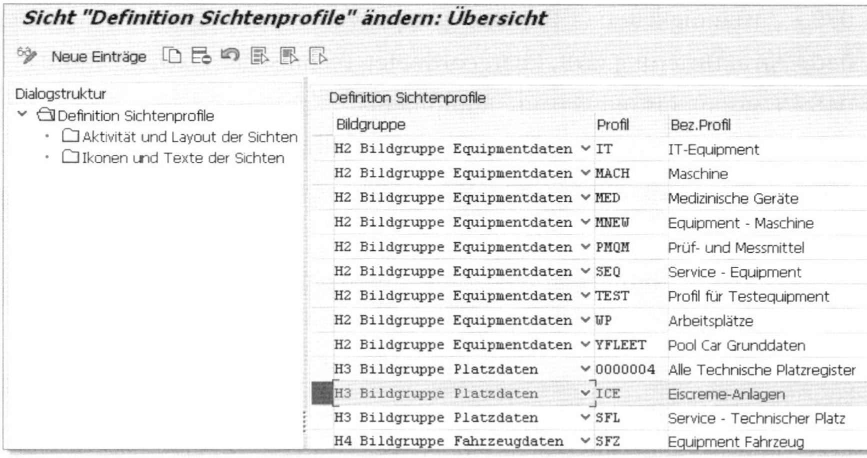

Abbildung 5.4 Technischer Platz – Sichtenprofil Definition

Dann ordnen Sie mit der Unterfunktion Aktivität und Layout der Sichten den Registerkarten die gewünschten Bildbereiche zu (siehe Abbildung 5.5).

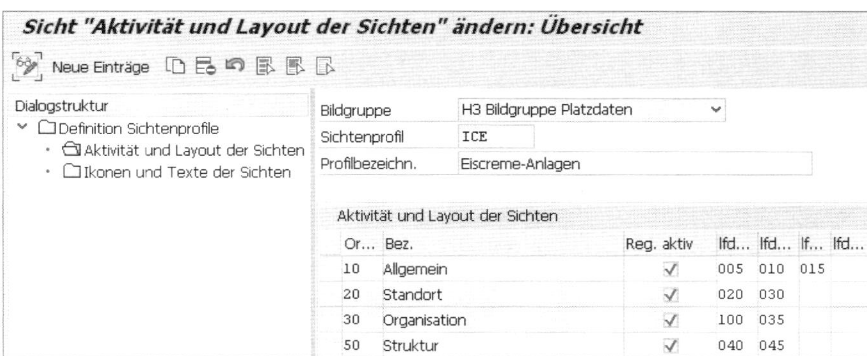

Abbildung 5.5 Technischer Platz – Sichtenprofil Layout

Folgende Bildbereiche stehen Ihnen zur Verfügung:

- 005 – allgemeine Daten (z. B. Größe, Gewicht, Inventarnummer)
- 010 – Bezugsdaten (z. B. Lieferant, Anschaffungswert, Anschaffungsdatum)

- 015 – Herstelldaten (z. B. Hersteller, Baujahr, Baumonat)
- 020 – Standortdaten (z. B. Standortwerk, Standort, Raum)
- 025 – Adresse (z. B. PLZ, Ort, Telefonnummer, Faxnummer)
- 030 – Kontierung (z. B. Kostenstelle, Anlage, Buchungskreis)
- 035 – Zuständigkeiten (z. B. Planergruppe, verantwortlicher Arbeitsplatz)
- 040 – Strukturierung (z. B. übergeordneter Technischer Platz, Position)
- 045 – Equipments (eingebaute Equipments)
- Standardklasse (095 – Vollbild oder 097 – Teilbild)
- 100 – Partner (z. B. Partnerrolle, Name, Adresse)
- 105 – Langtext
- 110 – Garantie (Kundengarantie, Lieferantengarantie)
- Dokumente (120 – Vollbild oder 122 – Teilbild)
- 140/150 – Benutzerdaten mit eigenen Feldern
- 141 – Logbuchdaten
- 300 – lineare Daten für Technische Plätze
- 350 – lineare Daten für Merkmale

Schließlich können Sie mit der Unterfunktion Ikonen und Texte der Sichten eigene Titel für die Registerkarten definieren und ein Icon zuordnen (siehe Abbildung 5.6). Sie haben die Auswahl aus mehr als 1.000 vordefinierten Icons.

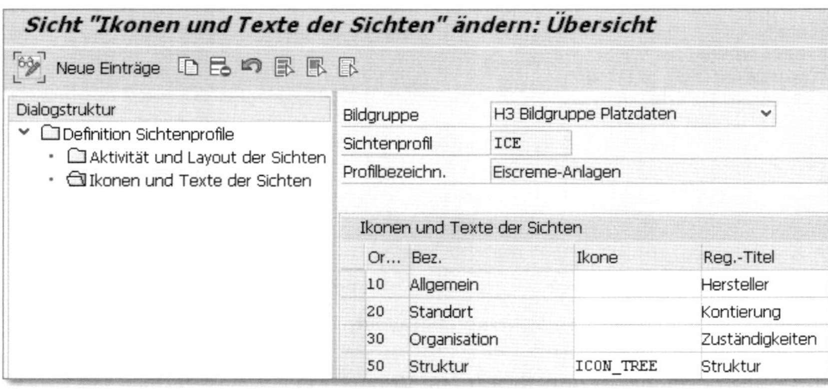

Abbildung 5.6 Technischer Platz – Sichtenprofil der Icons und Texte

Typ für Technische Plätze festlegen

Mithilfe dieser Customizing-Funktion können Sie unterschiedliche Typen von Technischen Plätzen festlegen.

Voraussetzungen

Wenn sie zugeordnet werden sollen, müssen vorher Statusschema, Partnerschema, Messpunkttyp, Objektinformationsschlüssel und der Typ LINEARE DATEN definiert sein.

Customizing-Pfad

INSTANDHALTUNG UND KUNDENSERVICE • STAMMDATEN IN INSTANDHALTUNG UND KUNDENSERVICE • TECHNISCHE OBJEKTE • TECHNISCHE PLÄTZE • TYP TECHNISCHE PLÄTZE FESTLEGEN

Einstellungen

Abbildung 5.7 zeigt Ihnen das Übersichtsbild der Technische-Platz-Typen. Dort können Sie den Namen und die Bezeichnung des Typs festlegen.

Abbildung 5.7 Übersicht der Technische-Platz-Typen

Für jeden Typ können Sie im Detailbild Folgendes bestimmen (siehe Abbildung 5.8):

- welches Statusschema zugeordnet werden soll
- welches Partnerschema gelten soll
- welcher Messpunkttyp verwendet werden soll
- wie das Layout des Stammsatzes (Sichtenprofil) aussehen soll
- ob Änderungsbelege beim Anlegen und/oder Ändern erzeugt werden sollen
- ob es sich um Kundenanlagen handelt
- welche Informationen in der Objektinformation angezeigt werden sollen
- ob Sie für die Technischen Plätze lineare Daten erfassen wollen

Außerdem können Sie vom Typ des Technischen Platzes die Feldauswahl abhängig machen.

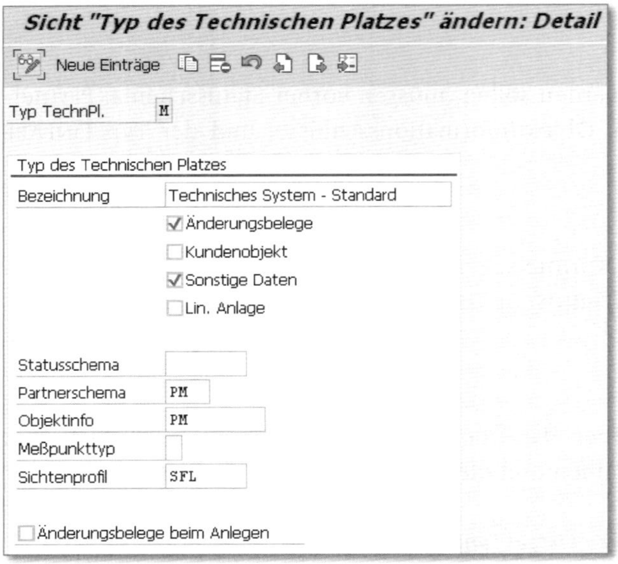

Abbildung 5.8 Technischer-Platz-Typ – Detail

Strukturdarstellung für Technische Plätze festlegen

Mit dieser Customizing-Funktion legen Sie das Layout der Strukturdarstellung von Technischen Plätzen in der Transaktion IH01 fest.

Die von Ihnen selektierten Felder dienen der Feldauswahl. Wenn ein Anwender keine eigene Feldauswahl definiert, werden ihm die von Ihnen aktivierten Felder angezeigt.

Voraussetzungen
Es sind keine speziellen Voraussetzungen nötig.

Customizing-Pfad
Instandhaltung und Kundenservice • Stammdaten in Instandhaltung und Kundenservice • Technische Objekte • Technische Plätze • Strukturdarstellung für Technische Plätze festlegen

Transaktion
OIWP

Einstellungen

Durch die Nummerierung legen Sie die Reihenfolge in der Liste fest, d. h., das Feld mit der Nummer 1 steht als erstes in der Liste, das Feld mit der Nummer 2 als zweites etc. (siehe Abbildung 5.9).

Techn.Platz Strukturdarstellung: Feldauswahl

Ben. zurücksetzen Aufträge (Organizer)

Feldbezeichn.	Anzeigepos.	unsichtbar
Techn. Platz	1	☐
Sprache		☐
Bezeichnung	2	☐
Typ TechnPl.		☐
Planungswerk		☐
Herk.IH-PlWerk		✓
Standortwerk		✓
Herk.StOrtwerk		✓
Standort	3	☐
Herk.Standort		☐

Abbildung 5.9 Technischer Platz – Strukturdarstellung

Jeder Anwender kann sich aus der von Ihnen definierten Feldliste seine eigene, benutzerbezogene Liste gestalten. Dazu kann er jedoch nur die als nicht unsichtbar markierten Felder verwenden. Felder, die als UNSICHTBAR markiert werden, kann der einzelne Anwender für seine benutzerspezifische Feldauswahl nicht aktivieren.

Alternative Kennzeichnungen von Technischen Plätzen

Sie sollten die alternative Kennzeichnung aktivieren, wenn Sie später eine der folgenden Funktionen nutzen wollen:

- Sie möchten einer Technischen-Platz-Struktur bzw. jedem einzelnen Platz für unterschiedliche Sichtweisen (z. B. eigene Nomenklatur versus Kundennomenklatur) mehrere Nummern zuweisen.
- Sie möchten primäre und sekundäre Technische-Platz-Strukturen (wie z. B. eine primäre Struktur für die Energieversorgung und eine sekundäre Struktur für die Haustechnik) anlegen.
- Sie möchten die Nummer eines Technischen Platzes ändern, z. B. wenn Sie eine falsche Nummer vergeben haben oder Anlagenteile in eine andere Anlage umbauen.

Voraussetzungen

Für das reine Aktivieren der alternativen Kennzeichnung sind keine besonderen Voraussetzungen notwendig. Wenn Sie mehrere Kennzeichnungssysteme verwenden möchten, benötigen Sie die entsprechenden Strukturkennzeichen (siehe oben).

Customizing-Pfad

Instandhaltung und Kundenservice • Stammdaten in Instandhaltung und Kundenservice • Technische Objekte • Technische Plätze • Alternative Kennzeichnungen von Technischen Plätzen und Kennzeichnungssysteme für Technische Plätze festlegen

Transaktionen

OIPU und OIPV

Einstellungen bzw. empfohlene Einstellungen

Sie aktivieren die alternative Kennzeichnung, indem Sie den Schalter Alternat Kennz aktiv (Alternative Kennzeichnung aktivieren) markieren (siehe Abbildung 5.10).

Abbildung 5.10 Alternative Kennzeichnung aktivieren

Die Aktivierung der alternativen Kennzeichnung hat die folgenden Konsequenzen:

- Sie können die Nummer des Technischen Platzes ändern.
- Zur Verwaltung der Technischen Plätze werden dann zwei Datenbanktabellen aktiviert: die Tabellen IFLOS (Kennzeichnungen Technischer Plätze) und IFLOT (Wurzeltabelle der Technischen Plätze).
- IFLOS enthält die interne Nummer des Technischen Platzes TPLNR und den Verweis auf die an der Oberfläche sichtbare Nummer STRNO, die sich nun im Zeitablauf ändern kann. Abbildung 5.11 zeigt einen solchen Fall:

Die Technische-Platz-Nummer ?0100000000000000093 wurde bei der Verarbeitung von ICE-FR-01 auf ICE-FR-11 geändert.

- IFLOT enthält die eigentlichen Informationen des Technischen Platzes wie z. B. Planungswerk, Planergruppe, Bezeichnung etc.
- Wenn Sie die alternative Kennzeichnung nachträglich aktivieren (d. h., Sie haben schon Technische Plätze erfasst), müssen Sie den Report RI_IFLOT2IFLOS laufen lassen. Das Programm erzeugt zu allen Einträgen in der Tabelle IFLOT einen Eintrag in der Tabelle IFLOS. Bei jeder weiteren Erfassung neuer Technischer Plätze werden automatisch zwei Einträge – einer in der Tabelle IFLOS und einer in der Tabelle IFLOT – angelegt.
- Sie können mehrere Kennzeichnungssysteme für Technische Plätze einrichten.

Data Browser: Tabelle IFLOS 200 Treffer

Prüftabelle...

Tabelle: IFLOS
Angezeigte Felder: 11 von 11 Feststehende Führungsspalten: 4 Listbreite 0250

MANDT	TPLNR	ALKEY	VERSN	ACTVS	STRNO
901	?0100000000000000091	A	001	X	ICE-BF
901	?0100000000000000092	A	001	X	ICE-FR
901	?0100000000000000093	A	001		ICE-FR-01
901	?0100000000000000093	A	002	X	ICE-FR-11
901	?0100000000000000094	A	001	X	ICE-FR-02
901	?0100000000000000095	A	001	X	ICE-FR-03
901	?0100000000000000096	A	001	X	ICE-PK
901	?0100000000000000097	A	001	X	ICE-PK-10

Abbildung 5.11 Tabelle IFLOS

Mit der Customizing-Funktion KENNZEICHNUNGSSYSTEME FÜR TECHNISCHE PLÄTZE FESTLEGEN können Sie alternative Kennzeichnungssysteme definieren – etwa wenn Sie interne Strukturen von Kundenstrukturen abgrenzen möchten oder parallele Sichten – mechanische Sicht und elektrische Sicht – auf die Technischen Plätze hinterlegen wollen (siehe Abbildung 5.12).

Sicht "Kennzeichnungssysteme für Technische Plätze"

Neue Einträge

KennzSyst	Bezeichnung	Primär	Eindeutig
A	Interne Strukturen	●	☐
B	Kundenstrukturen	○	☐

Abbildung 5.12 Kennzeichnungssysteme für Technische Plätze

Darüber hinaus können Sie festlegen, ob die Kennzeichnungen eines Systems über alle Kennzeichnungssysteme hinweg auf Eindeutigkeit geprüft werden sollen. Innerhalb eines Kennzeichnungssystems wird die Eindeutigkeit immer geprüft.

Eines der Kennzeichnungssysteme muss als primäres Kennzeichnungssystem markiert werden. Es sollte das System sein, mit dem die Mehrheit der Anwender arbeitet.

5.3 Equipments

Equipments repräsentieren einzelne Aggregate (Inventare) und haben eher mobilen Charakter. Equipments könnten z. B. sein:

- Maschinen
- Produktionsmittel (Pumpen, Motoren)
- Fertigungshilfsmittel (Werkzeuge)
- Prüf- und Messmittel (Waagen, Lehren)
- Fahrzeuge (Pkws, Lkws, Stapler, Flurförderzeuge)
- IT-Inventare (PCs, Drucker, Monitore, Notebooks, Beamer)
- Roboter

Sie legen ein Equipment in den folgenden Fällen an:

- Sie bauen die Geräte auf Technischen Plätzen ein und möchten darüber eine Einsatzhistorie nachweisen.
- Sie möchten die Geräte lagern.
- Sie möchten aus der Instandhaltungssicht individuelle Daten verwalten, technische Daten wie z. B. Leistungsdaten oder organisatorische Daten wie z. B. den Arbeitsplatz.
- Sie möchten Meldungen, Aufträge oder Wartungspläne öffnen.
- Sie sind dokumentationspflichtig und müssen Nachweise der durchgeführten Instandhaltungsmaßnahmen erbringen.
- Sie sammeln technische Daten wie Schadensursachen, Messwerte oder Zählerstände und möchten diese auswerten.
- Sie möchten einen Kostennachweis führen.
- Sie möchten an einem Gerät Aufarbeitungen durchführen.

- Sie möchten eine Lohnbearbeitung von einem externen Lieferanten durchführen lassen (Subcontracting).
- Sie verwalten Geräte in einem Pool und möchten den Ausleihprozess unterstützen.
- Sie möchten oder müssen Kalibrierungen und Prüfungen durchführen.

Abbildung 5.13 Equipments – Customizing-Funktionen

Abbildung 5.13 zeigt Ihnen eine Übersicht über die Customizing-Funktionen der Equipments. Die wichtigsten davon werde ich Ihnen im Folgenden erläutern.

Im Mittelpunkt des Customizings von Equipments steht der Equipmenttyp (siehe Abbildung 5.14).

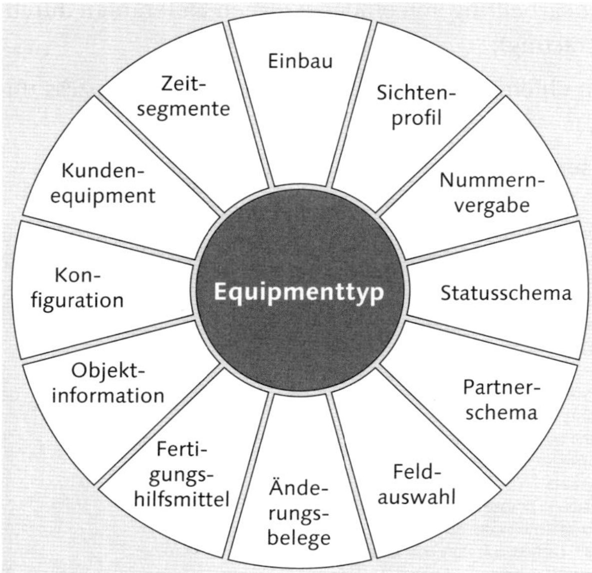

Abbildung 5.14 Equipmenttyp

Über den Equipmenttyp können Sie Folgendes festlegen:

- wie die Nummernvergabe erfolgt bzw. welche Equipmentnummern vergeben werden können
- ob Änderungsbelege geschrieben werden
- welche Informationen in der Objektinformation gezeigt werden
- wie das Layout des Equipmentstamms aussehen soll (Sichtenprofil) und welche Felder gepflegt werden sollen (Feldauswahl)
- ob es sich um ein lineares Objekt handelt
- welches Anwenderstatusschema verwendet wird
- ob das Equipment ein Fertigungshilfsmittel ist
- welches Partnerschema verwendet wird
- ob es sich um ein Kundenequipment handelt
- ob das Equipment konfigurierbar ist
- ob bei Änderungen Zeitsegmente geschrieben werden und – wenn ja – bei welchen Feldern
- ob das Equipment auf Technischen Plätzen eingebaut werden darf

Equipmenttyp pflegen

Mit dieser Customizing-Funktion definieren Sie Equipmenttypen. Damit steuern Sie, welche grundlegenden Eigenschaften ein entsprechender Equipmentstammsatz haben soll. Anhand der Steuerungseigenschaften können Sie entscheiden, wie viele und welche Equipmenttypen Sie benötigen.

Voraussetzungen

Wenn die Equipmenttypen zugeordnet werden sollen, müssen vorher Objektinformationsschlüssel und Sichtenprofil definiert sein.

Customizing-Pfad

Instandhaltung und Kundenservice • Stammdaten in Instandhaltung und Kundenservice • Technische Objekte • Equipments • Equipmenttypen • Equipmenttyp pflegen

Einstellungen

Folgende Einstellungsmöglichkeiten stehen Ihnen zur Verfügung (siehe Abbildung 5.15):

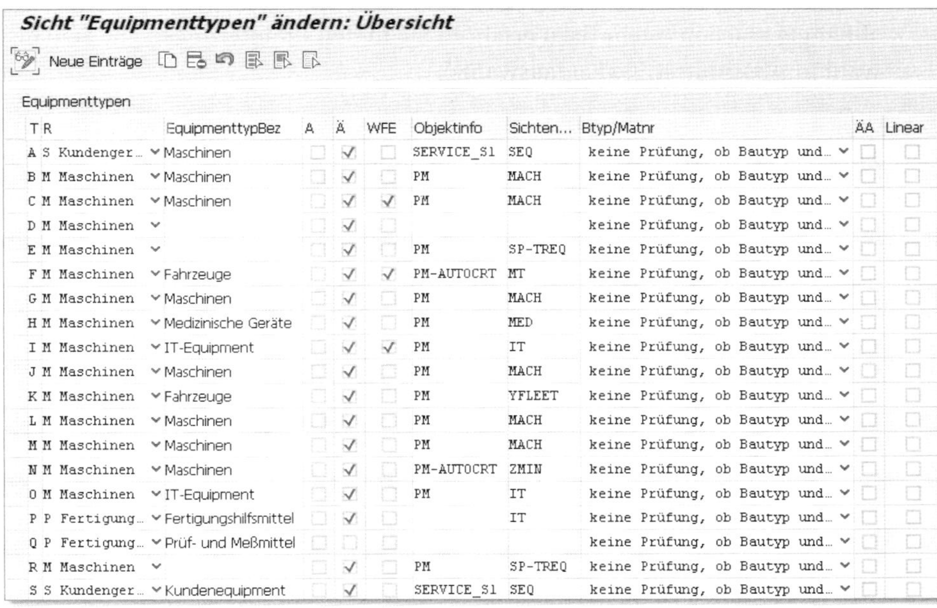

Sicht "Equipmenttypen" ändern: Übersicht

Neue Einträge

Equipmenttypen

T	R	EquipmenttypBez	A	Ä	WFE	Objektinfo	Sichten...	Btyp/Matnr	ÄA	Linear
A	S Kundenger…	Maschinen		✓		SERVICE_S1	SEQ	keine Prüfung, ob Bautyp und…		
B	M Maschinen	Maschinen		✓		PM	MACH	keine Prüfung, ob Bautyp und…		
C	M Maschinen	Maschinen		✓	✓	PM	MACH	keine Prüfung, ob Bautyp und…		
D	M Maschinen			✓				keine Prüfung, ob Bautyp und…		
E	M Maschinen			✓		PM	SP-TREQ	keine Prüfung, ob Bautyp und…		
F	M Maschinen	Fahrzeuge		✓	✓	PM-AUTOCRT	MT	keine Prüfung, ob Bautyp und…		
G	M Maschinen	Maschinen		✓		PM	MACH	keine Prüfung, ob Bautyp und…		
H	M Maschinen	Medizinische Geräte		✓		PM	MED	keine Prüfung, ob Bautyp und…		
I	M Maschinen	IT-Equipment		✓	✓	PM	IT	keine Prüfung, ob Bautyp und…		
J	M Maschinen	Maschinen		✓		PM	MACH	keine Prüfung, ob Bautyp und…		
K	M Maschinen	Fahrzeuge		✓		PM	YFLEET	keine Prüfung, ob Bautyp und…		
L	M Maschinen	Maschinen		✓		PM	MACH	keine Prüfung, ob Bautyp und…		
M	M Maschinen	Maschinen		✓		PM	MACH	keine Prüfung, ob Bautyp und…		
N	M Maschinen	Maschinen		✓		PM-AUTOCRT	ZMIN	keine Prüfung, ob Bautyp und…		
O	M Maschinen	IT-Equipment		✓		PM	IT	keine Prüfung, ob Bautyp und…		
P	P Fertigung…	Fertigungshilfsmittel		✓			IT	keine Prüfung, ob Bautyp und…		
Q	P Fertigung…	Prüf- und Meßmittel						keine Prüfung, ob Bautyp und…		
R	M Maschinen			✓		PM	SP-TREQ	keine Prüfung, ob Bautyp und…		
S	S Kundenger…	Kundenequipment		✓		SERVICE_S1	SEQ	keine Prüfung, ob Bautyp und…		

Abbildung 5.15 Equipmenttypen

- Sie ordnen einen Referenztyp in Spalte R zu. Dieser dient insbesondere zur Definition der historienrelevanten Felder eines Equipmentstammsatzes.

Es stehen genau drei Referenztypen zur Verfügung: M = Maschinen, S = Kundenequipments und P = Prüf-/Messmittel. Standard ist M.

- Sie können alphanumerische Nummern bei externer Nummernvergabe verbieten (Spalte A).
- Sie können Änderungsbelege zum Nachweis von Stammdatenänderungen aktivieren (Spalte Ä) und festlegen, ob schon beim Anlegen eines Equipments ein Änderungsbeleg erzeugt werden soll (Spalte ÄA).
- Sie können bestimmte Workflow-Ereignisse bei der Stammdatenpflege auslösen (Spalte WFE).
- Sie ordnen den Schlüssel für die OBJEKTINFORMATION zu.
- Sie ordnen das SICHTENPROFIL zu.
- Sie entscheiden, ob die Synchronisation zwischen Materialnummer und Bautyp geprüft werden soll (Spalte BTYPMATNR). Wenn ja, legen Sie fest, ob bei Ungleichheit eine Warn- oder eine Fehlermeldung ausgegeben werden soll.
- Sie bestimmen, ob Sie für ein Equipment lineare Daten erfassen können.

Außerdem können Sie vom Typ des Technischen Platzes die Feldauswahl abhängig machen (mehr dazu erfahren Sie in den Erläuterungen zur Feldauswahl in Abschnitt 4.9, »Feldauswahl«).

Zusätzliche betriebswirtschaftliche Sichten für Equipmenttypen festlegen

In diesem Arbeitsschritt können Sie für jeden Equipmenttyp weitere Sichten festlegen. Die Sichten repräsentieren zusätzliche Registerkarten innerhalb des Equipmentstammsatzes.

Voraussetzungen

Die Equipmenttypen müssen vorher definiert sein.

Customizing-Pfad

INSTANDHALTUNG UND KUNDENSERVICE • STAMMDATEN IN INSTANDHALTUNG UND KUNDENSERVICE • TECHNISCHE OBJEKTE • EQUIPMENTS • EQUIPMENTTYPEN • ZUSÄTZLICHE BETRIEBSWIRTSCHAFTLICHE SICHTEN FÜR EQUIPMENTTYPEN FESTLEGEN

Einstellungen

Die folgenden Sichten können Sie aktivieren bzw. deaktivieren (siehe Abbildung 5.16):

- die Vertriebsdatensicht, wenn Sie Felder wie Verkaufsorganisation, Sparte, Auftraggeber oder Warenempfänger pflegen wollen (Spalte V)
- die Fertigungshilfsmittelsicht: Diese muss aktiviert werden, wenn Sie den Geschäftsprozess *Kalibrierung von Prüf- und Messmitteln* durchführen wollen (Spalte Fertigungshilfsmittel). Mehr dazu erfahren Sie auch in den Erläuterungen in Abschnitt 8.4, »Kalibrierung von Prüf- und Messmitteln«.
- die Konfiguration von Equipments, wenn Sie dem Equipment ein konfigurierbares Material zuordnen möchten (Spalte k)
- die Serialdatensicht, wenn Sie zusätzlich zu den normalen Equipmentdaten noch Serialdaten hinterlegen wollen – etwa Materialnummer, Serialnummer, Bestandsart, Lagerort und Bestandscharge – oder wenn Sie eine Serialnummernhistorie erzeugen wollen (Spalte SD)
- die Sicht für sonstige Daten. Es wird dann eine zusätzliche, frei konfigurierbare Registerkarte eingeblendet (Spalte Sonstige Daten).
- die Sicht für das Configuration Control (Spalte CC)

Durch die Aktivierung einer Sicht werden Ihnen die zugeordneten Datenfelder und Masken automatisch bei der Pflege angeboten. Sind die Sichten deaktiviert, können Sie die Datenfelder und Masken pflegen, müssen diese allerdings explizit durch eine Funktionstaste aufrufen.

Sicht "Auswahl Bearbeitungsmöglichkeiten" ändern: Übersicht

Auswahl Bearbeitungsmöglichkeiten

E	EquipmenttypBez	Fertigungshilsmittel	V	k	SD	Sonstige Daten	CC
E	Maschinen	Blank			✓		
F	Fahrzeuge	Blank			✓	✓	✓
G	Maschinen	Blank					
H	Medizinische Geräte	Blank					
I	IT-Equipment	Blank			✓		
J	Maschinen	Blank					
K	Fahrzeuge	Blank					
L	Maschinen	Blank					
M	Maschinen	Blank					
N	Maschinen	Blank			✓	✓	✓
O	IT-Equipment	Blank					
P	Fertigungshilfsmittel	X Auswahl	✓	✓	✓	✓	
Q	Prüf- und Meßmittel	X Auswahl					
R	Maschinen	Blank					
S	Kundenequipment	Blank	✓	✓	✓	✓	✓

Abbildung 5.16 Equipmenttypen – sonstige Daten

Fortschreibung Einsatzhistorie

In diesem Arbeitsschritt legen Sie für jeden Equipmenttyp fest, ob eine Einsatzhistorie aufgebaut werden soll. Im Gegensatz zur Änderungsdokumentation mit Änderungsbelegen werden nicht nur die Feldinhalte von Feldern vor und nach der Änderung gespeichert, sondern auch die zeitabhängigen Datenfelder des gesamten Equipmentstammsatzes zum Zeitpunkt der Änderung festgehalten.

Allerdings können Sie die Einsatzhistorie nicht von allen Feldern abhängig machen, sondern nur von den zeitabhängigen Daten. Zu Ersteren zählen u. a. die Bezeichnung, die Klasse, der Hersteller oder Garantiedaten.

Zu Letzteren zählen u. a. der Technische Platz, die Kostenstelle, der verantwortliche Arbeitsplatz oder die Planergruppe. In der Customizing-Funktion HISTORIENRELEVANTE FELDER DEFINIEREN legen Sie dann pro Referenztyp fest, bei welchen Feldern Sie die Einsatzhistorie fortschreiben möchten.

Voraussetzungen

Die Equipmenttypen müssen vorher definiert sein.

Customizing-Pfad

INSTANDHALTUNG UND KUNDENSERVICE • STAMMDATEN IN INSTANDHALTUNG UND KUNDENSERVICE • TECHNISCHE OBJEKTE • EQUIPMENTS • EQUIPMENTEINSATZ • FORTSCHREIBUNG EINSATZHISTORIE

Einstellungen

Markieren Sie für die Equipmenttypen, für die Sie eine Fortschreibung der Einsatzhistorie wünschen, das Feld ZEITSEGMENT (siehe Abbildung 5.17).

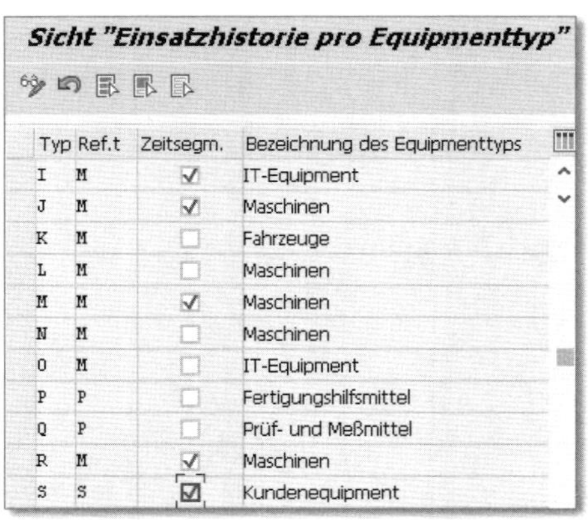
Sicht "Einsatzhistorie pro Equipmenttyp"

Typ	Ref.t	Zeitsegm.	Bezeichnung des Equipmenttyps
I	M	☑	IT-Equipment
J	M	☑	Maschinen
K	M	☐	Fahrzeuge
L	M	☐	Maschinen
M	M	☑	Maschinen
N	M	☐	Maschinen
O	M	☐	IT-Equipment
P	P	☐	Fertigungshilfsmittel
Q	P	☐	Prüf- und Meßmittel
R	M	☑	Maschinen
S	S	☑	Kundenequipment

Abbildung 5.17 Equipmenttyp – Einsatzhistorie

Historienrelevante Felder definieren

Aufbauend auf der Customizing-Funktion FORTSCHREIBUNG EINSATZHISTORIE, legen Sie in diesem Arbeitsschritt fest, bei welchem Referenztyp bei Änderung welcher Felder die Einsatzhistorie fortgeschrieben werden soll. Beachten Sie bitte, dass die Einsatzhistorie bei einer Änderung von Feldern der Bildbereiche STANDORT und STRUKTURIERUNG auf jeden Fall fortgeschrieben wird, wenn die Fortschreibung aktiviert wurde. Dazu zählen z. B. der Standort, das Standortwerk, der Technische Platz oder das übergeordnete Equipment.

Voraussetzungen

Wenn eine Fortschreibung gewünscht wird, muss vorher die Fortschreibung pro Equipmenttyp aktiviert sein.

Customizing-Pfad

INSTANDHALTUNG UND KUNDENSERVICE • STAMMDATEN IN INSTANDHALTUNG UND KUNDENSERVICE • TECHNISCHE OBJEKTE • EQUIPMENTS • EQUIPMENTEINSATZ • HISTORIENRELEVANTE FELDER DEFINIEREN

Transaktion

OIEZ

Einstellungen

Markieren Sie pro Referenztyp diejenigen Felder, für die Sie eine Fortschreibung der Einsatzhistorie wünschen (siehe Abbildung 5.18).

Sicht "Historierelevante Felder" ändern

Neue Einträge

RefTyp	Feldname	Einsatzhist.	Tabelle	Offse
M	ANLNR	☐	ILOA	153
M	ANLUN	☐	ILOA	166
M	BEBER	☑	ILOA	103
M	EQFNR	☐	ILOA	47
M	GEWRK	☐	EQUZ	188
M	HEQUI	☑	EQUZ	160
M	INGRP	☑	EQUZ	182
M	IWERK	☐	EQUZ	107
M	KOSTL	☑	ILOA	128
M	KUND1	☐	EQUZ	235
M	KUND2	☐	EQUZ	245
M	KUND3	☐	EQUZ	255
M	MSGRP	☐	ILOA	94

Abbildung 5.18 Referenztyp – historienrelevante Felder

Einbau am Technischen Platz definieren

In diesem Arbeitsschritt legen Sie für jeden Equipmenttyp fest, ob ein Einbau auf einem Technischen Platz zulässig sein soll oder nicht.

Voraussetzungen

Die Equipmenttypen müssen vorher definiert sein.

Customizing-Pfad

Instandhaltung und Kundenservice • Stammdaten in Instandhaltung und Kundenservice • Technische Objekte • Equipments • Equipmenteinsatz • Einbau am Technischen Platz definieren

Einstellungen

Markieren Sie die Equipmenttypen, die Sie für einen Einbau auf Technischen Plätzen zulassen möchten (siehe Abbildung 5.19).

Typ	Bezeichnung des...	Re...	Einbau am T. Platz
F	Fahrzeuge	M	☐
G	Maschinen	M	☑
H	Medizinische Geräte	M	☑
I	IT-Equipment	M	☑
J	Maschinen	M	☐
K	Fahrzeuge	M	☐
L	Maschinen	M	☐
M	Maschinen	M	☑
N	Maschinen	M	☑
O	IT-Equipment	M	☐
P	Fertigungshilfsmittel	P	☐
Q	Prüf- und Meßmittel	P	☐

Abbildung 5.19 Equipmenttyp – Einbau am Technischen Platz

Mehrsprachige Textpflege pro Equipmenttyp zulassen

In diesem Arbeitsschritt legen Sie für jeden Equipmenttyp fest, ob Sie für den Equipmenttyp eine mehrsprachige Textpflege zulassen möchten. Dies werden Sie z. B. dann benötigen, wenn in Ihrem Unternehmen als international tätigem Konzern Equipments länder- und damit sprachenübergreifend verlagert werden.

Voraussetzungen

Die Equipmenttypen müssen vorher definiert sein.

Customizing-Pfad

Instandhaltung und Kundenservice • Stammdaten in Instandhaltung und Kundenservice • Technische Objekte • Equipments • Equipmenteinsatz • Mehrsprachige Textpflege pro Equipmenttyp zulassen

Einstellungen

Markieren Sie die Equipmenttypen, für die Sie eine mehrsprachige Textpflege zulassen möchten (siehe Abbildung 5.20).

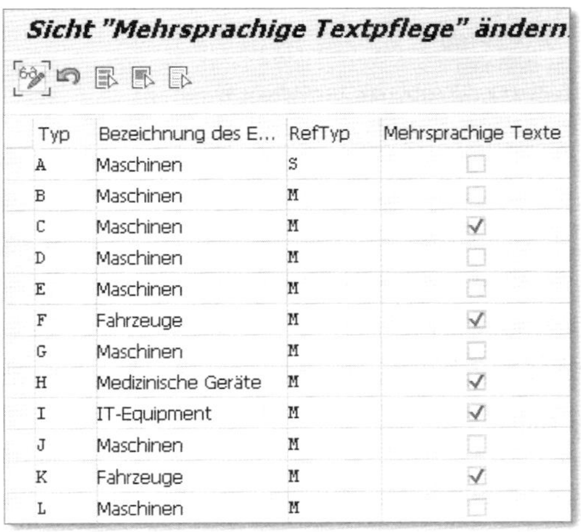
Sicht "Mehrsprachige Textpflege" ändern

Typ	Bezeichnung des E...	RefTyp	Mehrsprachige Texte
A	Maschinen	S	☐
B	Maschinen	M	☐
C	Maschinen	M	☑
D	Maschinen	M	☐
E	Maschinen	M	☐
F	Fahrzeuge	M	☑
G	Maschinen	M	☐
H	Medizinische Geräte	M	☑
I	IT-Equipment	M	☑
J	Maschinen	M	☐
K	Fahrzeuge	M	☑
L	Maschinen	M	☐

Abbildung 5.20 Equipmenttyp – mehrsprachige Texte

5.4 Fahrzeugverwaltung

Über die allgemeinen Customizing-Einstellungen hinaus gibt es noch spezielle Customizing-Funktionen für die Verwaltung von Equipments und/oder Technischen Plätzen als Fahrzeugen. Sie können z. B. Folgendes konfigurieren:

- fahrzeugspezifische Sichtenprofile
- Hilfs- und Betriebsstoffarten
- Antriebsarten
- Nutzungsarten

- Kalkulation und Kontierung des Treibstoffverbrauchs
- Tankstellen

Abbildung 5.21 zeigt Ihnen eine Übersicht über die Customizing-Funktionen der Fahrzeuge.

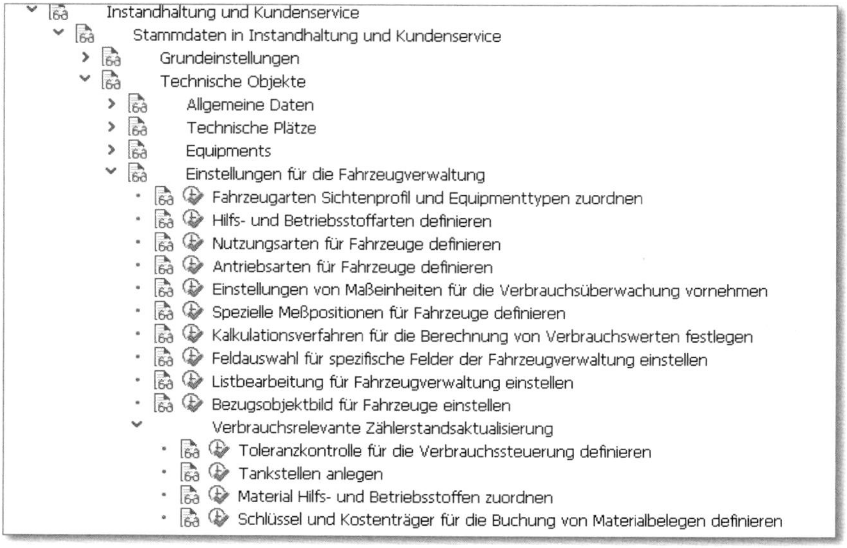

Abbildung 5.21 Fahrzeuge – Customizing-Funktionen

Die wichtigsten werde ich Ihnen im Folgenden erläutern.

Fahrzeugarten Sichtenprofil und Equipmenttypen zuordnen

In diesem Arbeitsschritt unterscheiden Sie unterschiedliche Fahrzeugarten wie etwa Pkw, Lkw, Kranwagen, Stapler, Flurförderzeuge oder Radlader. Jedem der Fahrzeugarten können Sie ein eigenes Sichtenprofil zuordnen, um z. B. für Stapler und Pkw unterschiedliche Layouts verwenden zu können.

Außerdem definieren Sie die Vorschlagswerte für die jeweiligen Equipmenttypen.

Voraussetzungen
Die Objektarten, Sichtenprofile und Equipmenttypen müssen vorher definiert sein.

Customizing-Pfad

INSTANDHALTUNG UND KUNDENSERVICE • STAMMDATEN IN INSTANDHALTUNG UND KUNDENSERVICE • TECHNISCHE OBJEKTE • EINSTELLUNGEN FÜR DIE FAHRZEUGVERWALTUNG • FAHRZEUGARTEN SICHTENPROFIL UND EQUIPMENTTYPEN ZUORDNEN

Einstellungen bzw. empfohlene Einstellungen

Fügen Sie in die Tabelle die Objektarten ein, die Fahrzeuge repräsentieren, und ordnen Sie ihnen das gewünschte Sichtenprofil und die zulässigen Equipmenttypen zu (siehe Abbildung 5.22).

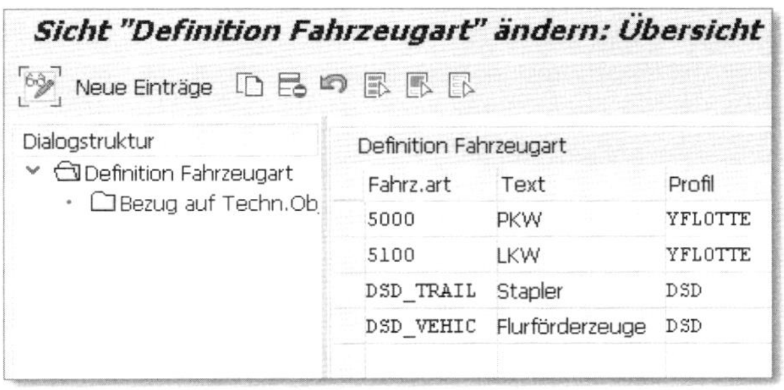

Abbildung 5.22 Fahrzeuge – Fahrzeugart

Registerkarten der Fahrzeuge erscheinen zusätzlich [+]

Die Registerkarten des hier angegebenen Sichtenprofils werden *zusätzlich* zu den Registerkarten des Sichtenprofils des Equipmenttyps angezeigt. Haben also der Equipmenttyp ein Sichtenprofil A mit den Registerkarten 010 (= Allgemeine Daten), 020 (= Standortdaten) und 030 (= Organisationsdaten) und die Fahrzeugart ein Sichtenprofil B mit den Registerkarten 130 (= Fahrzeug-ID/Abmessungen) und 140 (= Fahrzeug – Technische Daten), dann erscheinen im Equipmentstammsatz die Registerkarten 010, 020, 030, 130 und 140.

Hilfs- und Betriebsstoffarten definieren

Mit dieser Customizing-Funktion können Sie Hilfs- und Betriebsstoffarten für Fahrzeuge festlegen. Jedem Fahrzeug können Sie bis zu drei Hilfs- und Betriebsstoffarten zuordnen.

Voraussetzungen

Es sind keine speziellen Voraussetzungen notwendig.

Customizing-Pfad

Instandhaltung und Kundenservice • Stammdaten in Instandhaltung und Kundenservice • Technische Objekte • Einstellungen für die Fahrzeugverwaltung • Hilfs- und Betriebsstoffarten definieren

Einstellungen

Fügen Sie in die Tabelle die Hilfs- und Betriebsstoffarten ein, mit denen Ihre Fahrzeuge angetrieben und/oder die als Schmierstoffe benötigt werden (siehe Abbildung 5.23).

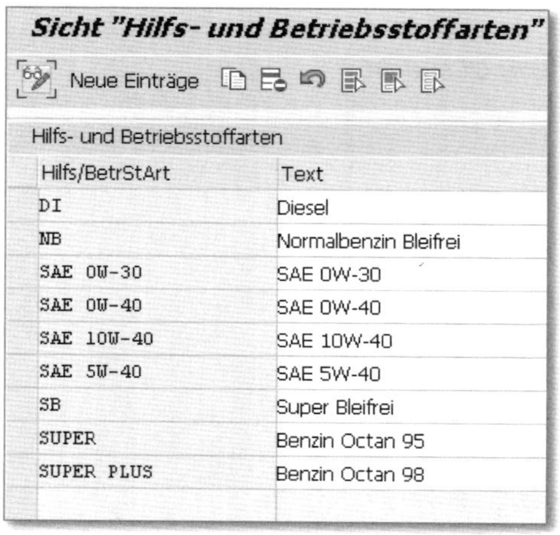
Sicht "Hilfs- und Betriebsstoffarten"

Neue Einträge

Hilfs- und Betriebsstoffarten

Hilfs/BetrStArt	Text
DI	Diesel
NB	Normalbenzin Bleifrei
SAE 0W-30	SAE 0W-30
SAE 0W-40	SAE 0W-40
SAE 10W-40	SAE 10W-40
SAE 5W-40	SAE 5W-40
SB	Super Bleifrei
SUPER	Benzin Octan 95
SUPER PLUS	Benzin Octan 98

Abbildung 5.23 Fahrzeuge – Hilfs- und Betriebsstoffe

Nutzungsarten für Fahrzeuge definieren

Mit dieser Customizing-Funktion können Sie unterschiedliche Nutzungsarten für Fahrzeuge definieren. Sie können z. B. festlegen, ob die Fahrzeuge überwiegend dienstlich oder zu Transportzwecken eingesetzt werden.

Voraussetzungen

Es sind keine speziellen Voraussetzungen notwendig.

Customizing-Pfad

Instandhaltung und Kundenservice • Stammdaten in Instandhaltung und Kundenservice • Technische Objekte • Einstellungen für die Fahrzeugverwaltung • Nutzungsarten für Fahrzeuge definieren

Einstellungen

Fügen Sie in die Tabelle die Nutzungsarten ein, die Sie für Ihre Fahrzeuge benötigen (siehe Abbildung 5.24).

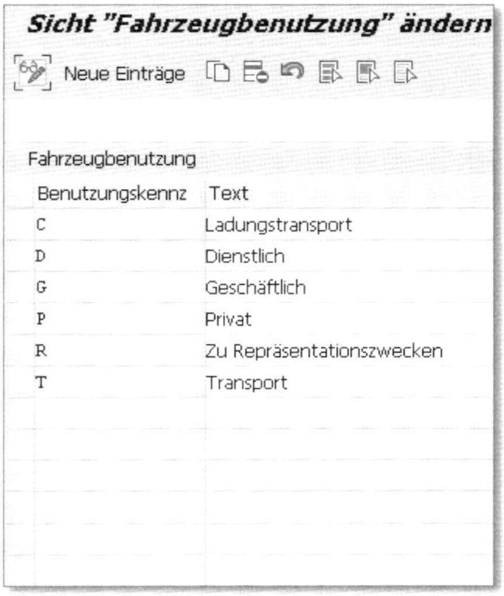

Abbildung 5.24 Fahrzeuge – Nutzungsarten

Antriebsarten für Fahrzeuge definieren

Mit dieser Customizing-Funktion können Sie unterschiedliche Antriebsarten für Fahrzeuge definieren – z. B. ob die Fahrzeuge diesel-, gas- oder elektrobetrieben sind.

Voraussetzungen

Es sind keine speziellen Voraussetzungen notwendig.

Customizing-Pfad

Instandhaltung und Kundenservice • Stammdaten in Instandhaltung und Kundenservice • Technische Objekte • Einstellungen für die Fahrzeugverwaltung • Antriebsarten für Fahrzeuge definieren

Einstellungen

Fügen Sie in die Tabelle die Antriebsarten Ihrer Fahrzeuge ein, die Sie für die verschiedenen Arten von Fahrzeugen Ihres Fuhrparks benötigen (siehe Abbildung 5.25).

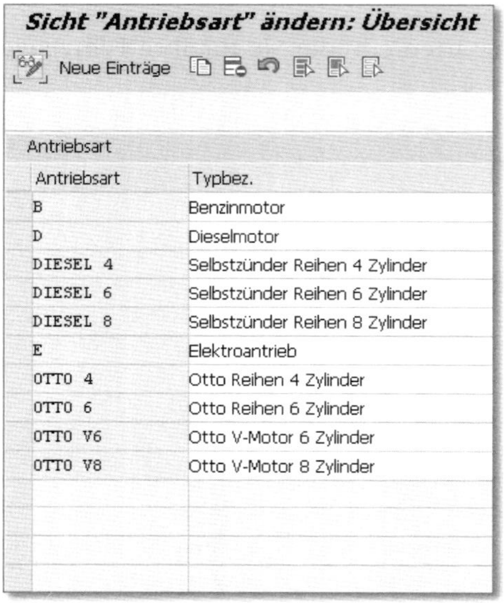

Antriebsart	Typbez.
B	Benzinmotor
D	Dieselmotor
DIESEL 4	Selbstzünder Reihen 4 Zylinder
DIESEL 6	Selbstzünder Reihen 6 Zylinder
DIESEL 8	Selbstzünder Reihen 8 Zylinder
E	Elektroantrieb
OTTO 4	Otto Reihen 4 Zylinder
OTTO 6	Otto Reihen 6 Zylinder
OTTO V6	Otto V-Motor 6 Zylinder
OTTO V8	Otto V-Motor 8 Zylinder

Abbildung 5.25 Fahrzeuge – Antriebsart

Einstellungen von Maßeinheiten für die Verbrauchsüberwachung vornehmen

Mit dieser Customizing-Funktion können Sie die Einstellungen für die Ermittlung von Kraftstoffverbräuchen Ihrer Fahrzeuge vornehmen. Dabei werden die Kraftstoffverbräuche auf eine der folgenden Arten berechnet:

- zeitbezogen, z. B. Liter pro Stunde
- streckenbezogen, z. B. Liter pro 100 km

Voraussetzungen

Die Einheiten müssen definiert sein (Customizing-Funktion MASSEINHEITEN ÜBERPRÜFEN).

Customizing-Pfad

INSTANDHALTUNG UND KUNDENSERVICE • STAMMDATEN IN INSTANDHALTUNG UND KUNDENSERVICE • TECHNISCHE OBJEKTE • EINSTELLUNGEN FÜR DIE FAHRZEUGVERWALTUNG • EINSTELLUNGEN VON MASSEINHEITEN FÜR DIE VERBRAUCHSÜBERWACHUNG VORNEHMEN

Einstellungen

Fügen Sie in die Tabelle die Verbrauchseinheiten ein, mit denen Sie Ihre Kraftstoffverbräuche messen möchten (siehe Abbildung 5.26).

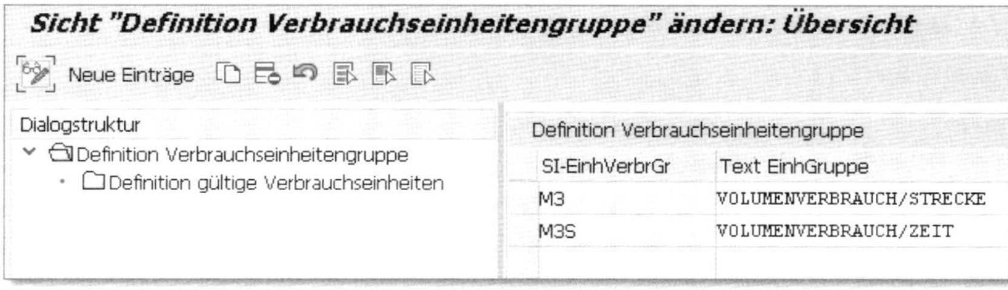

Abbildung 5.26 Fahrzeuge – Verbrauchseinheiten

Mit der Unterfunktion Definition gültige Verbrauchseinheiten definieren Sie dann die entsprechenden Maßeinheiten (für den Volumenverbrauch Strecke z. B. Liter pro 100 km oder Gallon per mile). Hinweis: Pro Verbrauchseinheitengruppe können Sie beliebig viele Maßeinheiten hinterlegen.

Spezielle Messpositionen für Fahrzeuge definieren

Mit dieser Customizing-Funktion können Sie spezielle Messpositionen anlegen, die mit Sonderfunktionen der Fahrzeugverwaltung belegt werden. Die Messpositionen werden verwendet, um fahrzeugspezifische Berechnungen (z. B. den Verbrauch) durchzuführen, und dienen als Auswertungsbasis für das Instandhaltungsinformationssystem (Transaktion MCIZ – Fahrzeugverbrauchsanalyse).

Voraussetzungen

Die Einheiten müssen definiert sein (Customizing-Funktion Masseinheiten überprüfen).

Customizing-Pfad

Instandhaltung und Kundenservice • Stammdaten in Instandhaltung und Kundenservice • Technische Objekte • Einstellungen für die Fahrzeugverwaltung • Spezielle Messpositionen für Fahrzeuge definieren

Einstellungen

Fügen Sie in die Tabelle die Arten von Messpositionen ein, nach denen Sie Ihre Kraftstoffverbräuche im Instandhaltungsinformationssystem errechnen möchten (siehe Abbildung 5.27).

Lassen Sie mich die Berechnungsweise anhand eines Beispiels erläutern. Sie möchten für einen Lkw die streckenbezogenen Durchschnittsverbräuche errechnen lassen (z. B. Liter Diesel pro 100 km). Dazu legen Sie im Equipment zwei Zähler an (siehe Abbildung 5.28):

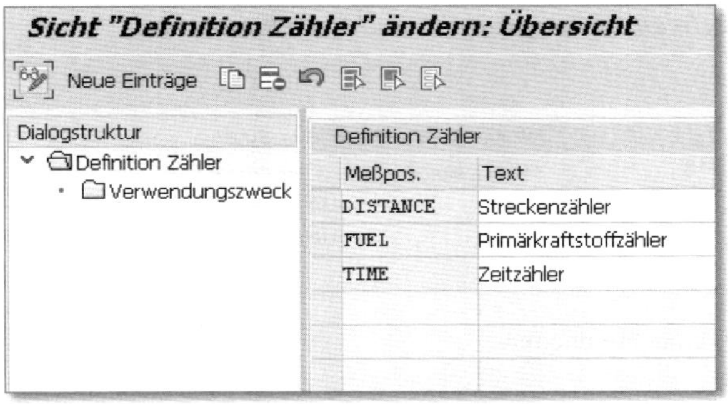

Abbildung 5.27 Fahrzeuge – Verbrauchszähler

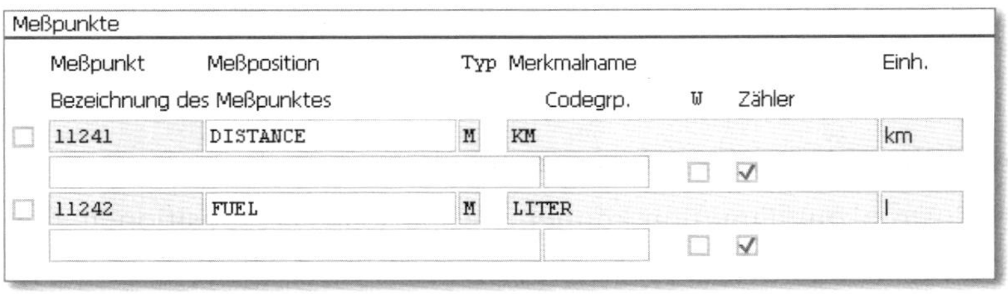

Abbildung 5.28 Fahrzeuge – Messpositionen

- Sie benötigen einen ersten Zähler, mit dessen Hilfe Sie die Entfernung messen. Bei diesem Zähler tragen Sie im Feld Messposition z. B. die Zählerdefinition Distance ein. Diese wiederum wurde mit der Unterfunktion Verwendungszweck definiert als 1 = verbrauchsrelevanter Streckenzähler.
- Sie benötigen einen zweiten Zähler, mit dessen Hilfe Sie den Verbrauch messen. Bei diesem Zähler tragen Sie im Feld Messposition z. B. die Zählerdefinition Fuel ein. Diese wiederum wurde mit der Unterfunktion Verwendungszweck definiert als 3 = verbrauchsrelevanter Kraftstoffzähler.
- Im Tagesgeschäft erfassen Sie nun die Entfernungsdaten über den ersten Zähler mit der Messposition Distance und die Verbrauchsdaten über den zweiten Zähler Fuel.
- Aus diesen Informationen kann das Instandhaltungsinformationssystem die Durchschnittsverbräuche errechnen. Das Verfahren, wie die Durchschnitte errechnet werden, definieren Sie in der Customizing-Funktion Kalkulationsverfahren für die Berechnung von Verbrauchswerten festlegen.

Kalkulationsverfahren für die Berechnung von Verbrauchswerten festlegen

Mit dieser Customizing-Funktion können Sie die Verfahren festlegen, wie die Verbrauchswerte von Fahrzeugen im Instandhaltungsinformationssystem (Transaktion MCIZ – Fahrzeugverbrauchsanalyse) berechnet werden.

Voraussetzungen

Die Einheiten (Customizing-Funktion MASSEINHEITEN ÜBERPRÜFEN) und Messpositionen müssen definiert sein.

Customizing-Pfad

INSTANDHALTUNG UND KUNDENSERVICE • STAMMDATEN IN INSTANDHALTUNG UND KUNDENSERVICE • TECHNISCHE OBJEKTE • EINSTELLUNGEN FÜR DIE FAHRZEUGVERWALTUNG • KALKULATIONSVERFAHREN FÜR DIE BERECHNUNG VON VERBRAUCHSWERTEN FESTLEGEN

Einstellungen

Folgende Festlegungen haben Sie zu treffen (siehe Abbildung 5.29):

Sicht "Schlüssel für die Berechnung von Fahrzeugverbrauchswerten"

Neue Einträge

Schlüssel für die Berechnung von Fahrzeugverbrauchswerten

Kalk....	Verf. Text	Anz.einh.	Kraftstoffzähler	Primärzähler	Tage kurz	Tage lang
A	Liter pro 100 Kilometer	LHK	FUEL	DISTANCE	10	30
B	miles per US gallon	MPG	FUEL	DISTANCE	10	30
C	Vol.verbrauch / Zeit	LHK	FUEL	TIME	90	360
D	Vol.verbrauch / Zeit	MPG	FUEL	TIME	90	360

Abbildung 5.29 Fahrzeuge – Verbrauchsberechnung

- Zunächst legen Sie die Einheit fest, in der die Ausgabe erfolgen soll (z. B. Liter/100 km, Meilen/Gallone).
- Um eine Verbrauchsberechnung durchzuführen, müssen Sie hier festlegen, welcher Zähler des Fahrzeugs zur Verbrauchsberechnung herangezogen wird. Diesen Zähler tragen Sie in der Spalte KRAFTSTOFF ein (hier FUEL).
- In einer weiteren Spalte geben Sie den Primärzähler an. Der Primärzähler ist derjenige Zähler des Fahrzeugs, auf dessen Grundlage die Strecke bzw. Betriebszeit gemessen wird, auf die sich der gemessene Verbrauch des Fahrzeugs beziehen soll (hier DISTANCE).

Weitere Customizing-Funktionen

Es gibt noch weitere Customizing-Funktionen im Zusammenhang mit Fahrzeugverbräuchen, die aber hier nicht weiter im Detail vertieft werden sollen:

- Toleranzkontrolle für die Verbrauchssteuerung definieren: Hier legen Sie fest, ob und – wenn ja – bei welcher Abweichung einer Verbrauchserfassung vom kurz- oder langfristigen Durchschnittsverbrauch Warn- oder Fehlermeldungen erscheinen sollen.
- Tankstellen anlegen: Hier legen Sie betriebsinterne Tankstellen mit Bezug zu Werk und Lagerort an. Aus dem jeweiligen Lagerort erfolgt dann automatisch die Warenausgangsbuchung bei einer Verbrauchserfassung.
- Material Hilfs- und Betriebsstoffen zuordnen: Hier legen Sie fest, in welchem Lagerort welche Materialnummer bei welcher Hilfs- und Betriebsstoffart abgebucht werden soll.
- Schlüssel und Kostenträger für die Buchung von Materialbelegen definieren: Hier legen Sie die Kontierung der automatischen Abbuchung fest (z. B. Kostenstelle des Equipments).

5.5 Verbindungen und Netze

SAP EAM stellt Ihnen Funktionen zur Verfügung, mit deren Hilfe Sie Verbindungen abbilden können, die zwischen verschiedenen technischen Objekten oder Systemen (Equipments oder Technischen Plätzen) bestehen. Solche Verbindungen gibt es z. B.:

- zwischen Produktionseinheiten untereinander
- zwischen Produktionsanlagen und Versorgungssystemen
- zwischen Versorgungs- und Entsorgungssystemen

Mit den Objektverbindungen bilden Sie ein sogenanntes *Objektnetz* ab und können so Ihre Anlagen horizontal strukturieren.

Abbildung 5.30 zeigt Ihnen eine Übersicht über die Customizing-Funktionen der Verbindungen. Die wichtigsten werde ich Ihnen im Folgenden erläutern.

Objekttypen definieren

Mit dieser Customizing-Funktion definieren Sie die Objekttypen für die Objektverbindungen – ähnlich wie Equipmenttypen für Equipments und Typen für Technische Plätze.

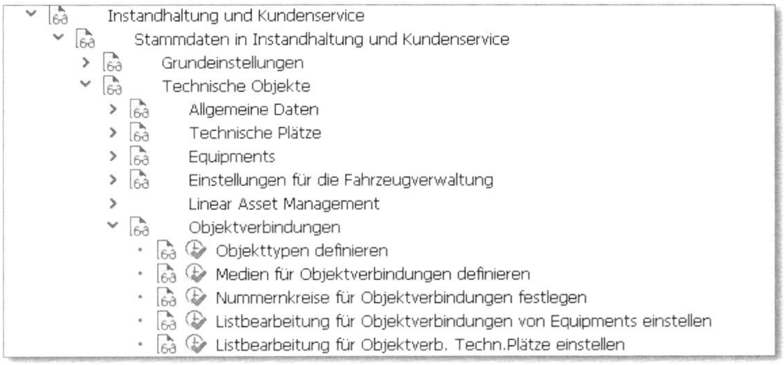

Abbildung 5.30 Objektverbindungen – Customizing-Funktionen

Voraussetzungen

Falls Sie ein Statusschema zuordnen möchten, muss dieses vorher definiert sein.

Customizing-Pfad

Instandhaltung und Kundenservice • Stammdaten in Instandhaltung und Kundenservice • Technische Objekte • Objektverbindungen • Objekttypen definieren

Einstellungen

Folgende Festlegungen können Sie treffen (siehe Abbildung 5.31):

- Sie können ein Statusschema zuordnen.
- Sie können definieren, ob Alpha-Zeichen zulässig sein sollen oder nicht.
- Sie legen fest, ob Änderungsbelege erzeugt werden sollen.

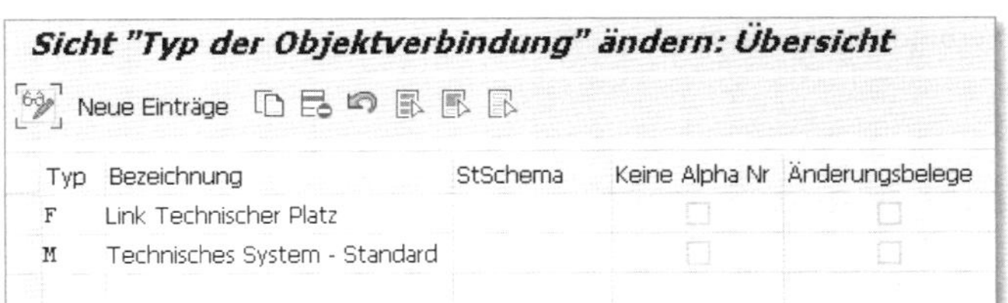

Abbildung 5.31 Objektverbindungen – Objekttyp

Medien für Objektverbindungen definieren

Mit dieser Customizing-Funktion definieren Sie die für die Objektverbindungen zulässigen Medien wie z. B. Wasser, Gas oder Granulate.

Voraussetzungen
Falls Sie eine Materialnummer oder eine Farbe zuordnen möchten, müssen diese vorher definiert sein.

Customizing-Pfad
INSTANDHALTUNG UND KUNDENSERVICE • STAMMDATEN IN INSTANDHALTUNG UND KUNDENSERVICE • TECHNISCHE OBJEKTE • OBJEKTVERBINDUNGEN • MEDIEN FÜR OBJEKTVERBINDUNGEN DEFINIEREN

Transaktion
OINM

Einstellungen
Folgende Festlegungen können Sie treffen (siehe Abbildung 5.32):

- ob das Medium unter einer Materialnummer geführt wird
- ob das Medium produktionsrelevant ist
- welche Farbe das Medium hat

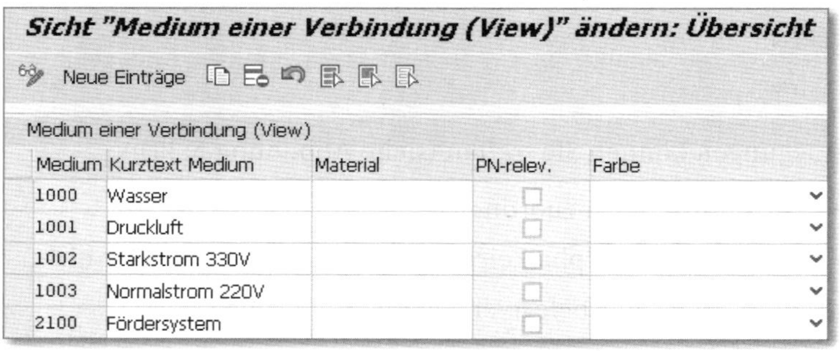
Sicht "Medium einer Verbindung (View)" ändern: Übersicht

Neue Einträge

Medium einer Verbindung (View)

Medium	Kurztext Medium	Material	PN-relev.	Farbe
1000	Wasser		☐	
1001	Druckluft		☐	
1002	Starkstrom 330V		☐	
1003	Normalstrom 220V		☐	
2100	Fördersystem		☐	

Abbildung 5.32 Objektverbindungen – Medien

5.6 Linear Asset Management

Lineare Anlagen (Linear Asset Management) sind technische Systeme mit einer linearen Infrastruktur, deren Eigenschaften und Zustand sich von Abschnitt zu Abschnitt ändern können (dynamische Segmentierung). Beispiele für lineare Anlagen sind:

- Pipelines
- Straßennetze

- Schienennetze
- Überlandleitungen
- Rohrleitungen

Anhand der genannten Beispiele erkennen Sie, dass diese Funktion für die Öl- und Gasindustrie, für Versorgungsunternehmen (Strom, Gas, Wasser), Straßenunterhaltsfirmen, die öffentliche Hand oder Eisenbahnbetreiber besonders interessant ist.

Damit Sie das Linear Asset Management in vollem Umfang nutzen können, müssen Sie zuvor die folgenden Voraussetzungen geschaffen haben:

- Im Customizing des Klassensystems haben Sie mithilfe der Customizing-Funktion Objekttypen und Klassenarten Pflegen einen Organisationsbereich angelegt, z. B. den Organisationsbereich L für lineare Objekte.
- Um lineare Daten bei Messpunkten und Messbelegen erfassen zu können, haben Sie mithilfe der Customizing-Funktion Messpunkttypen definieren einen Messpunkttyp definiert und dort das Kennzeichen Lineare Anlage gesetzt (siehe dazu Customizing-Funktion Messpunkttypen definieren und Abbildung 4.16).
- Mithilfe der Customizing-Funktion Sichtenprofile für technische Objekte einstellen haben Sie ein Sichtenprofil für Technische Plätze und eines für Equipments definiert und dort die Feldgruppen für lineare Daten zugeordnet (siehe dazu die Customizing-Funktion Sichtenprofile für technische Objekte einstellen in Abbildung 5.4 und Abbildung 5.5).
- Um lineare Daten für Technische Plätze hinterlegen zu können, haben Sie mithilfe der Customizing-Funktion Typ Technische Plätze festlegen einen Technischen-Platz-Typ definiert, dort insbesondere das Sichtenprofil zugeordnet und das Kennzeichen Lineare Anlage gesetzt (siehe dazu die Customizing-Funktion Typ für Technische Plätze festlegen und Abbildung 5.8).
- Um lineare Daten für Equipments hinterlegen zu können, haben Sie mithilfe der Customizing-Funktion Equipmenttyp pflegen einen Equipmenttyp definiert, dort insbesondere das Sichtenprofil zugeordnet und das Kennzeichen Lineare Anlage gesetzt (siehe dazu die Customizing-Funktion Equipmenttyp pflegen und Abbildung 5.15).

Hinzu kommen noch weitere Customizing-Funktionen aus dem Bereich des Linear Asset Managements. Abbildung 5.33 zeigt Ihnen eine Übersicht. Die wichtigsten werde ich Ihnen im Folgenden erläutern.

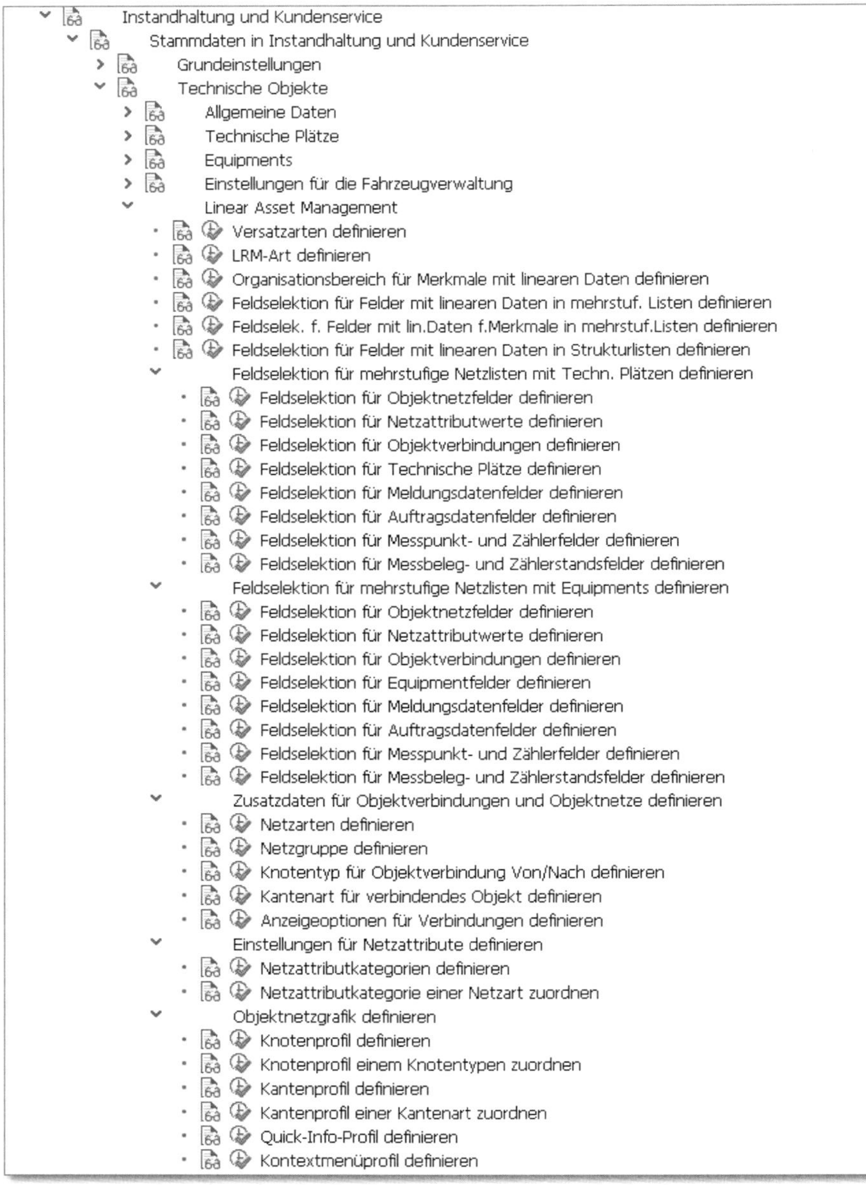

Abbildung 5.33 Linear Asset Management – Customizing-Funktionen

Versatzarten definieren

Mit dieser Customizing-Funktion definieren Sie die für die linearen Objekte benötigten Versatzarten. Versatzdaten werden immer dann benötigt, wenn

Sie bei der Definition einer linearen Anlagenstruktur Objekte integrieren, die einen gewissen Versatz zum eigentlichen linearen Objekt besitzen – wenn Sie also etwa für das lineare Objekt STRASSE eine Signaleinrichtung definieren möchten, die vom Straßenrand weg einen horizontalen Versatz von 2 Metern und einen vertikalen Versatz von 3,50 Metern besitzt.

Voraussetzungen

Die verwendeten Einheiten der Versatzart müssen vorher definiert sein (Customizing-Funktion MASSEINHEITEN ÜBERPRÜFEN).

Customizing-Pfad

INSTANDHALTUNG UND KUNDENSERVICE • STAMMDATEN IN INSTANDHALTUNG UND KUNDENSERVICE • TECHNISCHE OBJEKTE • LINEAR ASSET MANAGEMENT • VERSATZARTEN DEFINIEREN

Einstellungen

Folgende Festlegungen können Sie treffen (siehe Abbildung 5.34):

- einen zweistelligen Code für die Versatzart und die Bezeichnung festlegen
- die Maßeinheit der Versatzart definieren
- festlegen, ob die Versatzart bei der Definition von linearen Objekten vorgeschlagen werden soll

Neue Einträge: Übersicht Hinzugefügte

Versatzarten

VrsArtCode	Bezeichn. Versatzart	Maße...	Std.-VrsArtCode	Doku-Objekt
HZ	Horizontaler Versatz	M	1 Vorschlagswert für Versatz 1	Z_OTC_DOCU_HZ
RD	Radialer Versatz - Pipeline	DEG	Kein Vorschlagswert für Versatz	Z_OTC_DOCU_RD
UM	Umfangversatz - Pipeline	MM	Kein Vorschlagswert für Versatz	Z_OTC_DOCU_UM
VT	Vertikaler Versatz	M	2 Vorschlagswert für Versatz 2	Z_OTC_DOCU_VT
X	X-Versatz	MM	Kein Vorschlagswert für Versatz	Z_OTC_DOCU_X
Y	Y-Versatz	MM	Kein Vorschlagswert für Versatz	Z_OTC_DOCU_Y
			Kein Vorschlagswert für Versatz	

Abbildung 5.34 Linear Asset Management – Versatzarten

LRM-Art definieren

Lineare Referenzmuster (LRM) werden angelegt, um den echten technischen Objekten oder den Belegen (Auftrag, Meldung etc.) einen beschreibenden

Referenzpunkt zuordnen zu können. Diese können Sie dann in einer Meldung angeben, wie z. B. »Der Schaden ist 10 km hinter der Rastanlage Jagsttal entstanden«. Jedem linearen Referenzmuster weisen Sie eine lineare Referenzmusterart zu.

Mit dieser Customizing-Funktion definieren Sie die für die linearen Objekte benötigten linearen Referenzmusterarten.

Voraussetzungen
Es sind keine spezifischen Voraussetzungen notwendig.

Customizing-Pfad
Instandhaltung und Kundenservice • Stammdaten in Instandhaltung und Kundenservice • Technische Objekte • Linear Asset Management • LRM-Art definieren

Einstellungen
Sie legen ein maximal vierstelliges Kürzel und die Bezeichnung der linearen Referenzmusterart fest (siehe Abbildung 5.35).

Abbildung 5.35 Linear Asset Management – lineare Referenzmusterart

Organisationsbereich für Merkmale mit linearen Daten definieren

Mit dieser Customizing-Funktion definieren Sie, welche Sicht Sie im Klassensystem für die linearen Objekte nutzen möchten.

Voraussetzungen
Sie haben mit der Customizing-Funktion Anwendungsübergreifende Komponenten • Klassensystem • Klassen • Objekttypen und Klassenarten pflegen entsprechende Anwendungssichten für die Klassenart 002 (Equipments) und 003 (Technische Plätze) definiert (siehe Abbildung 5.36).

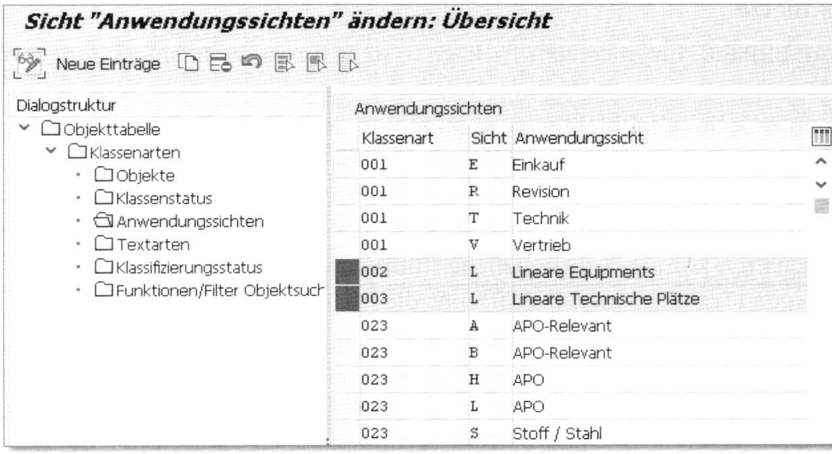

Abbildung 5.36 Klassen – Sicht für lineare Objekte

Customizing-Pfad

Instandhaltung und Kundenservice • Stammdaten in Instandhaltung und Kundenservice • Technische Objekte • Linear Asset Management • Organisationsbereich für Merkmale mit linearen Daten definieren

Einstellungen

Sie ordnen den Klassenarten 002 (Equipments) und 003 (Technische Plätze) die entsprechende Sicht zu (siehe Abbildung 5.37). Andere Klassenarten und Objekte sind nicht möglich.

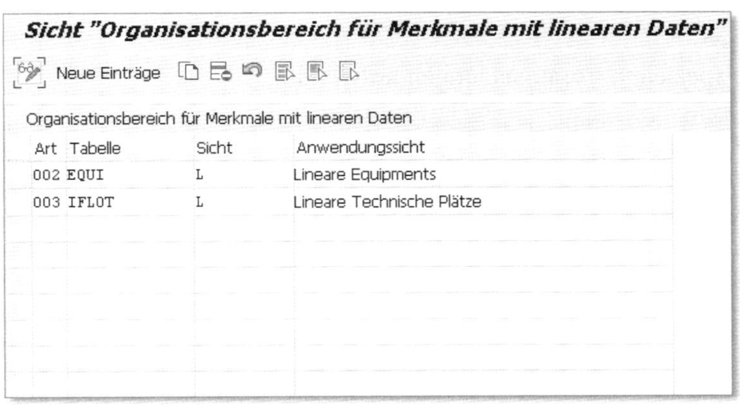

Abbildung 5.37 Linear Asset Management – Sichten

Objektnetze

Ab SAP ERP 6.0, Enhancement Package 6, steht Ihnen die Business Function LOG_EAM_LINEAR_2 zur Verfügung. Durch deren Aktivierung können Sie Ihre linearen Anlagen als Objektnetze abbilden, in denen mehrere Objektverbindungen zwischen Technischen Plätzen oder Equipments zusammengeführt werden. Sie können auf Netzwerk- oder Objektebene lineare Daten erfassen und sich das Objektnetz grafisch anzeigen lassen. Mit Netzattributwerten und -eigenschaften können Sie zusätzliche Informationen zu Ihren Objektnetzen hinterlegen (Transaktionen IN21ff). Für die Auswertung Ihrer Objektnetzdaten stehen Ihnen neue ein- und mehrstufige Listenberichte zur Verfügung: Transaktion IN24 (mehrstufige Netzliste Technische Plätze) und IN25 (mehrstufige Netzliste Equipments). Es stehen Ihnen darüber hinaus einige neue Customizing-Funktionen zur Verfügung, um diese neue Funktion an Ihre eigenen Bedürfnisse anpassen zu können.

Netzarten definieren

Mit dieser Customizing-Aktivität können Sie Netzarten anlegen. In der Transaktion Objektnetz anlegen wählen Sie eine dieser Netzarten für das Objektnetz aus.

Damit Sie Netzattributwerte und deren Änderungen erfassen können, ordnen Sie in der Customizing-Funktion Netzattributkategorie einer Netzart zuordnen Ihre Netzattributkategorien den von Ihnen angelegten Netzarten zu. Sie können eine Netzattributkategorie mehreren Netzarten zuordnen.

Voraussetzungen

Es sind keine speziellen Voraussetzungen notwendig.

Customizing-Pfad

Instandhaltung und Kundenservice • Stammdaten in Instandhaltung und Kundenservice • Technische Objekte • Linear Asset Management • Zusatzdaten für Objektverbindungen und Objektnetze definieren • Netzarten definieren

Einstellungen

Legen Sie die von Ihnen benötigten Netzarten (vierstellig) mit einem entsprechenden Kurztext an (siehe Abbildung 5.38). Zusätzlich können Sie bestimmen, ob Änderungsbelege beim Ändern und/oder beim Anlegen eines Netzes erzeugt werden sollen.

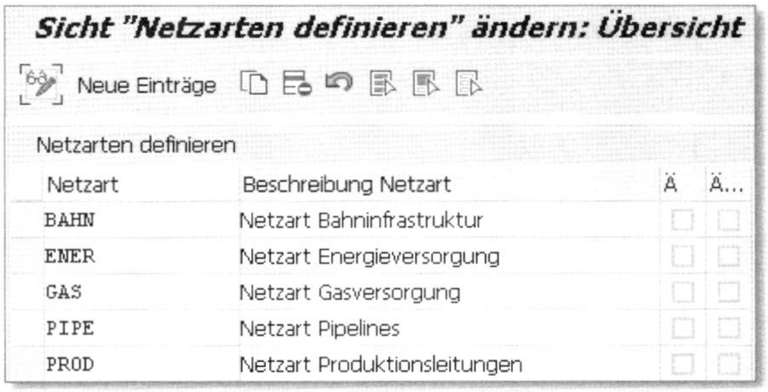

Abbildung 5.38 Objektnetze – Netzarten definieren

Netzgruppe definieren

Mit dieser Customizing-Funktion können Sie Netzgruppen definieren. Wenn Sie Objektnetze anlegen, können Sie jedes Objektnetz einer Netzgruppe zuordnen. Die Netzgruppe wird als Selektionskriterium in den Listdarstellungen verwendet.

Voraussetzungen

Es sind keine speziellen Voraussetzungen notwendig.

Customizing-Pfad

INSTANDHALTUNG UND KUNDENSERVICE • STAMMDATEN IN INSTANDHALTUNG UND KUNDENSERVICE • TECHNISCHE OBJEKTE • LINEAR ASSET MANAGEMENT • ZUSATZDATEN FÜR OBJEKTVERBINDUNGEN UND OBJEKTNETZE DEFINIEREN • NETZGRUPPE DEFINIEREN

Einstellungen

Legen Sie die von Ihnen benötigten Netzgruppen (zehnstellig) mit einem entsprechenden Kurztext an (siehe Abbildung 5.38). Da die Objektnetze kein Feld für die Zuordnung zu einem Werk beinhalten, würde es sich anbieten, dafür die Netzgruppe zu nutzen. Sie können Netzgruppen aber auch für jeden anderen Verwendungszweck einrichten.

Netzattributkategorien definieren

Mit dieser Customizing-Funktion können Sie Netzattributkategorien definieren, Sie können anschließend Netzattribute definieren und sie den zuvor festgelegten Kategorien zuordnen.

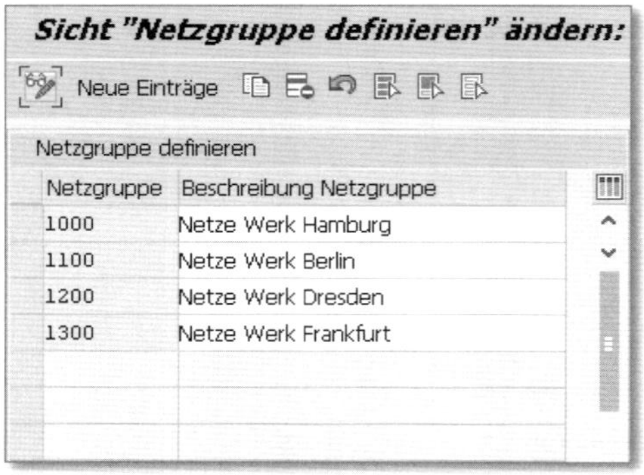

Abbildung 5.39 Objektnetze – Netzgruppe definieren

Voraussetzungen

Es sind keine speziellen Voraussetzungen notwendig.

Customizing-Pfad

Instandhaltung und Kundenservice • Stammdaten in Instandhaltung und Kundenservice • Technische Objekte • Linear Asset Management • Einstellungen für Netzattribute definieren • Netzattributkategorien definieren

Einstellungen

Diese Customizing-Funktion besteht aus mehreren Unterfunktionen:

- Mit der Unterfunktion Netzattributkategorien definieren legen Sie die von Ihnen benötigten Netzgruppen (zwölfstellig) mit einem entsprechenden Kurztext an (siehe Abbildung 5.40). Sie können dort angeben, ob diese Kategorie und ihre Attribute lineare Anlagen sind, indem Sie das Ankreuzfeld Lineare Kategorie markieren. Durch Markieren dieses Feldes ist das Feld Endpunkt für die untergeordneten Attribute eingabebereit. Wenn das Feld nicht markiert ist, betrachtet das System diese Kategorie und deren Attribute als nicht linear, wodurch das Feld Endpunkt nicht eingabebereit ist.
- Mit der Unterfunktion Netzattributeigenschaften definieren legen Sie fest, welche technischen oder sonstigen Eigenschaften Sie einer Netzattributkategorie zuordnen möchten. Abbildung 5.41 zeigt, dass Sie einer Infrastruktur für den Schienenverkehr Attribute zu den Schienen, Schwellen oder der Streckenkategorie zuordnen können. Dabei geben Sie jeweils das Format (z. B. CHAR oder NUM) und die Länge des Feldes an.

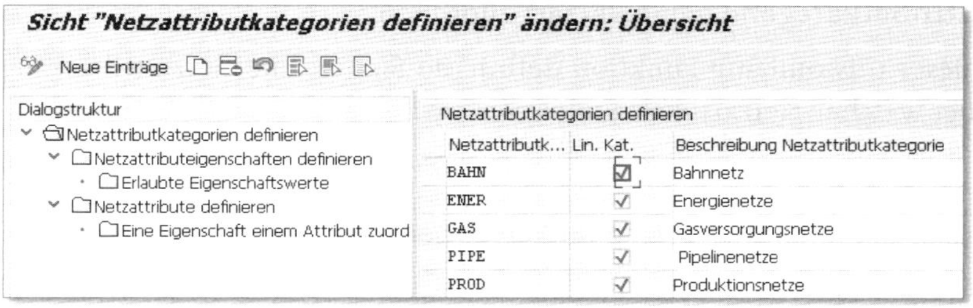

Abbildung 5.40 Objektnetze – Netzattributkategorien

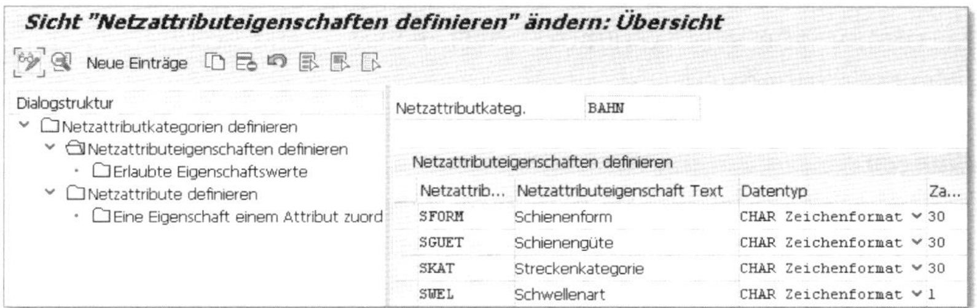

Abbildung 5.41 Objektnetze – Netzattribute

- Mit der Unterfunktion ERLAUBTE EIGENSCHAFTSWERTE können Sie zu jedem Netzattribut die zulässigen Werte definieren. Abbildung 5.42 zeigt beispielhaft für die Eigenschaft STRECKENKATEGORIE die zulässigen Ausprägungen (z. B. Regional- oder Fernstrecke, Personal-, Güter- oder Mischstrecke). Wenn Sie keine Wertetabelle hinterlegen, können Sie die jeweilige Eigenschaft im Stammsatz des Objektnetzes frei festlegen.

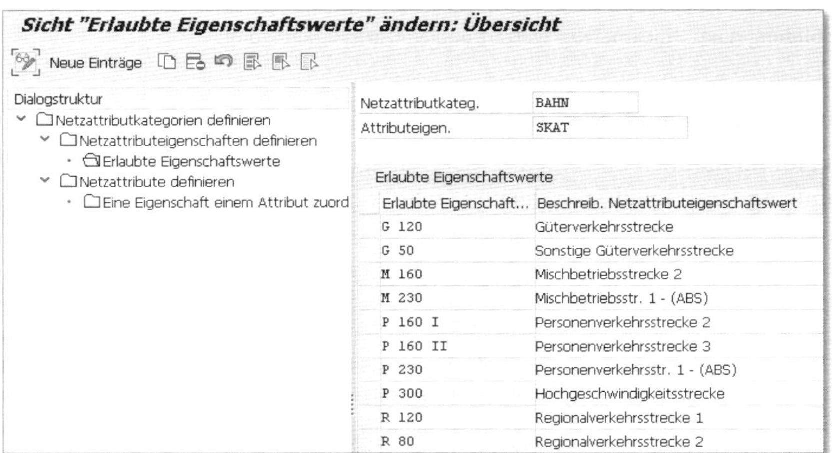

Abbildung 5.42 Objektnetze – Eigenschaften von Netzattributen

Netzattributkategorie einer Netzart zuordnen

Mit dieser Customizing-Funktion definieren Sie, welche Netzattributkategorien bei welcher Netzart verwendet werden.

Voraussetzungen
Die Netzarten und die Netzattributkategorien müssen definiert sein.

Customizing-Pfad
Instandhaltung und Kundenservice • Stammdaten in Instandhaltung und Kundenservice • Technische Objekte • Linear Asset Management • Einstellungen für Netzattribute definieren • Netzattributkategorie einer Netzart zuordnen

Einstellungen
Sie ordnen der Netzart die Netzattributkategorie zu. Abbildung 5.43 zeigt eine 1:1-Zuordnung. Sie können aber auch einer Netzart mehrere Netzattributkategorien zuordnen sowie dieselbe Netzattributkategorie unterschiedlichen Netzarten, d. h., eine N:M-Zuordnung ist ebenfalls möglich.

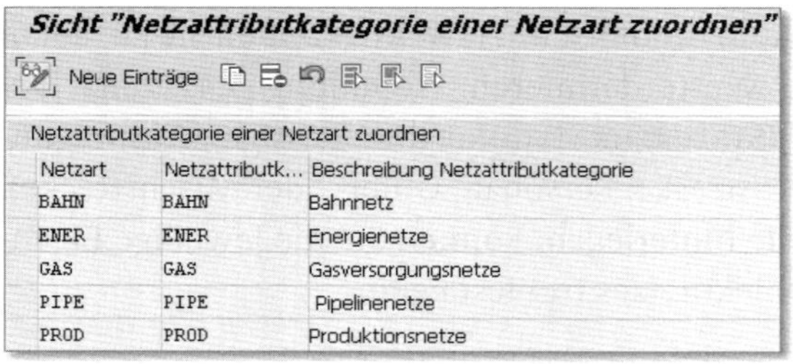
Sicht "Netzattributkategorie einer Netzart zuordnen"

Neue Einträge

Netzattributkategorie einer Netzart zuordnen

Netzart	Netzattributk...	Beschreibung Netzattributkategorie
BAHN	BAHN	Bahnnetz
ENER	ENER	Energienetze
GAS	GAS	Gasversorgungsnetze
PIPE	PIPE	Pipelinenetze
PROD	PROD	Produktionsnetze

Abbildung 5.43 Objektnetze – Netzart und Netzattributkategorie

Customizing-Funktionen zu Listdarstellungen

Es gibt im Rahmen des Linear Asset Managements eine ganze Reihe von Customizing-Funktionen, mit denen Sie die Auswahl der angezeigten Felder vornehmen. Dazu zählen:

- Feldselektion für Felder mit linearen Daten in mehrstufigen Listen definieren (d. h. für die Transaktionen IE07, IL07, IW30 und IW40)
- Feldselektion für Felder mit linearen Daten für Merkmale in mehrstufigen Listen definieren (d. h. für die Transaktionen IE07 und IL07)
- Feldselektion für Felder mit linearen Daten in Strukturlisten definieren (d. h. für die Transaktionen IH01 und IH03)

- Feldselektion für mehrstufige Netzlisten mit Technischen Plätzen definieren (d. h. für die Transaktion IN24)
- Feldselektion für mehrstufige Netzlisten mit Equipments definieren (d. h. für die Transaktion IN25)

Bei den beiden letztgenannten Funktionen gibt es dann die folgenden Unterfunktionen:

- Feldselektion für Objektnetzfelder definieren
- Feldselektion für Netzattributwerte definieren
- Feldselektion für Objektverbindungen definieren
- Feldselektion für Technische Plätze definieren
- Feldselektion für Meldungsdatenfelder definieren
- Feldselektion für Auftragsdatenfelder definieren
- Feldselektion für Messpunkt- und Zählerfelder definieren
- Feldselektion für Messbeleg- und Zählerstandsfelder definieren

Wie diese Felddefinitionen vorgenommen werden, ist in Abschnitt 4.11, »Mehrstufige Listen«, beschrieben. Abbildung 5.44 zeigt exemplarisch die Auswahl von Datenfeldern für lineare Objekte in der Strukturdarstellung von Technischen Plätzen (Transaktion IH01).

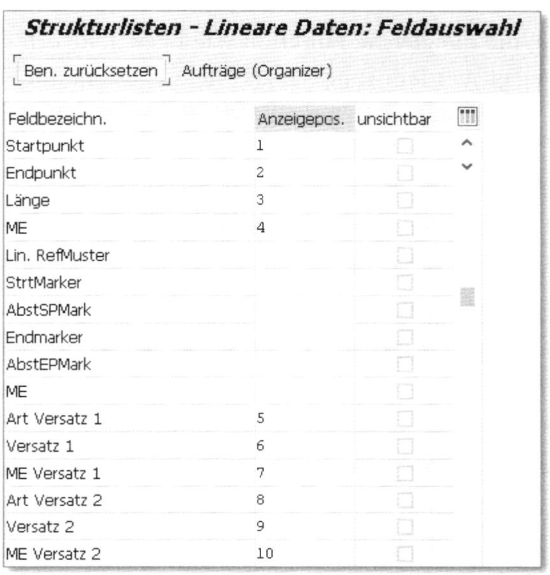

Abbildung 5.44 Listdarstellung mit linearen Daten

5.7 Material und Baugruppen

Der Materialstamm enthält Informationen über die Materialien, die ein Unternehmen konstruiert, beschafft, fertigt, lagert und verkauft. Er integriert Daten aus den verschiedenen Bereichen eines Unternehmens, z. B. Einkauf oder Buchhaltung. Im Gegensatz zu einem Equipment oder Technischen Platz beschreibt ein Materialstammsatz nicht ein Individuum, sondern gleichartige Artikel. Das heißt, hinter einem Materialstammsatz verbergen sich in der Regel mehrere gleichartige Ersatzteile, Baugruppen, Rohstoffe etc.

Aus Sicht der Instandhaltung werden Materialstammsätze für die folgenden Zwecke eingesetzt:

- Es gibt Materialstammsätze, die als Ersatzteile gekauft und gelagert werden.
- Es gibt Materialstammsätze, die als Equipments gekauft und als Material-/Serialnummer eingelagert werden.
- Es gibt Materialstammsätze, die als Bautyp lediglich eine Klammer um eine Gruppe von gleichartigen Equipments oder Technischen Plätzen bilden. So kann man für die gesamte Gruppe gemeinsame Funktionen ausführen, wie z. B. die Verwaltung gemeinsamer Stücklisten oder Anleitungen.
- Es gibt Materialstammsätze, die als IH-Baugruppen zur Unterstrukturierung von Equipments oder Technischen Plätzen dienen.
- Es gibt Materialstammsätze, die die gleiche Funktion wie Ersatzteile erfüllen, aber nicht auf Lager gelegt werden, sondern als Nichtlagerteile in jedem Bedarfsfall neu beschafft werden, z. B. weil diese Teile zu teuer oder zu groß sind oder weil sie zu selten gebraucht werden.
- Es gibt Materialstammsätze, die als Betriebsmittel für Instandhaltungsmaßnahmen eingesetzt, aber nicht wie Ersatzteile verbaut werden, z. B. Werkzeuge oder Schutzkleidungen.

Abbildung 5.45 zeigt Ihnen eine Übersicht über die Customizing-Funktionen des Materialstamms. Die wichtigsten werde ich Ihnen im Folgenden erläutern.

Abbildung 5.45 Materialien – Customizing-Funktionen

5.7.1 Die Materialart

Materialien mit denselben Grundeigenschaften fassen Sie durch Zuordnung zu einer gemeinsamen Materialart zusammen. Dies ermöglicht es Ihnen, verschiedene Materialien nach den Erfordernissen Ihres Unternehmens einheitlich zu verwalten.

Einen Überblick über potenzielle Materialarten gibt Ihnen Abbildung 5.46.

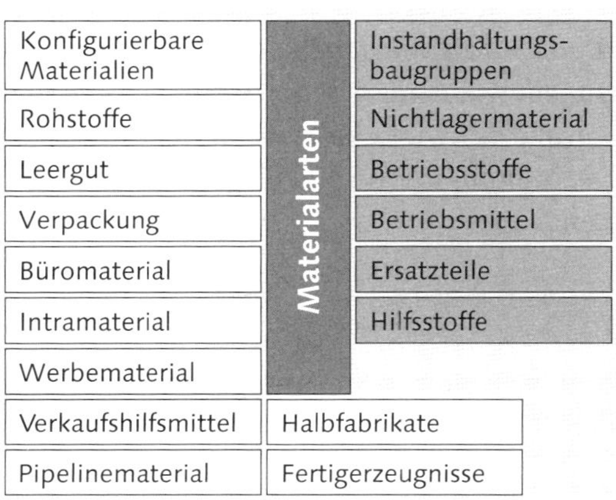

Abbildung 5.46 Materialarten – Überblick

Aus Sicht der Instandhaltung haben die folgenden Materialarten praktische Relevanz (in der Abbildung dunkler gekennzeichnet):

- **Hilfsstoffe**
  Hilfsstoffe sind Materialien, die in ein Endprodukt eingehen, aber nur einen unwesentlichen, kaum sichtbaren Anteil am Endprodukt ausmachen (z. B. Schrauben, Kleber, Schweißnaht).
- **Betriebsstoffe**
  Betriebsstoffe gehen nicht in das Endprodukt ein, sondern werden für den Produktionsprozess benötigt (wie z. B. Schmierstoffe, Energie, Fette, Öle etc.).
- **Ersatzteile**
  Ersatzteile dienen als Ersatz für defekte Teile. Sie können eingekauft und gelagert werden.
- **IH-Baugruppen**
  IH-Baugruppen sind keine eigenständigen Objekte, sondern logische Elemente, die technische Objekte in der Instandhaltung in klarer definierte Einheiten unterteilen. Ein Gabelstapler kann z. B. ein technisches Objekt sein; Hubanlage, Schaltung, Chassis etc. können die dazugehörigen Instandhaltungsbaugruppen sein.
- **Betriebsmittel**
  Betriebsmittel werden für Instandhaltungsmaßnahmen benötigt (z. B. Werkzeuge und Vorrichtungen, Mess- und Prüfmittel, Schutzkleidung und Schutzvorrichtungen), gehen aber im Unterschied zu den Betriebsstoffen nicht unter, sondern nutzen sich lediglich ab.
- **Nichtlagermaterialien**
  Nichtlagermaterialien werden nicht auf Lager gehalten, sondern für den einzelnen Bedarfsfall beschafft und sofort verbraucht. Gründe dafür könnten z. B. sein, dass diese Teile zu teuer sind, dass sie zu selten benötigt werden oder deren Lagerung zu große Schwierigkeiten bereiten würde (zu groß, zu schwer, zu sperrig). Der Stammsatz von Nichtlagermaterialien besteht lediglich aus Einkaufsdaten.

Customizing der Materialart

Die Materialart ist im Customizing das zentrale Steuerungselement für den Materialstamm. Für die Materialart legen Sie im Customizing Folgendes fest (siehe Abbildung 5.47):

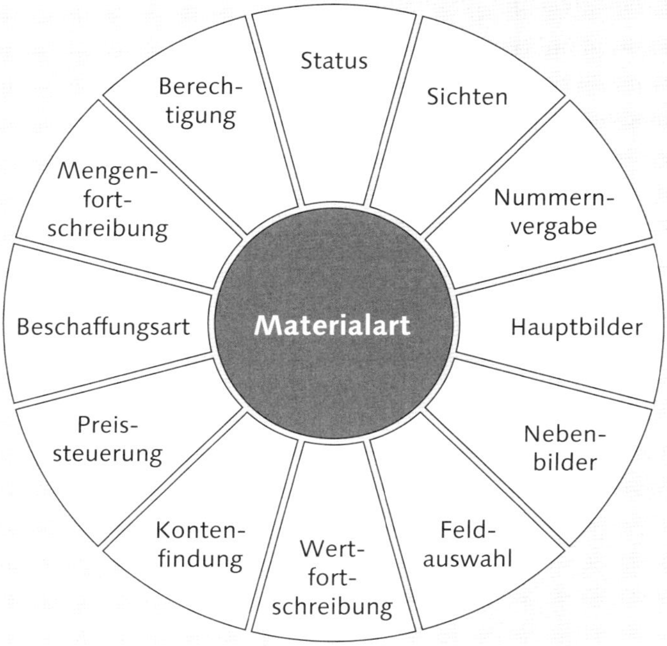

Abbildung 5.47 Materialart – Customizing

- aus welchen Sichten der Materialstammsatz bestehen soll (Einkauf, Lager, Disposition, Buchhaltung etc.)
- ob die Materialnummer intern oder extern vergeben werden kann
- aus welchem Nummernkreisintervall die Materialnummer stammt
- welche Bildschirmbilder erscheinen und in welcher Reihenfolge
- welches davon Hauptbilder und welches Nebenbilder sind
- welche Felder gepflegt werden sollen (Feldauswahl)
- ob Mengen- und Wertveränderungen fortgeschrieben werden
- wie die Materialpreise festzulegen sind (Standardpreis, gleitender Durchschnittspreis)
- ob das Material intern zu fertigen und/oder fremdzubeschaffen ist
- auf welche Konten Materialverbräuche und Materialbestände gebucht werden, wenn ein Material ins Lager geht oder das Lager verlässt
- die Berechtigungsprüfung für den Zugriff auf den Materialstamm
- welche Status dem Materialstamm zugeordnet werden können

Eigenschaften der Materialarten festlegen

Mit dieser Customizing-Funktion legen Sie die Grunddefinitionen für eine Materialart fest – wie z. B. die Fachbereiche, den Verweis auf die Bildschirmsequenz oder die zulässigen Status.

Voraussetzungen
Folgende Customizing-Einstellungen müssen vorliegen:

- die Feldreferenz für die Feldauswahl
- die Bildreferenz für die Bildschirmabfolge
- die Kontoklassenreferenz für die automatische Kontenfindung
- die Bewertungskreise für die Mengen- und Wertfortschreibung

Folgende Customizing-Einstellungen können zusätzlich verwendet werden und müssen dann vorher konfiguriert werden:

- die Berechtigungsgruppe
- der werksübergreifende Materialstatus

Customizing-Pfad
Logistik Allgemein • Materialstamm • Grundeinstellungen • Materialarten • Eigenschaften der Materialarten festlegen

Einstellungen bzw. empfohlene Einstellungen
Folgende Einstellungen legen Sie für eine Materialart fest – hier am Beispiel einer Materialart für Ersatzteile dargestellt (siehe Abbildung 5.48):

- Die Feldreferenz stellt die Verbindung zu den Customizing-Funktionen der Feldauswahl her und steuert zusammen mit anderen Einflussfaktoren die zu pflegenden Felder für die Materialart.
- Die Bildreferenz stellt die Verbindung zu den Customizing-Funktionen der Bildsteuerung (Konfigurieren des Materialstammes) her und steuert zusammen mit anderen Einflussfaktoren die Bildschirmbilder (Haupt- und Nebenbilder) für die Materialart.
- Beim werksübergreifenden Materialstatus (Werksüb. MatStatus) legen Sie fest, ob bei den Materialien dieser Materialart ein initialer Materialstatus vorgeschlagen werden soll. Darüber könnten Sie z. B. steuern, dass Materialien zunächst einmal für bestimmte Verwendungen wie Einkauf oder Stücklisten gesperrt und explizit freigegeben werden müssen.

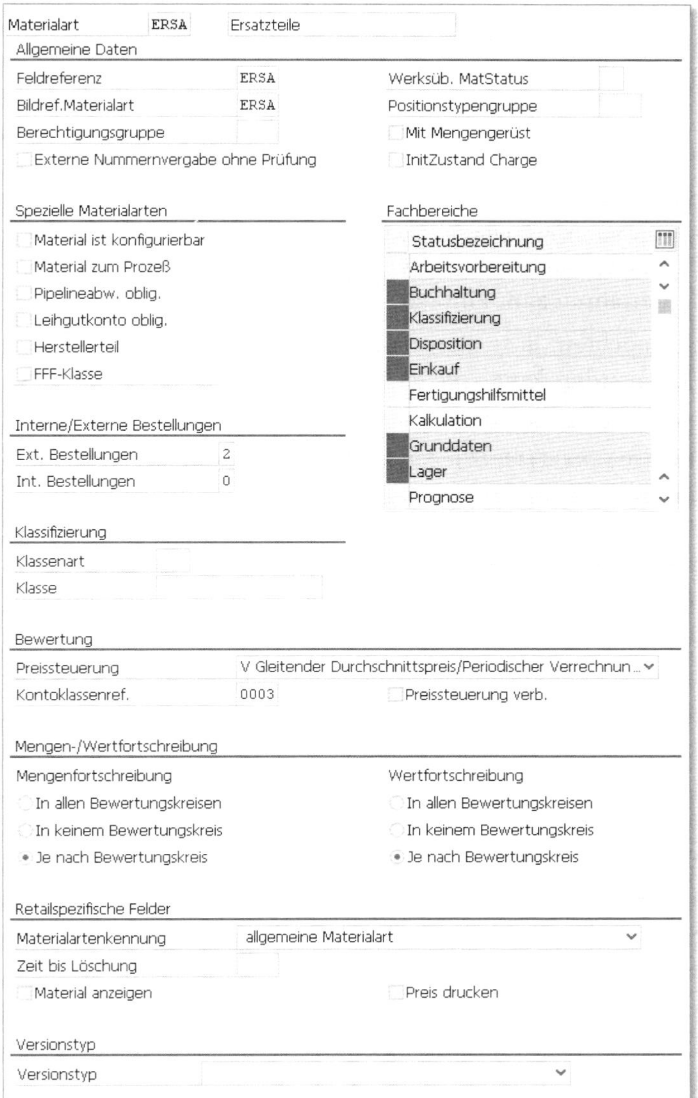

Abbildung 5.48 Materialart – Grundeinstellungen

- In der Bildgruppe FACHBEREICHE legen Sie fest, welche Fachbereiche für die Pflege der Materialstämme zugelassen werden. Für Materialien der Instandhaltung sind dies normalerweise Einkauf, Disposition, Lager, Buchhaltung und Klassifizierung sowie die Werks- und Lagerbestände. Damit bestimmen Sie auch indirekt die Bildschirmfolge.

- Über INTERNE/EXTERNE BESTELLUNGEN legen Sie die Beschaffungsart für Materialien dieser Materialart fest: intern und/oder extern. Sie steuern, ob die Beschaffungsart verboten ist (0), ob sie erlaubt ist, aber eine Warnmeldung erscheinen soll (1) oder ob sie grundsätzlich erlaubt sein soll (2). Instandhaltungsmaterialien werden überwiegend fremdbeschafft.
- Über die PREISSTEUERUNG legen Sie fest, welches Preissteuerungsverfahren bei Materialien dieser Materialart vorgeschlagen werden soll: Standardpreis oder gleitender Durchschnittspreis. Bei Instandhaltungsmaterialien kommen beide Verfahren zum Einsatz.
- Wenn Sie nicht möchten, dass dieser Vorschlagswert im Materialstamm dann abgeändert werden kann, setzen Sie den Schalter PREISSTEUERUNG VERBINDLICH.
- Mit der KONTENKLASSENREFERENZ legen Sie zusammen mit anderen Faktoren wie Buchungskreis, Kontenplan oder betriebswirtschaftlichem Vorgang die automatische Kontenfindung für Materialien dieser Materialart fest. Stimmen Sie sich hier mit Ihren Kollegen der Buchhaltung ab, bzw. holen Sie sich von ihnen die Information, welche Kontenklassenreferenz für Instandhaltungsmaterialien zu verwenden ist.
- In der Bildgruppe MENGEN-/WERTFORTSCHREIBUNG legen Sie fest, ob die Fortschreibungen in allen Bewertungskreisen (entspricht in der Regel den Werken) gleich oder pro Bewertungskreis unterschiedlich gehandhabt werden sollen. Für Materialien der Instandhaltung machen Sie die Mengen- sowie die Preisfortschreibung in der Regel abhängig vom Bewertungskreis und damit werksabhängig.
- Wenn die Mengen- und Wertfortschreibung werksabhängig gesteuert wird, legen Sie mit der Unterfunktion MENGEN-/WERTFORTSCHREIBUNG fest, bei welchem Werk welche Fortschreibung stattfinden soll (siehe Abbildung 5.49).

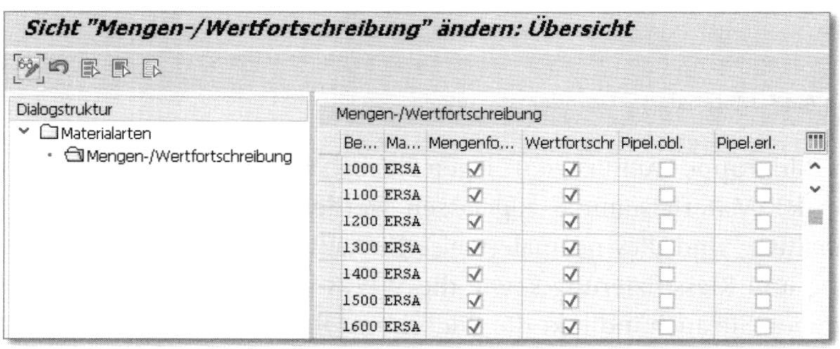

Abbildung 5.49 Materialart – Mengen- und Wertfortschreibungen

Konfigurieren des Materialstamms

Mit diesen Customizing-Funktionen haben Sie die Möglichkeit, das Layout des Materialstamms selbst festzulegen. Sie können das Layout von den folgenden Einflussfaktoren abhängig machen (siehe Abbildung 5.50):

Transaktion

- Materialart
- Benutzer
- Branche

Diese Einflussfaktoren bestimmen die sogenannte *Bildsequenz*. Pro Bildsequenz legen Sie Folgendes fest (siehe Abbildung 5.50):

- Anzahl und Art der Hauptbilder
- Anzahl und Art der Subscreens (Bildgruppen) pro Hauptbild
- Anzahl und Art der Nebenbilder
- Reihenfolge der Haupt- und Nebenbilder

Customizing-Pfad

LOGISTIK ALLGEMEIN • MATERIALSTAMM • KONFIGURIEREN DES MATERIALSTAMMS

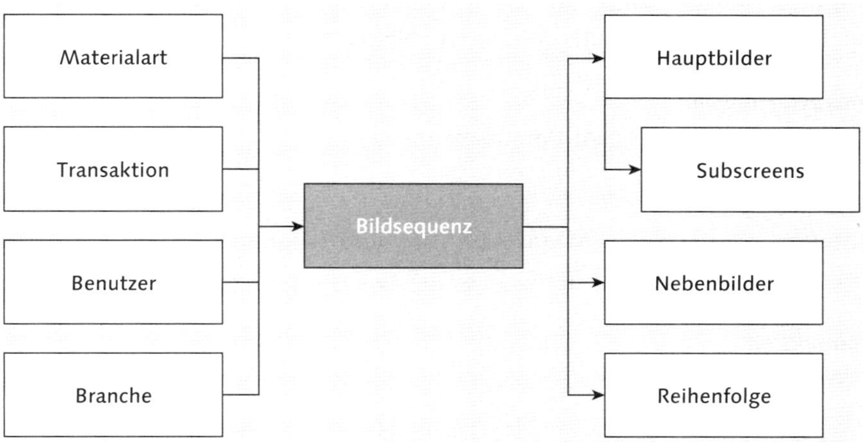

Abbildung 5.50 Bildsequenz – Überblick

Im folgenden Beispiel zeige ich Ihnen die Definition des Bildschirminhalts für eine typische Materialart der Instandhaltung: Ersatzteile (Materialart ERSA).

Der Materialstamm soll lediglich folgende Hauptbilder enthalten (jeweils ein Bild) – und zwar in dieser Reihenfolge:

- Grunddaten
- Klassifizierung
- Dokumente
- Einkauf
- Disposition
- Werks-/Lagerdaten
- Buchhaltung

In den Hauptbildern sollen jeweils maximal drei Bildgruppen mit den für die Instandhaltung typischen Informationen erscheinen.

Bei den Nebenbildern werden benötigt – und zwar in dieser Reihenfolge:

- mehrsprachige Texte
- Mengeneinheiten
- Grunddatentext

Aufbau der Datenbilder pro Bildsequenz definieren

Mit dieser Customizing-Funktion legen Sie eine Bildsequenz an und ordnen die benötigten Hauptbilder mit deren Subscreens zu.

Voraussetzungen
Es sind keine spezifischen Voraussetzungen notwendig.

Customizing-Pfad
Logistik Allgemein • Materialstamm • Konfigurieren des Materialstamms • Aufbau der Datenbilder pro Bildsequenz definieren

Transaktion
OMT3B

Einstellungen bzw. empfohlene Einstellungen
Der einfachste Weg zum Erzeugen einer neuen Bildsequenz ist das Kopieren und Anpassen (d. h. insbesondere Reduzieren) der von SAP im Standard ausgelieferten Bildsequenz 01. Für unser Beispiel wurde die Bildsequenz ZE für Ersatzteile kopiert (siehe Abbildung 5.51).

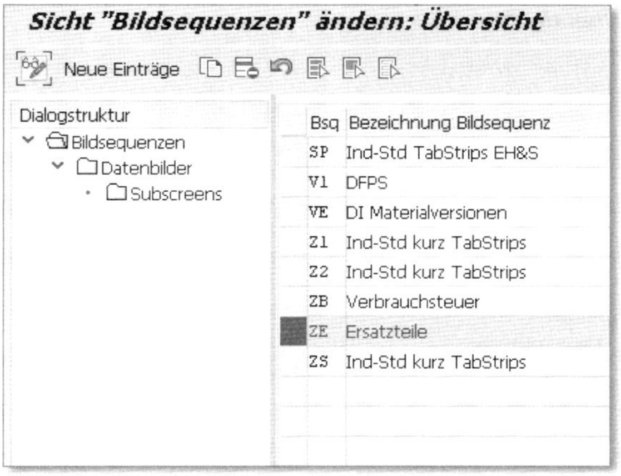

Abbildung 5.51 Bildsequenz – Übersicht

Mit der Unterfunktion Datenbilder sollten Sie dann zunächst die Datenbilder löschen, die Sie von der Bildsequenz 01 kopiert haben, aber für die Instandhaltung nicht benötigen.

- Für unser Beispiel werden die Bilder gemäß Abbildung 5.52 benötigt. Es müssen alle benötigten Bilder aufgelistet werden – also sowohl die Hauptbilder als auch die Nebenbilder.
- Die Bildbezeichnung zu den Bildern können Sie selbst bestimmen.
- Mit dem Bildtyp (Spalte T) legen Sie fest, ob es sich um ein Hauptbild (= 1) oder ein Nebenbild (= 2) handelt.
- Mit dem Träger-Dynpro (Spalte TrgDy) legen Sie fest, wie die Struktur des Bildes aussehen soll. Sie können über die F4-Hilfe aus ca. 50 verschiedenen Varianten wählen. Sie können z. B. auswählen, ob es sich um ein allgemeines Träger-Dynpro handeln soll und – wenn ja – mit wie vielen Bausteinen (Sie können zwischen sechs und 20 Bausteinen wählen) oder ob es sich um ein Spezial-Dynpro handelt (z. B. für Kurztext oder Klassifizierung).
- Über die Spalte Pflegestatus definieren Sie, welcher Pflegestatus gesetzt werden soll, wenn dieses Bild gepflegt wird. Den mit dem jeweiligen Bild verbundenen Pflegestatus können Sie Abbildung 5.52 entnehmen (z. B. E für den Einkauf oder B für die Buchhaltung).
- Über die Spalte Status verfeinern Sie die Bildtypen für die Haupt- und Nebenbilder. Standard für Hauptbilder ist DATE und für Nebenbilder ADD0001.

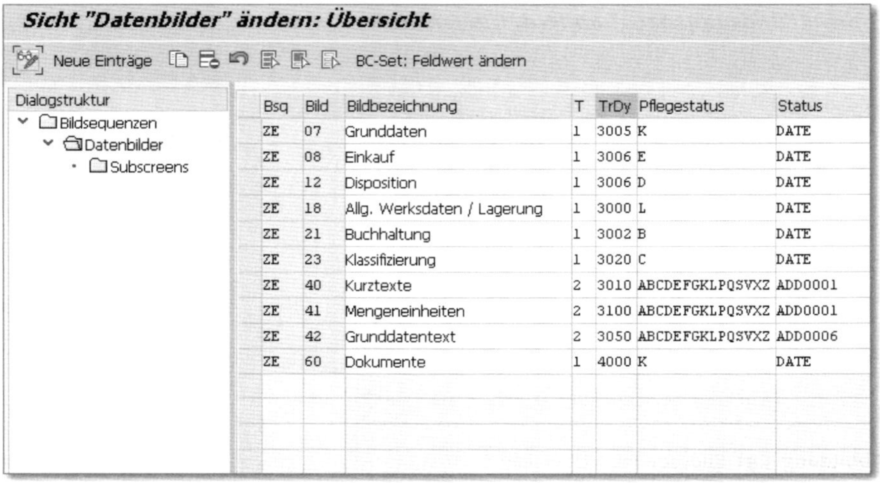

Sicht "Datenbilder" ändern: Übersicht

Neue Einträge BC-Set: Feldwert ändern

Dialogstruktur
- Bildsequenzen
  - Datenbilder
    - Subscreens

Bsq	Bild	Bildbezeichnung	T	TrDy	Pflegestatus	Status
ZE	07	Grunddaten	1	3005	K	DATE
ZE	08	Einkauf	1	3006	E	DATE
ZE	12	Disposition	1	3006	D	DATE
ZE	18	Allg. Werksdaten / Lagerung	1	3000	L	DATE
ZE	21	Buchhaltung	1	3002	B	DATE
ZE	23	Klassifizierung	1	3020	C	DATE
ZE	40	Kurztexte	2	3010	ABCDEFGKLPQSVXZ	ADD0001
ZE	41	Mengeneinheiten	2	3100	ABCDEFGKLPQSVXZ	ADD0001
ZE	42	Grunddatentext	2	3050	ABCDEFGKLPQSVXZ	ADD0006
ZE	60	Dokumente	1	4000	K	DATE

Abbildung 5.52 Bildsequenz – Übersicht der Datenbilder

Mit der Unterfunktion Subscreens bestimmen Sie dann pro Bild die benötigten Bildbereiche. Insgesamt steht Ihnen hier eine Auswahl von fast 300 Bildbereichen zu den verschiedenen Sichten zur Verfügung. Im Folgenden habe ich Ihnen zu den Sichten unseres Beispiels einmal eine repräsentative Auswahl an Bildbereichen zusammengestellt.

Abbildung 5.53 zeigt eine Zusammenstellung von Bildbereichen zu den Grunddaten: 1002 = Materialnummer, 2001 = Allgemeine Daten, 2007 = Abmessungen und EAN, 2003 = Dokument ohne Dokumentenstammsatz, 2004 = Dokument mit Dokumentenstammsatz.

[!]

Wichtige Hinweise zur Definition

- Der Bildbereich 0001 steht für einen leeren Platzhalter. Wenn Sie also z. B. ein Träger-Dynpro wie in dem vorliegenden Fall mit 15 Bildbereichen ausgewählt haben, aber nur fünf benötigen, müssen Sie die restlichen mit 0001 auffüllen.
- Über den Button [Ansicht Subscreen] können Sie sich vorher das Layout des auszuwählenden Bildbereichs anzeigen lassen.
- Über den Button [Ansicht Datenbild] können Sie sich das fertige Datenbild komplett anzeigen lassen.

Abbildung 5.54 zeigt eine repräsentative Zusammenstellung von Bildbereichen des Einkaufs: 1001 = Materialnummer mit Werk, 2301 = Einkaufsdaten – allgemeine Daten, 2302 = Einkaufsdaten – Einkaufswerte, 2303 = Einkaufsdaten – sonstige Daten.

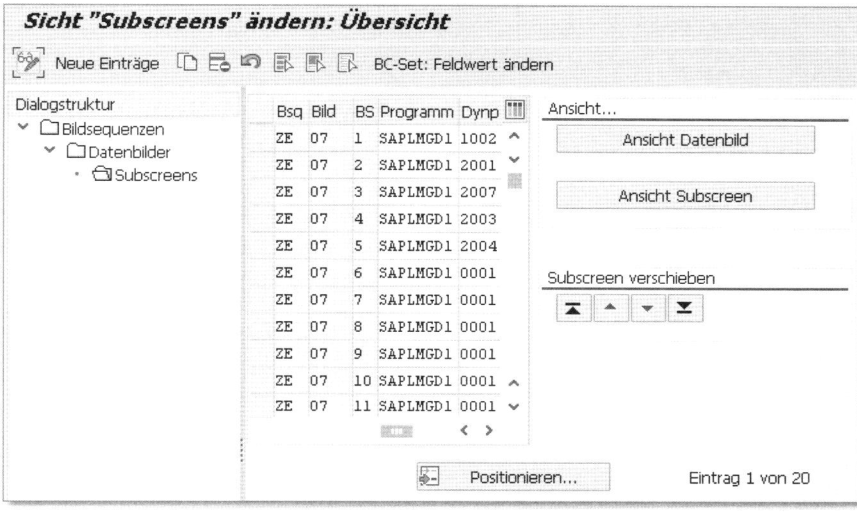

Abbildung 5.53 Bildsequenz – Subscreens für allgemeine Daten

Bsq	Bild	BS	Programm	Dynp
ZE	08	1	SAPLMGD1	1001
ZE	08	2	SAPLMGD1	2301
ZE	08	3	SAPLMGD1	2302
ZE	08	4	SAPLMGD1	2303

Abbildung 5.54 Bildsequenz – Subscreens für den Einkauf

Abbildung 5.55 zeigt eine repräsentative Zusammenstellung von Daten zur DISPOSITION: 1001 = Materialnummer mit Werk, 2482 = Dispoverfahren, 2483 = Losgrößendaten, 2484 = Beschaffung, 2485 = Terminierung, 2493 = Verfügbarkeitsprüfung.

Bsq	Bild	BS	Programm	Dynp
ZE	12	1	SAPLMGD1	1001
ZE	12	2	SAPLMGD1	2482
ZE	12	3	SAPLMGD1	2483
ZE	12	4	SAPLMGD1	2484
ZE	12	5	SAPLMGD1	2485
ZE	12	6	SAPLMGD1	2493

Abbildung 5.55 Bildsequenz – Subscreens für die Disposition

Abbildung 5.56 zeigt die wichtigsten Bildbereiche der WERKS-/LAGERDATEN: 1005 = Materialnummer mit Werk und Lagerort, 2701 = Lagerungsdaten – allgemeine Daten, 2702 = Lagerungsdaten – Haltbarkeitsdaten.

Bsq	Bild	BS	Programm	Dynp
ZE	18	1	SAPLMGD1	1005
ZE	18	2	SAPLMGD1	2701
ZE	18	3	SAPLMGD1	2702

Abbildung 5.56 Bildsequenz – Subscreens für Werks-/Lagerdaten

Abbildung 5.57 zeigt die wichtigsten Bildbereiche der BUCHHALTUNG: 1008 = Materialnummer mit Werk und Bewertungsart, 2801 = Bewertungsdaten laufende Periode – allgemeine Daten, 2802 = Bewertungsdaten laufende Periode – aktuelle Bewertung.

Bsq	Bild	BS	Programm	Dynp
ZE	21	1	SAPLMGD1	1008
ZE	21	2	SAPLMGD1	2801
ZE	21	3	SAPLMGD1	2802

Abbildung 5.57 Bildsequenz – Subscreens für die Buchhaltung

Nebenbilder zuordnen

Mit dieser Customizing-Funktion legen Sie fest, ob ein Nebenbild als Zusatzbild erscheinen soll, wenn es über den Button Zusatzdaten aufgerufen wird, oder ob es als Nebenbild direkt über eine Drucktaste aufgerufen werden soll.

Voraussetzungen
Mit der Customizing-Funktion AUFBAU DER DATENBILDER PRO BILDSEQUENZ DEFINIEREN haben Sie das grundsätzliche Layout der Bildsequenz festgelegt und dort insbesondere Dynpros vom Bildtyp 2 = Nebenbild zugeordnet. Wenn keine Dynpros vom Bildtyp 2 existieren, können Sie keine Nebenbilder zuordnen.

Customizing-Pfad
LOGISTIK ALLGEMEIN • MATERIALSTAMM • KONFIGURIEREN DES MATERIALSTAMMS • NEBENBILDER ZUORDNEN

Transaktion
OMT3Z

Einstellungen bzw. empfohlene Einstellungen
Wenn das Bild als ZUSATZBILD erscheinen soll, lassen Sie das Feld FCODE (Funktionscode) leer (siehe Abbildung 5.58). Das System ordnet dann dem Zusatzbild automatisch die nächste Nummer zu.

Wenn das Bild als Nebenbild erscheinen soll, tragen Sie in der Spalte FCODE den auszuführenden Funktionscode ein (z. B. PB26 für den Grunddatentext oder PB13 für eine Materialprognose). Insgesamt können Sie unter 29 Funktionscodes auswählen.

Sowohl beim Aufruf über Zusatzdaten als auch über Funktionscodes müssen Sie eine passende VERARBEITUNGSROUTINE zuordnen. Hier können Sie unter 38 vordefinierten Verarbeitungsroutinen auswählen.

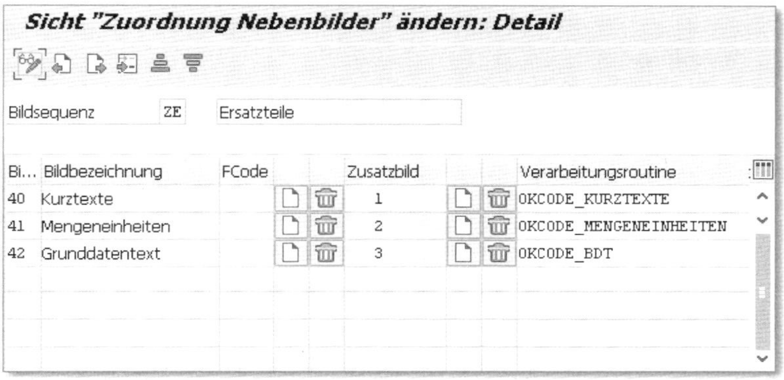

Abbildung 5.58 Bildsequenz – Nebenbilder

Reihenfolgen der Haupt- und Zusatzbilder pflegen

Mit dieser Customizing-Funktion pflegen Sie die Reihenfolge, in der die *Hauptbilder* bei der Pflege von Materialstammsätzen im Dialogfenster SICHTENAUSWAHL erscheinen, sowie die Reihenfolge, in der die Haupt- und *Zusatzbilder* als Registerkarten erscheinen.

Voraussetzungen

Mit der Customizing-Funktion AUFBAU DER DATENBILDER PRO BILDSEQUENZ DEFINIEREN haben Sie das grundsätzliche Layout der Bildsequenz festgelegt, und mit der Customizing-Funktion NEBENBILDER ZUORDNEN haben Sie das Erscheinungsbild der Nebenbilder definiert.

Customizing-Pfad

LOGISTIK ALLGEMEIN • MATERIALSTAMM • KONFIGURIEREN DES MATERIALSTAMMS • REIHENFOLGEN DER HAUPT- UND ZUSATZBILDER PFLEGEN

Transaktion

OMT3R

Einstellungen bzw. empfohlene Einstellungen

Sie definieren die Reihenfolge für die Anzeige der Hauptbilder und der Nebenbilder, indem Sie für jedes Haupt- bzw. Zusatzbild eine Ordnungsnummer vergeben – am besten in Zehnerschritten, falls Sie später noch weitere Bilder einfügen möchten. Die Bilder mit der niedrigsten Nummer werden zuerst angezeigt.

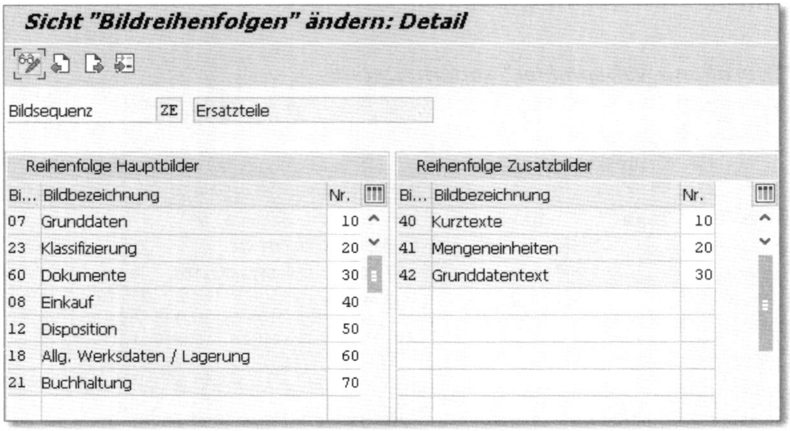

Abbildung 5.59 Bildsequenz – Reihenfolge

Bildsequenzen zu Benutzern/Materialarten/Transaktionen/Branchen zuordnen

Mit dieser Customizing-Funktion ordnen Sie einer Kombination aus einer oder mehreren Transaktionen, Benutzern, Materialarten oder Branchen eine Bildsequenz zu. Diese Bildsequenz erscheint dann automatisch, wenn die betreffenden Benutzer diese Transaktion, Materialart oder Branche wählen.

Voraussetzungen

Mit der Customizing-Funktion Aufbau der Datenbilder pro Bildsequenz definieren haben Sie das grundsätzliche Layout der Bildsequenz festgelegt und mit der Customizing-Funktion Nebenbilder zuordnen das Erscheinungsbild der Nebenbilder definiert.

Customizing-Pfad

Logistik Allgemein • Materialstamm • Konfigurieren des Materialstamms • Bildsequenzen zu Benutzern/Materialarten/ Transaktionen/ Branchen zuordnen

Transaktion
OMT3R

Einstellungen bzw. empfohlene Einstellungen
Zunächst bilden Sie in den Unterfunktionen der BILDREFERENZEN Gruppierungen. So können Sie Transaktionen, Benutzer, Materialarten und Branchen gruppieren, um dann in der Hauptfunktion STEUERUNG BILDSEQUENZ ein möglichst passendes Bildschirmlayout des Materialstamms zuordnen zu können.

Für unser Beispiel habe ich mit der Unterfunktion BILDREFERENZEN MATERIALART für die Materialart ERSA eine eigene Materialartenreferenz ERSA definiert. Wie Sie in Abbildung 5.60 sehen, können Sie auch mehrere Materialarten zu einer Bildreferenz Materialart zusammenfassen.

In gleicher Weise können Sie Benutzer, Transaktionen und Branchen zusammenfassen oder individualisieren.

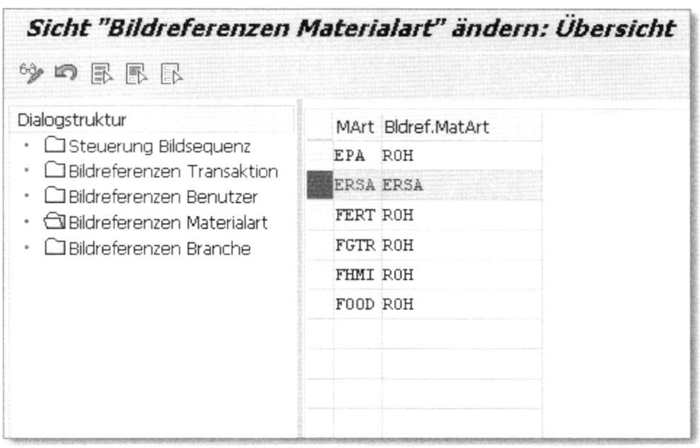

Abbildung 5.60 Bildsequenz – Referenzmaterialart

In der Hauptfunktion STEUERUNG BILDSEQUENZ ordnen Sie nun in Abhängigkeit von den Bildreferenzen eine Bildsequenz zu. Sie müssen nicht für jedes Objekt eine Bildreferenz gebildet haben, sondern können es durch eine Wildcard (*) ersetzen. Die Kombination bezieht sich dann nicht auf eine bestimmte Bildreferenz. Allerdings sind von SAP hier eindeutige Prioritäten definiert, die in Tabelle 5.1 dargestellt werden. Das X steht dabei stellvertretend dafür, dass für diesen Wert ein Eintrag vorhanden ist (z. B. Materialart = ERSA). * steht dabei dafür, dass für diesen Wert kein Eintrag vorhanden ist.

Priorität	Transaktion	Benutzer	Materialart	Branche
1	X	X	X	X
2	X	X	*	*
3	X	*	X	X
4	X	*	X	*
5	X	*	*	*

Tabelle 5.1 Prioritäten für die Steuerung der Bildsequenzen

Übertragen auf unser Beispiel bedeutet dies:

- Da mein Benutzer keiner Benutzergruppe zugeordnet ist, greift die Kombination Transaktion/Materialart, sodass die Bildsequenz ZE (= Ersatzteile) beim Pflegen eines Materialstamms erscheint (siehe Abbildung 5.61).
- Sollte allerdings ein Benutzer der Benutzergruppe BO einen Materialstamm der Materialart ERSA pflegen, würde die Bildsequenz 01 zugeordnet werden, da der Eintrag TRANSAKTION/BENUTZER eine größere Priorität besitzt als der Eintrag TRANSAKTION/MATERIALART.

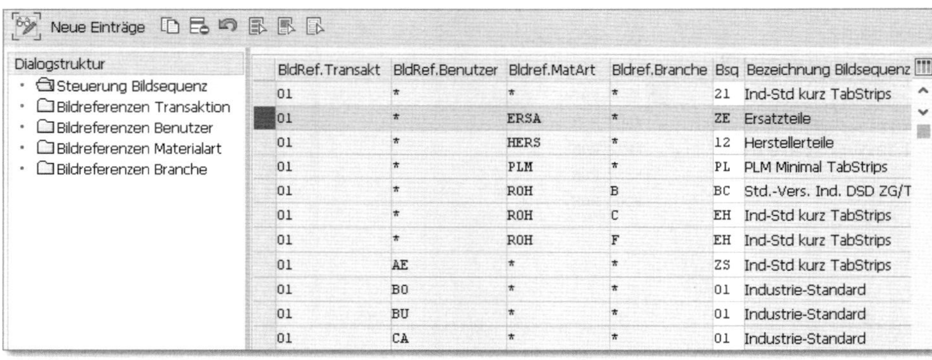

BldRef.Transakt	BldRef.Benutzer	Bldref.MatArt	Bldref.Branche	Bsq	Bezeichnung Bildsequenz
01	*	*	*	21	Ind-Std kurz TabStrips
01	*	ERSA	*	ZE	Ersatzteile
01	*	HERS	*	12	Herstellerteile
01	*	PLM	*	PL	PLM Minimal TabStrips
01	*	ROH	B	BC	Std.-Vers. Ind. DSD ZG/T
01	*	ROH	C	EH	Ind-Std kurz TabStrips
01	*	ROH	F	EH	Ind-Std kurz TabStrips
01	AE	*	*	ZS	Ind-Std kurz TabStrips
01	BO	*	*	01	Industrie-Standard
01	BU	*	*	01	Industrie-Standard
01	CA	*	*	01	Industrie-Standard

Abbildung 5.61 Bildsequenz – Zuordnung

5.7.2 Die Feldauswahl

In Abschnitt 4.9, »Feldauswahl«, habe ich Sie bereits mit der Technik der Feldauswahl (z. B. für Equipments oder für Aufträge) vertraut gemacht. Die Möglichkeit der Feldauswahl steht Ihnen auch beim Materialstamm zur Verfügung, allerdings unterscheidet sich die Technik der Feldauswahl doch gänzlich von der bereits beschriebenen. Deshalb möchte ich Ihnen im folgenden Abschnitt darlegen, wie Sie die Feldauswahl beim Materialstamm einstellen können.

Die Feldauswahl des Materialstamms hängt von drei Faktoren ab (siehe Abbildung 5.62):

- Materialart
- Branche
- Werk

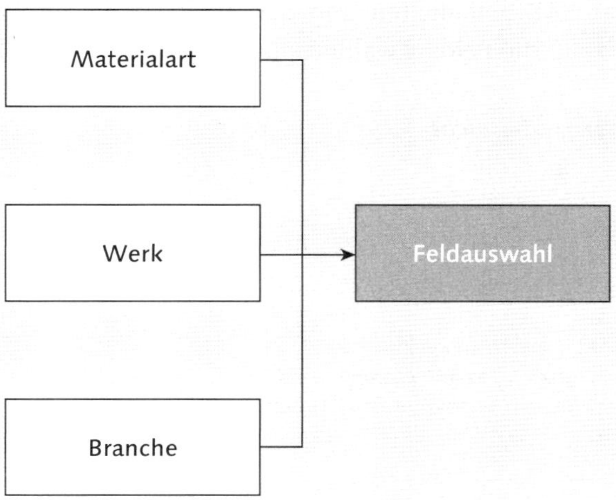

Abbildung 5.62 Feldauswahl – Einflussfaktoren

Mit der Customizing-Funktion EIGENSCHAFTEN DER MATERIALARTEN FESTLEGEN haben Sie für die Materialart eine FELDREFERENZ definiert (siehe dazu Abbildung 5.48 und die Customizing-Funktion EIGENSCHAFTEN DER MATERIALARTEN FESTLEGEN).

Felder zu Feldauswahlgruppen zuordnen

Mit dieser Customizing-Funktion ordnen Sie die einzelnen Felder des Materialstamms einer *Feldauswahlgruppe* zu (siehe Abbildung 5.63). Jedes Feld können Sie nur einer Feldauswahlgruppe zuordnen.

Voraussetzungen
Es sind keine spezifischen Voraussetzungen nötig.

Customizing-Pfad
LOGISTIK ALLGEMEIN • MATERIALSTAMM • FELDAUSWAHL • FELDER ZU FELDAUSWAHLGRUPPEN ZUORDNEN

Transaktion
OMSR

Einstellungen
Da SAP bestimmte Bereiche reserviert hat, stehen Ihnen für eine eigene Feldauswahl die Gruppen 111–120 und 211–240 zur Verfügung. Es ist aber nicht unbedingt notwendig, dass Sie eigene Gruppen bilden; Sie können durchaus die Standardzuordnung der SAP beibehalten und darauf Ihre Feldauswahl aufbauen. Abbildung 5.63 zeigt die Feldauswahlgruppen.

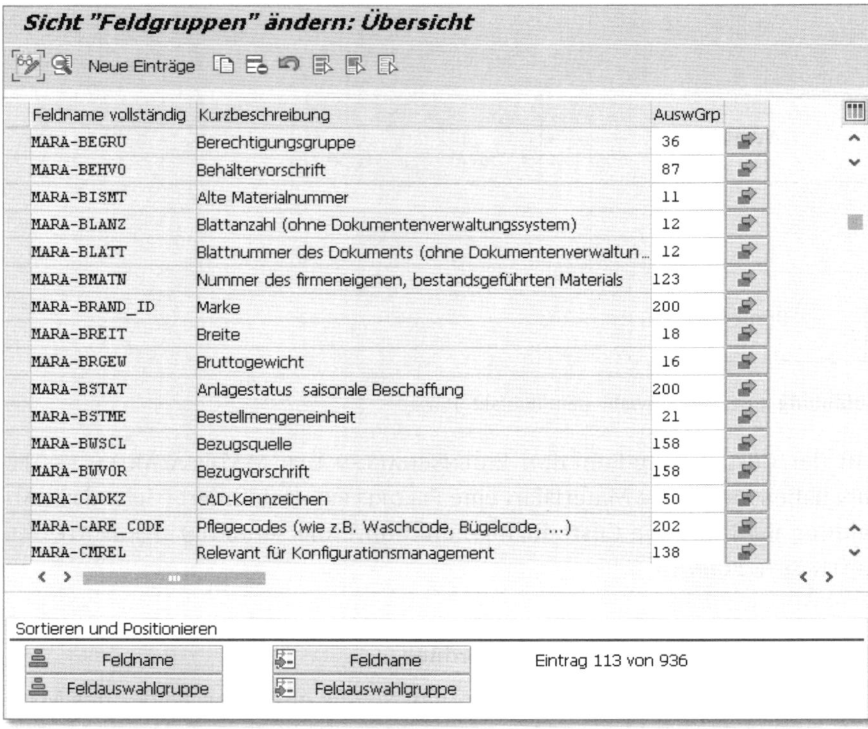
Sicht "Feldgruppen" ändern: Übersicht

Neue Einträge

Feldname vollständig	Kurzbeschreibung	AuswGrp
MARA-BEGRU	Berechtigungsgruppe	36
MARA-BEHVO	Behältervorschrift	87
MARA-BISMT	Alte Materialnummer	11
MARA-BLANZ	Blattanzahl (ohne Dokumentenverwaltungssystem)	12
MARA-BLATT	Blattnummer des Dokuments (ohne Dokumentenverwaltun...	12
MARA-BMATN	Nummer des firmeneigenen, bestandsgeführten Materials	123
MARA-BRAND_ID	Marke	200
MARA-BREIT	Breite	18
MARA-BRGEW	Bruttogewicht	16
MARA-BSTAT	Anlagestatus saisonale Beschaffung	200
MARA-BSTME	Bestellmengeneinheit	21
MARA-BWSCL	Bezugsquelle	158
MARA-BWVOR	Bezugvorschrift	158
MARA-CADKZ	CAD-Kennzeichen	50
MARA-CARE_CODE	Pflegecodes (wie z.B. Waschcode, Bügelcode, ...)	202
MARA-CMREL	Relevant für Konfigurationsmanagement	138

Sortieren und Positionieren
Feldname | Feldname | Eintrag 113 von 936
Feldauswahlgruppe | Feldauswahlgruppe

Abbildung 5.63 Feldauswahl – Feldauswahlgruppen

Branchen definieren und branchenabhängige Feldauswahl festlegen

Mit dieser Customizing-Funktion legen Sie Ihre Branchen fest und bestimmen, über welche Feldreferenz Ihre Branchen die Feldauswahl beeinflussen sollen.

Voraussetzungen

Es sind keine speziellen Voraussetzungen nötig.

Customizing-Pfad

Logistik Allgemein • Materialstamm • Feldauswahl • Branchen definieren und branchenabhängige Feldauswahl festlegen

Transaktion

OMS3

Einstellungen

Sie ordnen den Branchen, die die Feldauswahl beeinflussen sollen, eine Feldreferenz zu. Dabei können Sie jeder Branche eine eigene Feldreferenz zuordnen oder mehrere Branchen zusammenfassen (siehe Abbildung 5.64).

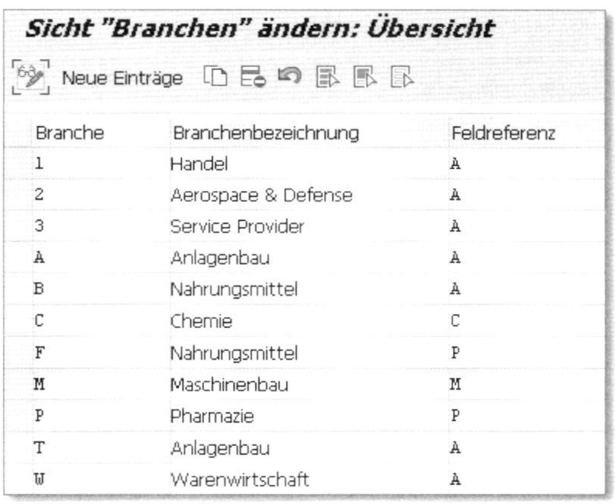

Sicht "Branchen" ändern: Übersicht

Neue Einträge

Branche	Branchenbezeichnung	Feldreferenz
1	Handel	A
2	Aerospace & Defense	A
3	Service Provider	A
A	Anlagenbau	A
B	Nahrungsmittel	A
C	Chemie	C
F	Nahrungsmittel	P
M	Maschinenbau	M
P	Pharmazie	P
T	Anlagenbau	A
W	Warenwirtschaft	A

Abbildung 5.64 Feldauswahl – Branchen

Werksabhängige Feldauswahl und werksabhängige Bildauswahl festlegen

Mit dieser Customizing-Funktion legen Sie fest, über welche Feldreferenz Ihre Werke die Feldauswahl beeinflussen sollen.

Voraussetzungen

Die Werke müssen definiert sein.

Customizing-Pfad

Logistik Allgemein • Materialstamm • Feldauswahl • Werksabhängige Feldauswahl und werksabhängige Bildauswahl festlegen

Transaktion
OMSA

Einstellungen
Sie ordnen den Werken, die die Feldauswahl beeinflussen sollen, eine Feldreferenz zu. Dabei können Sie jedem Werk eine eigene Feldreferenz zuordnen oder mehrere Werke zusammenfassen (siehe Abbildung 5.65).

Sicht "Feldauswahl auf Werksebene" ändern: Übersicht

Neue Einträge

Werk	Name 1	Pflegestatus	Feldreferenz
1000	Werk Hamburg	KDEVALBPQSZXCFG	0001
1100	Berlin	KDEVALBPQSZXCFG	0001
1200	Dresden	KDEVALBPQSZXCFG	0001
1300	Frankfurt	KDEVALBPQSZXCFG	0001
1400	Stuttgart	KDEVALBPQSZXCFG	0001
2000	Heathrow / Hayes	KDEVALBPQSZXCFG	0001
2010	DC London	KDEVALBPQSZXCFG	0001
2100	Porto	KDEVALBPQSZXCFG	0001
2200	Paris	KDEVALBPQSZXCFG	0001
2210	Lyon	KDEVALBPQSZXCFG	0001
2220	Centre de Distribution Nantes	KDEVALBPQSZXCFG	0001
2230	Centre de Distribution Tours	KDEVALBPQSZXCFG	0001
2240	Centre de Distrib Marseille	KDEVALBPQSZXCFG	0001
2400	Milano Distribution Center	KDEVALBPQSZXCFG	0001

Abbildung 5.65 Feldauswahl – Werke

Feldauswahl für Datenbilder pflegen

Mit dieser Customizing-Funktion legen Sie fest, welche Feldreferenz welchen Einfluss auf die Feldauswahl haben soll:

- Anzeigefeld
- Muss-Feld
- normales Eingabefeld
- Ausblenden

Voraussetzungen
Die Werke müssen definiert sein.

Customizing-Pfad

Logistik Allgemein • Materialstamm • Feldauswahl • Feldauswahl für Datenbilder pflegen

Transaktion

OMS9

Einstellungen

Es können nun durchaus mehrere Einflussfaktoren auf die Feldauswahl eines Feldes einwirken (siehe Abbildung 5.66). Zum Beispiel könnte:

- die Feldauswahl der Materialart ERSA ein Feld als Muss-Feld definieren
- die Feldauswahl des Werkes 1000 dagegen das Feld als normales Eingabefeld festlegen
- während es die Feldauswahl der Branche M ausblenden möchte

Wenn mehrere unterschiedliche Einflussfaktoren auf die Feldauswahl einwirken, dann gelten dieselben Prioritätsregeln, die ich schon weiter oben dargestellt habe (siehe Abschnitt 4.9, »Feldauswahl«, und Abbildung 4.31):

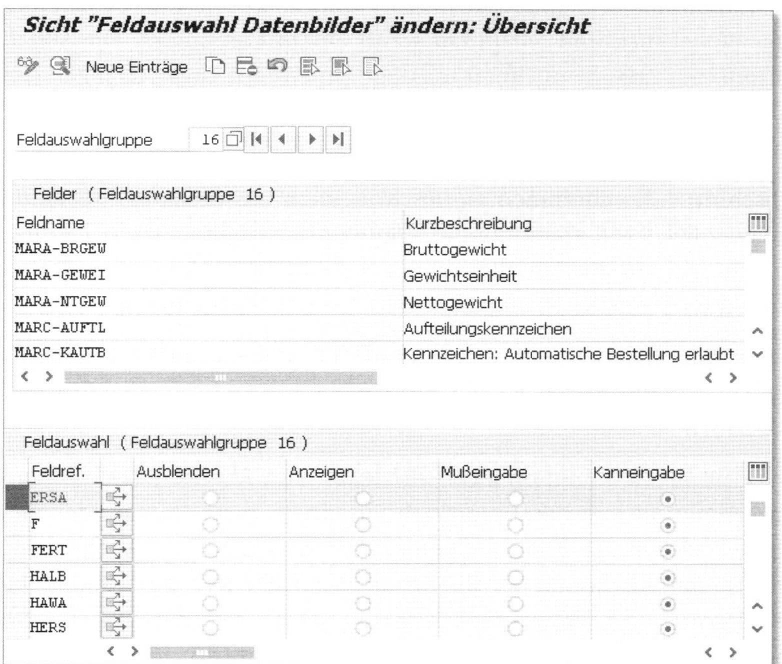

Abbildung 5.66 Feldauswahl – Feldauswahlsteuerung

- Priorität 1: Ausblenden (d. h., wenn einer der Einflussfaktoren ein Feld als auszublenden definiert, ist es ausgeblendet – egal, wie die Steuerung der anderen beeinflussenden Felder aussieht).
- Priorität 2: Anzeigen (d. h., wenn es nicht ausgeblendet ist und ein Einflussfaktor es als reines Anzeigefeld definiert, wird es nur angezeigt, auch wenn es andere Einflussfaktoren als Muss- oder als normale Eingabefelder definieren).
- Priorität 3: Muss (d. h., wenn es nicht ausgeblendet oder ein Anzeigefeld ist und ein Einflussfaktor es als Muss-Feld definiert, wird es ein Muss-Feld, auch wenn andere Einflussfaktoren es als normales Eingabefeld definieren).
- Priorität 4: normales Eingabefeld (nur dann, wenn kein Einflussfaktor es anderweitig definiert, wird ein Feld ein normales Eingabefeld bleiben).

5.8 Serialnummern

Serialnummern legen Sie zu einer Materialnummer an. Dabei kann es zu einer Materialnummer beliebig viele Serialnummern geben. Eine Serialnummer ist ein Einzelstück und entspricht somit einem Equipment. Die Serialnummernfunktion erlaubt es Ihnen, das Equipment auf Lager zu legen. Im Hinblick auf die Verwendungsweise entspricht eine Materialserialnummer einem Equipment.

Alle in Abschnitt 5.3, »Equipments«, beschriebenen Customizing-Einstellungen gelten ebenfalls für Serialnummern. Darüber hinaus gibt es jedoch einige Einstellungen, die nur für Serialnummern gelten, wie z. B. das Serialnummernprofil oder die Serialisierungseigenschaften der Bewegungsarten.

Wenn Sie zu Materialen Serialnummern anlegen und diese als Equipments pflegen möchten, müssen Sie zunächst in zwei schon beschriebenen Customizing-Funktionen bestimmte Einstellungen vornehmen:

- In der Customizing-Funktion Konfigurieren des Materialstamms mit der Unterfunktion Subscreens ordnen Sie einem Ihrer Datenbilder den Subscreen SAPLMGD1 5801 (Allgemeine Werksdaten) zu. Wählen Sie dazu ein Datenbild, das auf der Ebene der Werksebene liegt (z. B. das Datenbild Einkauf oder Werks-/Lagerdaten), da das Serialnummernprofil immer einem Werk zugewiesen wird. Dann erscheint im Materialstamm ein Subscreen, wie ihn Abbildung 5.67 zeigt, und Sie können dort die Serialdaten wie Serialnummernprofil und Serialnummernebene festlegen.

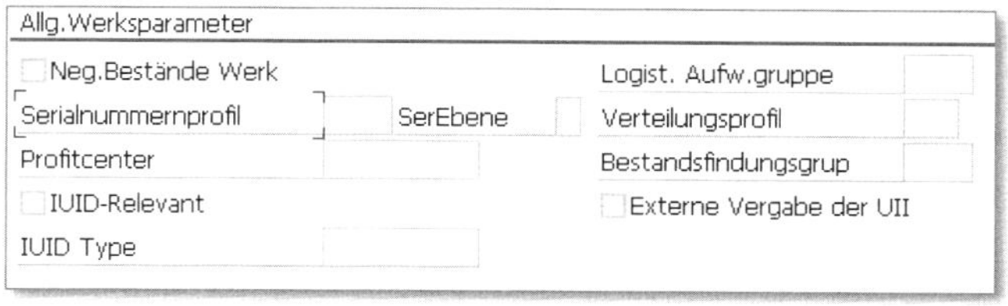

Abbildung 5.67 Serialnummern – Subscreen im Materialstamm

- In der Customizing-Funktion Zusätzliche betriebswirtschaftliche Sichten für Equipmenttypen festlegen müssen Sie für den Equipmenttyp, dem die Serialnummer zugewiesen werden soll, den Schalter SD (= Serialdaten, siehe Abbildung 5.16) aktivieren. Dann werden im Equipmentstamm die Subscreens für die Serialdaten eingeblendet (siehe Abbildung 5.68), und Sie können dem Equipment seine Serialdaten wie etwa Serialnummer, Werk, Lagerort und Bestandscharge zuordnen.

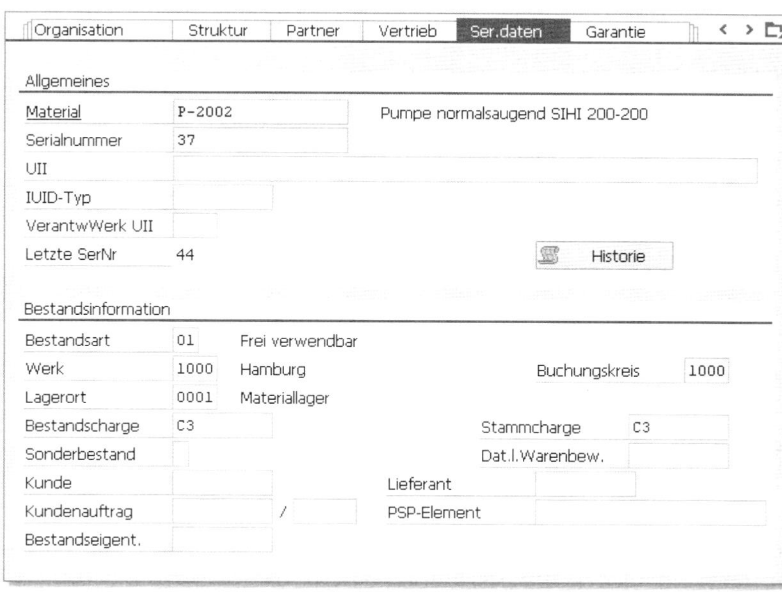

Abbildung 5.68 Serialnummern – Subscreens im Equipmentstamm

Abbildung 5.69 zeigt Ihnen eine Übersicht über die Customizing-Funktionen für Serialnummern. Die wichtigsten werde ich Ihnen im Folgenden erläutern.

Abbildung 5.69 Serialnummern – Customizing-Funktionen

Serialnummernprofile festlegen

Mit dieser Customizing-Funktion definieren Sie die Serialnummernprofile. Jedem *Material*, das serialisiert werden soll, müssen Sie im Materialstammsatz auf Werksebene ein Serialnummernprofil zuordnen. Dies bedeutet, dass Sie einem Material pro Werk ein eigenes Serialnummernprofil zuweisen können. Ein Material kann in einem Werk serialnummernpflichtig sein, in anderen Werken nicht.

Voraussetzungen

Es sind keine speziellen Voraussetzungen nötig.

Customizing-Pfad

Instandhaltung und Kundenservice • Stammdaten in Instandhaltung und Kundenservice • Technische Objekte • Serialnummernverwaltung • Serialnummernprofile festlegen

Transaktion

OIS2

Einstellungen

Im Übersichtsbild der Serialnummernprofile stellen Sie neben dem Profilnamen und der Profilbezeichnung Folgendes ein (siehe Abbildung 5.70):

Profil	Profiltext	ExistPfl.	Typ	Bezeichnung des Equip...	BstVp
PM1	Serialprofil IH 1	✓	M	Maschinen	1 Inkon...
PM2	Serialprofil IH 2		Z	Testequipment	1 Inkon...
PMSL	PM Container	✓	M	Maschinen	2 Inkon...
PP01	PP-SFC manuell		S	Kundenequipment	1 Inkon...
PP02	PP-SFC automatisch		S	Kundenequipment	1 Inkon...
PP03	PP-QM-CS (obligat)		S	Kundenequipment	1 Inkon...
Q001	Serialprofil QM				Keine ...
SERV	Durchgängige SerNr.		W	Arbeitsplätze	1 Inkon...
SM01	Serialprofil SM		S	Kundenequipment	2 Inkon...
SM99	Serialprofil SM		S	Kundenequipment	2 Inkon...

Abbildung 5.70 Serialnummern – Serialnummernprofil – Übersicht

- Den Schalter ExistPfl (= Existenzpflicht Equipment) aktivieren Sie, wenn Sie erreichen möchten, dass die Serialnummer, die bei einem betriebswirtschaftlichen Vorgang eingegeben wird (z. B. bei einem Wareneingang), vorher als Stammsatz bereits angelegt sein muss. Damit sind Sie zwar auf der sicheren Seite, verhindern aber, dass z. B. bei einem Wareneingang die Serialnummern vom System automatisch angelegt werden können.
- Wenn Sie Serialnummern bei einem betriebswirtschaftlichen Vorgang wie dem Wareneingang automatisch anlegen lassen wollen, dann wird diesen Serialnummern automatisch der Equipmenttyp zugeordnet, den Sie in der Spalte Typ eingetragen haben.
- Mit dem Kennzeichen BstVp (= Bestandsverprobung) legen Sie fest, ob das System bei der Serialnummernvergabe eine Bestandsverprobung durchführen soll. Wenn ja, legen Sie außerdem fest, mit welcher Art von Meldung (Warnung oder Fehler) das System reagiert, wenn es zu Bestandsinkonsistenzen mit der Bestandsführung kommt.

Zu jedem der Serialnummernprofile legen Sie dann in einem Detailbild die Serialisierungsvorgänge fest, die für dieses Serialnummernprofil erlaubt sind (siehe Abbildung 5.71). Tabelle 5.2 zeigt die verfügbaren Serialisierungsvorgänge.

Serialisierungsvorgang	Beschreibung
HUSL	Handling Unit
MMSL	Wareneingang und Warenausgang
PIAU	Serialnummern im PI-Auftrag
PIRL	Freigabe PI-Auftrag
POSL	Serialnummern in Bestellungen
PPAU	Serialnummern im PP-Auftrag
PPRL	Freigabe PP-Auftrag
PPSF	Serialnummern in der Serienfertigung
PRSL	Serialnummern in Bestellanforderungen
QMSL	Prüflos
SDAU	Serialnummern im Kundenauftrag
SDCC	Vollständigkeitsprüfung Lieferung
SDCR	Vollständigkeitsprüfung Retourenanlieferung
SDLS	Lieferung
SDRE	Retourenanlieferung
SDVC	Versionsänderung Kundenauftrag

Tabelle 5.2 Serialisierungsvorgänge

Aus Sicht der Instandhaltungsabwicklung ist sicherlich der Serialisierungsvorgang MMSL der wichtigste, da Sie darüber erlauben, dass für Serialnummern Warenbewegungen (Einlagerungen, Auslagerungen, Umlagerungen) durchgeführt werden können.

Für jeden Serialisierungsvorgang legen Sie darüber hinaus fest, wie Sie mit den Serialnummern bei dem jeweiligen Vorgang umgehen wollen (Spalte SerVerw.):

- 01 – Es werden keine Serialnummern vergeben.
- 02 – Serialnummern können vergeben werden.
- 03 – Serialnummern müssen vergeben werden.
- 04 – Serialnummern werden automatisch vergeben.

Wenn bei einem Vorgang die Serialnummern automatisch vergeben werden, hat das zur Folge, dass das Dialogfenster zum Erfassen von Serialnummern nicht angezeigt wird, sondern die nächsten freien Nummern automatisch numerisch vergeben werden.

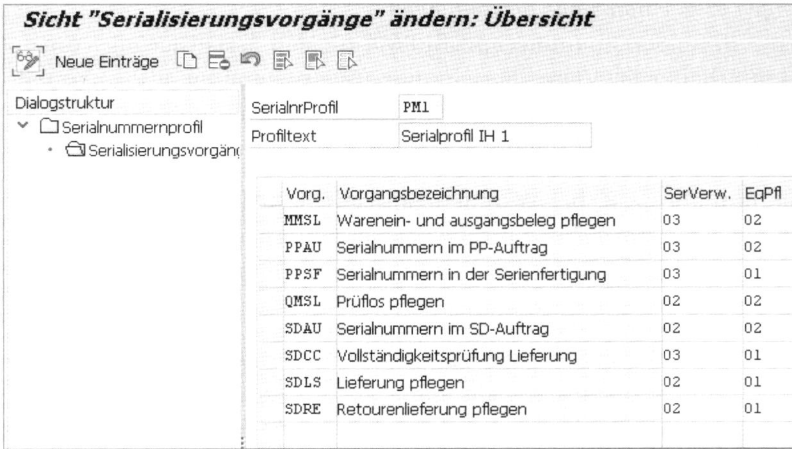

Abbildung 5.71 Serialnummern – Serialnummernprofil für Vorgänge

Über die Spalte EQPFL (Equipmentpflicht) steuern Sie, ob bei dem jeweiligen Serialisierungsvorgang ein Equipment angelegt werden muss. Wenn Sie das Kennzeichen 01 (= Vorschlag: ohne Equipment) wählen, können Sie sich später bei der Vergabe von Serialnummern im Dialogfenster entscheiden, ob trotzdem ein Equipmentstammsatz angelegt werden soll. Wenn Sie das Kennzeichen 02 (= immer mit Equipment) wählen, ist dies für Sie bindend. Das Kennzeichen kann nicht zurückgenommen werden.

Serialisierungseigenschaften für Bewegungsarten festlegen

Mit dieser Customizing-Funktion können Sie die Serialisierungseigenschaften einzelner *Bewegungsarten* bzw. *Bewegungsartengruppen* festlegen. Die Pflege dieser Einstellung ist nur dann notwendig, wenn Ihnen die Zuordnung der Serialisierungseigenschaften auf der *Ebene der Serialisierungsvorgänge* zu grob ist und Sie weiter differenzieren möchten.

Im Moment wird nur der Serialisierungsvorgang MMSL unterstützt.

Voraussetzungen
Sie haben die Serialnummernprofile gepflegt.

Customizing-Pfad
INSTANDHALTUNG UND KUNDENSERVICE • STAMMDATEN IN INSTANDHALTUNG UND KUNDENSERVICE • TECHNISCHE OBJEKTE • SERIALNUMMERNVERWALTUNG • SERIALISIERUNGSEIGENSCHAFTEN FÜR BEWEGUNGSARTEN FESTLEGEN

Einstellungen bzw. empfohlene Einstellungen

Sie haben z. B. im Serialnummernprofil PM1 für den Serialisierungsvorgang MMSL den Schalter SERVERW (Serialnummernverwendung) auf 02 gestellt, d. h., Sie können bei Wareneingängen, Warenausgängen und Umlagerungen eine Serialnummer angeben, müssen dies aber nicht.

Wenn Sie nun aber z. B. bei Wareneingang aus Bestellung oder Wareneingang aus Fertigungsauftrag die Eingabe von Serialnummern erzwingen möchten und nur dort, dann können Sie das durch folgende Einstellungen erreichen:

- Mit der Unterfunktion BEWEGUNGSARTENGRUPPEN DEFINIEREN (siehe Abbildung 5.72) legen Sie zum Serialnummernprofil PM1 und zum Serialisierungsvorgang MMSL eine Bewegungsartengruppe an (hier: PM01) und setzen dort das Kennzeichen SERVERW (Serialnummernverwendung) auf 03, d. h., Serialnummern müssen angegeben werden.

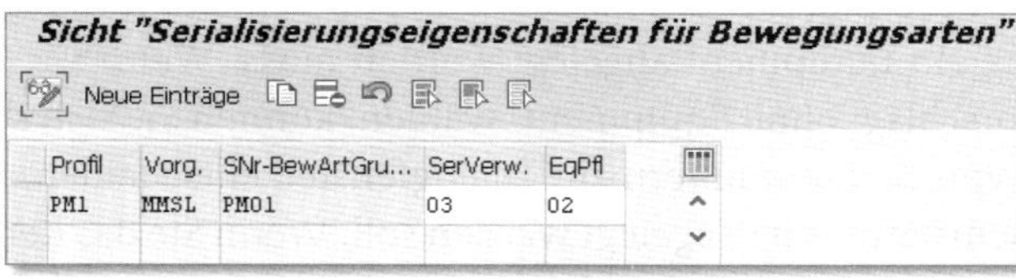

Abbildung 5.72 Serialnummern – Bewegungsartengruppen

- Mit der Unterfunktion BEWEGUNGSARTENGRUPPEN BEWEGUNGSARTEN ZUORDNEN (siehe Abbildung 5.73) ordnen Sie Ihre Bewegungsartengruppe PM01 den Bewegungsarten 101 (Wareneingang aus Bestellung) und 101 (Wareneingang aus Fertigungsauftrag) – jeweils ohne Verbrauch – zu.

Abbildung 5.73 Serialnummern – Bewegungsarten

5.9 Stücklisten

Grundsätzlich ist eine Stückliste ein vollständiges, formal aufgebautes Verzeichnis aller Komponenten, die zu einem Produkt oder einer Baugruppe gehören. Es kann sich bei den Komponenten um lagerhaltige oder nichtlagerhaltige Teile oder Baugruppen handeln. Zu den Baugruppen kann es wiederum Stücklisten geben, die sie näher beschreiben. So entsteht eine mehrstufige Stücklistenstruktur.

In der Instandhaltung können Sie Stücklisten hauptsächlich für die beiden folgenden Verwendungszwecke einsetzen:

- **Strukturbeschreibung**: Mithilfe der Stückliste beschreiben Sie die Struktur eines technischen Objekts oder eines Materials. Auch können Sie mithilfe der Stückliste den Schadensort bzw. Durchführungsort von Instandhaltungsmaßnahmen an einem technischen Objekt näher lokalisieren.
- **Ersatzteilzuordnung**: Mithilfe der Stückliste beschreiben Sie die Zuordnung von Ersatzteilen für ein technisches Objekt oder Material.

Aus Sicht der Instandhaltung sind drei verschiedene Typen von Stücklisten zu unterscheiden:

- Equipmentstückliste für ein spezielles Equipment
- Technische-Platz-Stückliste für einen speziellen Technischen Platz
- Materialstückliste für einen Bautyp und damit für eine Gruppe von Equipments bzw. Technischen Plätzen

Der Referenz-IMG sieht sehr viele Customizing-Funktionen für die Verwaltung von Stücklisten vor (siehe Abbildung 5.74), da Stücklisten nicht nur in der Instandhaltung, sondern auch in der Fertigung, in der Kalkulation, im Qualitätsmanagement und weiteren Applikationen verwendet werden. Viele Customizing-Funktionen zu den Stücklisten werden jedoch für die Instandhaltung nicht benötigt. Deshalb werde ich Ihnen im Folgenden nur diejenigen vorstellen, die aus Sicht der Instandhaltung interessant sind und geprüft werden sollten.

Stücklistenstatus definieren

Mit dieser Customizing-Funktion definieren Sie die von Ihnen benötigten Stücklistenstatus. Mit dem Stücklistenstatus im Stücklistenkopf steuern Sie, ob die Stückliste noch gesperrt oder für Verwendungen freigegeben ist. Wenn sie freigegeben ist, sollte angegeben werden, für welche Verwendungszwecke.

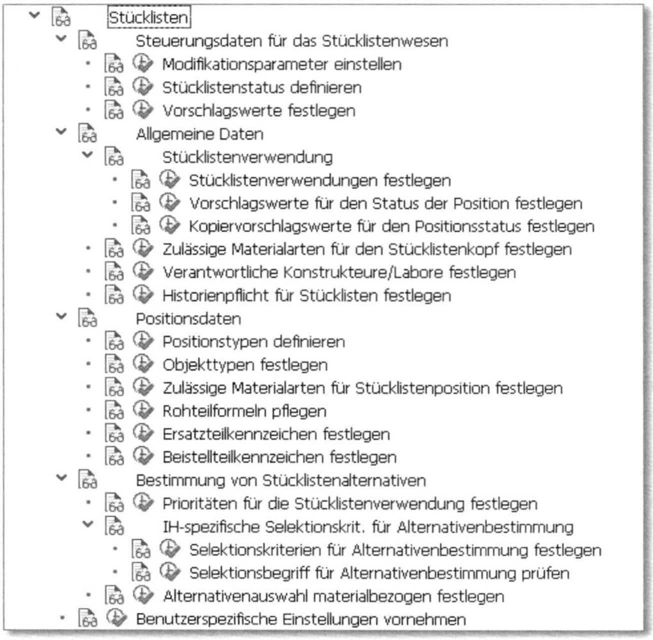

Abbildung 5.74 Stücklisten – Customizing-Funktionen

Voraussetzungen

Es sind keine speziellen Voraussetzungen notwendig.

Customizing-Pfad

Instandhaltung und Kundenservice • Stammdaten in Instandhaltung und Kundenservice • Stücklisten • Steuerungsdaten für das Stücklistenwesen • Stücklistenstatus definieren

Transaktion

OICH

Einstellungen

Abbildung 5.75 zeigt die SAP-Standardauslieferung. Wenn Sie eine Stückliste noch nicht freigeben wollen, setzen Sie im Stücklistenkopf den Status 2 (= inaktiv), ansonsten den Status 1 (= aktiv).

Wenn Sie eigene Status definieren, dann beachten Sie bitte die Funktionen, die in der Instandhaltung eine Rolle spielen:

- Freigabe für den Arbeitsplan (Spalte FRG.ARBPL)
- Freigabe für den Auftrag (Spalte FRG.AUFTR)

Alle anderen Funktionen werden in der Instandhaltung nicht genutzt.

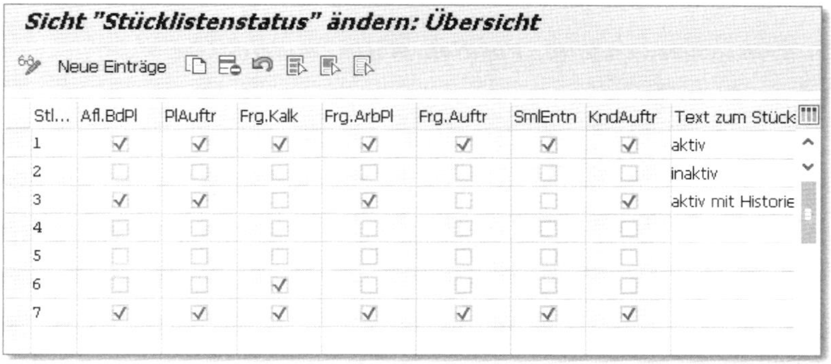

Sicht "Stücklistenstatus" ändern: Übersicht

Neue Einträge

Stl…	Afl.BdPl	PlAuftr	Frg.Kalk	Frg.ArbPl	Frg.Auftr	SmlEntn	KndAuftr	Text zum Stück
1	✓	✓	✓	✓	✓	✓	✓	aktiv
2								inaktiv
3	✓	✓		✓			✓	aktiv mit Historie
4								
5								
6			✓					
7	✓	✓	✓	✓	✓	✓	✓	

Abbildung 5.75 Stücklisten – Stücklistenstatus

Stücklistenverwendungen festlegen

Mit dieser Customizing-Funktion legen Sie fest, von welchen Fachbereichen (z. B. Fertigung, Instandhaltung, Konstruktion) Stücklisten einer bestimmten *Verwendung* grundsätzlich genutzt werden können.

Voraussetzungen

Es sind keine speziellen Voraussetzungen notwendig.

Customizing-Pfad

INSTANDHALTUNG UND KUNDENSERVICE • STAMMDATEN IN INSTANDHALTUNG UND KUNDENSERVICE • STÜCKLISTEN • ALLGEMEINE DATEN • STÜCKLISTENVERWENDUNG • STÜCKLISTENVERWENDUNGEN FESTLEGEN

Transaktion

OICD

Einstellungen bzw. empfohlene Einstellungen

Abbildung 5.76 zeigt die SAP-Standardauslieferung. Für Instandhaltungszwecke liefert SAP die Verwendung 4 (= Instandhaltung) aus. Im Normalfall reicht das aus. Ich hatte bisher erst einen einzigen Kunden, der neben der Verwendung 4 noch eine zusätzliche Verwendung I für Informationsstücklisten eingerichtet hat. Informationsstücklisten beinhalten bei diesem Unternehmen alternative Ersatzteile für die Materialnummer im Stücklistenkopf.

Das heißt, die Stücklistenpositionen listen alle Materialien auf, die alternativ zu dem Ersatzteil aus dem Stücklistenkopf zum Einsatz kommen können.

Wenn Sie eigene Stücklistenverwendungen definieren, achten Sie bitte darauf, dass Sie die Spalte InstRel (= instandhaltungsrelevant) markiert haben.

Sicht "Stücklistenverwendung - Positionsstatus" ändern: Übersicht

Neue Einträge

StlVerw	FertRel	KonstRel	ErsTeil	InstRel	VertrRel	KalkRel	Verwendungstext
1	+	.	.	-	-	.	Fertigung
2	.	+	.	-	-	.	Konstruktion
3	.	.	.	-	.	.	universal
4	-	-	-	+	-	.	Instandhaltung
5	.	.	.	-	+	.	Vertrieb
6	.	.	.	-	.	+	Kalkulation
7	.	-	-	-	.	.	Leergut
8	-	.	-	-	-	-	Stabilitätsstudie

Abbildung 5.76 Stücklisten – Stücklistenverwendungen

Zulässige Materialarten für den Stücklistenkopf festlegen

Diese Customizing-Funktion benötigen Sie nur, wenn Sie Bautypenstücklisten anlegen möchten. Wenn Sie ausschließlich mit Equipmentstücklisten oder Technische-Platz-Stücklisten arbeiten, spielt diese Customizing-Funktion keine Rolle.

Mit dieser Customizing-Funktion legen Sie die Materialarten fest, für die Sie Bautypenstücklisten anlegen möchten.

Voraussetzungen

Die benötigten Materialarten müssen vorher definiert sein (siehe Customizing-Funktion Eigenschaften der Materialarten festlegen).

Customizing-Pfad

Instandhaltung und Kundenservice • Stammdaten in Instandhaltung und Kundenservice • Stücklisten • Allgemeine Daten • Zulässige Materialarten für den Stücklistenkopf festlegen

Transaktion

OICG

Einstellungen

Wenn Sie keinerlei Einschränkungen vornehmen möchten, reicht ein voll maskierter Eintrag (Stücklistenverwendung * und Materialart Stücklistenkopf * in Abbildung 5.77), d. h., für alle Stücklistenverwendungen können alle Materialarten verwendet werden.

Wenn Sie nur die Instandhaltungsstücklisten nicht einschränken möchten, dann maskieren Sie nur die Verwendung 4 (Stücklistenverwendung 4 und Materialart Stücklistenkopf *), d. h., für Instandhaltungsstücklisten können alle Materialarten verwendet werden.

Ansonsten listen Sie genau auf, welche Materialarten für Bautypenstücklisten in der Instandhaltung verwendet werden dürfen (z. B. ERSA; FERT oder IBAU in Abbildung 5.77).

Sicht "Zulässige Materialarten für die Stückliste" ändern

Neue Einträge

StlVerw	MatArt-StlKopf	Zulässig
*	*	+
*	INTR	-
4	ERSA	+
4	FERT	+
4	IBAU	+
B	*	+
U	*	+

Abbildung 5.77 Stücklisten – Materialarten im Stücklistenkopf

Positionstypen definieren

Jeder Position müssen Sie in der Stückliste einen Positionstyp zuordnen. Mit dieser Customizing-Funktion legen Sie die Positionstypen und deren Eigenschaften fest, die Sie in Ihren Stücklisten benötigen.

Voraussetzungen

Es sind keine speziellen Voraussetzungen notwendig.

Customizing-Pfad

INSTANDHALTUNG UND KUNDENSERVICE • STAMMDATEN IN INSTANDHALTUNG UND KUNDENSERVICE • STÜCKLISTEN • POSITIONSDATEN • POSITIONSTYPEN DEFINIEREN

Transaktion
OICK

Einstellungen
Abbildung 5.78 zeigt die SAP-Standardauslieferung – und diese ist in der Regel vollkommen ausreichend.

Aus Sicht der Instandhaltung spielen folgende Positionstypen eine Rolle:

- L = Lagerposition. Wenn Sie Material vom Positionstyp L später einem Auftrag zuordnen, wird eine Reservierung ausgelöst.
- N = Nichtlagerposition. Wenn Sie Material vom Positionstyp N später einem Auftrag zuordnen, wird eine Bestellanforderung ausgelöst.
- I = IH-Strukturelement. Diese Positionen dienen Ihnen lediglich dazu, eine Unterstruktur zu definieren. Es wird weder eine Reservierung noch eine Bestellanforderung ausgelöst.
- D = Dokumentenposition. Diese Positionen dienen Ihnen als Alternative für die direkte Dokumentenzuordnung zu einem Objekt oder um einem Objekt zusätzliche Dokumente zuzuordnen. Es wird weder eine Reservierung noch eine Bestellanforderung ausgelöst.
- T = Textposition. Textpositionen können Sie nutzen, um »Überschriften« über bestimmte Stücklistenabschnitte zu setzen (z. B. die Textposition »Hier beginnen die elektrischen Ersatzteile«). Es wird weder eine Reservierung noch eine Bestellanforderung ausgelöst.

Sicht "Positionstypen" ändern: Übersicht

Neue Einträge

PTp	MatEing	BstFühr	TxtPos	RohPos	DokPos	KlsPos	IHStrk	IntraM	MngVorz	UPos	PosStrg	Bezeichnung Positionstyp
C	+	☐	☐	☐	☐	☐	☐	☐	+	☑	0001	Planungselement
D	-	☐	☐	☐	☑	☐	☐	☐	+	☐	0001	Dokumentposition
I	+	☐	☐	☐	☐	☐	☑	☐	+	☑	0001	IH-Strukturelement
K	-	☐	☐	☐	☐	☑	☐	☐	+	☐	0001	Klassenposition
L	+	☑	☐	☐	☐	☐	☐	☐	.	☑	0001	Lagerposition
M	+	☐	☐	☐	☐	☐	☐	☑	.	☐	0001	Intramaterial
N	.	☐	☐	☐	☐	☐	☐	☐	.	☑	0003	Nichtlagerposition
R	+	☑	☐	☑	☐	☐	☐	☐	+	☑	0002	Rohmaßposition
T	-	☐	☑	☐	☐	☐	☐	☐	+	☐	0001	Textposition

Abbildung 5.78 Stücklisten – Positionstypen

Zulässige Materialarten für Stücklistenposition festlegen

Mit dieser Customizing-Funktion legen Sie fest, welche *Materialarten* in Verbindung mit der *Stücklistenverwendung* und der Materialart des Stücklistenkopfes für das Anlegen von Stücklistenpositionen vorgesehen sind.

Voraussetzungen
Sie haben die Materialarten, die zulässigen Materialarten im Stücklistenkopf und die Stücklistenverwendung gepflegt.

Customizing-Pfad
Instandhaltung und Kundenservice • Stammdaten in Instandhaltung und Kundenservice • Stücklisten • Positionsdaten • Zulässige Materialarten für Stücklistenposition festlegen

Transaktion
OICP

Einstellungen
Ähnlich wie bei den Materialarten für den Stücklistenkopf haben Sie auch hier verschiedene Möglichkeiten (siehe Abbildung 5.79):

- Wenn Sie grundsätzlich keinerlei Einschränkungen vornehmen möchten, erstellen Sie einen voll maskierten Eintrag, d. h. Stücklistenverwendung = *, Materialart Stücklistenkopf = * und Materialart Stücklistenposition = *. Konkrete Einträge sind nur notwendig, wenn Sie bestimmte Materialarten ausschließen wollen.
- Wenn Sie für die Instandhaltung keine Einschränkung machen möchten, maskieren Sie nur die Materialarten, d. h. Stücklistenverwendung = 4, Materialart Stücklistenkopf = * und Materialart Stücklistenposition = *. Konkrete Einträge sind nur notwendig, wenn Sie bestimmte Materialarten ausschließen wollen.
- Wenn Sie für die Instandhaltung nur bei einer bestimmten Materialart keine Einschränkung machen möchten, maskieren Sie nur die Materialart auf Positionsebene, d. h. Stücklistenverwendung = 4, Materialart Stücklistenkopf = ERSA und Materialart Stücklistenposition = *. Konkrete Einträge sind nur notwendig, wenn Sie bestimmte Materialarten ausschließen wollen.
- Wenn Sie genau festlegen möchten, bei welchen Materialarten auf Kopfebene in der Instandhaltung welche Materialarten auf Positionsebene zu-

lässig sein sollen, dann erstellen Sie entsprechend konkrete Einträge (z. B. Stücklistenverwendung = 4, Materialart Stücklistenkopf = IBAU, Materialart Stücklistenposition = ERSA).

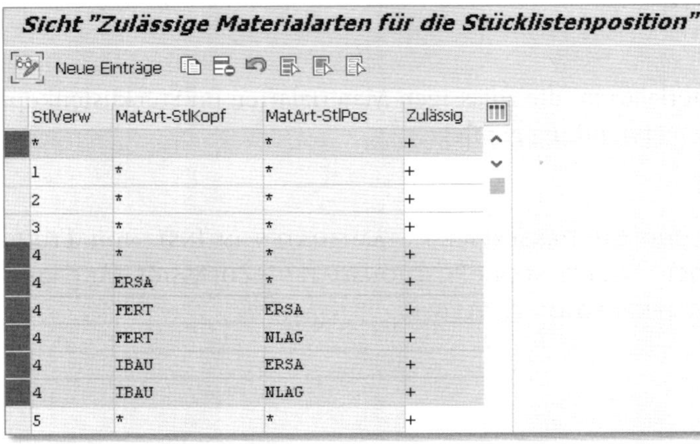

StlVerw	MatArt-StlKopf	MatArt-StlPos	Zulässig
*		*	+
1	*	*	+
2	*	*	+
3	*	*	+
4	*	*	+
4	ERSA	*	+
4	FERT	ERSA	+
4	FERT	NLAG	+
4	IBAU	ERSA	+
4	IBAU	NLAG	+
5	*	*	+

Abbildung 5.79 Stücklisten – Materialarten für Stücklistenpositionen

Prioritäten für die Stücklistenverwendung festlegen

Mit dieser Customizing-Funktion legen Sie Ihre Prioritäten für die automatische Auswahl einer *Stücklistenverwendung* fest.

Voraussetzungen

Sie haben die Stücklistenverwendungen gepflegt.

Customizing-Pfad

INSTANDHALTUNG UND KUNDENSERVICE • STAMMDATEN IN INSTANDHALTUNG UND KUNDENSERVICE • STÜCKLISTEN • BESTIMMUNG VON STÜCKLISTENALTERNATIVEN • PRIORITÄTEN FÜR DIE STÜCKLISTENVERWENDUNG FESTLEGEN

Transaktion

OICI

Einstellungen

In der Instandhaltung wird lediglich eine einzige Priorität für die Stücklistenverwendung 4 benötigt, die dann in der nächsten Customizing-Funktion SELEKTIONSKRITERIEN FÜR ALTERNATIVENBESTIMMUNG FESTLEGEN weiterverarbeitet wird (siehe Abbildung 5.80).

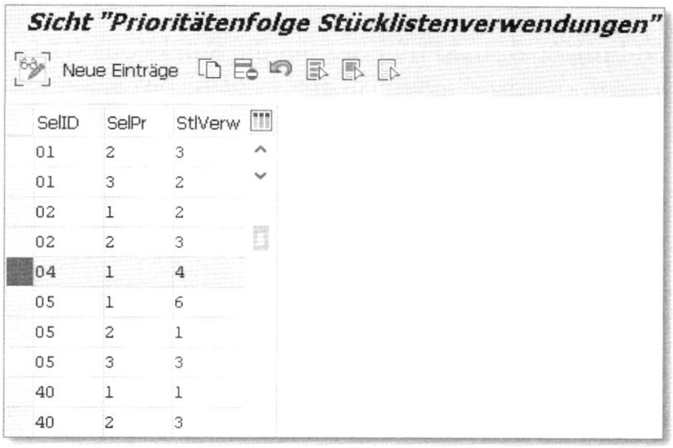

SelID	SelPr	StlVerw
01	2	3
01	3	2
02	1	2
02	2	3
04	1	4
05	1	6
05	2	1
05	3	3
40	1	1
40	2	3

Abbildung 5.80 Stücklisten – Prioritätsreihenfolge

Selektionskriterien für Alternativenbestimmung festlegen

Mit dieser Customizing-Funktion definieren Sie für Instandhaltungsstücklisten eine Anwendung (z. B. INST), die auf die Selektions-ID zur Bestimmung von *Stücklistenalternativen* nach Prioritäten zurückgreift (z. B. 04). Diese Anwendung wird in folgenden Transaktionen zur Selektion der Stücklisten genutzt:

- IH01 (Strukturdarstellung Technische Plätze)
- IH03 (Strukturdarstellung Equipments)
- IH04 (Strukturdarstellung Equipmentstückliste)
- IH05 (Strukturdarstellung Materialstückliste)
- IH12 (Strukturdarstellung Technische-Platz-Stückliste)

Voraussetzungen

Sie haben die Selektions-ID zur Bestimmung von *Stücklistenalternativen* nach Prioritäten gepflegt.

Customizing-Pfad

Instandhaltung und Kundenservice • Stammdaten in Instandhaltung und Kundenservice • Stücklisten • Bestimmung von Stücklistenalternativen • IH-spezifische Selektionskrit. für Alternativenbestimmung • Selektionskriterien für Alternativenbestimmung festlegen

Transaktion

OICQ

Einstellungen

Definieren Sie eine Anwendung (z. B. INST), in der Sie die Selektions-ID zur Bestimmung von *Stücklistenalternativen* nach Prioritäten (z. B. 04) zuordnen (siehe Abbildung 5.81).

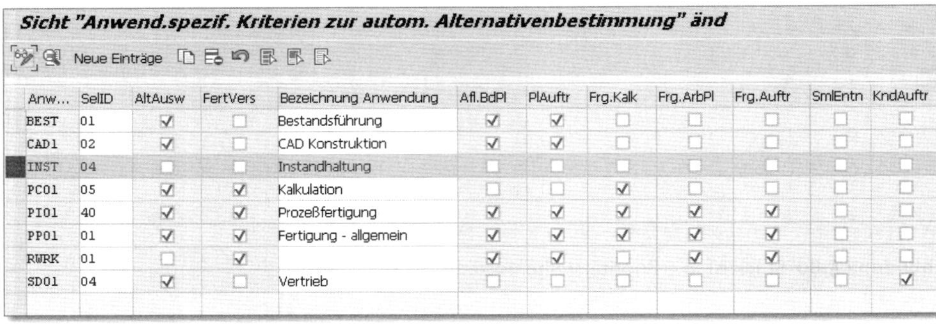

Sicht "Anwend.spezif. Kriterien zur autom. Alternativenbestimmung" änd

Neue Einträge

Anw...	SelID	AltAusw	FertVers	Bezeichnung Anwendung	Afl.BdPl	PlAuftr	Frg.Kalk	Frg.ArbPl	Frg.Auftr	SmlEntn	KndAuftr
BEST	01	☑	☐	Bestandsführung	☑	☑	☐	☐	☐	☐	☐
CAD1	02	☑	☐	CAD Konstruktion	☑	☑	☐	☐	☐	☐	☐
INST	04	☐	☐	Instandhaltung	☐	☐	☐	☐	☐	☐	☐
PC01	05	☑	☑	Kalkulation	☐	☐	☑	☐	☐	☐	☐
PI01	40	☑	☑	Prozeßfertigung	☑	☑	☑	☑	☑	☐	☐
PP01	01	☑	☑	Fertigung - allgemein	☑	☑	☑	☑	☑	☐	☐
RWRK	01	☐	☑		☑	☑	☐	☑	☑	☐	☐
SD01	04	☑	☐	Vertrieb	☐	☐	☐	☐	☐	☐	☑

Abbildung 5.81 Stücklisten – Alternativenbestimmung

Dieses Kapitel macht Sie mit den Customizing-Funktionen vertraut, die Sie benötigen, um den Prozess der Instandhaltungsabwicklung an Ihre Bedürfnisse anzupassen. Ich zeige Ihnen, wie Sie die Hilfsmittel konfigurieren können, und gebe Ihnen zahlreiche Hinweise, worauf Sie beim Customizing der Funktionen achten sollten.

6 Instandhaltungsabwicklung

In diesem Kapitel geht es um das Kerngeschäft der Instandhaltung: die Geschäftsprozesse. Nachdem ich nun schon viele Unternehmen von innen gesehen habe, kann ich guten Gewissens behaupten, dass jedes Unternehmen seine eigene Vorstellung davon hat, wie die Geschäftsprozesse in der Instandhaltung auszusehen haben und wie sie im SAP-System abzubilden sind. Auch für Sie bedeutet das, dass Sie sich als Erstes Gedanken darüber machen müssen, wie Sie Ihr Tagesgeschäft in SAP EAM abbilden können und wie Sie SAP EAM bei der Bewältigung Ihrer Aufgaben unterstützen soll. Kein Buch der Welt kann Ihnen diese Arbeit abnehmen – dennoch glaube ich, dass Sie dieses Kapitel dabei tatkräftig unterstützen wird.

Um Ihnen ein möglichst vollständiges Bild der Customizing-Funktionen zu geben, habe ich mich am Geschäftsprozess *Geplante Instandsetzung*[1] orientiert, da dies ein sehr aufwendiger Instandhaltungsprozess ist und deshalb die meisten Customizing-Funktionen enthält. Abbildung 6.1 zeigt den Ablauf dieses Geschäftsprozesses, dessen einzelne Schritte im Folgenden kurz beschrieben werden.

- **Meldung**
  Sie erfassen zunächst die Meldung ❶ eines bestimmten Schadens oder eine sonstige Anforderung (wie z. B. die Anforderung einer Umbaumaßnahme). Wichtige Informationen sind dabei, um welches technische Objekt es sich handelt, was passiert ist bzw. repariert werden soll und zu welchem Termin die Arbeit beendet sein soll.

---

1 Siehe Liebstückel, K.: Praxishandbuch Instandhaltung mit SAP. 3. Aufl. Bonn: SAP PRESS 2013. S. 154–228.

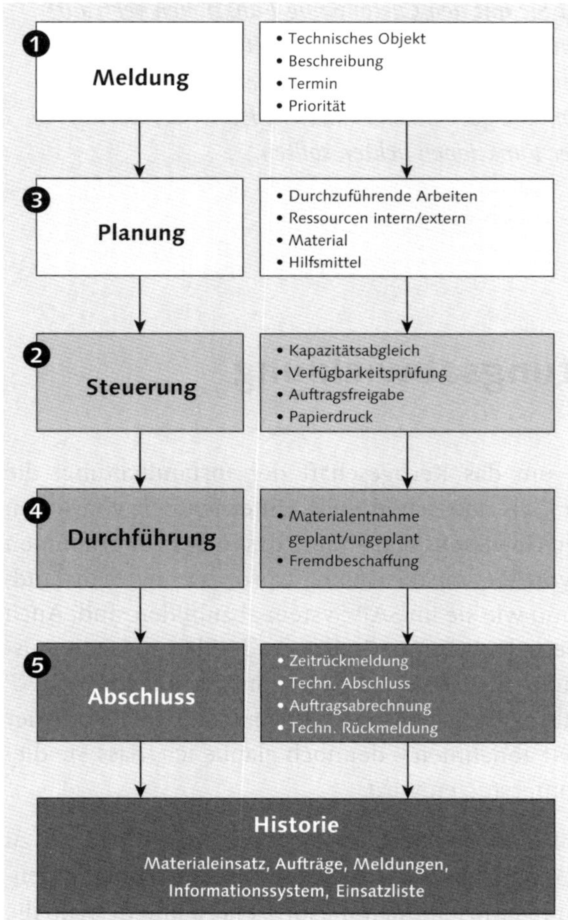

Abbildung 6.1 Geschäftsprozess »Geplante Instandsetzung«

- **Planung**
  Aus der Meldung heraus wird der Auftrag eröffnet und geplant (❷). Typische Planungsmaßnahmen sind die Bildung von Arbeitsvorgängen, das Reservieren von Ersatzteilen, die Beauftragung von Fremdfirmen oder die Planung der Einsatzzeiten. Auch die Festlegung der Kontierungsvorschriften fällt in diesen Schritt.

- **Steuerung**
  Sie übergeben den Auftrag an die Steuerung ❸. Dort prüfen Sie die entsprechenden Verfügbarkeiten (insbesondere die Materialverfügbarkeit), stellen die benötigten Kapazitäten bereit und drucken die Auftragspapiere aus.

- **Durchführung**
  Die Abwicklungsphase ❹ beinhaltet die Entnahme der Ersatzteile aus dem Lager und die eigentliche Abarbeitung des Auftrags.
- **Abschluss**
  Nach Beendigung der Arbeiten werden zum Abschluss ❺ die gebrauchten Ist-Zeiten zurückgemeldet; daneben werden über die Abarbeitung des Schadens und den Zustand der Anlage technische Rückmeldungen erfasst. Der Auftrag wird technisch und kaufmännisch abgeschlossen. Vom Controlling wird der Auftrag schließlich abgerechnet. Die Informationen werden in der Historie fortgeschrieben.

Der Prozess benötigt drei Business-Objekte im SAP-System:

- die Meldung
- den Auftrag
- die Rückmeldung

Dementsprechend habe ich dieses Kapitel in diese drei Business-Objekte unterteilt.

6.1 Die Meldung

Meldungen sind in der Instandhaltungsabwicklung das Mittel, mit dem Sie in betrieblichen Ausnahmesituationen die folgenden Aktivitäten durchführen:

- den technischen Ausnahmezustand an einem Objekt beschreiben
- in der Instandhaltungsabteilung eine erforderliche Maßnahme anfordern
- durchgeführte Arbeiten dokumentieren

Meldungen dokumentieren also Instandhaltungsmaßnahmen und machen sie langfristig auswertbar. Abbildung 6.2 zeigt die Struktur und die Inhalte einer Instandhaltungsmeldung.

Im Folgenden beschreibe ich Ihnen die Customizing-Funktionen, mit deren Hilfe Sie die Meldung an Ihre Bedürfnisse anpassen können. Einen kompletten Überblick über die Customizing-Funktionen zur Meldung gibt Ihnen Abbildung 6.3. Folgende Customizing-Funktionen mit ihren Unterfunktionen treffen auch auf die Meldung zu, werden aber hier nicht mehr thematisiert, da ich sie Ihnen bereits in Kapitel 4, »Generische Funktionen«, beschrieben habe:

- Nummernkreise festlegen
- Feldauswahl Meldungen einstellen
- Partnerschema und Partnerrolle definieren
- Objektinformationsschlüssel definieren
- Anwenderstatus für Meldungen
- Listenvarianten definieren
- Feldauswahl für mehrstufige Listdarstellungen von Meldungen festlegen

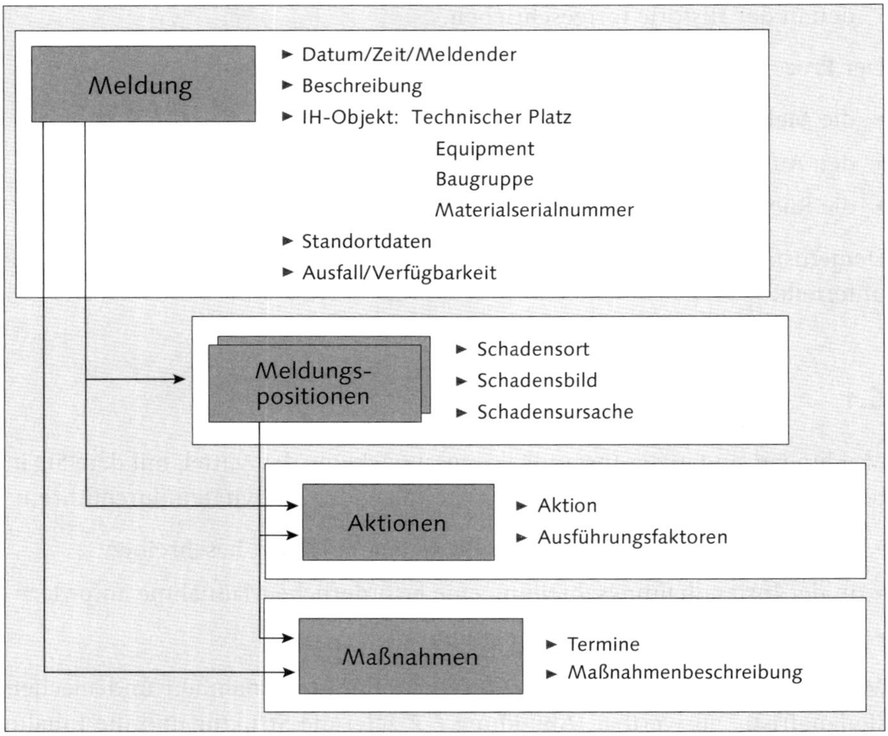

Abbildung 6.2 Struktur und Inhalt einer Meldung

Ich verzichte im Rahmen der Meldung auch darauf, das Druckverfahren zu beschreiben, denn normalerweise werden die Auftragspapiere gedruckt. Sollten Sie Meldungspapiere drucken wollen, können Sie sich an den Ausführungen zum Drucken von Aufträgen orientieren, da für den Meldungsdruck analoge Einstellungen gelten wie für den Auftragsdruck.

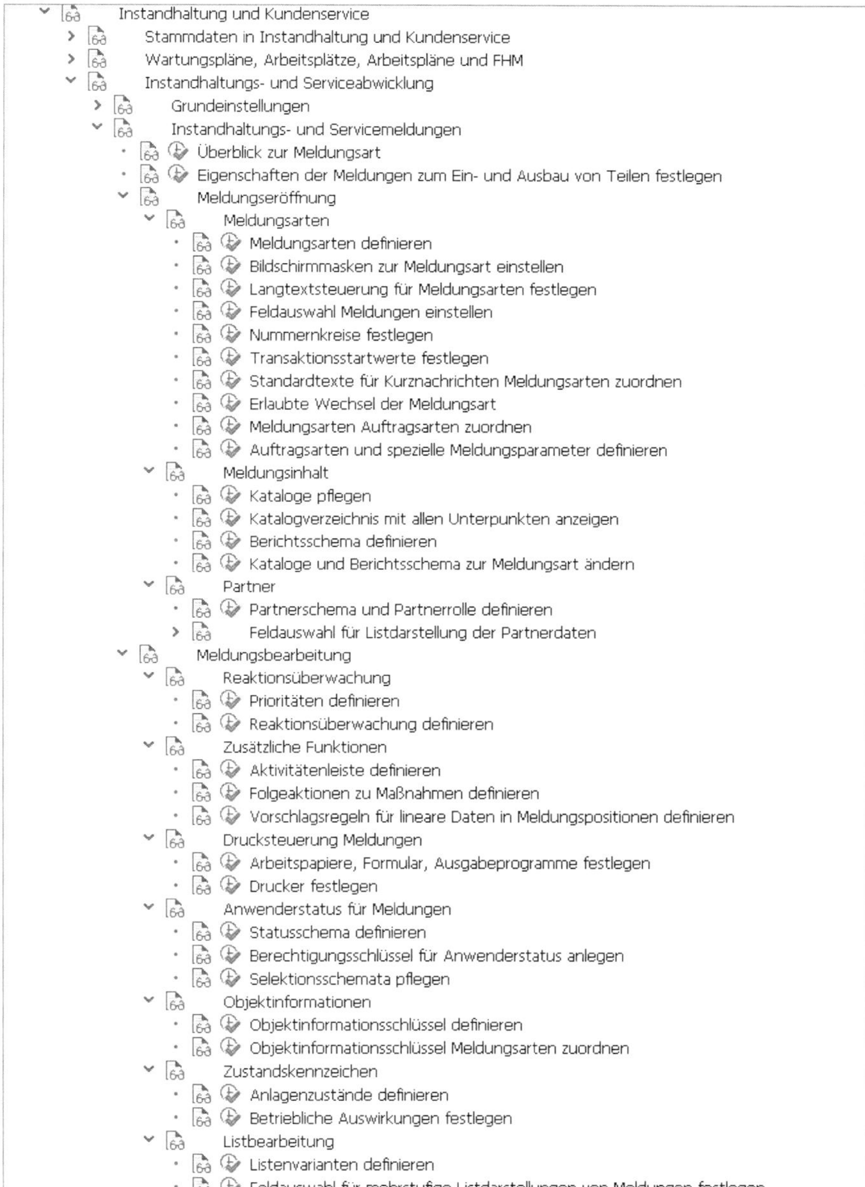

Abbildung 6.3 Überblick über die Customizing-Funktionen der Meldung

6.1.1 Die Meldungsart

Die Meldungsart ist im Customizing DAS zentrale Steuerungselement für die Meldungsabwicklung. Für die Meldungsart legen Sie im Customizing Folgendes fest (siehe Abbildung 6.4):

- wie Sie die Bildschirmlayouts gestalten möchten
- welche Nummer die Meldung erhalten soll
- wie Sie mit Langtexten umgehen möchten
- welcher Auftragsart die Meldung zugeordnet werden soll
- welche Felder Sie eingeben möchten
- welche Kataloge Sie verwenden wollen
- mit welchen Prioritäten Sie in der Meldung arbeiten möchten

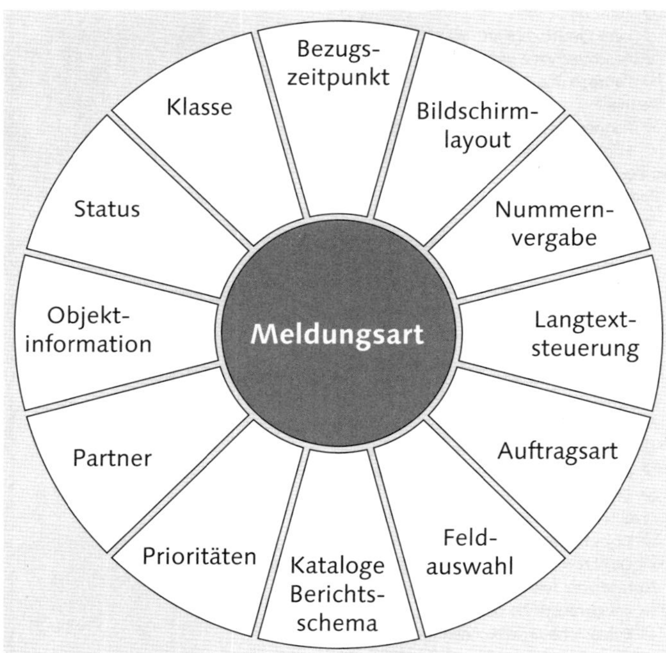

Abbildung 6.4 Meldungsart – Überblick

- welche Partner Sie zuordnen wollen
- welche Informationen in der Objektinformation erscheinen sollen
- welche Anwenderstatus Sie einer Meldung zuordnen möchten

- ob Sie über eine Klasse Zusatzinformationen in die Meldung bekommen möchten
- welcher Termin als Bezugszeitpunkt in der Historie gelten soll

Die erste von Ihnen auszuführende Customizing-Funktion ist MELDUNGSARTEN DEFINIEREN.

Meldungsarten definieren

Mit dieser Customizing-Funktion legen Sie die von Ihnen benötigten Meldungsarten fest. Wie viele und welche Meldungsarten Sie definieren, sollten Sie von den oben beschriebenen Funktionen abhängig machen. Benötigen Sie also z. B. unterschiedliche Erfassungslayouts oder wollen Sie aus internen Gründen unterschiedliche Nummernkreise zuordnen, dann benötigen Sie dafür unterschiedliche Meldungsarten.

Tipp [+]

In der Praxis haben sich eine bis fünf Meldungsarten bewährt.

Voraussetzungen

Es sind keine technischen Voraussetzungen notwendig, aber Sie müssen sich mit Ihren Kollegen aus dem Qualitäts-, Service- und Claim-Management hinsichtlich der Nomenklatur der Meldungsart abgestimmt haben, da dort Meldungen ebenfalls zum Einsatz kommen.

Customizing-Pfad

INSTANDHALTUNG UND KUNDENSERVICE • INSTANDHALTUNGS- UND SERVICEABWICKLUNG • INSTANDHALTUNGS- UND SERVICEMELDUNGEN • MELDUNGSERÖFFNUNG • MELDUNGSARTEN • MELDUNGSARTEN DEFINIEREN

Einstellungen bzw. empfohlene Einstellungen

Im Einzelnen können bzw. sollten Sie folgende Einstellungen vornehmen (siehe Abbildung 6.5):

- Die MELDUNGSART selbst ist zweistellig. Da Meldungen nicht nur in der Instandhaltung genutzt werden, sondern auch im Qualitätsmanagement, in der Serviceabwicklung und im Claim Management sowie als sogenannte *generische Meldungen* angelegt werden können, müssen Sie sich mit Ihren Kollegen über die Nomenklatur der Instandhaltungsmeldungsarten abstimmen (verwenden Sie z. B. immer Mx oder Ix).

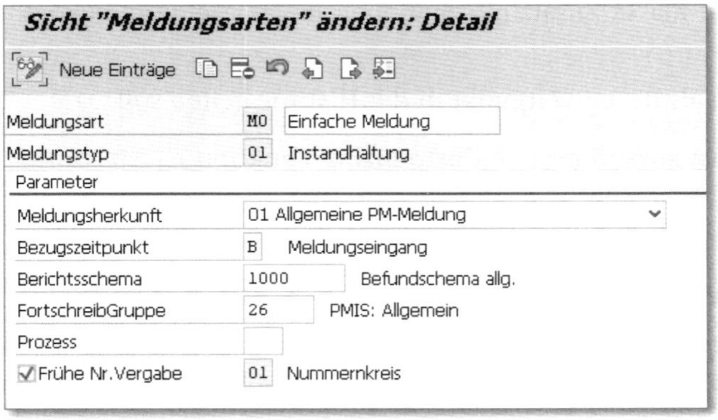

Abbildung 6.5 Meldungen – Meldungsarten definieren

- Der Meldungstyp bestimmt, in welcher Applikation diese Meldungsart verwendet wird. Meldungsarten, die Sie in der Instandhaltung verwenden möchten, ordnen Sie bitte immer 01 = Instandhaltung zu. Andere Meldungstypen sind 02 = Qualitätsmeldung, 03 = Servicemeldung, 04 = Claim und 05 = allgemeine Meldung.
- Über die Meldungsherkunft bestimmen Sie den Charakter der Meldung. Sie geben also an, ob es sich um eine allgemeine Instandhaltungsmeldung (01), eine Störmeldung (02) oder Tätigkeitsmeldung (03) handelt. Andere Herkunftsarten (z. B. Q3 – Problemmeldung, 05 – Tätigkeitsmeldung) spielen in der Instandhaltung keine Rolle. Zur Meldungsherkunft gibt es im Logistikinformationssystem eine statistische Auswertung. Ansonsten hat sie keine Auswirkungen.
- Der Bezugszeitpunkt gibt an, welches Datum und welche Uhrzeit vorgeschlagen werden sollen, wenn die Meldung abgeschlossen wird:
  - A – Störungsbeginn
  - B – Meldungseingang
  - C – Störungsende
  - D – Meldungsabschluss

Mit diesem Datum wird dann die chronologische Reihenfolge der Meldungen in der Historie gesteuert.

- Das in der Meldungsart eingetragene Berichtsschema wird gezogen, wenn Sie weder dem Equipment noch dem Technischen Platz ein Berichtsschema zugeordnet haben. Nähere Erläuterungen dazu finden Sie bei den Customizing-Funktionen der Kataloge und Berichtsschemata.

- Die FORTSCHREIBUNGSGRUPPE ist ein Steuerungselement innerhalb der Fortschreibungsdefinition, über das die unterschiedlichen Geschäftsvorfälle in den verschiedenen Anwendungen auf einheitliche Weise Einfluss auf die Statistikfortschreibung im Logistik-Informationssystem nehmen können. Die von SAP für die Instandhaltung ausgelieferte Fortschreibungsgruppe ist 26. Wenn Sie also im Logistikinformationssystem keine eigenen Informationsstrukturen aufgebaut haben oder keine eigenen Fortschreibungsregeln benötigen, tragen Sie hier immer 26 ein.
- Über den Schalter FRÜHE NUMMERNVERGABE legen Sie fest, dass die Nummer der Meldung sofort beim Aufruf der Transaktion vergeben wird und nicht erst beim Sichern der Meldung. Dies ist immer dann empfehlenswert, wenn Sie z.B. eine zentrale Hotline haben, die Meldungen telefonisch entgegennimmt. Dann kann der Mitarbeiter seinem Gesprächspartner sofort die Meldungsnummer nennen, unter der sein »Fall« bearbeitet wird.

Bildschirmmasken zur Meldungsart einstellen

Mit dieser Customizing-Funktion legen Sie das Layout der Bildschirmmasken fest, d.h., Sie definieren folgende Bereiche:

- wie viele Registerkarten Sie haben möchten
- welchen Titel die Registerkarten tragen
- ob die Registerkarten durch ein besonderes Symbol kenntlich gemacht werden sollen
- welche Feldgruppen (Subscreens) auf jeder Registerkarte zu finden sein sollen
- ob das Layout je nach Aktivitätstyp (Anlegen, Ändern, Anzeigen) unterscheiden soll

Voraussetzungen

Die Meldungsarten müssen definiert sein.

Customizing-Pfad

INSTANDHALTUNG UND KUNDENSERVICE • INSTANDHALTUNGS- UND SERVICEABWICKLUNG • INSTANDHALTUNGS- UND SERVICEMELDUNGEN • MELDUNGSERÖFFNUNG • MELDUNGSARTEN • BILDSCHIRMMASKEN ZUR MELDUNGSART EINSTELLEN

Einstellungen bzw. empfohlene Einstellungen

Ich habe Ihnen exemplarisch für die Meldungsart M0 zwei Registerkarten MELDUNG 1 UND ZUSATZDATEN 1 definiert (siehe Abbildung 6.6).

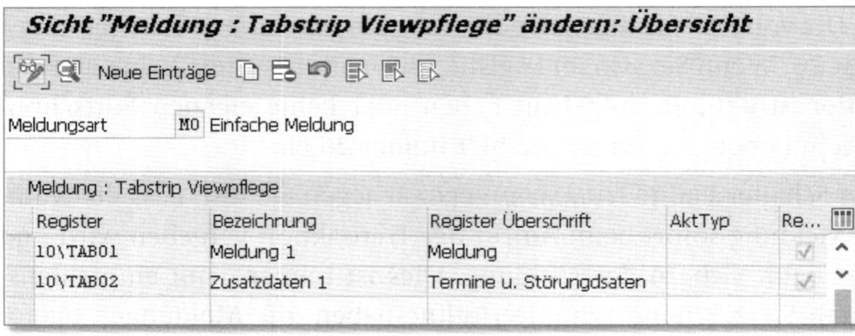

Abbildung 6.6 Meldungen – Bildschirmmasken definieren – Übersicht

Im Detailbild legen Sie dann die genauen Einstellungen fest (siehe Abbildung 6.7).

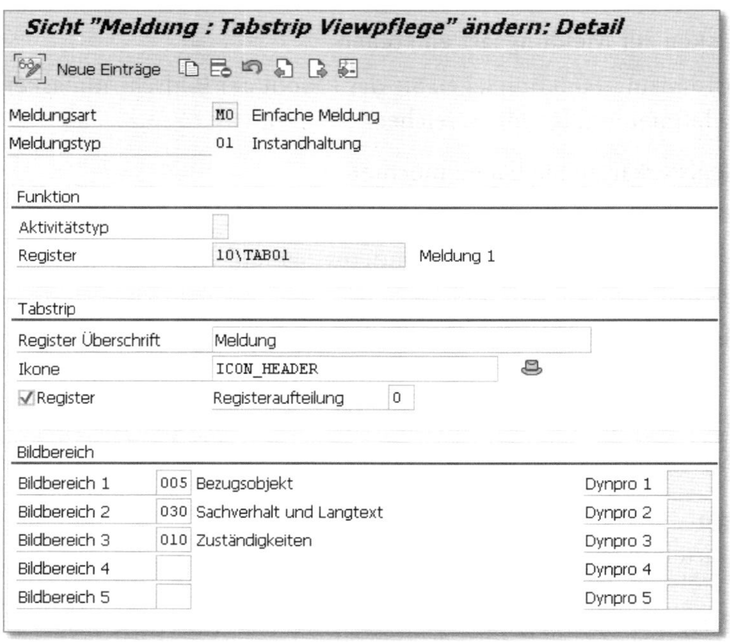

Abbildung 6.7 Meldungen – Bildschirmmasken definieren – Detail

Die wichtigste Einstellung ist die Definition der Register. Hier stehen Ihnen folgende vordefinierte Register zur Verfügung:

- 10\TAB01* – Meldung 1
- 10\TAB02* – Zusatzdaten 1
- 10\TAB03* – Zusatzdaten 2
- 10\TAB04 – Anlageverfügbarkeit
- 10\TAB05 – Störungsdaten
- 10\TAB06 – Standort
- 10\TAB07 – Termine
- 10\TAB08 – Wartungsplan
- 10\TAB09* – Zusatzdaten 3
- 10\TAB10 – Position
- 10\TAB11 – Maßnahmen
- 10\TAB12 – Aktionen
- 10\TAB13 – Position 2
- 10\TAB14 – Alle Maßnahmen
- 10\TAB15 – Alle Aktionen
- 10\TAB16 – Alle Ursachen
- 10\TAB17* – Zusatzdaten 4
- 10\TAB18 – Formular
- 10\TAB19* – Kundendaten 1
- 10\TAB20* – Kundendaten 2
- 10\TAB21* – Kundendaten 3

Zur Registerkarte 10\TAB10 (Position) können Sie dann noch folgende Unterregisterkarten definieren:

- 20\TAB01 – Position Übersicht
- 20\TAB02 – Positionsursachen
- 20\TAB03 – Positionsmaßnahmen
- 20\TAB04 – Positionsaktionen

Bei den nicht mit * markierten Registerkarten haben Sie keine weitere Einstellungsmöglichkeit, da diese Registerkarten von SAP fest definiert sind.

Bei den mit * markierten Registerkarten haben Sie die Möglichkeit (wie in Abbildung 6.8 gezeigt, dies ist die zweite Registerkarte der Meldungsart M0), die Bildbereiche selbst festzulegen. Folgende Bildbereiche stehen Ihnen dabei zur Verfügung:

- 010 – Zuständigkeiten
- 015 – Position + Ursache
- 020 – Anlagenverfügbarkeit
- 030 – Sachverhalt und Langtext
- 032 – Sachverhalt und Langtext (Windows, 32 Bit)
- 033 – Sachverhalt u. Langtext (Web GUI)
- 035 – Störungsdaten
- 039 – Bezugsbelege/Prüflos
- 040 – Ecktermine
- 045 – Aktionen
- 050 – Maßnahmen
- 055 – Ursachen
- 060 – Meldungs- und Objektadresse
- 065 – Partnerübersicht (als Table Control)
- 070 – Installationshierarchie
- 080 – Garantie
- 085 – Meldungsübersicht
- 090 – Customer-Subscreen (ein Screen)
- 091 – Customer-Subscreen (mehrere Subscreens)
- 092 – DVS-Verknüpfungen

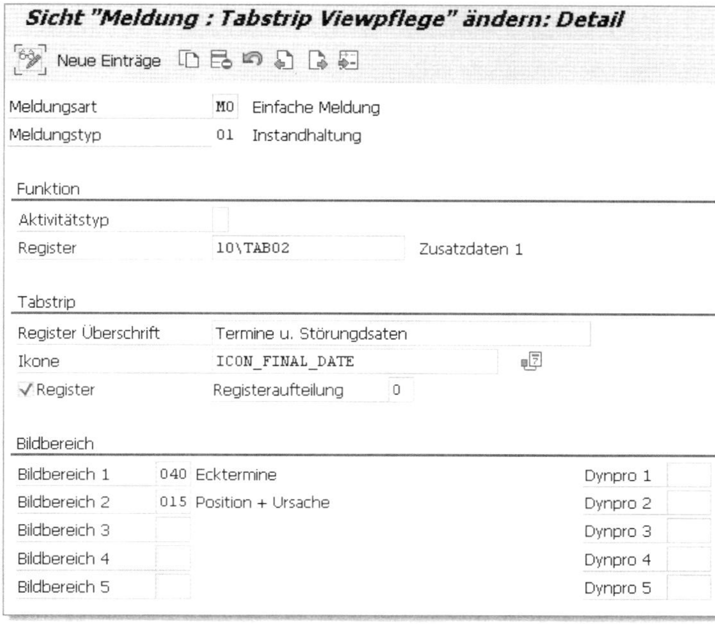

Abbildung 6.8 Meldungen – Bildschirmmasken definieren – Detail

Für jedes Register haben Sie noch folgende weitere Einstellungsmöglichkeiten:

- Sie können das Layout in Abhängigkeit vom Aktivitätstyp festlegen. Sie können also die Bildschirmlayouts so einstellen, dass beim Verändern ein anderes Layout erscheint als beim Hinzufügen. Wann brauchen Sie diese Möglichkeit? Zum Beispiel wenn Sie einem Produktionsmitarbeiter eine möglichst einfache Maske zum Erfassen einer Meldung zur Verfügung stellen möchten. Wenn der Instandhaltungsmitarbeiter zu einem späteren Zeitpunkt dieselbe Meldung aufruft, soll er sie allerdings um weitere benötigte Informationen ergänzen können. Dieselbe Meldung im Veränderungsmodus aufgerufen, könnte dann also zusätzliche oder andere Registerkarten und Subscreens beinhalten.
- Sie können die Register Überschrift selbst festlegen – weg von der von SAP festgelegten Überschrift.
- Wenn einem Register besondere Aufmerksamkeit geschenkt werden soll, könnten Sie die Überschrift um eine Ikone ergänzen. Hier stehen Ihnen mehr als 1.000 vordefinierte Icons zur Auswahl.

[+]

Eine bis drei Registerkarten

In der Praxis sollte immer der Grundsatz gelten: so viel wie nötig, aber so wenig wie möglich. Meinen Erfahrungen nach sind eine bis drei Registerkarten ausreichend.

Nutzen Sie auch die Möglichkeit der unterschiedlichen Layouts für Hinzufügen und Ändern.

WICHTIG: Wenn die Registerkarte bei der Bearbeitung einer Meldung erscheinen soll, dann muss der Schalter REGISTER markiert sein. Ansonsten ist die Registerkarte zwar im Layout hinterlegt, wird aber nicht eingeblendet.

Überblick zur Meldungsart

Mit dieser Customizing-Funktion legen Sie mit der Unterfunktion BILDBEREICHE IM MELDUNGSKOPF pro Meldungsart fest, welchen Meldungsheader und welche Bezugsobjekte Sie verwenden möchten.

Voraussetzungen

Die Meldungsarten und das Bildschirmlayout der Meldungsarten müssen definiert sein. Insbesondere muss auf einer der Registerkarten der Subscreen 005 = Bezugsobjekt enthalten sein, wie in Abbildung 6.7 dargestellt.

Customizing-Pfad

INSTANDHALTUNG UND KUNDENSERVICE • INSTANDHALTUNGS- UND SERVICEABWICKLUNG • INSTANDHALTUNGS- UND SERVICEMELDUNGEN • MELDUNGSERÖFFNUNG • MELDUNGSARTEN • ÜBERBLICK ZUR MELDUNGSART • Unterfunktion BILDBEREICHE IM MELDUNGSKOPF

Einstellungen bzw. empfohlene Einstellungen

Abbildung 6.9 zeigt Ihnen die Einstellungsmöglichkeiten. Im BILDTYP KOPF tragen Sie immer H100 = HEADER INSTANDHALTUNGMELDUNG ein – es sei denn, Sie haben sich eigene Header definiert. Der HEADER INSTANDHALTUNGSMELDUNG beinhaltet Informationen wie Meldungsart, Meldungsnummer, Kurztext, Status und zugeordnete Auftragsnummer.

Beim BILDTYP OBJEKT haben Sie folgende Auswahlmöglichkeiten:

- O100 – Technischer Platz + Equipment + Baugruppe
- O110 – Equipment + Baugruppe
- O120 – Technischer Platz (30) + Equipment + Baugruppe
- O130 – Serialnummer + Materialnummer + Gerätedaten

- O140 – Ohne Bezugsobjekt
- O150 – Nur Equipment
- O160 – Nur Technischer Platz
- O170 – Equipment + Serialnummer. + Materialnummer
- O180 – Technischer Platz 1:1 + Equipment + Baugruppe

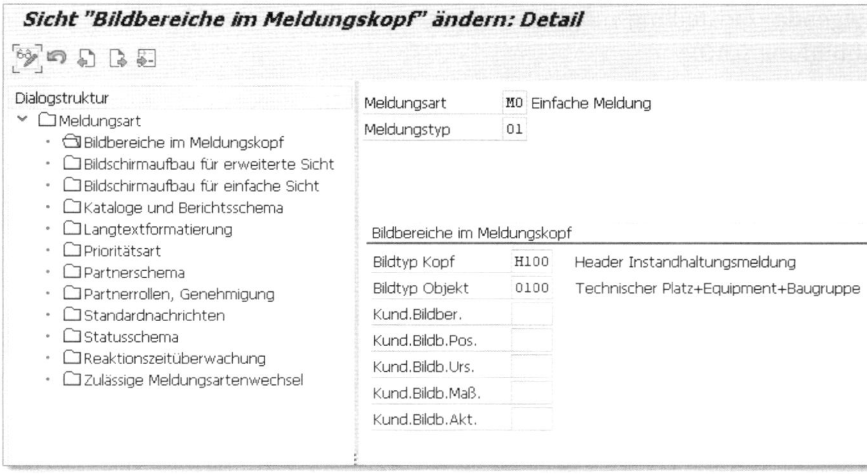

Abbildung 6.9 Meldungen – Bildbereiche im Meldungskopf

Bildtypen H100 und O100 [+]

Der BILDTYP KOPF ist immer H100. Sie sollten bei BILDTYP OBJEKT den Bildtyp eintragen, den Sie bei dieser Meldungsart am häufigsten verwenden. Die meisten Anwender verwenden O100.

Sollten Sie in der jeweiligen Meldung dann doch einen anderen Bildtyp benötigen, können Sie innerhalb der Meldung über die Menüfunktion ZUSÄTZE • EINSTELLUNGEN • SICHT BEZUGSOBJEKT den Bildtyp ändern.

Langtextsteuerung für Meldungsarten festlegen

Mit dieser Customizing-Funktion legen Sie fest, wie Sie mit Langtexten in der Meldung umgehen möchten.

Voraussetzungen

Die Meldungsarten müssen definiert sein.

Customizing-Pfad

INSTANDHALTUNG UND KUNDENSERVICE • INSTANDHALTUNGS- UND SERVICEABWICKLUNG • INSTANDHALTUNGS- UND SERVICEMELDUNGEN • MELDUNGSERÖFFNUNG • MELDUNGSARTEN • LANGTEXTSTEUERUNG FÜR MELDUNGSARTEN FESTLEGEN

Einstellungen bzw. empfohlene Einstellungen

Folgende Einstellungsmöglichkeiten stehen Ihnen zur Verfügung (siehe Abbildung 6.10):

- Mit dem Schalter PROTOKOLLZEILE erreichen Sie, dass am Beginn des erfassten Langtextes automatisch eine Zeile eingefügt wird, aus der hervorgeht, wer wann (Datum und Uhrzeit) den Langtext erfasst hat.
- Mit dem Schalter KEINE TEXTÄNDERUNG erreichen Sie, dass Langtexte nachträglich nicht verändert werden dürfen.

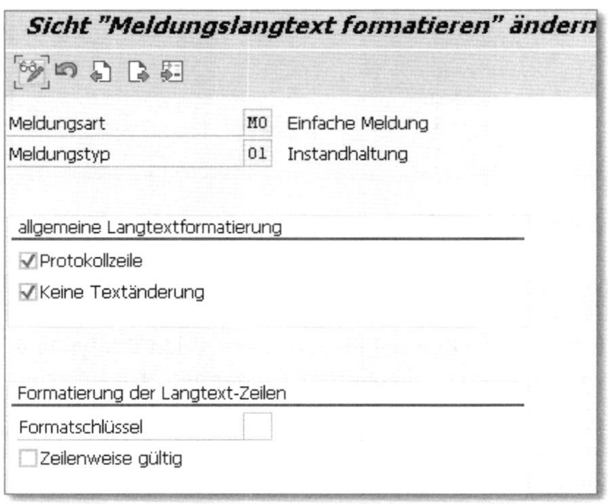

Abbildung 6.10 Meldungen – Langtexte formatieren

[+]

Funktionen »Protokollzeile« und »Keine Textänderung«

Sie sollten die Funktion PROTOKOLLZEILE aktivieren, um nachvollziehen zu können, wer wann welche Texte eingetragen hat.

Außerdem sollten Sie keine Textänderung im Nachhinein zulassen, um Manipulationen zu verhindern. Leider gibt es diese Möglichkeiten nicht auch an anderen Stellen im SAP-System.

Transaktionsstartwerte festlegen

Mit dieser Customizing-Funktion legen Sie fest, ob für den Aufruf der Erfassungs- und Pflegetransaktionen der Meldung (insbesondere IW21, IW24, IW25 und IW26) Vorschlagswerte hinterlegt werden sollen.

Voraussetzungen

Die Meldungsarten müssen definiert sein.

Customizing-Pfad

INSTANDHALTUNG UND KUNDENSERVICE • INSTANDHALTUNGS- UND SERVICEABWICKLUNG • INSTANDHALTUNGS- UND SERVICEMELDUNGEN • MELDUNGSERÖFFNUNG • MELDUNGSARTEN • TRANSAKTIONSSTARTWERTE FESTLEGEN

Einstellungen bzw. empfohlene Einstellungen

In der MELDUNGSART tragen Sie die Meldungsart ein, die bei der Transaktion vorgeschlagen werden soll.

Haben Sie lediglich eine einzige Meldungsart, brauchen Sie den Schalter EINSTIEGSBILD PROZESSIEREN nicht zu setzen. Das bedeutet: Sie kommen ohne Einstiegsbild gleich in die Erfassungsbilder für die Meldung, und die Meldungsart ist bereits gesetzt.

Haben Sie mehrere Meldungsarten, dann sollten Sie den Schalter EINSTIEGSBILD PROZESSIEREN setzen. Das bedeutet: Sie kommen in das Einstiegsbild für die Meldung, und die Meldungsart ist als Vorschlagswert bereits gesetzt, kann aber abgeändert werden.

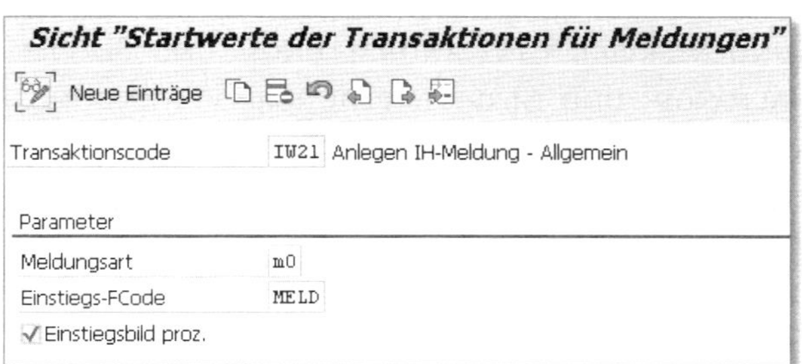

Abbildung 6.11 Meldungen – Transaktionsstartwerte

Einstiegsbild prozessieren [+]

Ich empfehle Ihnen, den Schalter zum Prozessieren des Einstiegsbildes zu setzen. Ansonsten springt das System später immer wieder sofort zurück in das SAP-Easy-Access-Menü.

Erlaubte Wechsel der Meldungsart

Mit dieser Customizing-Funktion legen Sie fest, welche Wechsel der Meldungsart erlaubt sind.

[+]

Nur begrenzte Wechselmöglichkeiten

Wechsel der Meldungsart können nur bei den sogenannten *Einfachtransaktionen* (IQS21 und IQS22) vorgenommen werden, nicht aber bei den Transaktionen IW21–26.

Beim Anlegen von Meldungen (IQS21) dürfen Sie die Meldungsart unter folgenden Bedingungen wechseln:

- Der Wechsel wurde in dieser Tabelle ausdrücklich erlaubt.
- Die Meldung befindet sich noch im Status OFFEN.

Beim Ändern von Meldungen (IQS22) dürfen Sie die Meldungsart unter folgenden Bedingungen wechseln:

- Der Wechsel wurde in dieser Tabelle ausdrücklich erlaubt.
- Die Meldung befindet sich noch im Status OFFEN.
- Die ursprüngliche Meldungsart enthält die Herkunft ALLGEMEINE MELDUNG.

Voraussetzungen

Die Meldungsarten müssen definiert sein.

Customizing-Pfad

INSTANDHALTUNG UND KUNDENSERVICE • INSTANDHALTUNGS- UND SERVICEABWICKLUNG • INSTANDHALTUNGS- UND SERVICEMELDUNGEN • MELDUNGSERÖFFNUNG • MELDUNGSARTEN • ERLAUBTE WECHSEL DER MELDUNGSART

Einstellungen bzw. empfohlene Einstellungen

Tragen Sie bei URSPRUNGSMELDUNGSART und ZIELMELDUNGSART die erlaubten Wechsel ein (siehe Abbildung 6.12).

Beachten Sie bitte, dass die Ursprungsmeldungsart vom Typ ALLGEMEINE MELDUNG sein muss. Ein Wechsel vom Typ INSTANDHALTUNGSMELDUNG auf den Typ INSTANDHALTUNGSMELDUNG ist nicht zulässig.

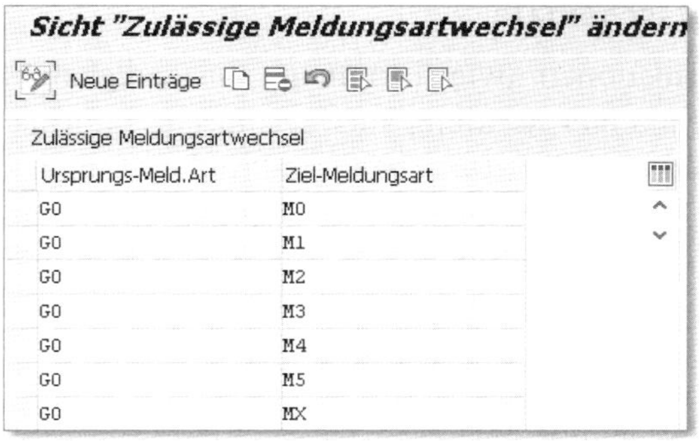

Sicht "Zulässige Meldungsartwechsel" ändern

Neue Einträge

Zulässige Meldungsartwechsel

Ursprungs-Meld.Art	Ziel-Meldungsart
G0	M0
G0	M1
G0	M2
G0	M3
G0	M4
G0	M5
G0	MX

Abbildung 6.12 Meldungen – Erlaubte Wechsel der Meldungsart

Meldungsarten Auftragsarten zuordnen

Mit dieser Customizing-Funktion legen Sie fest, bei welcher Meldungsart welche Auftragsart vorgeschlagen werden soll, wenn aus einer Meldung ein Auftrag erzeugt wird.

Voraussetzungen
Die Meldungsarten und Auftragsarten müssen definiert sein.

Customizing-Pfad
Instandhaltung und Kundenservice • Instandhaltungs- und Serviceabwicklung • Instandhaltungs- und Servicemeldungen • Meldungseröffnung • Meldungsarten • Meldungsarten Auftragsarten zuordnen

Einstellungen bzw. empfohlene Einstellungen
Tragen Sie für jede Meldungsart ein, welche Auftragsart vorgeschlagen werden soll (siehe Abbildung 6.13).

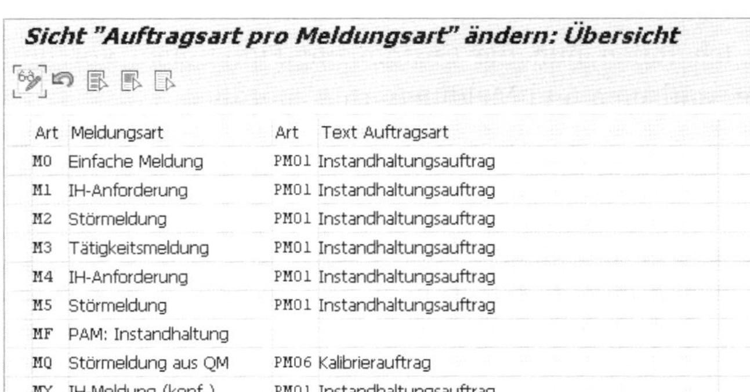

Sicht "Auftragsart pro Meldungsart" ändern: Übersicht

Art	Meldungsart	Art	Text Auftragsart
M0	Einfache Meldung	PM01	Instandhaltungsauftrag
M1	IH-Anforderung	PM01	Instandhaltungsauftrag
M2	Störmeldung	PM01	Instandhaltungsauftrag
M3	Tätigkeitsmeldung	PM01	Instandhaltungsauftrag
M4	IH-Anforderung	PM01	Instandhaltungsauftrag
M5	Störmeldung	PM01	Instandhaltungsauftrag
MF	PAM: Instandhaltung		
MQ	Störmeldung aus QM	PM06	Kalibrierauftrag
MX	IH-Meldung (konf.)	PM01	Instandhaltungsauftrag

Abbildung 6.13 Meldungen – Meldungs-/Auftragsarten zuordnen

6.1.2 Kataloge und Berichtsschemata

Neben organisatorischen Informationen (wie Terminen, Zuständigkeiten oder Kostenstellen) können Sie in einer Meldung auch technische Informationen über Probleme, Störungen, Schäden, Ursachen und Problemlösungen bzw. über die Schadensbeseitigung hinterlegen. Diese Informationen sind Teil der Meldung und gehen in die Historie ein. Die Besonderheit gegenüber allen anderen Informationen ist dabei die Tatsache, dass Sie diese Informationen in Katalogen formalisieren und damit auswertbar machen können.

In der Regel werden in der Instandhaltung Kataloge eingesetzt wie etwa *Schadensbilder* oder *Schadensursachen* (siehe Abbildung 6.14). Jeder Katalog hat dabei eine dreistufige Struktur: Katalog → Codegruppen → Codes.

Für jeden Befund gibt es einen Code, und die Codes werden wiederum nach bestimmten Gesichtspunkten zu Codegruppen zusammengefasst.

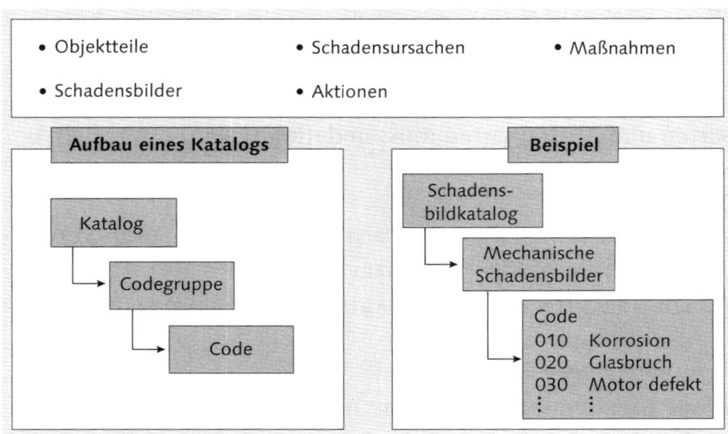

Abbildung 6.14 Meldungen – Kataloge

Im Folgenden stelle ich Ihnen nun die Customizing-Funktionen vor, mit denen Sie die Kataloge aufbauen und Meldungsarten zuordnen.

Kataloge pflegen

Mit dieser Customizing-Funktion pflegen Sie die Kataloge, die Sie einsetzen möchten, mit den dazugehörenden Codegruppen und Codes.

Voraussetzungen

Es sind keine speziellen Voraussetzungen nötig. Sie müssen sich jedoch bezüglich der Nomenklatur der Kataloge mit Ihren Kollegen vom Qualitätsmanagement und vom Kundenservice abstimmen, da die Kataloge dort ebenfalls zum Einsatz kommen.

Customizing-Pfad

Instandhaltung und Kundenservice • Instandhaltungs- und Serviceabwicklung • Instandhaltungs- und Servicemeldungen • Meldungseröffnung • Meldungsinhalt • Kataloge pflegen

Transaktion

QS41

Einstellungen bzw. empfohlene Einstellungen

Mit der Unterfunktion Kata3loge definieren legen Sie zunächst die erste Hierarchiestufe, d. h. die Nummer und die Bezeichnung der Katalogarten, fest, die Sie in der Instandhaltung verwenden möchten. Abbildung 6.15 zeigt die Art und Nomenklatur von Katalogarten, wie sie in der Instandhaltung üblicherweise eingesetzt werden.

2 = Maßnahmen

5 = Schadensursachen

8 = Aktionen

B = Objektteile

C = Schadensbilder

Ihre eigenen Nomenklaturen können jedoch davon abweichen.

Mit der Unterfunktion Kataloge bearbeiten definieren Sie die zweite Hierarchiestufe und legen pro Katalogart die Untergliederung in Codegruppen fest. Dabei stellt sich dann die Grundsatzfrage, wie die Katalogarten gegliedert werden sollen.

Gliederungskriterien für Kataloge [+]

Folgende Kriterien werden bei den Anwenderfirmen häufig für die Gliederung der Codegruppen in Katalogen genutzt:

- funktionale Kriterien (z. B. mechanische Schadensbilder, elektrische Schadensursachen oder hydraulische Objektteile)
- objektbezogene Kriterien (z. B. Schadensbilder an Motoren, Schadensursachen an Pumpen oder Objektteile für Stapler)

Sicht "Katalogarten" ändern: Übersicht

Neue Einträge

Katalog	Kurztext zum Katalog	Schlagwort
1	Merkmalsausprägungen	Ausprägung
2	Maßnahmen	Maßnahme
3	Verwendungsentscheide	Entscheid
4	Ereignisse	Ereignis
5	Ursachen	Ursache
6	Fehlerfolgen	Fehlerfolge
8	Aktionen	Aktion
9	Fehlerarten	Fehlerart
A	Tätigkeiten	Tätigkeit
B	Objektteile	Objektteil
C	Schadensbilder	Schadensbild
D	Codierungen	Codierung
E	Fehlerorte	Fehlerort
F	Entscheid SPM Retouren	Entsch. SPM
G	Defekt SPM Retouren	Defekt SPM
H	Aufwand SPM Retouren	Aufwand SPM

Abbildung 6.15 Meldungen – Katalogarten

Abbildung 6.16 zeigt Ihnen am Beispiel der Katalogart C = Schadensbilder, wie eine solche Untergliederung aussehen könnte. Damit Sie die Codegruppe in Meldungen verwenden können, muss der STATUS DER CODEGRUPPE freigegeben sein.

Sicht "Codegruppen" ändern: Übersicht

Neue Einträge | Var. Liste | Langtext | Klassifizierung

Dialogstruktur: Codegruppen, Codes

Katalog C Schadensbilder

Codegruppen

Codegr...	Kurztext	Status der Codegr.	Lan...	Verw...	Erstellt
COMPRESS	Kompressoren	2 Freigegeben			SCHULZ
DAMAGE	Allgemeine Schadensbilder	2 Freigegeben			I03549
EKS13	Codegruppe EKS13	2 Freigegeben			MASTER
FETMASCH	Fette Maschine	2 Freigegeben			MASTER
FFZ	Flurförderzeuge	2 Freigegeben			LIEBST
FHKAMERA	kameras kaputt	2 Freigegeben			MASTER
FHPCPOOL	PC Pool Codes	2 Freigegeben			MASTER
FHPROB	Probenziehungen	2 Freigegeben			MASTER
IAD-72	Schäden Triebwerk	2 Freigegeben			SCHULZ
IAD-7221	Schäden Triebwerkturbine	2 Freigegeben			SCHULZ
ICECREAM	Eiscreme-Anlagen	2 Freigegeben			SCHULZ
KÜCHE	Schäden in der Küche	2 Freigegeben			MASTER
M	Mechanische Schäden	2 Freigegeben			HUFFST

Abbildung 6.16 Meldungen – Codegruppen zur Katalogart

Pro Codegruppe legen Sie dann in der dritten Hierarchiestufe die eigentlichen Codes fest. Abbildung 6.17 zeigt Ihnen exemplarisch für die Katalogart C = Schadensbilder und für die Codegruppe FFZ = Flurförderzeuge die festgelegten Codes.

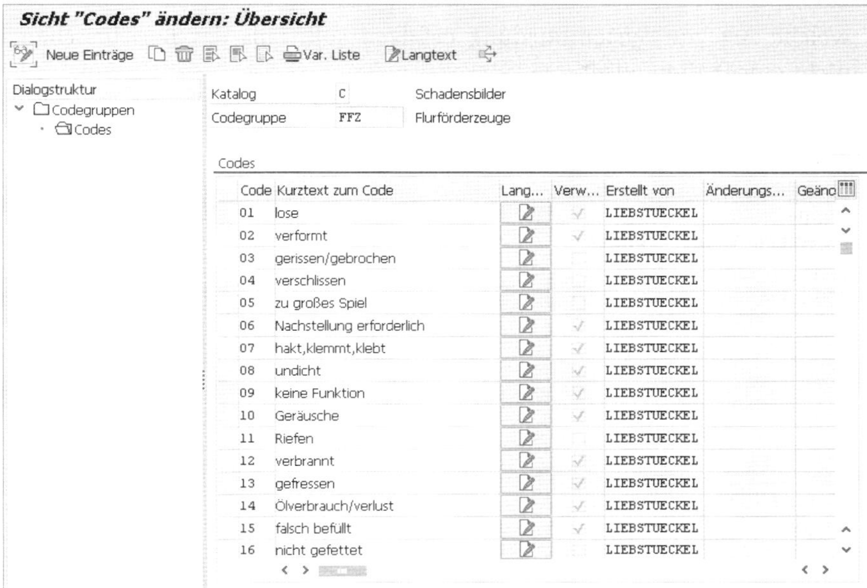

Code	Kurztext zum Code	Lang...	Verw...	Erstellt von	Änderungs...	Geänd
01	lose		✓	LIEBSTUECKEL		
02	verformt		✓	LIEBSTUECKEL		
03	gerissen/gebrochen			LIEBSTUECKEL		
04	verschlissen			LIEBSTUECKEL		
05	zu großes Spiel			LIEBSTUECKEL		
06	Nachstellung erforderlich		✓	LIEBSTUECKEL		
07	hakt,klemmt,klebt		✓	LIEBSTUECKEL		
08	undicht		✓	LIEBSTUECKEL		
09	keine Funktion		✓	LIEBSTUECKEL		
10	Geräusche		✓	LIEBSTUECKEL		
11	Riefen			LIEBSTUECKEL		
12	verbrannt		✓	LIEBSTUECKEL		
13	gefressen		✓	LIEBSTUECKEL		
14	Ölverbrauch/verlust		✓	LIEBSTUECKEL		
15	falsch befüllt		✓	LIEBSTUECKEL		
16	nicht gefettet			LIEBSTUECKEL		

Abbildung 6.17 Meldungen – Codes zur Codegruppe

In Codegruppen sollte es maximal 25 Einträge geben [+]

Gestalten Sie die Schadens-, Ursachen- und Objektteilcodes übersichtlich. So sollten dem Anwender nicht mehr als ca. 25 Codierungen zur Auswahl stehen, da sonst die Codierungssuche für die Mitarbeiter zu aufwendig wird und die Datenqualität und die Systemakzeptanz darunter leiden. Daher gilt also auch hier der Grundsatz »So viel wie nötig und so wenig wie möglich«.

Berichtsschema definieren

In diesem Arbeitsschritt definieren Sie die *Berichtsschemata*, die Sie den technischen Objekten (Technischer Platz, Equipment) und der Meldungsart zuordnen können. Dabei legen Sie Folgendes fest:

- welche Kataloge und welche Codegruppen aus den einzelnen Katalogen zusammengefasst werden sollen. Durch Vorgabe generischer Schlüssel für die Codegruppen können Sie dabei eine Auswahl aus den im Katalog enthaltenen Codegruppen treffen. Sie können pro Katalogart auch mehrere Zuordnungen treffen (siehe Abbildung 6.18).

- welche Klasse der Klassenart 015 für die Klassifizierung der Meldungspositionen vorgeschlagen werden soll. Darüber können Sie zusätzliche Felder in die Meldung bringen, die im Standard nicht enthalten sind.
- welche Art von Systemmeldung erfolgen soll, falls das Berichtsschema nicht eingehalten wird

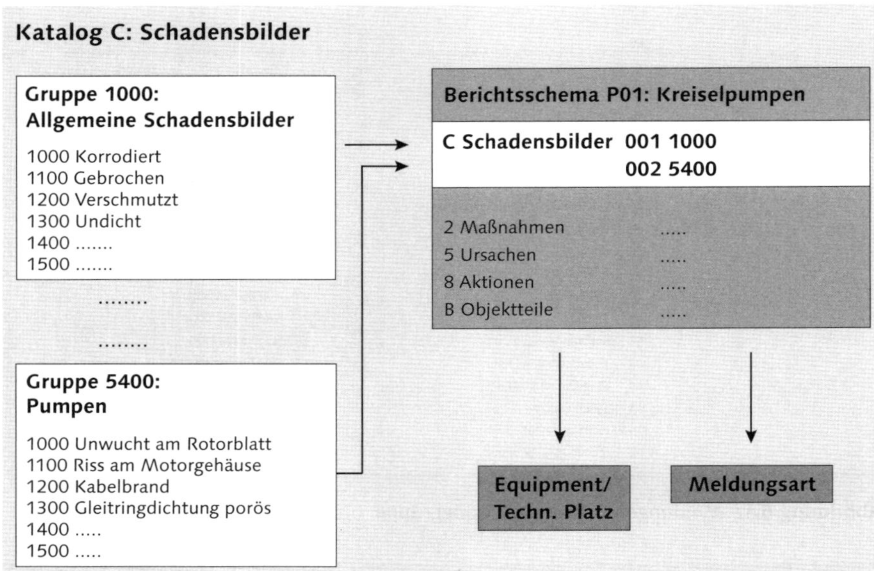

Abbildung 6.18 Meldungen – Berichtsschema

Voraussetzungen

Die Katalogarten, Codegruppen und Codes müssen definiert sein. Falls Sie darüber hinaus eine Klasse zuordnen möchten, müssen Sie mit der Transaktion CL02 die Klasse mit der Klassenart 015 angelegt und vorher mit der Transaktion CT04 die benötigten Merkmale definiert haben.

Customizing-Pfad

Instandhaltung und Kundenservice • Instandhaltungs- und Serviceabwicklung • Instandhaltungs- und Servicemeldungen • Meldungseröffnung • Meldungsinhalt • Berichtsschema definieren

Transaktion

OQN6

Einstellungen bzw. empfohlene Einstellungen

Abbildung 6.19 zeigt Ihnen exemplarisch, wie Sie mit der Unterfunktion KATALOGE/CODEGRUPPEN Codegruppen zu einem Berichtsschema zuordnen können:

- Sie können die Zuordnung voll qualifizieren (z. B. Katalogart C – Codegruppe FFZ).
- Sie können die Zuordnung auch teilqualifizieren (der Eintrag Katalogart C – Codegruppe M* wird z. B. dafür sorgen, dass in der Meldung bei den Schadenscodes alle Gruppen vorgeschlagen werden, deren Gruppenname mit einem M beginnt).
- Sie können aus derselben Katalogart mehrere Gruppen zuordnen (z. B. werden durch FFZ objektspezifische Einträge und durch M* generische Einträge wie mechanische Schäden zugeordnet).

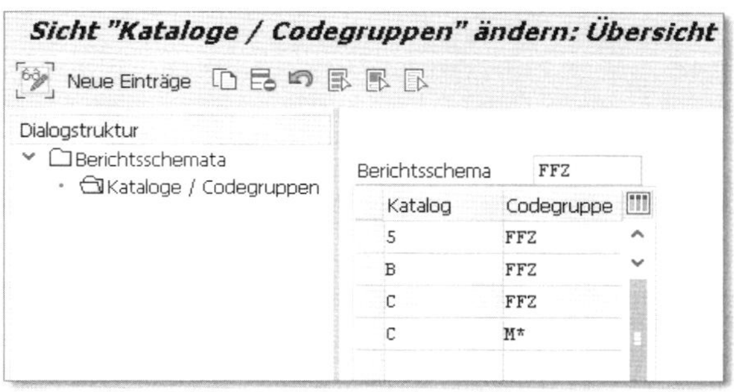

Abbildung 6.19 Meldungen – Berichtsschema mit Codegruppen

Abbildung 6.20 zeigt die Unterfunktion BERICHTSSCHEMATA. Dort können Sie für jedes Berichtsschema Folgendes definieren:

- ob und – wenn ja – welche Klasse Sie dem Schema zuordnen möchten
- ob ein Hinweis ausgegeben werden soll und – wenn ja – welcher Art der Hinweis sein soll, wenn Sie in der Meldung das Berichtsschema wechseln (I = Information, W = Warnung, E = Fehler, d. h., das Berichtsschema kann später nicht gewechselt werden.)

Das Berichtsschema können Sie nun an folgenden Stellen eintragen:

- im Equipmentstamm
- im Stammsatz des Technischen Platzes
- in der Meldungsart (siehe Customizing-Funktion Kataloge und Berichtsschema zur Meldungsart ändern)

Abbildung 6.20 Meldungen – Berichtsschemata

[+] **Vorfahrtsregel**

Beim Berichtsschema gilt die »Vorfahrtsregel« Equipment ⟶ Technischer Platz ⟶ Meldungsart.

Das bedeutet, ein Berichtsschema wird nach folgenden Regeln bestimmt:

- Bei der Bestimmung des Berichtsschemas in der Meldung überprüft das System zunächst, ob im Equipmentstammsatz ein Berichtsschema eingetragen ist. Wenn ja, wird es in die Meldung übernommen.
- Wenn nein, überprüft das System, ob im Stammsatz des Technischen Platzes ein Berichtsschema eingetragen ist. Wenn ja, wird es in die Meldung übernommen.
- Wenn nein, überprüft das System, ob bei der Meldungsart ein Berichtsschema eingetragen ist. Wenn ja, wird es in die Meldung übernommen.
- Wenn auch dort kein Berichtsschema eingetragen ist, wird in der Meldung kein Berichtsschema vorgeschlagen. Sie können sich aber jederzeit in der Meldung über die Funktion Zusätze • Einstellungen • Berichtsschema • Auswahl ein Berichtsschema zuordnen.

Kataloge und Berichtsschema zur Meldungsart ändern

Mit dieser Customizing-Funktion ordnen Sie die Kataloge, die Sie einsetzen möchten, den Meldungsarten zu.

Voraussetzungen

Die Katalogarten, die Berichtsschemata und die Meldungsarten müssen definiert sein.

Customizing-Pfad

Instandhaltung und Kundenservice • Instandhaltungs- und Serviceabwicklung • Instandhaltungs- und Servicemeldungen • Meldungseröffnung • Meldungsinhalt • Kataloge und Berichtsschema zur Meldungsart ändern

Einstellungen bzw. empfohlene Einstellungen

Ordnen Sie bei Probleme (= Schadensbilder), Ursachen, Massnahmen, Aktionen und Objektteile die Katalogarten zu, die Sie bei dieser Meldungsart verwenden möchten. Der Eintrag Codierung wird in der Instandhaltung nicht verwendet.

Sie können also bei den verschiedenen Meldungsarten auf unterschiedliche Katalogarten zurückgreifen.

Katalogarten den Meldungsarten zuordnen [!]

Erst dann, wenn Sie bei den Meldungsarten die entsprechenden Kataloge eingetragen haben, erscheinen die korrespondierenden Felder in der Meldung. Wenn Sie also z. B. einer Meldungsart keine Katalogart bei den Problemen zugeordnet haben, werden Sie in der Meldung keine Felder für die Schadensbilder vorfinden.

Darüber hinaus können Sie der Meldungsart ein Berichtsschema zuordnen. Dieses wird in der Meldung immer dann vorgeschlagen, wenn weder Equipment noch Technischer Platz über ein Berichtsschema verfügen.

Abbildung 6.21 Meldungen – Zuordnung Katalogarten zu Meldungsarten

6.1.3 Sonstige Funktionen

Von den weiteren für die Meldung zur Verfügung stehenden Customizing-Funktionen werde ich Ihnen die folgenden vorstellen:

- die Prioritäten
- die Reaktionsüberwachung
- die Aktivitätenleiste

Prioritäten definieren

Mit dieser Customizing-Funktion definieren Sie die *Prioritätsarten* und die jeweils dazugehörenden *Prioritäten* und ordnen sie einer Meldungsart zu.

Voraussetzungen
Die Meldungsarten müssen definiert sein. Bezüglich der Nomenklatur der Prioritätsarten müssen Sie sich mit Ihren Kollegen vom Qualitäts-, Service- und Claim-Management abstimmen, da dort ebenfalls die Prioritäten verwendet werden.

Customizing-Pfad
INSTANDHALTUNG UND KUNDENSERVICE • INSTANDHALTUNGS- UND SERVICEABWICKLUNG • INSTANDHALTUNGS- UND SERVICEMELDUNGEN • MELDUNGSBEARBEITUNG • REAKTIONSÜBERWACHUNG • PRIORITÄTEN DEFINIEREN

Einstellungen bzw. empfohlene Einstellungen
Mit der Unterfunktion PRIORITÄTSARTEN DEFINIEREN bestimmen Sie eine Prioritätsart. Eine Prioritätsart beinhaltet die eigentlichen Prioritäten und wird einer Meldungsart zugeordnet (siehe Abbildung 6.22).

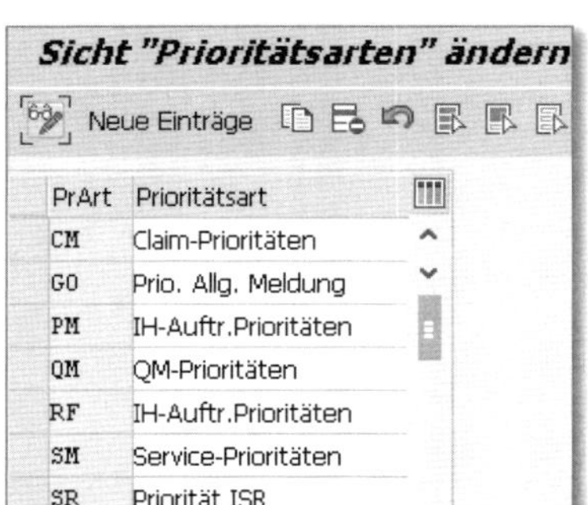

Abbildung 6.22 Meldungen – Prioritätsarten

Eine Prioritätsart für alle Meldungsarten [+]

In den meisten Fällen dürfte eine einzige Prioritätsart für alle Meldungsarten ausreichen.

Wenn Sie aber die Meldungsarten unterschiedlich handhaben möchten, brauchen Sie mehrere Meldungsarten. Dies eröffnet Ihnen die Möglichkeit, für Ihre verschiedenen Meldungsarten unterschiedlich gestaffelte Prioritäten zu definieren: etwa für eine Störmeldungsart eine dreistufige Prioritätsart und für normale Instandhaltungsanforderungen eine fünfstufige Prioritätsart.

Mit der Unterfunktion PRIORITÄTEN PRO PRIORITÄTSART FESTLEGEN legen Sie zu jeder Prioritätsart die gewünschten Prioritäten fest. Neben der Prioritätskennziffer mit dem dazugehörenden Text definieren Sie für jede Priorität auch den relativen Start und das relative Ende mit den jeweiligen Einheiten (siehe Abbildung 6.23).

- Auf Basis des relativen Starts (REL.START) mit seiner Einheit berechnet das System den *gewünschten Beginn* der Meldung – ausgehend vom Zeitpunkt der Erfassung der Meldung. Im gezeigten Beispiel würde der gewünschte Beginn der Meldung immer dem Erfassungsdatum entsprechen, da alle Prioritäten keinen relativen Start eingetragen haben.
- Auf Basis des relativen Endes (REL.ENDE) mit seiner Einheit berechnet das System das *gewünschte Ende* der Meldung – ausgehend vom Zeitpunkt der Erfassung der Meldung. Im gezeigten Beispiel würde z. B. die Priorität 3 ein gewünschtes Ende der Meldung Erfassungsdatum + 14 Tage erzeugen.
- Das System rechnet dabei immer in normalen Kalendertagen, nicht nach dem Fabrikkalender.

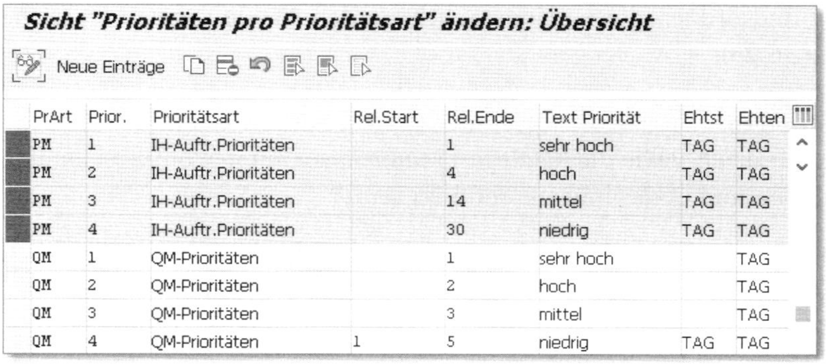

Sicht "Prioritäten pro Prioritätsart" ändern: Übersicht

Neue Einträge

PrArt	Prior.	Prioritätsart	Rel.Start	Rel.Ende	Text Priorität	Ehtst	Ehten
PM	1	IH-Auftr.Prioritäten		1	sehr hoch	TAG	TAG
PM	2	IH-Auftr.Prioritäten		4	hoch	TAG	TAG
PM	3	IH-Auftr.Prioritäten		14	mittel	TAG	TAG
PM	4	IH-Auftr.Prioritäten		30	niedrig	TAG	TAG
QM	1	QM-Prioritäten		1	sehr hoch		TAG
QM	2	QM-Prioritäten		2	hoch		TAG
QM	3	QM-Prioritäten		3	mittel		TAG
QM	4	QM-Prioritäten	1	5	niedrig	TAG	TAG

Abbildung 6.23 Meldungen – Prioritäten

Mit der Unterfunktion PRIORITÄTSARTEN MELDUNGSARTEN ZUORDNEN definieren Sie, bei welcher Meldungsart Sie welche Prioritätsart benutzen möchten (siehe Abbildung 6.24). Im Normalfall haben Sie eine einzige Prioritätsart, die allen Meldungsarten zugeordnet ist.

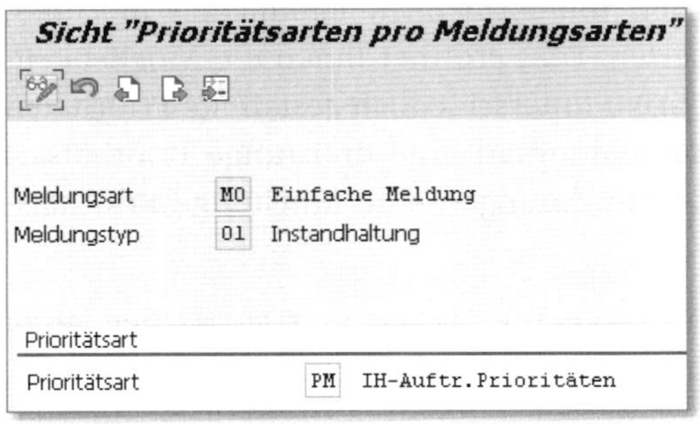

Abbildung 6.24 Meldungen – Zuordnung Prioritätsart zur Meldungsart

[+]

Prioritätsart auf jeden Fall zuordnen, auch wenn sie leer ist

Wenn Sie einer Meldungsart keine Prioritätsart zugeordnet haben, erscheint beim Erfassen der Meldung immer ein Pop-up mit dem Warnhinweis, dass die Meldungsart keine Prioritätsart hat. Um dies zu verhindern, sollten Sie jeder Meldungsart eine Prioritätsart zuordnen.

Wenn Sie generell ohne Prioritäten arbeiten oder nur bei bestimmten Meldungsarten keine Prioritäten haben möchten, sollten Sie eine leere Prioritätsart definieren, die keine Prioritäten enthält, um diesen lästigen Warnhinweis zu übergehen.

Reaktionsüberwachung definieren

Mit dieser Customizing-Funktion legen Sie die Reaktionsüberwachung für Meldungen fest. Dazu bestimmen Sie *Reaktionsschemata* und *Bereitschaftsschemata* und ordnen diese beiden Schemata den Meldungsarten zu (siehe Abbildung 6.25).

Voraussetzungen

Die Prioritätsarten sowie die Katalogart *Maßnahmen* mit den entsprechenden Codegruppen und Codes müssen definiert sein.

Bezüglich der Nomenklatur von Bereitschafts- und Reaktionsschema müssen Sie sich mit Ihren Kollegen vom Qualitäts-, Service- und Claim-Management abstimmen, da dort ebenfalls die Reaktionsüberwachung verwendet wird.

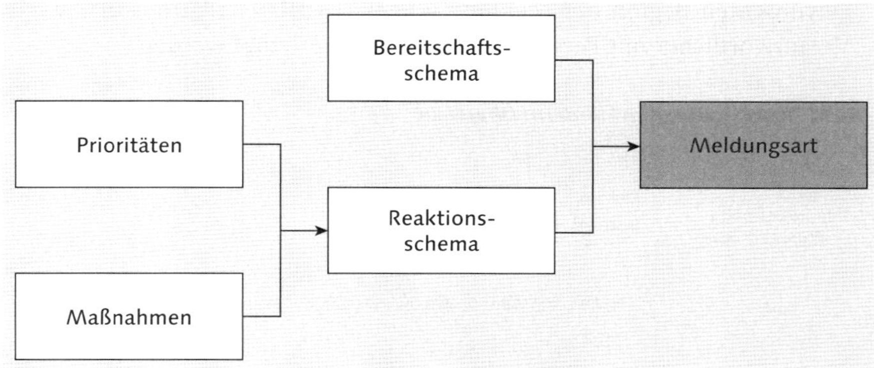

Abbildung 6.25 Meldungen – Überblick Bereitschafts- und Reaktionsschema

Customizing-Pfad
INSTANDHALTUNG UND KUNDENSERVICE • INSTANDHALTUNGS- UND SERVICEABWICKLUNG • INSTANDHALTUNGS- UND SERVICEMELDUNGEN • MELDUNGSBEARBEITUNG • REAKTIONSÜBERWACHUNG • REAKTIONSÜBERWACHUNG DEFINIEREN

Transaktion
OIMF für Bereitschaftsschema

Einstellungen bzw. empfohlene Einstellungen
Mit der Unterfunktion REAKTIONSSCHEMA legen Sie den Namen und die Bezeichnung der Reaktionsschemata fest.

Mit der Unterfunktion REAKTIONSZEITEN legen Sie Folgendes fest:

- bei welcher Priorität (z. B. 1)
- soll welche Maßnahme (in der Regel Katalogart 2 = Maßnahmen)
- in welchem Zeitfenster (gerechnet vom gewünschten Beginn der Meldung)
- von wem (z. B. Partnerrolle Verantwortlicher) erledigt werden

Abbildung 6.26 zeigt folgende Beispiele:

- Die Maßnahme BETRIEBSINGENIEUR BENACHRICHTIGEN (Katalogart 2, Codegruppe PM01, Code 3000) in der ersten Zeile soll bis spätestens eine Stunde nach dem gewünschten Beginn der Meldung von Herrn Meyer (Partnerrolle VW = Verantwortlicher mit Personalnummer 1208) erledigt werden.
- Die Maßnahme AUFTRAG ANLEGEN (Katalogart 2, Codegruppe PM01, Code 3002) in der dritten Zeile soll bis spätestens zwei Stunden nach dem

gewünschten Beginn der Meldung von Herrn Huber (Partnerrolle VW = Verantwortlicher mit Personalnummer 1000) erledigt werden.

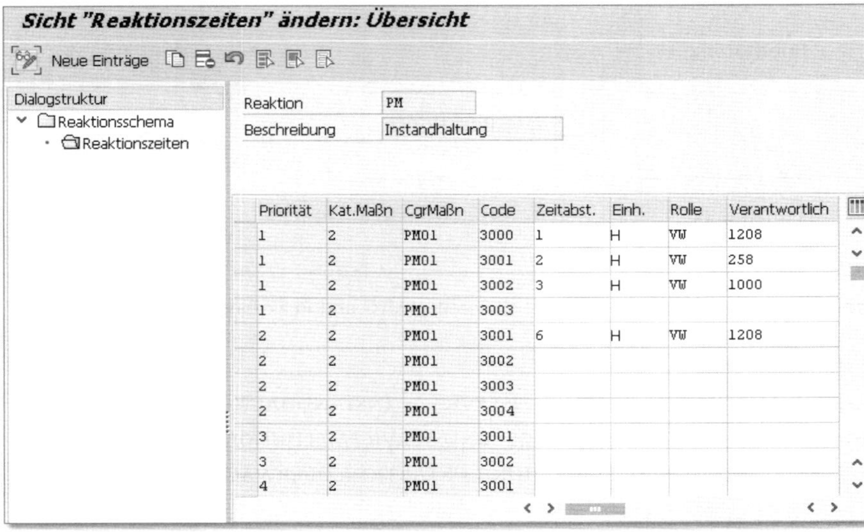

Priorität	Kat.Maßn	CgrMaßn	Code	Zeitabst.	Einh.	Rolle	Verantwortlich
1	2	PM01	3000	1	H	VW	1208
1	2	PM01	3001	2	H	VW	258
1	2	PM01	3002	3	H	VW	1000
1	2	PM01	3003				
2	2	PM01	3001	6	H	VW	1208
2	2	PM01	3002				
2	2	PM01	3003				
2	2	PM01	3004				
3	2	PM01	3001				
3	2	PM01	3002				
4	2	PM01	3001				

Abbildung 6.26 Meldungen – Reaktionsschema

[+]

Maßnahmen automatisch erzeugen lassen

Wenn Sie ein Reaktionsschema mit Maßnahmen definiert haben, können Sie sich in der Meldung über die Funktion BEARBEITEN • MASSNAHMEN • ERMITTELN AUTOMATISCH die entsprechenden Maßnahmen generieren lassen.

Mit der Unterfunktion BEREITSCHAFTSSCHEMA DEFINIEREN legen Sie fest, zu welchen Zeiten an den einzelnen Wochentagen die Bearbeitung einer Meldung stattfindet (siehe Abbildung 6.27). Sie können auch mehrere Zeitintervalle pro Wochentag für die Bereitschaft festsetzen und jedem ein eigenes Reaktionsschema zuordnen.

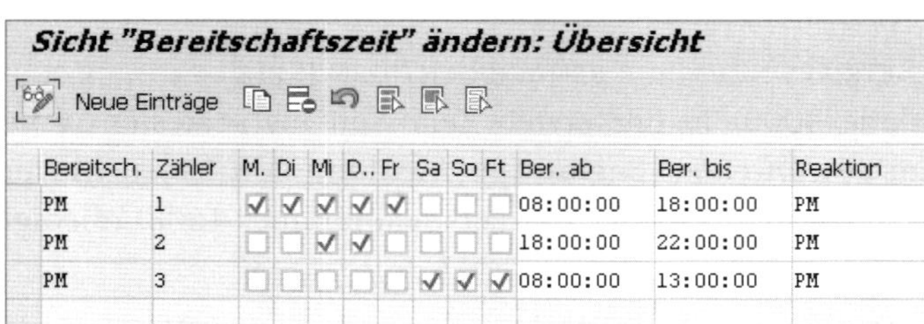

Bereitsch.	Zähler	M.	Di	Mi	D..	Fr	Sa	So	Ft	Ber. ab	Ber. bis	Reaktion
PM	1	✓	✓	✓	✓	✓				08:00:00	18:00:00	PM
PM	2			✓	✓					18:00:00	22:00:00	PM
PM	3						✓	✓	✓	08:00:00	13:00:00	PM

Abbildung 6.27 Meldungen – Bereitschaftsschema

Mit der Unterfunktion Reaktionszeitüberwachung zur Meldungsart ordnen Sie der Meldungsart ein Bereitschaftsschema und ein Reaktionsschema zu (siehe Abbildung 6.28).

Sicht "Reaktionszeitüberwachung zur Meldungsart"

Mel...	Bezeichnung	Bereitschaftssch.	Reaktionsschema
M0	Einfache Meldung	PM	PM
M1	IH-Anforderung	STANDARD	PM
M2	Störmeldung	STANDARD	STANDARD
M3	Tätigkeitsmeldung	STANDARD	STANDARD
M4	IH-Anforderung	PM	PM
M5	Störmeldung	PM	PM
MF	PAM: Instandhaltung		

Abbildung 6.28 Meldungen – Zuordnung von Reaktions- und Bereitschaftsschema zur Meldungsart

Wenn Sie dem Bereitschaftsschema bereits ein Reaktionsschema zugeordnet haben, übersteuert die das Reaktionsschema der Meldungsart.

Aktivitätenleiste definieren

Mit dieser Customizing-Funktion definieren Sie Funktionen, mit denen Sie zu einer Meldung *Maßnahmen* oder *Aktionen* generieren können (sogenannte *Folgeaktivitäten*). Sie werden direkt für eine Meldungsart definiert und sind bei der Bearbeitung von Meldungen auf Kopfebene verfügbar. Beim Aufruf der Funktion übernimmt das System die festgelegte Maßnahme oder Aktion in die Meldung.

Voraussetzungen

Die Meldungsarten sowie die notwendigen Maßnahmen und Aktionen müssen definiert sein.

Customizing-Pfad

Instandhaltung und Kundenservice • Instandhaltungs- und Serviceabwicklung • Instandhaltungs- und Servicemeldungen • Meldungsbearbeitung • Zusätzliche Funktionen • Aktivitätenleiste definieren

Einstellungen bzw. empfohlene Einstellungen

Mit der Unterfunktion Folgeaktivitäten (generierte Massnahmen/Aktionen) definieren und dann Aktivitäten legen Sie fest, welche Folgeaktivitäten Sie der Meldungsart zuordnen möchten (siehe Abbildung 6.29).

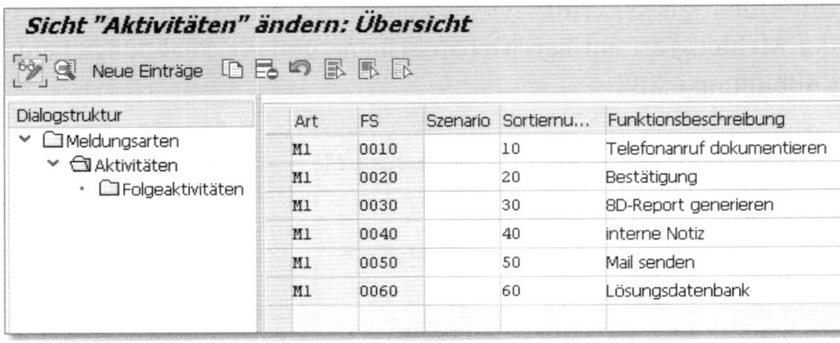

Abbildung 6.29 Meldungen – Aktivitätenleiste – Übersicht

Über die Buttons Neue Einträge bzw. gelangen Sie in das Detailbild zu neuen bzw. bereits bestehenden Aktivitäten. Dort legen Sie dann die Details zu jeder Aktivität fest (siehe Abbildung 6.30).

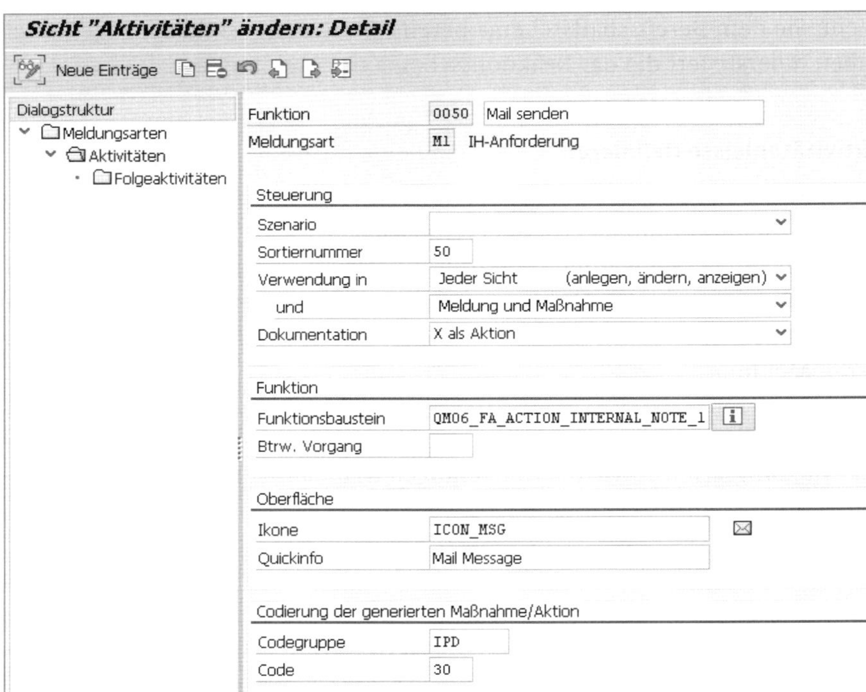

Abbildung 6.30 Meldungen – Aktivitäten – Detail

Das Wichtigste ist zweifelsohne die Auswahl des FUNKTIONSBAUSTEINS. Hier können Sie entweder eigenprogrammierte oder die von SAP ausgelieferten

Funktionsbausteine verwenden. Tabelle 6.1 zeigt die wichtigsten Funktionsbausteine.

Die Aktivitätenleiste beinhaltet bestimmte Funktionsbausteine [+]

Die Funktionsbausteine QM06_FA* dokumentieren eine Aktion, während die Funktionsbausteine QM06_FM* eine Maßnahme generieren.

Funktionsbaustein	Beschreibung
QM06_FA_ACTION_INTERNAL_NOTE_1	Vermerk in Form einer Aktion zu einer Meldung als Table Control
QM06_FA_ACTION_INTERNAL_NOTE_2	Vermerk in Form einer Aktion zu einer Meldung als OCX-Fenster
QM06_FA_ACTION_TELEPHONCALL_1	Telefongespräch in Form einer Aktion zu einer Meldung dokumentieren als Table Control
QM06_FA_ACTION_TELEPHONCALL_2	Telefongespräch in Form einer Aktion zu einer Meldung dokumentieren als OCX-Fenster
QM06_FA_ACTION_TELEPHONCALL_3	Sie können über die SAPphone-Funktion einen Telefonanruf starten. Dieser Anruf wird als Aktion zu einer Meldung dokumentiert.
QM06_FM_PARTNER_ACTION	Rückfrage an einen internen oder externen Partner der Meldung starten
QM06_FM_TASK_CREATE_8DREPORT	aus einer Meldung heraus einen 8D-Report erstellen
QM06_FM_TASK_CREATE_QM_NOTIFIC	aus einer Meldung heraus eine Qualitätsmeldung anlegen
QM06_FM_TASK_CRT_8DREPORT_PDF	aus einer Meldung heraus einen 8D-Report als PDF erstellen
QM06_FM_TASK_GOODS_MOVEMENT	aus einer Meldung heraus in die Funktion zur Erfassung von Warenbewegungen verzweigen
QM06_FM_TASK_GOODS_MOVEMENT_2	aus einer Meldung heraus festlegen, welche Mengen zu reparieren, zu verschrotten und zurückzuliefern sind

Tabelle 6.1 Funktionsbausteine

Funktionsbaustein	Beschreibung
QM06_FM_TASK_REQ_8DREPORT_PDF	aus einer Meldung heraus einen 8D-Report als PDF erstellen, der zur weiteren Bearbeitung an den Verantwortlichen versendet werden kann
QM06_FM_TASK_REQUEST_8DREPORT	aus einer Meldung heraus einen 8D-Report mit Druckaufbereitung erstellen, der zur weiteren Bearbeitung an den Verantwortlichen versendet werden kann
QM06_FM_TASK_RMA_ORDER_CREATE	aus einer Meldung heraus einen Reparaturauftrag anlegen
QM06_FM_TASK_SALES_ORDER_STOCK	aus einer Meldung heraus den Verwendungsentscheid für die reklamierte Ware auf den entsprechenden Reparaturauftrag übertragen
QM06_FM_TASK_SEND_PAPER	Dient zur Erstellung und zum Versenden verschiedener Dokumente aus einer Meldung heraus.
QM06_FM_TASK_SEND_PAPER_ATTACH	Dient zur Erstellung und zum Versenden verschiedener Dokumente aus einer Meldung heraus.
QM06_FM_TASK_SEND_PAPER_PDF	Dient zur Erstellung und zum Versenden verschiedener Dokumente aus einer Meldung heraus.
QISD_CREATE_DOCUMENT_FLOW	Fortschreibung des zentralen Belegflusses
QISD_DISPLAY_ATTACHED_LINKS	Folgeaktivität zur Anzeige zugeordneter Symptome/Lösungen
QISD_DISPLAY_SOLUTION	Detailanzeige der Lösung
QISD_SOLUTION_DATABASE	Folgeaktivität zum Aufruf der Lösungsdatenbank

Tabelle 6.1 Funktionsbausteine (Forts.)

Darüber hinaus können Sie weitere Festlegungen treffen:

- Die FUNKTIONSBESCHREIBUNG können Sie selbst festlegen.
- Über die SORTIERNUMMER legen Sie fest, in welcher Reihenfolge die Aktivitäten in der Aktivitätenleiste erscheinen sollen.

- Über VERWENDUNG IN legen Sie fest, ob die Aktivität bei jeder Sicht oder nur bei bestimmen Sichten (Hinzufügen, Ändern, Anzeigen) erscheinen soll. Darüber hinaus legen Sie hier fest, ob die Aktivität in der Meldungsbearbeitung oder der Maßnahmenbearbeitung oder in beiden zur Verfügung stehen soll.
- Bei der DOKUMENTATION legen Sie fest, ob die durchgeführten Aktivitäten dokumentiert werden sollen und – wenn ja – ob sie als Maßnahme oder als Aktion in der Meldung hinterlegt werden sollen.
- Sie können der Aktivität eine IKONE zuordnen und dabei unter mehr als 1.000 Icons auswählen.
- Die QUICKINFO erscheint, wenn Sie den Cursor auf die Aktivität stellen.
- Über CODEGRUPPE und CODE definieren Sie, mit welcher Aktion bzw. mit welcher Maßnahme die Aktivität in der Meldung dokumentiert wird. Wenn Sie einen Funktionsbaustein QM06_FA* ausgewählt haben, muss dies eine Aktion sein. Wenn Sie einen Funktionsbaustein QM06_FM* ausgewählt haben, muss dies eine Maßnahme sein.

6.2 Der Auftrag

Eine Meldung wird hauptsächlich für Dokumentationszwecke eingesetzt und um Instandhaltungsmaßnahmen anzufordern. Im Gegensatz dazu dient der Auftrag dem Instandhaltungsplaner und dem ausführenden Techniker als Hilfsmittel für die Planung und Ausführung der Instandhaltungsarbeiten.

- Ein Auftrag wird zur Planung und Durchführung einer Instandhaltungsmaßnahme genutzt.
- In einem Auftrag werden hauptsächlich Abwicklungsinformationen hinterlegt.
- Der Auftrag ist ein hochintegratives Objekt mit vielen Verbindungen zu Applikationen wie Lager, Einkauf und Controlling.

Abbildung 6.31 zeigt Struktur und Inhalt eines Auftrags:

- **Auftragskopf**
  Die Daten im Auftragskopf sind Informationen, die der Identifizierung und Verwaltung des Auftrags dienen; sie gelten für den kompletten Auftrag.

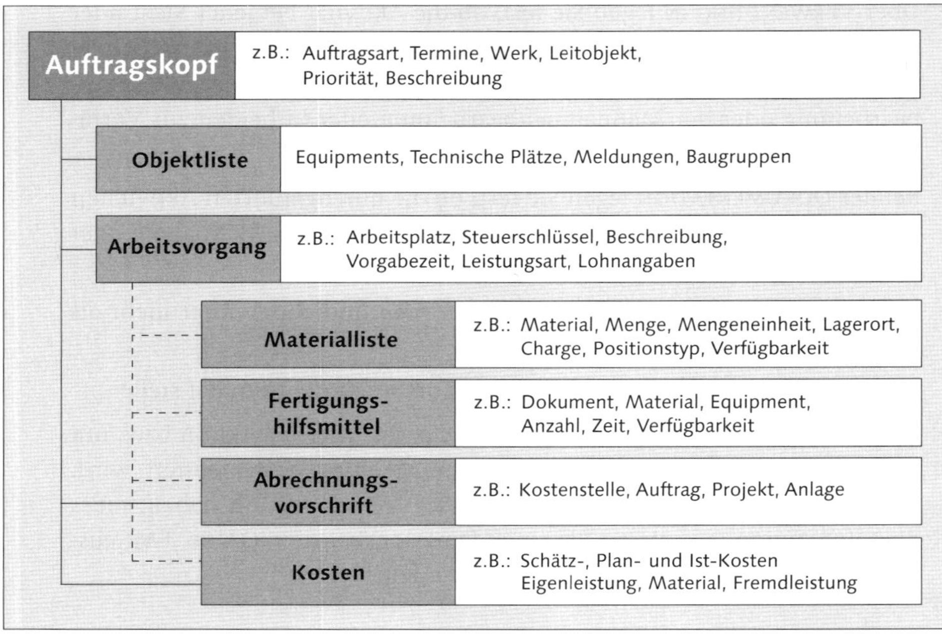

Abbildung 6.31 Auftrag – Struktur und Inhalt

- **Objektliste**
  Wenn der Auftrag mehrere Objekte betrifft (z. B. bei einem Inspektionsrundgang), können Sie die Objekte in die Objektliste eintragen. Die Objektliste beinhaltet alle Objekte, an denen der Auftrag ausgeführt wird (Technische Plätze, Equipments, Baugruppen, Meldungen).
- **Vorgänge**
  Mithilfe von Vorgängen beschreiben Sie die Arbeiten, die bei der Durchführung eines Auftrags ausgeführt werden sollen. Vorgänge werden entweder von eigenen Mitarbeitern oder von Fremdfirmen durchgeführt.
- **Materialliste**
  Die Materialliste beinhaltet Ersatzteile, die bei der Durchführung eines Auftrags benötigt und verbraucht werden. Dabei handelt es sich entweder um Lagermaterialien, für die eine Reservierung generiert wird, oder um Nichtlagermaterialien, für die eine Bestellanforderung erzeugt wird.
- **Fertigungshilfsmittel**
  Zur Durchführung eines Auftrags werden Fertigungshilfsmittel (z. B. Werkzeuge, Schutzkleidung, Handhubwagen) benötigt, die im Gegensatz zu einem Material nicht verbraucht werden.

- **Abrechnungsvorschrift**
  In der Abrechnungsvorschrift geben Sie an, welchem Kostenträger (z. B. Kostenstelle) die Kosten zu belasten sind. Die Abrechnungsvorschrift gilt für den kompletten Auftrag, oder aber Sie ordnen den Vorgängen unterschiedliche Kontierungen zu.
- **Kostendaten**
  Kostendaten informieren Sie darüber, wie hoch die Schätz-, Plan- und Ist-Kosten in den Wertkategorien eines Auftrags sind und welche Kostenarten für den Auftrag relevant sind. Außerdem ist angegeben, welche Kennzahlen des Instandhaltungsinformationssystems mithilfe der Wertkategorien fortgeschrieben werden und wie diese Kennzahlen durch die Ist-Kosten des Auftrags fortgeschrieben werden. Die Kosteninformationen erhalten Sie sowohl für die einzelnen Vorgänge als auch als Summe für den kompletten Auftrag.

Es gibt sechs Möglichkeiten, wie Sie einen Auftrag zu eröffnen können (siehe Abbildung 6.32):

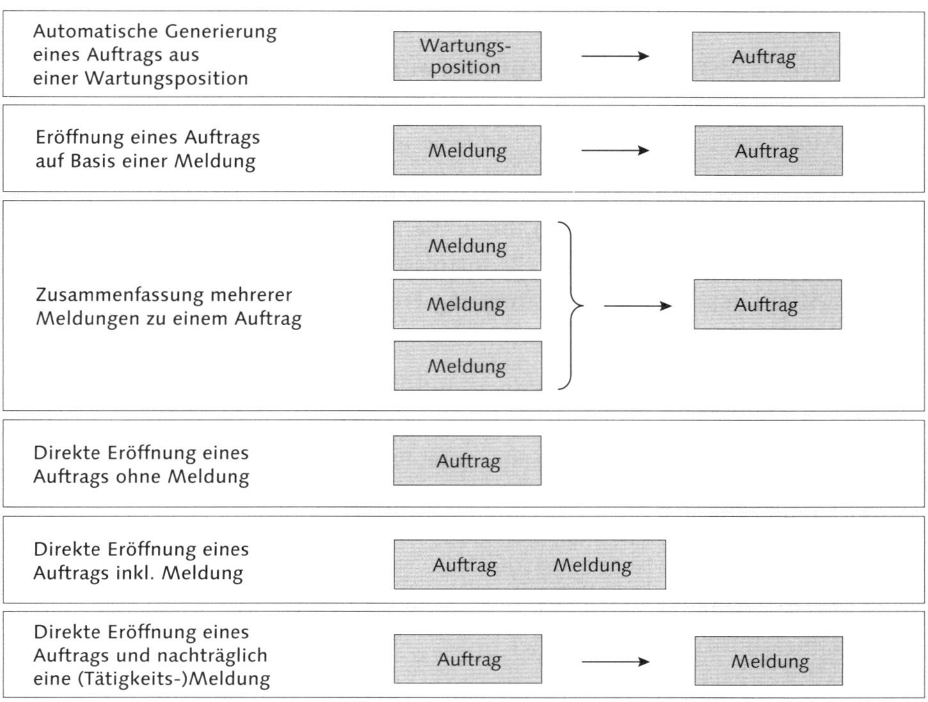

Abbildung 6.32 Eröffnung eines Auftrags

- **Automatische Generierung eines Auftrags aus einem Wartungsplan**
  Sie haben einen Wartungsplan definiert, und dieser erzeugt auf der Basis der dort hinterlegten Informationen (wie z. B. Bezugsobjekt, Auftragsart, Arbeitsplan) in periodischen Abständen automatisch einen Auftrag.
- **Eröffnung eines Auftrags auf der Basis einer Meldung**
  Eine einzelne Meldung hat Sie von einem Anforderer erreicht (z. B. aus der Produktion); Sie erzeugen nun aus der Meldung heraus einen Auftrag.
- **Zusammenfassen mehrerer Meldungen zu einem Auftrag**
  Sie erreichen mehrere Meldungen, die innerhalb eines einzigen Auftrags abgearbeitet werden sollen (z. B. mehrere Störmeldungen, die dieselbe Anlage betreffen), und haben die Möglichkeit, aus der Meldungsliste heraus einen Auftrag zu eröffnen.
- **Direkte Eröffnung des Auftrags ohne Meldung**
  Sie möchten direkt – ohne vorliegende Meldung – einen Auftrag eröffnen.
- **Direkte Eröffnung eines Auftrags inklusive Meldung**
  Sie möchten, ähnlich wie im vorangegangenen Fall, einen Auftrag direkt eröffnen, ihn aber um Informationen wie Schadensbild, Schadensursache oder Ausfall ergänzen.
- **Direkte Eröffnung eines Auftrags mit nachträglicher Meldung**
  Sie haben einen Auftrag ohne Meldung durchgeführt, stellen aber beim Abschluss des Auftrags fest, dass Sie neben den Zeitrückmeldedaten auch noch technische Rückmeldedaten einer Meldung erfassen möchten.

Im Folgenden beschreibe ich Ihnen die Customizing-Funktionen, mit deren Hilfe Sie den Auftrag an Ihre Bedürfnisse anpassen können. Einen kompletten Überblick über die Customizing-Funktionen zum Auftrag gibt Ihnen Abbildung 6.33.

Folgende Customizing-Funktionen mit ihren Unterfunktionen sind auch für den Auftrag relevant, werden aber hier nicht mehr aufgegriffen, da ich sie Ihnen bereits in Kapitel 4, »Generische Funktionen«, beschrieben habe:

- Nummernkreise
- Feldauswahl
- Partnerschema und Partnerrolle
- Objektinformationsschlüssel
- Anwenderstatus
- Listenvarianten
- Feldauswahl für mehrstufige Listdarstellungen

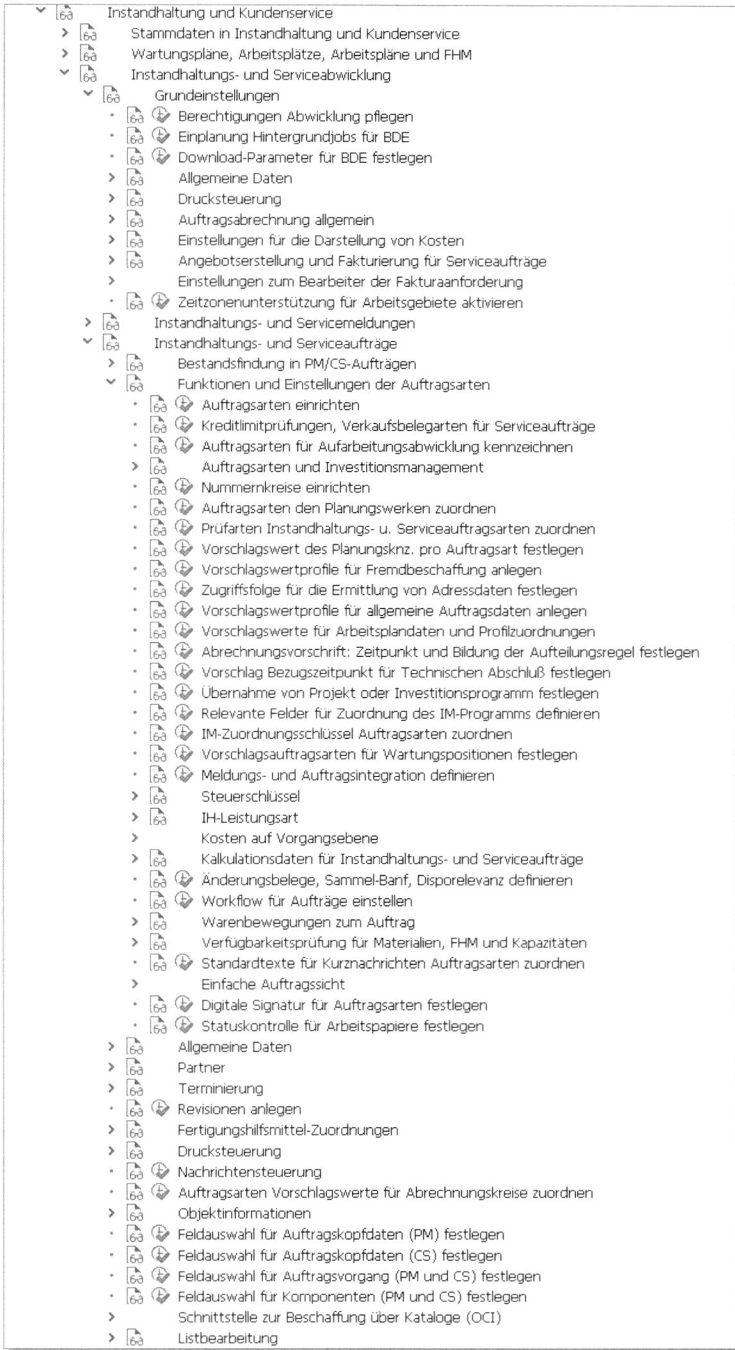

Abbildung 6.33 Überblick über die Customizing-Funktionen des Auftrags

Um die vielfältigen Customizing-Funktionen übersichtlicher zu gestalten, habe ich den Abschnitt zum Auftrag in folgende Unterabschnitte unterteilt:

- Abschnitt 6.2.1, »Die Auftragsart«, enthält alle grundlegenden Funktionen, die notwendig sind, um eine Auftragsart einzurichten.
- Abschnitt 6.2.2, »Materialplanung«, zeigt Ihnen alle Customizing-Funktionen zum Material im Rahmen der Auftragsabwicklung – von der Verfügbarkeitsprüfung über elektronische Teilekataloge bis hin zu Materialbelegen.
- Abschnitt 6.2.3, »Terminierung«, enthält alle Customizing-Funktionen rund um die Themen Terminierung und Kapazitätsplanung.
- In Abschnitt 6.2.4, »Kapazitätsplanung«, zeige ich Ihnen alle Customizing-Funktionen, um das Drucken von Auftragspapieren und Nachrichten zu steuern.
- Abschnitt 6.2.6, »Schätzkosten und Kalkulation«, enthält alle Customizing-Funktionen zur Kostenschätzung, Kalkulation und Auftragsabrechnung.
- Weitere Customizing-Funktionen, die sich keiner der genannten Unterabschnitte zuordnen lassen, die aber aus meiner Sicht wichtig sind, stelle ich Ihnen in Abschnitt 6.2.9, »Sonstige Funktionen«, vor.

6.2.1 Die Auftragsart

Die Auftragsart ist im Customizing DAS zentrale Steuerungselement für die Auftragsabwicklung. Im Gegensatz zur Meldungsart, bei der das Werk so gut wie keine Rolle spielt, wird bei den Customizing-Funktionen des Auftrags Folgendes unterschieden:

- ob die Customizing-Funktion für die Auftragsart im Allgemeinen gilt, d. h. über alle Werke hinweg
- ob sich die Customizing-Funktion der Auftragsart nur auf ein bestimmtes Werk bezieht

Für jede Auftragsart (ohne konkreten Werksbezug, d. h., die Einstellungen gelten dann für alle Werke) legen Sie im Customizing u. a. Folgendes fest (siehe Abbildung 6.34):

- welche Instandhaltungsleistungsarten für die Auftragsart zugelassen sind
- welche Nummer ein Auftrag erhalten soll
- wie Sie einen Auftrag abrechnen möchten
- wie der Auftrag mit der Meldung integriert werden soll

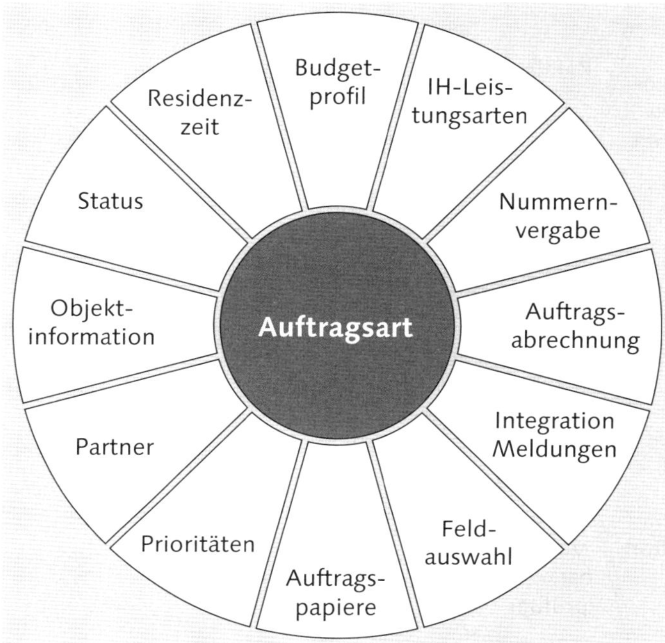

Abbildung 6.34 Customizing-Funktionen pro Auftragsart

- welche Felder Sie eingeben möchten
- welche Auftragspapiere gedruckt werden sollen
- mit welchen Prioritäten Sie im Auftrag arbeiten möchten
- welche Partner Sie einem Auftrag zuordnen möchten
- welcher Objektinformationsschlüssel verwendet werden soll
- wie lange Sie einen Auftrag im System halten wollen
- welchen Einfluss Budgets haben sollen
- welches Statusschema verwendet werden soll

Für jede Auftragsart, die nur für ein bestimmtes Werk gelten soll (mit Werksbezug), legen Sie im Customizing u. a. Folgendes fest (siehe Abbildung 6.35):

- wie das Bildschirmlayout aussehen soll
- wie der Zugriff auf die Adressdaten für die Anlieferadresse erfolgen soll
- welche Werte für Beschaffungsvorgänge vorgeschlagen werden sollen
- wie Sie auf Arbeitspläne zugreifen möchten
- wie Sie die Aufträge terminieren möchten

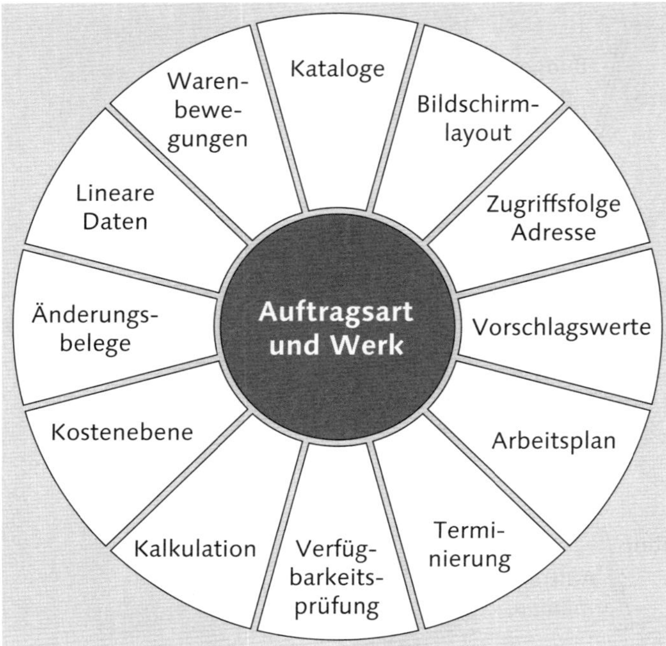

Abbildung 6.35 Customizing-Funktionen pro Auftragsart und Werk

- wie Verfügbarkeitsprüfungen durchgeführt werden sollen
- wie Sie die Aufträge vor- und nachkalkulieren wollen
- ob Sie die Kosten auf Kopf- oder auf Vorgangsebene ausweisen möchten
- für welche Änderungen Änderungsbelege erstellt werden sollen
- ob Sie im Auftrag lineare Daten ausweisen wollen
- welche Warenbewegungen dokumentiert werden sollen
- welche elektronischen Teilekataloge Sie anbinden möchten

[+]

Abstimmung unter den Werken

In Bezug auf die Customizing-Funktionen der Auftragsart ohne Werksbezug müssen Sie sich mit Ihren Kollegen in den beteiligten Werken abstimmen.

Sollte das nicht gelingen, sollten Sie sich also z. B. nicht über die Nummernkreise der Aufträge einigen, müssten Sie grundsätzlich werksbezogene Auftragsarten definieren.

Im Folgenden erläutere ich Ihnen nun die grundlegenden Customizing-Funktionen zum Einrichten einer Auftragsart.

Auftragsarten einrichten

Mit dieser Customizing-Funktion definieren Sie die Auftragsart und legen einige grundsätzliche Parameter fest.

Voraussetzungen

Da die Auftragsarten nicht nur von der Instandhaltung, sondern auch von anderen Fachbereichen mit ihren entsprechenden SAP-Applikationen benutzt werden (siehe Abbildung 6.36), müssen Sie sich mit Ihren Kollegen über die Nomenklatur und die Nummernkreise der Auftragsarten abstimmen.

Aus diesen verschiedenen Applikationen resultieren die sogenannten *Auftragstypen*. Jede Auftragsart muss einem Auftragstyp zugewiesen werden. Diese wiederum sind von SAP fest vorgegeben. Folgende Auftragstypen gibt es:

- 01 – Innerbetrieblicher Auftrag (Controlling)
- 02 – Abgrenzungsauftrag (Controlling)
- 03 – Musterauftrag (Controlling)
- 04 – CO-Fertigungsauftrag
- 05 – Produktkostensammler
- 06 – QM-Auftrag
- 10 – PPS-Fertigungsauftrag
- 20 – Netzplan
- 30 – Service- und Instandhaltungsauftrag
- 40 – Prozessauftrag
- 50 – Prüflos
- 60 – Personalauftrag
- 70 – Versandtermine

Customizing-Pfad

Instandhaltung und Kundenservice • Instandhaltungs- und Serviceabwicklung • Instandhaltungs- und Serviceaufträge • Funktionen und Einstellungen der Auftragsarten • Auftragsarten einrichten

Transaktion

OIDA

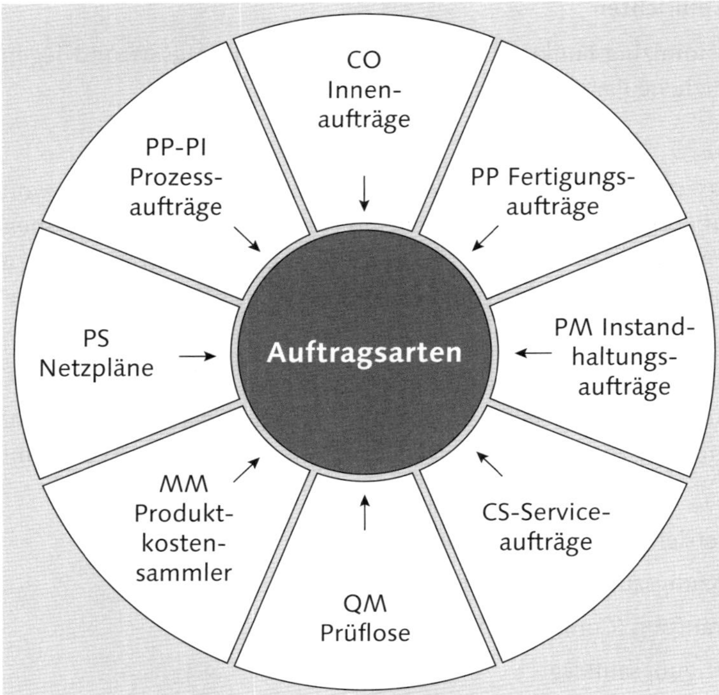

Abbildung 6.36 Aufträge – Auftragstypen und Auftragsarten

Einstellungen bzw. empfohlene Einstellungen

Bei der Festlegung, welche Auftragsarten Sie einrichten, sollten Sie sich von den Funktionen leiten lassen, die ich Ihnen im Folgenden vorstellen werde.

[+]

Drei bis sieben Auftragsarten sollten ausreichen

Meiner Erfahrung nach werden normalerweise nur die folgenden Auftragsarten benötigt:

- Instandsetzung
- Wartung und Inspektion
- Investitionen
- Aufarbeitungen (wenn genutzt)
- Kalibrierung von Prüf- und Messmitteln (wenn genutzt)
- Pool Asset Management (wenn genutzt)
- Fremdabwicklung (optional)

Verfeinerungen und Unterteilungen können Sie mit den Instandhaltungsleistungsarten vornehmen.

Mit dieser Customizing-Funktion können Sie folgende Einstellungen vornehmen (siehe Abbildung 6.37):

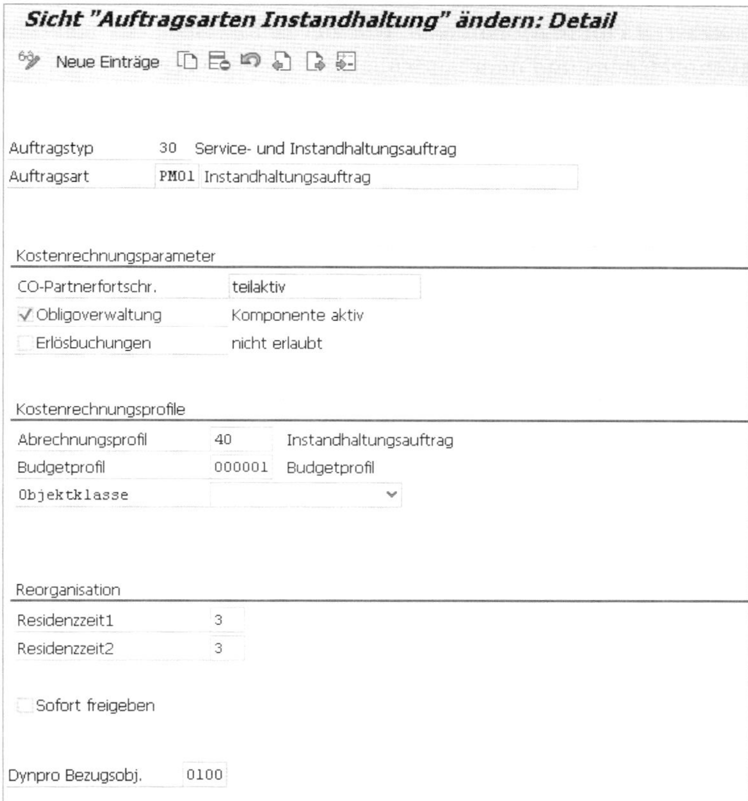

Abbildung 6.37 Auftrag – Auftragsart

- Für die AUFTRAGSART legen Sie Nomenklatur und Bezeichnung fest.
- Die Zuordnung zum AUFTRAGSTYP 30 (Service- und Instandhaltungsauftrag) wird in dieser Customizing-Funktion automatisch vorgenommen.
- Über den Schalter OBLIGOVERWALTUNG definieren Sie, ob Sie auf Basis der Plankosten des Auftrags ein sogenanntes *Auftragsobligo* bilden möchten.
- Das ABRECHNUNGSPROFIL gibt an, wie der Auftrag abgerechnet werden soll (Näheres dazu erfahren Sie in Abschnitt 6.2.6, »Schätzkosten und Kalkulation«).
- Das BUDGETPROFIL gibt an, ob und – wenn ja – wie eine Budgetverfügbarkeitsprüfung durchgeführt werden soll (Näheres dazu erfahren Sie ebenfalls in Abschnitt 6.2.6).

- Die RESIDENZZEIT 1 gibt in Monaten an, wie viel Zeit zwischen dem manuellen Setzen der Löschvormerkung und dem automatisch von der Archivierung zu setzenden Löschkennzeichen vergehen soll.
- Die RESIDENZZEIT 2 gibt in Monaten an, wie viel Zeit zwischen dem Setzen des Löschkennzeichens und dem tatsächlichen Löschen vergehen soll.
- Der Schalter SOFORT FREIGEBEN zieht nur, wenn der Auftrag entweder automatisch aus einem Wartungsplan abgerufen wird oder wenn er aus einer Meldung heraus generiert wird. Er bewirkt, dass in diesen beiden Fällen im Auftrag anstelle des Status EROF (= eröffnet) sofort der Status FREI (= freigegeben) gesetzt wird.
- Über das DYNPRO BEZUGSOBJEKT steuern Sie, welches Bezugsobjekt im Auftragskopf eingetragen werden kann (z. B. O100 = Technischer Platz, Equipment und Baugruppe).

Auftragsarten den Planungswerken zuordnen

Damit Sie eine Auftragsart in einem Planungswerk verwenden können, müssen Sie die Auftragsart über diese Customizing-Funktion für das Werk verfügbar machen.

Voraussetzungen

Die Auftragsart und das Werk müssen definiert sein.

Customizing-Pfad

INSTANDHALTUNG UND KUNDENSERVICE • INSTANDHALTUNGS- UND SERVICEABWICKLUNG • INSTANDHALTUNGS- UND SERVICEAUFTRÄGE • FUNKTIONEN UND EINSTELLUNGEN DER AUFTRAGSARTEN • AUFTRAGSARTEN DEN PLANUNGSWERKEN ZUORDNEN

Transaktion

OIOD

Einstellungen bzw. empfohlene Einstellungen

Erzeugen Sie Einträge, die festlegen, welche Auftragsart in welchem Werk genutzt werden soll.

[+] **Auf vollständige Zuordnung achten**

Diese Auflistung muss vollständig sein, ansonsten können Sie die Auftragsart im Werk nicht nutzen.

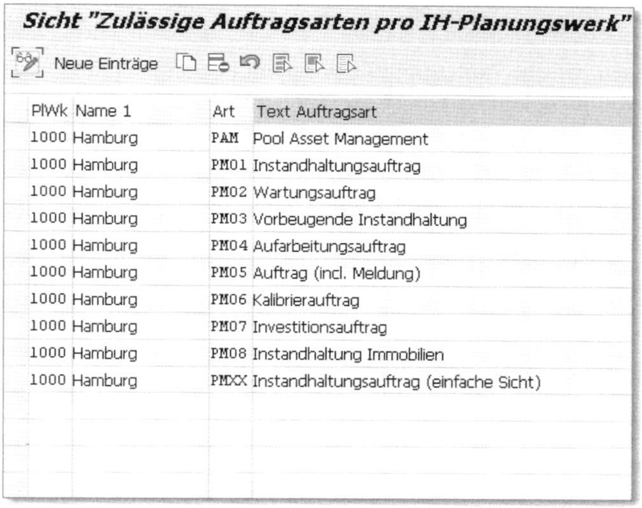
Sicht "Zulässige Auftragsarten pro IH-Planungswerk"

Neue Einträge

PlWk	Name 1	Art	Text Auftragsart
1000	Hamburg	PAM	Pool Asset Management
1000	Hamburg	PM01	Instandhaltungsauftrag
1000	Hamburg	PM02	Wartungsauftrag
1000	Hamburg	PM03	Vorbeugende Instandhaltung
1000	Hamburg	PM04	Aufarbeitungsauftrag
1000	Hamburg	PM05	Auftrag (incl. Meldung)
1000	Hamburg	PM06	Kalibrierauftrag
1000	Hamburg	PM07	Investitionsauftrag
1000	Hamburg	PM08	Instandhaltung Immobilien
1000	Hamburg	PMXX	Instandhaltungsauftrag (einfache Sicht)

Abbildung 6.38 Auftrag – Auftragsart Planungswerken zuordnen

Vorschlagswert des Planungskennzeichens pro Auftragsart festlegen

Mit dieser Customizing-Funktion legen Sie pro Auftragsart einen Vorschlagswert für das Auftragsplanungskennzeichen fest. Das Auftragsplanungskennzeichen dient ausschließlich zur Selektion und zur Durchführung statistischer Auswertungen im Logistikinformationssystem. Das Auftragsplanungskennzeichen hat keinerlei steuernde Auswirkungen.

Voraussetzungen

Die Auftragsarten müssen definiert sein.

Customizing-Pfad

INSTANDHALTUNG UND KUNDENSERVICE • INSTANDHALTUNGS- UND SERVICEABWICKLUNG • INSTANDHALTUNGS- UND SERVICEAUFTRÄGE • FUNKTIONEN UND EINSTELLUNGEN DER AUFTRAGSARTEN • VORSCHLAGSWERT DES PLANUNGSKNZ. PRO AUFTRAGSART FESTLEGEN

Transaktion

OIDS

Einstellungen bzw. empfohlene Einstellungen

Im Logistikinformationssystem gibt es Kennzahlen für die *Anzahl Sofortaufträge, Anzahl geplante Aufträge* und *Anzahl ungeplante Aufträge*.

[+]

Für das Planungskennzeichen gibt keine feste Vorschrift

Es bleibt Ihnen überlassen, welche Auftragsart Sie welchem Planungskennzeichen zuordnen sollen. Die Zuordnung könnte z. B. so aussehen:

- Allen Auftragsarten zur Wartung und Inspektion ordnen Sie das Planungskennzeichen GEPLANTER AUFTRAG zu.
- Allen Auftragsarten für die Störungsbehebung ordnen Sie das Planungskennzeichen SOFORTAUFTRAG zu.
- Allen sonstigen Auftragsarten ordnen Sie das Planungskennzeichen UNGEPLANTER AUFTRAG zu.

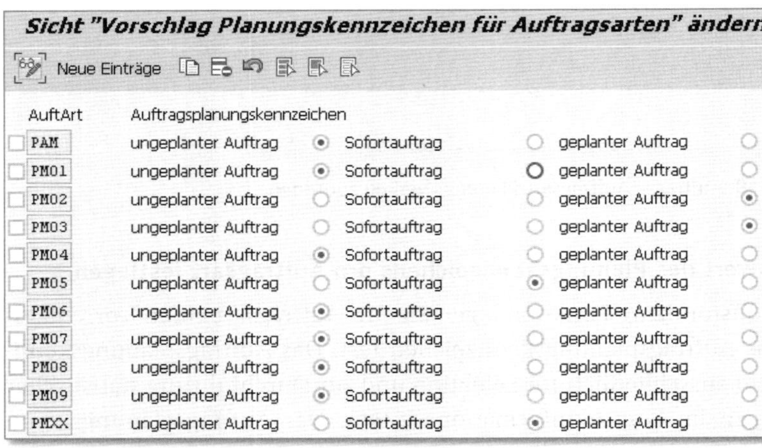
Sicht "Vorschlag Planungskennzeichen für Auftragsarten" ändern

Neue Einträge

AuftArt	Auftragsplanungskennzeichen					
PAM	ungeplanter Auftrag	(•)	Sofortauftrag	( )	geplanter Auftrag	( )
PM01	ungeplanter Auftrag	(•)	Sofortauftrag	( )	geplanter Auftrag	( )
PM02	ungeplanter Auftrag	( )	Sofortauftrag	( )	geplanter Auftrag	(•)
PM03	ungeplanter Auftrag	( )	Sofortauftrag	( )	geplanter Auftrag	(•)
PM04	ungeplanter Auftrag	(•)	Sofortauftrag	( )	geplanter Auftrag	( )
PM05	ungeplanter Auftrag	( )	Sofortauftrag	(•)	geplanter Auftrag	( )
PM06	ungeplanter Auftrag	(•)	Sofortauftrag	( )	geplanter Auftrag	( )
PM07	ungeplanter Auftrag	(•)	Sofortauftrag	( )	geplanter Auftrag	( )
PM08	ungeplanter Auftrag	(•)	Sofortauftrag	( )	geplanter Auftrag	( )
PM09	ungeplanter Auftrag	(•)	Sofortauftrag	( )	geplanter Auftrag	( )
PMXX	ungeplanter Auftrag	( )	Sofortauftrag	(•)	geplanter Auftrag	( )

Abbildung 6.39 Auftrag – Planungskennzeichen

Meldungs- und Auftragsintegration definieren

Mit dieser Customizing-Funktion legen Sie Folgendes fest:

- ob Sie Meldungs- und Auftragsdaten in einem Bild pflegen wollen
- ob Sie automatisch bei der Auftragserfassung eine Meldung anlegen wollen
- ob der Langtext des Meldungskopfes automatisch in den Auftragskopf übernommen werden soll, wenn aus der Meldung ein Auftrag erzeugt wird
- ob und in welchem Umfang Sie die Zuordnung von Vorgängen zu Objektlisteneinträgen des Auftrags zulassen

Voraussetzungen

Die Auftragsarten und Meldungsarten müssen definiert sein.

Customizing-Pfad

Instandhaltung und Kundenservice • Instandhaltungs- und Serviceabwicklung • Instandhaltungs- und Serviceaufträge • Funktionen und Einstellungen der Auftragsarten • Meldungs- und Auftragsintegration definieren

Einstellungen bzw. empfohlene Einstellungen

Folgende Einstellungen stehen Ihnen pro Auftragsart zur Verfügung (siehe Abbildung 6.40):

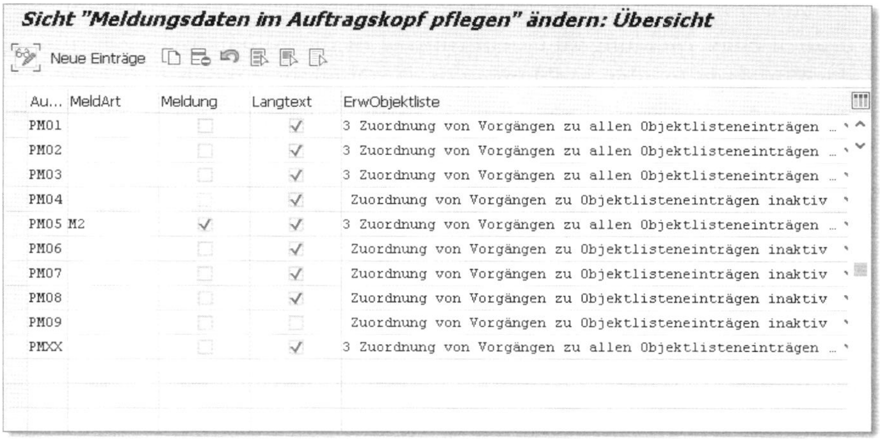

Sicht "Meldungsdaten im Auftragskopf pflegen" ändern: Übersicht

Neue Einträge

Au...	MeldArt	Meldung	Langtext	ErwObjektliste
PM01		☐	✓	3 Zuordnung von Vorgängen zu allen Objektlisteneinträgen ...
PM02		☐	✓	3 Zuordnung von Vorgängen zu allen Objektlisteneinträgen ...
PM03		☐	✓	3 Zuordnung von Vorgängen zu allen Objektlisteneinträgen ...
PM04		☐	✓	Zuordnung von Vorgängen zu Objektlisteneinträgen inaktiv
PM05	M2	✓	✓	3 Zuordnung von Vorgängen zu allen Objektlisteneinträgen ...
PM06		☐	✓	Zuordnung von Vorgängen zu Objektlisteneinträgen inaktiv
PM07		☐	✓	Zuordnung von Vorgängen zu Objektlisteneinträgen inaktiv
PM08		☐	✓	Zuordnung von Vorgängen zu Objektlisteneinträgen inaktiv
PM09		☐	☐	Zuordnung von Vorgängen zu Objektlisteneinträgen inaktiv
PMXX		☐	✓	3 Zuordnung von Vorgängen zu allen Objektlisteneinträgen ...

Abbildung 6.40 Aufträge – Auftrags-/Meldungsintegration

- Wenn Sie den Schalter Meldung aktivieren, können Sie zum einen Auftrags- und Meldungsdaten in einem Bildschirm pflegen, und zum anderen wird, wenn Sie einen Auftrag direkt anlegen, im Hintergrund automatisch eine Meldung mit angelegt.
- Die Meldungsart der automatisch generierten Meldung geben Sie in der Spalte MeldArt an.
- Wenn Sie den Schalter Langtext aktivieren, dann wird der Langtext des Meldungskopfes in den Langtext des Auftrags zum Zeitpunkt der Auftragserzeugung übertragen. Allerdings werden nachträgliche Änderungen am Meldungslangtext nicht mehr übernommen.

Über den Eintrag in der Spalte ErwObjektliste steuern Sie die automatische Zuordnung von Vorgängen zu Objektlisteneinträgen (z. B. Meldung, Equipment, Technischer Platz), wenn eine Meldung einem Auftrag zugeordnet wird. Folgende Einstellungen stehen Ihnen zur Verfügung:

- blank = Zuordnung von Vorgängen zu Objektlisteneinträgen inaktiv: Die erweiterten Funktionen für die Objektliste sind inaktiv, d. h., eine Zuordnung der Vorgänge des Auftrags zu Einträgen in der Objektliste ist nicht möglich.
- 1 = Zuordnung von Vorgängen zu Wartungsmeldungen aktiv: Beim Zuordnen einer Meldung zu einem Auftrag ist die automatische Zuordnung der Vorgänge nur zu Meldungen in der Objektliste möglich, die aus Wartungsplänen erzeugt wurden. Sie können sich die einer Meldung zugeordneten Vorgänge anzeigen lassen.
- 2 = Zuordnung von Vorgängen zu allen Meldungen aktiv: Beim Zuordnen einer Meldung zu einem Auftrag ist die automatische Zuordnung der Vorgänge zu allen Meldungen in der Objektliste möglich, d. h. zu manuell angelegten Meldungen und zu Wartungsplanmeldungen. Sie können sich die einer Meldung zugeordneten Vorgänge anzeigen lassen.
- 3 = Zuordnung von Vorgängen zu allen Objektlisteneinträgen aktiv: Die automatische Zuordnung von Vorgängen ist zu jedem beliebigen Objektlisteneintrag möglich (z. B. zu Meldungen, Equipments oder Technischen Plätzen).

Vorschlagswerte für Steuerschlüssel Auftragsarten pflegen

In Abschnitt 3.4, »Arbeitsplätze«, habe ich Ihnen die Funktionsweise und die Funktion des Steuerschlüssels erläutert. Mit dieser Customizing-Funktion definieren Sie, bei welcher Auftragsart welcher Steuerschlüssel vorgeschlagen werden soll, wenn im Arbeitsplatz kein Steuerschlüssel hinterlegt ist. Wenn im Arbeitsplatz ein Steuerschlüssel hinterlegt ist, hat dieser Vorrang.

Voraussetzungen
Die Werke, Auftragsarten und Steuerschlüssel müssen definiert sein.

Customizing-Pfad
Instandhaltung und Kundenservice • Instandhaltungs- und Serviceabwicklung • Instandhaltungs- und Serviceaufträge • Funktionen und Einstellungen der Auftragsarten • Steuerschlüssel • Vorschlagswerte für Steuerschlüssel Auftragsarten pflegen

Transaktion
OIO6

Einstellungen bzw. empfohlene Einstellungen

Definieren Sie, in welchem Werk bei welcher Auftragsart welcher Steuerschlüssel vorgeschlagen werden soll (siehe Abbildung 6.41).

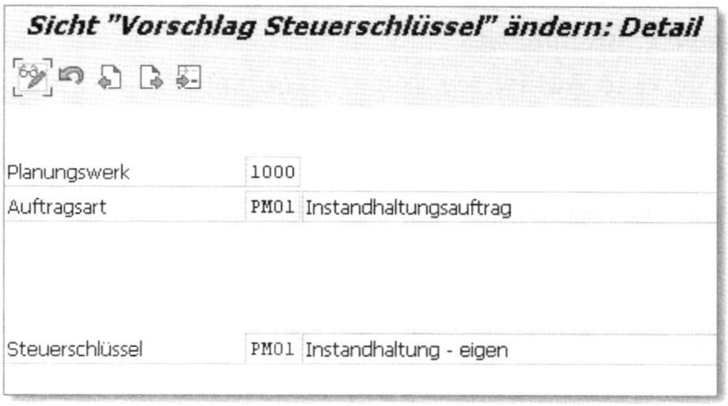

Abbildung 6.41 Auftrag – Vorschlag Steuerschlüssel

Customizing-Funktionen zur IH-Leistungsart

Mit diesen Customizing-Funktionen definieren Sie die Instandhaltungsleistungsarten und ordnen sie den Auftragsarten zu.

Die Instandhaltungsleistungsarten dienen einer weiteren Verfeinerung der Auftragsarten. Die Instandhaltungsleistungsart hat folgende Funktionen:

- Sie können die Kosten im Logistikinformationssystem gliedern, d. h., Sie können die Instandhaltungskosten anhand der Instandhaltungsleistungsarten verdichten.
- Sie kennzeichnen, ob es sich um einen Garantiefall oder Versicherungsfall handelt.
- Außerdem dient Ihnen die Instandhaltungsleistungsart als wichtiges Selektionskriterium bei den Auftragslisten.

Voraussetzungen

Die Auftragsarten müssen definiert sein.

Customizing-Pfad

Instandhaltung und Kundenservice • Instandhaltungs- und Serviceabwicklung • Instandhaltungs- und Serviceaufträge • Funktionen und Einstellungen der Auftragsarten • IH-Leistungsart • IH-Leistungsarten festlegen bzw. IH-Auftragsarten zulässige IH-Leistungsarten zuordnen bzw. Vorschlagswerte IH-Leistungsart pro Auftragsart

Transaktion
OIO5 für zulässige Auftragsarten pro IH-Leistungsart

OIO4 für Vorschlagswert pro Auftragsart

Einstellungen bzw. empfohlene Einstellungen
In Abbildung 6.42 sehen Sie eine Auflistung von Instandhaltungsleistungsarten, wie sie in meinen Projekten häufiger eingerichtet worden sind.

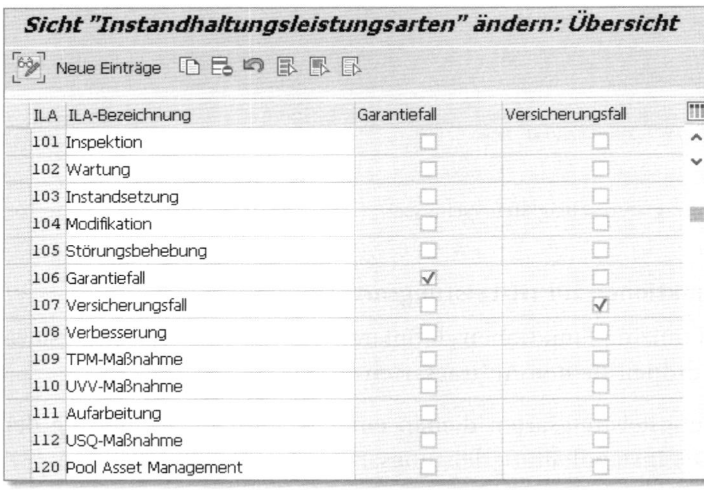

ILA	ILA-Bezeichnung	Garantiefall	Versicherungsfall
101	Inspektion	☐	☐
102	Wartung	☐	☐
103	Instandsetzung	☐	☐
104	Modifikation	☐	☐
105	Störungsbehebung	☐	☐
106	Garantiefall	☑	☐
107	Versicherungsfall	☐	☑
108	Verbesserung	☐	☐
109	TPM-Maßnahme	☐	☐
110	UVV-Maßnahme	☐	☐
111	Aufarbeitung	☐	☐
112	USQ-Maßnahme	☐	☐
120	Pool Asset Management	☐	☐

Abbildung 6.42 Auftrag – IH-Leistungsarten

[+]

Vier bis zehn Instandhaltungsleistungsarten sollten ausreichen

Sie sollten auf jeden Fall die vier Instandhaltungsarten nach DIN 31051 abbilden:

- Instandsetzung
- Inspektion
- Wartung
- Verbesserung

Falls diese Prozesse bei Ihnen im Einsatz sind, benötigen Sie auch:

- Aufarbeitung
- Pool Asset Management
- Kalibrierung

Weitere Instandhaltungsleistungsarten verwenden Sie bei Bedarf.

Mit der Customizing-Funktion IH-AUFTRAGSARTEN ZULÄSSIGE IH-LEISTUNGSARTEN ZUORDNEN legen Sie dann fest, bei welchen Auftragsarten welche

Instandhaltungsleistungsarten zulässig sind (siehe Abbildung 6.43). Andere Instandhaltungsleistungsarten können Sie dann bei der jeweiligen Auftragsart nicht auswählen.

Sicht "Zulässige IH-Leistungsarten pro Auftragsart" ändern

Neue Einträge

Art	Text Auftragsart	ILA	ILA-Bezeichnung
PAM	Pool Asset Management	120	Pool Asset Management
PM01	Instandhaltungsauftrag	101	Inspektion
PM01	Instandhaltungsauftrag	102	Wartung
PM01	Instandhaltungsauftrag	103	Instandsetzung
PM01	Instandhaltungsauftrag	105	Störungsbehebung
PM01	Instandhaltungsauftrag	106	Garantiefall
PM01	Instandhaltungsauftrag	107	Versicherungsfall
PM01	Instandhaltungsauftrag	108	Verbesserung
PM01	Instandhaltungsauftrag	109	TPM-Maßnahme
PM01	Instandhaltungsauftrag	110	UVV-Maßnahme
PM01	Instandhaltungsauftrag	112	USQ-Maßnahme
PM02	Wartungsauftrag	101	Inspektion
PM02	Wartungsauftrag	102	Wartung

Abbildung 6.43 Auftrag – IH-Leistungsarten pro Auftragsart

Mit der Customizing-Funktion VORSCHLAGSWERTE IH-LEISTUNGSART PRO AUFTRAGSART legen Sie schließlich fest, welche Instandhaltungsleistungsart bei welcher Auftragsart vorgeschlagen werden soll (siehe Abbildung 6.44). Sie können nur eine Instandhaltungsleistungsart vorschlagen lassen, die Sie vorher der Auftragsart auch zugewiesen haben.

Sicht "Vorschlag IH-Leistungsart f. Auftragsarten" ändern

Neue Einträge

Art	Auftragsart-Bezeichnung	ILA	ILA-Bezeichnung
PAM	Pool Asset Management	120	Pool Asset Management
PM01	Instandhaltungsauftrag	103	Instandsetzung
PM02	Wartungsauftrag	102	Wartung
PM03	Vorbeugende Instandhaltung	102	Wartung
PM04	Aufarbeitungsauftrag	111	Aufarbeitung
PM05	Auftrag (incl. Meldung)	103	Instandsetzung
PM06	Kalibrierauftrag	102	Wartung
PM07	Investitionsauftrag	104	Modifikation

Abbildung 6.44 Auftrag – Vorschlagswerte IH-Leistungsarten pro Auftragsart

Customizing-Funktionen zur einfachen Auftragssicht

Mit den Customizing-Funktionen zur einfachen Auftragssicht definieren Sie mit den sogenannten *Sichtenprofilen* das Bildschirmlayout der Aufträge und weisen es den Auftragsarten pro Werk zu.

Voraussetzungen
Die Werke und Auftragsarten müssen definiert sein.

Customizing-Pfad
INSTANDHALTUNG UND KUNDENSERVICE • INSTANDHALTUNGS- UND SERVICEABWICKLUNG • INSTANDHALTUNGS- UND SERVICEAUFTRÄGE • FUNKTIONEN UND EINSTELLUNGEN DER AUFTRAGSARTEN • EINFACHE AUFTRAGSSICHT • SICHTENPROFILE DEFINIEREN bzw. SICHTENPROFILE AUFTRAGSARTEN ZUORDNEN

Einstellungen bzw. empfohlene Einstellungen
Mit der Customizing-Funktion SICHTENPROFILE DEFINIEREN legen Sie den Namen und die Bezeichnung des Sichtenprofils fest (siehe Abbildung 6.45).

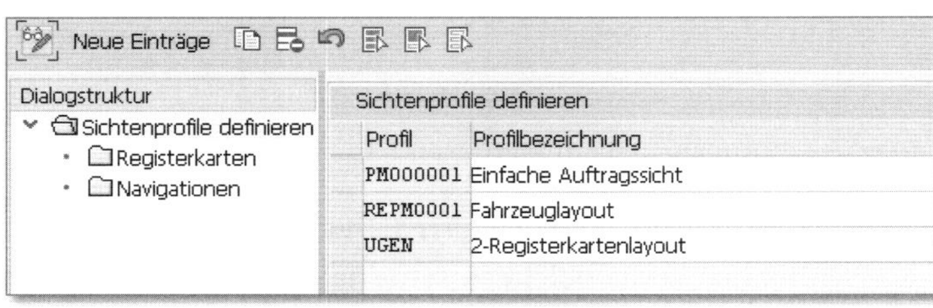

Abbildung 6.45 Auftrag – Sichtenprofile – Übersicht

Mit der Unterfunktion REGISTERKARTEN bestimmen Sie dann die Registerkarten, die das Sichtenprofil enthalten soll (siehe Abbildung 6.46):

Bei der Definition der Registerkarten beachten Sie bitte Folgendes:

- Die Nummer der Registerkarte dient als Sortierschlüssel für die Reihenfolge, in der die Registerkarten angezeigt werden.
- Einer Registerkarte können Sie maximal acht Bildbereiche zuordnen. Die Reihenfolge, in der die Bildbereiche zugeordnet werden, bestimmt auch die Reihenfolge, in der sie auf der Registerkarte angezeigt werden.
- Es gibt Bildbereiche, die eine ganze Registerkarte einnehmen (Vollbild). Diese Bildbereiche müssen Sie immer im Feld für den Bildbereich 1 eintragen.

- Außerdem haben Sie die Möglichkeit, jeder Registerkarte ein Icon zuzuordnen. Hier haben Sie die Auswahl aus über 1.000 Icons.

Abbildung 6.46 Auftrag – Sichtenprofil – Detail

Tabelle 6.2 zeigt die Bildbereiche, die Ihnen zur Verfügung stehen:

ID	Bildbereich
001	Zuständigkeiten
002	Bezugsobjekt
003	Termine (Übersicht)
004	Termine (erweitert)
005	Kopflangtext als OCX-Fenster (23 Zeilen)
006	Kopflangtext als OCX-Fenster (zehn Zeilen)
007	Vorgangsdetails (mit Registern)
008	Vorgangsdetails, ausgewählte Felder
010	Partnerübersicht (groß)
011	Partnerübersicht (klein)
012	Adressen
014	Meldungsdaten
015	Lineare Daten
021	Kostenübersicht
023	Anlagenzustand und Planungskennzeichen
024	Organisation
025	Parameter, Administrative Daten, Reservierung/BANF-Kennzeichen
026	Standortdaten
028	Kontierung

Tabelle 6.2 Bildbereiche

ID	Bildbereich
033	Vorgänge (Vollbild)
034	Vorgänge (als Subscreen, 15 Zeilen)
035	Vorgänge (als Subscreen, sechs Zeilen)
040	Komponenten (Vollbild)
041	Komponenten (als Subscreen, 15 Zeilen)
042	Komponenten (als Subscreen, sechs Zeilen)
050	Objektliste
090	Kundenerweiterung
091	Kundenerweiterung Vollbild

Tabelle 6.2 Bildbereiche (Forts.)

[+]

Registerkarte aktiv setzen

Vergessen Sie nicht, die Registerkarte zu aktivieren, indem Sie den Schalter REG. AKTIV setzen. Ansonsten ist die Registerkarte zwar definiert, wird aber nicht angezeigt.

Mit der Unterfunktion NAVIGATIONEN legen Sie fest, mit welcher Drucktaste auf welche der von Ihnen definierten Registerkarten gesprungen werden soll (siehe Abbildung 6.47).

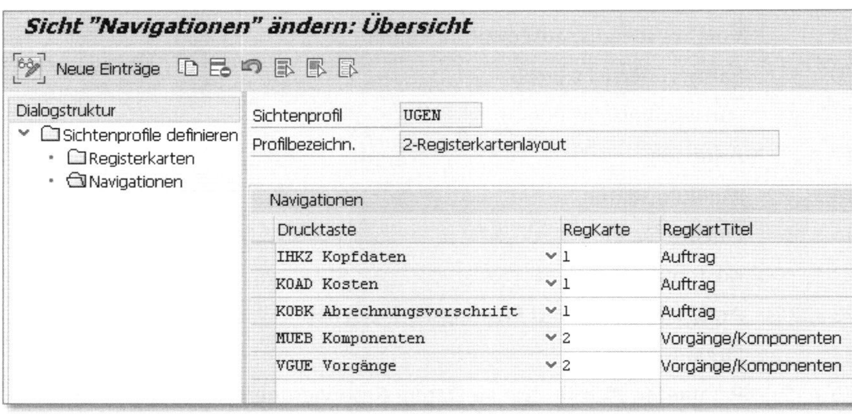

Abbildung 6.47 Auftrag – Sichtenprofil Navigation

Mit der Customizing-Funktion SICHTENPROFILE AUFTRAGSARTEN ZUORDNEN legen Sie schließlich fest, bei welcher Auftragsart in welchem Werk welches Sichtenprofil genutzt werden soll (siehe Abbildung 6.48).

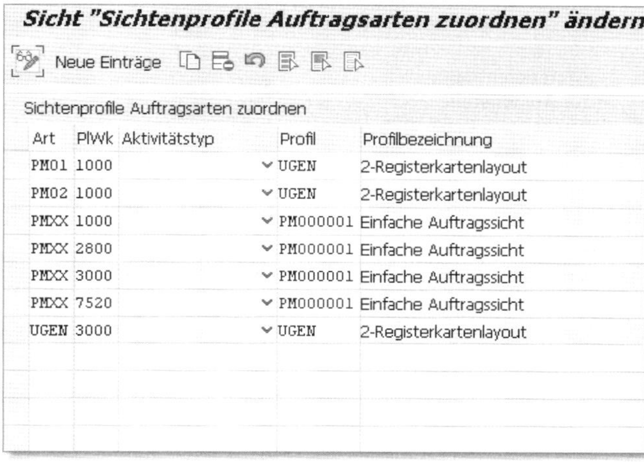

Art	PlWk	Aktivitätstyp	Profil	Profilbezeichnung
PM01	1000		UGEN	2-Registerkartenlayout
PM02	1000		UGEN	2-Registerkartenlayout
PMXX	1000		PM000001	Einfache Auftragssicht
PMXX	2800		PM000001	Einfache Auftragssicht
PMXX	3000		PM000001	Einfache Auftragssicht
PMXX	7520		PM000001	Einfache Auftragssicht
UGEN	3000		UGEN	2-Registerkartenlayout

Abbildung 6.48 Auftrag – Sichtenprofil Auftragsarten zuordnen

Sichtenprofile pro Auftragsart und Werk [+]

Über die Sichtenprofile erreichen Sie, dass die verschiedenen Werke ihr eigenes Bildschirmlayout für die gleiche Auftragsart verwenden können.

6.2.2 Materialplanung

Um die Customizing-Funktionen zum Material etwas übersichtlicher zu gestalten, habe ich sie in drei Gruppen zusammengefasst:

- Verfügbarkeitsprüfung
- Kataloge
- sonstige Materialfunktionen

Customizing-Funktionen zur Verfügbarkeitsprüfung

Das System führt immer eine dynamische Verfügbarkeitsprüfung durch; bei dieser wird geprüft, ob zum Bedarfstermin (also bei der Durchführung des Auftrags) eine ausreichende Menge des benötigten Materials im Werk vorhanden ist. Abbildung 6.49 verdeutlicht, wie sich der aktuelle Lagerbestand, ausgehend vom Tagesdatum, unter der Berücksichtigung von Sicherheitsbeständen durch Bestandsbewegungen (geplante Zugänge, geplante Abgänge, geplante Umlagerungen) bis zum Bedarfstermin verändern kann. Zum Bedarfstermin wird die sogenannte *ATP-Menge* (ATP = Available to Promise) ermittelt.

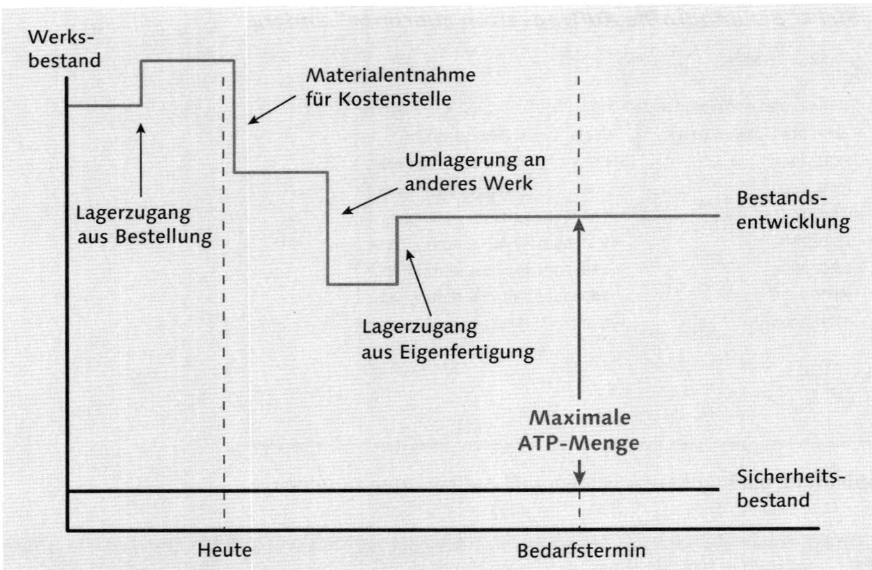

Abbildung 6.49 Aufträge – Verfügbarkeitsprüfung

Den Zusammenhang zwischen Customizing-Funktionen und Verfügbarkeitsprüfung zeigt Ihnen Abbildung 6.50:

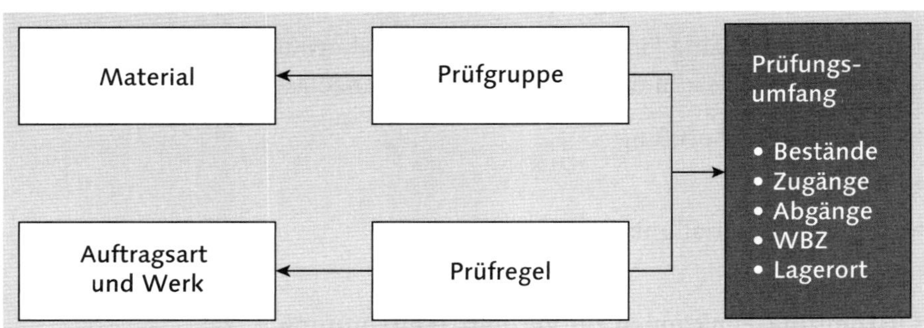

Abbildung 6.50 Verfügbarkeitsprüfung – Überblick

- Sie definieren im Customizing die *Prüfgruppe*.
- Diese ordnen Sie dem Materialstamm in der Sicht *Disposition* zu.
- Sie definieren im Customizing die *Prüfregel*.
- Diese ordnen Sie im Customizing einer Auftragsart pro Werk zu.
- Sie definieren im Customizing den *Prüfungsumfang* in Abhängigkeit von Prüfgruppe und Prüfregel.

Prüfregeln definieren

Mit dieser Customizing-Funktion definieren Sie die Prüfregel.

Voraussetzungen

Es sind keine spezifischen Voraussetzungen nötig.

Customizing-Pfad

INSTANDHALTUNG UND KUNDENSERVICE • INSTANDHALTUNGS- UND SERVICEABWICKLUNG • INSTANDHALTUNGS- UND SERVICEAUFTRÄGE • FUNKTIONEN UND EINSTELLUNGEN DER AUFTRAGSARTEN • VERFÜGBARKEITSPRÜFUNG FÜR MATERIALIEN, FHM UND KAPAZITÄTEN • PRÜFREGELN DEFINIEREN

Einstellungen bzw. empfohlene Einstellungen

Abbildung 6.51 zeigt Ihnen eine Übersicht von Prüfregeln. Definieren Sie Namen und Bezeichnung der Prüfregel.

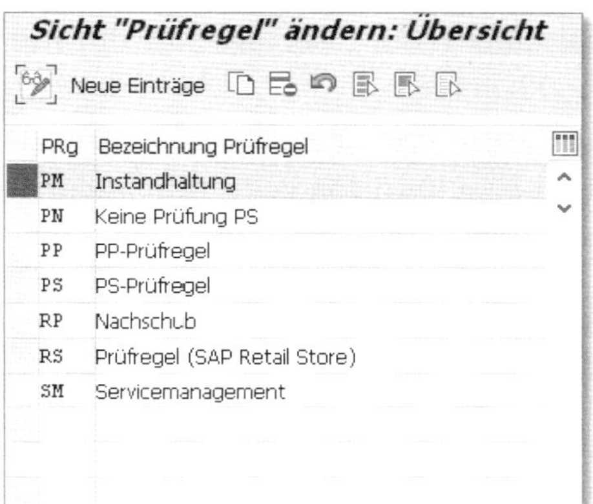

Abbildung 6.51 Auftrag – Prüfregel

Eigene Prüfregel für die Instandhaltung **[+]**

Legen Sie sich eine Prüfregel an, die Sie dann später ausschließlich für Instandhaltungsmaterialien nutzen werden. Hinter der Prüfregel steht zunächst keine weitere Funktion.

Prüfungssteuerung definieren

Mit dieser Customizing-Funktion definieren Sie pro Auftragsart, Werk und Vorgang, welche Prüfregel Sie für die Verfügbarkeitsprüfung verwenden möchten.

Voraussetzungen
Werke, Auftragsarten und Prüfregel müssen definiert sein.

Customizing-Pfad
Instandhaltung und Kundenservice • Instandhaltungs- und Serviceabwicklung • Instandhaltungs- und Serviceaufträge • Funktionen und Einstellungen der Auftragsarten • Verfügbarkeitsprüfung für Materialien, FHM und Kapazitäten • Prüfungssteuerung definieren

Transaktion
OIOI

Einstellungen bzw. empfohlene Einstellungen
Wie Sie aus Abbildung 6.52 erkennen können, gibt es pro Auftragsart und Werk jeweils zwei Einträge.

- Verfügbarkeitsvorgang 1 bezieht sich auf eröffnete Aufträge, d. h., diese Materialverfügbarkeitsprüfung wird durchgeführt, solange sich der Auftrag noch im Status EROF (= eröffnet) befindet.
- Verfügbarkeitsvorgang 2 greift entweder zu dem Zeitpunkt, zu dem ein Auftrag freigegeben wird, oder wenn eine Verfügbarkeitsprüfung durchgeführt wird, nachdem der Auftrag bereits freigegeben wurde.

Sicht "Steuerung Aufträge" ändern: Übersicht

Neue Einträge

W...	Bezeichnung	Art	Verf...	Text
1000	Hamburg	PM01	1	Prüfung für eröffneten Auftrag
1000	Hamburg	PM01	2	Prüfung für freigegebenen Auft
1000	Hamburg	PM02	1	Prüfung für eröffneten Auftrag
1000	Hamburg	PM02	2	Prüfung für freigegebenen Auft
1000	Hamburg	PM03	1	Prüfung für eröffneten Auftrag
1000	Hamburg	PM03	2	Prüfung für freigegebenen Auft
1000	Hamburg	PM04	1	Prüfung für eröffneten Auftrag
1000	Hamburg	PM04	2	Prüfung für freigegebenen Auft
1000	Hamburg	PM05	1	Prüfung für eröffneten Auftrag
1000	Hamburg	PM05	2	Prüfung für freigegebenen Auft
1000	Hamburg	PM06	1	Prüfung für eröffneten Auftrag
1000	Hamburg	PM06	2	Prüfung für freigegebenen Auft

Abbildung 6.52 Aufträge – Prüfregel für Auftragsart und Werk – Übersicht

Für jeden Eintrag haben Sie folgende Einstellungsmöglichkeiten (siehe Abbildung 6.53):

- Mit dem Schalter Keine Prüfung können Sie die Materialverfügbarkeitsprüfung ausschalten. Alle weiteren Einträge haben dann keine Auswirkungen.
- Das Kennzeichen Status ist nur beim Verfügbarkeitsvorgang 2 vorhanden, und darüber steuern Sie, dass bei einer Prüfung vor der Freigabe lediglich festgestellt wird, ob der *Systemstatus* FMAT (= Fehlmaterial) aktiv ist. Mit dem Kennzeichen können Sie verhindern, dass bei jedem Sichern des Auftrags eine neue *Verfügbarkeitsprüfung* angestoßen wird. Sie verringern damit die Systembelastung.
- Mit dem Schalter Materialverfügbarkeit prüfen beim Sichern Auftrag bewirken Sie, dass nach allen materialrelevanten Änderungen des Auftrags (z. B. neue Komponenten, veränderter Termin, neue Menge) die Materialverfügbarkeitsprüfung automatisch beim Sichern des Auftrags durchgeführt wird.
- Bei der Prüfregel tragen Sie die von Ihnen definierte Prüfregel für die Instandhaltung ein.
- Die Art der Komponentenprüfung ist immer ATP-Prüfung, d. h. eine dynamische Verfügbarkeitsprüfung auf den Bedarfstermin der Komponente.
- Beim Kennzeichen Freigabe Material haben Sie folgende Möglichkeiten:

  1 – Freigabe durch Benutzerentscheidung bei fehlendem Material

  2 – Freigabe, obwohl keine Materialverfügbarkeit

  3 – keine Freigabe bei fehlendem Material

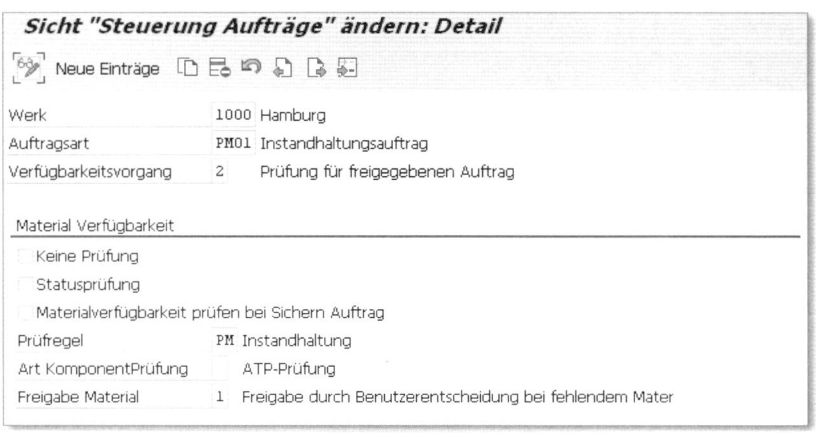

Abbildung 6.53 Aufträge – Prüfregel für Auftragsart und Werk – Detail

[+]

Lassen Sie immer den Benutzer entscheiden

Sie sollten den Schalter FREIGABE MATERIAL immer auf 1 setzen, damit der Planer auf die fehlende Materialverfügbarkeit aufmerksam gemacht wird. Denn nur er kann entscheiden, wie mit einer solchen Situation umzugehen ist, nicht das System.

Prüfgruppe definieren

Mit dieser Customizing-Funktion definieren Sie die Prüfgruppen (siehe Abbildung 6.54).

Voraussetzungen

Es sind keine spezifischen Voraussetzungen nötig.

Customizing-Pfad

PRODUKTION • FERTIGUNGSSTEUERUNG • VORGÄNGE • VERFÜGBARKEITSPRÜFUNG • PRÜFGRUPPE DEFINIEREN

[!]

Prüfgruppe nicht im Menü der Instandhaltung

Die Customizing-Funktion zur Definition von Prüfgruppen finden Sie nicht im Menü der Instandhaltung, sondern im Menü der Produktion.

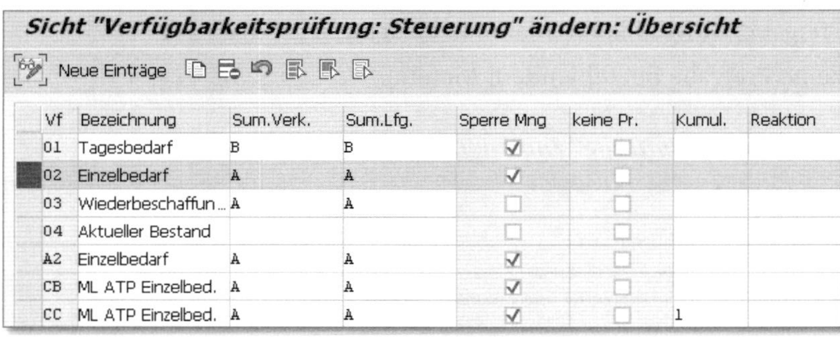

Vf	Bezeichnung	Sum.Verk.	Sum.Lfg.	Sperre Mng	keine Pr.	Kumul.	Reaktion
01	Tagesbedarf	B	B	☑	☐		
02	Einzelbedarf	A	A	☑	☐		
03	Wiederbeschaffun...	A	A	☐	☐		
04	Aktueller Bestand			☐	☐		
A2	Einzelbedarf	A	A	☑	☐		
CB	ML ATP Einzelbed.	A	A	☑	☐		
CC	ML ATP Einzelbed.	A	A	☑	☐	1	

Abbildung 6.54 Aufträge – Prüfgruppe

Transaktion

OVZ2

Einstellungen bzw. empfohlene Einstellungen

Bei der Prüfgruppe haben Sie folgende Möglichkeiten:

- Sie können jeden einzelnen Bedarf prüfen lassen (Eintrag A in den Summen-Spalten).

- Sie können Summensätze pro Tag oder pro Woche bilden lassen (Einträge B–D in den Summen-Spalten).

Lassen Sie jeden einzelnen Bedarf prüfen [+]

Aus Sicht der Instandhaltung macht es keinen Sinn, Summenbedarfe bilden zu lassen. Lassen Sie deshalb über das Summenkennzeichen = A die Materialbedarfe einzeln prüfen.

Sie tragen die Prüfgruppe im Materialstamm ein (siehe Abbildung 6.55). Das Feld gehört zur Bildgruppe Verfügbarkeitsprüfung, und dieses wird meistens in der Sicht Disposition dargestellt.

Abbildung 6.55 Materialstamm – Verfügbarkeitsprüfung

Prüfungsumfang definieren

Mit dieser Customizing-Funktion steuern Sie pro Prüfgruppe und Prüfregel, wie Sie die Verfügbarkeitsprüfung durchführen möchten, d. h., welche Bestandsarten und welche Zu-/Abgänge bei der Prüfung berücksichtigt werden sollen.

Voraussetzungen

Prüfgruppe und Prüfregel müssen definiert sein.

Customizing-Pfad

Instandhaltung und Kundenservice • Instandhaltungs- und Serviceabwicklung • Instandhaltungs- und Serviceaufträge • Funktionen und Einstellungen der Auftragsarten • Verfügbarkeitsprüfung für Materialien, FHM und Kapazitäten • Prüfungsumfang definieren

Transaktion

OPJJ

Einstellungen bzw. empfohlene Einstellungen

Folgende Einstellungen können Sie vornehmen (siehe Abbildung 6.56):

- Auf der linken Seite finden Sie die *Bestandsarten*, die in die Berechnung mit einfließen sollen. Wenn Sie also z. B. möchten, dass Material berücksichtigt werden soll, das sich aktuell im Qualitätsprüfbestand befindet, setzen Sie den Schalter Mit Qualitätsprüfbestand.

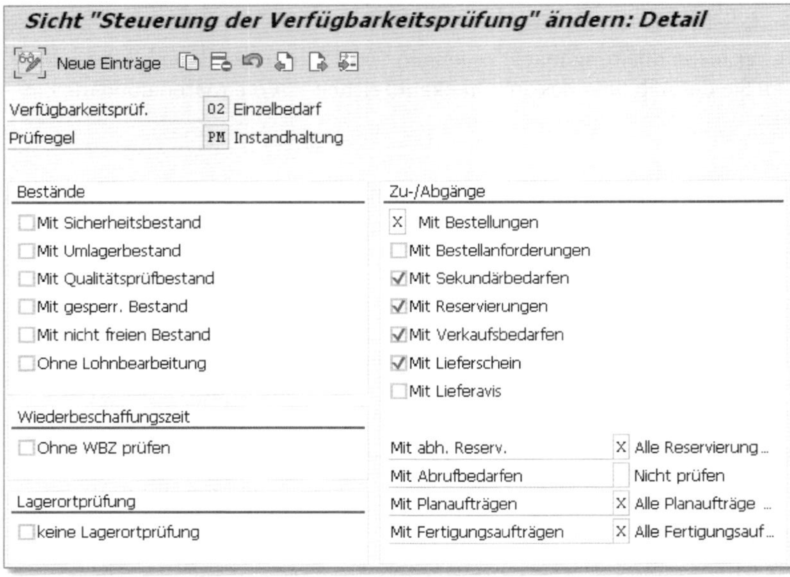

Abbildung 6.56 Aufträge – Umfang der Verfügbarkeitsprüfung

- Auf der rechten Seite finden Sie die Bewegungsarten, die einen geplanten Zugang hervorrufen. Wenn Sie also z. B. Bestellungen berücksichtigen möchten, deren Wareneingang aufgrund des Liefertermins bis zum Bedarfstermin des Materials im Auftrag zu erwarten ist, dann aktivieren Sie den Schalter Mit Bestellungen.
- Auf der rechten Seite finden Sie ebenfalls die Bewegungsarten, die einen geplanten Abgang bedeuten. Wenn Sie also z. B. Reservierungen berücksichtigen möchten, deren Warenausgang bis zum Bedarfstermin des Materials im Auftrag zu erwarten ist, dann aktivieren Sie die Schalter Mit Reservierungen (d. h. Reservierungen, die manuell über die Transaktion MB21 angelegt wurden) und Mit abh. Reserv. (Mit abhängigen Reservierungen) – d. h. Reservierungen, die aufgrund eines anderen Auftrags angelegt wurden.
- Der Schalter Ohne WBZ prüfen gibt an, ob das System bei der Verfügbarkeitsprüfung die *Wiederbeschaffungszeit* mit berücksichtigt. Materialien, deren Bedarfstermin zwar innerhalb der Wiederbeschaffungszeit liegt, für die jedoch keine Bestände vorhanden sind, werden nach Ablauf der Wie-

derbeschaffungszeit bestätigt. Bei Materialien, deren Lieferdatum außerhalb der Wiederbeschaffungszeit liegt, geht das System davon aus, dass eine vollständige Bestätigung möglich ist. Soll das System die Wiederbeschaffungszeit berücksichtigen, müssen Sie dieses Feld im Standard unausgefüllt lassen.

- Mit dem Kennzeichen KEINE LAGERORTPRÜFUNG kann für diesen Prüfungsumfang die Verfügbarkeitsprüfung auf Lagerortebene ausgeschaltet werden, d.h., die Prüfung wird auf Werksebene über alle Lagerorte hinweg durchgeführt.

Einstellungen zum Prüfungsumfang [+]

Wenn Sie eine sichere Materialverfügbarkeitsprüfung durchführen möchten, gehen Sie wie folgt vor:

- Deaktivieren Sie alle Bestandsarten.
- Aktivieren Sie alle Bedarfe, die zu einem geplanten Abgang führen (z. B. Reservierungen).
- Deaktivieren Sie alle Bedarfe, die zu einem geplanten Zugang führen (z. B. Bestellanforderungen).
- Deaktivieren Sie die Kennzeichen OHNE WBZ PRÜFEN und KEINE LAGERORTPRÜFUNG.

Customizing-Funktionen zu den elektronischen Teilekatalogen

Sie können elektronische Teilekataloge an SAP ERP anbinden und damit die Beschaffung von Ersatzteilen unterstützen. Wenn Sie einen oder mehrere Kataloge angebunden haben, springt das System direkt in den ausgewählten Katalog. Dort wählen Sie die benötigten Teile durch Markieren aus, füllen mithilfe der Funktion ADD Ihren Einkaufskorb und übertragen diesen mithilfe der Funktion CHECK OUT in Ihr SAP-System (siehe Abbildung 6.57).

Enterprise Extension EA-PLM aktivieren [+]

Damit Sie die Kataloganbindung nutzen können, müssen Sie mit dem Switch Framework (Transaktion SFW5) die *Enterprise Extension EA-PLM* aktiviert haben.

Nur, dann, wenn Sie die Enterprise Extension EA-PLM aktiviert haben, erscheinen die Customizing-Funktionen SCHNITTSTELLE ZUR BESCHAFFUNG ÜBER KATALOGE (OCI). Im Folgenden zeige ich Ihnen, welche Einstellungen Sie vornehmen können, um elektronische Teilekataloge für die Materialplanung im Auftrag verfügbar zu machen.

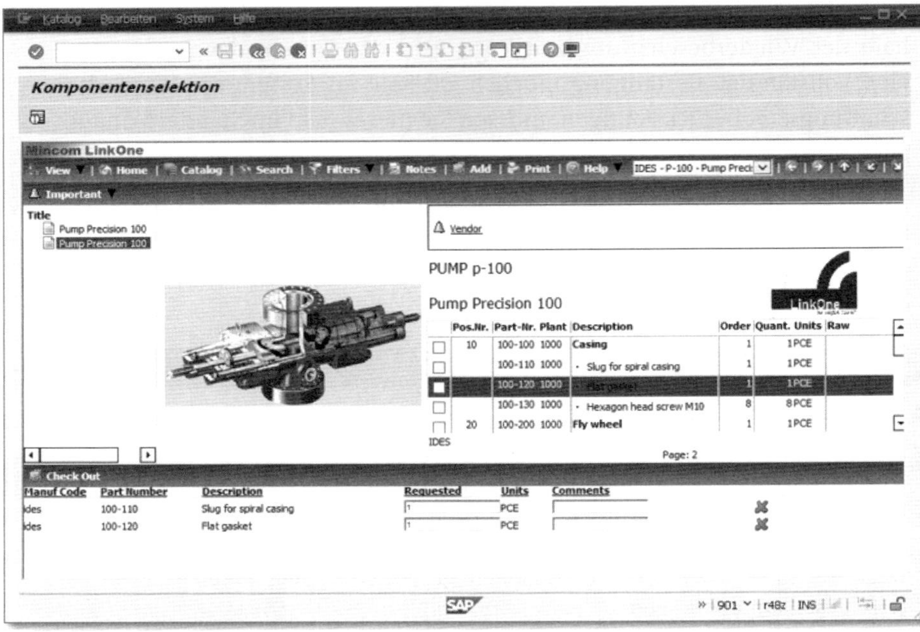

Abbildung 6.57 Aufträge – elektronische Teilekataloge

Kataloge definieren

Mit dieser Customizing-Funktion definieren Sie alle Kataloge und deren Aufrufstruktur.

Voraussetzungen

Die Enterprise Extension EA-PLM muss aktiviert sein.

Customizing-Pfad

Instandhaltung und Kundenservice • Instandhaltungs- und Serviceabwicklung • Instandhaltungs- und Serviceaufträge • Schnittstelle zur Beschaffung über Kataloge (OCI) • Kataloge definieren

Einstellungen bzw. empfohlene Einstellungen

Zunächst definieren Sie die Katalog-ID und deren Bezeichnung (siehe Abbildung 6.58).

Damit Sie einen Katalog aus der Materialplanung des Auftrags heraus aufrufen können, müssen Sie zu jedem Katalog dessen interne Aufrufstruktur hinterlegen, d. h. die Daten, die für die Adressierung des Katalogs erforderlich sind.

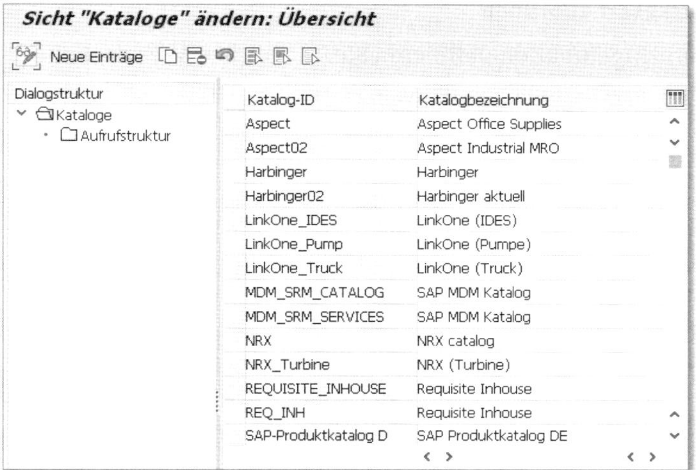

Abbildung 6.58 Aufträge – Kataloge – Übersicht

Die interne Aufrufstruktur eines Ersatzteilkatalogs ist immer katalogspezifisch. Erfragen Sie deshalb die interne Aufrufstruktur beim Kataloganbieter.

In der Regel sind dies Informationen wie (siehe Abbildung 6.59):

- die URL
- der interne Benutzername
- das Kennwort
- die Sprache

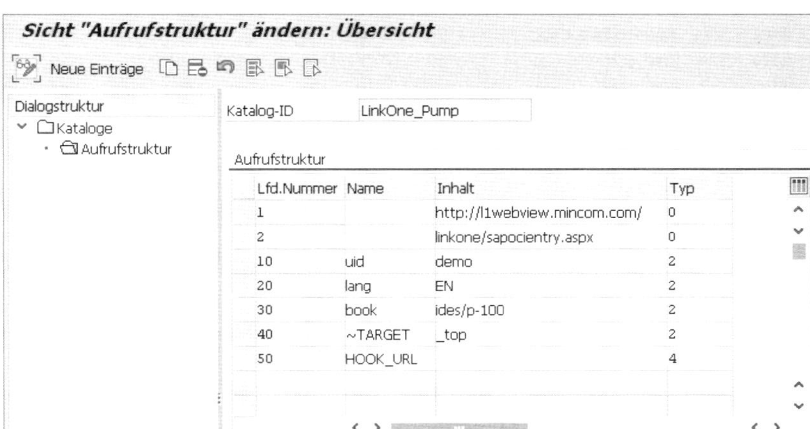

Abbildung 6.59 Aufträge – Kataloge – Detail

Katalog der Auftragsart zuordnen

Mit dieser Customizing-Funktion definieren Sie, in welchen Werken bei welchen Auftragsarten welche Kataloge genutzt werden sollen. Es sind pro Auftragsart mehrere Kataloge zulässig.

Voraussetzungen
Die Enterprise Extension EA-PLM muss aktiviert sein. Kataloge, Auftragsarten und Werke müssen definiert sein.

Customizing-Pfad
Instandhaltung und Kundenservice • Instandhaltungs- und Serviceabwicklung • Instandhaltungs- und Serviceaufträge • Schnittstelle zur Beschaffung über Kataloge (OCI) • Katalog der Auftragsart zuordnen

Einstellungen bzw. empfohlene Einstellungen
Definieren Sie Einträge pro Auftragsart und Werk, welche Kataloge genutzt werden sollen. Wie Sie Abbildung 6.60 entnehmen können, handelt es sich dabei um eine n:m-Verknüpfung, d. h., Sie können einer Auftragsart pro Werk mehrere Kataloge zuordnen, und Sie können denselben Katalog in mehreren Auftragsart-/Werk-Kombinationen nutzen.

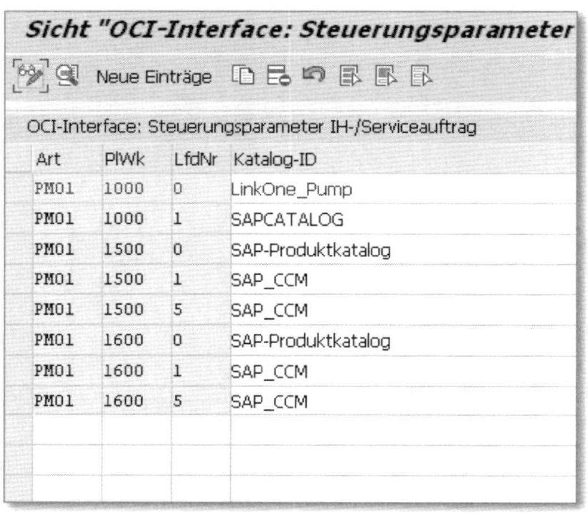

Art	PlWk	LfdNr	Katalog-ID
PM01	1000	0	LinkOne_Pump
PM01	1000	1	SAPCATALOG
PM01	1500	0	SAP-Produktkatalog
PM01	1500	1	SAP_CCM
PM01	1500	5	SAP_CCM
PM01	1600	0	SAP-Produktkatalog
PM01	1600	1	SAP_CCM
PM01	1600	5	SAP_CCM

Abbildung 6.60 Aufträge – Kataloge, Werk und Auftragsart

HTML-Felder in SAP-Felder umwandeln

Mit dieser Customizing-Funktion legen Sie fest, wie die HTML-Felder aus dem Katalog den Feldern in SAP EAM zugeordnet werden.

Voraussetzungen

Die Enterprise Extension EA-PLM muss aktiviert sein.

Customizing-Pfad

INSTANDHALTUNG UND KUNDENSERVICE • INSTANDHALTUNGS- UND SERVICEABWICKLUNG • INSTANDHALTUNGS- UND SERVICEAUFTRÄGE • SCHNITTSTELLE ZUR BESCHAFFUNG ÜBER KATALOGE (OCI) • HTML-FELDER IN SAP-FELDER UMWANDELN

Einstellungen bzw. empfohlene Einstellungen

Tabelle 6.3 zeigt die HTML-Felder und deren Bedeutung, so wie sie für die OCI-Schnittstelle definiert sind:

HTML-Feld	Bedeutung
NEW_ITEM-MATNR	Materialnummer
NEW_ITEM-VENDORMAT	Materialnummer beim Lieferanten
NEW_ITEM-VENDOR	Nummer des Lieferanten
NEW_ITEM-DESCRIPTION	Bezeichnung der zu bestellenden Position
NEW_ITEM-MATGROUP	Warengruppe
NEW_ITEM-CONTRACT	Kontraktnummer
NEW_ITEM-CONTRACT_ITEM	Kontraktposition
NEW_ITEM-CURRENCY	Währung. Erforderlich, wenn ein Preis zurückkommt, anderenfalls optional. Muss den Standard-ISO-Code für Währung haben.
NEW_ITEM-PRICEUNIT	Anzahl der Einheiten, die zu einem bestimmten Preis bestellt werden müssen
NEW_ITEM-PRICE	Preis laut Katalog
NEW_ITEM-QUANTITY	Erforderliche Menge
NEW_ITEM-UNIT	Mengeneinheit (im Standard-ISO-Code)
NEW_ITEM-MANUFACTCODE	Nummer des Herstellers
NEW_ITEM-MANUFACTMAT	Produktnummer des Herstellers
NEW_ITEM-LEADTIME	Lieferzeit in Tagen
NEW_ITEM-SERVICE	Erforderlich, wenn auch Dienstleistungen aus dem Katalog übernommen werden sollen.
NEW_ITEM-CUST_FIELD1	kundenspezifisches Feld
NEW_ITEM-CUST_FIELD2	kundenspezifisches Feld
NEW_ITEM-CUST_FIELD3	kundenspezifisches Feld

Tabelle 6.3 HTML-Felder der OCI-Schnittstelle

HTML-Feld	Bedeutung
NEW_ITEM-CUST_FIELD4	kundenspezifisches Feld
NEW_ITEM-CUST_FIELD5	kundenspezifisches Feld

Tabelle 6.3 HTML-Felder der OCI-Schnittstelle (Forts.)

Tabelle 6.4 zeigt, welche Felder in welche Zielfelder der Komponente im Auftrag übertragen werden.

SAP-Zielfeld	SAP-Empfänger-strukturfeld	HTML-Feld
RESBD-MATNR	RIHFCOM_XL-MATNR	NEW_ITEM-MATNR
RESBD-IDNLF	RIHFCOM_XL-IDNLF	NEW_ITEM-VENDOR-MAT
RESBD-POSTP	RIHFCOM_XL-POSTP	
RESBD-POTX1	RIHFCOM_XL-KTEXT	NEW_ITEM-DESCRIPTION
RESBD-WERKS	RIHFCOM_XL-WERKS	
RESBD-BDMNG	RIHFCOM_XL-MENGE	NEW_ITEM-QUANTITY
RESBD-MENGE	RIHFCOM_XL-MENGE	NEW_ITEM-QUANTITY
RESBD-ERFMG	RIHFCOM_XL-MENGE	NEW_ITEM-QUANTITY
RESBD-ERFME	RIHFCOM_XL-MEINH	NEW_ITEM-UNIT
RESBD-EINHEIT	RIHFCOM_XL-MEINH	NEW_ITEM-UNIT
RESBD-LIFNR	RIHFCOM_XL-FLIEF	NEW_ITEM-VENDOR
RESBD-INFNR	RIHFCOM_XL-INFNR	
RESBD-KONNR	RIHFCOM_XL-CONTRACT	NEW_ITEM-CONTRACT
RESBD-KTPNR	RIHFCOM_XL-CONTRACT_ITEM	NEW_ITEM-CONTRACT_ITEM
RESBD-MFRPN	RIHFCOM_XL-MFRPN	NEW_ITEM-MANUFACTMAT
RESBD-MFRNR	RIHFCOM_XL-MFRNR	NEW_ITEM-MANUFACTCODE
RESBD-LIFZT	RIHFCOM_XL-LEADTIME	NEW_ITEM-LEADTIME
RESBD-MATKL	RIHFCOM_XL-MATKL	NEW_ITEM-MATGROUP
RESBD-EKGRP	RIHFCOM_XL-EKGRP	

Tabelle 6.4 HTML-Felder und SAP-Felder

SAP-Zielfeld	SAP-Empfänger-strukturfeld	HTML-Feld
RESBD-EKORG	RIHFCOM_XL-EKORG	
RESBD-GPREIS	RIHFCOM_XL-PREIS	NEW_ITEM-PRICE
RESBD-PEINH	RIHFCOM_XL-PEINH	NEW_ITEM-PRICEUNIT
RESBD-SAKNR	RIHFCOM_XL-SAKTO	
RESBD-CATALOGID	RIHFCOM_XL-CATALOGID	
RESBD-CATALOG_PROD_ID	RIHFCOM_XL-CATALOG_PROD_ID	

Tabelle 6.4 HTML-Felder und SAP-Felder (Forts.)

Eine solche Zuordnung zeigt exemplarisch Abbildung 6.61.

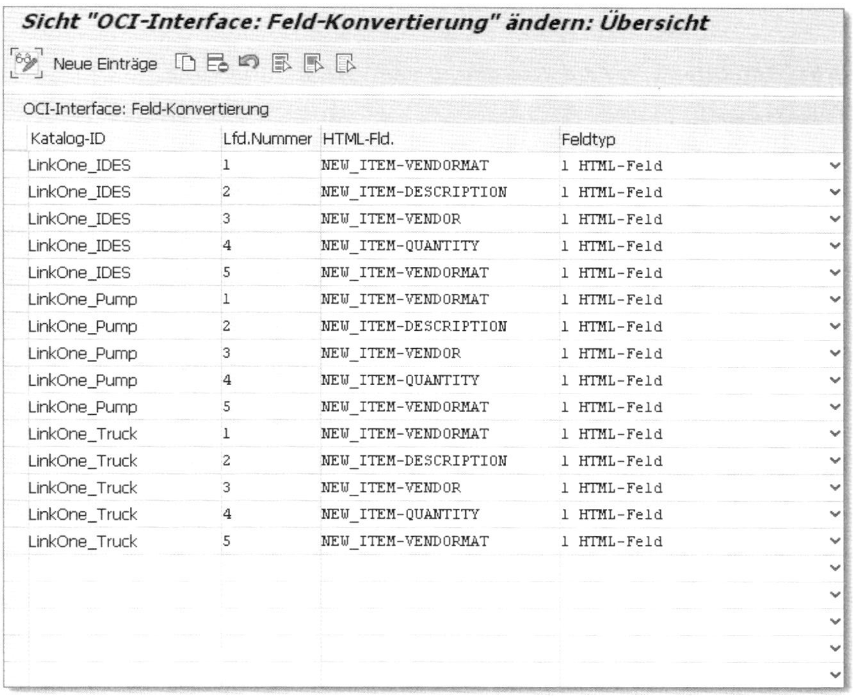

Katalog-ID	Lfd.Nummer	HTML-Fld.	Feldtyp
LinkOne_IDES	1	NEW_ITEM-VENDORMAT	1 HTML-Feld
LinkOne_IDES	2	NEW_ITEM-DESCRIPTION	1 HTML-Feld
LinkOne_IDES	3	NEW_ITEM-VENDOR	1 HTML-Feld
LinkOne_IDES	4	NEW_ITEM-QUANTITY	1 HTML-Feld
LinkOne_IDES	5	NEW_ITEM-VENDORMAT	1 HTML-Feld
LinkOne_Pump	1	NEW_ITEM-VENDORMAT	1 HTML-Feld
LinkOne_Pump	2	NEW_ITEM-DESCRIPTION	1 HTML-Feld
LinkOne_Pump	3	NEW_ITEM-VENDOR	1 HTML-Feld
LinkOne_Pump	4	NEW_ITEM-QUANTITY	1 HTML-Feld
LinkOne_Pump	5	NEW_ITEM-VENDORMAT	1 HTML-Feld
LinkOne_Truck	1	NEW_ITEM-VENDORMAT	1 HTML-Feld
LinkOne_Truck	2	NEW_ITEM-DESCRIPTION	1 HTML-Feld
LinkOne_Truck	3	NEW_ITEM-VENDOR	1 HTML-Feld
LinkOne_Truck	4	NEW_ITEM-QUANTITY	1 HTML-Feld
LinkOne_Truck	5	NEW_ITEM-VENDORMAT	1 HTML-Feld

Abbildung 6.61 Aufträge – Kataloge HTML-Felder

HTML-Feldwerte umwandeln

Mit dieser Customizing-Funktion legen Sie fest, mit welchen SAP-Standardwerten die Werte aus dem Katalog überschrieben werden.

Voraussetzungen
Die Enterprise Extension EA-PLM muss aktiviert sein. Die Einheiten müssen definiert sein.

Customizing-Pfad
Instandhaltung und Kundenservice • Instandhaltungs- und Serviceabwicklung • Instandhaltungs- und Serviceaufträge • Schnittstelle zur Beschaffung über Kataloge (OCI) • HTML-Feldwerte umwandeln

Einstellungen bzw. empfohlene Einstellungen
Machen Sie entsprechende Einträge, welche Katalogwerte mit SAP-Festwerten überschrieben werden sollen. Handelt es sich z. B. um einen amerikanischen Katalog, werden dort möglicherweise die Mengeneinheiten EA oder die Währung $ verwendet. Diese können Sie mit den SAP-Werten ST und USD überschreiben (siehe Abbildung 6.62).

Sicht "OCI-Interface: Feld-Zuordnung SAP - HTML" ändern:

Neue Einträge

OCI-Interface: Feld-Zuordnung SAP - HTML

Katalog-ID	Lfd.Nummer	HTML-Fld.	HTML-Wert	SAP-Wert
LinkOne_IDES	1	NEW_ITEM-UNIT	ea	ST
LinkOne_Pump	1	NEW_ITEM-UNIT	ea	ST
LinkOne_Truck	1	NEW_ITEM-UNIT	ea	ST
NRX	1	NEW_ITEM-UNIT	ea	ST
NRX_Turbine	1	NEW_ITEM-UNIT	ea	ST
REQUISITE_INHOUSE	0	NEW_ITEM-UNIT	ea	ST
REQUISITE_INHOUSE	1	NEW_ITEM-UNIT	CT	CAR
REQ_INH	1	NEW_ITEM-UNIT	ea	ST
SAPCATALOG	0	NEW_ITEM-UNIT	ea	ST
SAPCATALOG	1	NEW_ITEM-UNIT	CT	CAR

Abbildung 6.62 Aufträge – HTML-Feldwerte

Konvertierungsbausteine definieren

Mit dieser Customizing-Funktion können Sie Konvertierungsbausteine definieren, mit denen die Daten aus dem Katalog in gültige SAP-Werte umgewandelt werden.

Voraussetzungen
Die Enterprise Extension EA-PLM muss aktiviert sein. Konvertierungsbausteine müssen angelegt und ausprogrammiert sein.

Customizing-Pfad

Instandhaltung und Kundenservice • Instandhaltungs- und Serviceabwicklung • Instandhaltungs- und Serviceaufträge • Schnittstelle zur Beschaffung über Kataloge (OCI) • Konvertierungsbausteine definieren

Einstellungen bzw. empfohlene Einstellungen

Tragen Sie ein, bei welchem Katalog in welcher Reihenfolge welcher Funktionsbaustein durchlaufen werden soll (siehe Abbildung 6.63).

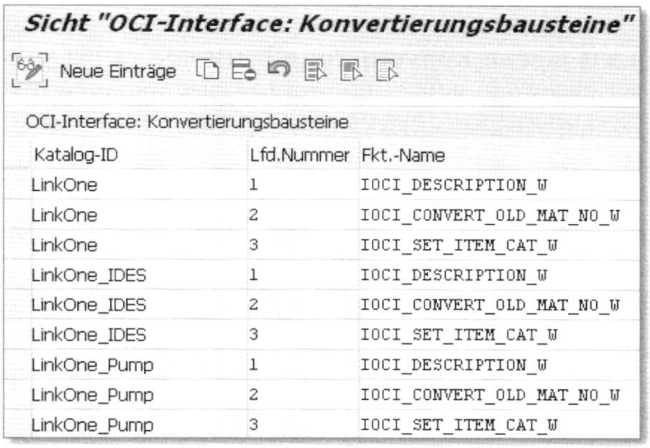
Sicht "OCI-Interface: Konvertierungsbausteine"

Neue Einträge

OCI-Interface: Konvertierungsbausteine

Katalog-ID	Lfd.Nummer	Fkt.-Name
LinkOne	1	IOCI_DESCRIPTION_W
LinkOne	2	IOCI_CONVERT_OLD_MAT_NO_W
LinkOne	3	IOCI_SET_ITEM_CAT_W
LinkOne_IDES	1	IOCI_DESCRIPTION_W
LinkOne_IDES	2	IOCI_CONVERT_OLD_MAT_NO_W
LinkOne_IDES	3	IOCI_SET_ITEM_CAT_W
LinkOne_Pump	1	IOCI_DESCRIPTION_W
LinkOne_Pump	2	IOCI_CONVERT_OLD_MAT_NO_W
LinkOne_Pump	3	IOCI_SET_ITEM_CAT_W

Abbildung 6.63 Aufträge – Kataloge Konvertierungsbausteine

Tabelle 6.5 zeigt die Konvertierungsbausteine, die mit der Schnittstelle im SAP-Standard ausgeliefert werden.

Name	Bedeutung
IOCI_CONVERT_INFO_REC_W	Konvertierung der Katalogmaterialnummer in eine SAP-Materialnummer gemäß dem Einkaufsinfosatz
IOCI_CONVERT_MPM_W	Konvertierung der Katalogmaterialnummer in eine SAP-Materialnummer gemäß der Herstellernummer
IOCI_CONVERT_OLD_MAT_NO_W	Anhand des Feldes Alte Materialnummer in bestehende Materialnummer konvertieren
IOCI_DESCRIPTION_W	Übernahme der Katalogmaterialnummer und der Bezeichnung in das SAP-Feld des Kurztextes

Tabelle 6.5 OCI-Konvertierungsbausteine

Name	Bedeutung
IOCI_SET_ITEM_CAT_W	Suche des Positionstyps gemäß den Customizing-Einstellungen für die Materialart
IOCI_LONGTEXT_W	Übernahme des Kataloglangtextes in den Materiallangtext bzw. Leistungslangtext
IOCI_EXAMPLE_W	Kopiervorlage für die kundenspezifischen Konvertierungsbausteine

Tabelle 6.5 OCI-Konvertierungsbausteine (Forts.)

Sie können sich aber jederzeit eigene Konvertierungsbausteine selbst programmieren. Als Vorlage kann Ihnen dabei der Funktionsbaustein IOCI_EXAMPLE_W dienen.

Um die ausgelieferten Konvertierungsbausteine korrekt nutzen zu können, müssen Sie in der Customizing-Funktion HTML-Felder in SAP-Felder umwandeln in der Spalte SAP-Feld die folgenden Felder angeben. Diese müssen Sie mit den von Ihnen gewünschten Katalogfeldern füllen. Welches Feld in welchem Konvertierungsbaustein genutzt wird, sehen Sie in Tabelle 6.6.

Konvertierungsbaustein	SAP-Feld 1	SAP-Feld 2
IOCI_CONVERT_INFO_REC_W	VENDOR	VENDORMAT
IOCI_CONVERT_MPM_W	VENDOR	VENDORMAT
IOCI_CONVERT_OLD_MAT_NO_W	MATERIAL	
IOCI_DESCRIPTION_W	MATERIAL	DESCRIPTION
IOCI_LONGTEXT_W	LONGTEXT	

Tabelle 6.6 Felder in den Konvertierungsbausteinen

[+]

Funktionsbausteine zielgerichtet einsetzen

Damit Sie die richtigen Daten an die richtige Stelle bekommen, setzen Sie die Funktionsbausteine zielgerichtet ein. Zum Beispiel sollten Sie den Funktionsbaustein IOCI_SET_ITEM_CAT_W auf jeden Fall durchlaufen, denn anhand dessen wird bestimmt, ob eine Reservierung oder eine Bestellanforderung ausgelöst wird.

Sonstige Customizing-Funktionen zur Materialplanung

Neben den beiden Gruppen der Verfügbarkeitsprüfung und der elektronischen Teilekataloge gibt es noch weitere Customizing-Funktionen, mit deren

Hilfe Sie die Planung der Materialien im Auftrag beeinflussen oder unterstützen können. Diese werde ich Ihnen im Folgenden vorstellen.

Vorschlagswerte der Komponentenpositionstypen festlegen

Wenn Sie im Auftrag eine Komponente planen, müssen Sie einen Positionstyp zuordnen. Die in der Instandhaltung am häufigsten genutzten Positionstypen sind L = Lagermaterial und N = Nichtlagermaterial.

Mit dieser Customizing-Funktion können Sie pro Werk und Materialart festlegen, welcher Positionstyp für eine Komponente vorgeschlagen werden soll. Wenn Sie keinen Vorschlagswert zuordnen, müssen Sie den Positionstyp per Hand eintragen.

Voraussetzungen

Werke, Materialarten und Positionstypen müssen definiert sein.

Customizing-Pfad

Instandhaltung und Kundenservice • Instandhaltungs- und Serviceabwicklung • Instandhaltungs- und Serviceaufträge • Allgemeine Daten • Vorschlagswerte der Komponentenpositionstypen festlegen

Einstellungen bzw. empfohlene Einstellungen

Wenn Sie also z. B. für Ersatzteile (Materialart ERSA) eine Reservierung auslösen möchten, dann ordnen Sie Positionstyp L zu (siehe Abbildung 6.64). Wenn Sie für alle Nichtlagermaterialien (Materialart NLAG) eine Bestellanforderung erzeugen wollen, ordnen Sie Positionstyp N zu.

Abbildung 6.64 Aufträge – Vorschlagswerte Positionstyp

[+]

Eintrag »blank« für Komponenten ohne Materialnummer

Sie sollten auf jeden Fall einen Eintrag ohne Materialart (Wert »blank« für die Materialart) aufnehmen. Dieser Eintrag wird immer dann benutzt, wenn Sie im Auftrag eine Komponente ohne Materialnummer beschaffen wollen. Diesem Eintrag sollten Sie den Positionstyp für Nichtlagerkomponenten zuordnen. Im Normalfall ist dies der Wert N.

Bewegungsarten für Materialreservierungen festlegen

Bei der Materialplanung werden für die lagerhaltigen Komponenten Reservierungen erstellt. Diese *Reservierungen* erhalten für die Materialentnahme eine Bewegungsart. Mit dieser Customizing-Funktion legen Sie fest, welche Bewegungsarten eingetragen werden sollen.

Voraussetzungen
Die Bewegungsarten müssen definiert sein.

Customizing-Pfad
Instandhaltung und Kundenservice • Instandhaltungs- und Serviceabwicklung • Instandhaltungs- und Serviceaufträge • Allgemeine Daten • Bewegungsarten für Materialreservierungen festlegen

Einstellungen bzw. empfohlene Einstellungen
Ausschlaggebend ist in dieser Tabelle der Eintrag IW01 (= Anwendungsentwicklung R/3 Instandhaltung Auftragsabwicklung, siehe Abbildung 6.65).

Für normale Instandhaltungsaufträge werden nur die Einträge Bewegungsart Warenausgang und Bewegungsart Warenausgang Storno mit den Standardbewegungsarten 261 und 262 genutzt.

Für Aufarbeitungsaufträge benötigen Sie zusätzlich die Einträge Bewegungsart Wareneingang und Bewegungsart Wareneingang Storno mit den Standardbewegungsarten 101 und 102.

[+]

Bei den Bewegungsarten ist normalerweise keine Änderung nötig

Im Normalfall können Sie die von SAP ausgelieferten Standardeinträge nutzen. Sie müssen sie lediglich anpassen, wenn Sie eigene Bewegungsarten definiert haben.

ACHTUNG: Der Eintrag gilt für alle Aufträge. Eine Differenzierung nach Auftragsart oder Werk ist leider nicht möglich.

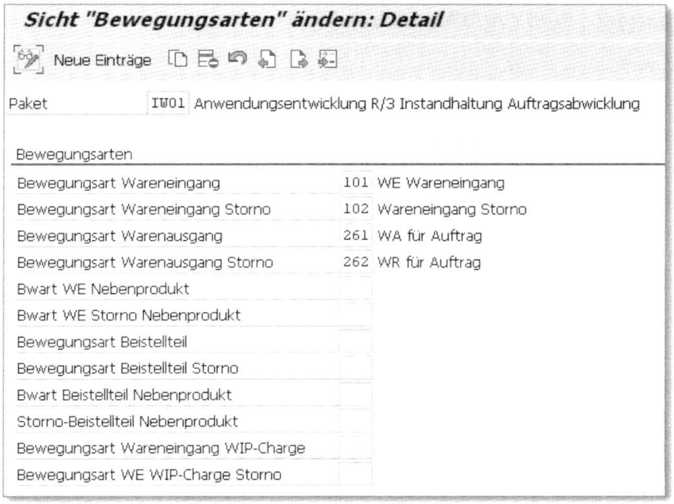

Abbildung 6.65 Aufträge – Bewegungsarten

Kontierungstyp und Belegart für Bestellanforderungen definieren

Mit dieser Customizing-Funktion legen Sie den *Kontierungstyp* und die Belegart für Bestellanforderungen fest, die aus Aufträgen heraus angelegt werden.

Voraussetzungen

Belegart und Kontierungstyp müssen definiert sein.

Customizing-Pfad

INSTANDHALTUNG UND KUNDENSERVICE • INSTANDHALTUNGS- UND SERVICEABWICKLUNG • INSTANDHALTUNGS- UND SERVICEAUFTRÄGE • ALLGEMEINE DATEN • KONTIERUNGSTYP UND BELEGART FÜR BESTELLANFORDERUNGEN DEFINIEREN

Einstellungen bzw. empfohlene Einstellungen

Für Instandhaltungsaufträge werden nur die Einträge BELEGART und KONTTYP ALLGEMEIN mit den Standardeinträgen NB (= Normalbestellung) und F (= Auftrag) genutzt.

Bei Belegart und Kontierungstyp ist keine Änderung nötig [+]

Im Normalfall können Sie die von SAP ausgelieferten Standardeinträge nutzen. Sie müssen sie lediglich anpassen, wenn Sie eigene Belegarten und Kontierungstypen definiert haben.

ACHTUNG: Der Eintrag gilt für alle Aufträge. Eine Differenzierung nach Auftragsart oder Werk ist leider nicht möglich.

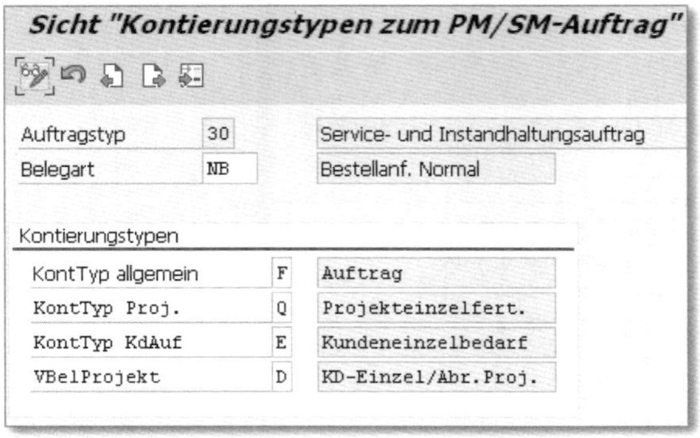

Abbildung 6.66 Aufträge – Kontierungstyp und Belegart für Bestellanforderungen

Vorschlagswertprofile für Fremdbeschaffung anlegen

Mit dieser Customizing-Funktion definieren Sie Profile für die Fremdbeschaffung von Dienstleistungen und Materialien. Im Profil können Sie Vorschlagswerte für die Generierung von Bestellanforderungen aus Aufträgen hinterlegen. In jedem Profil können Sie Vorschlagswerte hinterlegen für:

- Kostenart
- Einkaufsorganisation
- Einkaufsgruppe
- Warengruppe

Bei der Fremdbeschaffung wird grundsätzlich zwischen der Fremdbeschaffung von Materialien und Dienstleistungen unterschieden.

Voraussetzungen

Die zu hinterlegenden Werte für Kostenart, Einkaufsorganisation, Einkaufsgruppe und Warengruppe müssen definiert sein.

Customizing-Pfad

Instandhaltung und Kundenservice • Instandhaltungs- und Serviceabwicklung • Instandhaltungs- und Serviceaufträge • Funktionen und Einstellungen der Auftragsarten • Vorschlagswertprofile für Fremdbeschaffung anlegen

Einstellungen bzw. empfohlene Einstellungen

Machen Sie entsprechende Einträge, die später in die Bestellanforderungen übernommen werden sollen. Beispiele sehen Sie in Abbildung 6.67.

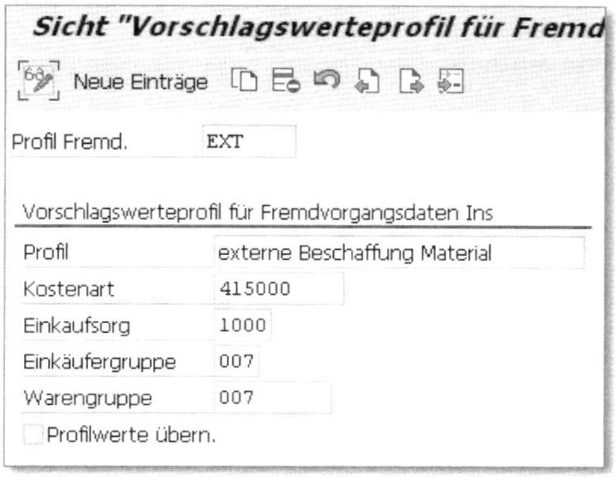
Sicht "Vorschlagswerteprofil für Fremd

Neue Einträge

Profil Fremd. EXT

Vorschlagswerteprofil für Fremdvorgangsdaten Ins

Profil	externe Beschaffung Material
Kostenart	415000
Einkaufsorg	1000
Einkäufergruppe	007
Warengruppe	007

Profilwerte übern.

Abbildung 6.67 Aufträge – Vorschlagswertprofile für Fremdbeschaffung

Die Zuordnung nehmen Sie dann pro Auftragsart und Werk mit der Customizing-Funktion VORSCHLAGSWERTE FÜR ARBEITSPLANDATEN UND PROFILZUORDNUNGEN vor (siehe Abschnitt 6.2.9, »Sonstige Funktionen«).

Zugriffsfolge für die Ermittlung von Adressdaten festlegen

Den aus den Aufträgen heraus generierten Bestellanforderungen können Sie eine von der Werksadresse abweichende Adresse zuordnen. Den Instandhaltungsobjekten (Equipment, Technischer Platz, Meldung, Auftrag) können Sie eine Adresse zuweisen.

Mit dieser Customizing-Funktion legen Sie pro Werk und Auftragsart fest, in welcher Reihenfolge die Anlieferadresse von Nichtlager-Komponenten aus den Adressen der Instandhaltungsobjekte bestimmt werden soll (siehe Abbildung 6.68).

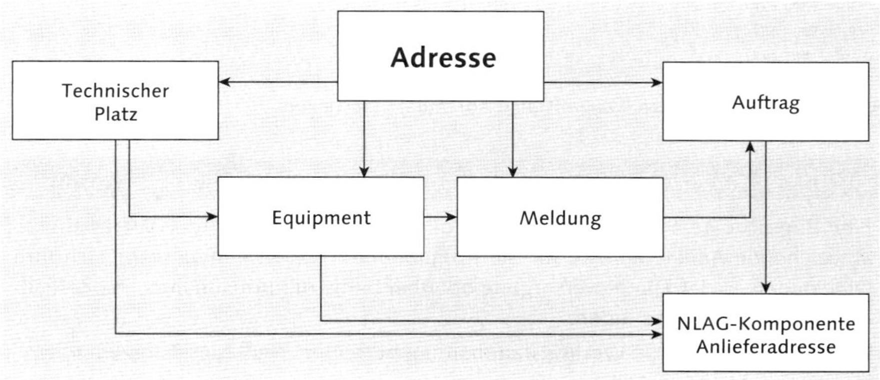

Abbildung 6.68 Adressen

Voraussetzungen

Werk und Auftragsart müssen definiert sein.

Customizing-Pfad

Instandhaltung und Kundenservice • Instandhaltungs- und Serviceabwicklung • Instandhaltungs- und Serviceaufträge • Funktionen und Einstellungen der Auftragsarten • Zugriffsfolge für die Ermittlung von Adressdaten festlegen

Einstellungen bzw. empfohlene Einstellungen

Pro Auftragsart und Werk definieren Sie eine Zugriffsfolge mit bis zu fünf Prioritäten. Dafür stehen Ihnen folgende Objekte zur Verfügung:

1 – Auftrag

2 – Technischer Platz

3 – Equipment

4 – Auftraggeber (Auftragspartner)

5 – Warenempfänger (Auftragspartner)

In den Feldern Z1 bis Z5 legen Sie die Reihenfolge fest, in der das System auf die jeweiligen Adressen zugreifen soll.

PlWk	Art	Typ	Z1	Z2	Z3	Z4	Z5
1000	PAM	OKP	1	3	2		
1000	PM01	OKP	1	3	2		
1000	PM02	OKP	1	3	2		
1000	PM03	OKP	1	3	2		
1000	PM04	OKP	1	3	2		
1000	PM05	OKP	1	3	2		

Abbildung 6.69 Aufträge – Zugriffsfolge Adressdaten festlegen

[+]

Zugriffsfolge sinnvoll, wenn Anlieferadresse ungleich Werksadresse

Eine Zugriffsfolge ist immer dann sinnvoll, wenn Sie eine von der Werksadresse abweichende Anlieferadresse für die Komponenten haben – etwa wenn sich Ihre Objekte wie in der Energieversorgung oder bei Infrastrukturmaßnahmen außerhalb des Werksgeländes befinden.

Wenn Sie eine typische Werksinstandhaltung betreiben, sind Zugriffsfolgen normalerweise nicht notwendig.

Änderungsbelege, Sammel-BANF, Disporelevanz definieren

Mit dieser Customizing-Funktion legen Sie pro Auftragsart und Werk diverse Auftragsparameter fest – unter anderem Parameter, mit denen Sie die Materialplanung steuern.

Voraussetzungen
Werke und Auftragsarten müssen definiert sein.

Customizing-Pfad
Instandhaltung und Kundenservice • Instandhaltungs- und Serviceabwicklung • Instandhaltungs- und Serviceaufträge • Funktionen und Einstellungen der Auftragsarten • Änderungsbelege, Sammel-BANF, Disporelevanz definieren

Einstellungen bzw. empfohlene Einstellungen
Abbildung 6.70 zeigt die Felder in dieser Tabelle, mit denen Sie die Materialplanung beeinflussen können (die Beschreibung der anderen Parameter finden Sie in Abschnitt 6.2.6, »Schätzkosten und Kalkulation«):

Sicht "Schrittweite f. automatische Vorgangsnr." ändern

Werk	Art	MatStatÄnderBel	SammelBANF	Res./BAnf	Bestellnettopr.
1000	PM01		X	3 sofort	X
1000	PM02		X	3 sofort	
1000	PM03		X	3 sofort	
1000	PM04		X	3 sofort	
1000	PM05		X	3 sofort	
1000	PM06			3 sofort	
1000	PM07		X	3 sofort	
1000	PM08			3 sofort	
1000	PMXX	X	X	3 sofort	

Abbildung 6.70 Aufträge – Änderungsbelege, Sammel-BANF, Disporelevanz definieren

- Über den Schalter MatStatÄnderBel steuern Sie, ob bei Änderungen des Materialstatus Änderungsbelege generiert werden sollen (z. B. FMAT = Fehlmaterial zu MABS = Material bestätigt).
- Wenn Sie den Schalter SammelBANF aktivieren, dann werden alle Bestellanforderungspositionen, die aus einer Auftragsnummer resultieren, unter einer einzigen Bestellanforderungsnummer gesammelt. Wenn Sie den Schalter nicht aktivieren, dann wird zu jeder Bestellanforderungsposition eine eigene Bestellanforderungsnummer generiert.

- Mit dem Schalter RES./BANF definieren Sie den Zeitpunkt, zu dem Bestellanforderungen generiert bzw. Reservierungen dispositionswirksam werden sollen. Folgende Optionen stehen Ihnen zur Verfügung:

  1 = nie

  2 = ab Freigabe

  3 = sofort

- Mit dem Kennzeichen BESTELLNETTOPREIS legen Sie fest, dass der *Nettopreis* aus der *Bestellanforderung* unverändert in die *Bestellung* übernommen werden muss und nicht abgeändert werden kann.

[+]

Hinweise zum Schalter »Res./BAnf«

- Leider ist keine Trennung zwischen Reservierungen und Bestellanforderungen möglich, sondern diese sind immer gleich geschaltet. Das heißt, Sie können z. B. nicht steuern, dass Bestellanforderungen sofort generiert, aber Reservierungen erst bei der Freigabe dispositionswirksam werden.
- Sie können das Erzeugen von Reservierungen nicht verhindern: Wenn Sie Lagermaterial planen, wird immer sofort ein Reservierungsbeleg erzeugt, auch wenn der Schalter auf 0 = nie oder 2 = ab Freigabe steht. Diese Schalter sorgen lediglich dafür, dass die Reservierung gar nicht oder erst bei der Freigabe dispositionswirksam wird.

Dokumentation der Warenbewegungen zum Auftrag festlegen

Mit dieser Customizing-Funktion legen Sie pro Auftragsart und Werk fest, welche Materialbewegungen aufgezeichnet werden sollen. Diese können Sie sich dann im Auftrag entweder im Belegfluss oder in den dokumentierten Warenbewegungen ansehen.

Voraussetzungen

Auftragsart und Werk müssen definiert sein.

Customizing-Pfad

INSTANDHALTUNG UND KUNDENSERVICE • INSTANDHALTUNGS- UND SERVICEABWICKLUNG • INSTANDHALTUNGS- UND SERVICEAUFTRÄGE • FUNKTIONEN UND EINSTELLUNGEN DER AUFTRAGSARTEN • WARENBEWEGUNGEN ZUM AUFTRAG • DOKUMENTATION DER WARENBEWEGUNGEN ZUM AUFTRAG FESTLEGEN

Einstellungen bzw. empfohlene Einstellungen

Folgende Warenbewegungen können Sie für die Instandhaltungsaufträge gesondert dokumentieren lassen (siehe Abbildung 6.71):

- Wareneingänge zur Bestellung (Schalter BESTELLG)
- geplante Warenausgänge, d. h. Warenausgänge zu einer Reservierung (Schalter WAGEPLANT)
- ungeplante Warenausgänge, d. h. Warenausgänge ohne Reservierung (Schalter WAUNGEPL)
- Wareneingänge zu Aufarbeitungsaufträgen (Schalter WEAUFARBEITUNG)

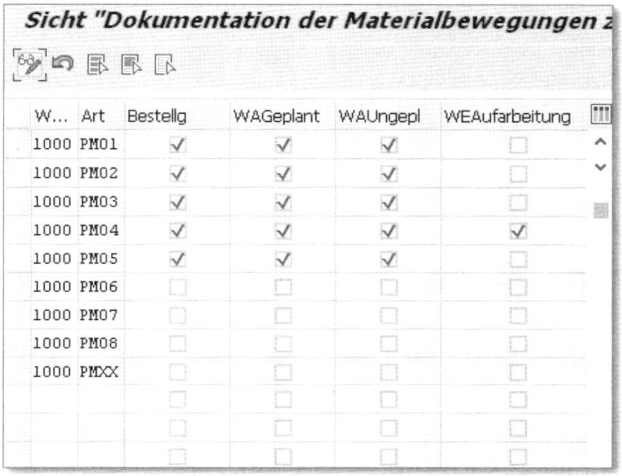

W...	Art	Bestellg	WAGeplant	WAUngepl	WEAufarbeitung
1000	PM01	✓	✓	✓	☐
1000	PM02	✓	✓	✓	☐
1000	PM03	✓	✓	✓	☐
1000	PM04	✓	✓	✓	✓
1000	PM05	✓	✓	✓	☐
1000	PM06	☐	☐	☐	☐
1000	PM07	☐	☐	☐	☐
1000	PM08	☐	☐	☐	☐
1000	PMXX	☐	☐	☐	☐

Abbildung 6.71 Aufträge – Dokumentation der Warenbewegungen

Hinweise zur Dokumentation der Warenbewegungen [+]

- Natürlich ist man geneigt, alle Arten von Materialbewegungen zu dokumentieren, damit erhöhen Sie jedoch das Belegaufkommen.
- Unabhängig von diesen Einstellungen werden die Materialbewegungen in der Materialwirtschaft auf jeden Fall dokumentiert, und Sie können sich die Belege mit Transaktionen der Materialwirtschaft (z. B. MB51) anzeigen lassen.
- Aktivieren Sie nur die Materialbewegungen, die darüber hinaus und zusätzlich im Auftrag dokumentiert werden sollen.
- Wenn Sie die Einstellungen nachträglich ändern, müssen Sie den Report RIAUFM00 starten. Dieser baut die Belege zu den Materialbewegungen der Instandhaltungsaufträge neu auf.

6.2.3 Terminierung

Beim Terminieren werden aufgrund der im Auftrag manuell vorgegebenen Ecktermine unter Berücksichtigung der Dauern auf Vorgangsebene die terminierten Termine auf Vorgangsebene und auf Kopfebene errechnet.

[+]

Terminierung ist nicht immer sinnvoll

Eine Terminierung im SAP-System ist nur dann sinnvoll, wenn Sie gesicherte Vorgabezeiten haben. Wenn Sie diese nicht haben, sollten Sie die Terminierung erst gar nicht aktivieren. Dies erreichen Sie, indem Sie einen Steuerschlüssel verwenden, für den die Option TERMINIEREN nicht aktiviert ist.

Wie Sie einen Steuerschlüssel definieren, habe ich Ihnen in Abschnitt 3.4, »Arbeitsplätze«, erläutert (siehe dazu Customizing-Funktion STEUERSCHLÜSSEL PFLEGEN und Abbildung 3.26).

Die Terminierung können Sie auf unterschiedliche Weise durchführen:

- Die Durchlaufterminierung wird entweder als Vorwärtsterminierung oder als Rückwärtsterminierung durchgeführt.
- Bei der Netzterminierung werden sowohl die Vorwärtsterminierung als auch die Rückwärtsterminierung vorgenommen, und zwar unter der Berücksichtigung der Anordnungsbeziehungen – d. h, auf der Basis des Eckstarttermins werden die frühesten terminierten Termine und auf der Basis des Eckendtermins die spätesten terminierten Termine errechnet. Die Differenz zwischen frühestem und spätestem Termin ergibt den sogenannten *Puffer*; dieser wird sowohl pro Vorgang als auch auf der Kopfebene ausgewiesen.

Damit Sie eine Terminierung durchführen lassen können, müssen die folgenden Voraussetzungen erfüllt sein:

- In den Vorgängen ist die jeweilige Dauer eingetragen.
- Sie haben dem Vorgang einen Steuerschlüssel zugewiesen, für den die Option TERMINIEREN aktiv geschaltet ist.
- Sie haben dem Arbeitsplatz eine Formel *Dauer Eigenbearbeitung* zugewiesen. Diese muss auf das Feld DAUNO, also die Dauer aus dem Vorgang, zeigen. Im Standard ist dies die Formel SAP004.
- Wenn Sie eine Durchlaufterminierung vornehmen möchten, haben Sie im Customizing mithilfe der Funktion TERMINIERUNGSPARAMETER EINSTELLEN der Auftragsart im Werk die Terminierungsart (vorwärts, rückwärts) zugeordnet.

Den Zusammenhang und Ablauf von Terminierung, Kapazitätsbedarfen und Kalkulation zeigt Ihnen Abbildung 6.72:

- Sie definieren im Customizing *Formelparameter* für die beiden Felder DAUNO und ARBEI (in der Standardauslieferung sind dies die Formelparameter SAP_10 und SAP_07).
- Für die Formelparameter legen Sie im Customizing *Formeldefinitionen* an (in der Standardauslieferung sind dies die Formeln SAP004 und SAP008).
- Die Formel für die Dauer tragen Sie im Arbeitsplatz auf der Registerkarte TERMINIERUNG im Feld DAUER EIGENBEARB. ein.
- Die Formel für die Arbeit tragen Sie im Arbeitsplatz auf der Registerkarte KAPAZITÄTEN im Feld FORMEL BED. EIGENB. ein sowie auf der Registerkarte KALKULATION im Feld FORMELSCHLÜSSEL KALKULATION.
- Damit können Sie den Auftrag auf Basis der Dauer terminieren und auf Basis der Arbeit Kapazitätsbedarfe erzeugen und eine Kalkulation durchführen.

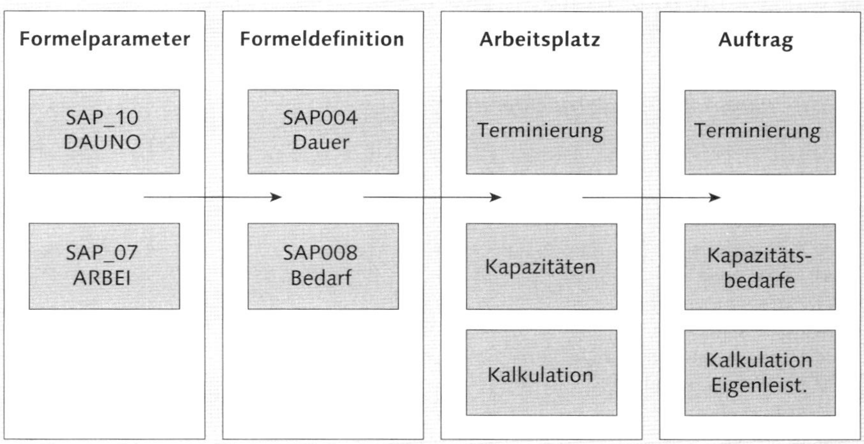

Abbildung 6.72 Auftrag – Zusammenhang von Terminierung, Kapazitätsbedarfen und Kalkulation

Terminierung nur unvollständig im Menü der Instandhaltung **[!]**

Die Customizing-Funktionen zum Einrichten der Terminierung finden Sie größtenteils nicht im Menü der Instandhaltung. Nutzen Sie deshalb das Customizing-Menü der Produktion oder die Transaktionen.

Formelparameter definieren

Mit dieser Customizing-Funktion definieren Sie die Parameter, auf deren Basis später eine Terminierung, Kalkulation und Kapazitätsbedarfsermittlung durchgeführt werden. Aus Sicht der Instandhaltung werden dazu die Felder DAUNO (= Dauer der Bearbeitung) sowie ARBEI (= Arbeit) benötigt.

Voraussetzungen
Es sind keine speziellen Voraussetzungen erforderlich.

Customizing-Pfad
PRODUKTION • FERTIGUNGSSTEUERUNG • VORGÄNGE • TERMINIERUNG • FORMELPARAMETER DEFINIEREN

Transaktion
OP7B

Einstellungen bzw. empfohlene Einstellungen
In der Standardauslieferung sind dafür im Customizing die Formelparameter SAP_07 für ARBEI und SAP_10 für DAUNO vorhanden (siehe Abbildung 6.73).

Abbildung 6.73 Aufträge – Formelparameter für Terminierung definieren

[+]

Formelparameter des SAP-Standards nutzen

Die von SAP im Standard ausgelieferten Formelparameter können Sie normalerweise nutzen, ohne weitere Anpassungen vorzunehmen. Nur wenn Sie eigene Berechnungen hinterlegen möchten, benötigen Sie andere Formelparameter.

Formeldefinition einrichten

Mit dieser Customizing-Funktion definieren Sie die Formeln, mit deren Hilfe aus den Formelparametern mit mathematischen Funktionen das Ergebnis zu berechnen ist, und zwar für:

- die Terminierung
- die Kapazitätsplanung
- die Kalkulation

Voraussetzungen
Die Formelparameter müssen definiert sein.

Customizing-Pfad
PRODUKTION • FERTIGUNGSSTEUERUNG • VORGÄNGE • TERMINIERUNG • FORMELDEFINITION EINRICHTEN

Transaktion
OPK3

Einstellungen bzw. empfohlene Einstellungen
In der Standardauslieferung sind für die Instandhaltung die beiden Formeldefinitionen SAP004 für die Dauer und SAP008 für den Bedarf hinterlegt (siehe Abbildung 6.74).

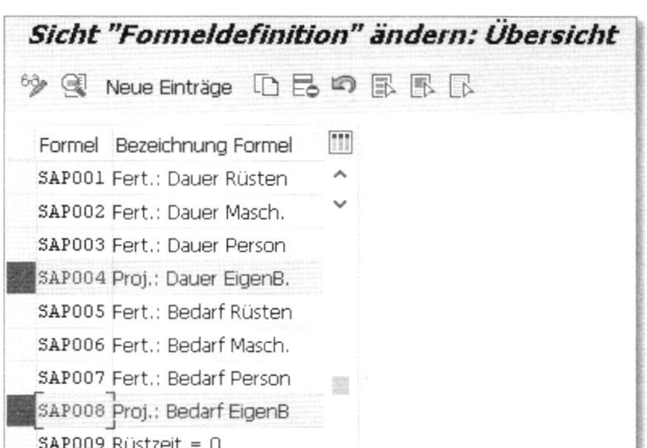

Abbildung 6.74 Aufträge – Terminierung Formeln definieren

Der Formelschlüssel SAP004 (siehe Abbildung 6.75) greift auf den Formelparameter SAP_10 und damit auf das Feld DAUNO (= Dauer) zurück und berechnet daraus die Durchlaufzeit. Wichtig ist, dass der Schalter TERMINIERUNG ERLAUBT aktiviert ist.

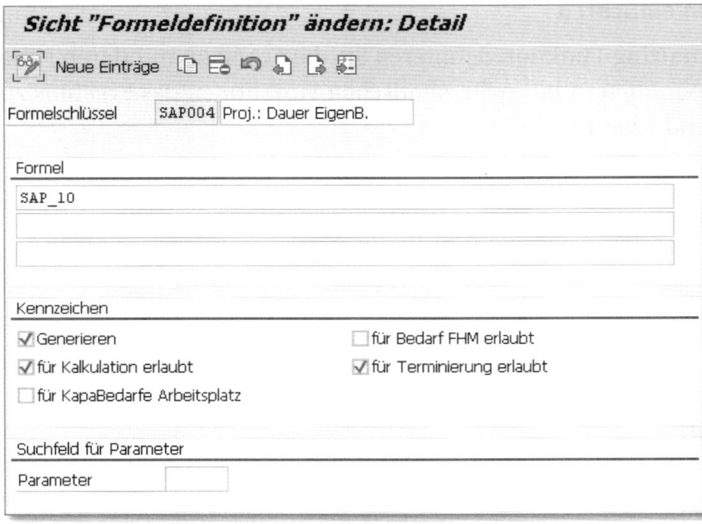

Abbildung 6.75 Aufträge – Formeldefinition Dauer

Der Formelschlüssel SAP008 (siehe Abbildung 6.76) greift auf den Formelparameter SAP_07 und damit auf das Feld ARBEI (= Arbeit) zurück. Damit können Kapazitätsbedarfe und Kosten für Eigenleistung berechnet werden. Wichtig ist, dass die Schalter für Kalkulation erlaubt und für KapaBedarfe Arbeitsplatz aktiviert sind.

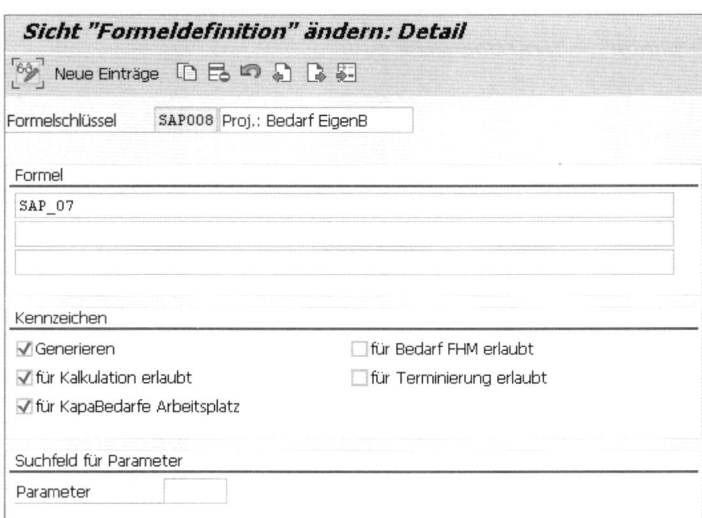

Abbildung 6.76 Aufträge – Formeldefinition Bedarf

Formeldefinitionen des SAP-Standards nutzen [+]

Im Normalfall können Sie die SAP-Standarddefinitionen der Formeldefinitionen nutzen, um zu terminieren, zu kalkulieren und Kapazitätsbedarfe zu erzeugen. Nur wenn Sie eigene Berechnungen anstellen möchten, müssen Sie die SAP-Standarddefinitionen verändern.

Terminierungsart festlegen

Mit dieser Customizing-Funktion legen Sie die Terminierungsarten fest, die bei Ihnen zum Einsatz kommen sollen. Im Standard werden von SAP folgende Terminierungsarten unterstützt (siehe Abbildung 6.77):

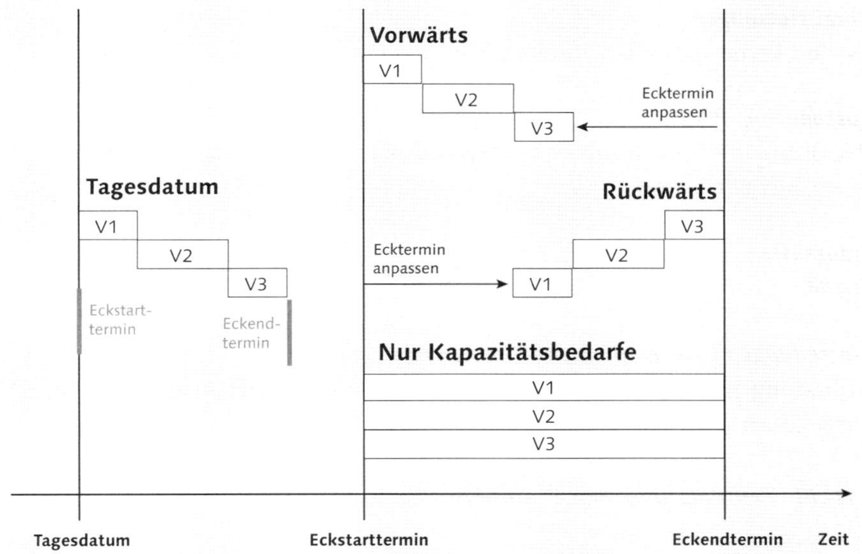

Abbildung 6.77 Aufträge – Terminierungsarten

- Vorwärts: Bei der Vorwärtsterminierung werden, ausgehend vom Eckstartdatum, durch Addition der Vorgangsdauern die *frühesten terminierten Beginn- und Endtermine* sowohl auf der Kopfebene als auch auf der Vorgangsebene errechnet.
- Vorwärts mit Uhrzeit: Wie vorwärts, hier geben Sie jedoch zusätzlich zum Eckstartdatum noch die gewünschte Beginnuhrzeit an.
- Rückwärts: Bei der Rückwärtsterminierung werden, ausgehend vom Eckendtermin, durch Subtraktion der Vorgangsdauern die *spätesten terminierten Beginn- und Endtermine* auf Kopf- und Vorgangsebene errechnet.

- Rückwärts mit Uhrzeit: Wie rückwärts, hier geben Sie jedoch zusätzlich zum Eckenddatum noch die gewünschte Enduhrzeit an.
- Tagesdatum: Wie vorwärts mit Uhrzeit – das Eckstartdatum und die Uhrzeit werden dabei auf das Tagesdatum bzw. die aktuelle Uhrzeit gelegt.
- Nur Kapazitätsbedarfe: Hier werden die terminierten Termine den Eckterminen gleichgesetzt, und die Arbeit wird gleichmäßig verteilt. Beispiel: Sie haben einen Auftrag mit Eckstarttermin 01.11. und Eckendtermin 10.11. Für den Vorgang haben Sie eine Arbeit von 40 Stunden geplant. Ergebnis: Es werden vom 1.11. bis zum 10.11. jeden Tag Kapazitätsbedarfe von jeweils vier Stunden eingelastet.
- Nicht terminieren

Voraussetzungen
Es sind keine speziellen Voraussetzungen notwendig.

Customizing-Pfad
Produktion • Fertigungssteuerung • Vorgänge • Terminierung • Terminierungsart festlegen

Transaktion
OPJN

Einstellungen bzw. empfohlene Einstellungen
Abbildung 6.78 zeigt die Tabelle der Terminierungsarten, wie sie von SAP ausgeliefert wird.

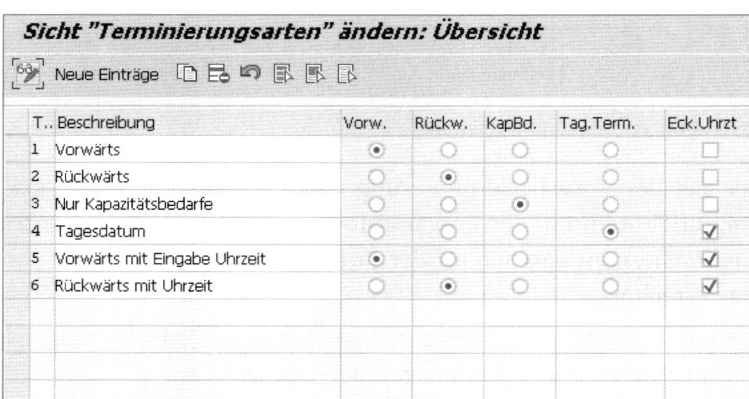
Sicht "Terminierungsarten" ändern: Übersicht

Neue Einträge

T..	Beschreibung	Vorw.	Rückw.	KapBd.	Tag.Term.	Eck.Uhrzt
1	Vorwärts	◉	○	○	○	☐
2	Rückwärts	○	◉	○	○	☐
3	Nur Kapazitätsbedarfe	○	○	◉	○	☐
4	Tagesdatum	○	○	○	◉	☑
5	Vorwärts mit Eingabe Uhrzeit	◉	○	○	○	☑
6	Rückwärts mit Uhrzeit	○	◉	○	○	☑

Abbildung 6.78 Aufträge – Terminierungsarten festlegen

Alle Terminierungsarten vorhanden [+]

Im Normalfall können Sie die SAP-Standarddefinitionen der Terminierungsarten nutzen. Nur wenn Sie Terminierungsarten ausschließen oder die Bezeichnung ändern möchten, müssten Sie die SAP-Standarddefinitionen verändern.

Terminierungsparameter einstellen

Mit dieser Customizing-Funktion legen Sie pro Auftragsart und Werk fest, welches Terminierungsverfahren zum Einsatz kommen soll.

Fertigungssteuerer = * [+]

Bei der Zuordnung der Terminierungsparameter zu Auftragsart und Werk muss der Fertigungssteuerer immer * sein, da die Instandhaltung nicht auf den Fertigungssteuerer zugreift, sondern nur die Produktion.

Voraussetzungen

Terminierungsart, Auftragsart und Werk müssen definiert sein.

Customizing-Pfad

Instandhaltung und Kundenservice • Instandhaltungs- und Serviceabwicklung • Instandhaltungs- und Serviceaufträge • Terminierung • Terminierungsparameter einstellen

Transaktion

OPU7

Einstellungen bzw. empfohlene Einstellungen

In dieser Customizing-Funktion haben Sie folgende Einstellungsmöglichkeiten (siehe Abbildung 6.79):

- Mit dem Schalter Termine anpassen legen Sie fest, ob durch die Terminierung die Ecktermine automatisch den terminierten Terminen angepasst werden sollen und ob die Bedarfstermine der Materialkomponenten auf den Eckstarttermin oder auf die jeweiligen Vorgangstermine gelegt werden sollen.
- Bei der Terminierungsart legen Sie die für das Werk und die Auftragsart präferierte Terminierungsart fest. Diese wird dann in den Auftrag als Vorschlagswert übernommen, kann dort aber abgeändert werden.

- Terminierung automatisch bewirkt, dass ein Auftrag beim Sichern automatisch terminiert wird.
- Terminierungsprotokoll automatisch anzeigen legt fest, dass ein Terminierungsprotokoll nach der Terminierung automatisch angezeigt wird.
- Mit dem Kennzeichen Pausengenaue Terminierung bestimmen Sie, dass die zeitliche Lage einer Pause genau berücksichtigt werden soll. Ist dieses Kennzeichen gesetzt, kann es nicht mehr vorkommen, dass ein errechneter Termin in eine Pausenzeit fällt.

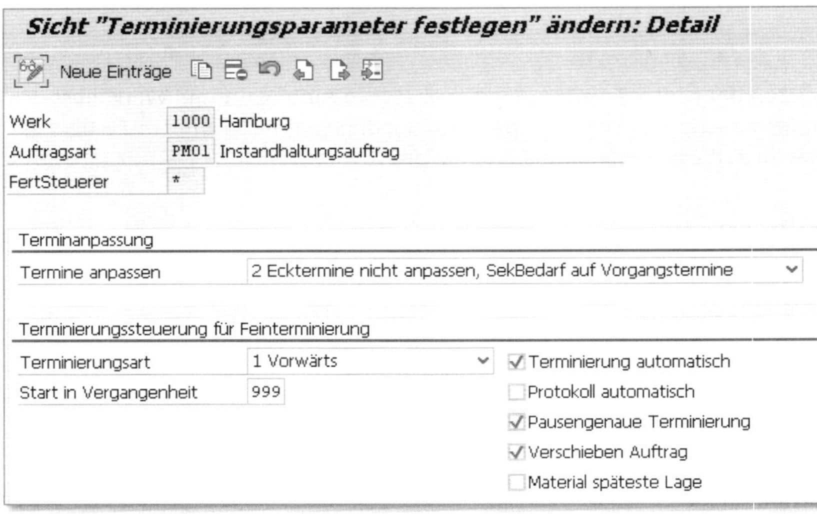

Abbildung 6.79 Aufträge – Terminierungsarten pflegen

- Mit dem Kennzeichen Auftrag verschieben legen Sie fest, dass bei teilrückgemeldeten Vorgängen die bereits vorhandenen Ist-Termine bei einer erneuten Terminierung nicht berücksichtigt werden.
- Der Schalter Material späteste Lage spielt nur bei Netzterminierung eine Rolle. Damit legen Sie fest, ob der Bedarfstermin der Materialkomponenten auf die frühesten oder auf die spätesten Termine gelegt werden soll.

[+]

Empfehlungen zur Terminierung

- Setzen Sie den Schalter Termine anpassen auf Ecktermine nicht anpassen, denn ansonsten werden die von Ihnen manuell vorgegebenen Ecktermine bei der Terminierung durch die terminierten Termine überschrieben, d. h., sie gehen verloren und können auch nicht wiederhergestellt werden.

- Der Normalfall für eine Durchlaufterminierung in der Instandhaltung ist die VORWÄRTSTERMINIERUNG.
- Wenn Sie die Terminierung nicht ausgeschaltet haben, sollten Sie den Schalter TERMINIERUNG AUTOMATISCH aktivieren.
- Damit Sie nicht bei jeder Sicherung des Auftrags mit lästigen Pop-up-Protokollen mit den Ergebnissen der Terminierung belästigt werden, deaktivieren Sie den Schalter PROTOKOLL AUTOMATISCH.
- Um möglichst exakte Terminierungsdaten zu erhalten, aktivieren Sie den Schalter PAUSENGENAUE TERMINIERUNG.
- Damit die Terminierung der realen Ist-Situation angepasst wird, aktivieren Sie den Schalter AUFTRAG VERSCHIEBEN.
- Im Auftrag sollten immer die frühesten Materialbedarfstermine verwendet werden; deshalb aktivieren Sie den Schalter MATERIAL SPÄTESTE LAGE nicht.

Vorschlagswert Tagesdatum als Ecktermin aktivieren

Mit dieser Customizing-Funktion legen Sie pro Werk fest, ob das Tagesdatum als Ecktermin vorgeschlagen werden soll.

Voraussetzungen

Die Werke müssen definiert sein.

Customizing-Pfad

INSTANDHALTUNG UND KUNDENSERVICE • INSTANDHALTUNGS- UND SERVICEABWICKLUNG • INSTANDHALTUNGS- UND SERVICEAUFTRÄGE • ALLGEMEINE DATEN • VORSCHLAGSWERT TAGESDATUM ALS ECKTERMIN AKTIVIEREN

Einstellungen bzw. empfohlene Einstellungen

Markieren Sie die Werke, bei denen das Tagesdatum als Ecktermin vorgeschlagen werden soll (siehe Abbildung 6.80).

Sicht "Vorschlag Tagesdatum

Planungswerk	Vorschlag Tagesdatum
1000	✓
1100	
1200	✓
1500	✓
1600	✓

Abbildung 6.80 Aufträge – Vorschlag Tagesdatum

Vorschlagswerte Einheiten für Arbeitsvorgang festlegen

Mit dieser Customizing-Funktion legen Sie pro Werk fest, welche Einheiten für das Feld Arbeit und das Feld Dauer vorgeschlagen werden soll.

Voraussetzungen

Die Werke und die Einheiten müssen definiert sein.

Customizing-Pfad

Instandhaltung und Kundenservice • Instandhaltungs- und Serviceabwicklung • Instandhaltungs- und Serviceaufträge • Allgemeine Daten • Vorschlagswerte Einheiten für Arbeitsvorgang festlegen

Transaktion

OIO9

Einstellungen bzw. empfohlene Einstellungen

Legen Sie pro Werk fest, welche Einheiten für das Feld Arbeit und das Feld Dauer vorgeschlagen werden soll (siehe Abbildung 6.81). Wenn allerdings der Arbeitsplatz des Vorgangs abweichende Einheiten als Vorschlagswerte beinhaltet, werden die Vorschlagswerte des Werkes überschrieben. Sie können jedoch Vorschlagswerte immer manuell überschreiben, falls notwendig.

Planungswerk	Eh. Dauer nor.	Einh.Text	Einheit Arbeit	Einh.Text
1000	STD	Stunden	STD	Stunden
1100	MIN	Minuten	MIN	Minuten
1200	STD	Stunden	STD	Stunden
1500	H	Stunde	H	Stunde
1600	MIN	Minuten	MIN	Minuten
2000	STD	Stunden	STD	Stunden
2010	MIN	Minuten	MIN	Minuten
2200	STD	Stunden	STD	Stunden
2210	STD	Stunden	STD	Stunden
2220	STD	Stunden	STD	Stunden
2230	STD	Stunden	STD	Stunden
2240	STD	Stunden	STD	Stunden
2400	STD	Stunden	STD	Stunden

Abbildung 6.81 Aufträge – Vorschlagswerte für Einheiten

Balkenplan • Grafikprofile definieren

Mit dieser Customizing-Funktion legen Sie ein Grafikprofil fest, auf dessen Basis Sie sich dann mit der Transaktion I_GRAPH_MONITOR ein Balkendiagramm anzeigen lassen können. Dieses Balkendiagramm zeigt, welcher Techniker zu welchen Terminen welche Aufträge abzuarbeiten hat. Das Grafikprofil rufen Sie direkt beim Start der Transaktion auf.

Voraussetzungen

Es sind keine speziellen Voraussetzungen notwendig.

Customizing-Pfad

SAP NetWeaver • Application Server • Frontend Services • Balkenplan • Grafikprofile definieren

Einstellungen bzw. empfohlene Einstellungen

Das Grafikprofil legt das komplette Erscheinungsbild der Grafik fest. Es setzt sich aus folgenden Teilen zusammen (siehe Abbildung 6.82):

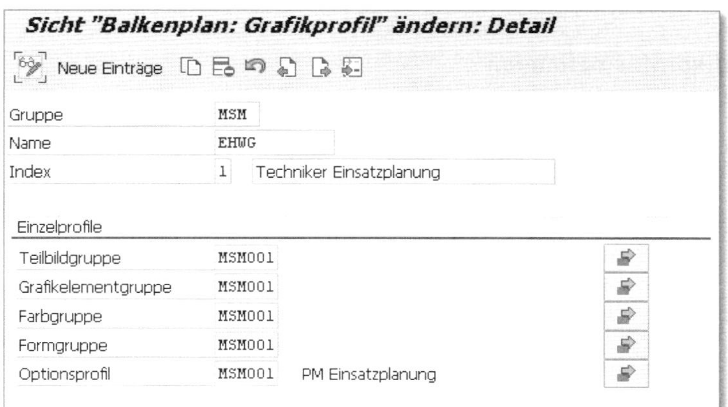

Abbildung 6.82 Aufträge – Balkenplan Grafikprofil

- In der Teilbildgruppe sind die der Anwendung zur Verfügung stehenden Teilbildtypen zusammengefasst. Hier definieren Sie Struktur und Inhalt der Grafik (Titel, Bereiche, Überschriften, Spalten etc.), die Hintergrundfarbe der Bereiche und Ähnliches.
- In der Grafikelementgruppe sind die der Anwendung zur Verfügung stehenden Grafikelementtypen zusammengefasst. Hier definieren Sie z. B. Art, Größe und Farbe der verwendeten Symbole und Linien.

- In der FARBGRUPPE sind die der Anwendung zur Verfügung stehenden Farbtypen zusammengefasst. Hier legen Sie die Farbtypen fest, die dann in der Grafikelementgruppe genutzt werden.
- In der FORMGRUPPE sind die der Anwendung zur Verfügung stehenden Formtypen zusammengefasst. Hier legen Sie die Formtypen fest, die dann in der Grafikelementgruppe genutzt werden.
- Das OPTIONSPROFIL legt Angaben zum Fenster und Modi für die Bearbeitung fest. Zum Beispiel definieren Sie hier die Fenstergrößen, das Zeitintervall, die Blätterleiste, die zur Verfügung stehenden Schalter und andere Eigenschaften der Grafik.

[+] **Balkenplan-Grafikprofile aus dem SAP-Standard verwenden**

Balkenplan-Grafikprofile müssen nicht in der ersten Phase der Einführung selbst definiert werden. Verwenden Sie zunächst eines der von SAP im Standard ausgelieferten Profile (z. B. MSM). Nur wenn Sie damit nicht zurechtkommen, erstellen Sie eigene Profile – am besten indem Sie ein SAP-Standardprofil kopieren und daran Anpassungen vornehmen.

Netzplan • Grafikprofile definieren

Mit dieser Customizing-Funktion legen Sie ein Grafikprofil fest, auf dessen Basis Sie sich dann mit der Transaktion IW32 mit der Funktion SPRINGEN • GRAFIK • NETZSTRUKTUR den Netzplan bzw. mit der Funktion SPRINGEN • GRAFIK • BALKENDIAGRAMM das Balkendiagramm des Auftrags anzeigen lassen können.

Voraussetzungen

Es sind keine speziellen Voraussetzungen notwendig.

Customizing-Pfad

SAP NETWEAVER • APPLICATION SERVER • FRONTEND SERVICES • NETZPLAN/HIERARCHIE • GRAFIKPROFILE DEFINIEREN

Einstellungen bzw. empfohlene Einstellungen

Das Grafikprofil legt das komplette Erscheinungsbild der Grafik fest. Ein Grafikprofil setzt sich aus folgenden Teilen zusammen (siehe Abbildung 6.83):

- In der KNOTENGRUPPE sind die der Anwendung zur Verfügung stehenden Knotentypen zusammengefasst. Hier definieren Sie Farben, Formen, Linien und Größen der Knoten (Vorgang) im Netzplan.

- In der Kantengruppe sind die der Anwendung zur Verfügung stehenden Kantentypen zusammengefasst. Hier definieren Sie Farben, Formen, Linien und Stärke der Kanten im Netzplan.
- In der Rahmengruppe sind die der Anwendung zur Verfügung stehenden Rahmentypen zusammengefasst. Hier definieren Sie Farben, Formen, Breite und Stärke der Rahmen im Netzplan.
- Das Optionsprofil legt Angaben zum Fenster, Modi für die Bearbeitung und Farben fest. Zum Beispiel definieren Sie hier die Fenstergrößen, das Zeitintervall, die Bereichsreihenfolge, die zur Verfügung stehenden Schalter und andere Eigenschaften der Grafik.

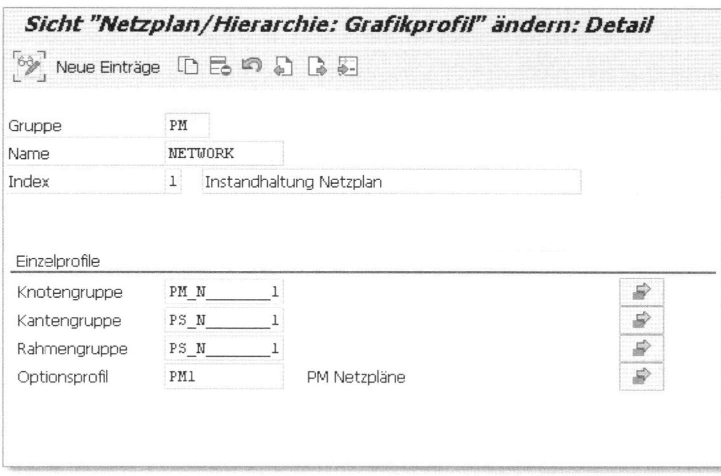

Abbildung 6.83 Aufträge – Netzplan Grafikprofil

Das Grafikprofil des Netzplans rufen Sie in einem Auftrag nicht direkt auf, sondern Sie ordnen es mit den Customizing-Funktionen Vorschlagswertprofile für allgemeine Auftragsdaten anlegen und Vorschlagswerte für Arbeitsplandaten und Profilzuordnungen pro Werk und Auftragsart zu.

Netzplan-Grafikprofile aus dem SAP-Standard verwenden [+]

Netzplan-Grafikprofile müssen nicht in der ersten Phase der Einführung selbst definiert werden. Verwenden Sie zunächst eines der von SAP im Standard ausgelieferten Profile (z. B. PM NETWORK).

Nur wenn Sie damit nicht zurechtkommen, erstellen Sie eigene Profile – am besten indem Sie ein SAP-Standardprofil kopieren und daran Anpassungen vornehmen.

6.2.4 Kapazitätsplanung

In der Kapazitätsplanung stellen Sie das Kapazitätsangebot der Kapazitätsnachfrage gegenüber. Das Kapazitätsangebot wird im Arbeitsplatz gepflegt, und die Kapazitätsnachfrage ergibt sich durch die Vorgabezeiten der Vorgänge im Auftrag (Feld Arbeit). Allerdings ist eine Kapazitätsplanung nicht immer sinnvoll.

[+] **Zuerst prüfen, ob eine Kapazitätsplanung überhaupt sinnvoll ist**

Grundsätzlich ist eine Kapazitätsplanung nur dann sinnvoll, wenn das planbare Auftragsvolumen ausreichend groß ist und die Vorgabezeiten einigermaßen genau sind. Diese Voraussetzungen sind in der Instandhaltung – anders als in der Produktion – häufig nicht erfüllt: Entweder liegen keine genaue Vorgaben zu den Vorgabezeiten vor, und/oder man hat einen hohen Anteil von ungeplanten Aufträgen.

Wenn die Voraussetzungen nicht erfüllt sind, sollten Sie die Kapazitätsplanung nicht aktivieren. Dies erreichen Sie, indem Sie einen Steuerschlüssel verwenden, für den die Option Kapazitätsbedarfe ermitteln nicht aktiviert ist.

Wie Sie einen Steuerschlüssel definieren, habe ich Ihnen in Abschnitt 3.4, »Arbeitsplätze«, erläutert (siehe dazu die Customizing-Funktion Steuerschlüssel pflegen und Abbildung 3.26).

Durchführung einer Kapazitätsplanung

Wenn Sie eine Kapazitätsplanung durchführen, besteht diese immer aus drei Stufen (siehe Abbildung 6.84).

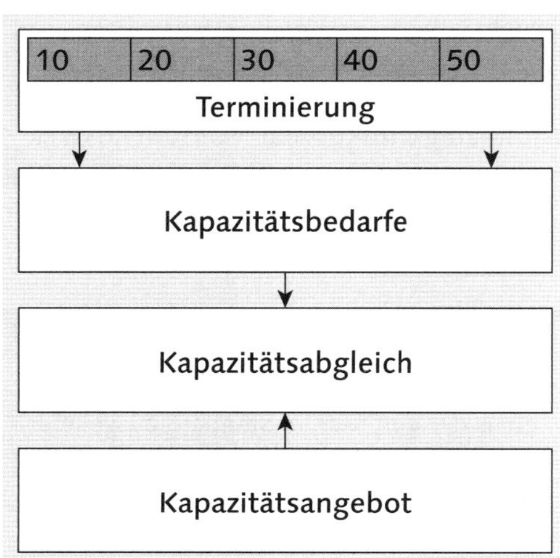

Abbildung 6.84 Aufträge – Kapazitätsplanung

Das *Kapazitätsangebot* definieren Sie innerhalb des Arbeitsplatzes auf der Registerkarte KAPAZITÄTEN: entweder als Standardangebot oder mit Schichtmodellen.

Kapazitätsbedarfe entstehen aufgrund von Aufträgen, genauer gesagt: aufgrund von Vorgaben in den Vorgängen im Feld ARBEIT. Damit Kapazitätsbedarfe erzeugt werden, müssen die folgenden Voraussetzungen erfüllt sein:

- Sie haben im Arbeitsplatz eine Formel zur Errechnung des Kapazitätsbedarfs der Eigenbearbeitung eingetragen. Diese Formel muss auf das Feld ARBEI, also die Arbeit aus dem Vorgang, zeigen. Im Standard ist dies die Formel SAP008 (siehe dazu die Customizing-Funktionen Formelparameter definieren und Formeldefinition einrichten).
- Sie verwenden bei den Vorgängen einen Steuerschlüssel, für den die Funktion KAPAZITÄTSBEDARFE aktiv geschaltet ist.
- Sie haben den Auftrag terminiert (siehe Abschnitt 6.2.3, »Terminierung«).

Für den *Kapazitätsabgleich* haben Sie folgende Möglichkeiten:

- Sie können eine Kapazitätsauswertung vornehmen (Transaktion CM01), d. h. eine reine Gegenüberstellung von Kapazitätsangebot und Kapazitätsnachfrage, und für den Abgleich z. B. durch Verschieben der Aufträge sorgen.
- Oder aber Sie nutzen die Plantafel (Transaktion CM33 oder CM34), um dort die kapazitätsmäßige Einlastung der Aufträge vorzunehmen.

Im Folgenden beschreibe ich Ihnen die für die Kapazitätsplanung in der Instandhaltung wichtigsten Customizing-Einstellungen.[2]

Kapazitätsplanung nicht im Menü der Instandhaltung [!]

Die Customizing-Funktionen zum Einrichten der Kapazitätsplanung finden Sie nicht im Menü der Instandhaltung. Nutzen Sie deshalb das Customizing-Menü der Produktion oder die Transaktionen.

Kapazitätsart festlegen

Diese Customizing-Funktion ist der Ausgangspunkt für die gesamte Kapazitätsplanung. Sie definieren die Kapazitätsarten, die Sie einem Arbeitsplatz

2 Für eine komplette Übersicht über die Kapazitätsplanung empfehle ich Ihnen Gulyassy, F.; Vithayathil, B.: Kapazitätsplanung mit SAP. Bonn: SAP PRESS 2014.

zuordnen und auf deren Basis Sie die Kapazitätsplanung durchführen möchten.

Voraussetzungen

Es sind keine speziellen Voraussetzungen zu schaffen.

Customizing-Pfad

PRODUKTION • KAPAZITÄTSPLANUNG • STAMMDATEN • KAPAZITÄTSDATEN • KAPAZITÄTSART FESTLEGEN

Einstellungen bzw. empfohlene Einstellungen

Aus Sicht der Instandhaltung stehen immer Personenkapazitäten im Mittelpunkt. Deshalb ist es wichtig, dass Sie eine Kapazitätsart verwenden, bei der der Schalter KAPART PER aktiv ist. In der Standardauslieferung ist dies die Kapazitätsart 002 (= Person, siehe Abbildung 6.85).

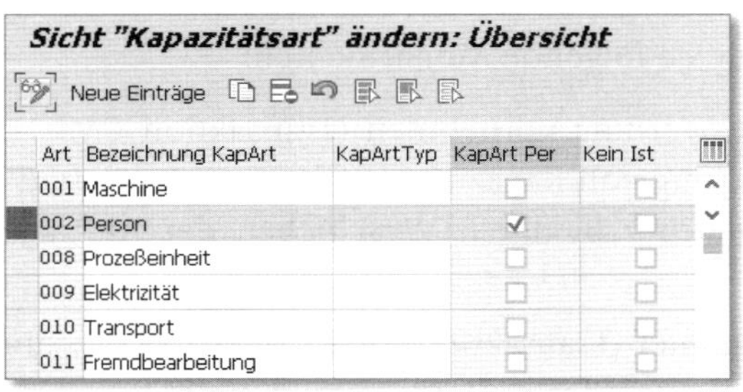

Sicht "Kapazitätsart" ändern: Übersicht

Neue Einträge

Art	Bezeichnung KapArt	KapArtTyp	KapArt Per	Kein Ist
001	Maschine		☐	☐
002	Person		☑	☐
008	Prozeßeinheit		☐	☐
009	Elektrizität		☐	☐
010	Transport		☐	☐
011	Fremdbearbeitung		☐	☐

Abbildung 6.85 Aufträge – Kapazitätsart

[+]

Kapazitätsart 002 nutzen

Sie können die von SAP im Standard ausgelieferte Kapazitätsart 002 auch für die Instandhaltung nutzen. Nur wenn Sie sich von der Produktion abgrenzen möchten, müssen Sie eine eigene Kapazitätsart definieren. Achten Sie dabei darauf, dass der Schalter KAPART PER aktiviert ist.

Schichtprogramme definieren

Wenn Sie für den Arbeitsplatz nur das Standardangebot definieren möchten, müssen Sie für das Kapazitätsangebot keine weiteren Customizing-Einstellungen vornehmen.

Wenn Sie jedoch abweichende Kapazitätsangebote und Schichten definieren möchten, dann müssen Sie mit dieser Customizing-Funktion die Schichtenmodelle, die Sie in der Instandhaltung einsetzen, definieren.

Voraussetzungen

Es sind keine speziellen Voraussetzungen zu schaffen.

Customizing-Pfad

Produktion • Kapazitätsplanung • Vorgänge • Kapazitätsangebot • Schichtprogramme definieren

Transaktion

OP4A

Einstellungen bzw. empfohlene Einstellungen

Schichtprogramme definieren Sie in den drei aufeinander aufbauenden Unterfunktionen Arbeitspausenpläne, Schichtdefinitionen und Schichtprogramme.

Mit der Unterfunktion Arbeitspausenpläne definieren Sie die Parameter, die die einzelnen Pausenpläne genauer beschreiben (siehe Abbildung 6.86):

- Beginn
- Ende
- Pausendauer

Diese können entweder als feste Zeiten eingetragen werden (z. B. GLZ) oder aber relativ zum Schichtbeginn (z. B. M3).

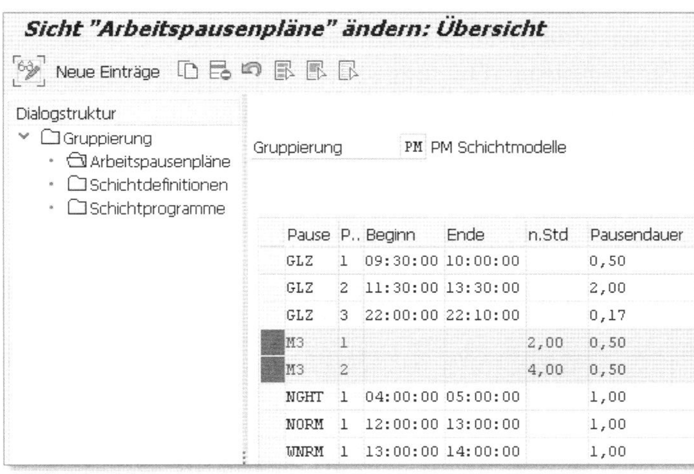

Abbildung 6.86 Aufträge – Arbeitspausenpläne

Mit der Unterfunktion SCHICHTDEFINITIONEN definieren Sie die arbeitsplatzübergreifenden Parameter, die die einzelnen Schichten genauer beschreiben (siehe Abbildung 6.87), wie z. B.:

- Beginn
- Ende
- Pausenzeiten
- Gültigkeitszeitraum einer Schicht

Dabei binden Sie eines der oben definierten Pausenmodelle ein (Feld PAUSE).

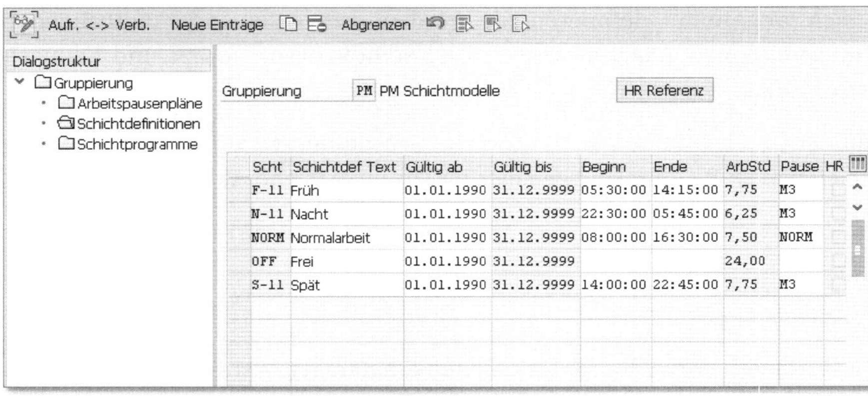

Abbildung 6.87 Aufträge – Schichtdefinitionen

Mit der Unterfunktion SCHICHTPROGRAMME definieren Sie eine Folge von Schichten pro Wochentag (siehe Abbildung 6.88). Dabei stellt das Schichtprogramm eine Zusammenfassung von *Schichtdefinitionen* dar.

Abbildung 6.88 Aufträge – Schichtprogramme

Sie können das *Schichtprogramm* einer *Kapazitätsart* als *Kapazitätsangebot* im Arbeitsplatz zuordnen. Das SAP-System verwendet zum Ermitteln des Kapazitätsangebots eines Arbeitsplatzes die vordefinierten Werte aus der Schichtdefinition – zusammen mit der Anzahl der Personen, die der Kapazitätsart zugeordnet sind.

Kapazitätsauswertung Gesamtprofile festlegen

Für die Kapazitätsauswertung (Transaktion CM01) definieren Sie mit dieser Customizing-Funktion die Selektion und das Layout, wie Sie die Kapazitätsauswertung durchführen möchten.

Voraussetzungen
Es sind keine speziellen Voraussetzungen zu schaffen.

Customizing-Pfad
PRODUKTION • KAPAZITÄTSPLANUNG • AUSWERTUNG • PROFILE • GESAMTPROFILE FESTLEGEN

Transaktion
OPA6

Einstellungen bzw. empfohlene Einstellungen
Ein Gesamtprofil besteht aus den folgenden Einzelprofilen (siehe Abbildung 6.89):

- Im Unterprofil AUSWAHLPROFIL definieren Sie, für welche Einheiten (Arbeitsplatzarten, Auftragstypen, Kapazitätsarten) und für welche Zeiträume (Start-, Enddatum, Einheit) die Kapazitätsplanung durchgeführt werden soll.
- Im Unterprofil EINSTELLUNGSPROFIL definieren Sie u. a., ob Sie die Kapazitätsauswertung kumulieren möchten, ob Sie hierarchisch auswerten lassen wollen oder welche Periodenart zugrunde gelegt werden soll.
- Im Unterprofil LISTENPROFIL definieren Sie den Detaillierungsgrad der Kapazitätsauswertung und die Schnittstelle zu Microsoft Excel.
- Im Unterprofil GRAFIKPROFIL definieren Sie die Darstellung der Auswertung (Säulen, Balken, Linien) und die Sortierreihenfolge der Kapazitätsdetails.

Wenn Sie die Transaktion CM01 starten, können Sie über PLANUNG • PROFILE sowohl ein Gesamtprofil als auch jedes der Unterprofile separat auswählen.

Abbildung 6.89 Aufträge – Gesamtprofil Kapazitätsauswertung

[+] **Profile für die Kapazitätsauswertung aus dem SAP-Standard**

Profile für die Kapazitätsauswertung müssen nicht in der ersten Phase der Einführung selbst definiert werden. Verwenden Sie zunächst eines der von SAP im Standard ausgelieferten Profile (z. B. SAPX911).

Nur wenn Sie damit nicht zurechtkommen, erstellen Sie eigene Profile – am besten indem Sie ein SAP-Standardprofil kopieren und dort Anpassungen vornehmen.

Kapazitätsabgleich Gesamtprofil definieren

Für den Kapazitätsabgleich (Transaktion CM33 – grafisch und CM34 – tabellarisch) definieren Sie mit dieser Customizing-Funktion die Selektion, die Steuerung und das Layout der Plantafel, in der Sie den Kapazitätsabgleich durchführen.

Voraussetzungen

Es sind keine speziellen Voraussetzungen zu schaffen.

Customizing-Pfad

Produktion • Kapazitätsplanung • Kapazitätsabgleich und Erweiterte Auswertung • Gesamtprofil definieren

Transaktion

OPD0

Einstellungen bzw. empfohlene Einstellungen

Ein Gesamtprofil enthält folgende Unterprofile (siehe Abbildung 6.90):

- Im Unterprofil Selektionsprofil definieren Sie die primären Selektionskriterien beim Einstieg in die Transaktion; in der Regel sind dies Werk und

Arbeitsplatz. Außerdem können Sie festlegen, nach welchen Kriterien darüber hinaus gefiltert werden soll (z. B. Planergruppe, Technischer Platz, Betriebsbereich).

- Im Unterprofil STEUERUNGSPROFIL definieren Sie, ob Sie die grafische oder tabellarische Plantafel verwenden möchten.
- Im Unterprofil ZEITPROFIL definieren Sie, welche Zeiträume in Vergangenheit und Zukunft in der Plantafel erscheinen sollen.
- Im Unterprofil AUSWERTUNGSPROFIL definieren Sie die Maßeinheit und ob Sie eine Kapazitätsverdichtung über den Zeitraum vornehmen wollen.
- Im Unterprofil PERIODENPROFIL definieren Sie, ob Sie die Kapazitäten auf Tages-, Wochen- oder Monatsbasis planen wollen.
- Im Unterprofil PROFIL DER GRAFISCHEN PLANTAFEL definieren Sie das Layout der grafischen Plantafel (z. B. Bildbereiche, Zeitachse und Grafikelemente).
- Im Unterprofil PROFIL DER TABELLARISCHEN PLANTAFEL definieren Sie das Layout der tabellarischen Plantafel (z. B. Spalten, Zeilen, Summenbildung).
- Im Unterprofil LISTENPROFIL definieren Sie, welche Informationen in der Detailliste zur Verfügung stehen sollen und wie die Liste sortiert sein soll.
- Im Unterprofil STRATEGIEPROFIL definieren Sie, welche Funktionen bei der Einplanung von Aufträgen zur Verfügung stehen sollen (z. B. Vorgangsterminprüfung) und in welcher Reihenfolge eingeplant werden soll (z. B. spätester Starttermin).

Abbildung 6.90 Aufträge – Gesamtprofil Kapazitätsabgleich

[+] **Profile für Kapazitätsabgleich aus dem SAP-Standard verwenden**

Profile für den Kapazitätsabgleich müssen nicht in der ersten Phase der Einführung selbst definiert werden. Verwenden Sie zunächst eines der von SAP im Standard ausgelieferten Profile (z. B. SAPPM_G006). Nur wenn Sie damit nicht zurechtkommen, erstellen Sie eigene Profile – am besten indem Sie ein SAP-Standardprofil kopieren und daran Anpassungen vornehmen.

6.2.5 Drucken

Das SAP-System bietet Ihnen viele Gestaltungsmöglichkeiten beim Drucken von Aufträgen und Meldungen. Wenn Meldungen und Aufträge im Einsatz sind, wird normalerweise der Auftrag gedruckt. Deshalb konzentriere ich mich in den folgenden Ausführungen auf das Drucken von Aufträgen.

[+] **Entscheidungsfreiheit beim Auftragsdruck**

Sie haben weitgehende Entscheidungsfreiheit bezüglich der folgenden Inhalte:

- wie viele Auftragspapiere Sie ausdrucken möchten
- welche Auftragspapiere Sie ausdrucken möchten
- wie Sie die Auftragspapiere benennen möchten
- welches Layout diese Auftragspapiere haben sollen
- welches Auftragspapier auf welchem Ausgabemedium ausgegeben werden soll

Die folgenden Belege könnten Sie z. B. als Auftragspapiere drucken (siehe Abbildung 6.91):

- Steuerkarte für den Meister
- Laufkarte für das zu reparierende Teil
- Lohn- und Rückmeldescheine für den Techniker
- Materialbereitstellungsliste für das Lager
- Materialentnahmescheine für den Techniker
- Objektliste bei Rundgängen

Die folgenden Ausgabemedien stehen Ihnen zur Verfügung:

- lokaler Drucker
- Netzwerkdrucker
- Faxgerät
- E-Mail
- PC-Download

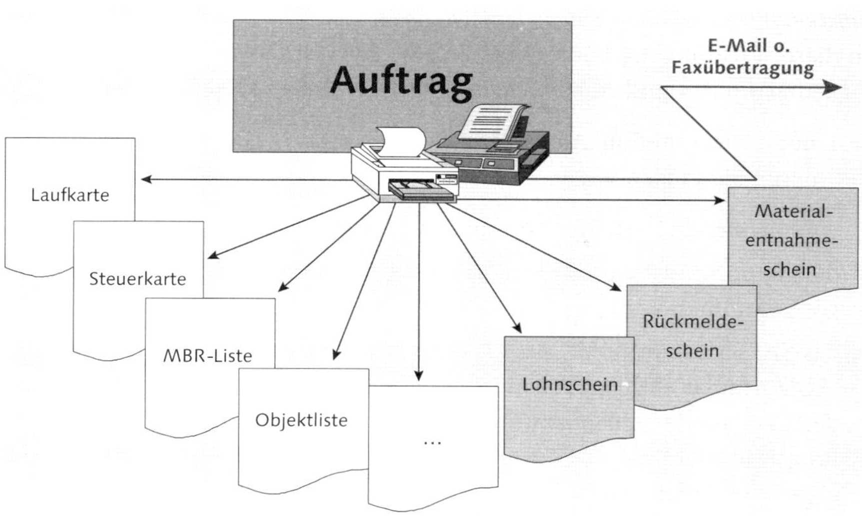

Abbildung 6.91 Aufträge – Drucken

Die folgenden Customizing-Funktionen stehen Ihnen zur Verfügung, um die Ausgabe von Auftragsbelegen zu steuern:

Arbeitspapiere, Formulare und Ausgabeprogramme festlegen

Mit dieser Customizing-Funktion können Sie sich Ihre unterschiedlichen Arbeitspapiere definieren und deren Drucklayout festlegen. Darüber hinaus bestimmen Sie, bei welcher Auftragsart welches Arbeitspapier gedruckt werden soll.

Voraussetzungen

Der Druckreport muss programmiert und das Layout muss in einem SAPscript-Formular festgelegt sein. Darüber hinaus muss die Auftragsart definiert sein.

Customizing-Pfad

INSTANDHALTUNG UND KUNDENSERVICE • INSTANDHALTUNGS- UND SERVICEABWICKLUNG • INSTANDHALTUNGS- UND SERVICEAUFTRÄGE • DRUCKSTEUERUNG • ARBEITSPAPIERE, FORMULARE UND AUSGABEPROGRAMME FESTLEGEN

Transaktionen

- OIDF für die Definition der Auftragspapiere
- OIDG für die Zuordnung der Auftragspapiere zu Auftragsarten

Einstellungen bzw. empfohlene Einstellungen

In dieser Customizing-Funktion haben Sie zwei Unterfunktionen: ARBEITSPAPIERE DEFINIEREN und ARBEITSPAPIERE ZUR AUFTRAGSART FESTLEGEN.

Mit der Unterfunktion ARBEITSPAPIERE DEFINIEREN (siehe Abbildung 6.92) definieren Sie Folgendes:

- eine maximal vierstellige Nummer des Arbeitspapiers
- den Reportnamen und die Form-Routine, über die die Drucksteuerung vorgenommen wird
- das SAPscript-Formular, das als Basis für die Gestaltung der Seiten dient. Das Formular enthält verschiedene Elemente, die einerseits zur Steuerung des Layouts der einzelnen Seiten dienen, andererseits aber auch Gestaltungsinformationen für Texte darstellen, die auf den einzelnen Seiten ausgegeben werden sollen.

Darüber hinaus haben Sie folgende Steuerungsmöglichkeiten:

- Über das Kennzeichen DELTA-DRUCK legen Sie fest, ob für dieses Papier die Markierung für einen Delta-Druck beim Drucken voreingestellt sein soll. Delta-Druck bedeutet, dass nur diejenigen Vorgänge und Komponenten gedruckt werden, die noch nicht den Status GEDRUCKT besitzen.
- Sie aktivieren das Kennzeichen VORGANGSSTATUS für vorgangsbasierte Arbeitspapiere (Lohn-, Rückmeldescheine). Es bewirkt, dass der Status GEDRUCKT gesetzt wird, wenn ein Arbeitspapier gedruckt wird. Das System setzt den Status GEDRUCKT, sobald Sie ein Arbeitspapier ausdrucken, für das das Kennzeichen VORGANGSSTATUS aktiviert ist. Wenn Sie für keines der Arbeitspapiere das Kennzeichen aktivieren, kann der Vorgang nie den Status GEDRUCKT bekommen. Dies hat zur Folge, dass das System bei einem Delta-Druck die Arbeitspapiere für alle Vorgänge druckt.
- Sie aktivieren das Kennzeichen MATERIALSTATUS für komponentenbasierte Arbeitspapiere (Materialentnahmescheine). Es bewirkt, dass der Status GEDRUCKT gesetzt wird, wenn ein Arbeitspapier gedruckt wird. Das System setzt den Status GEDRUCKT, sobald Sie ein Arbeitspapier ausdrucken, für das das Kennzeichen MATERIALSTATUS aktiviert ist. Wenn Sie für keines der Arbeitspapiere das Kennzeichen aktivieren, kann die Komponente nie den Status GEDRUCKT bekommen. Dies hat zur Folge, dass das System bei einem Delta-Druck die Arbeitspapiere für alle Komponenten druckt.

Abbildung 6.92 Aufträge – Arbeitspapiere definieren

- Das Kennzeichen LOHNSCHEINKNZ identifiziert das Arbeitspapier als Lohnschein, d. h., es wird nur gedruckt, wenn Sie beim Vorgang einen Steuerschlüssel verwenden, bei dem das Kennzeichen LOHNSCHEINE DRUCKEN aktiviert ist.
- Das Kennzeichen RÜCKMELDESCHEIN identifiziert das Arbeitspapier als Rückmeldeschein, d. h., es wird nur gedruckt, wenn Sie beim Vorgang einen Steuerschlüssel verwenden, bei dem das Kennzeichen RÜCKMELDUNG DRUCKEN aktiviert ist.

Mit der Unterfunktion ARBEITSPAPIERE ZUR AUFTRAGSART FESTLEGEN definieren Sie, bei welcher Auftragsart (Spalte BELA) welches Auftragspapier gedruckt werden soll (siehe Abbildung 6.93). Sie können dabei maskiert arbeiten, d. h., die maskierten Einträge gelten für alle Auftragsarten, die nicht explizit angegeben sind.

Über die Spalte AUSWAHL legen Sie fest, welche der zugeordneten Arbeitspapiere zum Drucken vorgeschlagen werden sollen. Wenn Sie das Druck-Pop-up unterdrücken, werden genau diese Arbeitspapiere gedruckt.

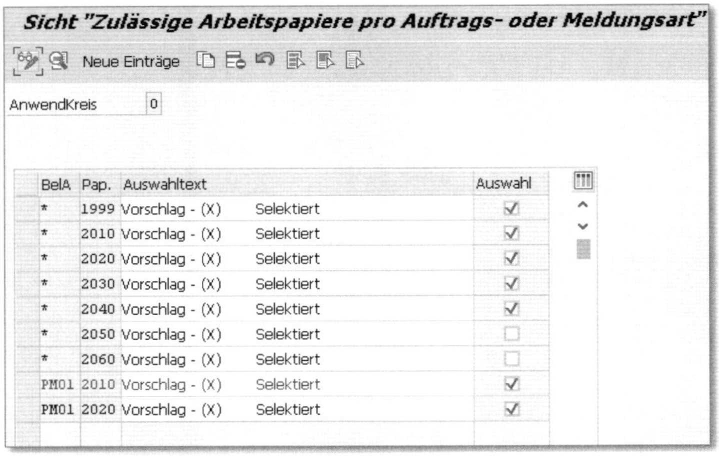

Abbildung 6.93 Aufträge – Arbeitspapiere Auftragsarten zuordnen

Drucker festlegen

Mit dieser Customizing-Funktion steuern Sie, welches Auftragspapier auf welchem Drucker ausgedruckt werden soll. Dabei stehen Ihnen Funktionen zur benutzerspezifischen Drucksteuerung und zur Druckumleitung zur Verfügung.

Voraussetzungen
Benutzerstammsätze, Arbeitspapiere, Werke, Planergruppen und Drucker müssen definiert sein.

Customizing-Pfad
INSTANDHALTUNG UND KUNDENSERVICE • INSTANDHALTUNGS- UND SERVICEABWICKLUNG • INSTANDHALTUNGS- UND SERVICEAUFTRÄGE • DRUCKSTEUERUNG • DRUCKER FESTLEGEN

Transaktion

- OIDH für die benutzerspezifische Drucksteuerung
- OIDI für die Definition der Felder für die Druckumleitung
- OIDJ für die Definition der Feldinhalte für die Druckumleitung

Einstellungen bzw. empfohlene Einstellungen
Mit der Unterfunktion BENUTZERSPEZIFISCHE DRUCKSTEUERUNG definieren Sie, welcher Benutzer welches Arbeitspapier auf welchem Drucker ausdruckt (siehe Abbildung 6.94).

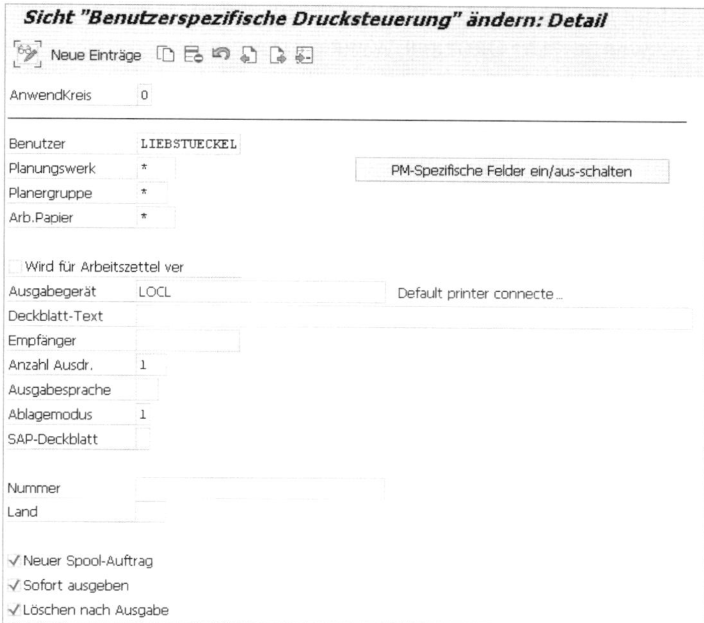

Abbildung 6.94 Aufträge – Benutzerspezifische Drucksteuerung

Sie können als zusätzliche Einflussfaktoren das Werk und die Planergruppe festlegen. Sie können aber auch maskiert arbeiten: Dann wird das jeweilige Auftragspapier unabhängig von Werk und/oder Planergruppe immer auf demselben Drucker ausgedruckt. Sie können einen der folgenden Drucker wählen:

- den lokalen Windows-Drucker des Benutzers (Drucker LOCL)
- einen Netzwerkdrucker
- E-Mail (dann wird anstelle eines Ausdrucks eine E-Mail mit einem PDF-Attachment generiert. Mehr dazu erfahren Sie im Abschnitt »Auftragspapiere per E-Mail versenden«).

Mit der Unterfunktion DRUCKUMLEITUNG DEFINIEREN können Sie die Druckumleitung aktivieren. Druckumleitung bedeutet, dass die Auftragspapiere nicht mit dem Standarddrucker aus der Unterfunktion BENUTZERSPEZIFISCHE DRUCKSTEUERUNG gedruckt werden, sondern dass die Druckausgabe auf einen anderen Drucker umgeleitet wird. Es gibt zwei Arten der Druckumleitung:

- Druckumleitung der Werkstattpapiere auf Arbeitsplatzdrucker: Der Arbeitsplatzdrucker wird für Rückmeldescheine und Lohnscheine benutzt.

Den Drucker definieren Sie im Arbeitsplatz (Transaktion IR02, Registerkarte VORSCHLAGSWERTE, Feld DRUCKER WERKSTATTP.).

- Druckumleitung über Customizing: Die aktivierte Druckumleitung hat bei der Druckerfindung immer höchste Priorität. Sie hat Vorrang vor der benutzerspezifischen Selektion und dem Arbeitsplatzdrucker.

Je nachdem, um welches Papier es sich handelt, erfolgt die Druckumleitung über Customizing auf Kopf-, Vorgangs- oder Komponentenebene. Tabelle 6.7 gibt Ihnen einen Überblick, welches Papier über welche Ebene umgeleitet wird (K = Kopf, V = Vorgang, M = Materialkomponenten, A = Arbeitsplatzdrucker).

Papier	Bezeichnung	K	V	M	A
2010	Steuerkarte	X			
2020	MBR-Liste	X			
2030	Laufkarte	X			
2040	Materialentnahmeschein	X	X	X	
2060	Lohnschein	X	X		X
2062	Lohnschein für Splitsätze	X	X		X
2070	Rückmeldeschein	X	X		X
2072	Rückmeldeschein für Splitsätze	X	X		X

Tabelle 6.7 Aufträge – Zuordnung der Druckumleitung

Dementsprechend stehen Ihnen die Felder aus folgenden Tabellen zur Verfügung, um die Druckumleitung zu aktivieren (siehe Abbildung 6.95):

- CAUFVD – Aufträge (Kopf)
- AFVGD – Auftragsvorgänge
- RESBD – Materialkomponenten
- RIPW0 – Technische Objekte
- ILOA – Technische Objekte

Wenn Sie die Druckumleitung aktiviert haben, können Sie mit der Unterfunktion DRUCKUMLEITUNG NACH FELDINHALTEN für ein bestimmtes Arbeitspapier in Abhängigkeit von bestimmten Feldinhalten spezielle Drucker und Druckparameter festlegen (siehe Abbildung 6.96). Pro Arbeitspapier kann immer nur ein Tabelleneintrag aktiv sein, da anderenfalls die Eindeutigkeit der Druckerzuordnung nicht gewährleistet ist.

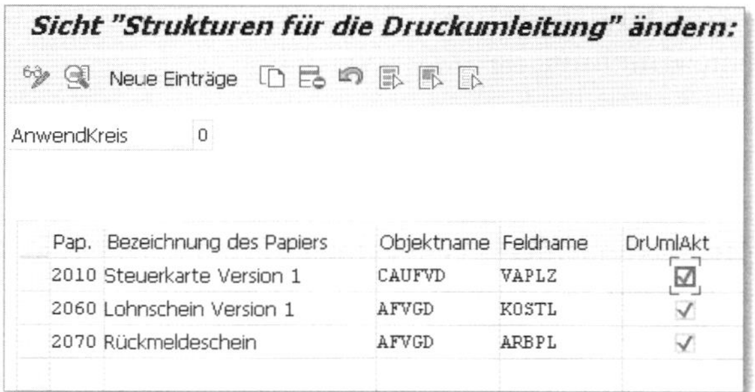

Abbildung 6.95 Aufträge – Druckumleitung aktivieren

Für jeden Tabelleneintrag können Sie beliebig viele Sätze anlegen, die sich im Feldinhalt oder im Feldnamen unterscheiden (z. B. unterschiedliche Drucker für die Arbeitsplätze Mechanik und Elektrik).

Sie können für die folgenden Fälle weitere Angaben hinterlegen:

- wenn Sie das Auftragspapier auf eine Faxnummer (mit Länderschlüssel) anstelle eines Druckers ausgeben wollen
- wenn Sie das Auftragspapier mehrfach ausgeben möchten (Anzahl der Ausdrucke)
- wenn Sie das Auftragspapier sofort ausgeben wollen
- wenn Sie den Auftragsdruck über die Spool steuern möchten

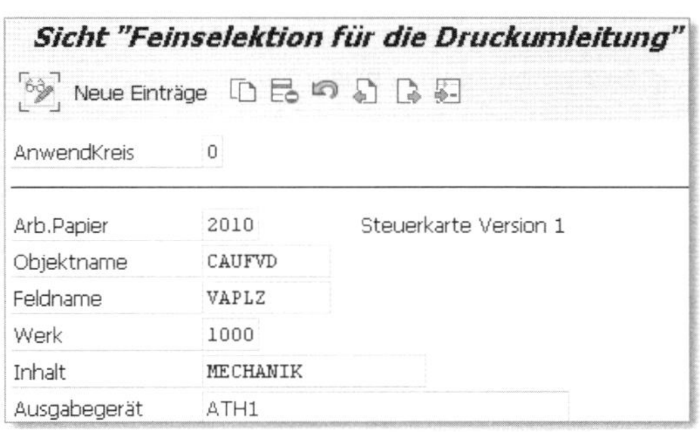

Abbildung 6.96 Aufträge – Druckumleitung steuern

Auftragspapiere per E-Mail versenden

Eine Besonderheit besteht darin, dass Sie Ihre Auftragspapiere auch per Mail z. B. auch auf ein Smartphone versenden können, anstatt sie auszudrucken.

Nachdem ich mittlerweile schon häufiger gefragt wurde, wie man das macht, finden Sie hier nun eine kleine Anleitung dazu.

[+]

Anleitung für das Versenden der Auftragspapiere per E-Mail

Gehen Sie folgendermaßen vor, um die Auftragspapiere per Mail zu versenden:

- Richten Sie im Workplace (Transaktion SBWP) eine automatische Weiterleitung ein (EINSTELLUNGEN • BÜROEINSTELLUNGEN • AUTOMATISCHES WEITERLEITEN). Tragen Sie dort die E-Mail-Adresse ein, an die die Mails gesendet werden sollen.
- Richten Sie mit der Transaktion SCOT einen Sendejob für INT ein (BUSINESS COMMUNICATION ADMINISTRATION • EINSTELLUNGEN • AUSGEHENDE NACHRICHTEN • SENDEJOBS • SENDEJOBS FÜR INT EINPLANEN). Definieren Sie dort insbesondere, in welchem zeitlichen Rhythmus (z. B. alle fünf Minuten) die E-Mails aus dem SAP-System an die externe E-Mail-Adresse versendet werden sollen.
- Richten Sie mit der Transaktion SPAD einen Drucker EMAIL ein. Diesem ordnen Sie den Gerätetyp PDF1 zu. Darüber hinaus muss die Koppelart zur Hostspool auf M (= E-Mail an Empfänger/Eigentümer) gestellt werden.
- Ordnen Sie den Drucker EMAIL entweder mit der Unterfunktion BENUTZERSPEZIFISCHE DRUCKSTEUERUNG oder mit der Unterfunktion DRUCKUMLEITUNG DEFINIEREN als Ausgabegerät zu.

Wenn Sie dann einen Auftrag drucken, versendet das SAP-System E-Mails mit einem PDF-Attachment (siehe Abbildung 6.97), anstatt das Dokument auf einem physischen Drucker auszugeben. Sie können dann selbst entscheiden, ob und wann Sie das PDF als Papier ausgeben möchten.

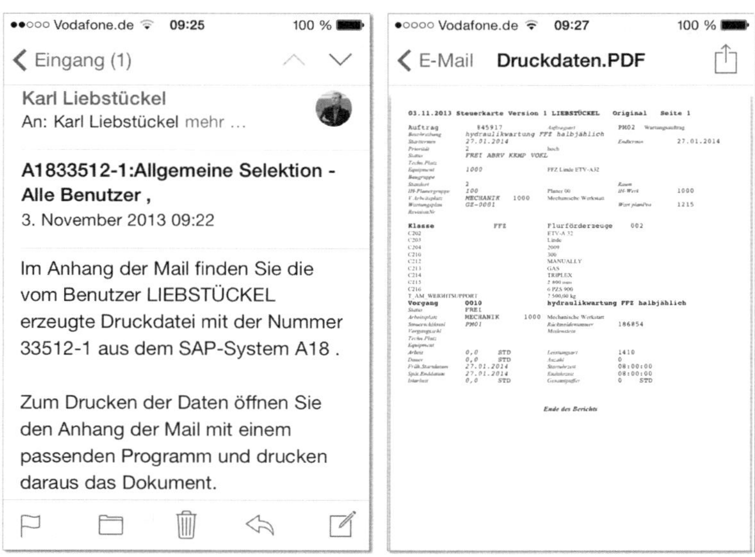

Abbildung 6.97 Aufträge – Auftragspapiere per E-Mail auf dem iPhone

Statuskontrolle für Arbeitspapiere festlegen

Mit dieser Customizing-Funktion können Sie für Instandhaltungsaufträge festlegen, ob die Aktualität der gedruckten Arbeitspapiere verfolgt werden soll.

Wenn ein Auftrag oder ein Vorgang nach dem Ausdruck der Arbeitspapiere geändert wurde, zeigt das System im Auftrag entsprechende Status an. Außerdem bewirkt der Schalter, dass der technische Abschluss des Auftrags in diesem Fall nicht möglich ist, bevor die Arbeitspapiere erneut gedruckt werden.

Voraussetzungen
Werke und Auftragsarten müssen definiert sein.

Customizing-Pfad
INSTANDHALTUNG UND KUNDENSERVICE • INSTANDHALTUNGS- UND SERVICEABWICKLUNG • INSTANDHALTUNGS- UND SERVICEAUFTRÄGE • FUNKTIONEN UND EINSTELLUNGEN DER AUFTRAGSARTEN • STATUSKONTROLLE FÜR ARBEITSPAPIERE FESTLEGEN

Einstellungen bzw. empfohlene Einstellungen
Aktivieren Sie für jedes Werk und jede Auftragsart die Statuskontrolle (siehe Abbildung 6.98).

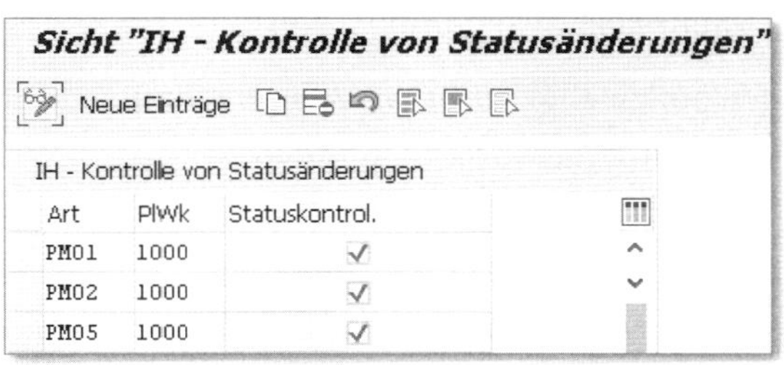

Abbildung 6.98 Aufträge – Statuskontrolle Auftragspapiere

6.2.6 Schätzkosten und Kalkulation

Bei der *Kalkulation* werden die Kosten auf der Basis der von Ihnen im System hinterlegten Verrechnungssätze und auf der Basis der in der Ressourcenplanung angegebenen Mengen automatisch errechnet. Die Plankosten (und auch die später anfallenden Ist-Kosten) werden also nicht manuell geplant.

Daneben haben Sie noch die Möglichkeit, zusätzlich *Schätzkosten* einzutragen. Die Schätzkosten werden allerdings nicht kalkuliert, sondern manuell vorgegeben, da sie ausschließlich auf den Erfahrungswerten eines Disponenten basieren und nicht auf den geplanten Ressourcen beruhen. Es gibt drei verschiedene Möglichkeiten, um die Schätzkosten einzutragen:

- auf der Vorgangsebene differenziert pro Wertkategorie (die Summe aller Vorgänge wird dann auf der Kopfebene pro Wertkategorie und insgesamt ausgewiesen).
- auf der Kopfebene differenziert pro Wertkategorie (die Summe wird dann automatisch gebildet).
- als Summe für den ganzen Auftrag

Die Planung der Ressourcen führt zur Entstehung von Plankosten auf dem Auftrag. Die Kosten können Sie sich dort auf zwei verschiedene Darstellungsweisen anzeigen lassen:

- **Nach Kostenarten**
  Die Kostendarstellung nach Kostenarten zeigt Ihnen alle an der Kalkulation beteiligten Kostenarten an. Dies ist eine eher controllingorientierte Sicht, denn sie zeigt eine Gegenüberstellung von Plan- und Ist-Kosten.
- **Nach Wertkategorien**
  Die Kostendarstellung nach Wertkategorien fasst mehrere Kostenarten zu sogenannten *Wertkategorien* zusammen und ist die in der Regel für Instandhaltungszwecke übersichtlichere Darstellung; sie zeigt Ihnen eine Gegenüberstellung von Schätzkosten, Plankosten und Ist-Kosten.

Die Kosten eines Auftrags werden auf zwei *Verdichtungsebenen* kalkuliert, auf denen Sie sich die Kosten dann auch anzeigen lassen können:

- **Auf der Vorgangsebene**
  Die Kostendarstellung auf der Vorgangsebene zeigt Ihnen alle am jeweiligen Vorgang beteiligten Kosten – entweder auf der Basis von Kostenarten als Plan-/Ist-Vergleich oder auf der Basis der Wertkategorien als Vergleich von Schätz-/Plan- und Ist-Kosten. Aufträge, deren Kosten auf der Vorgangsebene dargestellt werden, erhalten den Status VKNT, d. h., dass Sie die betreffenden Aufträge über diesen Status selektieren können.
- **Auf der Kopfebene**
  Die Kostendarstellung auf der Kopfebene verdichtet alle Kosten auf der Vorgangsebene und zeigt Ihnen alle am Auftrag beteiligten Kosten – entweder auf der Basis von Kostenarten als Plan-/Ist-Vergleich oder auf der Basis der Wertkategorien als Vergleich von Schätz-/Plan- und Ist-Kosten. Die Kosten auf der Kopfebene werden immer ausgewiesen – unabhängig davon, ob Sie die Kosten auf Vorgangsebene aktiviert haben oder nicht.

Damit Sie in einem Auftrag Schätzkosten zuordnen und Kosten auf der Ebene der Wertkategorien ausweisen können, müssen Sie folgende Customizing-Funktionen einstellen:

Wertkategorien pflegen

Mit dieser Customizing-Funktion definieren Sie pro Kostenrechnungskreis, welche Wertkategorien Sie im Rahmen der Instandhaltung (Eintrag Komponente PM) insgesamt verwalten möchten.

Voraussetzungen
Da die Definition der Wertkategorien immer pro Kostenrechnungskreis erfolgt, müssen die Kostenrechnungskreise definiert sein.

Customizing-Pfad
Instandhaltung und Kundenservice • Instandhaltungs- und Serviceabwicklung • Grundeinstellungen • Einstellungen für die Darstellung von Kosten • Wertkategorien pflegen

Einstellungen bzw. empfohlene Einstellungen
Neben Nummer und Bezeichnung der Wertkategorie definieren Sie, ob es sich um eine Kosten- oder Erlöskategorie handelt (siehe Abbildung 6.99).

Bei internen Instandhaltungsaufträgen handelt es sich eigentlich immer um Kostenkategorien. Lediglich wenn Sie Leistungen für Dritte erbringen und diese ebenfalls über Instandhaltungsaufträge abwickeln möchten, könnten Erlöskategorien hinzukommen.

Außerdem geben Sie an, ob neben Kosten auch noch Werte wie z. B. Stunden verwaltet werden sollen (Spalte Menge).

Typischerweise fünf Wertkategorien [+]

In der Instandhaltung werden normalerweise folgende Wertkategorien benötigt:

- Eigenleistung
- Fremdleistung
- Lagermaterial
- Nichtlagermaterial
- Sonstiges

Bei Bedarf können Sie noch weitere Wertkategorien hinzufügen.

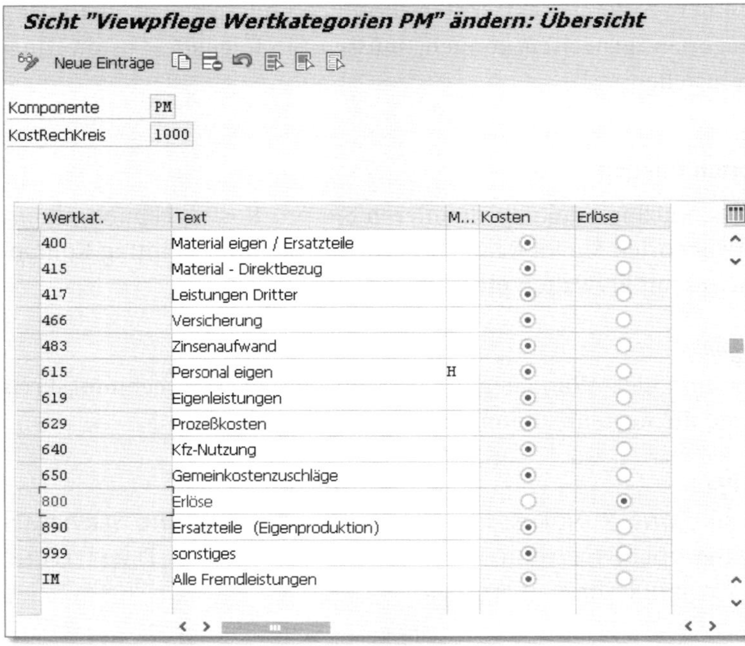

Abbildung 6.99 Aufträge – Wertkategorien pflegen

Kostenarten Wertkategorien zuordnen

Mit dieser Customizing-Funktion steuern Sie pro Kostenrechnungskreis, welche Kostenarten in welchen Wertkategorien dargestellt werden sollen.

Voraussetzungen

Kostenrechnungskreise, Wertkategorien und Kostenarten müssen definiert sein.

Customizing-Pfad

Instandhaltung und Kundenservice • Instandhaltungs- und Serviceabwicklung • Grundeinstellungen • Einstellungen für die Darstellung von Kosten • Kostenarten Wertkategorien zuordnen

Transaktion

OIK2

Einstellungen bzw. empfohlene Einstellungen

Sie haben folgende Möglichkeiten, Kostenarten den Wertkategorien zuzuordnen (siehe Abbildung 6.100):

- eine einzelne oder mehrere einzelne Kostenarten
- ein oder mehrere Intervalle
- eine oder mehrere Kostenartengruppen

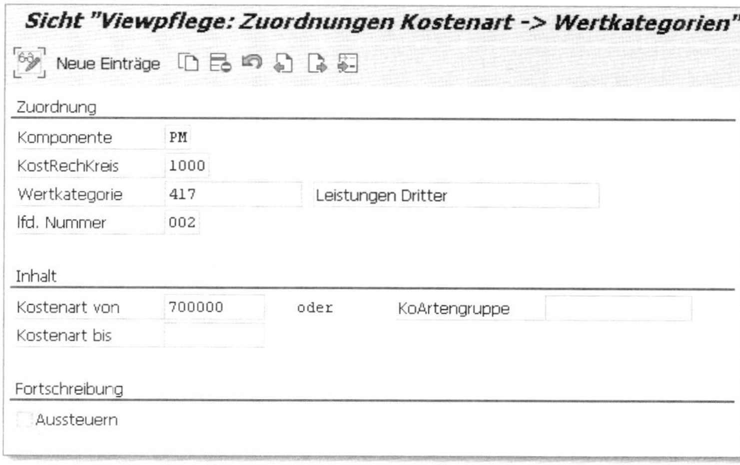

Abbildung 6.100 Aufträge – Kostenarten Wertkategorien zuordnen

Vorsicht bei nachträglichen Änderungen an den Wertkategorien [!]

Wenn Sie nachträglich die Zuordnung von Kostenarten zu Wertkategorien ändern, müssen Sie mit dem Programm RIPMCO00 die Dateien PMCO und PMCOQT neu aufbauen. Darüber hinaus müssen Sie mit dem Report RIPMS001 die Informationsstrukturen im Instandhaltungsinformationssystem neu aufbauen.

Vorschlagswerte für Wertkategorien definieren

Mit dieser Customizing-Funktion wählen Sie aus den mit der Customizing-Funktion Wertkategorien pflegen grundsätzlich definierten Wertkategorien diejenigen aus, die im Auftrag zur Erfassung von Schätzkosten als Vorschlagswerte erscheinen sollen (siehe Abbildung 6.101).

Voraussetzungen

Die Wertkategorien müssen definiert sein.

Customizing-Pfad

Instandhaltung und Kundenservice • Instandhaltungs- und Serviceabwicklung • Grundeinstellungen • Einstellungen für die Darstellung von Kosten • Vorschlagswerte für Wertkategorien definieren

Einstellungen bzw. empfohlene Einstellungen

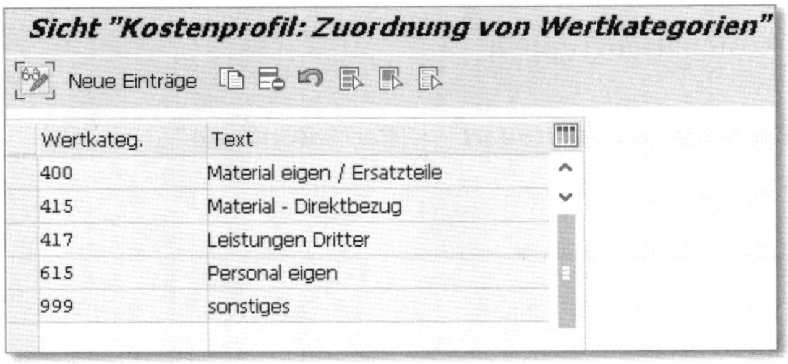

Abbildung 6.101 Aufträge – Vorschlagswerte für Wertkategorien

[+] **Konsistenz prüfen**

Mit der Customizing-Funktion Konsistenz Zuordnung Wertkategorie prüfen können Sie überprüfen, ob Ihnen bei der Zuordnung der Kostenarten zu Wertkategorien Fehler unterlaufen sind.

Als Ergebnis bekommen Sie Folgendes ausgewiesen (siehe Abbildung 6.102):

- ob alles in Ordnung ist ( )
- ob irgendwelche Warnmeldungen vorliegen (, z. B. wenn Kostenarten nicht zugeordnet wurden)
- ob Fehler aufgetreten sind (, z. B. wenn Kostenarten mehrfach zugeordnet wurden)

Kommen wir nun zur Kalkulation der Aufträge. Abbildung 6.103 zeigt Ihnen den Zusammenhang der Customizing-Funktionen, damit Sie einen Auftrag kalkulieren können – und zwar für die Kalkulation von Plankosten und für die Kalkulation von Ist-Kosten:

- Im Kalkulationsschema legen Sie die Kostenarten fest, die in der Kalkulation berücksichtigt werden sollen, und bestimmen, mit welchen Kostenzeilen die Kalkulation aufgebaut sein soll (z. B. die Gemeinkostenzuschläge).
- Über die Bewertungsvariante steuern Sie, welche Verrechnungssätze zur Berechnung der Kosten herangezogen werden sollen (z. B. die Materialpreissteuerung).
- Die Kalkulationsart ist in der Instandhaltung ohne besondere Bedeutung, anders als in Applikationen wie PP oder CO.

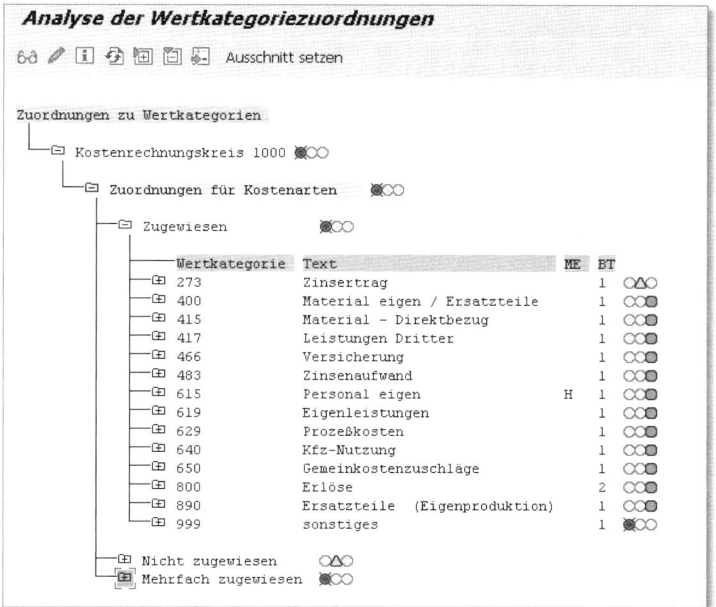

Abbildung 6.102 Aufträge – Analyse der Wertkategoriezuordnungen

- Sie wird lediglich benötigt, um zusammen mit der Bewertungsvariante die Kalkulationsart einer Kalkulationsvariante festzulegen.
- Über die KALKULATIONSPARAMETER wird schließlich die Kalkulationsvariante pro Auftragsart und Werk für die Vorkalkulation und für die Ist-Kalkulation zugeordnet.

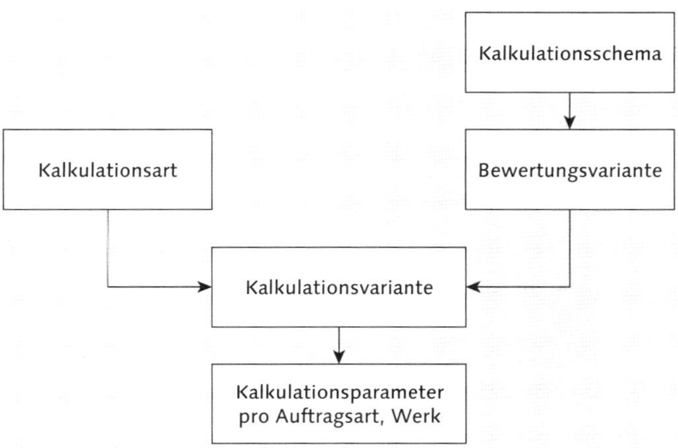

Abbildung 6.103 Aufträge – Übersicht Kalkulation

[+] **Eigene Kalkulation**

Da die Kalkulation nicht nur in der Instandhaltung, sondern auch in anderen Applikationen wie Projektabwicklung, Produktion, Servicemanagement und Controlling genutzt wird, sollten Sie für Ihre Instandhaltungsabwicklung immer eine eigene Kalkulation definieren, um flexibel zu sein und um sich abzugrenzen.

Kalkulationsschema pflegen

Mit dieser Customizing-Funktion definieren Sie das Kalkulationsschema. Mit dem Kalkulationsschema bestimmen Sie Struktur, Inhalt und Aufbau der Kalkulation.

Voraussetzungen

Die Kostenarten müssen definiert sein. Wenn Sie mit Gemeinkostenzuschlägen arbeiten, müssen darüber hinaus die zu entlastenden Objekte definiert sein (z. B. Lagerkostenstelle).

Customizing-Pfad

Instandhaltung und Kundenservice • Instandhaltungs- und Serviceabwicklung • Instandhaltungs- und Serviceaufträge • Funktionen und Einstellungen der Auftragsarten • Kalkulationsdaten für Instandhaltungs- und Serviceaufträge • Kalkulationsschema pflegen

Einstellungen bzw. empfohlene Einstellungen

Mit der Unterfunktion Kalkulationsschemata definieren Sie Namen und Bezeichnung Ihres Kalkulationsschemas (siehe Abbildung 6.104).

Abbildung 6.104 Aufträge – Kalkulationsschema – Übersicht

Mit der Unterfunktion KALKULATIONSSCHEMAZEILEN definieren Sie die Elemente und die Struktur der Kalkulation. Folgende Elemente sollten dort enthalten sein (siehe Abbildung 6.105):

- Eigenleistung
- Gemeinkostenzuschlag Eigenleistung
- Fremdleistung
- Gemeinkostenzuschlag Fremdleistung
- Lagermaterial
- Gemeinkostenzuschlag Lagermaterial

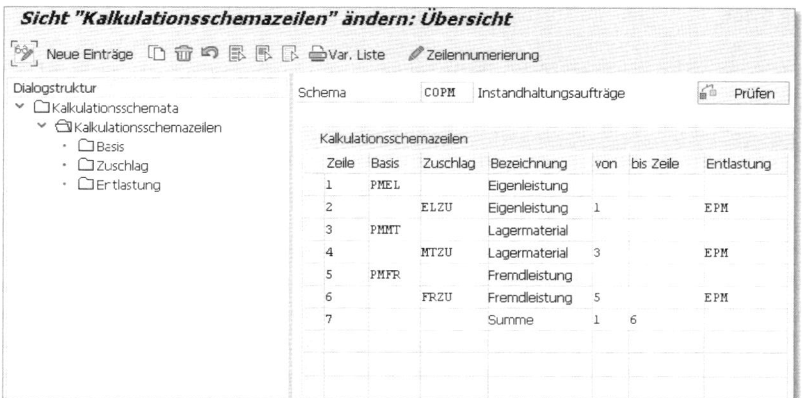

Zeile	Basis	Zuschlag	Bezeichnung	von	bis Zeile	Entlastung
1	PMEL		Eigenleistung			
2		ELZU	Eigenleistung	1		EPM
3	PMMT		Lagermaterial			
4		MTZU	Lagermaterial	3		EPM
5	PMFR		Fremdleistung			
6		FRZU	Fremdleistung	5		EPM
7			Summe	1	6	

Abbildung 6.105 Aufträge – Kalkulationsschema Zeilen

Auf die Zeilenzuordnung achten [+]

Achten Sie in den Spalten VON ZEILE und BIS ZEILE auf Folgendes:

- dass Zwischensummen und Summen richtig gebildet werden
- dass sich die Zuschlagszeilen auf die richtigen Basiszeilen beziehen

Mit der Unterfunktion BASIS definieren Sie die Zuordnung der Kostenarten als Basis für die Zuschlagsberechnung (siehe Abbildung 6.106). Sie haben dabei folgende Möglichkeit, um Kostenarten zuzuordnen:

- einzelne Kostenarten
- Kostenartenintervalle
- Kostenartengruppen

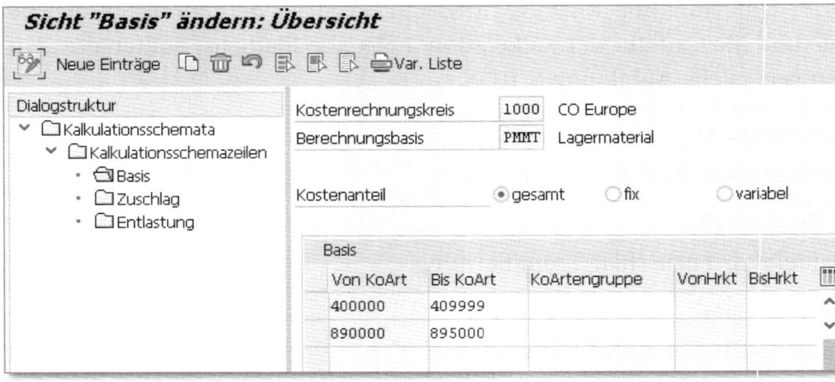

Abbildung 6.106 Aufträge – Kalkulationsschema Basis

Mit der Unterfunktion Zuschlag definieren Sie Ihre Gemeinkostenzuschläge mit folgenden Angaben (siehe Abbildung 6.107):

- Gültigkeit von/bis, d. h., Sie könnten in unterschiedlichen Gültigkeitszeiträumen unterschiedliche Zuschlagssätze verwalten.
- Die Zuschlagsart, für die der Zuschlagssatz gelten soll (1 = Plankalkulation, 2 = Ist-Kalkulation, 3 = Obligokalkulation).
- die Höhe und Einheit des Zuschlagssatzes (z. B. 20 % oder 5 EUR)

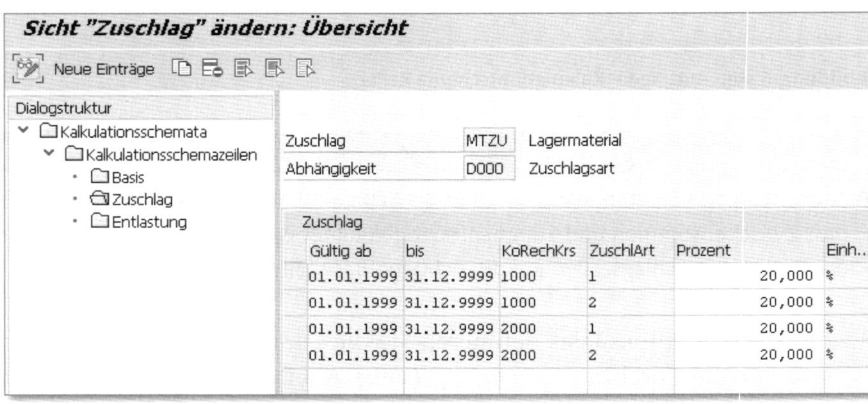

Abbildung 6.107 Aufträge – Kalkulationsschema Zuschläge

Wenn Sie mit Gemeinkostenzuschlägen arbeiten, *müssen* Sie ein Kontierungsobjekt zuordnen, das mit den Werten aus der Zuschlagsberechnung entlastet werden soll. Dieses definieren Sie mit der Unterfunktion Entlastung (siehe Abbildung 6.108).

Ein Beispiel: Sie haben einen Gemeinkostenzuschlag für Materialbuchungen definiert, d. h., bei jedem Wareneingang oder Warenausgang werden prozentuale oder absolute Gemeinkosten zugeschlagen. Dann sollten Sie die Lagerkostenstelle als Entlastungsobjekt angeben, auf dem die entsprechenden Beträge gutgeschrieben werden.

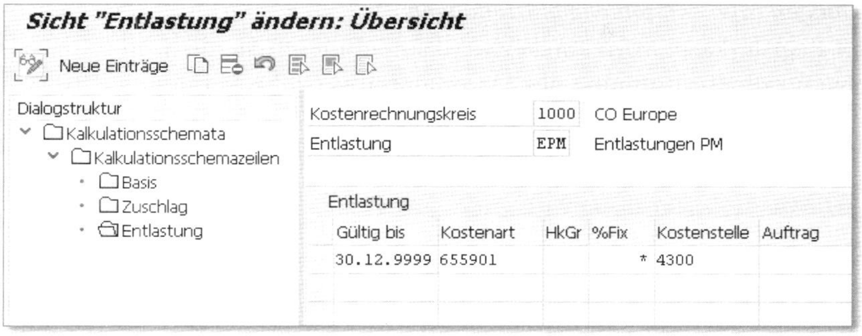

Abbildung 6.108 Aufträge – Kalkulationsschema Entlastung

Empfehlungen zu Gemeinkosten [+]

- Sie sollten für alle Zuschlagsarten, insbesondere die Plankalkulation und Ist-Kalkulation, immer dieselben Zuschlagssätze verwenden. Alles andere wäre irgendwann nicht mehr nachvollziehbar.
- Sie können prozentuale oder absolute Zuschläge angeben. Sie können also z. B. definieren, dass jede Materialentnahme 5 EUR kostet.
- Sie müssen ein Kontierungsobjekt angeben, das entlastet wird (z. B. die Lagerkostenstelle mit den Materialgemeinkosten).

Bewertungsvarianten definieren

Mit dieser Customizing-Funktion steuern Sie, welche Bewertungsansätze (z. B. welche Preissteuerung für das Material) für die Kalkulation herangezogen werden sollen.

Voraussetzungen

Das Kalkulationsschema bzw. die Kalkulationsschemata müssen definiert sein.

Customizing-Pfad

Instandhaltung und Kundenservice • Instandhaltungs- und Serviceabwicklung • Instandhaltungs- und Serviceaufträge • Funktionen und

Einstellungen der Auftragsarten • Kalkulationsdaten für Instandhaltungs- und Serviceaufträge • Bewertungsvarianten definieren

Transaktion

OKP8

Einstellungen bzw. empfohlene Einstellungen

Auf der Registerkarte Materialbewertung definieren Sie die Prioritätenreihenfolge für die Bestimmung des Materialpreises (siehe Abbildung 6.109).

Empfehlung: 7 = Bewertungspreis laut Preissteuerung im Materialstamm

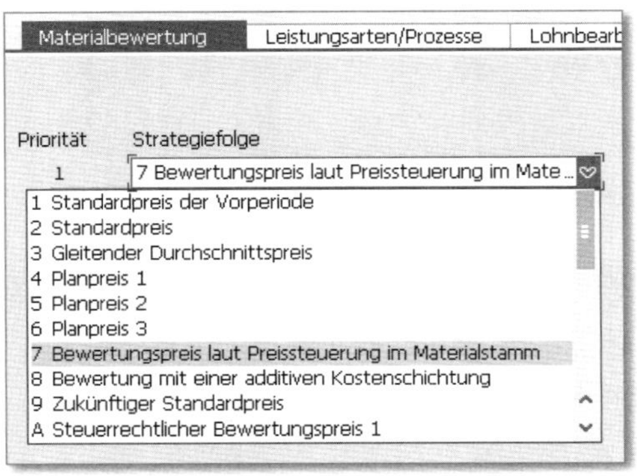

Abbildung 6.109 Aufträge – Kalkulation Materialbewertung

Auf der Registerkarte Leistungsarten/Prozesse definieren Sie die Prioritätenreihenfolge für die Bestimmung der Preise für die Kalkulation der Eigenleistung (siehe Abbildung 6.110).

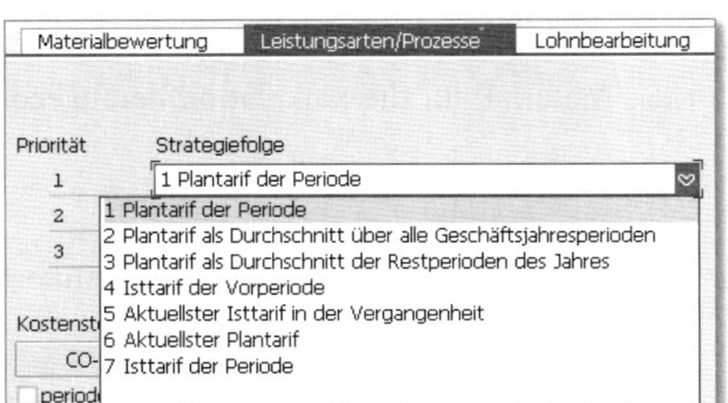

Abbildung 6.110 Aufträge – Kalkulation Eigenleistung

Empfehlung: 1 = Plantarif der Periode

Auf der Registerkarte FREMDBEARBEITUNG definieren Sie die Prioritätenreihenfolge für die Bestimmung der Preise für die Fremdleistung (siehe Abbildung 6.111).

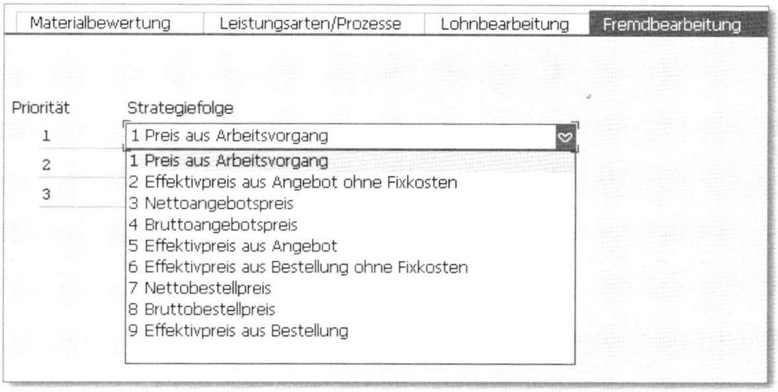

Abbildung 6.111 Aufträge – Kalkulation Fremdbearbeitung

Empfehlung [+]

1 = Preis aus Arbeitsvorgang für die Plankalkulation und 9 = Effektivpreis aus Bestellung für die Ist-Kalkulation. Wenn Sie zwei verschiedene Wertansätze benötigen, definieren Sie zwei verschiedene Bewertungsvarianten.

Die Angaben auf der Registerkarte LOHNBEARBEITUNG werden beim Geschäftsprozess *Subcontracting* (siehe Abschnitt 8.2, »Aufarbeitung«) benötigt und werden dort behandelt.

Auf der Registerkarte GEMEINKOSTEN ordnen Sie das Kalkulationsschema zu.

Kalkulationsvarianten pflegen

Mit dieser Customizing-Funktion fassen Sie die Kalkulationsart und die Bewertungsvariante zur Kalkulationsvariante zusammen.

Voraussetzungen

Kalkulationsart und Bewertungsvariante müssen definiert sein. Die Kalkulationsart hat in SAP EAM keine steuernde Wirkung (anders als in den Applikationen SAP PP, SAP CO und SAP PS) und wird deshalb hier nicht weiter behandelt. Sie sollten lediglich dafür sorgen, dass für die Instandhaltung eine eigene Kalkulationsart (z. B. 05 = IH-Auftrag) definiert ist.

Customizing-Pfad

Instandhaltung und Kundenservice • Instandhaltungs- und Serviceabwicklung • Instandhaltungs- und Serviceaufträge • Funktionen und Einstellungen der Auftragsarten • Kalkulationsdaten für Instandhaltungs- und Serviceaufträge • Kalkulationsvarianten pflegen

Transaktion

OKP6

Einstellungen bzw. empfohlene Einstellungen

Definieren Sie Namen und Bezeichnung der Kalkulationsvariante(n). Ordnen Sie Kalkulationsart und Bewertungsvariante zu (siehe Abbildung 6.112).

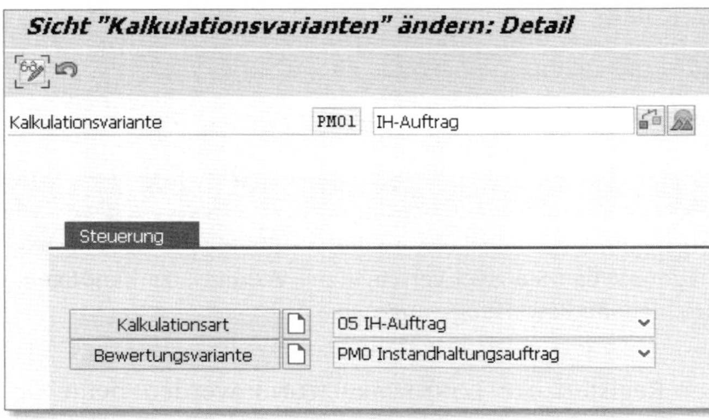

Abbildung 6.112 Aufträge – Kalkulationsvariante pflegen

[+]

Eine oder zwei Kalkulationsvarianten

Wenn Sie zwei verschiedene Bewertungsvarianten haben (z. B. eine für Plankalkulation und eine für Ist-Kalkulation), definieren Sie zwei verschiedene Kalkulationsvarianten.

Kalkulationsparameter und Abgrenzungsschlüssel zuordnen

Mit dieser Customizing-Funktion ordnen Sie pro Auftragsart und Werk die Kalkulationsvariante(n) zu, die Sie zur Plankalkulation und zur Ist-Kalkulation heranziehen möchten.

Voraussetzungen

Werke, Auftragsarten und Kalkulationsvarianten müssen definiert sein.

Customizing-Pfad

Instandhaltung und Kundenservice • Instandhaltungs- und Serviceabwicklung • Instandhaltungs- und Serviceaufträge • Funktionen und Einstellungen der Auftragsarten • Kalkulationsdaten für Instandhaltungs- und Serviceaufträge • Kalkulationsparameter und Abgrenzungsschlüssel zuordnen

Transaktion

OIOF

Einstellungen bzw. empfohlene Einstellungen

Tragen Sie bei Kalk. Variante Plan bzw. bei Kalk. Variante Ist die Kalkulationsvariante(n) ein, die Sie zur Plankalkulation bzw. zur Ist-Kalkulation heranziehen möchten (siehe Abbildung 6.113).

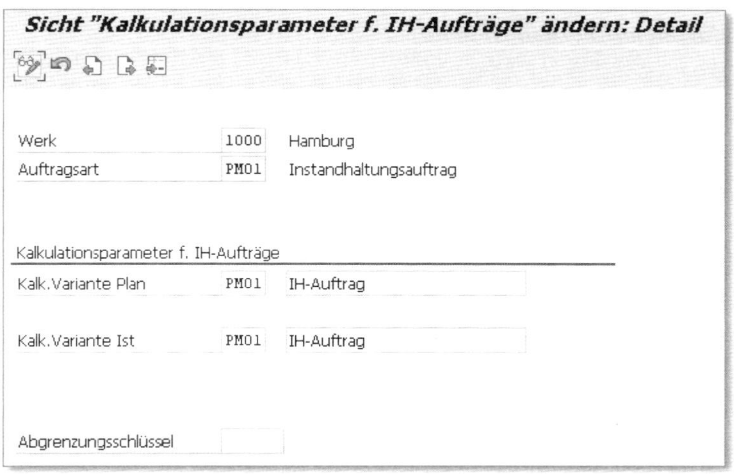

Abbildung 6.113 Aufträge – Kalkulationsvariante zuordnen

Plan- und Ist-Kalkulation gleich oder unterschiedlich? [+]

Sie haben die Möglichkeit, über zwei verschiedene Kalkulationsvarianten die Plankalkulation und Ist-Kalkulation unterschiedlich zu gestalten. Zum Beispiel können Sie in der Plankalkulation die Fremdleistung mit dem Preis aus dem Arbeitsvorgang und in der Ist-Kalkulation mit dem Effektivpreis aus der Bestellung bewerten.

Kosteneinstellungen definieren

Mit dieser Customizing-Funktion definieren Sie pro Auftragsart und Werk, ob Sie die Kosten auf Vorgangsebene oder auf Kopfebene des Auftrags verwalten möchten.

Voraussetzungen
Werke und Auftragsarten müssen definiert sein.

Customizing-Pfad
Instandhaltung und Kundenservice • Instandhaltungs- und Serviceabwicklung • Instandhaltungs- und Serviceaufträge • Funktionen und Einstellungen der Auftragsarten • Kosten auf Vorgangsebene • Kosteneinstellungen definieren

Einstellungen bzw. empfohlene Einstellungen
Für die Werke und Auftragsarten, für die Sie Kosten auf Vorgangsebene aktivieren möchten, setzen Sie den Schalter in der Spalte K.

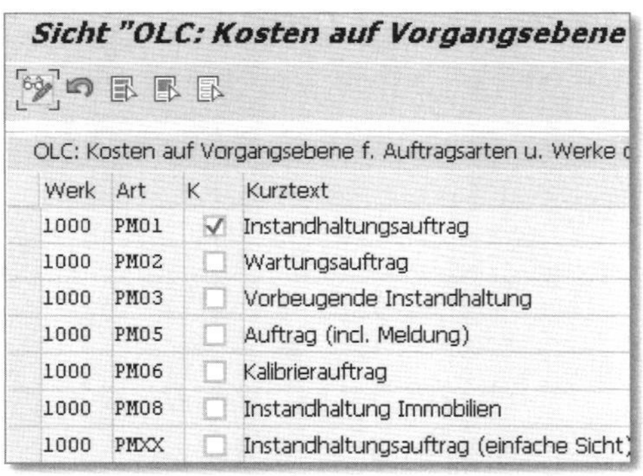

Sicht "OLC: Kosten auf Vorgangsebene

OLC: Kosten auf Vorgangsebene f. Auftragsarten u. Werke

Werk	Art	K	Kurztext
1000	PM01	✓	Instandhaltungsauftrag
1000	PM02	☐	Wartungsauftrag
1000	PM03	☐	Vorbeugende Instandhaltung
1000	PM05	☐	Auftrag (incl. Meldung)
1000	PM06	☐	Kalibrierauftrag
1000	PM08	☐	Instandhaltung Immobilien
1000	PMXX	☐	Instandhaltungsauftrag (einfache Sicht)

Abbildung 6.114 Aufträge – Kosten auf Vorgangsebene

[+]

Auswirkungen der Kosten auf Vorgangsebene

Wenn Sie die Kosten auf Vorgangsebene aktivieren, hat dies Auswirkungen auf die gesamte Kostenbehandlung des Auftrags:

- Die Plan- und Ist-Kalkulation werden auf Vorgangsebene kalkuliert und die Summen auf Kopfebene ausgewiesen.
- Die Schätzkosten werden auf Vorgangsebene zugeordnet und auf Kopfebene aufsummiert.
- Der Auftrag wird vorgangsbezogen abgerechnet, d. h., jeder Vorgang erhält eine eigene Abrechnungsvorschrift.

- Alle Belege (z. B. Bestellanforderungen, Bestellungen, Materialentnahmen, Rechnungseingänge) müssen auf Auftragsnummer *und* Vorgangsnummer kontiert werden.
- Wenn Sie die Kosten auf Vorgangsebene nachträglich aktivieren, müssen Sie mit dem Report RIPMCO01 bzw. mit der Transaktion OLI5N die Tabellen mit den Auftragskosten PMCO und PMCO_OP neu aufbauen.
- Das Gleiche gilt, wenn Sie die Aktivierung nachträglich wieder zurücknehmen.

Damit das System die Kosten auf der Basis Ihrer Ressourcenplanung ermitteln kann, müssen Sie neben den oben aufgeführten Customizing-Einstellungen noch weitere Voraussetzungen schaffen:

- An Vorgänge, die in die Kalkulation einfließen sollen, vergeben Sie mithilfe der Funktion KALKULIEREN einen Steuerschlüssel.
- Vorgängen, die in die Kalkulation einfließen sollen, ordnen Sie eine ARBEIT zu.
- Für die Kostenstelle des Arbeitsplatzes definieren Sie mithilfe der Transaktion KP26 für die von Ihnen genutzte Version, das Geschäftsjahr, die Kostenstelle und die Leistungsart einen fixen Tarif (Option TARIF FIX) und/oder einen variablen Tarif (Option TARIF VARIABEL).
- Im Arbeitsplatz haben Sie auf der Registerkarte GRUNDDATEN den Vorgabewertschlüssel SAP0 eingetragen.
- Im Arbeitsplatz haben Sie auf der Registerkarte KALKULATION die folgenden Daten gepflegt: KOSTENSTELLE, LEISTUNGSART und FORMELSCHLÜSSEL.
- Der Formelschlüssel muss auf das Feld ARBEI (die Arbeit aus dem Vorgang) zeigen. Im Standard ist dies die Formel SAP008.
- Für die zu kalkulierenden Materialien müssen Verrechnungspreise hinterlegt sein – entweder als Standardpreis oder als gleitender Durchschnittspreis.
- Für Nichtlagermaterialien haben Sie einen Wert eingetragen.
- Für Fremdleistungen haben Sie einen Wert eingetragen.

Fehlende Kosten im Auftrag [+]

Wenn in Ihrem Auftrag keine Kosten erscheinen (entweder gar keine oder nur für bestimmte Wertkategorien), prüfen Sie *alle* oben beschriebenen Customizing-Einstellungen und sonstigen Voraussetzungen. Dann sollte es auch mit den Kosten klappen.

6.2.7 Auftragsabrechnung

Abbildung 6.115 zeigt Ihnen den Zusammenhang der Customizing-Funktionen der Auftragsabrechnung:

- Im VERRECHNUNGSSCHEMA definieren Sie, wie Sie die Belastungskostenarten in Entlastungskostenarten überführen möchten.
- Im ABRECHNUNGSPROFIL legen Sie das Verrechnungsschema, die zulässigen Kontierungsobjekte und weitere Abrechnungsparameter fest.
- Das Abrechnungsprofil ordnen Sie dann der AUFTRAGSART zu.

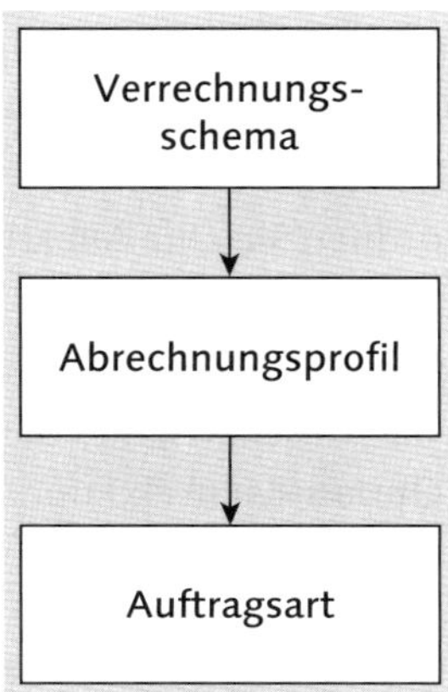

Abbildung 6.115 Aufträge – Abrechnung – Übersicht

[+]

Eigene Auftragsabrechnung

Da die Auftragsabrechnung nicht nur in der Instandhaltung, sondern auch in anderen Applikationen wie Projektabwicklung, Produktion, Servicemanagement und Controlling genutzt wird, sollten Sie für Ihre Instandhaltungsabwicklung immer eine eigene Auftragsabrechnung definieren, um flexibel zu sein und um sich abzugrenzen.

Verrechnungsschemata pflegen

Mit dieser Customizing-Funktion definieren Sie, wie die Kostenarten, mit denen die Aufträge belastet wurden, in Entlastungskostenarten überführt werden sollen.

Voraussetzungen

Kostenarten und, falls benötigt, Kostenartengruppen müssen definiert sein.

Customizing-Pfad

INSTANDHALTUNG UND KUNDENSERVICE • INSTANDHALTUNGS- UND SERVICEABWICKLUNG • GRUNDEINSTELLUNGEN • AUFTRAGSABRECHNUNG ALLGEMEIN • VERRECHNUNGSSCHEMATA PFLEGEN

Einstellungen bzw. empfohlene Einstellungen

Mit der Unterfunktion VERRECHNUNGSSCHEMATA DEFINIEREN legen Sie den Namen und die Bezeichnung des Verrechnungsschemas fest, das Sie in der Instandhaltung verwenden möchten (siehe Abbildung 6.116). Es können durchaus auch mehrere sein.

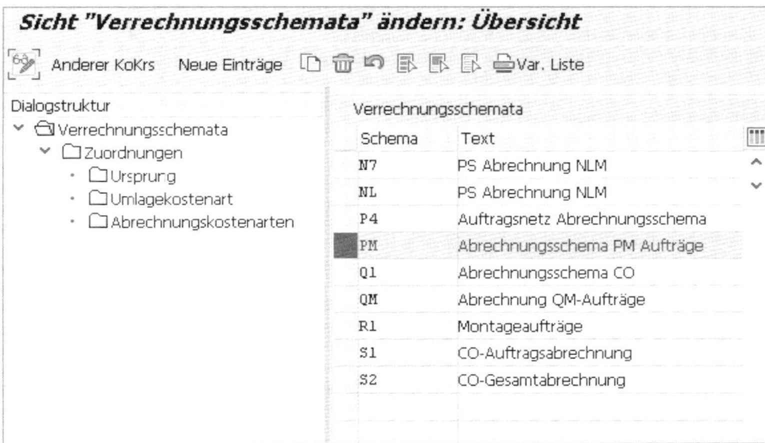

Abbildung 6.116 Aufträge – Verrechnungsschemata

Mit der Unterfunktion ZUORDNUNGEN definieren Sie die Gruppierungen (nicht zu verwechseln mit Kostenartengruppen) und damit den Detaillierungsgrad der Auftragsabrechnung (siehe Abbildung 6.117). Gängige Zuordnungen sind z. B.:

- Eigenleistungen
- Fremdleistungen
- Lagermaterial
- Fremdmaterial
- Gemeinkosten
- Abrechnungskosten (falls Aufträge mit Auftragsabrechnungen belastet wurden, die weiterverrechnet werden sollen)
- sonstige Kosten

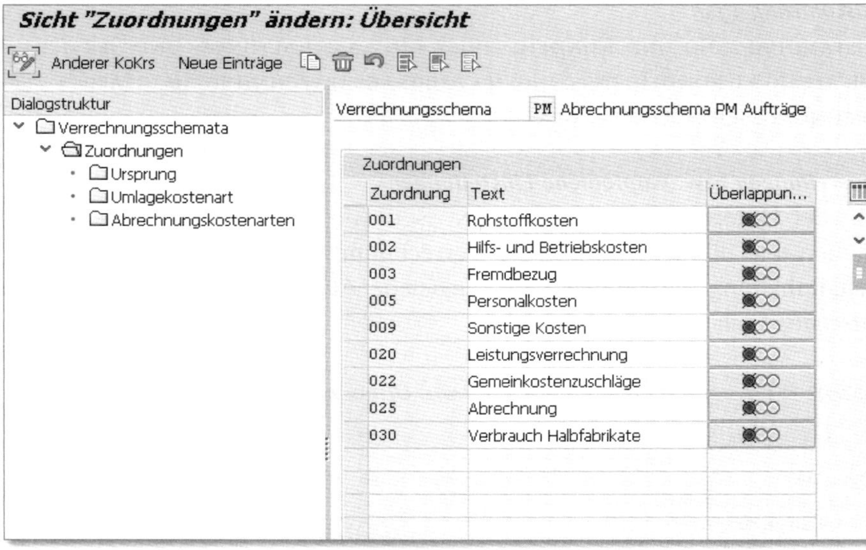

Abbildung 6.117 Aufträge – Verrechnungsschema Zuordnungen

Mit der Unterfunktion URSPRUNG ordnen Sie pro Zuordnung und Kostenrechnungskreis die Kostenarten bzw. die Kostenartengruppen zu, die abgerechnet werden müssen (siehe Abbildung 6.118).

Das Verrechnungsschema muss dabei folgende Kriterien erfüllen:

- Vollständigkeit: Alle Kostenarten, unter denen Belastungen anfallen, müssen in dem jeweiligen Verrechnungsschema repräsentiert sein.
- Eindeutigkeit: Jede Kostenart, unter der Belastungen anfallen, darf in einem Verrechnungsschema höchstens einmal vorhanden sein. Einem Ursprung darf in einem Verrechnungsschema also nur eine Abrechnungskostenart zugeordnet werden.

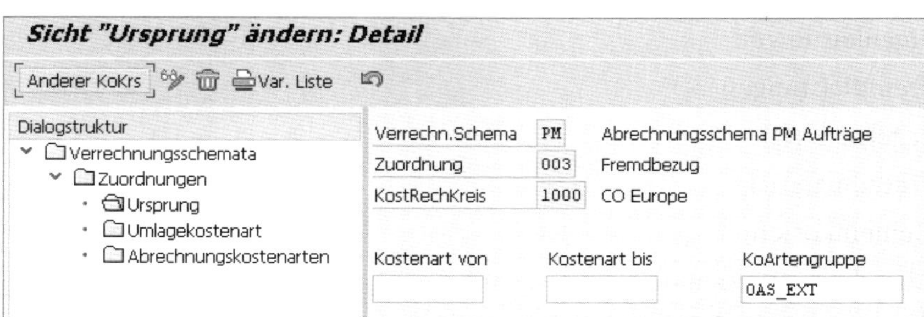

Abbildung 6.118 Aufträge – Verrechnungsschemata Ursprung

Mit der Unterfunktion Abrechnungskostenarten definieren Sie pro Zuordnung, Kostenrechnungskreis und Empfängertyp (z. B. Kostenstelle oder Auftrag) das Abrechnungsverfahren (siehe Abbildung 6.119). Dabei haben Sie zwei Möglichkeiten:

- Sie ordnen die Belastungskostenartengruppen einer Abrechnungskostenart zu. In diesem Fall muss die Abrechnungskostenart den Kostenartentyp 21 = Abrechnung intern haben.
- Sie rechnen kostenartengerecht ab, d. h., die Belastungskostenart wird auch als Abrechnungskostenart verwendet. In diesem Fall sind alle Kostenartentypen als Abrechnungskostenart zulässig.

Abbildung 6.119 Aufträge – Verrechnungsschemata Abrechnungskostenarten

Abrechnungsprofile pflegen

Mit dieser Customizing-Funktion legen Sie das Verrechnungsschema, die zulässigen Kontierungsobjekte und weitere Abrechnungsparameter fest.

Voraussetzungen

Verrechnungsschemata und Belegarten für die Abrechnungsbelege müssen definiert sein.

Customizing-Pfad

Instandhaltung und Kundenservice • Instandhaltungs- und Serviceabwicklung • Grundeinstellungen • Auftragsabrechnung allgemein • Abrechnungsprofile pflegen

Einstellungen bzw. empfohlene Einstellungen

Folgende Festlegungen müssen Sie treffen (siehe Abbildung 6.120):

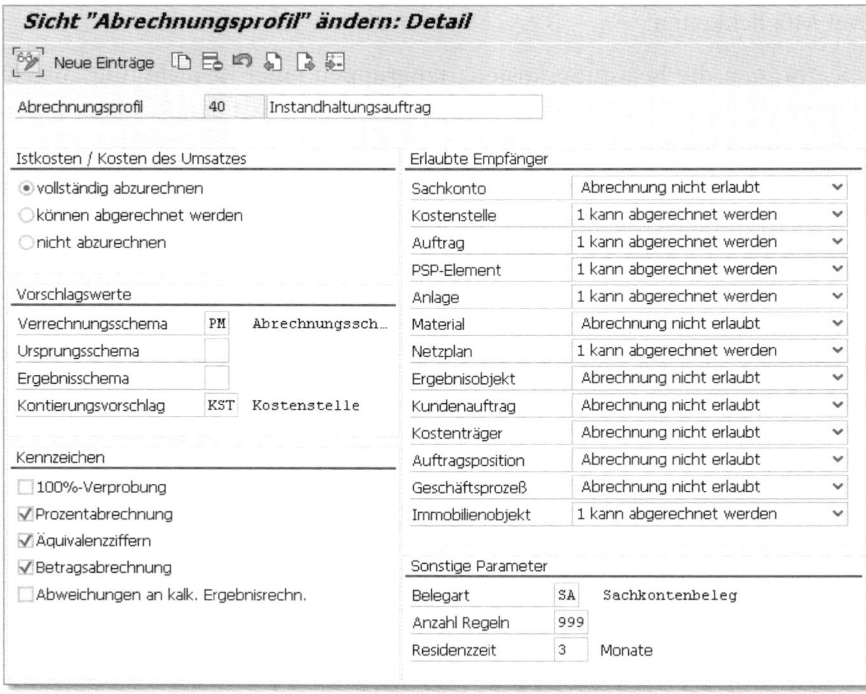

Abbildung 6.120 Aufträge – Abrechnungsprofil

- Mit dem Schalter ISTKOSTEN/KOSTEN DES UMSATZES legen Sie fest, ob Ihre Instandhaltungsaufträge abgerechnet werden sollen oder nicht. Der Normalfall ist hier sicherlich, dass die Aufträge vollständig abzurechnen sind. Nur in Ausnahmefällen (z. B. wenn Sie SAP CO nicht verwenden) werden die Aufträge nicht abgerechnet.
- In der Feldgruppe ERLAUBTE EMPFÄNGER definieren Sie die Kontierungsobjekte, die Sie als Abrechnungsempfänger für Instandhaltungsaufträge zulassen möchten. Die gängigsten Empfänger für Kosten aus Instandhaltungsaufträgen sind Kostenstelle, Auftrag, PSP-Element und Netzplan.
- Einen dieser erlaubten Empfänger können Sie dann als KONTIERUNGSVORSCHLAG eintragen, der dann zur automatischen Bildung der Abrechnungsvorschrift herangezogen wird. Beispiel: Wenn Sie den Empfänger ERLAUBTER EMPFÄNGER KOSTENSTELLEN und KONTIERUNGSVORSCHLAG KST angeben, wird bei Auftragsfreigabe oder beim technischen Abschluss

automatisch die Kostenstelle aus dem Technischen Platz oder aus dem Equipment in die Abrechnungsvorschrift des Auftrags eingetragen.

- Wenn Sie das Kennzeichen PROZENTABRECHNUNG setzen, können Sie in der *Abrechnungsvorschrift* Aufteilungsregeln festlegen, nach denen die Kosten prozentual abgerechnet werden.
- Über ANZAHL REGELN bestimmen Sie die Obergrenze der maximal möglichen Aufteilungen.
- Wenn Sie das Kennzeichen BETRAGSABRECHNUNG setzen, können Sie in der *Abrechnungsvorschrift* Aufteilungsregeln definieren, nach denen Kosten nach festen Beträgen abgerechnet werden.

Empfehlungen zum Abrechnungsprofil [+]

- Lassen Sie die Instandhaltungsaufträge vollständig abrechnen.
- Lassen Sie mindestens Kostenstelle und Auftrag als erlaubte Empfänger zu.
- Setzen Sie den üblichsten Empfänger als Kontierungsvorschlag. In der Regel ist dies die Kostenstelle.
- Aktivieren Sie die Prozentabrechnung, damit Sie den gesamten abzurechnenden Betrag auf mehrere Empfänger aufteilen können.
- Aktivieren Sie die Betragsabrechnung, um die in der Instandhaltung sehr beliebte Abrechnung nach Festpreisen realisieren zu können – ganz im Sinne eines Auftragnehmer-/Auftraggeberprinzips.

Abrechnungsvorschrift: Zeitpunkt und Bildung der Aufteilungsregel festlegen

Mit dieser Customizing-Funktion steuern Sie zum einen, zu welchem Zeitpunkt (Freigabe, technischer Abschluss) die Abrechnungsvorschrift gebildet werden soll, und zum anderen, wie Sie eine Auftragshierarchie hinsichtlich ihrer Abrechnungsvorschrift behandeln möchten.

Voraussetzungen

Auftragsarten müssen definiert sein.

Customizing-Pfad

INSTANDHALTUNG UND KUNDENSERVICE • INSTANDHALTUNGS- UND SERVICEABWICKLUNG • INSTANDHALTUNGS- UND SERVICEAUFTRÄGE • FUNKTIONEN UND EINSTELLUNGEN DER AUFTRAGSARTEN • ABRECHNUNGSVORSCHRIFT: ZEITPUNKT UND BILDUNG DER AUFTEILUNGSREGEL FESTLEGEN

Einstellungen bzw. empfohlene Einstellungen

Mit dem Schalter AUFTEILUNGSREGEL UNTERAUFTRAG definieren Sie, wie Sie die Abrechnungsvorschrift von Unteraufträgen handhaben möchten. Sie haben fünf Möglichkeiten (zur Orientierung dient Abbildung 6.121):

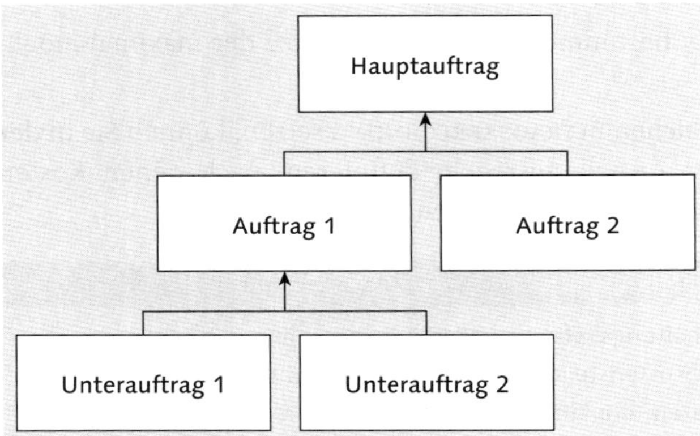

Abbildung 6.121 Aufträge – Auftragshierarchie

- 1 = Kopieren der Aufteilungsregel(n) des Hauptauftrags
- 2 = Kopieren der Aufteilungsregel(n) des direkt übergeordneten Auftrags
- 3 = Übernahme des Hauptauftrags als Abrechnungsempfänger
- 4 = Übernahme des direkt übergeordneten Auftrags als Abrechnungsempfänger
- blank = keine besonderen Einstellungen für Unteraufträge

Bei den Einstellungen 1–4 werden die Vorschlagswerte aus dem Abrechnungsprofil übersteuert, bei blank gelten die Einstellungen aus dem Abrechnungsprofil.

Mit dem Schalter ABRECHNUNGSVORSCHRIFT ZEITPUNKT definieren Sie, wann und wie die Abrechnungsvorschrift gebildet werden soll. Sie haben drei Möglichkeiten (siehe Abbildung 6.122):

- 1 = OBLIGATORISCH ZUR FREIGABE: Das System versucht, aufgrund des Abrechnungsprofils die Abrechnungsvorschrift bei der Freigabe automatisch zu bilden. Wenn es nicht gelingt, müssen Sie die Abrechnungsvorschrift manuell pflegen.
- 2 = AUFTEILUNGSREGEL ZUR FREIGABE: Das System versucht, aufgrund des Abrechnungsprofils die Abrechnungsvorschrift bei der Freigabe automa-

tisch zu bilden. Wenn es nicht gelingt, wird der Auftrag ohne Abrechnungsvorschrift freigegeben.

- blank = OBLIGATORISCH ZUM TECHNISCHEN ABSCHLUSS: Das System versucht, aufgrund des Abrechnungsprofils die Abrechnungsvorschrift beim technischen Abschluss automatisch zu bilden. Wenn es nicht gelingt, müssen Sie die Abrechnungsvorschrift manuell pflegen.

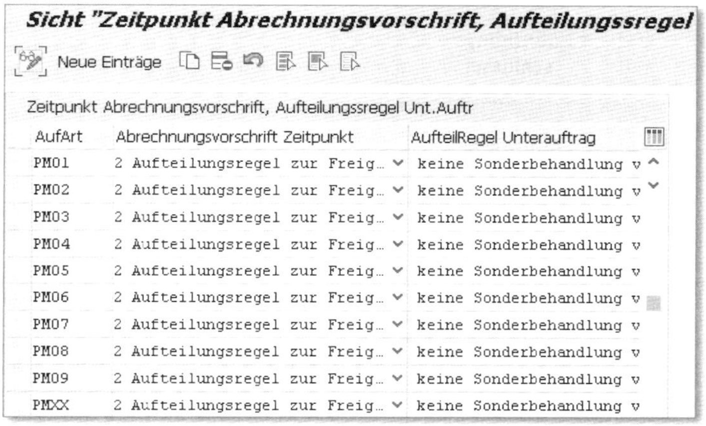

AufArt	Abrechnungsvorschrift Zeitpunkt	AufteilRegel Unterauftrag
PM01	2 Aufteilungsregel zur Freig…	keine Sonderbehandlung v
PM02	2 Aufteilungsregel zur Freig…	keine Sonderbehandlung v
PM03	2 Aufteilungsregel zur Freig…	keine Sonderbehandlung v
PM04	2 Aufteilungsregel zur Freig…	keine Sonderbehandlung v
PM05	2 Aufteilungsregel zur Freig…	keine Sonderbehandlung v
PM06	2 Aufteilungsregel zur Freig…	keine Sonderbehandlung v
PM07	2 Aufteilungsregel zur Freig…	keine Sonderbehandlung v
PM08	2 Aufteilungsregel zur Freig…	keine Sonderbehandlung v
PM09	2 Aufteilungsregel zur Freig…	keine Sonderbehandlung v
PMXX	2 Aufteilungsregel zur Freig…	keine Sonderbehandlung v

Abbildung 6.122 Aufträge – Abrechnungsvorschrift Zeitpunkt

Abrechnungsvorschrift bei Freigabe [+]

Lassen Sie die Abrechnungsvorschrift auf jeden Fall bei der Freigabe bilden, denn ansonsten können Sie den Auftrag bis zum technischen Abschluss nicht abrechnen.

6.2.8 Projekt- und Investitionsmanagement

Im »Praxishandbuch Instandhaltung mit SAP« habe ich Ihnen in Abschnitt 5.12.1, »SAP-Projektsystem«, und Abschnitt 7.3.3, »Budgetierung über IM-Programme«, beschrieben, wie Sie EAM-Aufträge den Objekten von SAP PS (Projekt, PSP-Element, Netzplan) und von SAP IM (Investitionsprogramm, Programmposition) zuordnen können. Damit diese Zuordnungen funktionieren, sind einige Customizing-Einstellungen notwendig.

Zunächst müssen Sie pro Auftragsart entscheiden, ob Sie dem EAM-Auftrag PS-Objekte oder IM-Objekte zuordnen möchten (siehe Abbildung 6.123). Beides gleichzeitig ist nicht möglich.

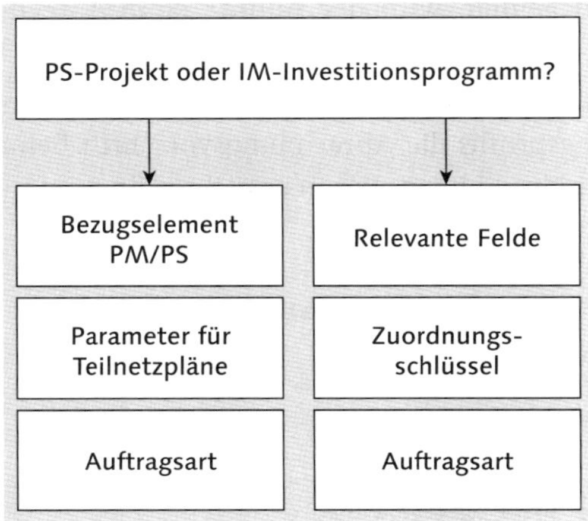

Abbildung 6.123 Aufträge – PS oder IM

Je nachdem, ob Sie PS-Objekte oder IM-Objekte zuordnen möchten, sind dann weitere Einstellungen notwendig.

- Wenn Sie PS-Objekte zuordnen möchten, bestimmen Sie mit dem *Bezugselement PM/PS* die Parameter für eine automatische Zuordnung, und mit den Parametern für Teilnetzpläne bestimmen Sie die zulässigen Kombinationen zwischen PS-Netzplanarten und EAM-Auftragsarten.
- Wenn Sie IM-Objekte zuordnen möchten, bestimmen Sie die relevanten Felder für die Zuordnung und ordnen diese dann über einen *Zuordnungsschlüssel* einer EAM-Auftragsart zu.

Übernahme von Projekt oder Investitionsprogramm festlegen

Mit dieser Customizing-Funktion steuern Sie pro Auftragsart, ob Projektnummern, die in den Stammdaten der Instandhaltungsobjekte gepflegt sind, *oder* Investitionsprogramme automatisch in den Instandhaltungsauftrag übernommen werden sollen. Beides gleichzeitig in einen EAM-Auftrag zu übernehmen ist nicht möglich.

Voraussetzungen

Auftragsarten müssen definiert sein.

Customizing-Pfad

Instandhaltung und Kundenservice • Instandhaltungs- und Serviceabwicklung • Instandhaltungs- und Serviceaufträge • Funktionen und

Einstellungen der Auftragsarten • Übernahme von Projekt oder Investitionsprogramm festlegen

Einstellungen bzw. empfohlene Einstellungen

Wenn Sie Projektnummern aus dem Equipment oder Technischen Platz in den Instandhaltungsauftrag übernehmen möchten, setzen Sie den Schalter auf X (siehe Abbildung 6.124).

Wenn Sie Investitionsprogramme aus dem Equipment oder Technischen Platz in den Instandhaltungsauftrag übernehmen möchten, setzen Sie den Schalter auf 1.

Abbildung 6.124 Aufträge – Projektnummer oder Investitionsprogramm

Relevante Felder für Zuordnung des IM-Programms definieren

Mit dieser Customizing-Funktion können Sie für jeden Zuordnungsschlüssel die Felder festlegen, die zur automatischen Ermittlung eines *Investitionsprogramms* genutzt werden sollen.

Es handelt sich dabei um Felder des Instandhaltungsauftrags bzw. um Felder aus den Stammdaten des Bezugsobjekts (z. B. des Technischen Platzes oder des Equipments), das dem Auftrag zugeordnet ist.

Voraussetzungen

Es sind keine spezifischen Voraussetzungen notwendig.

Customizing-Pfad

Instandhaltung und Kundenservice • Instandhaltungs- und Serviceabwicklung • Instandhaltungs- und Serviceaufträge • Funktionen und Einstellungen der Auftragsarten • Relevante Felder für Zuordnung des IM-Programms definieren

Einstellungen bzw. empfohlene Einstellungen

Mit folgenden Feldern können Sie die automatische Zuordnung des Investitionsprogramms steuern (siehe Abbildung 6.125):

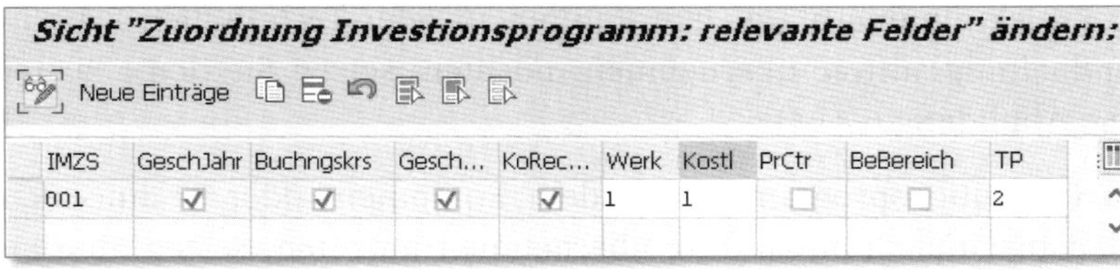

Abbildung 6.125 Aufträge – Felder für Zuordnung des Investitionsprogramms

- Geschäftsjahr
- Buchungskreis
- Geschäftsbereich
- Kostenrechnungskreis
- Werk (Dabei haben Sie die Wahl zwischen 1 = Standortwerk, 2 = Planungswerk oder blank = kein Einfluss.)
- Kostenstelle (Dabei haben Sie die Wahl zwischen 1 = Kostenstelle des Bezugsobjekts, 2 = Kostenstelle des verantwortlichen Arbeitsplatzes oder blank = kein Einfluss.)
- Profit-Center
- Betriebsbereich
- Technischer Platz (Dabei haben Sie die Wahl zwischen 1 = Technischer Platz des Auftrags, 2 = Top-Technischer-Platz des Auftrage oder blank = kein Einfluss.)

IM-Zuordnungsschlüssel Auftragsarten zuordnen

Mit dieser Customizing-Funktion können Sie für jede Auftragsart einen Zuordnungsschlüssel definieren, über den ein bestimmtes Investitionsprogramm automatisch gefunden werden kann.

Voraussetzungen

Auftragsarten und Zuordnungsschlüssel müssen definiert sein.

Customizing-Pfad

Instandhaltung und Kundenservice • Instandhaltungs- und Serviceabwicklung • Instandhaltungs- und Serviceaufträge • Funktionen und

Einstellungen der Auftragsarten • IM-Zuordnungsschlüssel Auftragsarten zuordnen

Einstellungen bzw. empfohlene Einstellungen

Tragen Sie bei den Auftragsarten, bei denen Sie automatisch Investitionsprogramme vorschlagen möchten, den entsprechenden Zuordnungsschlüssel ein (siehe Abbildung 6.126).

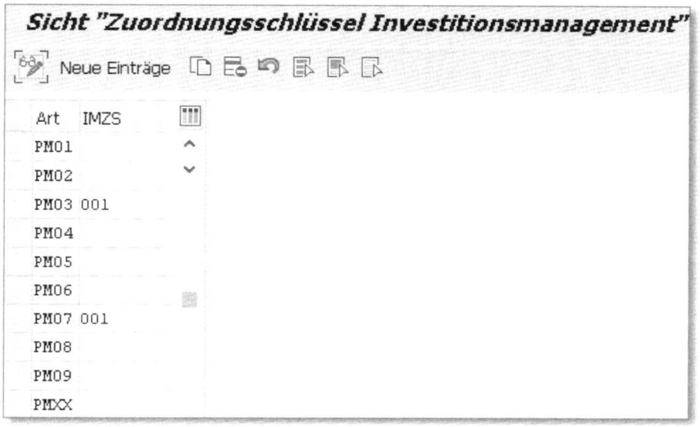

Abbildung 6.126 Aufträge – Zuordnung Investitionsmanagement zu Auftragsart

Feldwerte für Bezugselement PM/PS definieren

Mit dieser Customizing-Funktion definieren Sie Felder, über die Sie die automatische Zuordnung von Instandhaltungsaufträgen zu PSP-Elementen vornehmen möchten. Damit diese automatische Zuordnung funktioniert, müssen Sie folgende Voraussetzungen schaffen:

- Sie pflegen mithilfe der Customizing-Funktion Feldwerte für Bezugselement PM/PS definieren Felder, die später die Querverbindung herstellen.
- Sie ordnen das Bezugselement PM/PS einem Arbeitsplan (siehe Abbildung 6.127) oder einer Wartungsposition zu.
- Sie ordnen das Bezugselement PM/PS entweder Standardobjekten (Standard-PSP, Standardnetz) oder den operativen Objekten (PSP-Element, Netzplan, siehe Abbildung 6.127) zu.

Dann können Sie mit der Transaktion ADPMPS eine automatische oder halb automatische Zuordnung der Instandhaltungsaufträge zu PSP-Elementen oder Netzplänen vornehmen.

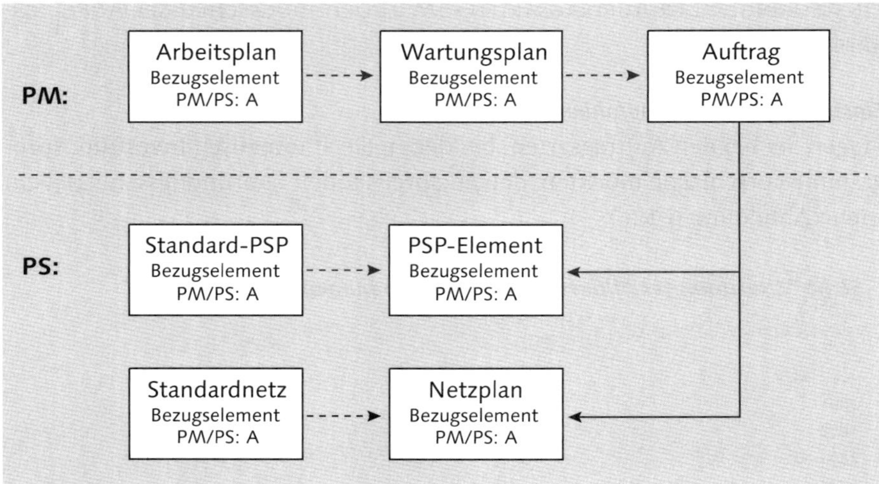

Abbildung 6.127 Aufträge – Zusammenhang PM/PS

Voraussetzungen

Es sind keine spezifischen Voraussetzungen notwendig.

Customizing-Pfad

INSTANDHALTUNG UND KUNDENSERVICE • INSTANDHALTUNGS- UND SERVICEABWICKLUNG • FELDWERTE FÜR BEZUGSELEMENT PM/PS DEFINIEREN

Einstellungen bzw. empfohlene Einstellungen

Definieren Sie die PM/PS-Bezugselemente als Gruppierung für spätere Instandhaltungsmaßnahmen (siehe Abbildung 6.128).

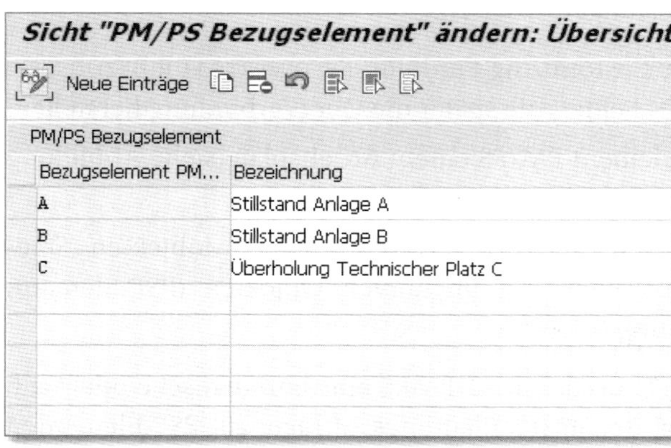

Bezugselement PM...	Bezeichnung
A	Stillstand Anlage A
B	Stillstand Anlage B
C	Überholung Technischer Platz C

Abbildung 6.128 Aufträge – Bezugselement PM/PS

Parameter für Teilnetzpläne festlegen

Mit dieser Customizing-Funktion definieren Sie die Kombinationsmöglichkeiten für die Zuordnung von EAM-Auftragsarten zu PS-Netzplanarten. Dabei werden die EAM-Aufträge aus Sicht der Projektabwicklung als *Teilnetzpläne* bezeichnet.

Voraussetzungen
Auftragsarten und Netzplanarten müssen definiert sein.

Customizing-Pfad
Projektsystem • Strukturen • Operative Strukturen • Netzplan • Parameter für Teilnetzpläne festlegen

Transaktion
OPTP

Einstellungen bzw. empfohlene Einstellungen
Jede EAM-Auftragsart, die Sie einer PS-Netzplanart zuordnen möchten, muss in dieser Customizing-Funktion hinterlegt sein. Darüber hinaus legen Sie fest, welcher Steuerschlüssel und welche terminliche Auftragslage aus dem PS-Netzplan in den EAM-Auftrag übernommen werden soll (siehe Abbildung 6.129).

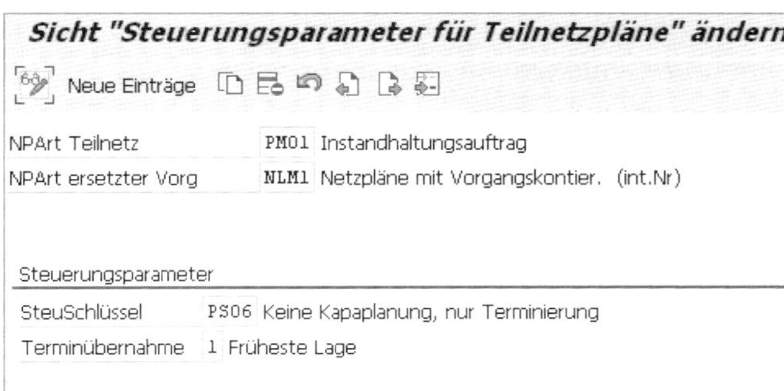

Abbildung 6.129 Aufträge – Parameter für Teilnetzpläne

Investitionsprofile definieren

Mit dieser Customizing-Funktion steuern Sie bei Investitionsmaßnahmen die Integration in die Anlagenbuchhaltung – insbesondere ob bei einer Investitionsmaßnahme automatisch eine Anlage im Bau angelegt werden soll und – wenn ja – zu welcher Anlagenklasse diese gehören soll.

Voraussetzungen
Anlagenklassen müssen definiert sein.

Customizing-Pfad
Instandhaltung und Kundenservice • Instandhaltungs- und Serviceabwicklung • Instandhaltungs- und Serviceaufträge • Funktionen und Einstellungen der Auftragsarten • Auftragsarten und Investitionsmanagement • Investitionsprofile definieren

Transaktion
OITA

Einstellungen bzw. empfohlene Einstellungen
Abbildung 6.130 zeigt Ihnen das Investitionsprofil 00001, das von SAP als Muster ausgeliefert wird und an dem Sie sich bei der Definition von eigenen Investitionsprofilen orientieren können.

- Mit dem Kennzeichen Anlage im Bau führen definieren Sie das parallele Führen einer Anlage im Bau. Wenn Sie das Kennzeichen nicht setzen, ist keine parallele Verwaltung der zugehörigen Investitionsmaßnahmen in der Anlagenbuchhaltung möglich.
- Mit der Anlagenklasse bestimmen Sie die Anlagenklasse Ihrer automatisch angelegten Anlage im Bau.
- Wenn Sie nicht nur eine Anlage im Bau je Investitionsmaßnahme führen möchten, sondern mehrere, müssen Sie das Kennzeichen AiB je Ursprungsschema und -zuordnung setzen.
- Bestimmen Sie über den Schalter Abrechnung, ob die Investitionsmaßnahmen einzelpostengenau oder summarisch verwaltet werden sollen. Summarisch bedeutet, dass nur pauschale Aufteilungsregeln für die gesamten Belastungen oder für bestimmte Kostenarten erfasst werden können. Die rein summarische Abrechnung bietet gegenüber der einzelpostengenauen Abrechnung den Vorteil einer besseren Performance. Allerdings ist bei summarischer Abrechnung kein einzelpostengenauer Nachweis möglich.
- Legen Sie fest, in welcher Form Aufteilungsregeln für die AfA-Simulation erfasst werden sollen (Aufteilung nach Prozenten, Beträgen, Äquivalenzziffern etc.).

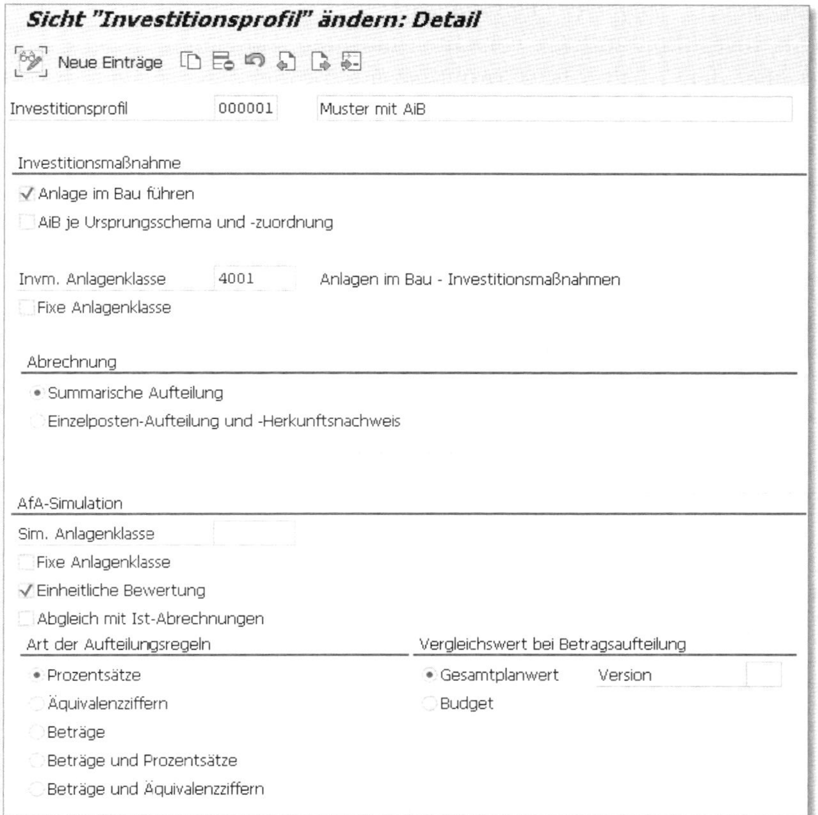

Abbildung 6.130 Aufträge – Investitionsprofil

Auftragsarten für Investitionsmaßnahmen kennzeichnen

Mit dieser Customizing-Funktion definieren Sie, welche Ihrer Auftragsarten für Investitionen zur Verfügung steht und welches Investitionsprofil dabei genutzt werden soll.

Voraussetzungen

Auftragsarten und Investitionsprofile müssen definiert sein.

Customizing-Pfad

Instandhaltung und Kundenservice • Instandhaltungs- und Serviceabwicklung • Instandhaltungs- und Serviceaufträge • Funktionen und Einstellungen der Auftragsarten • Auftragsarten und Investitionsmanagement • Auftragsarten für Investitionsmassnahmen kennzeichnen

Einstellungen bzw. empfohlene Einstellungen

Wenn Sie Investitionsaufträge verwalten möchten, aktivieren Sie eine Auftragsart über den Schalter INVESTAUFTRAG und ordnen das passende Investitionsprofil zu (siehe Abbildung 6.131).

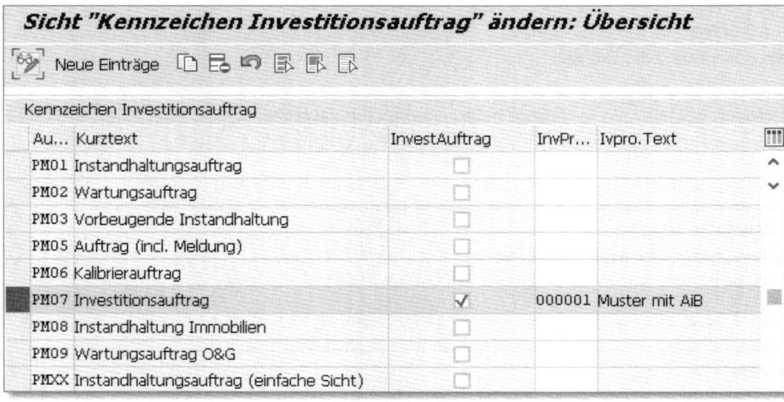

Abbildung 6.131 Aufträge – Kennzeichnung Investitionsauftrag

6.2.9 Sonstige Funktionen

In diesem Anschnitt werde ich Sie mit Customizing-Funktionen des Auftrags vertraut machen, die sich keinem der bisherigen Abschnitte zuordnen lassen, jedoch ebenfalls einzustellen sind, um die Einstellungen rund um den Auftrag zu vervollständigen.

Anlagenzustände oder Betriebszustände anlegen

Mit dieser Customizing-Funktion definieren Sie, in welchem Zustand sich das Equipment bzw. der Technische Platz während der Bearbeitung des Auftrags befinden soll (z. B. in Betrieb oder außer Betrieb). Darüber hinaus definieren Sie, ob der Produktionsarbeitsplatz kapazitätsmäßig belastet werden soll.

Voraussetzungen

Es sind keine spezifischen Voraussetzungen zu schaffen.

Customizing-Pfad

INSTANDHALTUNG UND KUNDENSERVICE • INSTANDHALTUNGS- UND SERVICEABWICKLUNG • INSTANDHALTUNGS- UND SERVICEAUFTRÄGE • ALLGEMEINE DATEN • ANLAGENZUSTÄNDE ODER BETRIEBSZUSTÄNDE ANLEGEN

Einstellungen bzw. empfohlene Einstellungen

Im »Praxishandbuch Instandhaltung mit SAP« habe ich Ihnen in Abschnitt 6.2.2, »Materialplanung«, die Integration zwischen der Instandhaltung und der Produktion vorgestellt. Kurz zusammengefasst, haben Sie in den Bezugsobjekten Technischer Platz und Equipment die Möglichkeit, einen Produktionsarbeitsplatz (Feld ARBEITSPLATZ) zu definieren. Wenn Ihre Instandhaltungsmaßnahmen die Kapazitäten des Produktionsarbeitsplatzes beeinflussen sollen, müssen Sie einen Betriebszustand definieren, bei dem Sie das Feld *Belegung durch IH* markieren (siehe Abbildung 6.132). Damit wird eine Kapazitätsbelastung für den Produktionsarbeitsplatz durch den Instandhaltungsauftrag erzeugt. Die Kapazitätsbelastung des Instandhaltungsarbeitsplatzes wird dadurch nicht berührt.

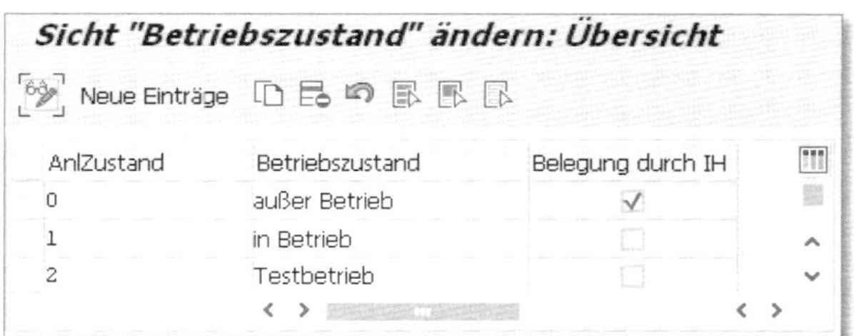

Abbildung 6.132 Aufträge – Betriebszustand

Fertigungshilfsmittel-Steuerschlüssel definieren

Bei der Bearbeitung von Aufträgen haben Sie die Möglichkeit, auf Vorgangsebene Fertigungshilfsmittel zuzuordnen. Fertigungshilfsmittel wie z. B. Schutzkleidungen, Handhubwagen, Zeichnungen oder Werkzeuge werden im Unterschied zu Komponenten während der Abarbeitung des Auftrags nicht verbraucht, sondern gebraucht. Bei jeder Zuordnung müssen Sie dem Fertigungshilfsmittel einen sogenannten *Fertigungshilfsmittel-Steuerschlüssel* mitgeben.

Mit dieser Customizing-Funktion definieren Sie Fertigungshilfsmittel-Steuerschlüssel.

Fertigungshilfsmittel-Steuerschlüssel versus Steuerschlüssel [+]

Die Fertigungshilfsmittel-Steuerschlüssel sind nicht zu verwechseln und haben nichts zu tun mit den Steuerschlüsseln, die Sie einem Arbeitsplatz, einem Vorgang im Arbeitsplan oder einem Vorgang im Auftrag zuordnen.

Voraussetzungen

Es sind keine spezifischen Voraussetzungen zu schaffen.

Customizing-Pfad

INSTANDHALTUNG UND KUNDENSERVICE • INSTANDHALTUNGS- UND SERVICEABWICKLUNG • INSTANDHALTUNGS- UND SERVICEAUFTRÄGE • FERTIGUNGSHILFSMITTEL-ZUORDNUNGEN • FERTIGUNGSHILFSMITTEL-STEUERSCHLÜSSEL DEFINIEREN

Einstellungen bzw. empfohlene Einstellungen

Über den Fertigungshilfsmittel-Steuerschlüssel können Sie folgende Festlegungen treffen (siehe Abbildung 6.133):

- Terminieren
- Kalkulieren
- Rückmelden
- Expandieren (Zusatzinformationen bei Drucken)
- Drucken

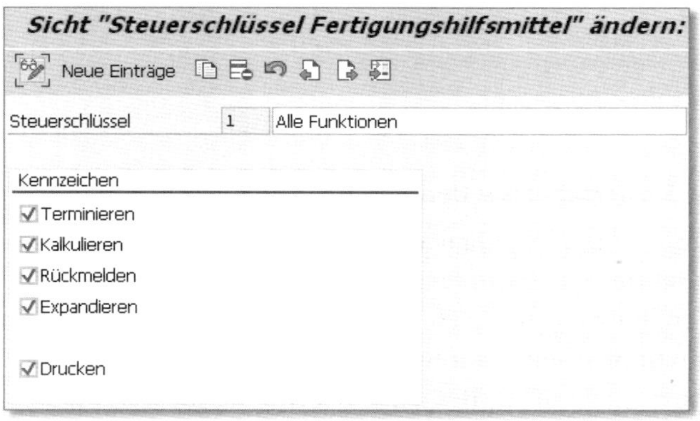

Abbildung 6.133 Aufträge – Steuerschlüssel FHM

[+] **Nur Drucken ist relevant**

Für die Instandhaltungsaufträge ist zurzeit lediglich das Kennzeichen DRUCKEN relevant. Darüber steuern Sie, ob die Fertigungshilfsmittel beim Auftragsdruck mit ausgegeben werden sollen. Alle anderen Funktionen sind für Instandhaltungsaufträge (noch) nicht programmiert.

Nachrichtensteuerung

Mit dieser Customizing-Funktion definieren Sie, auf welche Art und Weise eine Systemnachricht zu den Aufträgen ausgegeben werden soll (z. B. Fehler oder Warnung).

Voraussetzungen

Es sind keine spezifischen Voraussetzungen zu schaffen.

Customizing-Pfad

INSTANDHALTUNG UND KUNDENSERVICE • INSTANDHALTUNGS- UND SERVICEABWICKLUNG • INSTANDHALTUNGS- UND SERVICEAUFTRÄGE • NACHRICHTENSTEUERUNG

Einstellungen bzw. empfohlene Einstellungen

Legen Sie für jede Nachricht fest, in welcher Form sie ausgegeben werden soll. Die folgenden Optionen stehen Ihnen dafür zur Verfügung (siehe Abbildung 6.134):

Sicht "Nachrichtensteuerung PM/SM" ändern: Übersicht

Neue Einträge

Arbeitsgebiet	MsgNr	Typ	Nachrichtentext
IW	189	E	Es existieren noch offene Unteraufträge
IW	197	I	Berechnung der Arbeit erfolgt im Leistungspaket --> Berechn.Schl. erse
IW	242	E	Abweichende Revisionsnummer in Auftrag und Meldung
IW	243	W	Abweichender Netzplan in Revision und Auftrag
IW	244	E	Technischer Platz & ist nicht in der Platzstruktur der Revision
IW	381	I	Daten wurden aus Kontrakt übernommen
IW	443	W	Bestellung ist nicht gültig (Beginn: & -> Ende: &)
IW	445	W	Das Equipment &1 hat zum &2 &3 kein gültiges Zeitsegment
IW	501	S	Objektwechsel ==> Auftragsdaten möglicherweise ungleich Vorschlags
IW	520	W	automatische Freigabe nicht erfolgt
IW	586	E	Abschlußdatum liegt mehr als 30 Tage in der Zukunft bzw. Vergangenh
IW	685	W	Für das Material & ist nur Sammelbedarf vorgesehen
IW	707	I	Bestellung zu Vorgang & vorhanden
IW	708	I	Bestellung zu Untervorgang &1 &2 vorhanden
IW	710	I	Zu Banf &1 &2 existiert bereits eine Bestellung
IW	711	W	Die Daten dieses Auftrags sind auf ein mobiles Gerät übertragen worder
IW	712	W	Vorgänge des Auftrags werden auf einem mobilen Gerät bearbeitet
IW	756	I	Position & Material &: Bedarfsmenge & kleiner als WE-Menge &
IW	860	W	Bitte eine Bewertungsart zum Material &1 in das Feld "Charge" eingeber
IW	861	W	Bitte eine Charge zum Material &1 eingeben

Abbildung 6.134 Aufträge – Nachrichtensteuerung

- keine Meldung
- W – Warnung
- E – Fehlermeldung
- S – Ergebnismeldung
- P – Pop-up
- I – Information
- X – Programmabbruch (ist wohl eher als Scherz der Entwickler gedacht)

In Tabelle 6.8 stelle ich Ihnen die wichtigsten Konstellationen vor, in denen die Systemmeldungen auftreten.

Systemmeldung	Beschreibung
189 (Es existieren noch offene Unteraufträge)	Entsteht, wenn Sie einen übergeordneten Auftrag technisch abschließen wollen, aber noch nicht technisch abgeschlossene Unteraufträge haben.
242 (Abweichende Revisionsnummer in Auftrag und Meldung)	Entsteht, wenn Sie Meldung und Auftrag eine Revisionsnummer zugeordnet haben, diese sich aber unterscheiden.
243 (Abweichender Netzplan in Revision und Auftrag)	Entsteht, wenn Sie einer Revision und einem Auftrag einen Netzplan zugeordnet haben, diese sich aber unterscheiden.
244 (Technischer Platz & ist nicht in der Platzstruktur der Revision)	Entsteht, wenn Sie einem Auftrag eine Technische-Platz-Nummer zuordnen, der sich nicht in der Technischen-Platz-Struktur befindet, die Sie einer Revisionsnummer zugewiesen haben.
381 (Daten wurden aus Kontrakt übernommen)	Entsteht, wenn Sie einer Nichtlagerkomponente oder einem Fremdvorgang eine Kontraktnummer zuordnen und von dort Informationen wie z. B. Lieferant, Warengruppe, Preis etc. in den Auftrag übernommen werden.
445 (Das Equipment &1 hat zum &2 &3 kein gültiges Zeitsegment)	Entsteht, wenn Sie einem Auftrag ein Equipment zuweisen, das zum Auftragstermin nicht gültig ist. Entweder es ist noch nicht gültig, d. h., das Equipment hat ein Gültig-ab-Datum, das größer ist als der Eckendtermin des Auftrags. Oder aber das Equipment ist nicht mehr gültig, d. h., es hat ein Gültig-bis-Datum, das kleiner ist als das Eckstartdatum des Auftrags.

Tabelle 6.8 Systemmeldungen

Systemmeldung	Beschreibung
501 (Objektwechsel → Auftragsdaten möglicherweise ungleich Vorschlagswerten)	Entsteht, wenn Sie nachträglich dem Auftrag ein anderes Equipment und/oder einen anderen Technischen Platz zuordnen.
520 (automatische Freigabe nicht erfolgt)	Entsteht, wenn bei der Auftragsart das Kennzeichen AUTOMATISCHE FREIGABE aktiviert ist, wenn Sie also einen Auftrag aus einem Wartungsplan oder aus einer Meldung automatisch freigeben möchten, aber die Freigabe an den Randbedingungen scheitert (z. B. fehlendes Material).
707 (Bestellung zu Vorgang & vorhanden)	Entsteht, wenn Sie im Auftrag eine Löschvormerkung setzen möchten, aber noch mindestens eine offene Bestellung vorhanden ist, d. h. eine Bestellung, zu der noch kein Wareneingang bzw. kein Rechnungseingang erfolgt ist.
708 (Bestellung zu Untervorgang &1 &2 vorhanden)	Entsteht, wenn Sie im Unterauftrag eine Löschvormerkung setzen möchten, aber noch mindestens eine offene Bestellung vorhanden ist, d. h. eine Bestellung, zu der noch kein Wareneingang bzw. kein Rechnungseingang erfolgt ist.
860 (Bitte eine Bewertungsart zum Material &1 in das Feld "Charge" eingeben)	Betrifft den Aufarbeitungsauftrag (siehe Abschnitt 8.2, »Aufarbeitung«) und entsteht, wenn Sie eine Komponente im Auftrag zuordnen, die einer getrennten Bewertung unterliegt, Sie aber keine Bewertungsart angegeben haben.
861 (Bitte eine Charge zum Material &1 eingeben)	Tritt auf, wenn Sie eine Komponente planen, die der Chargenpflicht unterliegt, Sie aber keine Charge eingetragen haben.

Tabelle 6.8 Systemmeldungen (Forts.)

Vorschlag Bezugszeitpunkt für technischen Abschluss festlegen

Mit dieser Customizing-Funktion definieren Sie, welches Datum beim technischen Abschluss des Auftrags als Datum des technischen Abschlusses vorgeschlagen werden soll. Dieses wiederum ist ausschlaggebend für die Einsortierung des Auftrags in die chronologische Reihenfolge des Auftrags in der Historie (z. B. welchem Monat der Auftrag im Instandhaltungsinformationssystem zugeordnet wird).

Voraussetzungen
Die Auftragsarten müssen definiert sein.

Customizing-Pfad
INSTANDHALTUNG UND KUNDENSERVICE • INSTANDHALTUNGS- UND SERVICEABWICKLUNG • INSTANDHALTUNGS- UND SERVICEAUFTRÄGE • FUNKTIONEN UND EINSTELLUNGEN DER AUFTRAGSARTEN • VORSCHLAG BEZUGSZEITPUNKT FÜR TECHNISCHEN ABSCHLUSS FESTLEGEN

Einstellungen bzw. empfohlene Einstellungen
Legen Sie pro Auftragsart fest, welches Datum als Datum des technischen Abschlusses vorgeschlagen werden soll (siehe Abbildung 6.135).

Dabei haben Sie folgende Optionen:

- Tagesdatum
- 1 – Erfassungsdatum
- 2 – Eckstartdatum
- 3 – Eckendedatum

Unabhängig vom vorgeschlagenen Datum können Sie das Datum beim technischen Abschluss überschreiben.

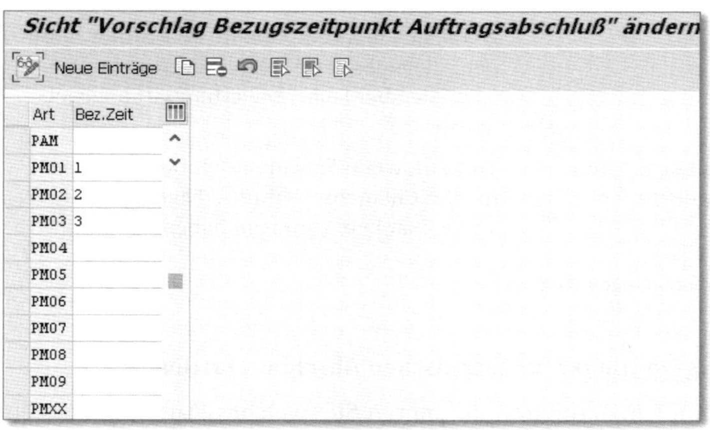

Abbildung 6.135 Aufträge – Bezugszeitpunkt technischer Abschluss

Vorschlag Vorschlagswertprofile für allgemeine Auftragsdaten anlegen

Mit dieser Customizing-Funktion definieren Sie bestimmte Vorschlagswerte, die Sie zusammen mit weiteren Vorschlagswerten über die Customizing-

Funktion VORSCHLAGSWERTE FÜR ARBEITSPLANDATEN UND PROFILZUORDNUNGEN Auftragsart und Werk zuordnen. Abbildung 6.136 zeigt Ihnen die Zusammenhänge.

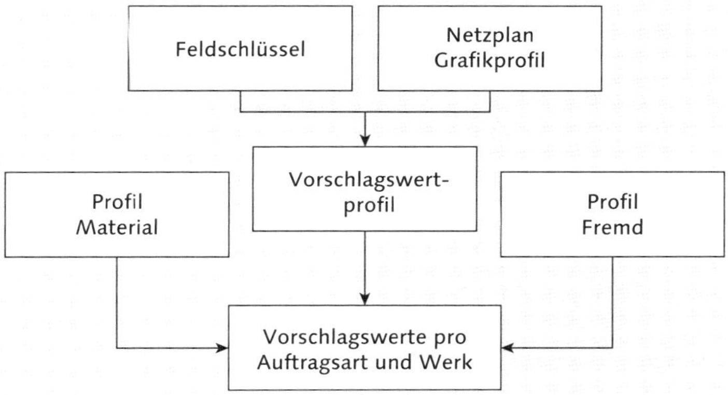

Abbildung 6.136 Aufträge – Zusammenhang zwischen Vorschlagswerten

Voraussetzungen
Feldschlüssel und Netzplan-Grafikprofile müssen definiert sein.

Customizing-Pfad
INSTANDHALTUNG UND KUNDENSERVICE • INSTANDHALTUNGS- UND SERVICEABWICKLUNG • INSTANDHALTUNGS- UND SERVICEAUFTRÄGE • FUNKTIONEN UND EINSTELLUNGEN DER AUFTRAGSARTEN • VORSCHLAGSWERTPROFILE FÜR ALLGEMEINE AUFTRAGSDATEN ANLEGEN

Einstellungen bzw. empfohlene Einstellungen
Folgende Vorschlagswerte können Sie in einem Vorschlagswertprofil hinterlegen (siehe Abbildung 6.137):

- Den FELDSCHLÜSSEL benötigen Sie, wenn Sie zusätzliche Felder im Vorgang brauchen, die im Standard nicht vorhanden sind.
- Über den BERECHNUNGSSCHLÜSSEL steuern Sie den Zusammenhang zwischen dem Feld ARBEIT und dem Feld DAUER. Dabei haben Sie die folgenden Möglichkeiten:

  0 – manuell pflegen

  1 – Dauer berechnen

  2 – Arbeit berechnen

  3 – Anz. Kapazitäten berechnen

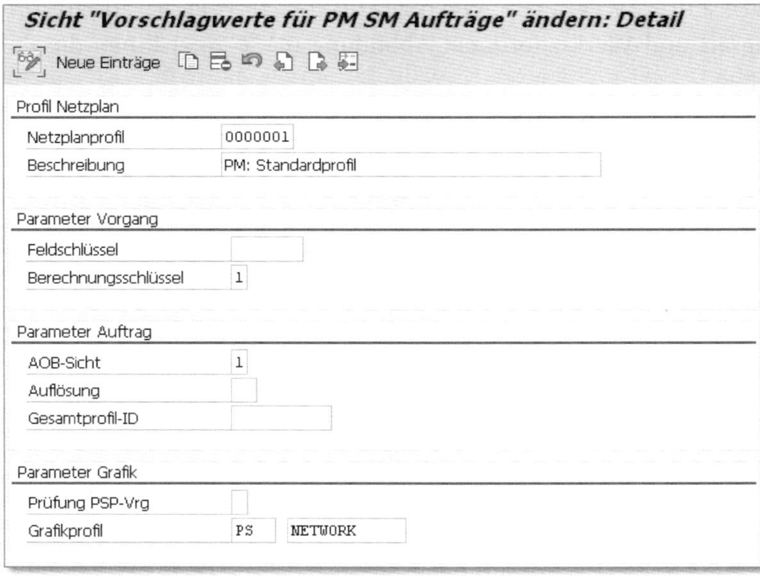

Abbildung 6.137 Aufträge – Vorschlagswertprofile

- Mit dem Schalter AOB-SICHT legen Sie fest, aus welcher Sicht die Anordnungsbeziehungen in den Vorgängen dargestellt werden. Dabei haben Sie folgende Möglichkeiten:

  1 – aus Vorgängersicht

  2 – aus Nachfolgersicht

  3 – Gemischt

  4 – Wie angelegt
- Mit dem Grafikprofil legen Sie das komplette Erscheinungsbild der Netzplan-Grafik fest. Erläuterungen dazu finden Sie im Abschnitt »Netzplan • Grafikprofile definieren«.

Hinweis: Lassen Sie sich in dieser Customizing-Funktion bitte nicht vom Begriff NETZPLANPROFIL verwirren. Dies ist der Begriff aus der Projektabwicklung. Gemeint ist hier eigentlich VORSCHLAGSWERTPROFIL.

Vorschlag Vorschlagswerte für Arbeitsplandaten und Profilzuordnungen

Mit dieser Customizing-Funktion definieren Sie pro Auftragsart und Werk die Profile und weitere Vorschlagswerte.

Voraussetzungen
Auftragsarten, Werke, Vorschlagswertprofile sowie die Profile für Fremdmaterial und Fremdleistung müssen definiert sein.

Customizing-Pfad
Instandhaltung und Kundenservice • Instandhaltungs- und Serviceabwicklung • Instandhaltungs- und Serviceaufträge • Funktionen und Einstellungen der Auftragsarten • Vorschlagswerte für Arbeitsplandaten und Profilzuordnungen

Einstellungen bzw. empfohlene Einstellungen
Folgende Zuordnungen nehmen Sie pro Auftragsart und Werk vor:

- Mit dem Profil Fremd. werden Vorschlagswerte für Kostenart, Einkaufsorganisation, Warengruppe und Einkäufergruppe für Fremdleistungen zugeordnet (siehe dazu Abschnitt 8.1, »Fremdabwicklung«).
- Mit dem Profil Material werden Vorschlagswerte für Kostenart, Einkaufsorganisation, Warengruppe und Einkäufergruppe für Fremdmaterial zugeordnet (siehe dazu Abschnitt 6.2.2, »Materialplanung«).
- Mit dem Profil Inst ordnen Sie die Vorschlagswertprofile zu.
- Über MengenEh. Vrg. definieren Sie den Vorschlagswert für die Mengeneinheit des Vorgangs.

Neben diesen Vorschlagswerten können Sie in dieser Customizing-Funktion festlegen, wie die Übernahme von Arbeitsplänen in Aufträge erfolgen soll:

- ob ein Pop-up zur Vorgangsselektion erscheinen soll
- ob ein Pop-up zur Arbeitsplatzselektion erscheinen soll
- ob die ausgewählten Vorgänge neu in Zehnerschritten durchnummeriert werden sollen
- ob ein Arbeitsplan höchstens einmal komplett eingebunden werden kann
- ob die Reihenfolge der Vorgänge dieselbe wie im Arbeitsplan ist

Hinweis: Diese Vorschlagswerte und Einstellungen werden durch die benutzerspezifischen Vorschlagswerte überschrieben. Diese kann der Benutzer mit der Funktion Zusätze • Einstellungen • Vorschlagswerte im Auftrag setzen.

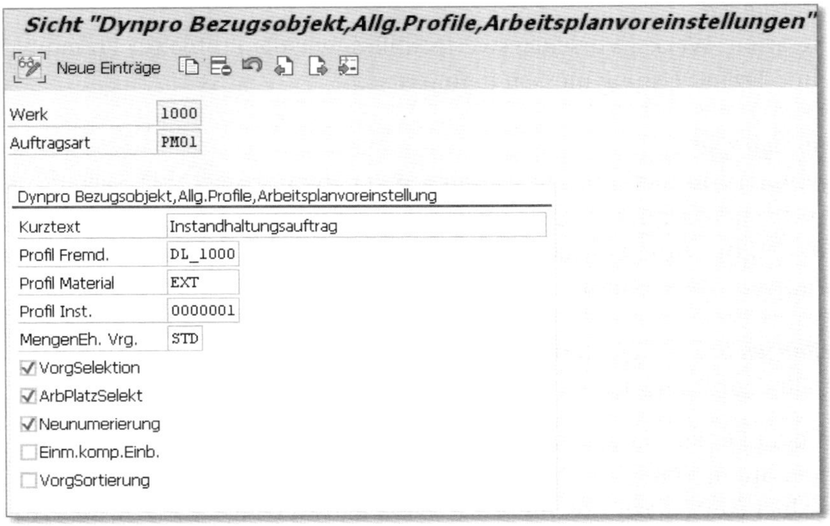

Abbildung 6.138 Aufträge – Vorschlagswerte

6.3 Die Rückmeldung

Im Folgenden möchte ich Sie nun mit den Customizing-Funktionen vertraut machen, die Ihnen im Rahmen des Rückmeldewesens zur Verfügung stehen. Dies betrifft zum einen die Customizing-Funktionen für die Instandhaltungstransaktionen IW41 ff. sowie die Customizing-Funktionen des Cross-Application Time Sheet (CATS).

6.3.1 EAM-Rückmeldungen

Die folgenden Customizing-Funktionen stehen Ihnen zur Verfügung, wenn Sie Rückmeldungen mit den Instandhaltungstransaktionen IW41 ff. vornehmen möchten.

Steuerungsparameter für Rückmeldungen festlegen

Mit dieser Customizing-Funktion definieren Sie pro Auftragsart und Werk die Steuerungsparameter für das Rückmeldewesen in der Instandhaltung. Diese sind Grundvoraussetzung für alle weiteren Funktionen – egal, ob Sie Ihre Rückmeldungen mit Instandhaltungstransaktionen oder mit CATS-Transaktionen oder anderen durchführen.

Voraussetzungen

Auftragsarten und Werke müssen definiert sein.

Customizing-Pfad

INSTANDHALTUNG UND KUNDENSERVICE • INSTANDHALTUNGS- UND SERVICEABWICKLUNG • RÜCKMELDUNGEN • STEUERUNGSPARAMETER FÜR RÜCKMELDUNGEN FESTLEGEN

Transaktion

OIOR

Einstellungen bzw. empfohlene Einstellungen

Folgende Steuerungsmöglichkeiten haben Sie pro Auftragsart und Werk (siehe Abbildung 6.139):

- Über den Schalter ENDRÜCKMELDUNG legen Sie fest, ob bei der Rückmeldung das Endrückmeldekennzeichen vorgeschlagen werden soll.
- Über den Schalter OFFENE RESERVIERUNGEN ausbuchen legen Sie fest, ob bei der Rückmeldung das Kennzeichen OFFENE RESERVIERUNGEN AUSBUCHEN vorgeschlagen werden soll. Dieses bewirkt, dass mit der Endrückmeldung noch offene – d. h. nicht entnommene – Reservierungen gelöscht werden.
- Über den Schalter TERMINE VORSCHLAGEN legen Sie fest, ob die Vorgangstermine (terminierter Beginn, terminiertes Ende) als Rückmeldetermine vorgeschlagen werden sollen.
- Über den Schalter LEISTUNGEN VORSCHLAGEN legen Sie fest, ob die Arbeit als Ist-Arbeit vorgeschlagen werden soll bzw. wenn bereits Rückmeldungen erfolgt sind, ob die Restarbeit als Ist-Arbeit vorgeschlagen werden soll.
- Das Kennzeichen LEISTUNGEN BERECHNEN steuert, ob die Ist-Arbeit berechnet werden soll, wenn eine Änderung in abhängigen Feldern (z. B. Endrückmeldung oder Restarbeit) vorgenommen wird.
- Mit dem Schalter ABWARBEITAKTIV schalten Sie die Abweichungsprüfung für die Arbeit ein und legen über das Feld ABWEICHUNG ARBEIT in Prozent fest, bei wie viel Überschreitung eine Warnmeldung ausgegeben werden soll.
- Mit dem Schalter ABWDAUERAKTIV schalten Sie die Abweichungsprüfung für die Dauer ein und legen über das Feld ABWEICHUNG DAUER in Prozent fest, bei wie viel Überschreitung eine Warnmeldung ausgegeben werden soll.

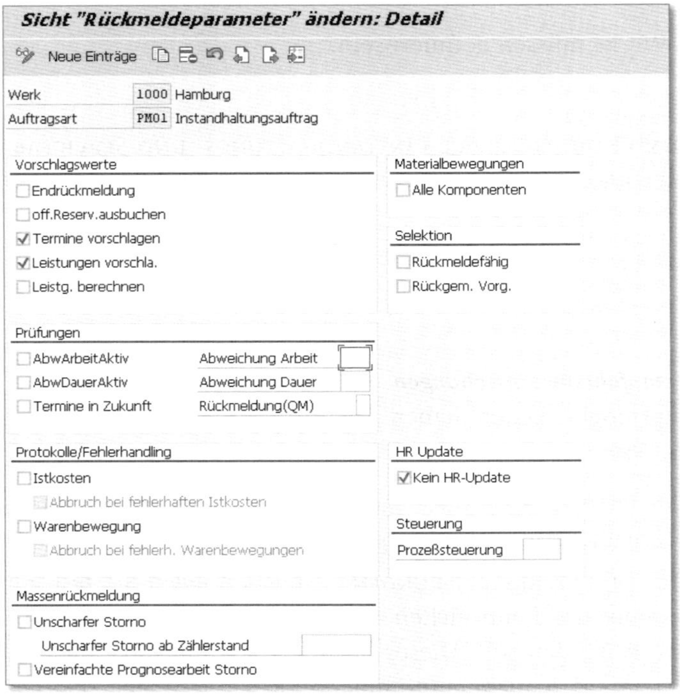

Abbildung 6.139 Rückmeldungen – Steuerungsparameter

- Mit dem Schalter TERMINE IN ZUKUNFT legen Sie fest, ob Termine (z. B. Buchungsdatum, Ende der Durchführungszeit etc.) auch mit einem Datum angegeben werden dürfen, das in der Zukunft liegt. Dies wird z. B. notwendig, wenn Sie am 31.10. eine Zeiterfassung vornehmen, aber erreichen möchten, dass die Zeit dem Monat November (Buchungsdatum) zugeschlagen wird.
- Über die Schalter zu PROTOKOLLE/FEHLERBEHEBUNG legen Sie fest, dass bei fehlerhafter Ist-Kosten-Kalkulation bzw. fehlerhafter Materialbuchung automatisch ein Protokoll angezeigt wird. Über die Schalter ABBRUCH BEI FEHLERHAFTEN ISTKOSTEN bzw. ABBRUCH BEI FEHLERHAFTEN WARENBEWEGUNGEN würden Sie dafür sorgen, dass die Zeitrückmeldung nicht gebucht wird, wenn die genannten Fehler auftreten.

Mit dem Kennzeichen ALLE KOMPONENTEN entscheiden Sie, welche Komponenten in der Übersicht für eine retrograde Entnahme angezeigt werden:

- Wenn Sie dieses Kennzeichen setzen, zeigt das System alle Komponenten an, unabhängig davon, ob bei der Komponente im Auftrag das Kennzeichen für die retrograde Entnahme gesetzt ist oder nicht.

- Wenn Sie dieses Kennzeichen nicht setzen, zeigt das System nur die Komponenten an, bei denen das Kennzeichen für retrograde Entnahme gesetzt ist.

Empfehlungen für die Steuerungsparameter der Rückmeldung [+]

- Achten Sie darauf, dass die Steuerungsparameter für alle Werke und Auftragsarten definiert sind, die genutzt werden sollen. Ansonsten können Sie eine Auftragsart im betroffenen Werk nicht zurückmelden.
- Setzen Sie die Schalter TERMINE VORSCHLAGEN und LEISTUNGEN VORSCHLAGEN, eventuell noch ALLE KOMPONENTEN.
- Lassen Sie alle anderen Schalter bzw. Vorschlagswerte leer.

Ursachen für Abweichungen definieren

Mit dieser Customizing-Funktion definieren Sie pro Werk Gründe für Abweichungen der Ist-Zeiten von den Planzeiten. Auf diese Gründe können Sie dann in Auswertungen zurückgreifen.

Voraussetzungen
Die Werke müssen definiert sein.

Customizing-Pfad
INSTANDHALTUNG UND KUNDENSERVICE • INSTANDHALTUNGS- UND SERVICEABWICKLUNG • RÜCKMELDUNGEN • URSACHEN FÜR ABWEICHUNGEN DEFINIEREN

Einstellungen bzw. empfohlene Einstellungen
Legen Sie pro Werk die Abweichungsursachen fest, die Sie später verfolgen möchten (siehe Abbildung 6.140).

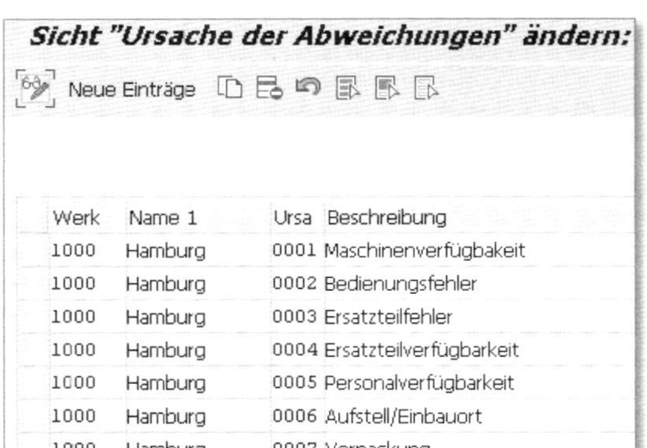

Werk	Name 1	Ursa	Beschreibung
1000	Hamburg	0001	Maschinenverfügbakeit
1000	Hamburg	0002	Bedienungsfehler
1000	Hamburg	0003	Ersatzteilfehler
1000	Hamburg	0004	Ersatzteilverfügbarkeit
1000	Hamburg	0005	Personalverfügbarkeit
1000	Hamburg	0006	Aufstell/Einbauort
1000	Hamburg	0007	Verpackung

Abbildung 6.140 Rückmeldungen – Abweichungsursachen

Bildschirmmasken für die Rückmeldung einstellen

Mit dieser Customizing-Funktion können Sie die Bildbereiche der Gesamtrückmeldung (Transaktion IW42) individuell zusammenstellen. Sie können hier verschiedene Profile definieren. Jeder Benutzer kann das für ihn passende Profil später in seinen Benutzereinstellungen für die Gesamtrückmeldung auswählen (in der Transaktion IW42 Zusätze • Einstellungen).

Voraussetzungen

Es sind keine spezifischen Voraussetzungen notwendig.

Customizing-Pfad

Instandhaltung und Kundenservice • Instandhaltungs- und Serviceabwicklung • Rückmeldungen • Bildschirmmasken für die Rückmeldung einstellen

Einstellungen bzw. empfohlene Einstellungen

In einem Profil stehen Ihnen fünf Zeilen mit jeweils einem oder zwei Bildbereichen zur Verfügung (siehe Abbildung 6.141).

IW42 – Gesamtrückmeldung	
Subscreen 1	Subscreen 2
Subscreen 3	Subscreen 4
Subscreen 5	Subscreen 6
Subscreen 7	Subscreen 8
Subscreen 9	Subscreen 10

Abbildung 6.141 Rückmeldungen – Schema Gesamtrückmeldung

Folgende Bildbereiche sind verfügbar (siehe Abbildung 6.142):

- Zeiten
- Leistungen

- Warenbewegungen
- Meldungspositionen
- Schadensursachen
- Aktionen
- Maßnahmen
- Zählerstände/Messwerte

Wenn Sie in einer Zeile nur den linken Bildbereich füllen, erstreckt sich der Bildbereich in der IW42-Erfassungsmaske über die ganze Bildschirmbreite. Wenn Sie den linken und rechten Bildbereich füllen, werden zwei Bildbereiche nebeneinander dargestellt.

Über die Gestaltung der Bildbereiche hinaus können Sie noch festlegen, welche Drucktasten erscheinen sollen (z. B. ZEITEN oder WARENBEWEGUNGEN). Über die Drucktasten wechseln Sie dann in der Gesamtrückmeldung in das entsprechende Vollbild und haben dann nicht nur sechs Erfassungszeilen, sondern einen ganzen Bildschirm in der Übersicht.

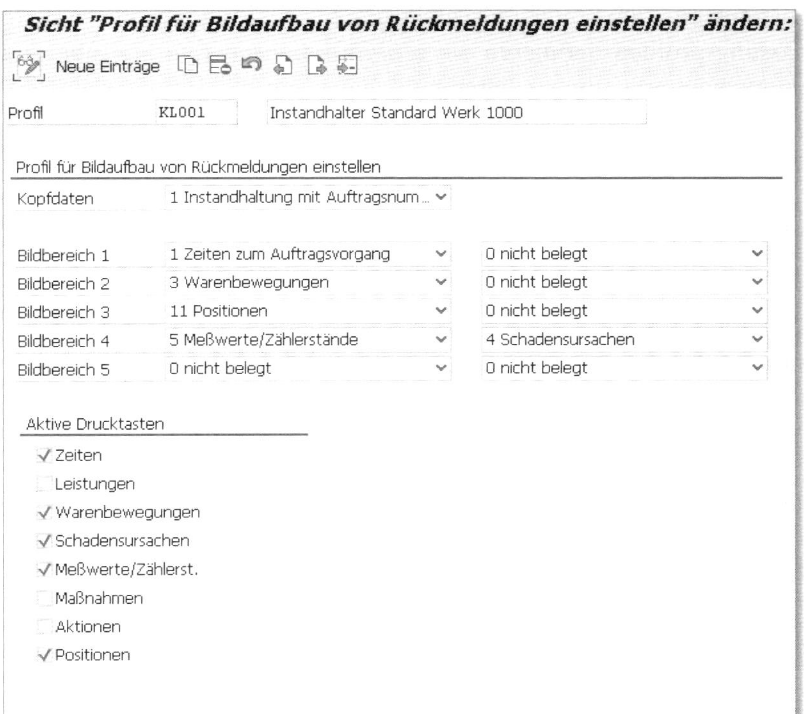

Abbildung 6.142 Rückmeldungen – Rückmeldeprofil

[+]

Eigene Layouts für die Gesamtrückmeldung festlegen

Nutzen Sie die Gelegenheit, den Anwendern die für ihr Arbeitsumfeld passenden Profile zur Verfügung zu stellen. Dabei gilt der Grundsatz: so viel wie nötig, so wenig wie möglich.

6.3.2 CATS-Rückmeldungen

CATS (Cross-Application Time Sheet) ist eine Applikation, mit deren Hilfe Sie mehrere personenbezogene Ist-Zeiten erfassen können. Diese Applikation steht Ihnen nicht nur in der Instandhaltung, sondern auch in anderen Anwendungsbereichen wie z. B. Personalwesen oder Produktion zur Verfügung.

Im Folgenden werde ich Ihnen die wichtigsten Customizing-Funktionen vorstellen, die zur Nutzung in der Instandhaltung benötigt werden.

Erfassungsprofile einrichten

Diese Customizing-Funktion ist Voraussetzung für die Nutzung von CATS. In den Erfassungsprofilen definieren Sie z. B., ob eine separate Freigabe und Genehmigung der erfassten Ist-Zeiten notwendig sein soll, für wie viele Perioden gleichzeitig die Zeiten erfasst werden können oder ob Sie mit Arbeitsvorräten arbeiten möchten.

Voraussetzungen
Es sind keine spezifischen Voraussetzungen notwendig.

Customizing-Pfad
Anwendungsübergreifende Komponenten • Arbeitszeitblatt • Spezielle Einstellungen für CATS regular • CATS regular • Erfassung der Arbeitszeiten • Erfassungsprofile einrichten

Einstellungen bzw. empfohlene Einstellungen
Da das Erfassungsprofil ein langes Bildschirmbild mit sehr vielen Einstellungen enthält, habe ich es im Folgenden auf zwei Teile aufgeteilt.

Abbildung 6.143 zeigt den oberen Teil des Erfassungsprofils. Die aus Sicht der Instandhaltung wichtigsten Einstellungen sind dabei:

- Über den Schalter Profil änderbar legen Sie fest, ob der Anwender während der Erfassung in begrenztem Umfang die Einstellungen des Profils ändern darf (z. B. ob eine Summenspalte ein-/oder ausgeblendet werden soll.
- Der Schalter Mit Summenzeile bewirkt, dass eine Tagessumme über alle erfassten Zeiten ausgewiesen wird.
- Der Schalter Freigeben b. Sichern bewirkt, dass die erfassten Zeiten beim Sichern auch gleich freigegeben werden. Wenn er nicht aktiviert ist, müssen die erfassten Zeiten separat freigegeben werden.
- Über den Periodentyp steuern Sie die Periodensicht des Profils (z. B. 2 = Woche, 4 = Monat) und über Perioden die jeweilige Anzahl der zu erfassenden Perioden.
- Wenn Sie für mehrere Personen gleichzeitig die Erfassung vornehmen möchten, müssen Sie den Schalter Erfassen für mehrere PersNummern aktivieren und festlegen, wie die Selektion der Personen erfolgen soll (z. B. über Kostenstelle oder Organisationseinheit).

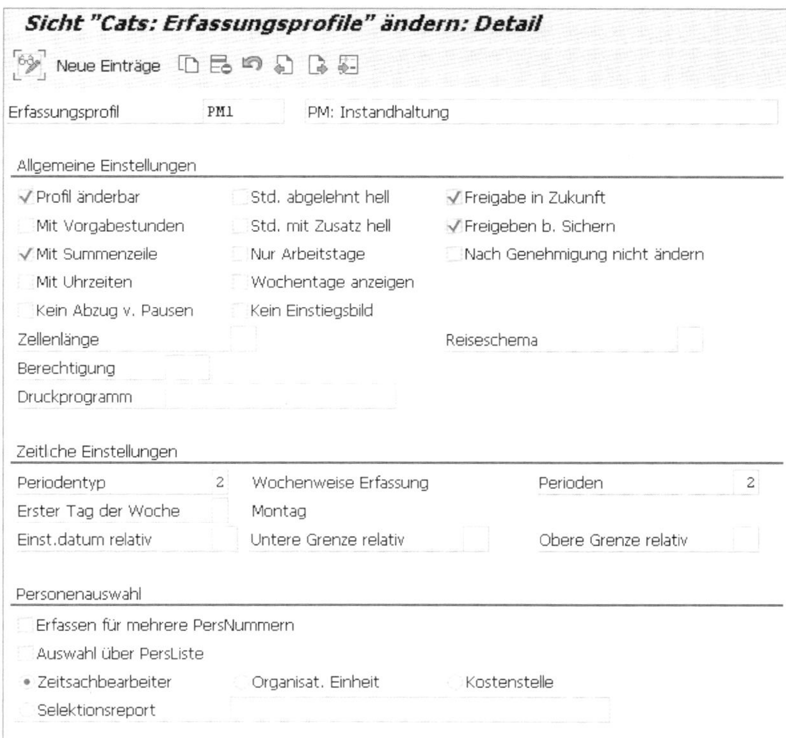

Abbildung 6.143 Rückmeldungen – CATS-Erfassungsprofil 1

Abbildung 6.144 zeigt den unteren Teil des Erfassungsprofils. Dort können Sie folgende Einstellungen vornehmen:

- Im Abschnitt Genehmigung legen Sie fest, ob die erfassten und freigegebenen Zeiten vor der Überleitung an EAM noch einem Genehmigungsverfahren unterzogen werden sollen. Ich gehe im Folgenden vom Standardfall aus, dass keine weiteren Genehmigungen erfolgen sollen, und verzichte deshalb auch auf die Erläuterung der Genehmigungsverfahren.
- Im Bereich Variante Kostenrechnung legen Sie die Behandlung der Personalkosten fest. Das Standardszenario in der Instandhaltung ist, dass die Personalkosten auf der Stammkostenstelle gesammelt werden.
- Im Bereich Vorschlagswerte definieren Sie die Vorschlagswerte, die bei der Erfassung der Zeiten automatisch vorbelegt werden sollen. Aus Sicht der Instandhaltung sind Kostenrechnungskreis, Leistungsart und die An-/Abwesenheitsart sinnvoll.

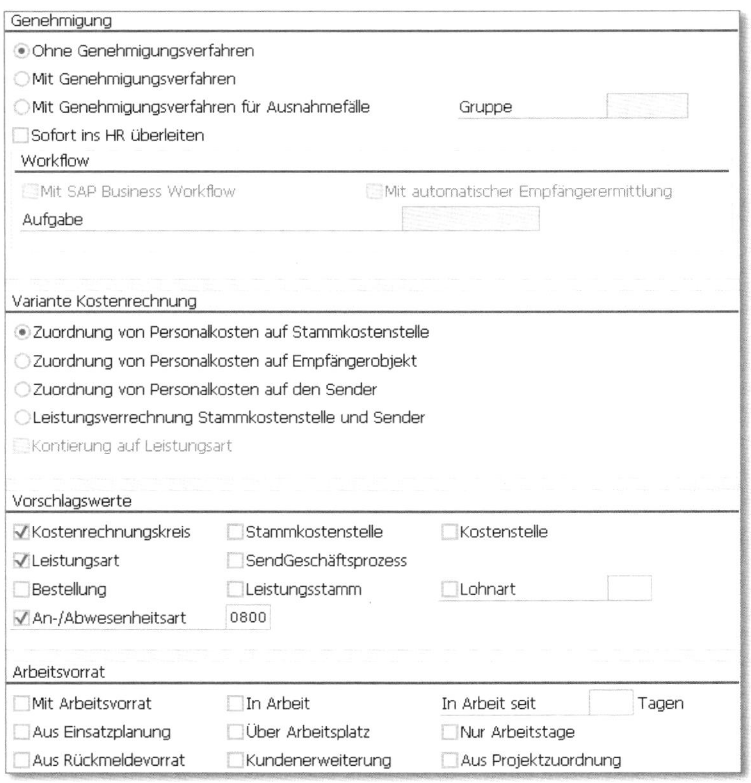

Abbildung 6.144 Rückmeldungen – CATS-Erfassungsprofil 2

- Im Bereich ARBEITSVORRAT definieren Sie zunächst, ob Sie mit einem Arbeitsvorrat arbeiten möchten (Schalter ARBEITSVORRAT). Empfehlung: eher nein, denn der Arbeitsvorrat macht die Erfassung der Ist-Zeiten sehr unübersichtlich. Sollten Sie mit einem Arbeitsvorrat arbeiten wollen, müssten Sie dann noch definieren, wie der Arbeitsvorrat gebildet werden soll (z. B. über die Vorgänge zum Arbeitsplatz).

Empfehlungen zum CATS-Erfassungsprofil [+]

- Machen Sie das Profil bei der Erfassung änderbar.
- Geben Sie die Zeiten beim Sichern gleich frei.
- Weisen Sie eine Summenzeile pro Tag aus.
- Erfassen Sie die Zeiten wochenweise.
- Erfassen Sie die Zeiten nicht für mehrere Personen gleichzeitig.
- Leiten Sie die Zeiten ohne Genehmigung über.
- Setzen Sie die Vorschlagswerte für KOSTENRECHNUNGSKREIS und LEISTUNGSART.
- Erfassen Sie die Zeiten ohne Arbeitsvorrat.

Feldauswahl festlegen

Die Customizing-Funktionen zur Feldauswahl wurden in Abschnitt 4.9, »Feldauswahl«, als generische Funktionen erläutert. Da die Feldauswahl jedoch bei CATS besondere Bedeutung gewinnt, soll an dieser Stelle auf diese Besonderheiten eingegangen werden.

Voraussetzungen

Die Erfassungsprofile müssen eingerichtet sein.

Customizing-Pfad

ANWENDUNGSÜBERGREIFENDE KOMPONENTEN • ARBEITSZEITBLATT • SPEZIELLE EINSTELLUNGEN FÜR CATS REGULAR • CATS REGULAR • ERFASSUNG DER ARBEITSZEITEN • FELDAUSWAHL FESTLEGEN

Transaktion

CAC2

Einstellungen bzw. empfohlene Einstellungen

Richten Sie die Feldauswahl ein für die Bildgruppe ERFASSUNGSTEIL, für den beeinflussenden Wert ERFASSUNGSPROFIL und für das Erfassungsprofil, das Sie für die Instandhaltung eingerichtet haben (in unserem Beispiel PM1, siehe Abbildung 6.145).

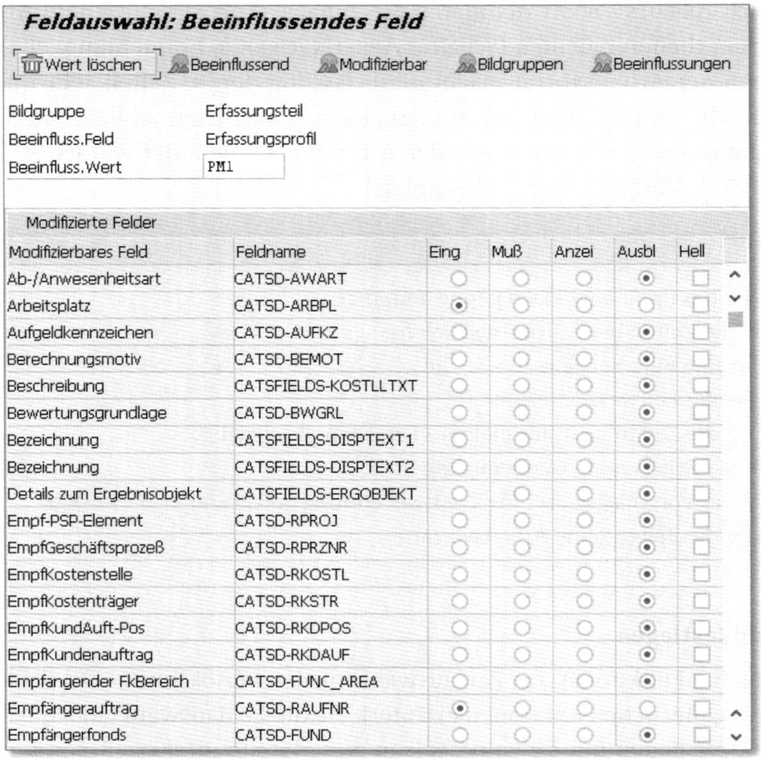

Abbildung 6.145 Rückmeldungen – CATS-Feldauswahl

[+]

Felder ausblenden

Da der Erfassungsteil über sehr viele und aus Sicht der Instandhaltung nicht benötigte Felder verfügt, geht es vor allem darum, die nicht benötigten Felder auszublenden und nur die zu erfassenden Felder eingabebereit zu lassen, um den Erfassungsteil nicht zu unübersichtlich werden zu lassen.

Aus Sicht der Instandhaltung benötigen Sie lediglich folgende Felder (alle anderen können und sollten Sie ausblenden):

- Arbeitsplatz – CATSD-ARBPL
- Empfängerauftrag – CATSD-RAUFNR
- Endrückmeldung – CATSDB-AUERU
- Leistungsart – CATSD-LSTAR
- Summe – CATSD-SUMDAYS
- Teilrückmeldung – CATSDB-ERUZU
- Vorgang – CATSD-VORNR
- Werk – CATSD-WERKS

Dieses Kapitel zeigt Ihnen die Customizing-Funktionen der vorbeugenden Instandhaltung. Im Mittelpunkt stehen dabei die Möglichkeiten, die Ihnen das SAP-System bietet, um die Arbeitspläne und Wartungspläne an Ihre Bedürfnisse anzupassen.

7 Vorbeugende Instandhaltung

Die vorbeugende Instandhaltung zeichnet sich dadurch aus, dass die benötigten Ressourcen (Arbeitsplätze, Materialien, Fremdfirmen etc.) inhaltlich und terminlich vorausgeplant werden können. Ein derartiger Geschäftsprozess liegt z. B. in den folgenden Fällen vor:

- Eine Pumpe wird alle sechs Monate einer Sicht- und Funktionsprüfung unterzogen, und es wird alle zwölf Monate die Gleitringdichtung gewechselt.
- Regelmäßig nach 1.000 Betriebsstunden wird an einem Gabelstapler das Hydrauliköl und nach 2.000 Betriebsstunden die Bremsflüssigkeit gewechselt.
- Der Feuerlöscher im Gebäude wird alle zwei Jahre neu befüllt.
- Ein Messmittel wird alle 120 Tage neu kalibriert.

Um die Geschäftsprozesse der vorbeugenden Instandhaltung durchführen zu können, werden in SAP EAM mehrere Objekte eingesetzt, deren Bedeutung und Zusammenhänge ich Ihnen im Folgenden kurz darlegen möchte (siehe Abbildung 7.1):

- **Wartungsstrategie**
  Eine Wartungsstrategie beinhaltet die zeitliche Abfolge von Wartungstätigkeiten (z. B. Wartungspakete 3 – 6 – 12 – 24 Monate für eine zeitabhängige Wartung oder Wartungspakete 1.000 – 2.000 – 5.000 Bh für eine leistungsabhängige Wartung). Die Wartungsstrategie macht keine Angaben über Tätigkeit, Objekt oder Termin, sondern sie wird nur für die strategieabhängigen Wartungspläne benötigt.
- **Arbeitsplan**
  Der Arbeitsplan beschreibt die Tätigkeiten (Arbeitsvorgänge) und beinhaltet die Materialien sowie die Fristen (Wartungspakete). Es gibt objektspe-

zifische Arbeitspläne (Equipmentplan, Technischer-Platz-Plan) und neutrale Arbeitspläne (Anleitungen). Strategieabhängige Wartungspläne müssen und alle anderen Wartungspläne können einen Arbeitsplan beinhalten.

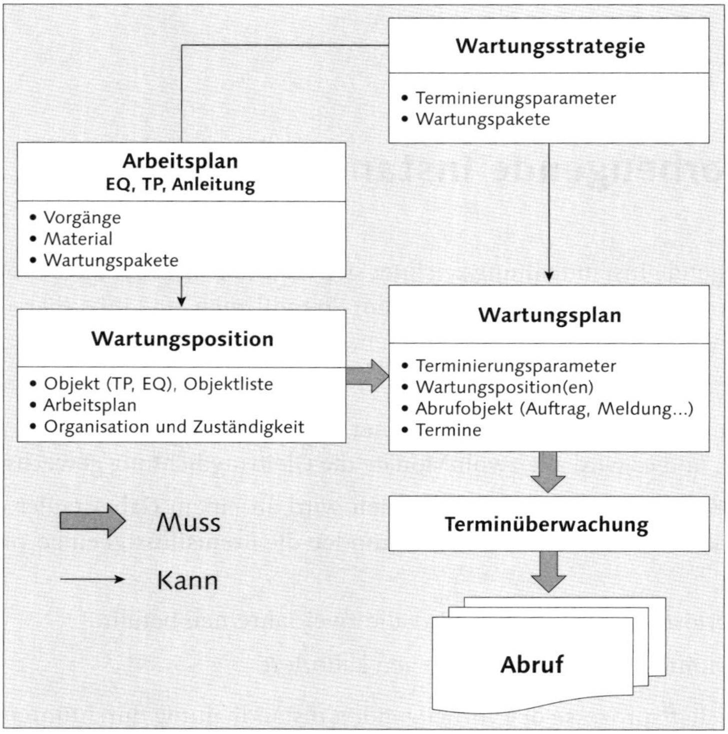

Abbildung 7.1 Vorbeugende Instandhaltung – Zusammenhang

- **Wartungsposition**
  Die Wartungsposition beschreibt die durchzuführenden Tätigkeiten, beinhaltet das Bezugsobjekt (oder auch die Objektliste) und verfügt über die organisatorischen Daten für die spätere Abwicklung.
- **Wartungsplan**
  Der Wartungsplan beinhaltet eine oder mehrere Wartungspositionen und bestimmt die Wartungstermine sowie das Abrufobjekt (Auftrag, Meldung etc.).
- **Terminüberwachung**
  Die Terminüberwachung (Programm RISTRA20) läuft automatisch als Batch-Job und sorgt dafür, dass die Abrufobjekte (also z. B. die Aufträge) automatisch zum Fälligkeitstermin erzeugt werden.

7.1 Arbeitspläne

Grundsätzlich beschreibt ein Arbeitsplan Tätigkeiten (Arbeitsvorgänge) und beinhaltet Materialien, die bei der Bearbeitung der Tätigkeiten benötigt werden.

Aus Sicht der Instandhaltung sind drei verschiedene *Arbeitsplantypen* zu unterscheiden:

- **Arbeitsplan zum Equipment**
  Einen Arbeitsplan zum Equipment legen Sie für genau ein Equipment an, wenn Sie dessen spezifische Besonderheiten zum Ausdruck bringen möchten. Diesen Arbeitsplan können Sie allerdings nur im Zusammenhang mit genau diesem Equipment verwenden.
- **Arbeitsplan zum Technischen Platz**
  Einen Arbeitsplan zum Technischen Platz legen Sie für genau einen einzigen Technischen Platz an, wenn Sie dessen spezifische Besonderheiten zum Ausdruck bringen möchten. Auch diesen Arbeitsplan können Sie nur im Zusammenhang mit dem einen Technischen Platz verwenden.
- **Anleitung**
  Eine Anleitung ist zunächst objektneutral, d. h., dass sie keinem spezifischen Equipment oder Technischen Platz zugeordnet ist. Sie können allerdings eine Anleitung indirekt für mehrere Equipments und/oder Technische Plätze verfügbar machen. Dazu verwenden Sie das Feld BAUTYP im Stammsatz des Equipments oder des Technischen Platzes in der Bildgruppe STRUKTURIERUNG. Dann haben alle Equipments und Technischen Plätze, für die im Feld BAUTYP eine Materialnummer eingetragen ist, Zugriff auf Anleitungen, für die wiederum im Kopf der Anleitung dieselbe Materialnummer im Feld BAUGRUPPE eingetragen ist.

Ein Arbeitsplan beinhaltet die folgenden Elemente (siehe Abbildung 7.2):

- **Kopfdaten**
  Kopfdaten sind Informationen, die der Identifizierung und Verwaltung des Arbeitsplans dienen. Sie gelten für den kompletten Arbeitsplan, wie z. B. Nummer, Plangruppenzähler, Werk, verantwortlicher Arbeitsplatz etc.
- **Vorgänge**
  Mithilfe von Vorgängen beschreiben Sie die Arbeiten, die bei der Durchführung des Arbeitsplans ausgeführt werden sollen.
- **Materialliste**
  Die Materialliste beinhaltet Ersatzteile, die bei der Durchführung des Arbeitsplans benötigt und verbraucht werden.

- **Fertigungshilfsmittel**
  Fertigungshilfsmittel (z. B. Werkzeuge, Schutzkleidung, Handhubwagen) werden ebenfalls zur Durchführung des Arbeitsplans benötigt, aber im Gegensatz zu einem Material nicht verbraucht.
- **Prüfmerkmale**
  Falls in einem Vorgang Prüfungen durchzuführen sind (wie z. B. Längen-, Gewichts-, Funktionsprüfungen), können diese als Prüfmerkmale hinterlegt werden.

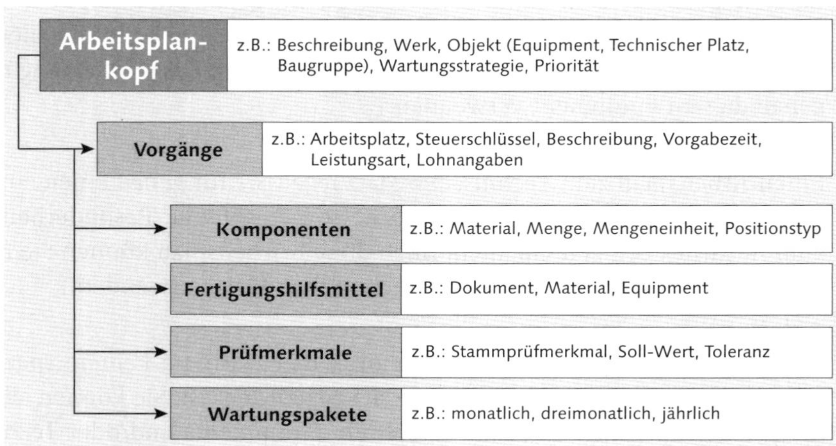

Abbildung 7.2 Arbeitspläne – Struktur und Inhalt

- **Wartungspakete**
  Falls der Arbeitsplan in einem Strategiewartungsplan verwendet wird, steuern Sie über die Wartungspakete die Frequenz der Ausführung – entweder zeitabhängig (z. B. alle drei Monate) oder leistungsabhängig (z. B. alle 1.200 Bh).

Die folgenden Customizing-Funktionen stehen Ihnen zur Verfügung, um die Arbeitsplanverwaltung und -verwendung an Ihre Bedürfnisse anzupassen.

Arbeitsplanstatus pflegen

Mit dieser Customizing-Funktion legen Sie fest, welche Arbeitsplanstatus Sie verwalten möchten. Über den Arbeitsplanstatus steuern Sie, ob der Arbeitsplan noch gesperrt ist bzw. für welche Funktionen er freigegeben ist.

Voraussetzungen
Es sind keine besonderen Voraussetzungen notwendig.

Customizing-Pfad

Instandhaltung und Kundenservice • Wartungspläne, Arbeitsplätze, Arbeitspläne und FHM • Arbeitspläne • Allgemeine Daten • Arbeitsplanstatus pflegen

Transaktion

OIL1

Einstellungen bzw. empfohlene Einstellungen

In der SAP-Standardauslieferung finden Sie u. a. folgende Status (siehe Abbildung 7.3):

- 1 = Erstellungsphase: Dieser Status gibt die Arbeitspläne weder für Aufträge (FreigabeKZ) noch für die Kalkulation (Kalk) frei.
- 4 = freigegeben: Dieser Status gibt die Arbeitspläne für Aufträge und Kalkulation frei.

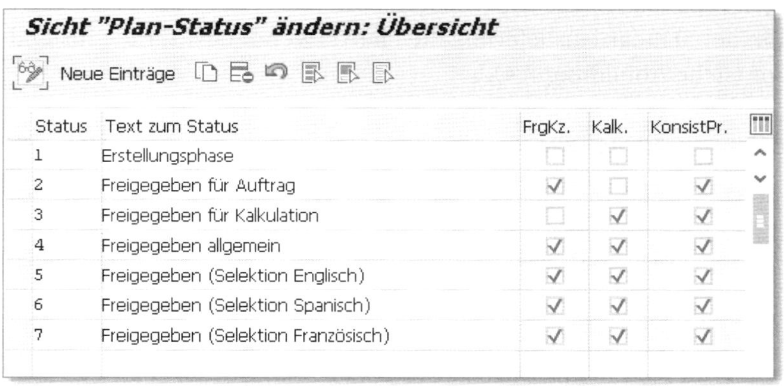

Status	Text zum Status	FrgKz.	Kalk.	KonsistPr.
1	Erstellungsphase			
2	Freigegeben für Auftrag	✓		✓
3	Freigegeben für Kalkulation		✓	✓
4	Freigegeben allgemein	✓	✓	✓
5	Freigegeben (Selektion Englisch)	✓	✓	✓
6	Freigegeben (Selektion Spanisch)	✓	✓	✓
7	Freigegeben (Selektion Französisch)	✓	✓	✓

Abbildung 7.3 Arbeitspläne – Arbeitsplanstatus

Die Arbeitsplanstatus 1 und 4 reichen normalerweise aus [+]

Wenn Sie trotzdem eigene Status definieren, achten Sie darauf, dass Sie mindestens einen Status definieren, der die Arbeitspläne sowohl für die Kalkulation als auch für die Aufträge freigibt.

Planverwendung festlegen

Arbeitspläne werden im SAP-System nicht nur in der Instandhaltung, sondern auch in anderen Applikationen eingesetzt:

- in SAP PP als Normal- oder Standardarbeitspläne
- in SAP NetWeaver PI als Planungsrezept
- in SAP PS als Standardnetz
- in SAP QM als Prüfplan

Mit dieser Customizing-Funktion legen Sie die Verwendungszwecke der Arbeitspläne fest.

Voraussetzungen
Es sind keine besonderen Voraussetzungen notwendig.

Customizing-Pfad
Instandhaltung und Kundenservice • Wartungspläne, Arbeitsplätze, Arbeitspläne und FHM • Arbeitspläne • Allgemeine Daten • Planverwendung festlegen

Einstellungen bzw. empfohlene Einstellungen
SAP sieht in der Standardauslieferung die Planverwendung 4 für die Instandhaltung vor (siehe Abbildung 7.4).

Sicht "Planverwendung" ändern: Übersicht

Neue Einträge

Verw.	Bezeichnung	DKr	Kurztext
1	Fertigung	001	Material
2	Konstruktion		
3	Universell		
4	Instandhaltung		
5	Wareneingang	003	Material und Lieferant
501	Wareneingang Muster	005	Material, Lieferant und Hersteller
502	Wareneingang V-Serie	005	Material, Lieferant und Hersteller
51	WE Erstmuster	005	Material, Lieferant und Hersteller
53	WE Fremdbearbeitung	003	Material und Lieferant
6	Warenausgang	002	Material und Kunde

Abbildung 7.4 Arbeitspläne – Planverwendung

[+]

Die Arbeitsplanverwendung 4 reicht normalerweise aus

Wenn Sie trotzdem eigene Arbeitsplanverwendungen definieren, achten Sie bitte in Folgeaktionen (wie etwa bei der Zuordnung der Planverwendung im Arbeitsplatz) auf die richtige Auswahl.

Planergruppe einrichten

Mit dieser Customizing-Funktion legen Sie pro Werk die für die Pflege der Arbeitspläne verantwortlichen Gruppen bzw. Personen fest.

Voraussetzungen

Die Werke müssen gepflegt sein.

Customizing-Pfad

Instandhaltung und Kundenservice • Wartungspläne, Arbeitsplätze, Arbeitspläne und FHM • Arbeitspläne • Allgemeine Daten • Planergruppe einrichten

Einstellungen bzw. empfohlene Einstellungen

Sie können auf Werksebene maximal dreistellige sprechende oder numerische Planergruppen definieren (siehe Abbildung 7.5).

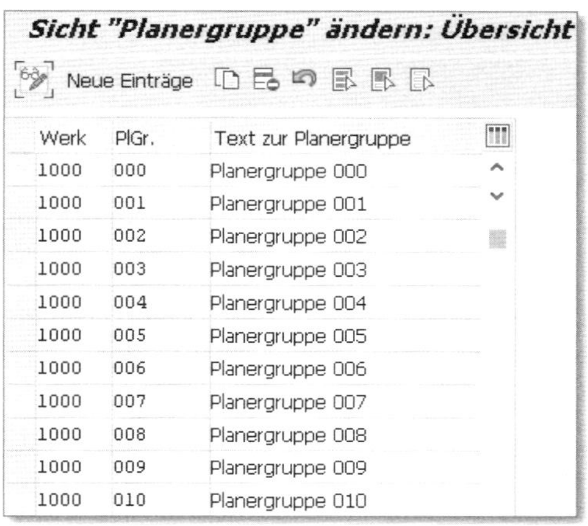

Sicht "Planergruppe" ändern: Übersicht

Neue Einträge

Werk	PlGr.	Text zur Planergruppe
1000	000	Planergruppe 000
1000	001	Planergruppe 001
1000	002	Planergruppe 002
1000	003	Planergruppe 003
1000	004	Planergruppe 004
1000	005	Planergruppe 005
1000	006	Planergruppe 006
1000	007	Planergruppe 007
1000	008	Planergruppe 008
1000	009	Planergruppe 009
1000	010	Planergruppe 010

Abbildung 7.5 Arbeitspläne – Planergruppe

Planergruppe ist nicht gleich Planergruppe [!]

Achten Sie bitte darauf, dass das SAP-System zwei verschiedene Planergruppen kennt:

- Die (Arbeits-)Planergruppe ordnen Sie einem Arbeitsplan auf Kopfebene als Verantwortlichen zu.
- Die (Instandhaltungs-)Planergruppe ordnen Sie einem Equipment, einem Technischen Platz, einer Meldung, einem Auftrag oder einer Wartungsposition als Verantwortlichen zu.

Profile mit Vorschlagswerten definieren

Mit dieser Customizing-Funktion pflegen Sie Vorschlagswerte wie z.B. Schrittweite oder Einheit. Beim Anlegen eines Arbeitsplans können Sie eines der Profile aufrufen, und die dort hinterlegten Werte werden dann in den neu anzulegenden Arbeitsplan als Vorschlagswerte übernommen.

Voraussetzungen

Wenn sie vorgeschlagen werden sollen, müssen folgende Werte vorher gepflegt sein:

- Grafikprofil (siehe Customizing-Funktion NETZPLAN GRAFIKPROFILE DEFINIEREN)
- Feldschlüssel für Benutzerfelder (siehe Customizing-Funktion BENUTZERFELDER DEFINIEREN)
- Einkaufsorganisation
- Einkäufergruppe
- Kreditor
- Kostenart
- Warengruppe
- Arbeitsplanverwendung (siehe Customizing-Funktion PLANVERWENDUNG FESTLEGEN)
- Arbeitsplanstatus (siehe Customizing-Funktion ARBEITSPLANSTATUS PFLEGEN)

Customizing-Pfad

INSTANDHALTUNG UND KUNDENSERVICE • WARTUNGSPLÄNE, ARBEITSPLÄTZE, ARBEITSPLÄNE UND FHM • ARBEITSPLÄNE • STEUERUNGSDATEN • PROFILE MIT VORSCHLAGSWERTEN DEFINIEREN

Transaktion

OIL6

Einstellungen bzw. empfohlene Einstellungen

Im Einzelnen können Sie in einem Profil folgende Vorschlagswerte zuordnen (siehe Abbildung 7.6):

- Mit der Option SCHRITTWEITE VORGANG bestimmen Sie die Nummernvergabe der Vorgänge (normal 0010).
- Ein vorher festgelegtes Grafikprofil ordnen Sie über GRUPPE und NAME zu, um innerhalb des Arbeitsplans einen Netzplan aufbauen zu können.

- Über den Feldschlüssel ordnen Sie dem Arbeitsplan zusätzliche, relativ frei definierbare und im Standard nicht vorhandene Felder zu.
- Über den Berechnungsschlüssel steuern Sie den Zusammenhang zwischen den Feldern Arbeit und Dauer. Dabei haben Sie die folgenden Möglichkeiten:

  0 – manuell pflegen

  1 – Dauer berechnen

  2 – Arbeit berechnen

  3 – Anz. Kapazitäten berechnen

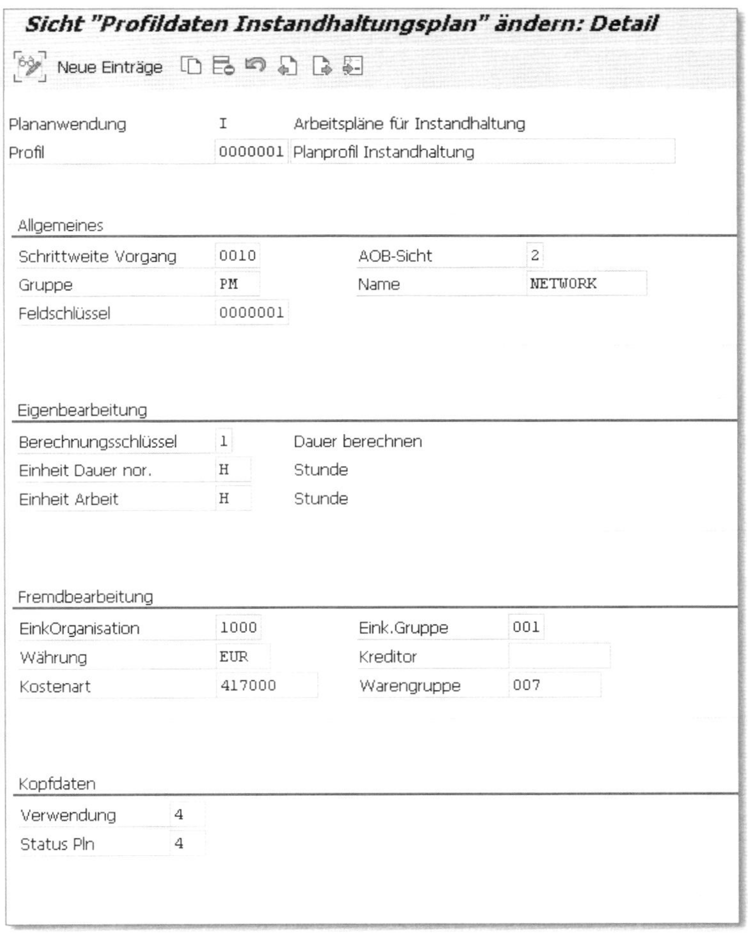

Abbildung 7.6 Arbeitspläne – Profile mit Vorschlagswerten

- Über die EINHEIT bestimmen Sie die Einheiten, die beim Feld ARBEIT und beim Feld DAUER als Vorschlagswerte hinterlegt werden sollen.
- In der Feldgruppe FREMDBEARBEITUNG hinterlegen Sie Vorschlagswerte für Einkaufsorganisation, Einkäufergruppe, Währung, Kreditor, Kostenart und Warengruppe, wenn ein Vorgang fremdbearbeitet wird.
- Über VERWENDUNG bzw. STATUS ordnen Sie dem Arbeitsplan Vorschlagswerte für die Arbeitsplanverwendung und den Arbeitsplanstatus zu.

[+] **Definieren und verwenden Sie Vorschlagswertprofile**

Legen Sie verschiedene Vorschlagswertwertprofile an, damit Ihre Anwender nicht immer wieder dieselben Daten manuell erfassen müssen.

Voreinstellung für freie Materialzuordnung festlegen

In den Arbeitsplänen der Instandhaltung haben Sie die Möglichkeit der freien Materialzuordnung, d. h., es muss vorher keine Stückliste angelegt sein, sondern die Materialien können dem Arbeitsplan direkt zugewiesen werden. Rein technisch wird für diese Materialien und für diesen Arbeitsplan dennoch eine Stückliste im Hintergrund automatisch generiert. Diese Stückliste ist mit den normalen Dialogtransaktionen (z. B. CS02, IB02 oder IB12) nicht zu pflegen.

Jede Stückliste benötigt eine sogenannte *Stücklistenverwendung*. Mit dieser Customizing-Funktion legen Sie die Stücklistenverwendung fest, die den automatisch generierten Stücklisten bei der freien Materialzuordnung zugewiesen wird.

Voraussetzungen

Die Stücklistenverwendung muss definiert sein (siehe Customizing-Funktion STÜCKLISTENVERWENDUNGEN FESTLEGEN).

Customizing-Pfad

INSTANDHALTUNG UND KUNDENSERVICE • WARTUNGSPLÄNE, ARBEITSPLÄTZE, ARBEITSPLÄNE UND FHM • ARBEITSPLÄNE • STEUERUNGSDATEN • VOREINSTELLUNG FÜR FREIE MATERIALZUORDNUNG FESTLEGEN

Einstellungen bzw. empfohlene Einstellungen

In der SAP-Standardauslieferung erhalten die Instandhaltungsstücklisten die Verwendung 4 (siehe Abbildung 7.7).

Abbildung 7.7 Arbeitspläne – Vorschlagswert Stücklistenverwendung

Stücklistenverwendung ist normalerweise immer 4 [+]

Nur wenn Sie für Instandhaltungsstücklisten eigene Verwendungen definiert haben, müssen Sie eine andere Stücklistenverwendung eintragen.

Benutzerfelder definieren

Mit dieser Customizing-Funktion können Sie Felder definieren, die im Standard nicht enthalten sind, die Sie aber in Ihren Arbeitsplänen der Instandhaltung benötigen. Diese können Sie dann im Arbeitsplan über die Menüfunktion VORGANG • BENUTZERDATEN aufrufen bzw. zuordnen. Über die Customizing-Funktion PROFILE MIT VORSCHLAGSWERTEN DEFINIEREN können Sie Feldschlüssel vorschlagen lassen.

Voraussetzungen

Es sind keine besonderen Voraussetzungen notwendig.

Customizing-Pfad

INSTANDHALTUNG UND KUNDENSERVICE • WARTUNGSPLÄNE, ARBEITSPLÄTZE, ARBEITSPLÄNE UND FHM • ARBEITSPLÄNE • VORGANGSDATEN • BENUTZERFELDER DEFINIEREN

Transaktion

OILJ

Einstellungen bzw. empfohlene Einstellungen

Im Einzelnen stehen Ihnen folgende Feldtypen zur freien Verfügung (siehe Abbildung 7.8):

- zwei 20-stellige Charakter-Felder
- zwei zehnstellige Charakter-Felder
- zwei Mengenfelder
- zwei Wertfelder

- zwei Datumsfelder
- zwei Ankreuzfelder

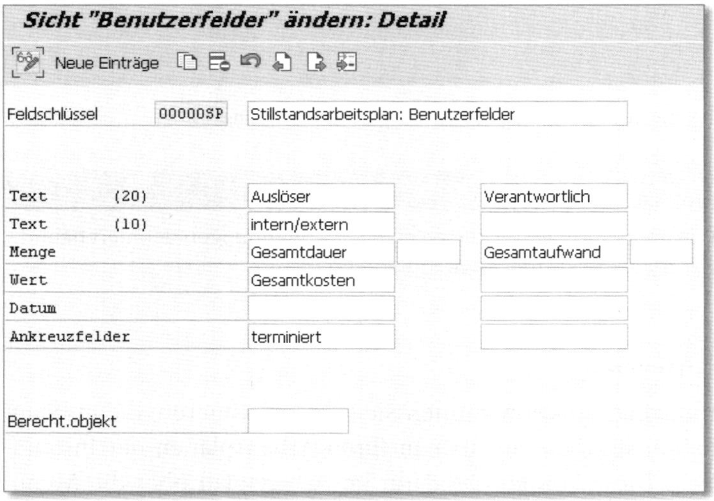

Abbildung 7.8 Arbeitspläne – Benutzerfelder

Eignungen pflegen

Mit dieser Customizing-Funktion definieren Sie für jedes Werk die benötigte *Eignung* für die Ausführung einer bestimmten Tätigkeit. Im Stammdatenbild VORSCHLAGSWERTE IM ARBEITSPLATZ entscheiden Sie dann, ob die Eignung als Referenz oder als Vorschlagswert im Arbeitsplan hinterlegt werden soll. Ansonsten können Sie pro Vorgang manuell eine Eignung zuordnen.

Voraussetzungen

Die Werke müssen definiert sein.

Customizing-Pfad

INSTANDHALTUNG UND KUNDENSERVICE • WARTUNGSPLÄNE, ARBEITSPLÄTZE, ARBEITSPLÄNE UND FHM • ARBEITSPLÄNE • VORGANGSDATEN • EIGNUNGEN PFLEGEN

Einstellungen bzw. empfohlene Einstellungen

Abbildung 7.9 zeigt Ihnen exemplarisch eine Liste von potenziellen Eignungen: Dafür vergeben Sie jeweils eine zweistellige Eignungsnummer und eine maximal 30-stellige Bezeichnung.

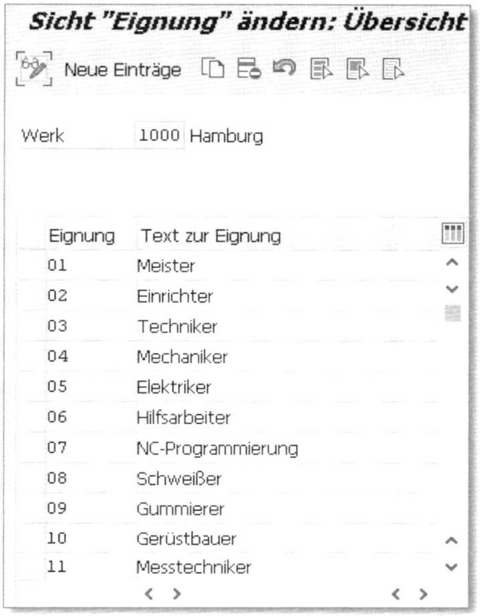

Abbildung 7.9 Arbeitspläne – Eignungen

7.2 Wartungspläne

Um die Geschäftsprozesse der vorbeugenden Instandhaltung unterstützen zu können, bietet Ihnen SAP EAM Wartungspläne an. Die folgenden Wartungsplanarten stehen zur Auswahl (siehe Abbildung 7.10):

- **Einzelzykluspläne**
  Sie legen Einzelzykluspläne an, wenn Sie in regelmäßigen Abständen – zeitbasiert oder leistungsbasiert – dieselben Wartungsaufgaben in vollem Umfang auszuführen haben. In diesem Fall können Sie einen Arbeitsplan einbinden, müssen es aber nicht.
- **Wartungsstrategien und Strategiepläne**
  Sie legen Wartungsstrategien und Strategiepläne an, wenn Sie aufeinander aufbauende oder sich ersetzende Wartungsaufgaben auszuführen haben – entweder als zeitbasierte Strategie (z. B. alle drei Monate, alle sechs Monate, alle zwölf Monate etc.) oder als leistungsbasierte Strategie (z. B. alle 10.000 km, alle 20.000 km, alle 40.000 km etc.). In diesem Fall müssen Sie einen Arbeitsplan einbinden, und zwar einen, der dieselbe Strategie verfolgt wie der Wartungsplan.

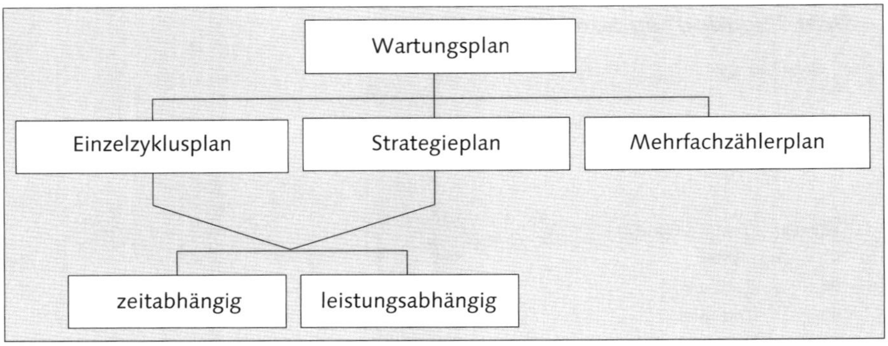

Abbildung 7.10 Wartungspläne – Arten von Wartungsplänen

- **Mehrfachzählerpläne**
  Sie legen Mehrfachzählerpläne an, wenn die Bestimmung des Wartungstermins von mehreren Einflussfaktoren abhängt (z. B. alle sechs Monate, alle 10.000 km, alle 1.000 Bh). Auch hier können Sie einen Arbeitsplan einbinden, müssen es aber nicht.

Die folgenden Customizing-Funktionen stehen Ihnen zur Verfügung, um die Wartungsplanverwaltung und -verwendung an Ihre Bedürfnisse anzupassen.

Wartungsplantypen einstellen

Mit dieser Customizing-Funktion legen Sie alle Steuerungsparameter für die Wartungspläne fest (u. a. das Abrufobjekt oder das Bezugsobjekt).

Voraussetzungen
Es sind keine besonderen Voraussetzungen notwendig.

Customizing-Pfad
Instandhaltung und Kundenservice • Wartungspläne, Arbeitsplätze, Arbeitspläne und FHM • Wartungspläne • Wartungsplantypen einstellen

Einstellungen bzw. empfohlene Einstellungen
Die folgenden Einstellungsmöglichkeiten stehen Ihnen zur Verfügung (siehe Abbildung 7.11).

Die wichtigste Einstellung ist das Abrufobjekt: Darüber können Sie festlegen, welche der folgenden Abrufobjekte bei Fälligkeit aus dem Wartungsplan abgerufen werden sollen:

- Sie wählen das Abrufobjekt INSTANDHALTUNGS- ODER SERVICEAUFTRAG, wenn Sie einen Auftrag generieren und damit ohne weitere Planung die Festlegungen des Wartungsplans 1:1 ausführen möchten.
- Sie wählen das Abrufobjekt MELDUNG, wenn Sie bei Fälligkeit weitere Detailplanungen durchführen möchten, etwa wenn Sie in Abhängigkeit von der aktuellen Kapazitätsauslastung mehrere Maßnahmen zu einem Auftrag zusammenfassen möchten. In solchen Fällen werden dann mehrere Arbeitspläne als Vorgangsliste in einen einzigen Auftrag kopiert.
- Sie wählen das Abrufobjekt PRÜFLOS, wenn Sie Stabilitätsstudien im Qualitätsmanagement durchführen und dazu in regelmäßigen Abständen entsprechende Prüflose benötigen.
- Sie wählen das Abrufobjekt LEISTUNGSERFASSUNGSBLATT, wenn Sie mit einer Fremdfirma einen Rahmenvertrag über regelmäßige Dienstleistungen vereinbart haben und die für die Abnahme notwendigen Leistungserfassungsblätter in periodischen Abständen automatisch vom System generieren lassen möchten.

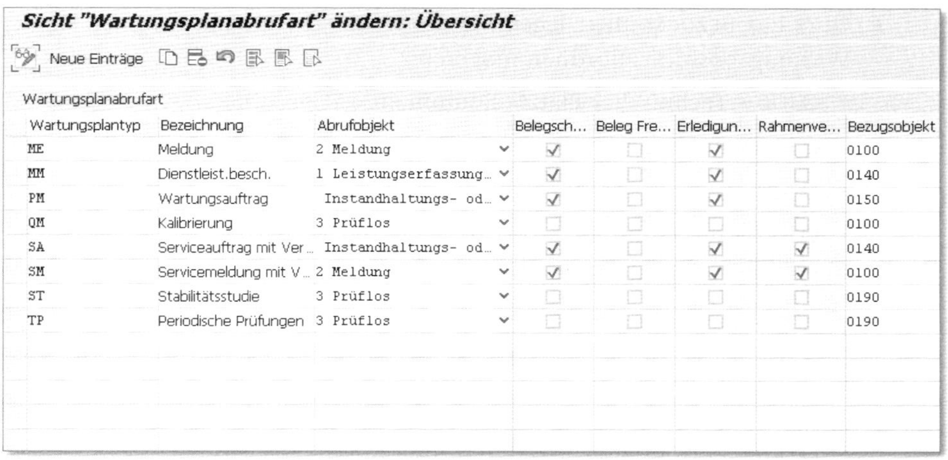

Sicht "Wartungsplanabrufart" ändern: Übersicht

Neue Einträge

Wartungsplanabrufart

Wartungsplantyp	Bezeichnung	Abrufobjekt	Belegsch...	Beleg Fre...	Erledigun...	Rahmenve...	Bezugsobjekt
ME	Meldung	2 Meldung	✓		✓		0100
MM	Dienstleist.besch.	1 Leistungserfassung...	✓		✓		0140
PM	Wartungsauftrag	Instandhaltungs- od...	✓		✓		0150
QM	Kalibrierung	3 Prüflos					0100
SA	Serviceauftrag mit Ver...	Instandhaltungs- od...	✓		✓	✓	0140
SM	Servicemeldung mit V...	2 Meldung	✓		✓	✓	0100
ST	Stabilitätsstudie	3 Prüflos					0190
TP	Periodische Prüfungen	3 Prüflos					0190

Abbildung 7.11 Wartungspläne – Wartungsplantypen

Neben dem Abrufobjekt können Sie über den Wartungsplantyp folgende Festlegungen treffen:

- Über den Schalter BELEGSCHREIBUNG aktivieren Sie die Änderungsbelege, d.h., es wird dann für diesen Wartungsplantyp später in Änderungsbelegen festgehalten, wer wann welche Änderung am Wartungsplan vorgenommen hat.

- Über den Schalter BELEG FREIGABE aktivieren Sie die Änderungsbelege bei der Freigabe eines Abrufs, d. h., es wird dann für diesen Wartungsplantyp später in Änderungsbelegen festgehalten, wer wann welchen Abruf aus dem Wartungsplan vorgenommen hat.
- Wenn Sie das Kennzeichen ERLEDIGUNGSDATEN aktivieren, können Sie beim Abschließen eines aus einem Wartungsplan erzeugten Abrufobjekts (Meldung oder Auftrag) einen *Bezugszeitpunkt* erfassen, der nur für den Wartungsplan gilt. Dazu stehen Ihnen beim Abschließen einer Meldung oder eines Auftrags zusätzlich die wartungsplanbezogenen Felder ERLEDIGUNGSDATUM und ERLEDIGUNGSUHRZEIT zur Verfügung. Diese dienen dann als Basis für die nächste Wartungsplanterminierung. Die Felder werden mit dem ursprünglichen Plandatum und der aktuellen Uhrzeit vorbelegt. Liegt das ursprüngliche Plandatum in der Zukunft, wird das Systemdatum vorgeschlagen.
- Wenn Sie das Kennzeichen RAHMENVERTRAG aktivieren, können Sie im Wartungsplan einen Bezug zu einem Rahmenvertrag herstellen (z. B. wenn Sie Leistungserfassungsblätter abrufen).
- Über das BEZUGSOBJEKT legen Sie das technische Objekt fest, das Sie der Wartungsposition zuordnen möchten:
  - O100 – Technischer Platz + Equipment + Baugruppe
  - O110 – Equipment + Baugruppe
  - O120 – Technischer Platz (30) + Equipment + Baugruppe
  - O130 – Serialnummer + Materialnummer + Gerätedaten
  - O140 – Ohne Bezugsobjekt
  - O150 – Nur Equipment
  - O160 – Nur Technischer Platz
  - O170 – Equipment + Serialnummer + Materialnummer
  - O180 – Technischer Platz 1:1 + Equipment + Baugruppe
  - O190 – Physische Probe

[+]

Empfehlungen zum Wartungsplantyp

Die am meisten genutzten Einstellungen sind:

- Abrufobjekt Instandhaltungs- und Serviceauftrag
- Mit Änderungsbelegen (Belegschreibung, Freigabebeleg)
- Mit Erledigungsdaten
- Bezugsobjekt Technischer Platz und Equipment

Sortierfelder für Wartungsplan festlegen

Mit dieser Customizing-Funktion legen Sie die potenziellen Inhalte des Sortierfeldes des Wartungsplans fest. Das Sortierfeld ordnen Sie einem Wartungsplan auf der Registerkarte ZUSATZDATEN WARTUNGSPLAN zu (siehe folgenden Abschnitt). Das Sortierfeld wird dann im Rahmen der Wartungsplanterminierung (Transaktion IP30, Programm RISTRA20) zu einem wichtigen Gruppierungs- und Selektionskriterium.

Voraussetzungen

Es sind keine besonderen Voraussetzungen notwendig.

Customizing-Pfad

INSTANDHALTUNG UND KUNDENSERVICE • WARTUNGSPLÄNE, ARBEITSPLÄTZE, ARBEITSPLÄNE UND FHM • WARTUNGSPLÄNE • SORTIERFELDER FÜR WARTUNGSPLAN FESTLEGEN

Einstellungen bzw. empfohlene Einstellungen

Das Sortierfeld können Sie frei bestimmen (siehe Abbildung 7.12).

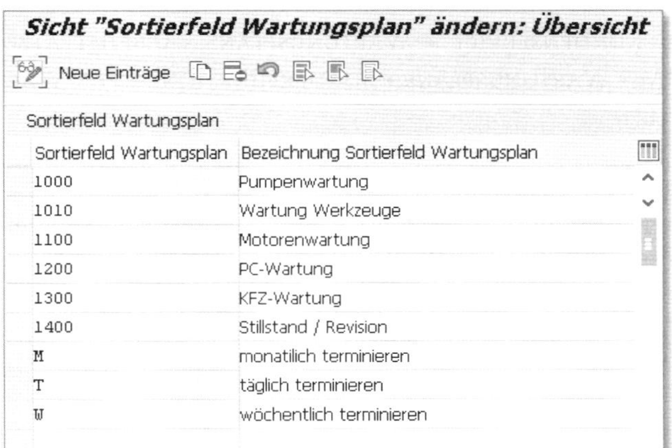

Sortierfeld Wartungsplan	Bezeichnung Sortierfeld Wartungsplan
1000	Pumpenwartung
1010	Wartung Werkzeuge
1100	Motorenwartung
1200	PC-Wartung
1300	KFZ-Wartung
1400	Stillstand / Revision
M	monatilich terminieren
T	täglich terminieren
W	wöchentlich terminieren

Abbildung 7.12 Wartungspläne – Sortierfeld

Empfehlungen zum Sortierfeld [+]

Folgende Gliederungskriterien könnten Sie anwenden:

- Art des Objekts (z. B. PC, Pumpe, Motor, Fahrzeug)
- Terminierungsfrequenz (täglich, wöchentlich, monatlich)
- Standort des Objekts (z. B. Land, Werk, Gebäude)

Da die Wartungsplanterminierung nur sehr wenige Selektionskriterien besitzt, nutzen viele Anwender das Sortierfeld zur Bestimmung der Terminierungsfrequenz (z. B. T = täglich, W = wöchentlich, M = monatlich).

Sonderfunktionen für Wartungsplanung einstellen

Mit dieser Customizing-Funktion aktivieren Sie den *erweiterten Mehrfachzählerplan*. Dieser erlaubt es Ihnen, mehrere aufeinander aufbauende Zyklen zu definieren, wie das folgende Beispiel verdeutlicht:

- Zyklusset 1: alle 1.000 Bh, alle 5.000 km oder alle zwölf Monate
- Zyklusset 2: alle 3.000 BH, alle 15.000 km oder alle 36 Monate

Ohne die Aktivierung der Erweiterungsfunktion können Sie im Mehrfachzählerplan (Transaktion IP43) nur ein einziges Zyklusset hinterlegen.

Voraussetzungen

Es sind keine besonderen Voraussetzungen notwendig.

Customizing-Pfad

INSTANDHALTUNG UND KUNDENSERVICE • WARTUNGSPLÄNE, ARBEITSPLÄTZE, ARBEITSPLÄNE UND FHM • WARTUNGSPLÄNE • SONDERFUNKTIONEN FÜR WARTUNGSPLANUNG EINSTELLEN

Einstellungen bzw. empfohlene Einstellungen

Wenn Sie die Erweiterungsfunktion aktivieren möchten, setzen Sie den Schalter ERW. MEHRFACHZÄHLERPLAN (siehe Abbildung 7.13).

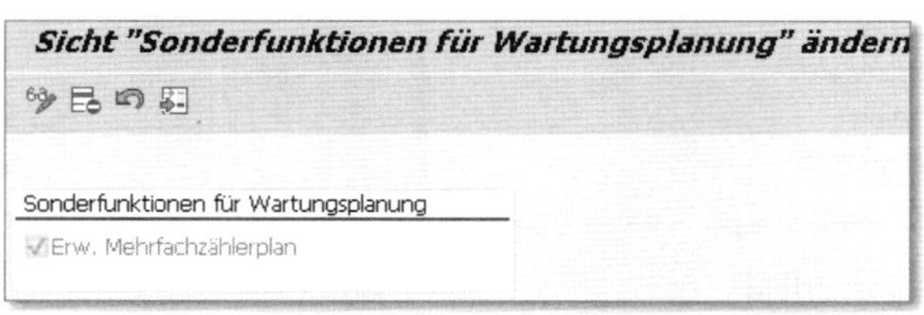

Abbildung 7.13 Wartungspläne – Sonderfunktionen

[!] **Vorsicht bei Erweiterung des Mehrfachzählerplans**

Wenn Sie den Schalter ERW. MEHRFACHZÄHLERPLAN einmal aktiviert haben, können Sie ihn nicht mehr zurücknehmen.

Es gibt aber keine negativen Konsequenzen, wenn Sie den Schalter zwar gesetzt haben, aber keine erweiterten Mehrfachzählerpläne anlegen.

Dieses Kapitel beschreibt die Customizing-Funktionen von Geschäftsprozessen, die auf dem Basisprozess der Instandhaltungsabwicklung aufbauen, Ihnen aber erweiterte Möglichkeiten im Rahmen Ihrer Instandhaltung anbieten, wie z. B. die Prozesse der Aufarbeitung, Lohnbearbeitung oder Kalibrierung.

8 Sonstige Geschäftsprozesse

In Kapitel 6, »Instandhaltungsabwicklung«, habe ich Ihnen die Customizing-Funktionen erläutert, mit denen Sie den klassischen Basisprozess der Instandhaltungsabwicklung beeinflussen können – insbesondere die Meldung, den Auftrag und die Rückmeldung. In diesem Kapitel werde ich Ihnen nun die Customizing-Funktionen zu Geschäftsprozessen erläutern, die auf dem Basisprozess der Instandhaltungsabwicklung aufbauen, Ihnen aber weitere Geschäftsprozesse im Rahmen Ihrer Instandhaltung ermöglichen. Im Einzelnen sind dies folgende:

- die Fremdvergabe von Instandhaltungsarbeiten – als Einzelbestellung oder als Dienstleistungsverzeichnis
- die Abwicklung von Aufarbeitungsmaßnahmen
- die Lohnbearbeitung (Subcontracting) – Fremdvergabe mit Aufarbeitung
- die Kalibrierung von Prüf- und Messmitteln
- das Pool Asset Management
- die Nutzung von Schichtnotizen und Schichtberichten
- die Abwicklung von Instandhaltungsprojekten über den Maintenance Event Builder

Die Erläuterungen bauen dabei auf den Ausführungen in Kapitel 6, »Instandhaltungsabwicklung«, auf und zeigen Ihnen nicht noch einmal alle Customizing-Funktionen, sondern nur folgende:

- die *zusätzlich* notwendigen Customizing-Funktionen
- die *speziellen Ausprägungen, Besonderheiten oder Änderungen* bereits erläuterter Customizing-Funktionen für den jeweiligen Prozess

8.1 Fremdabwicklung

Der Fremdvergabe kommt in der Instandhaltung eine sehr große Bedeutung zu – sie ist deutlich größer als z. B. in der Produktion. Eine nicht repräsentative Kurzumfrage bei SAP-Anwenderfirmen, die in der deutschsprachigen SAP-Anwendergruppe organisiert sind, ergab, dass durchschnittlich etwa die Hälfte der Instandhaltungskosten aus Fremdvergaben resultiert. So betreiben einige Unternehmen keine eigenen Instandhaltungswerkstätten, sondern nur noch Koordinationsstellen (z. B. Arbeitsvorbereitung, Planer), die für Planung, Überwachung und Abnahme der Fremdleistungen zuständig sind.

Eine Fremdbeauftragung lösen Sie über den Steuerschlüssel aus. Je nachdem, wie die Beauftragung und Abwicklung erfolgen sollen, setzen Sie unterschiedliche Steuerschlüssel ein.

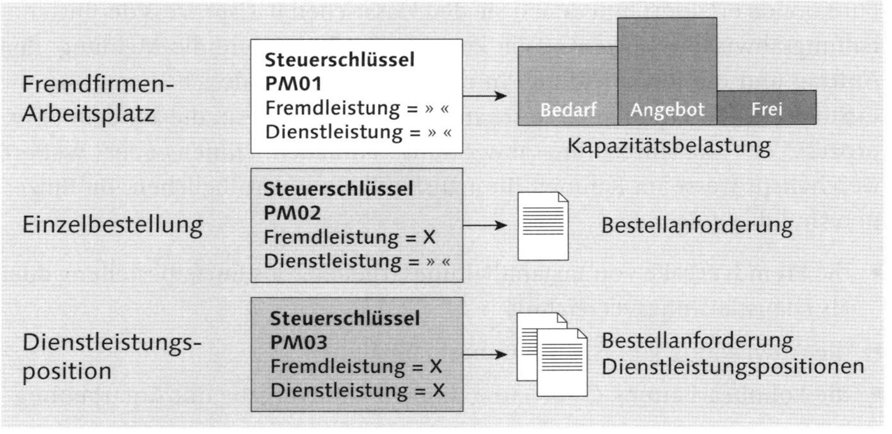

Abbildung 8.1 Fremdabwicklung – Steuerschlüssel – Übersicht

Die Ausprägung des Steuerschlüssels steuert dabei die Art der Fremdvergabe (siehe Abbildung 8.1):

Arbeitsplatz für Fremdfirma: Wenn Sie für die Fremdfirma einen Arbeitsplatz eingerichtet haben und die Fremdvergabe über einen internen Auftrag wie eigene Arbeitsplätze abwickeln möchten, lösen Sie diese Art von Fremdvergabe über einen STEUERSCHLÜSSEL (PM01 o. Ä.) aus, bei dem der Schalter FREMDBEARBEITUNG auf EIGENBEARBEITETER VORGANG gesetzt und der Schalter DIENSTLEISTUNG nicht markiert ist. Wie Sie einen Steuerschlüssel definieren, habe ich Ihnen in Abschnitt 3.4, »Arbeitsplätze«, erläutert (siehe dazu die Customizing-Funktion STEUERSCHLÜSSEL PFLEGEN und Abbildung 3.26).

- **Einzelbestellung**: Wenn Sie die Fremdvergabe über eine Bestellanforderung und eine einzelne Normalbestellung abwickeln möchten, lösen Sie diese Art von Fremdvergabe über einen Steuerschlüssel (PM02 o. Ä.) aus, bei dem der Schalter FREMDBEARBEITUNG auf FREMDBEARBEITETER VORGANG gesetzt und der Schalter DIENSTLEISTUNG nicht markiert ist. Die für diesen Geschäftsprozess zusätzlich notwendigen Customizing-Funktionen und zu ändernden Customizing-Einstellungen werde ich Ihnen in Abschnitt 8.1.1, »Fremdleistungen als Einzelbestellung«, vorstellen.
- **Leistungsverzeichnisse**: Wenn Sie die Fremdvergabe unter Zuhilfenahme von Dienstleistungspositionen bzw. Leistungsverzeichnisssen und späterer Aufmaßerfassung abwickeln möchten, lösen Sie diese Art von Fremdvergabe über einen STEUERSCHLÜSSEL (PM03 o. Ä.) aus, bei dem der Schalter FREMDBEARBEITUNG auf FREMDBEARBEITETER VORGANG gesetzt und der Schalter DIENSTLEISTUNG markiert ist. Die für diesen Geschäftsprozess zusätzlich notwendigen Customizing-Funktionen und zu ändernden Customizing-Einstellungen werde ich Ihnen in Abschnitt 8.1.2, »Fremdleistungen mit Leistungsverzeichnissen«, vorstellen.

8.1.1 Fremdleistungen als Einzelbestellung

Wenn Sie Fremdleistungen als Einzelbestellung beauftragen möchten, ergibt sich etwa der folgende Ablauf (siehe Abbildung 8.2):

1. Wenn Sie in einem Auftrag Fremdleistungen planen, wird im Hintergrund automatisch eine Bestellanforderung ausgelöst.
2. Die Bestellanforderung wird von der Einkaufsabteilung (oder auch vom Disponenten in der Instandhaltung) in eine Bestellung umgesetzt.
3. Nachdem die Fremdfirma die Leistungen erbracht hat, führen Sie deren Erfassung durch. Allerdings melden Sie Fremdleistungen nicht wie normale Zeitrückmeldungen zurück, sondern Sie erfassen eine Leistungsbestätigung als Wareneingang zur Bestellung. Falls der Wareneingang bewertet erfolgt (Schalter auf der Position in der Bestellung), werden zu diesem Zeitpunkt die Ist-Kosten in den Auftrag gebucht.
4. Den Abschluss dieses Prozesses bildet der Rechnungseingang. Falls der Rechnungsbetrag vom Bestellbetrag abweicht, erfolgt automatisch in den Kosten des Auftrags eine Korrektur, und der Auftrag weist die Nettokosten der Rechnung aus.

Die für diesen Geschäftsprozess notwendigen Einstellungen werden im Folgenden beschrieben.

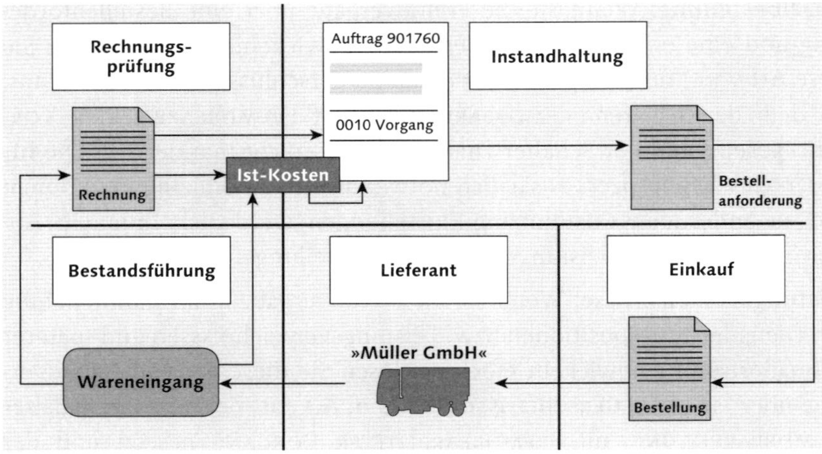

Abbildung 8.2 Fremdabwicklung mit Einzelbestellung – Ablauf

Steuerschlüssel pflegen

Einem Vorgang eines Arbeitsplans – aber hier an dieser Stelle wichtiger: einem Vorgang eines Auftrags – ordnen Sie einen bestimmten Steuerschlüssel zu, um damit die Fremdabwicklung als Einzelbestellung anzustoßen.

Voraussetzungen

Es sind keine spezifischen Voraussetzungen zu schaffen.

Customizing-Pfad

INSTANDHALTUNG UND KUNDENSERVICE • WARTUNGSPLÄNE, ARBEITSPLÄTZE, ARBEITSPLÄNE UND FHM • ARBEITSPLÄTZE • ARBEITSPLANDATEN • STEUERSCHLÜSSEL PFLEGEN

Einstellungen bzw. empfohlene Einstellungen

Die Einstellungsmöglichkeiten des Steuerschlüssels (siehe Abbildung 8.3) habe ich Ihnen in Abschnitt 3.4, »Arbeitsplätze«, bereits ausführlich erläutert.

[+] **Eigener Steuerschlüssel für die Fremdabwicklung**

Für die Fremdabwicklung als Einzelbestellung richten Sie einen speziellen Steuerschlüssel ein, der folgende Eigenschaften aufweist:

- Der Steuerschlüssel *muss* beim Schalter FREMDBEARBEITUNG als FREMDBEARBEITETER VORGANG gekennzeichnet sein.
- Beim Steuerschlüssel *sollte* der Schalter KALKULIEREN aktiviert sein, damit die Fremdbearbeitungskosten in die Kalkulation mit einfließen.

- Beim Steuerschlüssel *sollte* der Schalter Rückmeldung auf Rückmeldung nicht möglich gesetzt sein, damit keine internen Mitarbeiter auf denselben Vorgang ihre Stunden schreiben können.
- Der Schalter Dienstleistung im Steuerschlüssel *darf nicht* aktiviert sein, damit kein Leistungsverzeichnis erstellt werden muss.
- Beim Steuerschlüssel *kann* der Schalter Terminierung Fremdvorgang aktiviert sein, wenn Sie die Fremdleistung auf Stundenbasis bestellen und diese in die Terminierung des Auftrags mit einfließen soll.

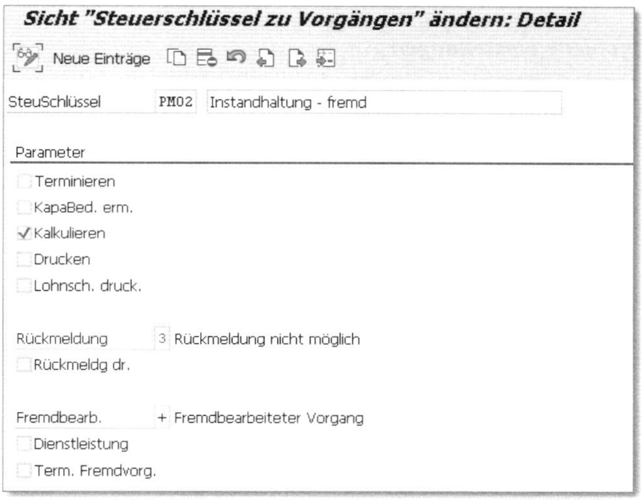

Abbildung 8.3 Fremdabwicklung als Einzelbestellung – Steuerschlüssel

Vorschlagswertprofile für Fremdbeschaffung anlegen

Mit dieser Customizing-Funktion definieren Sie Profile für die Fremdbeschaffung von Dienstleistungen und Materialien. Im Profil können Sie Vorschlagswerte für die Generierung von Bestellanforderungen aus Aufträgen hinterlegen.

In jedem Profil können Sie Vorschlagswerte für folgende Werte hinterlegen:

- Kostenart
- Einkaufsorganisation
- Einkaufsgruppe
- Warengruppe

Bei der Fremdbeschaffung wird grundsätzlich zwischen der Fremdbeschaffung von Materialien und Dienstleistungen unterschieden.

Voraussetzungen

Die zu hinterlegenden Werte für Kostenart, Einkaufsorganisation, Einkaufsgruppe und Warengruppe müssen definiert sein.

Customizing-Pfad

Instandhaltung und Kundenservice • Instandhaltungs- und Serviceabwicklung • Instandhaltungs- und Serviceaufträge • Funktionen und Einstellungen der Auftragsarten • Vorschlagswertprofile für Fremdbeschaffung anlegen

Einstellungen bzw. empfohlene Einstellungen

Machen Sie entsprechende Einträge, die später in die Bestellanforderungen übernommen werden sollen (siehe Abbildung 8.4).

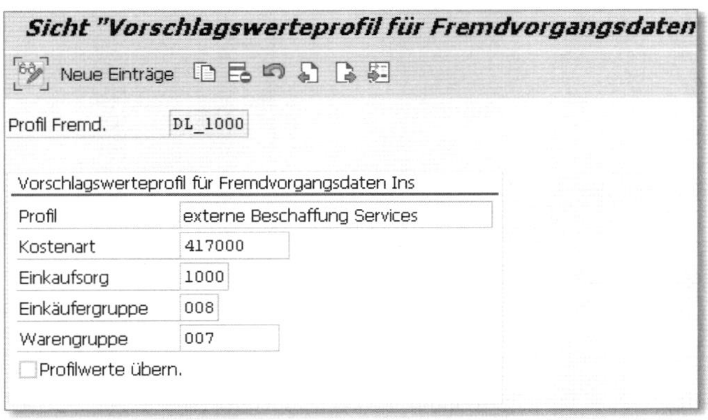

Abbildung 8.4 Fremdabwicklung mit Einzelbestellung – Vorschlagswertprofil – Definition

Die Zuordnung nehmen Sie dann pro Auftragsart und Werk mit der Customizing-Funktion Vorschlagswerte für Arbeitsplandaten und Profilzuordnungen vor.

Vorschlag Vorschlagswerte für Arbeitsplandaten und Profilzuordnungen

Mit dieser Customizing-Funktion definieren Sie pro Auftragsart und Werk die Profile für Fremdbeschaffung und weitere Vorschlagswerte.

Voraussetzungen

Auftragsarten, Werke, Vorschlagswertprofile sowie die Profile für Fremdmaterial und Fremdleistung müssen definiert sein.

Customizing-Pfad
INSTANDHALTUNG UND KUNDENSERVICE • INSTANDHALTUNGS- UND SERVICEABWICKLUNG • INSTANDHALTUNGS- UND SERVICEAUFTRÄGE • FUNKTIONEN UND EINSTELLUNGEN DER AUFTRAGSARTEN • VORSCHLAGSWERTE FÜR ARBEITSPLANDATEN UND PROFILZUORDNUNGEN

Einstellungen bzw. empfohlene Einstellungen
Die Zuordnung nehmen Sie pro Auftragsart und Werk vor (siehe Abbildung 8.5):

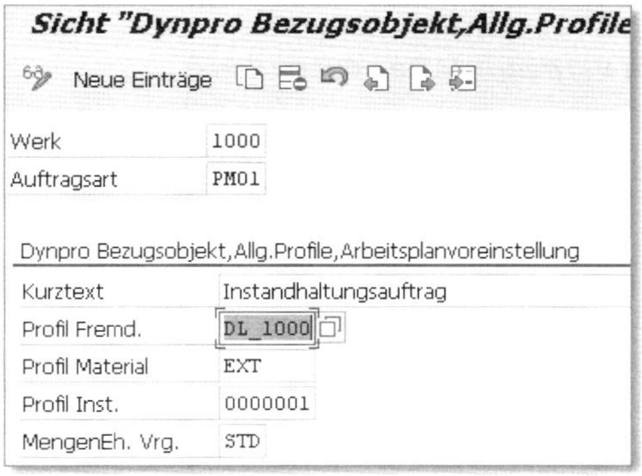

Abbildung 8.5 Fremdabwicklung mit Einzelbestellung – Vorschlagswertprofil Zuordnung

Mit dem PROFIL FREMD. ordnen Sie das Profil mit den Vorschlagswerten für Kostenart, Einkaufsorganisation, Warengruppe und Einkäufergruppe für Fremdleistungen zu.

Ein Profil für alle Fremdleistungen [+]

Das Profil für Fremdleistungen gilt nicht nur für die Fremdabwicklung mit Einzelbestellung, sondern auch für Fremdleistungen mit Leistungsverzeichnissen – hier trifft das SAP-System keine Unterscheidung.

Änderungsbelege, Sammel-BANF, Disporelevanz definieren

Mit dieser Customizing-Funktion legen Sie pro Auftragsart und Werk diverse Auftragsparameter fest – unter anderem Parameter, mit denen Sie die Fremdabwicklung steuern.

Voraussetzungen
Werke und Auftragsarten müssen definiert sein.

Customizing-Pfad

INSTANDHALTUNG UND KUNDENSERVICE • INSTANDHALTUNGS- UND SERVICE-ABWICKLUNG • INSTANDHALTUNGS- UND SERVICEAUFTRÄGE • FUNKTIONEN UND EINSTELLUNGEN DER AUFTRAGSARTEN • ÄNDERUNGSBELEGE, SAMMEL-BANF, DISPORELEVANZ DEFINIEREN

Einstellungen bzw. empfohlene Einstellungen

Folgende Parameter enthält die Tabelle, mit der Sie die Fremdabwicklung steuern können (siehe Abbildung 8.6):

Sicht "Schrittweite f. automatische Vorgangsnr." ändern: Übers

Werk	Art	Res./BAnf	SammelBA...	Belegschreibung	Bestellnet...	VorgStatÄndBel
1000	PM01	3 sofort	☑	☑	☑	☑
1000	PM02	3 sofort	☑	☑	☐	☐
1000	PM03	3 sofort	☑	☑	☐	☐
1000	PM04	3 sofort	☑	☑	☐	☐
1000	PM05	3 sofort	☑	☑	☐	☐
1000	PM06	3 sofort	☐	☐	☐	☐
1000	PM07	3 sofort	☑	☑	☐	☐
1000	PM08	3 sofort	☐	☐	☐	☐

Abbildung 8.6 Fremdabwicklung mit Einzelbestellung – Änderungsbelege, Sammel-BANF, Disporelevanz definieren

- Wenn Sie den Schalter SAMMELBANF aktivieren, dann werden alle Bestellanforderungspositionen, die aus einer Auftragsnummer resultieren, unter einer einzigen Bestellanforderungsnummer gesammelt. Wenn Sie den Schalter nicht aktivieren, dann wird zu jeder Bestellanforderungsposition eine eigene Bestellanforderungsnummer generiert.
- Mit dem Schalter RES./BANF definieren Sie den Zeitpunkt, zu dem Bestellanforderungen generiert werden sollen. Folgende Optionen stehen Ihnen zur Verfügung:

  1 = nie

  2 = ab Freigabe

  3 = sofort
- Mit dem Kennzeichen BESTELLNETTOPREIS legen Sie fest, dass der *Nettopreis* aus der *Bestellanforderung* unverändert in die *Bestellung* übernommen werden muss und nicht abgeändert werden kann.

- Mit dem Kennzeichen BELEGSCHREIBUNG aktivieren Sie die Änderungsbelegschreibung, wenn jemand Felder des Fremdvorgangs (z. B. TERMIN, LIEFERANT, WARENGRUPPE) ändert.
- Mit dem Kennzeichen VORGSTATÄNDBEL aktivieren Sie die Belegschreibung, wenn sich der Status des Vorgangs ändert. Das ist deswegen von Bedeutung, da beim Wareneingang die Status FVTG (Fremdvorgang teilgeliefert) und FVGL (Fremdvorgang geliefert) gesetzt werden, d. h., es wird festgehalten, wer den Wareneingang erfasst bzw. wer das Endlieferkennzeichen gesetzt hat.

Eine Einstellung für alle Fremdleistungen [+]

Die Einstellungen der Customizing-Funktion ÄNDERUNGSBELEGE, SAMMEL-BANF, DISPORELEVANZ DEFINIEREN gelten nicht nur für die Fremdabwicklung mit Einzelbestellung, sondern auch für Fremdleistungen mit Leistungsverzeichnissen – auch hier trifft das SAP-System keine Unterscheidung.

8.1.2 Fremdleistungen mit Leistungsverzeichnissen

Der Geschäftsprozess *Fremdleistungen mit Leistungsverzeichnissen* unterscheidet sich vom Geschäftsprozess *Fremdleistungen mit Einzelbestellung* dadurch, dass die von der Fremdfirma zu erbringenden Leistungen nicht pauschal über eine verbale Beschreibung im Kurz- und Langtext der Bestellposition erfolgt, sondern dass die Leistungen dezidiert über ein Leistungsverzeichnis einzeln aufgeführt werden. Im Prozessablauf ergeben sich daraus die folgenden Unterschiede (siehe Abbildung 8.7):

- Die Planung im Auftrag führen Sie über ein *Leistungsverzeichnis* durch.
- In der Auftragsplanung können Sie *Limits für geplante und ungeplante Leistungen* hinterlegen.
- Sie erfassen keinen Wareneingang, sondern führen eine *Leistungserfassung* durch. Diese kann auch vom Lieferanten selbst übernommen werden.
- Der Beleg, den Sie dabei erzeugen, ist das sogenannte *Leistungserfassungsblatt*.
- Sie können bei der Leistungserfassung – im Gegensatz zum Wareneingang – *ungeplante Positionen* ergänzen.
- Die erfassten Leistungen müssen Sie durch eine Leistungsabnahme *freigeben* (Vier-Augen-Prinzip). Erst dann erfolgt die Integration in die Materialwirtschaft, und erst dann kann eine Rechnungsstellung erfolgen.

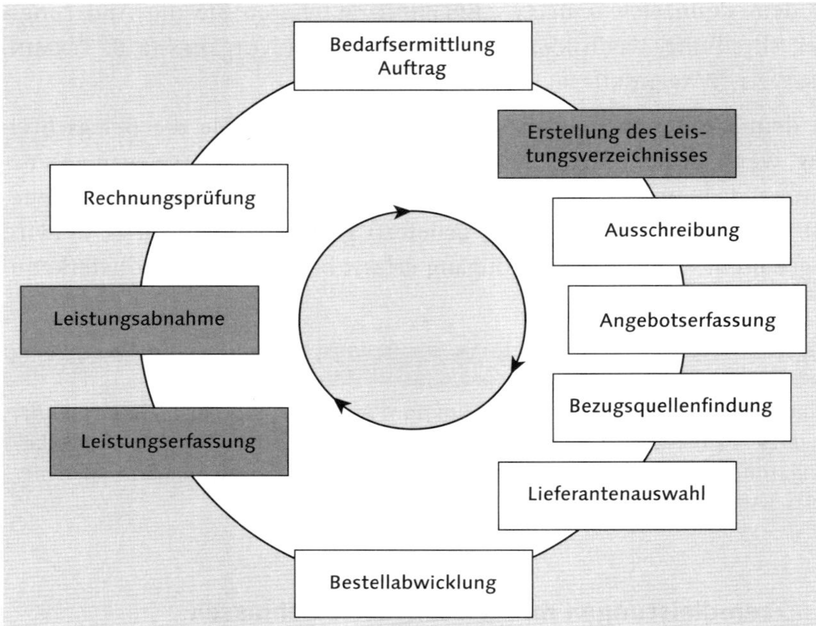

Abbildung 8.7 Fremdabwicklung mit Leistungsverzeichnissen – Ablauf

Einige für diesen Geschäftsprozess notwendige Einstellungen werden im Folgenden beschrieben.

Steuerschlüssel pflegen

Auch hier, um die Fremdabwicklung mit Leistungsverzeichnis anzustoßen, ordnen Sie dem Vorgang eines Arbeitsplans bzw. dem Vorgang eines Auftrags einen bestimmten Steuerschlüssel zu.

Voraussetzungen

Es sind keine spezifischen Voraussetzungen zu schaffen.

Customizing-Pfad

Instandhaltung und Kundenservice • Wartungspläne, Arbeitsplätze, Arbeitspläne und FHM • Arbeitsplätze • Arbeitsplandaten • Steuerschlüssel pflegen

Einstellungen

Abbildung 8.8 zeigt Ihnen die Einstellungen für den Steuerschlüssel für die Fremdabwicklung mit Leistungsverzeichnissen.

[+]

Eigener Steuerschlüssel für die Dienstleistungsabwicklung

Um eine Fremdabwicklung mit Leistungsverzeichnis anzustoßen, sollten Sie einen Steuerschlüssel einrichten, der folgende Kennzeichen enthält:

- Beim Steuerschlüssel *muss* der Schalter Fremdbearbeitung als fremdbearbeiteter Vorgang gekennzeichnet sein.
- Beim Steuerschlüssel *muss* der Schalter Dienstleistung aktiviert sein, damit ein Leistungsverzeichnis erstellt werden kann.
- Beim Steuerschlüssel *sollte* der Schalter Kalkulieren aktiviert sein, damit die Fremdbearbeitungskosten in die Kalkulation mit einfließen.
- Beim Steuerschlüssel *sollte* der Schalter Drucken aktiviert sein, damit das Leistungserfassungsblatt gedruckt werden kann.
- Beim Steuerschlüssel *sollte* der Schalter Rückmeldung auf Rückmeldung nicht möglich gesetzt sein, damit keine internen Mitarbeiter ihre Stunden auf denselben Vorgang schreiben können.
- Beim Steuerschlüssel *kann* der Schalter Terminierung Fremdvorgang aktiviert sein, wenn Sie die Leistungen auf eine Stundenbasis umgerechnet haben und diese in die Terminierung des Auftrags mit einfließen soll.

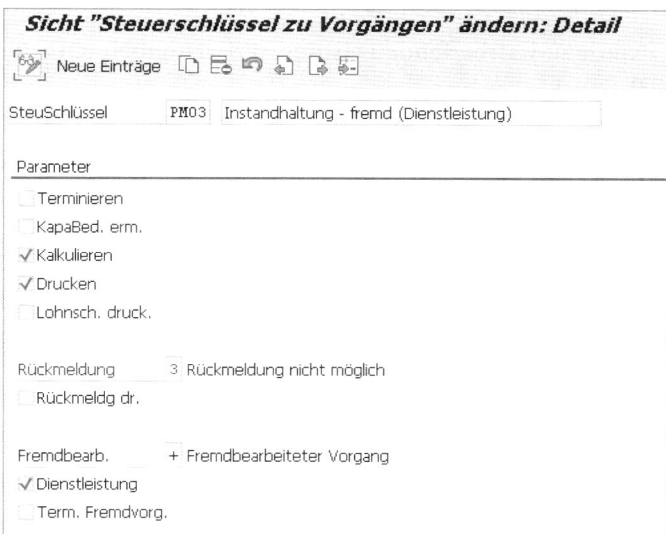

Abbildung 8.8 Fremdabwicklung mit Leistungsverzeichnis – Steuerschlüssel

Leistungstyp festlegen

Der Leistungsstamm ist der Stammsatz, mit dem eine Dienstleistung beschrieben wird – also das Gegenstück zum Materialstammsatz. Genauso wie jedem Materialstammsatz eine Materialart zugeordnet werden muss, wird einem Leistungsstammsatz ein Leistungstyp zugeordnet. Der Leistungstyp ist das wichtigste Gliederungskriterium für Leistungsstammsätze und hat u. a. Auswirkungen auf die Bildschirmfolge, auf die Feldauswahl und auf die Nummernvergabe. Mit dieser Customizing-Funktion definieren Sie Ihre Leistungstypen.

Voraussetzungen

Die Kontenklassenreferenzen und die Organisationsstatus müssen definiert sein.

Customizing-Pfad

MATERIALWIRTSCHAFT • DIENSTLEISTUNG • LEISTUNGSSTAMM • LEISTUNGSTYP FESTLEGEN

Einstellungen bzw. empfohlene Einstellungen

Es gibt folgende Leistungstypen (siehe Abbildung 8.9):

- Stammsätze, die interne Leistungen beschreiben (Organisationsstatus AS01)
- Stammsätze, die extern zu beschaffende Leistungen beschreiben (Organisationsstatus AS03)
- Stammsätze, die Serviceleistungen für Dritte beschreiben (Organisationsstatus AS04). Den Organisationsstatus mit der Zuordnung der Funktionen pflegen Sie mit der Customizing-Funktion ORGANISATIONSSTATUS VON LEISTUNGSTYPEN FESTLEGEN.

Sicht "Leistungstyp" ändern: Übersicht

Neue Einträge

LstTyp	OrgLstTyp	Ex	KRef	Leistungstypbezeichnung
ALL	AS02	☐	0006	Komplettleistung
BULD	AS03	✓	0006	Bautätigkeit
GRND	AS01	☐	0006	Basisleistung
INST	AS03	☐	0006	Instandhaltung
MINI	AS03	☐	0006	Minimaler Leistungstyp
SERV	AS03	✓	0006	Dienstleistung Einkauf
SRV1	AS01	☐	0006	Allgemeiner Service
SRV2	AS04	☐	0006	Hardware Service
SRV3	AS04	☐	0006	Software Service
SRV4	AS04	☐	0006	Training&Consulting
SRV5	AS04	☐	0006	Technischer Service
SRV6	AS04	☐	0006	Servicevertragsleistungen

Abbildung 8.9 Fremdabwicklung mit Leistungsverzeichnis – Leistungstyp

In unserem Beispiel ist der Organisationsstatus für extern zu beschaffende Leistungen AS03. Daneben beinhaltet der Leistungstyp die Zuordnung zu einer KONTENKLASSENREFERENZ. Diese beeinflusst die automatische Kontenfindung für die Buchhaltung.

Eigenschaften der Systemmeldungen festlegen

Mit dieser Customizing-Funktion definieren Sie, auf welche Art und Weise eine Systemnachricht zu den Leistungserfassungsblättern ausgegeben werden soll (z. B. Fehler oder Warnung).

Voraussetzungen
Es sind keine spezifischen Voraussetzungen zu schaffen.

Customizing-Pfad
MATERIALWIRTSCHAFT • DIENSTLEISTUNG • EIGENSCHAFTEN DER SYSTEMMELDUNGEN FESTLEGEN

Einstellungen bzw. empfohlene Einstellungen
Legen Sie pro Nachricht fest, in welcher Form sie ausgegeben werden soll. Folgende Optionen stehen Ihnen zur Verfügung (siehe Abbildung 8.10):

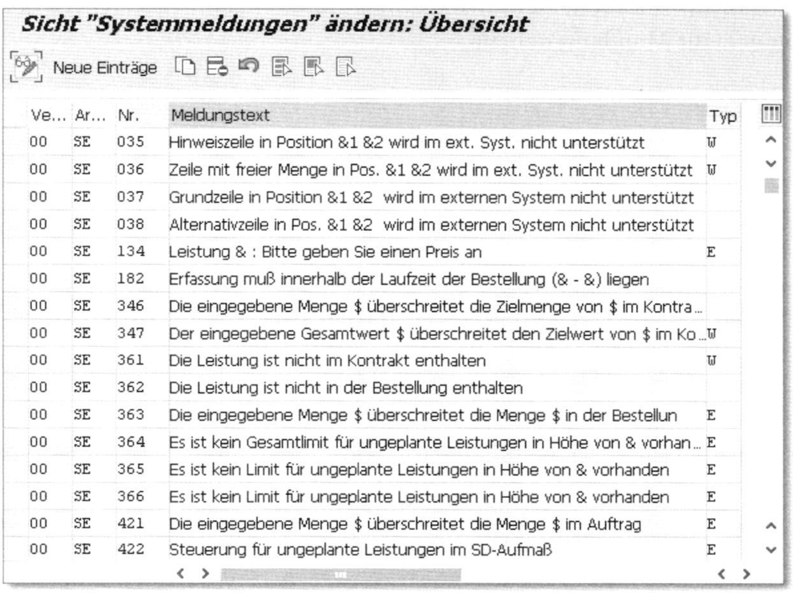
Sicht "Systemmeldungen" ändern: Übersicht

Neue Einträge

Ve...	Ar...	Nr.	Meldungstext	Typ
00	SE	035	Hinweiszeile in Position &1 &2 wird im ext. Syst. nicht unterstützt	W
00	SE	036	Zeile mit freier Menge in Pos. &1 &2 wird im ext. Syst. nicht unterstützt	W
00	SE	037	Grundzeile in Position &1 &2 wird im externen System nicht unterstützt	
00	SE	038	Alternativzeile in Pos. &1 &2 wird im externen System nicht unterstützt	
00	SE	134	Leistung & : Bitte geben Sie einen Preis an	E
00	SE	182	Erfassung muß innerhalb der Laufzeit der Bestellung (& - &) liegen	
00	SE	346	Die eingegebene Menge $ überschreitet die Zielmenge von $ im Kontra...	
00	SE	347	Der eingegebene Gesamtwert $ überschreitet den Zielwert von $ im Ko...	W
00	SE	361	Die Leistung ist nicht im Kontrakt enthalten	W
00	SE	362	Die Leistung ist nicht in der Bestellung enthalten	
00	SE	363	Die eingegebene Menge $ überschreitet die Menge $ in der Bestellun	E
00	SE	364	Es ist kein Gesamtlimit für ungeplante Leistungen in Höhe von & vorhan...	E
00	SE	365	Es ist kein Limit für ungeplante Leistungen in Höhe von & vorhanden	E
00	SE	366	Es ist kein Limit für ungeplante Leistungen in Höhe von & vorhanden	E
00	SE	421	Die eingegebene Menge $ überschreitet die Menge $ im Auftrag	E
00	SE	422	Steuerung für ungeplante Leistungen im SD-Aufmaß	E

Abbildung 8.10 Fremdabwicklung mit Leistungsverzeichnis – Nachrichten

- keine Meldung
- W – Warnung
- E – Fehlermeldung
- S – Ergebnismeldung
- P – Pop-up
- I – Information
- X – Programmabbruch (ist wohl eher als Scherz der Entwickler gedacht)

Bezugsquellenfindung und Vorschlagswerte

Mithilfe dieser Customizing-Funktion können Sie auf der Ebene des Mandanten oder auf der Ebene einer Einkaufsorganisation die Bezugsquellenfindung einstellen und folgende Vorschlagswerte festlegen:

- die Mengeneinheit der Dienstleistung auf Positionsebene
- die Warengruppe der Dienstleistung auf Positionsebene
- das Zeilenintervall für das Leistungsverzeichnis
- die Aktualisierung von Konditionen im Leistungsstammsatz durch Konditionen in Einkaufsbelegen

Einstellungen auf der Ebene der Einkaufsorganisation haben Vorrang vor den Einstellungen auf Mandantenebene.

Voraussetzungen

Die Einkaufsorganisationen und die Vorschlagswerte wie Warengruppe oder Mengeneinheit müssen gepflegt sein.

Customizing-Pfad

Materialwirtschaft • Dienstleistung • Bezugsquellenfindung und Vorschlagswerte • für den Mandanten festlegen bzw. für Einkaufsorganisationen festlegen

Einstellungen

Die Customizing-Funktion beinhaltet folgende Einstellungen (siehe Abbildung 8.11):

- Sie hinterlegen Ihre Vorschlagswerte für Zeilenschrittweite im Leistungsverzeichnis, Vorschlag Warengruppe auf Positionsebene und Mengeneinheit auf Positionsebene.

- Das Kennzeichen AUTOMATISCHE BESTELLERZEUGUNG FÜR LEISTUNGS-BANFEN ermöglicht, dass Bestellungen automatisch aus den Bestellanforderungen erzeugt werden, denen der Lieferant als Bezugsquelle zugeordnet ist (z. B. über die Transaktion ME59N).
- Die KONDITIONSUPDATEKENNZEICHEN bewirken, dass eine Aktualisierung der Konditionen im Leistungsstammsatz durch die Konditionen der Leistung aus dem Einkaufsbeleg (Bestellung, Angebot) vorgeschlagen wird. Der Benutzer kann diese Aktualisierung zeilenweise akzeptieren oder nicht.
- Die Einstellungen bei der BEZUGSQUELLENFINDUNG unterstützen Sie bei der Zuordnung von Kontrakten zur Bestellung (z. B. unter Verwendung der Warengruppe).

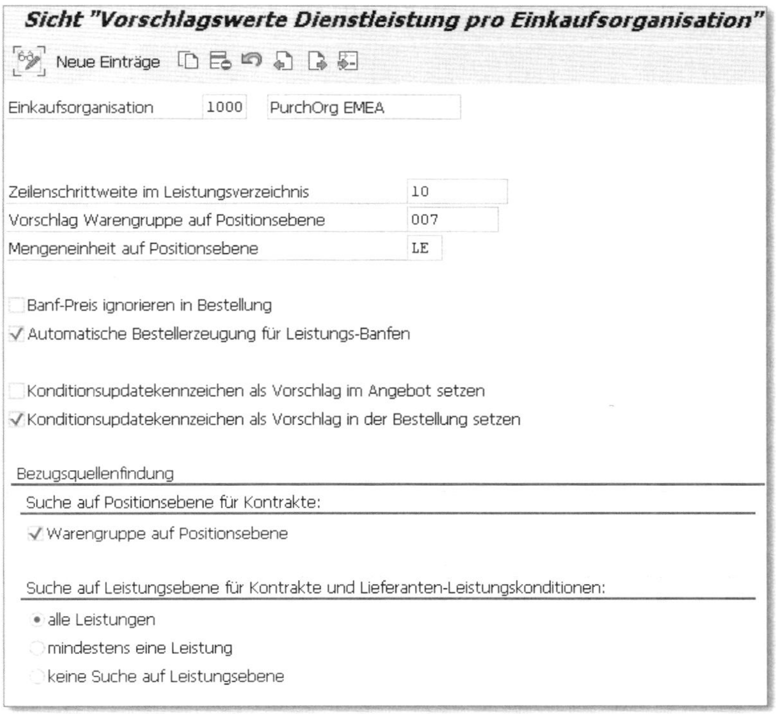

Abbildung 8.11 Fremdabwicklung mit Leistungsverzeichnis – Vorschlagswerte

Freigabeverfahren für Leistungserfassungsblatt festlegen

Das Leistungserfassungsblatt unterliegt einem Freigabeverfahren. Mithilfe dieser Customizing-Funktion legen Sie das Freigabeverfahren fest.

Voraussetzungen

Sie legen eine Klasse mit der Klassenart 032 an (z. B. `FRG_LEIS`) und ordnen die Merkmale zu, anhand derer die Freigabe erfolgen soll (z. B. Einkauforganisation und Wert).

Customizing-Pfad

MATERIALWIRTSCHAFT • DIENSTLEISTUNG • FREIGABEVERFAHREN FÜR LEISTUNGSERFASSUNGSBLATT FESTLEGEN

Einstellungen bzw. empfohlene Einstellungen

Die Customizing-Funktion FREIGABEVERFAHREN FÜR LEISTUNGSERFASSUNGSBLATT FESTLEGEN beinhaltet folgende Unterfunktionen:

- Sie legen in der ersten Unterfunktion eine beliebige FREIGABEGRUPPE für den Objekttyp 3 (= Leistungserfassungsblatt) an, der Sie die Klasse zuweisen.
- Zur Freigabegruppe legen Sie mit der nächsten Unterfunktion Ihre FREIGABECODES an, mit deren Hilfe Sie die Stellen definieren, die an dem Freigabeverfahren beteiligt werden (z. B. 01 = Buchhaltung, 02 = Technik).
- Mit der Unterfunktion FREIGABEKENNZEICHEN definieren Sie Zustände, die ein Leistungserfassungsblatt als freigegeben oder nicht freigegeben kennzeichnen (z. B. N = Nicht freigegeben, B = Freigegeben durch Buchhaltung, T = Freigegeben durch Technik).

Die Unterfunktion FREIGABESTRATEGIE besteht aus mehreren Teilfunktionen (siehe Abbildung 8.12).

- Zunächst legen Sie fest, welche Strategie für welche Freigabegruppe gilt. Dort geben Sie an, welche Stellen (Freigabecodes) an einer Strategie beteiligt sind.
- Bei den FREIGABEVORAUSSETZUNGEN legen Sie die Reihenfolge fest, in der die einzelnen Stellen freigeben müssen.
- Bei den FREIGABEZUSTÄNDEN legen Sie fest, welchen Zustand ein Erfassungsblatt hat, nachdem bestimmte Stellen freigegeben haben.

Die Freigabeverfahren für Einkaufsbelege sollen an dieser Stelle nicht weiter vertieft werden. Stattdessen möchte ich Sie auf den SAP-Hinweis 207490 verweisen, in dem die Freigabeverfahren mit den dazu notwendigen Customizing-Einstellungen ausführlich beschrieben sind.

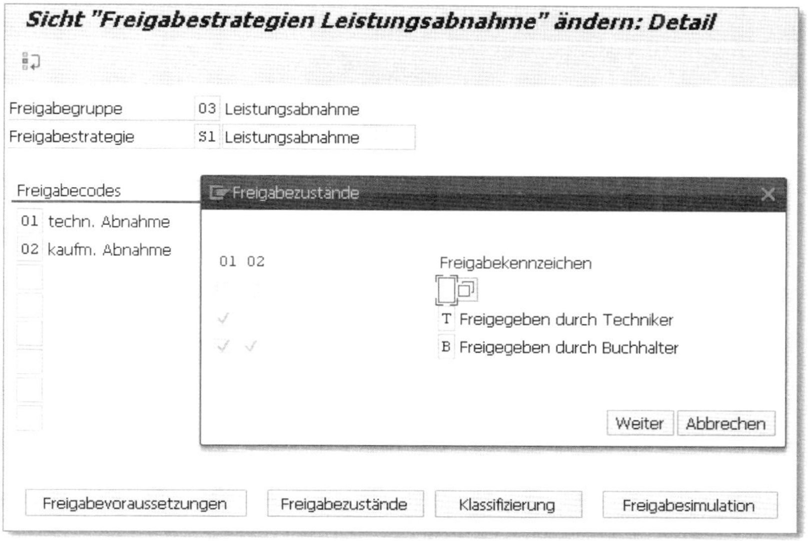

Abbildung 8.12 Fremdabwicklung mit Leistungsverzeichnis – Freigabeverfahren

8.2 Aufarbeitung

Der Geschäftsprozess der Aufarbeitung ist dadurch gekennzeichnet, dass Reserveteile auf Lager vorgehalten werden (z. B. zur Sicherstellung der Anlagenverfügbarkeit). Dabei werden unterschiedliche Zustände der Reserveteile unterschieden (z. B. neu, wieder funktionsfähig, defekt). Defekte Teile werden durch eigenes oder fremdes Personal aufgearbeitet, also in einen funktionsfähigen Zustand zurückversetzt.

Voraussetzung ist, dass die Reserveteile mit unterschiedlichen buchhalterischen Werten im Lager verwaltet werden: Wenn ein Reserveteil aufgearbeitet ist, besitzt es einen höheren Wert als in einem defekten Zustand. Die Reserveteile werden entweder nur als Material oder als Einzelstücke (= Materialserialnummer) verwaltet.

Eine Reserveteilverwaltung mit der Abwicklung von Aufarbeitungsaufträgen läuft folgendermaßen ab (siehe Abbildung 8.13):

- **Beschaffung von Reserveteilen**
  Für bestimmte kritische und hochwertige Komponenten, die in einer Anlage eingesetzt werden, bevorraten Sie Reserveteile, um die Komponenten bei einem Ausfall umgehend ersetzen zu können.

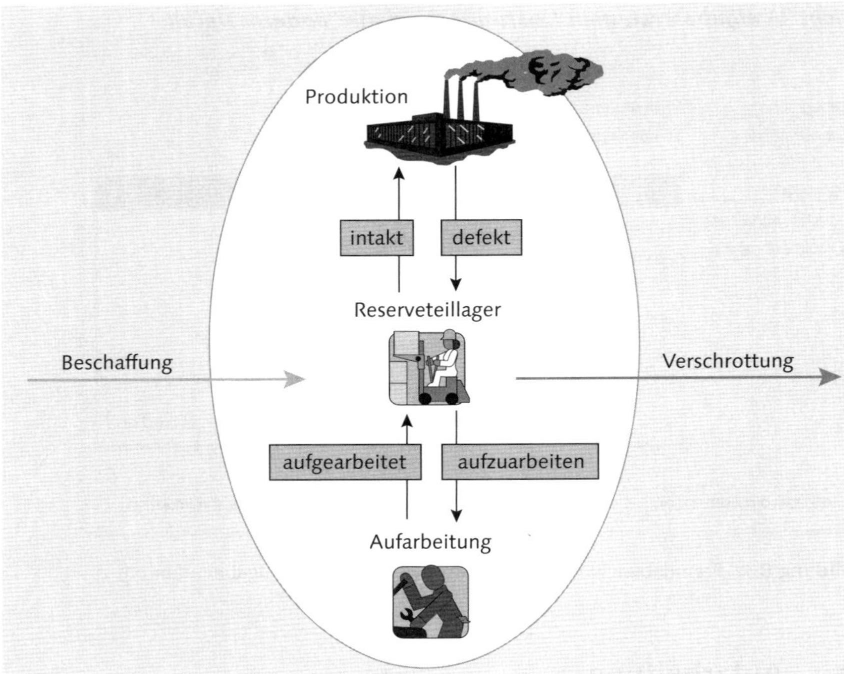

Abbildung 8.13 Aufarbeitung – Ablauf

- **Entnahme von intakten Reserveteilen und Rückgabe von defekten Reserveteilen**
  Wenn ein als Reserveteil geführtes Material (Einzelstück) in einer Anlage defekt ist, ersetzen Sie es durch ein intaktes Reserveteil. Dazu bauen Sie das defekte Reserveteil aus der Anlage aus und geben es ins Lager zurück, während Sie ein intaktes Reserveteil aus dem Lager entnehmen und in die Anlage einbauen.
- **Eröffnung** eines **Aufarbeitungsauftrags (eventuell mit Meldung)**
  Sobald die defekten Reserveteile im Lager eine bestimmte Anzahl erreicht haben, eröffnen Sie einen Aufarbeitungsauftrag. Für die Aufarbeitung der Reserveteile planen Sie alle nötigen Vorgänge, Materialien, Hilfsmittel etc. ein. Gegebenenfalls können Sie vor dem Aufarbeitungsauftrag eine Aufarbeitungsmeldung eröffnen, um entweder den Aufarbeitungsprozess anzustoßen oder um eine vollständige Historie zu gewährleisten.
- **Entnahme aus dem Lager**
  Die mit der Aufarbeitung betrauten Mitarbeiter entnehmen die defekten Reserveteile sowie alle weiteren, im Auftrag eingeplanten Materialien, die sie für die Aufarbeitung benötigen, aus dem Lager.

- **Durchführung der Aufarbeitung**
  Sie führen die Aufarbeitung durch. Dazu können Rückmeldungen für Eigenleistungen, Wareneingänge bzw. Leistungserfassungen für Fremdmaterial bzw. Fremdleistungen gebucht werden.
- **Rückgabe ans Lager**
  Sie geben die aufgearbeiteten Reserveteile per Wareneingang ans Lager zurück. Für nicht aufzuarbeitende Reserveteile stornieren Sie die Reservierung und buchen eine Verschrottung.
- **Verschrottung**
  Sollten defekte Reserveteile nicht mehr aufarbeitungswürdig sein, verschrotten Sie diese. Vergessen Sie nicht, für diesen Fall ebenfalls einen Warenausgang zu buchen.

Damit der Prozess wie beschrieben funktioniert, müssen im Customizing einige Einstellungen vorgenommen werden.

8.2.1 Der Materialstamm

Damit Sie den Materialstamm des Reserveteils für die Aufarbeitung verwenden können, legen Sie auf Werksebene in den Buchhaltungsdaten den *Bewertungstyp* fest und legen anschließend zum Bewertungstyp mehrere *Bewertungsarten* an (siehe Abbildung 8.14).

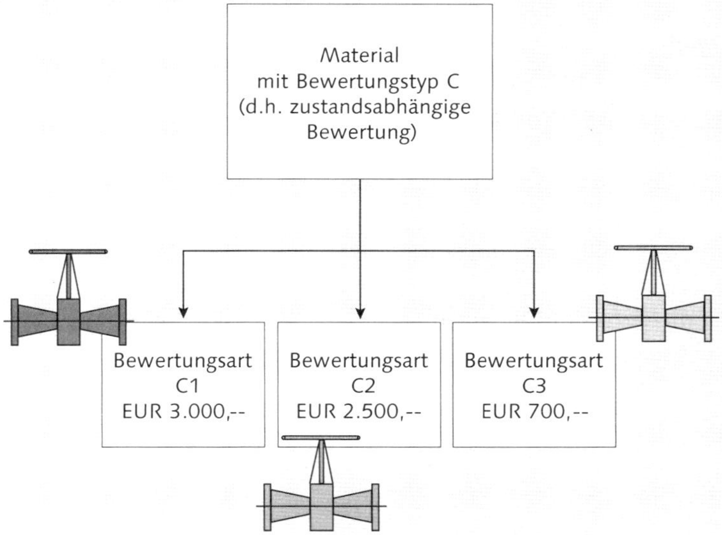

Abbildung 8.14 Aufarbeitung – Bewertungstyp und Bewertungsart

Im Folgenden sollen beispielhaft zum Bewertungstyp C (= Zustand) die Bewertungsarten definiert werden:

- C1 = neuwertig
- C2 = aufgearbeitet und wieder funktionsfähig
- C3 = defekt und nicht mehr funktionsfähig

Damit Sie für einen Materialstammsatz eine getrennte Bewertung vornehmen können, müssen Sie im Customizing zunächst die getrennte Bewertung aktivieren und danach die getrennte Bewertung einstellen, d. h. Bewertungstypen und Bewertungsarten definieren.

Getrennte Bewertung aktivieren

Mit dieser Customizing-Funktion stellen Sie ein, ob die getrennte Materialbewertung in Ihrem Unternehmen zulässig ist. Wenn Sie die getrennte Bewertung grundsätzlich zulassen, bedeutet dies nicht, dass Sie jedes Material getrennt bewerten müssen. Vielmehr entscheiden Sie jeweils beim Anlegen des Materialstammsatzes, ob Sie das Material getrennt bewerten wollen, indem Sie im Materialstamm einen Bewertungstyp eintragen und danach mehrere Bewertungsarten anlegen.

Voraussetzungen
Es sind keine spezifischen Voraussetzungen notwendig.

Customizing-Pfad
Materialwirtschaft • Bewertung und Kontierung • Getrennte Bewertung • Getrennte Bewertung aktivieren

Transaktion
OMW0

Einstellungen
Sie aktivieren die getrennte Bewertung, indem Sie den Schalter Getrennte Materialbewertung aktiv setzen (siehe Abbildung 8.15).

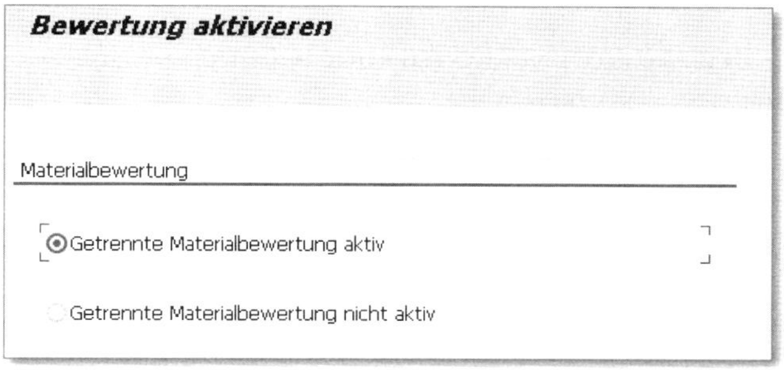

Abbildung 8.15 Aufarbeitung – getrennte Bewertung aktivieren

Getrennte Bewertung einstellen

Mit dieser Customizing-Funktion legen Sie die getrennte Bewertung im Detail fest. Dabei definieren Sie (siehe Abbildung 8.16):

- welche Bewertungsarten Sie grundsätzlich unterscheiden möchten (*globale Bewertungsarten*)
- welche Bewertungstypen Sie grundsätzlich unterscheiden möchten (*globale Bewertungstypen*)
- welche globalen Bewertungsarten bei welchen globalen Bewertungstypen *aktiv* sein sollen
- welche der globalen Bewertungstypen Sie *lokal* (d.h. pro Werk) verwenden möchten
- Aus Letzterem ergeben sich dann automatisch die *lokalen Bewertungsarten.*

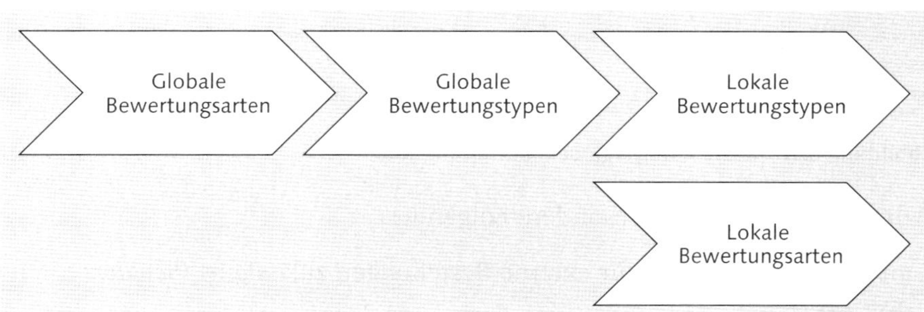

Abbildung 8.16 Aufarbeitung – globale und lokale Bewertungstypen und -arten

Voraussetzungen

Die Kontenklassenreferenzen und die Werke müssen definiert sein. Darüber hinaus muss die getrennte Bewertung aktiviert sein.

Customizing-Pfad
MATERIALWIRTSCHAFT • BEWERTUNG UND KONTIERUNG • GETRENNTE BEWERTUNG • GETRENNTE BEWERTUNG EINSTELLEN

Transaktion
OMWC

Einstellungen
Wenn Sie die Customizing-Funktion aufrufen, finden Sie folgende Unterfunktionen: Globale Arten Globale Typen Lokale Definitionen

In dieser Reihenfolge bearbeiten Sie am besten auch die getrennte Materialbewertung. Zunächst definieren Sie, welche Bewertungsarten Sie grundsätzlich nutzen möchten (globale Bewertungsarten, siehe Abbildung 8.17).

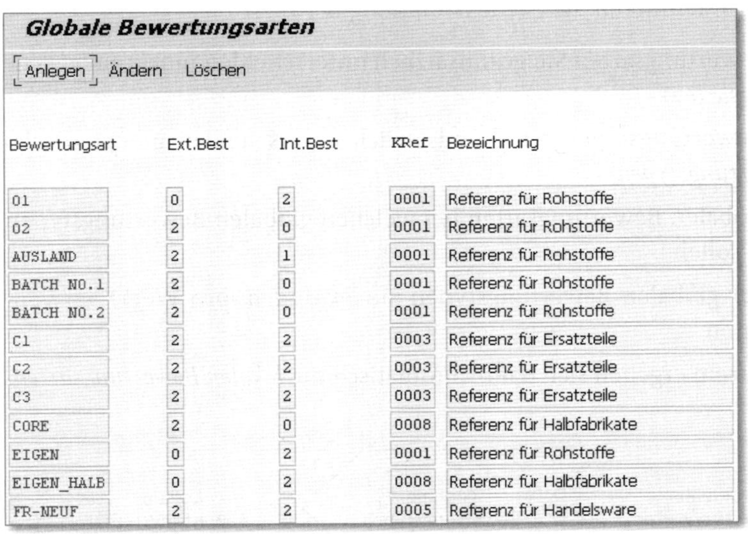

Bewertungsart	Ext.Best	Int.Best	KRef	Bezeichnung
01	0	2	0001	Referenz für Rohstoffe
02	2	0	0001	Referenz für Rohstoffe
AUSLAND	2	1	0001	Referenz für Rohstoffe
BATCH NO.1	2	0	0001	Referenz für Rohstoffe
BATCH NO.2	2	0	0001	Referenz für Rohstoffe
C1	2	2	0003	Referenz für Ersatzteile
C2	2	2	0003	Referenz für Ersatzteile
C3	2	2	0003	Referenz für Ersatzteile
CORE	2	0	0008	Referenz für Halbfabrikate
EIGEN	0	2	0001	Referenz für Rohstoffe
EIGEN_HALB	0	2	0008	Referenz für Halbfabrikate
FR-NEUF	2	2	0005	Referenz für Handelsware

Abbildung 8.17 Aufarbeitung – globale Bewertungsarten

Dabei definieren Sie insbesondere Folgendes:

- ob die Bewertungsart für externe Bestellungen zulässig ist (Schalter EXT.BEST)
- ob die Bewertungsart für Aufarbeitungsaufträge zulässig ist (Schalter INT.BEST)

Bewertungsart für interne Bestellungen [+]

Damit Sie eine Bewertungsart für Aufarbeitungsaufträge verwenden können, muss der Schalter INT.BEST auf 2 (= erlaubt) stehen.

Als Nächstes definieren Sie, welche Bewertungstypen Sie grundsätzlich nutzen möchten (globale Bewertungstypen, siehe Abbildung 8.18).

Globale Bewertungstypen

Anlegen Ändern Löschen Arten -> Typ

	Bewertungstyp	VBA Fremd	FrB	VBA Eigen	Eig	VBA Aktion	Akt	BA autom.
A	A&D	IAD1		IAD2				✓
B	Bez. Eig./Fremd	FREMD_HALB	✓	EIGEN_HALB	✓			
C	Zustand	C1		C2				
D		GRADE B		GRADE A				
H	Herkunft	AUSLAND		INLAND				
M		CORE	✓	REMAN	✓			
R	Retail	RNORMAL				RAKTION		
S								
X	Autom (Charge)							✓
Z		NEW		REPAIRED				

Abbildung 8.18 Aufarbeitung – globale Bewertungstypen

Danach nehmen Sie über die Funktion ARTEN • TYP eine Zuordnung vor, bei welchen globalen Bewertungstypen welche globalen Bewertungsarten zulässig sind, indem Sie pro Bewertungstyp die Bewertungsarten aktivieren (siehe Abbildung 8.19).

Schließlich definieren Sie über den Schalter LOKALE DEFINITIONEN die globalen Bewertungstypen als lokale Bewertungstypen, indem Sie die jeweilige Bewertungsart für das Werk aktivieren (siehe Abbildung 8.20).

Aus der Aktivierung des globalen Bewertungstyps für das Werk und aus der Zuordnung der globalen Bewertungsarten zu den globalen Bewertungstypen ergeben sich dann automatisch die für das Werk zulässigen lokalen Bewertungsarten (siehe Abbildung 8.21). Hier ist keine gesonderte Aktivierung oder Zuordnung notwendig.

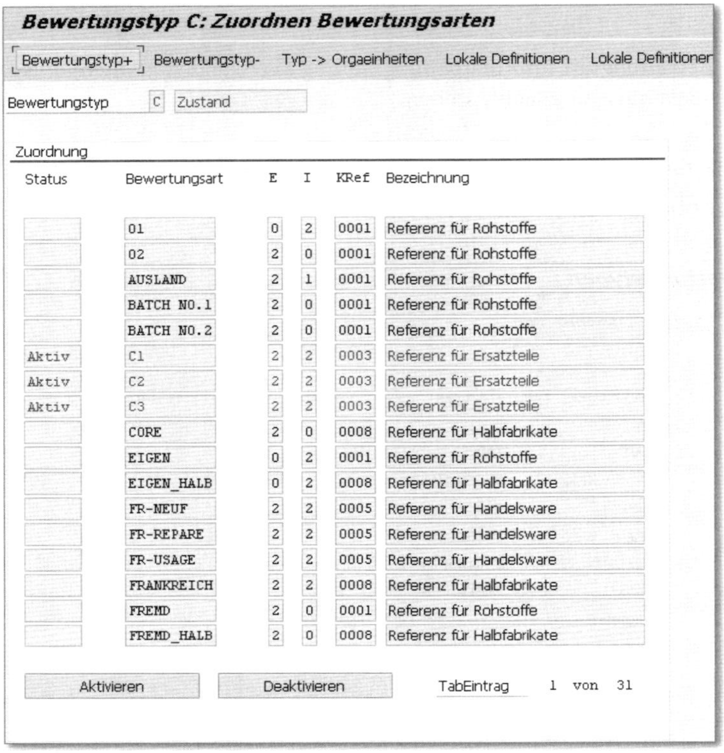

Abbildung 8.19 Aufarbeitung – Zuordnung globaler Bewertungsarten zu globalen Bewertungstypen

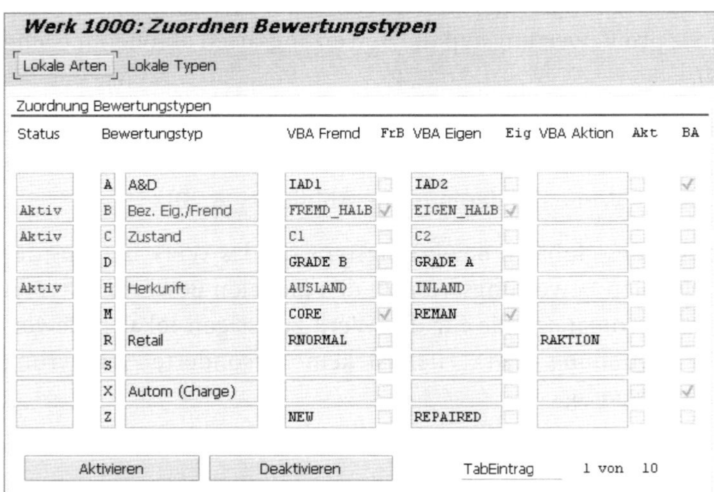

Abbildung 8.20 Aufarbeitung – lokale Bewertungstypen aktivieren

Werk 1000: Lokale Bewertungsarten

Ändern

Bewertungsart	Ext.Best	Int.Best	KRef	Bezeichnung
01	0	2	0001	Referenz für Rohstoffe
02	2	0	0001	Referenz für Rohstoffe
AUSLAND	2	1	0001	Referenz für Rohstoffe
C1	2	2	0003	Referenz für Ersatzteile
C2	2	2	0003	Referenz für Ersatzteile
C3	2	2	0003	Referenz für Ersatzteile
EIGEN	0	2	0001	Referenz für Rohstoffe
EIGEN_HALB	0	2	0008	Referenz für Halbfabrikate
FRANKREICH	2	2	0008	Referenz für Halbfabrikate
FREMD	2	0	0001	Referenz für Rohstoffe
FREMD_HALB	2	0	0008	Referenz für Halbfabrikate
INLAND	2	1	0001	Referenz für Rohstoffe
ITALIEN	2	2	0008	Referenz für Halbfabrikate
LAND 1	2	0	0001	Referenz für Rohstoffe
LAND 2	2	0	0001	Referenz für Rohstoffe

Abbildung 8.21 Aufarbeitung – lokale Bewertungsarten

8.2.2 Die Aufarbeitungsmeldung

Sie können den Aufarbeitungsprozess mit einer Aufarbeitungsmeldung anstoßen. Die Aufarbeitungsmeldung ist eine Option, die Sie nutzen können, aber nicht nutzen müssen. Sie werden Aufarbeitungsmeldungen in folgenden Fällen einsetzen:

- wenn Sie Wert auf eine vollständige Dokumentation in der Historie legen, d. h. sowohl mit Meldungen als auch mit Aufträgen die Aktivitäten der Instandhaltungsabteilung dokumentieren möchten
- wenn Sie eine Meldung immer als ersten Schritt und damit als Auslöser Ihrer Instandhaltungsprozesse einsetzen möchten

Wenn Sie Aufarbeitungsmeldungen einsetzen, empfiehlt sich eine eigene Meldungsart, um sie von anderen Instandhaltungsmeldungen unterscheiden und getrennt steuern zu können. Die Customizing-Funktionen und -Einstellungen unterscheiden sich nicht von denen bei anderen Meldungen; diese habe ich Ihnen in Abschnitt 6.1, »Die Meldung«, gezeigt. Die einzige Ausnahme ist der Bildtyp Objekt.

Überblick zur Meldungsart

Mit dieser Customizing-Funktion legen Sie mit der Unterfunktion BILDBEREICHE IM MELDUNGSKOPF pro Meldungsart fest, welchen Meldungsheader und welche Bezugsobjekte Sie verwenden möchten.

Voraussetzungen

Die Meldungsarten und das Bildschirmlayout der Meldungsarten müssen definiert sein.

Customizing-Pfad

INSTANDHALTUNG UND KUNDENSERVICE • INSTANDHALTUNGS- UND SERVICEABWICKLUNG • INSTANDHALTUNGS- UND SERVICEMELDUNGEN • MELDUNGSERÖFFNUNG • MELDUNGSARTEN • ÜBERBLICK ZUR MELDUNGSART • Unterfunktion BILDBEREICHE IM MELDUNGSKOPF

Einstellungen bzw. empfohlene Einstellungen

Im BILDTYP KOPF tragen Sie immer H100 = HEADER INSTANDHALTUNGSMELDUNG ein – es sei denn, Sie haben sich eigene Header definiert (siehe Abbildung 8.22). Der HEADER INSTANDHALTUNGSMELDUNG beinhaltet Informationen wie Meldungsart, Meldungsnummer, Kurztext, Status und zugeordnete Auftragsnummer.

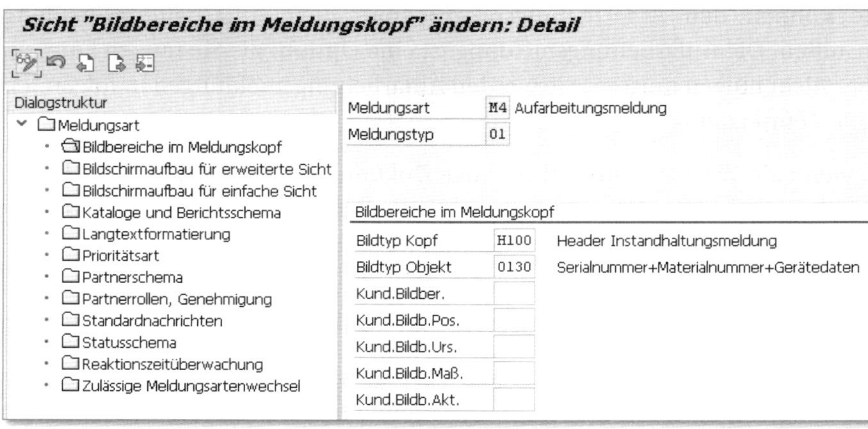

Abbildung 8.22 Aufarbeitung – Aufarbeitungsmeldung

Beim BILDTYP OBJEKT wählen Sie eine Einstellung, die die Materialnummer enthält, da sich der Aufarbeitungsprozess immer auf eine Materialnummer bezieht. Dafür steht Ihnen der Bildtyp O130 (Serialnummer + Materialnummer + Gerätedaten) zur Verfügung.

8.2.3 Der Aufarbeitungsauftrag

Im Folgenden beschreibe ich Ihnen die zusätzlichen Customizing-Funktionen und die Besonderheiten bei den Customizing-Einstellungen in Bezug auf eine Auftragsart für die Aufarbeitung. Die anderen Customizing-Funktionen und -Einstellungen unterscheiden sich nicht von denen bei anderen Auftragsarten; diese habe ich Ihnen in Abschnitt 6.2, »Der Auftrag«, gezeigt.

Auftragsarten einrichten

Mit dieser Customizing-Funktion definieren Sie die Auftragsart und legen einige grundsätzliche Parameter fest.

Eigene Auftragsart für Aufarbeitung [+]

Für den Aufarbeitungsprozess benötigen Sie eine *eigene* Auftragsart. Diese Auftragsart können Sie nicht für »normale« Instandhaltungsprozesse einsetzen – ebenso, wie Sie eine »normale« Auftragsart nicht für einen Aufarbeitungsprozess einsetzen können.

Voraussetzungen

Da die Auftragsarten nicht nur von der Instandhaltung, sondern auch von anderen Fachbereichen mit ihren entsprechenden SAP-Applikationen verwendet werden, müssen Sie sich mit Ihren Kollegen über die Nomenklatur und die Nummernkreise der Auftragsarten abstimmen.

Customizing-Pfad

Instandhaltung und Kundenservice • Instandhaltungs- und Serviceabwicklung • Instandhaltungs- und Serviceaufträge • Funktionen und Einstellungen der Auftragsarten • Auftragsarten einrichten

Transaktion

OIDA

Einstellungen bzw. empfohlene Einstellungen

Die Besonderheit dieser Customizing-Funktion in Bezug auf Auftragsarten stellt das Abrechnungsprofil dar (siehe Abbildung 8.23): Dieses *muss* ein anderes sein als für »normale« Auftragsarten, um die Aufträge auf eine Materialnummer abrechnen zu können. Details dazu erfahren Sie im nächsten Abschnitt zur Customizing-Funktion Abrechnungsprofile pflegen.

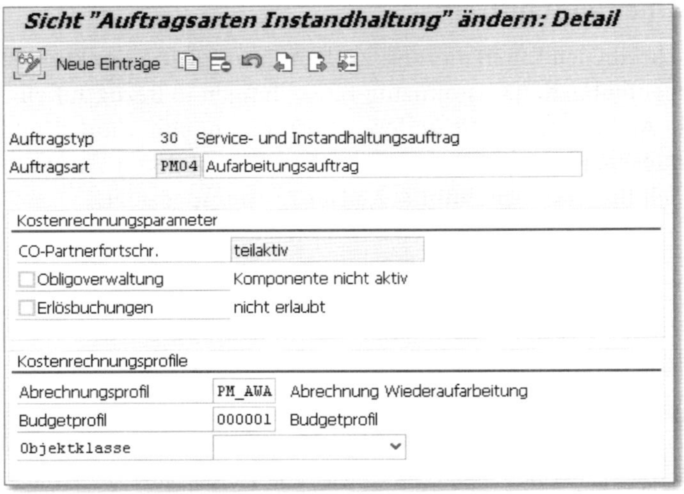

Abbildung 8.23 Aufarbeitung – Auftragsart

Abrechnungsprofile pflegen

Mit dieser Customizing-Funktion legen Sie das Verrechnungsschema, die zulässigen Kontierungsobjekte und weitere Abrechnungsparameter fest.

Voraussetzungen

Verrechnungsschemata und Belegarten für die Abrechnungsbelege müssen definiert sein.

Customizing-Pfad

Instandhaltung und Kundenservice • Instandhaltungs- und Serviceabwicklung • Grundeinstellungen • Auftragsabrechnung allgemein • Abrechnungsprofile pflegen

Einstellungen bzw. empfohlene Einstellungen

Abbildung 8.24 zeigt Ihnen die Empfehlungen für das Abrechnungsprofil für Aufarbeitungsaufträge.

[+]

Eigenes Abrechnungsprofil für Aufarbeitungsaufträge

Im Vergleich zum Abrechnungsprofil von »normalen« Auftragsarten ergeben sich zwei Besonderheiten:

- In der Rubrik Erlaubte Empfänger *muss* das Kontierungsobjekt Material auf 1 (= kann abgerechnet werden) stehen.
- Als Kontierungsvorschlag sollte MAT (= Material) eingetragen sein.

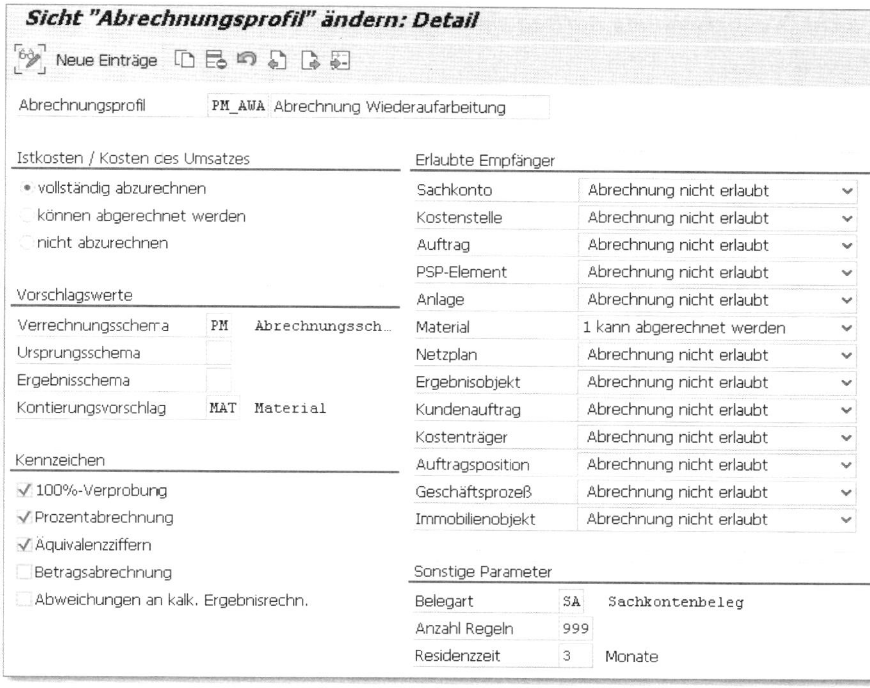

Abbildung 8.24 Aufarbeitung – Abrechnungsprofil

Auftragsarten für Aufarbeitungsabwicklung kennzeichnen

Mit dieser Customizing-Funktion kennzeichnen Sie eine Auftragsart als Aufarbeitungsauftragsart. Diese Auftragsart können Sie dann nicht für »normale« Instandhaltungsprozesse einsetzen.

Voraussetzungen

Die Auftragsart muss definiert sein.

Customizing-Pfad

Instandhaltung und Kundenservice • Instandhaltungs- und Serviceabwicklung • Instandhaltungs- und Serviceaufträge • Funktionen und Einstellungen der Auftragsarten • Auftragsarten für Aufarbeitungsabwicklung kennzeichnen

Einstellungen bzw. empfohlene Einstellungen

Markieren Sie die Auftragsart bzw. Auftragsarten, die Sie für die Aufarbeitung einsetzen möchten (siehe Abbildung 8.25).

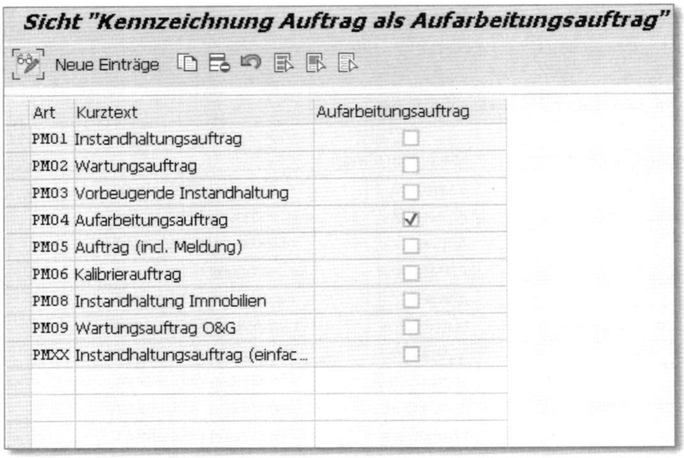

Abbildung 8.25 Aufarbeitung – Kennzeichnung Auftragsart

[+]

Auftragsart für Aufarbeitung kennzeichnen

Damit Sie eine Auftragsart für Aufarbeitungen nutzen können, muss diese als Aufarbeitungsauftragsart gekennzeichnet sein. Diese Auftragsart können Sie dann nicht für »normale« Instandhaltungsprozesse einsetzen.

Meldungsarten Auftragsarten zuordnen

Wenn Sie auch eine Meldungsart für die Aufarbeitung eingerichtet haben, sollten Sie mit dieser Customizing-Funktion festlegen, dass aus der Meldungsart für die Aufarbeitung die Auftragsart für die Aufarbeitung vorgeschlagen wird, wenn aus der Meldung ein Auftrag erzeugt wird.

Voraussetzungen

Die Meldungsarten und Auftragsarten müssen definiert sein.

Customizing-Pfad

INSTANDHALTUNG UND KUNDENSERVICE • INSTANDHALTUNGS- UND SERVICEABWICKLUNG • INSTANDHALTUNGS- UND SERVICEMELDUNGEN • MELDUNGSERÖFFNUNG • MELDUNGSARTEN • MELDUNGSARTEN AUFTRAGSARTEN ZUORDNEN

Einstellungen bzw. empfohlene Einstellungen

Tragen Sie für die Meldungsart die Auftragsart ein, die Sie für die Aufarbeitung vorgesehen haben (siehe Abbildung 8.26).

Sicht "Auftragsart pro Meldungsart" ändern: Übersicht

Art	Meldungsart	Art	Text Auftragsart
M1	IH-Anforderung	PM01	Instandhaltungsauftrag
M2	Störmeldung	PM01	Instandhaltungsauftrag
M3	Tätigkeitsmeldung	PM01	Instandhaltungsauftrag
M4	Aufarbeitungsmeldung	PM04	Aufarbeitungsauftrag
M5	Störmeldung	PM01	Instandhaltungsauftrag
MF	PAM: Instandhaltung		
MQ	Störmeldung aus QM	PM06	Kalibrierauftrag

Abbildung 8.26 Aufarbeitung – Auftragsart und Meldungsart

Dokumentation der Warenbewegungen zum Auftrag festlegen

Mit dieser Customizing-Funktion legen Sie pro Auftragsart und Werk fest, welche Materialbewegungen aufgezeichnet werden sollen. Diese können Sie sich dann im Auftrag entweder im Belegfluss oder in den dokumentierten Warenbewegungen ansehen.

Voraussetzungen

Auftragsart und Werk müssen definiert sein.

Customizing-Pfad

Instandhaltung und Kundenservice • Instandhaltungs- und Serviceabwicklung • Instandhaltungs- und Serviceaufträge • Funktionen und Einstellungen der Auftragsarten • Warenbewegungen zum Auftrag • Dokumentation der Warenbewegungen zum Auftrag festlegen

Einstellungen bzw. empfohlene Einstellungen

Folgende Warenbewegungen können Sie für die Instandhaltungsaufträge gesondert dokumentieren lassen (siehe Abbildung 8.27):

- Wareneingänge zur Bestellung (Schalter Bestellg)
- geplante Warenausgänge, d. h. Warenausgänge zu einer Reservierung (Schalter WAGeplant)
- ungeplante Warenausgänge, d. h. Warenausgänge ohne Reservierung (Schalter WAUngepl)
- Wareneingänge zu Aufarbeitungsaufträgen (Schalter WEAufarbeitung)

Letzteren können Sie nur bei Auftragsarten setzen, die als Auftragsart für die Aufarbeitung gekennzeichnet sind.

Sicht "Dokumentation der Materialbewegungen zum Auftrag"

W...	Art	Bestellg	WAGeplant	WAUngepl	WEAufarbeitung
1000	PM01	☑	☑	☑	☐
1000	PM02	☑	☑	☑	☐
1000	PM03	☑	☑	☑	☐
1000	PM04	☑	☑	☑	☑
1000	PM05	☑	☑	☑	☐
1000	PM06	☐	☐	☐	☐
1000	PM07	☐	☐	☐	☐
1000	PM08	☐	☐	☐	☐
1000	PMXX	☐	☐	☐	☐

Abbildung 8.27 Aufarbeitung – Dokumentation Warenbewegungen

Weitere Einstellungen sind für diese Auftragsart ebenfalls notwendig, sollen aber an dieser Stelle nicht wiederholt werden, weil sie sich nicht von »normalen« Auftragsarten unterscheiden. Stattdessen sei auf Abschnitt 6.2, »Der Auftrag«, für die auftragsspezifischen Einstellungen, Abschnitt 6.3, »Die Rückmeldung«, für die Rückmeldung und auf Kapitel 4, »Generische Funktionen«, für die generischen Funktionen verwiesen.

8.2.4 Die Materialbedarfsplanung

Mittlerweile ist die Möglichkeit, Aufarbeitungsaufträge zu erzeugen, auch in die Materialbedarfsplanung, und hier insbesondere in die Bedarfs-/Bestandsliste (Transaktion MD04) integriert worden.

Der betriebswirtschaftliche Hintergrund dafür ist: Immer, wenn die Menge an funktionsfähigen Teilen den Meldebestand unterschreitet, aber nichtfunktionsfähige Teile auf Lager liegen, erzeugt die Materialbedarfsplanung automatisch Planaufträge. Bisher war es nur möglich, Planaufträge entweder in den Bestellanforderungen für den Einkauf, Fertigungsaufträge in der diskreten Fertigung oder Prozessaufträge in der Prozessfertigung umzusetzen. Nun ist es auch möglich, die automatisch generierten Planaufträge in Aufarbeitungsaufträge umzusetzen, um die Menge an funktionsfähigen Teilen sicherzustellen.

Business Function

Damit Sie einen Planauftrag in einen Aufarbeitungsauftrag umwandeln können, muss DIMP 6.0 installiert und es müssen die Business Functions `LOG_EAM_ROTSUB`, `LOG_EAM_ROTSUB_2` und `LOG_MM_SERNO` aktiviert sein.

Materialstamm

Damit Sie Planaufträge in Aufarbeitungsaufträge umsetzen können, müssen Sie im Materialstamm im Bild Grunddaten 2 einen Spare Part Class Code im gleichnamigen Feld vergeben und ihn entweder als reparierbares Ersatzteil mit CMM (Code 2) oder als reparierbares Ersatzteil ohne CMM (Code 6) definieren (siehe Abbildung 8.28).

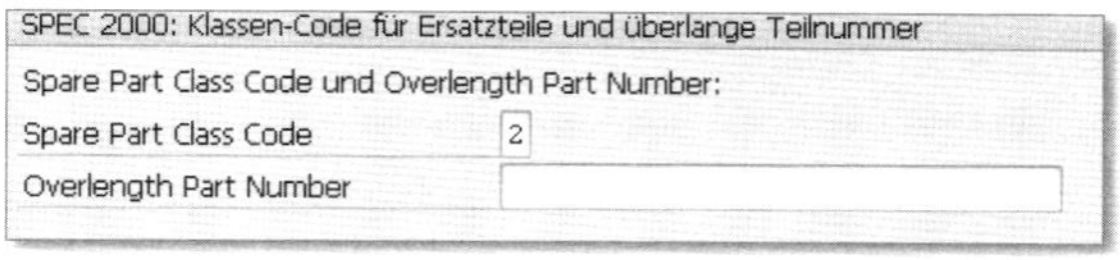

Abbildung 8.28 Aufarbeitung – Spare Part Class Code

Sollte dieser Subscreen nicht vorhanden sein, müssen Sie den Aufbau der Datenbilder für den Materialstamm folgendermaßen einstellen:

Aufbau der Datenbilder pro Bildsequenz definieren

Mit dieser Customizing-Funktion legen Sie eine Bildsequenz an und ordnen die benötigten Hauptbilder mit deren Subscreens zu.

Voraussetzungen
Es sind keine spezifischen Voraussetzungen notwendig.

Customizing-Pfad
Logistik Allgemein • Materialstamm • Konfigurieren des Materialstamms • Aufbau der Datenbilder pro Bildsequenz definieren

Transaktion
OMWO

Einstellungen bzw. empfohlene Einstellungen
Gehen Sie wie folgt vor:

- Wählen Sie die Bildsequenz aus, die Sie für Ihre Aufarbeitungsmaterialien nutzen.
- Wählen Sie das Datenbild aus, auf dem Sie den Spare Part Class Code platzieren möchten.
- Wählen Sie Subscreens, um dort den Subscreen für den Spare Part Class Code zu platzieren. Geben Sie dazu das Programm SAPLADRT21 und die Dynpro-Nummer 2000 ein (siehe Abbildung 8.29).

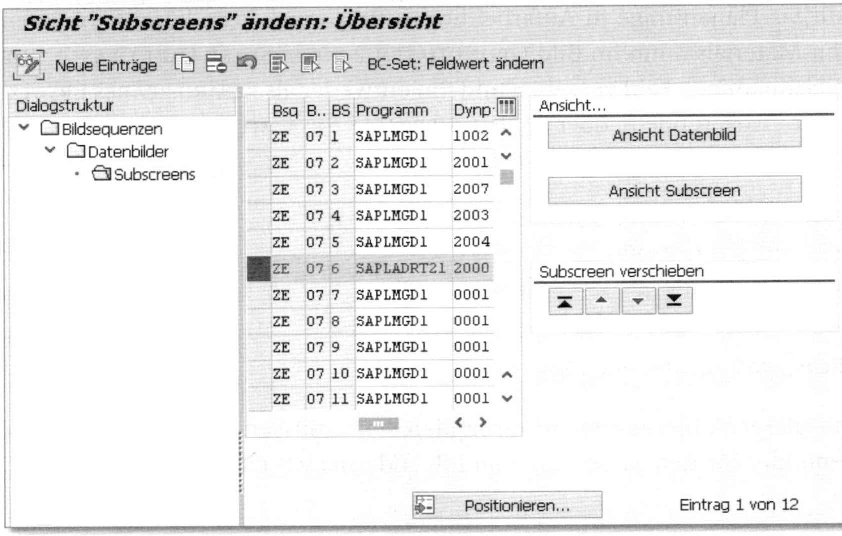

Abbildung 8.29 Aufarbeitung – Materialstamm für Bedarfsplanung

Dann können Sie aus der Materialbedarfs-/Bestandsliste (Transaktion MD04) heraus einen Planauftrag in einen Aufarbeitungsauftrag umwandeln.

Mit diesen Customizing-Einstellungen sollte es Ihnen nun möglich sein, den Prozess der Aufarbeitung so durchzuführen, wie er im *Praxishandbuch Instandhaltung mit SAP*[1] beschrieben ist.

8.3 Subcontracting (Lohnbearbeitung)

Der Geschäftsprozess *Subcontracting* kann auch als Lohnbearbeitung für Wartung und Instandsetzung bezeichnet werden und beschreibt die Verfahrensweise, um ein Equipment (bzw. eine Materialserialnummer) bei einem Dienstleister instand setzen zu lassen, d. h., dass hier, anders als bei den Prozessen der Fremdbearbeitung, das instand zu setzende oder zu wartende Objekt zum Dienstleister geschickt, dort bearbeitet und anschließend wieder zurückgeschickt wird.

Den Ablauf des Subcontractings zeigt Abbildung 8.30:

1 Vgl. Liebstückel, K.: Praxishandbuch Instandhaltung mit SAP. 3. Aufl. Bonn: SAP PRESS 2013. S. 257–268.

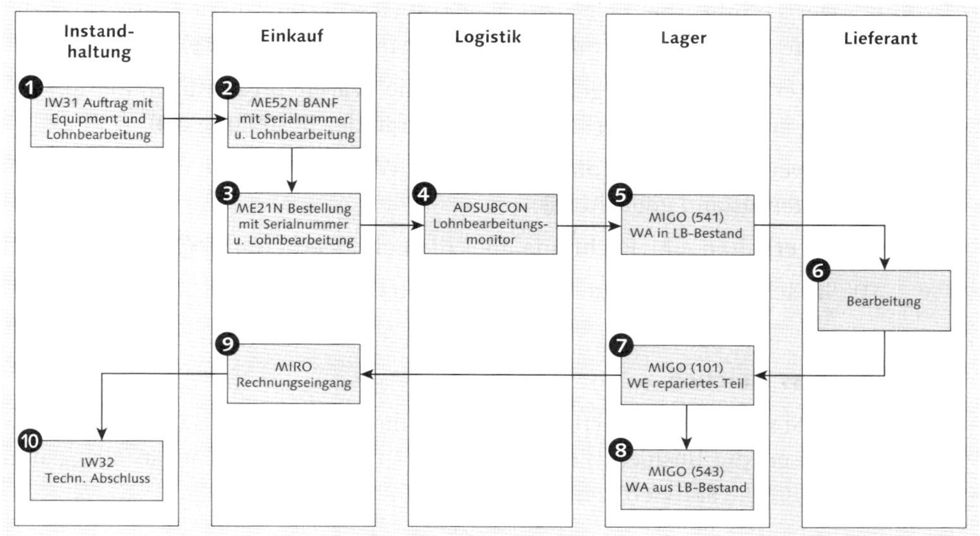

Abbildung 8.30 Subcontracting – Ablauf

1. Ihnen liegt ein defektes Teil zur Instandsetzung vor, das bei einem Dienstleister bearbeitet werden soll. Dazu legen Sie einen Instandhaltungsauftrag mit einer Materialserialnummer und einer »normalen« Auftragsart an (❶). In diesem Auftrag erfassen Sie einen Lohnbearbeitungsvorgang (Kennzeichen LOHNBEARBEITUNG) und ordnen diesem Vorgang ein Material mit dem Kennzeichen AUFARBEITUNG zu.
2. Das SAP-System generiert nun aus dem Instandhaltungsauftrag eine Bestellanforderung für die externe Reparatur- bzw. Instandsetzungsleistung mit einer Lohnbearbeitungsposition (Positionstyp L) und der Materialserialnummer (❷).
3. Sie wandeln die Bestellanforderung in eine Bestellung für die externe Reparatur- bzw. Instandsetzungsleistung um (❸). Die Bestellposition ist als Lohnbearbeitungsposition gekennzeichnet (Positionstyp L) und enthält das Teil, das nach der Reparatur zurückerwartet wird (Materialserialnummer).
4. Sie senden das zu reparierende Teil über eine Auslieferung an den Lohnbearbeiter (❹).
5. Die beigestellten Teile werden als Lieferantenbeistellbestand (Lohnbearbeiterbestand) geführt (❺). Die Beistellung stellt eine Umbuchung aus dem frei verwendbaren Bestand in den Lieferantenbeistellbestand (Lohnbearbeiterbestand) dar.

6. Der Lohnbearbeiter repariert, modifiziert, ersetzt oder tauscht das defekte Teil aus und sendet das einsetzbare Teil zurück (❻).
7. Sie erfassen für das gelieferte Teil eine Wareneingangsbuchung mit Bezug auf die Lohnbearbeitungsposition in der Bestellung (❼).
8. Dabei wird für die Komponenten ein Warenausgang aus dem Lohnbearbeiterbestand gebucht (❽).
9. Sie erhalten eine Rechnung über die Lohnbearbeitung (❾).
10. Sie schließen den Instandhaltungsauftrag ab (❿).

Business Function

Damit Sie das Subcontracting nutzen können, muss DIMP 6.0 installiert und es müssen die Business Functions `LOG_EAM_ROTSUB`, `LOG_EAM_ROTSUB_2` und `LOG_MM_SERNO` aktiviert sein.

Dann müssen Sie folgende Customizing-Einstellungen vornehmen:

Serialnummernprofile festlegen

Mit dieser Customizing-Funktion definieren Sie die Serialnummernprofile. Jedem Equipment, das Sie durch einen Lohnbearbeitungsprozess aufarbeiten lassen wollen, muss eine Materialserialnummer zugeordnet sein. Diesem Material müssen Sie im Materialstammsatz auf Werksebene ein Serialnummernprofil zuordnen.

Voraussetzungen
Es sind keine speziellen Voraussetzungen nötig.

Customizing-Pfad
Instandhaltung und Kundenservice • Stammdaten in Instandhaltung und Kundenservice • Technische Objekte • Serialnummernverwaltung • Serialnummernprofile festlegen

Transaktion
OIS2

Einstellungen
Den Serialnummernprofilen, die Sie für den Lohnbearbeitungsprozess einsetzen möchten, müssen mindestens folgende drei Serialisierungsvorgänge zugewiesen sein (siehe Abbildung 8.31):

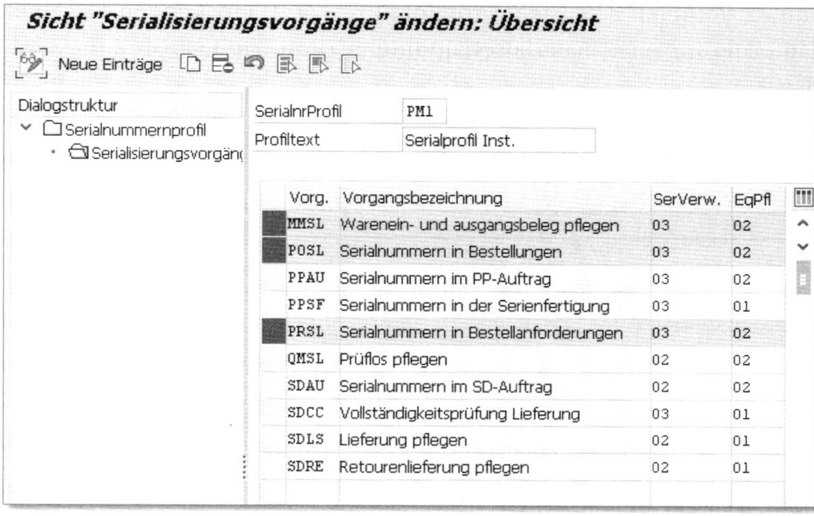

Abbildung 8.31 Subcontracting – Serialnummernprofil

- MMSL, damit Sie für die Materialserialnummer Wareneingang und Warenausgang erfassen können (Schritte 4, 5, 7 und 8 aus Abbildung 8.30)
- POSL, damit Sie Serialnummern in Bestellungen verwalten können (Schritt 3 aus Abbildung 8.30)
- PRSL, damit Sie Serialnummern in Bestellanforderungen verwalten können (Schritt 4 aus Abbildung 8.30)

Bestellanforderung Belegarten einstellen

Mit dieser Customizing-Funktion verwalten Sie für Bestellanforderungen die Belegarten mit den jeweils zulässigen Positionstypen.

Voraussetzungen

Die Serialnummernprofile müssen gepflegt sein.

Customizing-Pfad

Materialwirtschaft • Einkauf • Bestellanforderung • Belegarten einstellen

Einstellungen

Rufen Sie für die Belegart, die Sie für den Lohnbearbeitungsprozess nutzen möchten (z. B. NB = Normale Bestellanforderung), den Positionstyp L (= Lohnbearbeitung) auf, und definieren Sie das Serialnummernprofil, das zum Einsatz kommen soll (siehe Abbildung 8.32). Dann können Sie einer Bestellanforderung eine Materialserialnummer zuordnen (Schritt 2 in Abbildung 8.30).

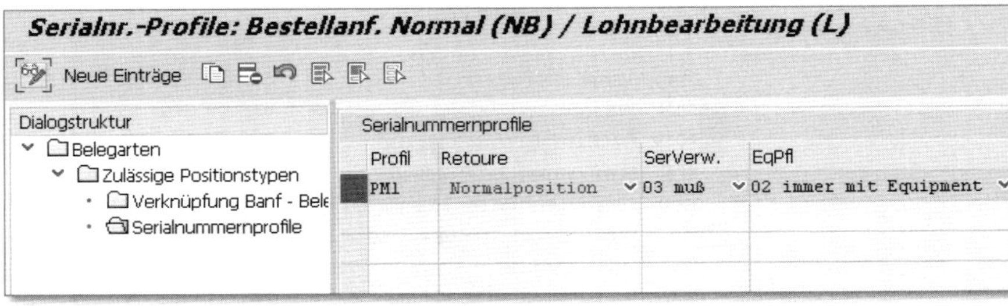

Abbildung 8.32 Subcontracting – Serialnummernprofil in Bestellanforderungen

Bestellung Belegarten einstellen

Mit dieser Customizing-Funktion verwalten Sie für Bestellungen die Belegarten mit den jeweils zulässigen Positionstypen.

Voraussetzungen

Die Serialnummernprofile müssen gepflegt sein.

Customizing-Pfad

MATERIALWIRTSCHAFT • EINKAUF • BESTELLUNG • BELEGARTEN EINSTELLEN

Einstellungen

Rufen Sie für die Belegart, die Sie für den Lohnbearbeitungsprozess nutzen möchten (z. B. NB = Normalbestellung), den Positionstyp L (= Lohnbearbeitung) auf, und definieren Sie das Serialnummernprofil, das zum Einsatz kommen soll (siehe Abbildung 8.33). Dann können Sie einer Bestellung eine Materialserialnummer zuordnen (Schritt 3 in Abbildung 8.30).

Abbildung 8.33 Subcontracting – Serialnummernprofil in Bestellungen

Beistellteilkennzeichen festlegen

Um ein Material für die Lohnbearbeitung beistellen zu können, muss der Position im Auftrag ein Beistellkennzeichen zugewiesen werden, das diese Position als Aufarbeitungsmaterial ausweist (Schritt 1 in Abbildung 8.30).

Mit dieser Customizing-Funktion definieren Sie die Beistellkennzeichen.

Voraussetzungen

Es sind keine spezifischen Voraussetzungen notwendig.

Customizing-Pfad

INSTANDHALTUNG UND KUNDENSERVICE • STAMMDATEN IN INSTANDHALTUNG UND KUNDENSERVICE • STÜCKLISTEN • POSITIONSDATEN • BEISTELLTEILKENNZEICHEN FESTLEGEN

Transaktion

OICO

Einstellungen

Definieren Sie ein Beistellteilkennzeichen, für das Sie das Kennzeichen A&D BST (= Aerospace & Defense Beistellung)[2] aktivieren (siehe Abbildung 8.34).

Sicht "Beistellteilkennzeichen" ändern: Übersicht

Neue Einträge

Beistellteilkennzeichen

BstTlKz	KndBst	LiefBst	A&D Bst	Nachträgl.	BeistellteilKzBez.
F	☐	☐	☑	☑	Vorablieferung
K	☑	☐	☐	☐	Kundenbeistellteil
L	☐	☑	☐	☐	Lieferantenbeistellteil
S	☐	☐	☑	☐	Aufarbeitungsmaterial
X	☐	☑	☑	☐	Dummy Aufarbeitungsmat. v. LB

Abbildung 8.34 Subcontracting – Beistellteilkennzeichen

Mit diesen Customizing-Einstellungen sollte es Ihnen nun möglich sein, den Prozess des Subcontractings so durchzuführen, wie er im *Praxishandbuch Instandhaltung mit SAP*[3] beschrieben ist.

2 Hinweis: Die Lohnbearbeitung wurde originär für die Branchenlösung SAP Aerospace and Defense entwickelt, aber später allgemein zur Verfügung gestellt.

3 Vgl. Liebstückel, K.: Praxishandbuch Instandhaltung mit SAP. S. 268–274.

8.4 Kalibrierung von Prüf- und Messmitteln

In vielen Unternehmen werden Prüf- und Messmittel wie Waagen, Lehren oder Schieber für Qualitätsprüfungen in der Zwischen- und Endkontrolle von Produkten und zur Prüfung von Geräten eingesetzt. Um sicherzustellen, dass die eingesetzten Prüfmittel die vorgegebenen Leistungskriterien stets erfüllen, werden sie regelmäßig geprüft und kalibriert. Mithilfe der Funktionen der Prüf- und Messmittelverwaltung können Sie die folgenden Aktionen ausführen:

- Equipments verwalten
- Prüfungen planen und terminieren
- Aufträge und Prüflose zur Abwicklung von Kalibrierprüfungen an Equipments durchführen

Abbildung 8.35 gibt Ihnen einen Überblick über die Objekte und den Prozess der Prüf- und Messmittelverwaltung: Ein Prüf- und Messmittel wird als Equipment verwaltet.

- Für das Prüf- und Messmittel wird ein Prüfplan angelegt.
- Dabei beschreiben die Stammprüfmerkmale die Eigenschaften, die es zu messen gilt (z. B. Sichtprüfungen, Längenmessungen).
- Die Stichprobenverfahren beschreiben Art und Umfang der Stichprobe.
- Der Prüfplan wird in einen Wartungsplan eingebunden.
- Der Wartungsplan generiert einen Auftrag und ein Prüflos.
- Bei jeder Prüfung werden sowohl die Prozesse der Prüflosverwaltung (Ergebniserfassung, Verwendungsentscheid) als auch die Prozesse der Auftragsverwaltung (Zeitrückmeldung, technische Rückmeldung) durchlaufen.

Im Folgenden zeige ich Ihnen, welche Customizing-Einstellungen notwendig oder empfehlenswert sind, um den Prozess der Prüf- und Messmittelverwaltung zu implementieren – getrennt nach Instandhaltung und Qualitätsmanagement.

[+]

PM/QM-Kopplung

Da für die Kalibrierung von Prüf- und Messmitteln Customizing-Funktionen aus dem Bereich der Instandhaltung und des Qualitätsmanagements benötigt werden, spricht man auch von der *PM/QM-Kopplung*.

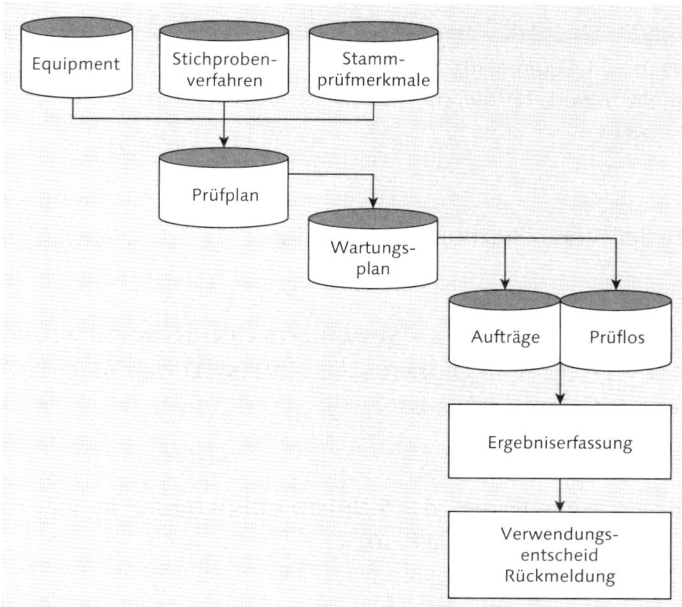

Abbildung 8.35 Prüf-/Messmittelverwaltung – Überblick

8.4.1 Customizing-Funktionen der Instandhaltung

Die Customizing-Funktionen der Instandhaltung umfassen spezifische Einstellungen zu folgenden Objekten:

- Equipments
- Meldungen
- Aufträge
- Wartungspläne

Sichtenprofile für technische Objekte einstellen

Mit dieser Customizing-Funktion können Sie das Layout der Bildschirmbilder der technischen Objekte festlegen. Sie bestimmen:

- wie viele Registerkarten Sie haben möchten
- welche Bildgruppen auf welche Registerkarte und wo platziert werden sollen
- wie die Registerkarte heißen soll
- ob der Registerkarte ein Icon zugeordnet werden soll

[+] **Eigenes Sichtenprofil für Prüf- und Messmittel**

Um sich von den anderen Equipments abzugrenzen und davon unabhängig zu machen, ist es empfehlenswert, für die Prüf- und Messmittel ein eigenes Sichtenprofil zu definieren.

Voraussetzungen

Es sind keine speziellen Voraussetzungen notwendig.

Customizing-Pfad

Instandhaltung und Kundenservice • Stammdaten in Instandhaltung und Kundenservice • Technische Objekte • Allgemeine Daten • Sichtenprofile für technische Objekte einstellen

Einstellungen

Definieren Sie zunächst einen Namen des Sichtenprofils, und machen Sie es für Equipments gültig (siehe Abbildung 8.36).

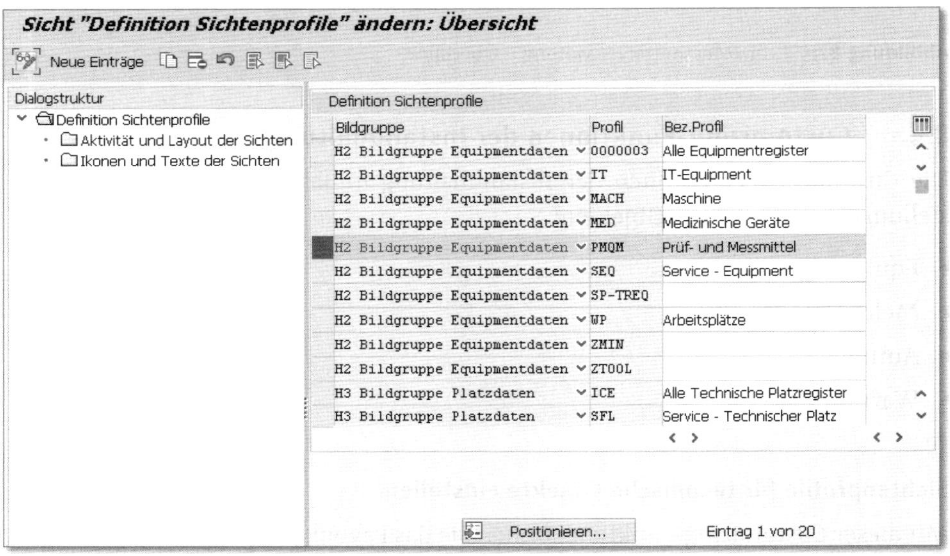

Abbildung 8.36 Prüf-/Messmittelverwaltung – Sichtenprofil Equipment

Dann ordnen Sie mit der Unterfunktion Aktivität und Layout der Sichten den Registerkarten die gewünschten Bildbereiche zu (siehe Abbildung 8.37).

Schließlich können Sie mit der Unterfunktion Ikonen und Texte der Sichten eigene Titel der Registerkarten definieren und ein Icon zuordnen.

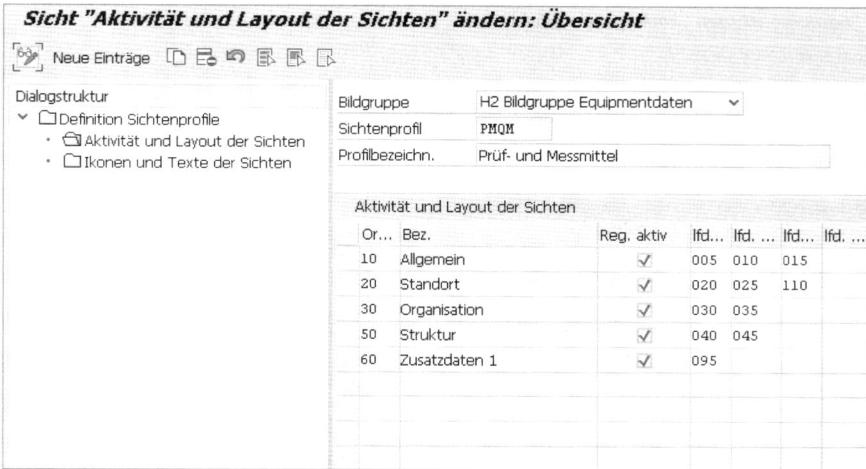

Abbildung 8.37 Prüf-/Messmittelverwaltung – Sichtenprofil Equipment

Equipmenttyp pflegen

Mit dieser Customizing-Funktion definieren Sie Equipmenttypen. Damit steuern Sie, welche grundlegenden Eigenschaften ein entsprechender Equipmentstammsatz haben soll. Anhand der Steuerungseigenschaften können Sie entscheiden, wie viele und welche Equipmenttypen Sie benötigen.

Eigener Equipmenttyp für Prüf- und Messmittel [+]

Damit Sie den Geschäftsprozess der Kalibrierung von Prüf- und Messmitteln durchführen können, benötigen Sie einen eigenen Equipmenttyp. Dieser muss dem Referenztyp Fertigungshilfsmittel zugewiesen sein.

Voraussetzungen

Wenn Sie den Equipmenttypen Objektinformationsschlüssel und Sichtenprofil zuordnen möchten, müssen diese vorher definiert sein.

Customizing-Pfad

Instandhaltung und Kundenservice • Stammdaten in Instandhaltung und Kundenservice • Technische Objekte • Equipments • Equipmenttypen • Equipmenttyp pflegen

Einstellungen

Abbildung 8.38 zeigt Ihnen einen Equipmenttyp für die Prüf- und Messmittelverwaltung.

Sicht "Equipmenttypen" ändern: Übersicht

Neue Einträge

Equipmenttypen

T	R		EquipmenttypBez	A	Ä	W..	Objektinfo	Sichten...	Btyp/Matnr	ÄA	Li...
M	M	Maschinen	Maschinen		✓		PM	MACH	keine Prüfung, ob Bautyp u…		
N	M	Maschinen	Maschinen		✓		PM-AUTOCRT	ZMIN	keine Prüfung, ob Bautyp u…		
O	M	Maschinen	IT-Equipment		✓		PM	IT	keine Prüfung, ob Bautyp u…		
P	P	Fertigungshilfsmittel	Fertigungshilfsmittel		✓			IT	keine Prüfung, ob Bautyp u…		
Q	P	Fertigungshilfsmittel	Prüf- und Meßmittel		✓		PM	PMQM	keine Prüfung, ob Bautyp u…		
R	M	Maschinen	Maschinen		✓		PM	SP-TREQ	keine Prüfung, ob Bautyp u…		
S	S	Kundengeräte	Kundenequipment		✓		SERVICE_S1	SEQ	keine Prüfung, ob Bautyp u…		
T	M	Maschinen	Maschinen		✓		PM	MT	keine Prüfung, ob Bautyp u…		
U	M	Maschinen	Maschinen		✓		PM	0000003	keine Prüfung, ob Bautyp u…		
W	M	Maschinen	Arbeitsplätze		✓		IT	WP	keine Prüfung, ob Bautyp u…		
X	M	Maschinen	Maschinen		✓		PM	MACH	keine Prüfung, ob Bautyp u…		
Y	M	Maschinen	Gebäude		✓		PM	MACH	keine Prüfung, ob Bautyp u…		
Z	M	Maschinen	Testequipment		✓		PM	TEST	1 Warnung, falls Bautyp und…		

Abbildung 8.38 Prüf-/Messmittelverwaltung – Equipmenttyp

[+]

Besondere Einstellungen im Equipmenttyp

Im Equipmenttyp sollten Sie aus Sicht der Prüf- und Messmittelverwaltung folgende Einstellungen vornehmen:

- Sie ordnen einen Referenztyp zu. Dieser dient insbesondere zur Definition der historienrelevanten Felder eines Equipmentstammsatzes. Für Equipmenttypen der Prüf- und Messmittelverwaltung muss dieser P = Fertigungshilfsmittel sein.
- Sie ordnen das Sichtenprofil zu, das Sie für die Prüf- und Messmittel definiert haben.

Zusätzliche betriebswirtschaftliche Sichten für Equipmenttypen festlegen

In diesem Arbeitsschritt können Sie für jeden Equipmenttyp weitere Sichten festlegen. Die Sichten repräsentieren zusätzliche Registerkarten innerhalb des Equipments.

Voraussetzungen

Die Equipmenttypen müssen vorher definiert sein.

Customizing-Pfad

Instandhaltung und Kundenservice • Stammdaten in Instandhaltung und Kundenservice • Technische Objekte • Equipments • Equipmenttypen • Zusätzliche betriebswirtschaftliche Sichten für Equipmenttypen festlegen

Einstellungen

Welche Sichten Sie zusätzlich aktivieren können, zeigt Ihnen Abbildung 8.39.

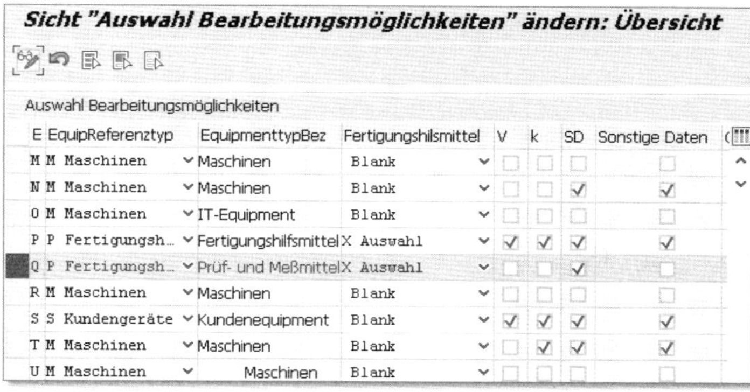

E	EquipReferenztyp	EquipmenttypBez	Fertigungshilsmittel	V	k	SD	Sonstige Daten
M	M Maschinen	Maschinen	Blank	☐	☐	☐	☐
N	M Maschinen	Maschinen	Blank	☐	☐	✓	✓
O	M Maschinen	IT-Equipment	Blank	☐	☐	☐	☐
P	P Fertigungsh...	Fertigungshilfsmittel	X Auswahl	✓	✓	✓	✓
Q	P Fertigungsh...	Prüf- und Meßmittel	X Auswahl	☐	☐	✓	☐
R	M Maschinen	Maschinen	Blank	☐	☐	☐	☐
S	S Kundengeräte	Kundenequipment	Blank	✓	✓	✓	✓
T	M Maschinen	Maschinen	Blank	☐	✓	✓	✓
U	M Maschinen	Maschinen	Blank	☐	☐	☐	☐

Abbildung 8.39 Prüf-/Messmittelverwaltung – Equipment – zusätzliche Sichten

Fertigungshilfsmittel muss ausgewählt sein [+]

Damit Sie den Geschäftsprozess der Kalibrierung von Prüf- und Messmitteln durchführen können, muss die Sicht FERTIGUNGSHILFSMITTEL auf AUSWAHL stehen. Für Equipmenttypen, für die die Sicht FERTIGUNGSHILFSMITTEL blank ist, funktioniert der Geschäftsprozess nicht.

Wenn Sie Ihre Prüf- und Messmittel einlagern möchten, müssen die Equipments auch eine Material- und Serialnummer haben. Dazu müssen Sie die Sicht SD (Serialdaten) aktivieren.

In letzterem Fall müssen Sie der Materialnummer noch ein Serialnummernprofil zuordnen.

Serialnummernprofile festlegen

Mit dieser Customizing-Funktion definieren Sie die Serialnummernprofile. Jedem *Material*, das serialisiert werden soll, müssen Sie im Materialstammsatz auf Werksebene ein Serialnummernprofil zuordnen. Das bedeutet, dass Sie einem Material pro Werk ein eigenes Serialnummernprofil zuweisen können. Ein Material kann in einem Werk serialnummernpflichtig sein, in anderen Werken nicht.

Voraussetzungen

Es sind keine speziellen Voraussetzungen nötig.

Customizing-Pfad

INSTANDHALTUNG UND KUNDENSERVICE • STAMMDATEN IN INSTANDHALTUNG UND KUNDENSERVICE • TECHNISCHE OBJEKTE • SERIALNUMMERNVERWALTUNG • SERIALNUMMERNPROFILE FESTLEGEN

Transaktion
OIS2

Einstellungen
Im Übersichtsbild legen Sie einen Profilnamen und die Profilbezeichnung fest (siehe Abbildung 8.40).

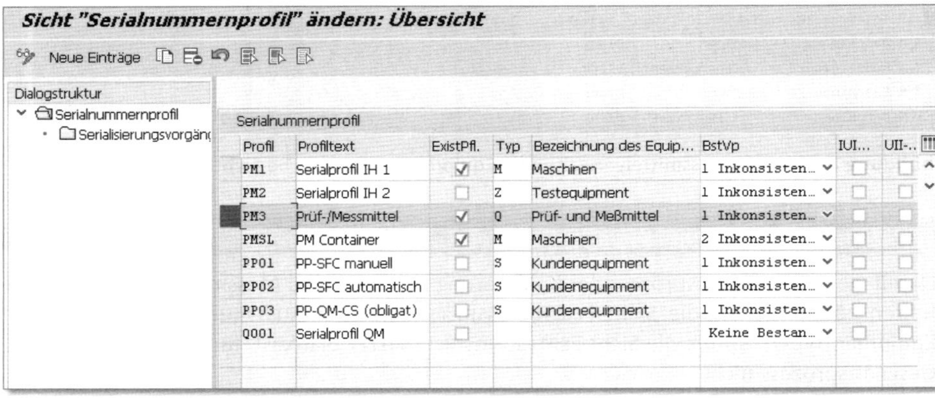

Profil	Profiltext	ExistPfl.	Typ	Bezeichnung des Equip...	BstVp	IUI...	UII-...
PM1	Serialprofil IH 1	✓	M	Maschinen	1 Inkonsisten...		
PM2	Serialprofil IH 2		Z	Testequipment	1 Inkonsisten...		
PM3	Prüf-/Messmittel	✓	Q	Prüf- und Meßmittel	1 Inkonsisten...		
PMSL	PM Container	✓	M	Maschinen	2 Inkonsisten...		
PP01	PP-SFC manuell		S	Kundenequipment	1 Inkonsisten...		
PP02	PP-SFC automatisch		S	Kundenequipment	1 Inkonsisten...		
PP03	PP-QM-CS (obligat)		S	Kundenequipment	1 Inkonsisten...		
Q001	Serialprofil QM				Keine Bestan...		

Abbildung 8.40 Prüf-/Messmittelverwaltung – Serialnummernprofil

Wenn Sie für Ihre Prüf- und Messmittel die Serialnummern bei einem betriebswirtschaftlichen Vorgang wie dem Wareneingang automatisch anlegen lassen wollen, dann geben Sie in der Spalte TYP den Equipmenttyp an, den Sie für Ihre Prüf- und Messmittel vorgesehen haben.

Zu jedem der Serialnummernprofile legen Sie dann in einem Detailbild die SERIALISIERUNGSVORGÄNGE fest, die für dieses Serialnummernprofil erlaubt sind (siehe Abbildung 8.41).

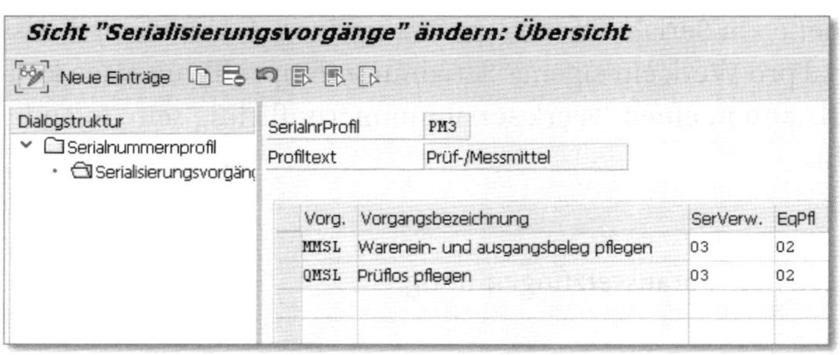

Vorg.	Vorgangsbezeichnung	SerVerw.	EqPfl
MMSL	Warenein- und ausgangsbeleg pflegen	03	02
QMSL	Prüflos pflegen	03	02

Abbildung 8.41 Prüf-/Messmittelverwaltung – Serialnummernprofil

Prüf- und Messmittel mit bestimmtem Serialnummernprofil [+]

Folgende Serialisierungsvorgänge müssen Sie einem Equipmenttyp zugewiesen haben, den Sie für den Geschäftsprozess der Kalibrierung von Prüf- und Messmitteln nutzen möchten:

- MMSL – Wareneingang und Warenausgang pflegen
- QMSL – Prüflos pflegen

Weitere Einstellungen sind für diesen Equipmenttyp ebenfalls notwendig, sollen aber an dieser Stelle nicht wiederholt werden, weil sie sich nicht von den anderen Equipmenttypen unterscheiden. Stattdessen sei auf Abschnitt 3.2, »Das Werk aus Instandhaltungssicht«, für die equipmentspezifischen Einstellungen und auf Kapitel 4, »Generische Funktionen«, für die generischen Funktionen verwiesen.

Auftragsarten einrichten

Mit dieser Customizing-Funktion definieren Sie die Auftragsart und legen einige grundsätzliche Parameter fest.

Eigene Auftragsart für Prüf- und Messmittelverwaltung [+]

Für den Geschäftsprozess der Kalibrierung von Prüf- und Messmitteln benötigen Sie eine *eigene* Auftragsart. Diese Auftragsart können Sie nicht für »normale« Instandhaltungsprozesse einsetzen – ebenso, wie Sie eine »normale« Auftragsart nicht für die Prüf- und Messmittelverwaltung einsetzen können.

Voraussetzungen

Da die Auftragsarten nicht nur von der Instandhaltung, sondern auch von anderen Fachbereichen mit ihren entsprechenden SAP-Applikationen verwendet werden, müssen Sie sich mit Ihren Kollegen über die Nomenklatur und die Nummernkreise der Auftragsarten abstimmen.

Customizing-Pfad

Instandhaltung und Kundenservice • Instandhaltungs- und Serviceabwicklung • Instandhaltungs- und Serviceaufträge • Funktionen und Einstellungen der Auftragsarten • Auftragsarten einrichten

Transaktion

OIDA

Einstellungen bzw. empfohlene Einstellungen

Achten Sie bei dieser Customizing-Funktion im Bezugsobjekt darauf, das korrekte Bezugsobjekt zu wählen: Wenn Sie Ihre Prüf- und Messmittel lediglich als Equipments verwalten, bietet sich das Dynpro-Bezugsobjekt 0160 (Equipment) an. Wenn Sie die Equipments auch als Material- und Serialnummern verwalten, sollten Sie das Dynpro-Bezugsobjekt 0170 (Equipment-, Material-, Serialnummer) wählen (siehe Abbildung 8.42).

Abbildung 8.42 Prüf-/Messmittelverwaltung – Auftragsart

Weitere Einstellungen sind für diese Auftragsart ebenfalls notwendig, sollen aber an dieser Stelle nicht wiederholt werden, weil sie sich nicht von »normalen« Auftragsarten unterscheiden. Stattdessen sei auf Abschnitt 6.2, »Der Auftrag«, für die auftragsspezifischen Einstellungen, auf Abschnitt 6.3, »Die Rückmeldung«, für die Rückmeldung und auf Kapitel 4, »Generische Funktionen«, für die generischen Funktionen verwiesen.

[+]

»Kalibriermeldung«: Kann, aber kein Muss

Für den Geschäftsprozess der Kalibrierung von Prüf- und Messmitteln benötigen Sie nicht unbedingt eine Meldung, aber Sie können eine einsetzen.

Für den Fall, dass Sie den Geschäftsprozess der Kalibrierung von Prüf- und Messmitteln durch eine Meldung unterstützen möchten, habe ich Ihnen im Folgenden die Besonderheiten zusammengestellt.

Meldungsarten definieren

Mit dieser Customizing-Funktion legen Sie die von Ihnen benötigten Meldungsarten fest. Wie viele und welche Meldungsarten Sie definieren, sollten Sie von den oben beschriebenen Funktionen abhängig machen.

Eigene Meldungsart für Kalibrierung [+]

Wenn Sie in der Kalibrierung von Prüf- und Messmitteln die Meldung einsetzen, sollten Sie eine eigene Meldungsart definieren, um sich von den anderen Meldungsarten abzugrenzen und sie eigenständig steuern zu können.

Voraussetzungen

Das Berichtsschema muss definiert sein.

Customizing-Pfad

INSTANDHALTUNG UND KUNDENSERVICE • INSTANDHALTUNGS- UND SERVICEABWICKLUNG • INSTANDHALTUNGS- UND SERVICEMELDUNGEN • MELDUNGSERÖFFNUNG • MELDUNGSARTEN • MELDUNGSARTEN DEFINIEREN

Einstellungen bzw. empfohlene Einstellungen

Das Besondere an dieser Meldungsart ist die Zuordnung eines Berichtsschemas, das auf die Belange der Kalibrierung von Prüf- und Messmitteln zugeschnitten ist (siehe Abbildung 8.43).

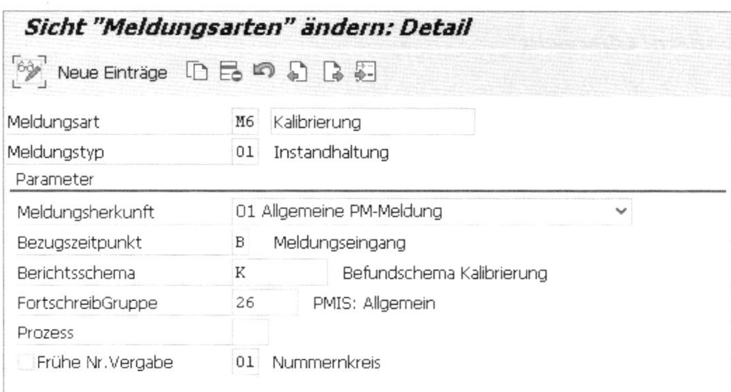

Abbildung 8.43 Prüf-/Messmittelverwaltung – Meldungsart

Kataloge pflegen

Mit dieser Customizing-Funktion pflegen Sie die Kataloge, die Sie einsetzen möchten, mit den dazugehörenden Codegruppen und Codes.

[+]

Katalog 9 für die Kalibriermeldung

Für die Einrichtung von Codes und Codegruppen für die Prüf- und Messmittelverwaltung empfiehlt sich der Katalog 9 (= Fehlerarten), da dieser im Customizing des Qualitätsmanagements direkt angesprochen werden kann.

Voraussetzungen

Es sind keine speziellen Voraussetzungen nötig. Sie müssen sich jedoch bezüglich der Nomenklatur der Kataloge mit Ihren Kollegen vom Qualitätsmanagement und vom Kundenservice abstimmen, da die Kataloge dort ebenfalls zum Einsatz kommen.

Customizing-Pfad

INSTANDHALTUNG UND KUNDENSERVICE • INSTANDHALTUNGS- UND SERVICEABWICKLUNG • INSTANDHALTUNGS- UND SERVICEMELDUNGEN • MELDUNGSERÖFFNUNG • MELDUNGSINHALT • KATALOGE PFLEGEN

Transaktion

QS41

Einstellungen bzw. empfohlene Einstellungen

Richten Sie im Katalog der Fehlerarten eine Codegruppe und Codes ein, mit denen Sie Über- und Unterschreitungen von Soll-Werten dokumentieren können (siehe Abbildung 8.44).

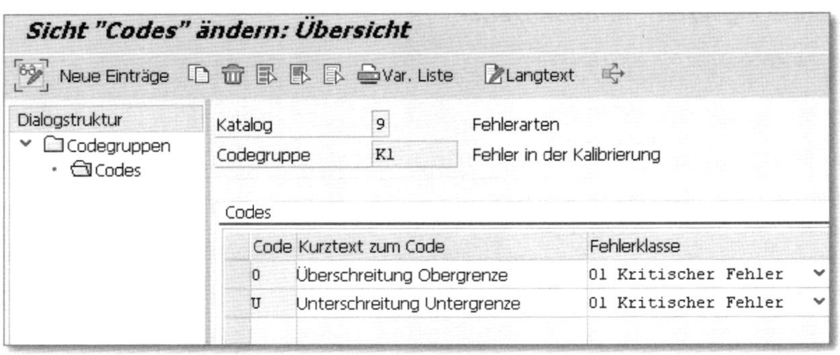

Abbildung 8.44 Prüf-/Messmittelverwaltung – Katalog Fehlerart

Berichtsschema definieren

Damit Sie die Fehlercodes sinnvoll in der Kalibriermeldung aufrufen können, empfiehlt sich die Einrichtung eines Berichtsschemas.

Voraussetzungen

Die Katalogarten, Codegruppen und Codes müssen definiert sein. Falls Sie darüber hinaus eine Klasse zuordnen möchten, müssen Sie mit der Transaktion CL02 die Klasse mit der Klassenart 015 angelegt und vorher mit der Transaktion CT04 die benötigten Merkmale definiert haben.

Customizing-Pfad

INSTANDHALTUNG UND KUNDENSERVICE • INSTANDHALTUNGS- UND SERVICEABWICKLUNG • INSTANDHALTUNGS- UND SERVICEMELDUNGEN • MELDUNGSERÖFFNUNG • MELDUNGSINHALT • BERICHTSSCHEMA DEFINIEREN

Transaktion

OQN6

Einstellungen bzw. empfohlene Einstellungen

Abbildung 6.19 zeigt Ihnen die Zuordnung einer Codegruppe aus der Katalogart 9 zu einem Berichtsschema.

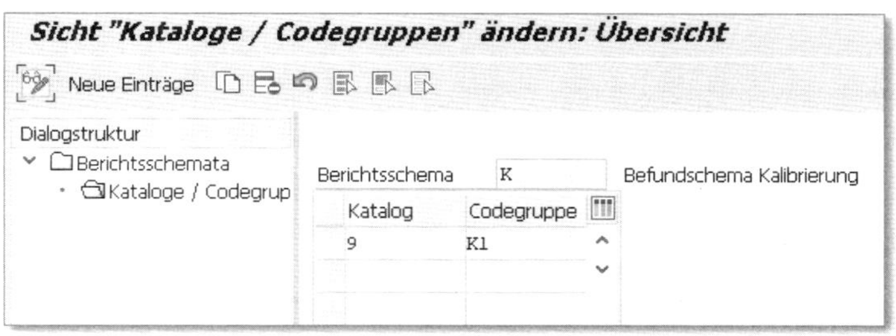

Abbildung 8.45 Prüf-/Messmittelverwaltung – Berichtsschema

Kataloge und Berichtsschema zur Meldungsart ändern

Mit dieser Customizing-Funktion ordnen Sie die Kataloge, die Sie einsetzen möchten, Ihrer Meldungsart für die Kalibrierung von Prüf- und Messmitteln zu.

Voraussetzungen

Die Katalogarten, die Berichtsschemata und die Meldungsarten müssen definiert sein.

Customizing-Pfad
Instandhaltung und Kundenservice • Instandhaltungs- und Serviceabwicklung • Instandhaltungs- und Servicemeldungen • Meldungseröffnung • Meldungsinhalt • Kataloge und Berichtsschema zur Meldungsart ändern

Einstellungen bzw. empfohlene Einstellungen
Ordnen Sie das Berichtsschema sowie den Katalog 9 in der Rubrik Probleme zu (siehe Abbildung 8.46).

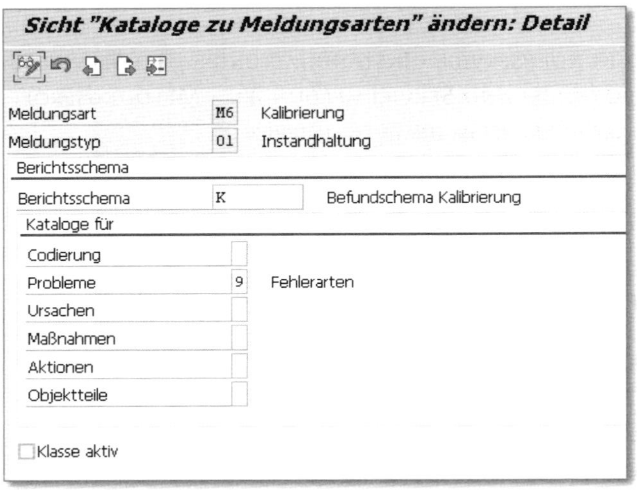

Abbildung 8.46 Prüf-/Messmittelverwaltung – Zuordnung Berichtsschema und Katalog

Überblick zur Meldungsart

Mit dieser Customizing-Funktion legen Sie mit der Unterfunktion Bildbereiche im Meldungskopf pro Meldungsart fest, welchen Meldungsheader und welche Bezugsobjekte Sie verwenden möchten.

Voraussetzungen
Die Meldungsarten und das Bildschirmlayout der Meldungsarten müssen definiert sein. Insbesondere muss auf einer der Registerkarten der Subscreen 005 = Bezugsobjekt enthalten sein.

Customizing-Pfad
Instandhaltung und Kundenservice • Instandhaltungs- und Serviceabwicklung • Instandhaltungs- und Servicemeldungen • Meldungs-

ERÖFFNUNG • MELDUNGSARTEN • ÜBERBLICK ZUR MELDUNGSART • Unterfunktion BILDBEREICHE IM MELDUNGSKOPF

Einstellungen bzw. empfohlene Einstellungen

Im BILDTYP KOPF tragen Sie immer H100 = HEADER INSTANDHALTUNGSMELDUNG EIN – es sei denn, Sie haben sich eigene Header definiert. Der HEADER INSTANDHALTUNGSMELDUNG beinhaltet Informationen wie Meldungsart, Meldungsnummer, Kurztext, Status und zugeordnete Auftragsnummer.

Beim BILDTYP OBJEKT ordnen Sie entweder O150 (Nur Equipment) oder O170 (Equipment + Serialnummer + Materialnummer) zu.

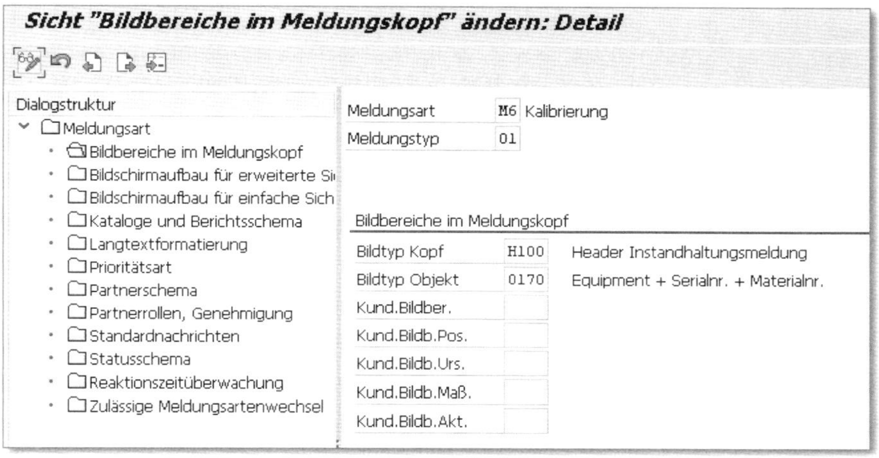

Abbildung 8.47 Prüf-/Messmittelverwaltung – Bildbereiche im Meldungskopf

Meldungs- und Auftragsintegration definieren

Aufträge für die Kalibrierung von Prüf- und Messmitteln werden in der Regel nicht manuell angelegt, sondern automatisch als Abruf von Wartungsplänen erzeugt. Wenn Sie zum Auftrag auch eine Meldung einsetzen möchten, ist es sinnvoll, die Meldung automatisch zum Auftrag anlegen zu lassen. Dies erreichen Sie mit dieser Customizing-Funktion.

Voraussetzungen

Die Auftragsarten und Meldungsarten müssen definiert sein.

Customizing-Pfad

INSTANDHALTUNG UND KUNDENSERVICE • INSTANDHALTUNGS- UND SERVICEABWICKLUNG • INSTANDHALTUNGS- UND SERVICEAUFTRÄGE • FUNKTIONEN UND

EINSTELLUNGEN DER AUFTRAGSARTEN • MELDUNGS- UND AUFTRAGSINTEGRATION DEFINIEREN

Einstellungen bzw. empfohlene Einstellungen

Damit das System zum Kalibrierauftrag automatisch eine Kalibriermeldung anlegt, aktivieren Sie den Schalter MELDUNG und tragen die zu erzeugende Meldungsart ein (siehe Abbildung 8.48).

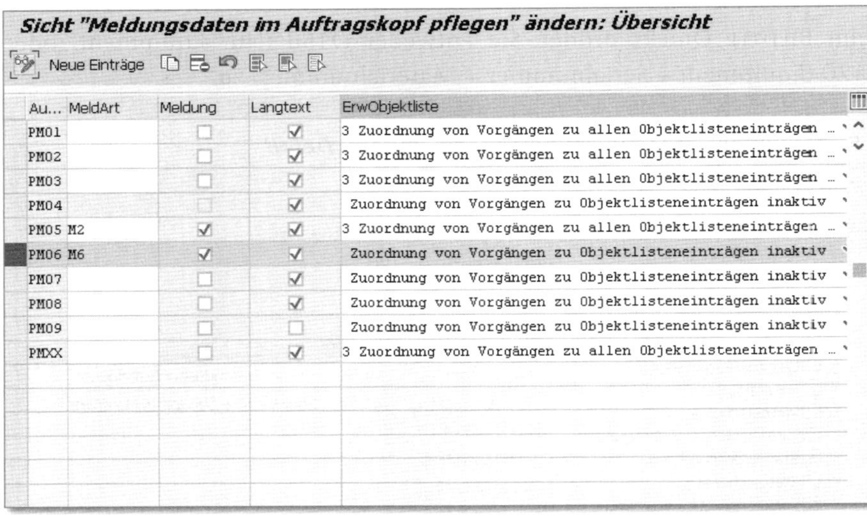

Sicht "Meldungsdaten im Auftragskopf pflegen" ändern: Übersicht

Neue Einträge

Au...	MeldArt	Meldung	Langtext	ErwObjektliste
PM01		☐	☑	3 Zuordnung von Vorgängen zu allen Objektlisteneinträgen ...
PM02		☐	☑	3 Zuordnung von Vorgängen zu allen Objektlisteneinträgen ...
PM03		☐	☑	3 Zuordnung von Vorgängen zu allen Objektlisteneinträgen ...
PM04		☐	☑	Zuordnung von Vorgängen zu Objektlisteneinträgen inaktiv
PM05	M2	☑	☑	3 Zuordnung von Vorgängen zu allen Objektlisteneinträgen ...
PM06	M6	☑	☑	Zuordnung von Vorgängen zu Objektlisteneinträgen inaktiv
PM07		☐	☑	Zuordnung von Vorgängen zu Objektlisteneinträgen inaktiv
PM08		☐	☑	Zuordnung von Vorgängen zu Objektlisteneinträgen inaktiv
PM09		☐	☐	Zuordnung von Vorgängen zu Objektlisteneinträgen inaktiv
PMXX		☐	☑	3 Zuordnung von Vorgängen zu allen Objektlisteneinträgen ...

Abbildung 8.48 Prüf-/Messmittelverwaltung – Integration von Meldungs- und Auftragsart

Weitere Einstellungen sind für die Meldungsart ebenfalls notwendig, sollen aber an dieser Stelle nicht wiederholt werden, weil sie sich nicht von »normalen« Meldungsarten unterscheiden. Stattdessen sei auf Abschnitt 6.1, »Die Meldung«, für die meldungsspezifischen Einstellungen und auf Kapitel 4, »Generische Funktionen«, für die generischen Funktionen verwiesen.

Wartungsplantypen einstellen

Mit dieser Customizing-Funktion legen Sie die Steuerungsparameter für die Wartungspläne fest (u. a. das Abrufobjekt oder das Bezugsobjekt).

[+] **Eigener Wartungsplantyp für Kalibrierung**

Für die Kalibrierung von Prüf- und Messmitteln sollten Sie einen eigenen Wartungsplantyp definieren, um sich von den anderen Wartungsplänen abzugrenzen und sie eigenständig steuern zu können.

Voraussetzungen

Es sind keine besonderen Voraussetzungen notwendig.

Customizing-Pfad

Instandhaltung und Kundenservice • Wartungspläne, Arbeitsplätze, Arbeitspläne und FHM • Wartungspläne • Wartungsplantypen einstellen

Einstellungen bzw. empfohlene Einstellungen

Abbildung 8.49 zeigt Ihnen die Einstellungen zu einem Wartungsplantyp für die Prüf- und Messmittelverwaltung.

Sicht "Wartungsplanabrufart" ändern: Übersicht

Neue Einträge

Wartungsplanabrufart

Wartungsplantyp	Bezeichnung	Abrufobjekt	Belegsch...	Beleg Fre...	Erledigun...	Rahmenve...	Bezugsobjekt
ME	Meldung	2 Meldung	✓	☐	✓	☐	0100
MM	Dienstleist.besch.	1 Leistungserfassungsblatt	✓	☐	✓	☐	0140
PM	Wartungsauftrag	Instandhaltungs- oder Serviceauftrag	✓	☐	✓	☐	0100
QM	Kalibrierung	Instandhaltungs- oder Serviceauftrag	✓	✓	✓	☐	0170
SA	Serviceauftrag mit Vertrag	Instandhaltungs- oder Serviceauftrag	✓	☐	✓	✓	0140
SM	Servicemeldung mit Vert...	2 Meldung	✓	☐	✓	✓	0100
ST	Stabilitätsstudie	3 Prüflos	☐	☐	☐	☐	0190
TP	Periodische Prüfungen	3 Prüflos	☐	☐	☐	☐	0190

Abbildung 8.49 Prüf-/Messmittelverwaltung – Wartungsplantyp

Einstellungen zum Wartungsplantyp der Prüf- und Messmittelverwaltung [+]

Die folgenden Einstellungsmöglichkeiten sind für die Mess- und Prüfmittelverwaltung wichtig:

- Die wichtigste Einstellung ist das Abrufobjekt: Für den Prozess der Kalibrierung von Prüf- und Messmitteln wählen Sie das Abrufobjekt Instandhaltungs- oder Serviceauftrag (und nicht, was man vielleicht auch meinen könnte, das Abrufobjekt Prüflos).
- Beim Bezugsobjekt ordnen Sie entweder 0150 (Nur Equipment) oder 0170 (Equipment + Serialnummer + Materialnummer) zu.

Für diesen Wartungsplantyp sind ebenfalls weitere Einstellungen notwendig, sollen aber an dieser Stelle nicht wiederholt werden, weil sie sich nicht von den Einstellungen für die anderen Wartungsplantypen unterscheiden. Stattdessen sei auf Kapitel 7, »Vorbeugende Instandhaltung«, für die wartungsplanspezifischen Einstellungen und auf Kapitel 4, »Generische Funktionen«, für die generischen Funktionen verwiesen.

8.4.2 Customizing-Funktionen des Qualitätsmanagements

Die Customizing-Funktionen zur Mess- und Prüfmittelverwaltung umfassen die Phasen:

- Qualitätsplanung
- Qualitätsprüfung
- Qualitätsmeldung

SPC-Kriterien definieren

In der Qualitätsplanung im Allgemeinen wird mit dieser Customizing-Funktion festgelegt, nach welchen Kriterien die Prüfergebnisse für Regelkarten zusammengefasst und den Prozessen zugeordnet werden. Die SPC-Kriterien legen fest, ob für unterschiedliche Aufträge, Arbeitsplätze, Materialien, Hersteller oder Kunden getrennte oder gemeinsame Regelkarten geführt werden.

Für die Qualitätsplanung im Rahmen der Prüf- und Messmittelverwaltung im Speziellen steuern Sie mit dieser Customizing-Funktion die Prüfmerkmale, die Sie dem Vorgang eines Prüfplans zuordnen. Dabei sind zwei verschiedene Arten von Prüfmerkmalen zu unterscheiden:

- Prüfmerkmale, deren Eigenschaften Sie zunächst als Stammsatz definieren (*Stammprüfmerkmale*) und dann dem Vorgang des Prüfplans zuordnen
- Prüfmerkmale, die Sie dem Vorgang direkt zuordnen und deren Eigenschaften Sie im Prüfplan direkt ausprägen (*Planmerkmale*)

Voraussetzungen
Die Planverwendungen müssen definiert sein (siehe Abschnitt 3.4, »Arbeitsplätze«).

Customizing-Pfad
Qualitätsmanagement • Qualitätsplanung • Grunddaten • Stichprobe, SPC • Statistische Prozesslenkung • SPC-Kriterien definieren

Einstellungen bzw. empfohlene Einstellungen
Sie benötigen zwei SPC-Kriterien:

- Mit dem einen SPC-Kriterium steuern Sie die Prüfmerkmale, die Sie im Prüfplan direkt ausprägen (wie z. B. SPC-Kriterium 410 in Abbildung 8.50). Diesem müssen Sie den Funktionsbaustein QRKS_CHARACTERISTIC_PM_OBJECT zuordnen.

Abbildung 8.50 Prüf-/Messmittelverwaltung – SPC-Kriterien – Planmerkmal

- Mit dem anderen SPC-Kriterium steuern Sie die Prüfmerkmale, die Sie zunächst als Stammprüfmerkmale anlegen und dann erst dem Prüfplan zuordnen (wie z. B. SPC-Kriterium 420 in Abbildung 8.51). Diesem müssen Sie den Funktionsbaustein QRKS_MASTER_CHAR_PM_OBJECT zuordnen.

Abbildung 8.51 Prüf-/Messmittelverwaltung – SPC-Kriterien – Stammprüfmerkmal

- Daneben müssen beide SPC-Kriterien entweder die PLANVERWENDUNG 004 (= Instandhaltungspläne) oder 009 (= alle Plantypen) besitzen, damit Sie sie in Anleitungen oder Equipmentplänen verwenden können.
- Darüber hinaus müssen beide SPC-Kriterien über die NEUZUORDNUNG BEI JEDEM PRÜFPUNKT verfügen, weil darüber die Qualitätsregelkarten von technischen Objekten gesteuert werden.

Prüfpunkte definieren

Mit dieser Customizing-Funktion definieren Sie die Prüfpunkte und deren Ausprägung. Prüfpunkte können in mehreren Anwendungsgebieten eingesetzt werden. Dementsprechend werden verschiedene *Prüfpunkttypen* angeboten:

- freier Prüfpunkt, etwa für die Identifikation von Teilmengen in der Produktion: Sie benötigen diesen Prüfpunkttyp z. B., wenn Sie *Prüflose zum Produktionsauftrag* eröffnen und bei laufender Produktion mehrere Prüfungen je Vorgang durchführen wollen.
- Prüfpunkt zur Identifikation von Proben: Sie benötigen diesen Prüfpunkttyp, wenn Sie *Proben verwalten* und Prüfergebnisse zu *physischen Proben* erfassen wollen.
- Prüfpunkt zur Identifikation von Instandhaltungsobjekten: Sie benötigen diesen Prüfpunkttyp, wenn Sie Kalibrierprüfungen durchführen und deren Ergebnisse erfassen wollen.

Voraussetzungen

Auftragsarten und Verwendungsentscheide müssen definiert sein.

Customizing-Pfad

QUALITÄTSMANAGEMENT • QUALITÄTSPLANUNG • PRÜFPLANUNG • ALLGEMEIN • PRÜFPUNKTE DEFINIEREN

Einstellungen bzw. empfohlene Einstellungen

Sie definieren einen Prüfpunkt und ordnen diesem den Prüfpunkttyp 1 (= Prüfpunkt für Equipment) zu, wie in Abbildung 8.52 gezeigt.

Für diesen Prüfpunkt definieren Sie, wie Sie mit dem Verwendungsentscheid umgehen möchten (siehe Abbildung 8.53):

- Sie definieren für das Werk über die AUSWAHLMENGE die Codegruppe, die für den Verwendungsentscheid des Equipments herangezogen werden soll.

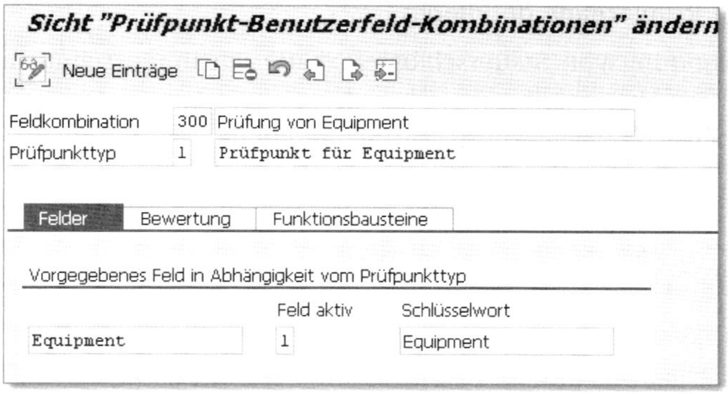

Abbildung 8.52 Prüf-/Messmittelverwaltung – Prüfpunkt Equipment

- Sie definieren den Code, den Sie verwenden möchten, wenn das Prüflos des Equipments zurückgewiesen werden soll (Vorschlag bei Rückweisung mindestens eines Merkmals).
- Sie definieren den Code, den Sie verwenden möchten, wenn das Prüflos des Equipments angenommen werden soll (Vorschlag bei Annahme aller Merkmale).

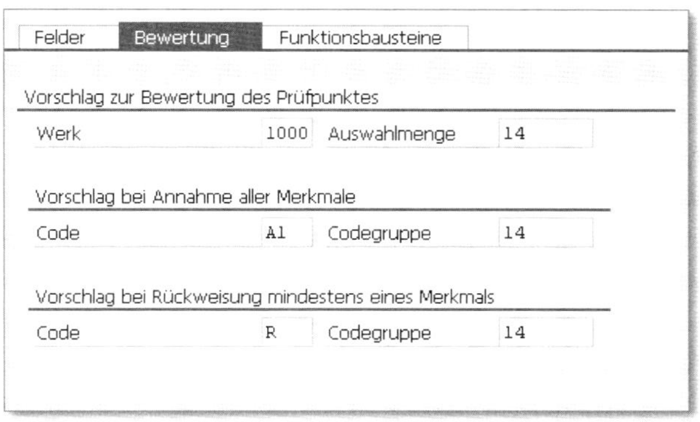

Abbildung 8.53 Prüf-/Messmittelverwaltung – Prüfpunkt Equipment – Bewertung

Zur Definition des Katalogs Verwendungsentscheide mit den Codegruppen und Codes siehe Customizing-Funktion Katalog für Verwendungsentscheide pflegen.

Pro Werk einen Prüfpunkt [+]

Da die Vorschlagswerte für den Verwendungsentscheid werksbezogen ausgewählt werden, empfiehlt es sich, dass Sie pro Werk, in dem Sie Kalibrierungen von Prüf- und Messmitteln durchführen, einen eigenen Prüfpunkt anlegen.

Steuerschlüssel zum Prüfvorgang definieren

Funktion und Verwendung von Steuerschlüsseln hatte ich Ihnen schon in Abschnitt 3.4, »Arbeitsplätze«, erläutert. Über den *Steuerschlüssel* des Vorgangs legen Sie fest, welche betriebswirtschaftlichen Funktionen Sie ausführen möchten bzw. wie Sie den *Vorgang* in Bezug auf Kalkulation, Drucken, Rückmeldung, Terminierung etc, behandeln möchten.

[+] **Steuerschlüssel mit Prüfmerkmalen**

Beim Steuerschlüssel kommt aus Sicht der Kalibrierung von Prüf- und Messmitteln eine entscheidende Eigenschaft hinzu: PRÜFMERKMALE ERWARTET. Allen Vorgängen, die eine Kalibrierprüfung in Form eines Prüfloses auslösen sollen, müssen Sie einen Steuerschlüssel zuordnen, für den Prüfmerkmale erwartet werden.

Voraussetzungen

Es sind keine technischen Voraussetzungen zu schaffen. Da aber der Steuerschlüssel nicht nur in der Instandhaltung verwendet wird, sondern auch in Produktion, Qualitätsmanagement und Projektabwicklung, sollten Sie sich mit den Kollegen hinsichtlich der Nomenklatur der Steuerschlüssel abstimmen.

Customizing-Pfad

QUALITÄTSMANAGEMENT • QUALITÄTSPLANUNG • PRÜFPLANUNG • VORGANG • STEUERSCHLÜSSEL ZUM PRÜFVORGANG DEFINIEREN

Einstellungen bzw. empfohlene Einstellungen

Richten Sie einen oder mehrere Steuerschlüssel ein, bei denen das Kennzeichen PRÜFMERKMALE ERWARTET aktiviert ist (siehe Abbildung 8.54).

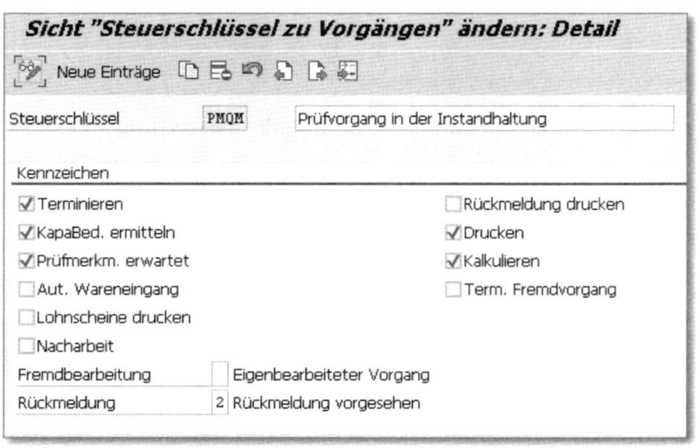

Abbildung 8.54 Prüf-/Messmittelverwaltung – Steuerschlüssel

Eigenen Steuerschlüssel für Prüf-/Messmittelverwaltung [+]

Um sich gegenüber den anderen Steuerschlüsseln in der Instandhaltung und gegenüber anderen Steuerschlüsseln abzugrenzen, die Prüflose erzeugen, ist es empfehlenswert, einen eigenen Steuerschlüssel zu definieren, der ausschließlich für Prüflose der Prüf- und Messmittelverwaltung eingesetzt wird.

Prüfart pflegen

Ähnlich, wie die Auftragsart im Mittelpunkt der Abwicklung von Instandhaltungsmaßnahmen steht und Sie über die Auftragsart den Instandhaltungsprozess maßgeblich beeinflussen können, steht die Prüfart im Mittelpunkt der Abwicklung von Prüfmaßnahmen, und Sie können über die Prüfart maßgeblich die Prüfprozesse beeinflussen (siehe Abbildung 8.55). Zum Beispiel steuern Sie darüber, welche Auftragsart in der Instandhaltung mit welcher Prüfart im Qualitätsmanagement verbunden werden soll.

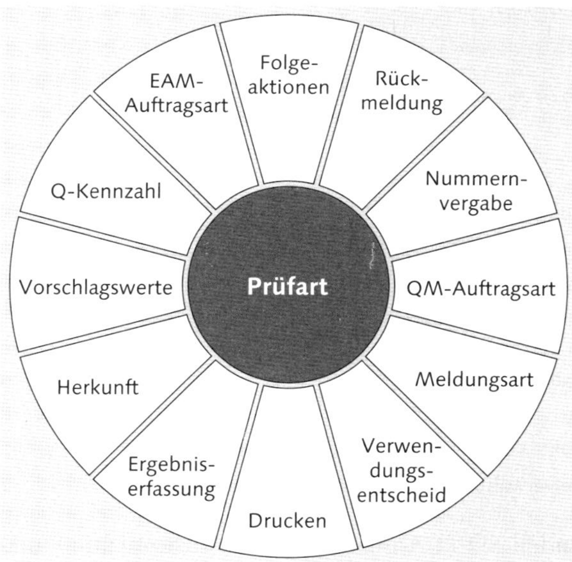

Abbildung 8.55 Prüf-/Messmittelverwaltung – Prüfart – Übersicht

Mit dieser Customizing-Funktion definieren Sie Ihre Prüfarten. Viele weitere Customizing-Funktionen bauen darauf auf.

Voraussetzungen

Statusschema, QM-Auftragsarten, Katalog der Verwendungsentscheide und Meldungsarten müssen definiert sein.

Customizing-Pfad

Qualitätsmanagement • Qualitätsprüfung • Prüfloseröffnung • Prüfart pflegen

Einstellungen bzw. empfohlene Einstellungen

Abbildung 8.56 zeigt Ihnen die Einstellungsmöglichkeiten für eine Prüfart.

[+]

Eigene Prüfart für die Instandhaltung

Für die Kalibrierung von Prüf- und Messmitteln benötigen Sie eine eigene Prüfart. Andere Prüfarten (z. B. Wareneingangsprüfungen oder Zwischenprüfungen in der Produktion) können nicht verwendet werden.

Folgende Einstellungen sind aus Sicht der Prüf- und Messmittelverwaltung wichtig:

- die VE-Auswahlmenge, über die die Verwendungsentscheide zu Annahme oder Rückweisung der Prüflose definiert werden
- die Meldungsart, die erzeugt werden soll, wenn eine Rückweisung erfolgt

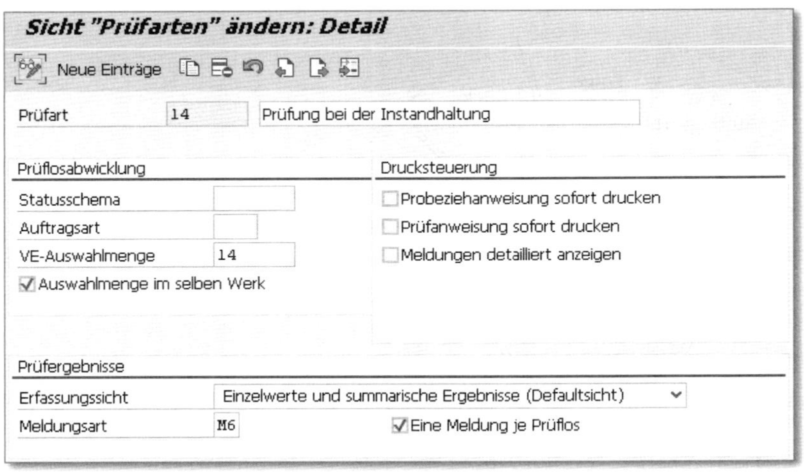

Abbildung 8.56 Prüf-/Messmittelverwaltung – Prüfart pflegen

Details zur Meldungsart finden Sie in Abschnitt 8.4.1, »Customizing-Funktionen der Instandhaltung«, in der Customizing-Funktion Meldungsarten definieren.

Details zur Definition des Katalogs Verwendungsentscheide mit den Codegruppen und Codes finden Sie in diesem Abschnitt in der Customizing-Funktion Katalog für Verwendungsentscheide pflegen.

Prüflosherkunft pflegen und Prüfarten zuordnen

Prüfarten können Sie selbst definieren. Jede Prüfart muss jedoch auf eine Prüflosherkunft verweisen. Einer Prüflosherkunft können mehrere Prüfarten zugewiesen werden. Die Prüflosherkunft ist von SAP fest vorgegeben und kann nicht verändert werden. Mit dieser Customizing-Funktion ordnen Sie Ihre Prüfart einer Prüflosherkunft zu. Die Prüflosherkunft für die Instandhaltung ist 14.

Voraussetzungen

Die Prüfarten müssen definiert sein.

Customizing-Pfad

Qualitätsmanagement • Qualitätsprüfung • Prüfloseröffnung • Prüflosherkunft pflegen und Prüfarten zuordnen

Einstellungen bzw. empfohlene Einstellungen

In der SAP-Standardauslieferung finden Sie in der Dialogstruktur unter Herkunft den Eintrag 14 für die Instandhaltung (siehe Abbildung 8.57).

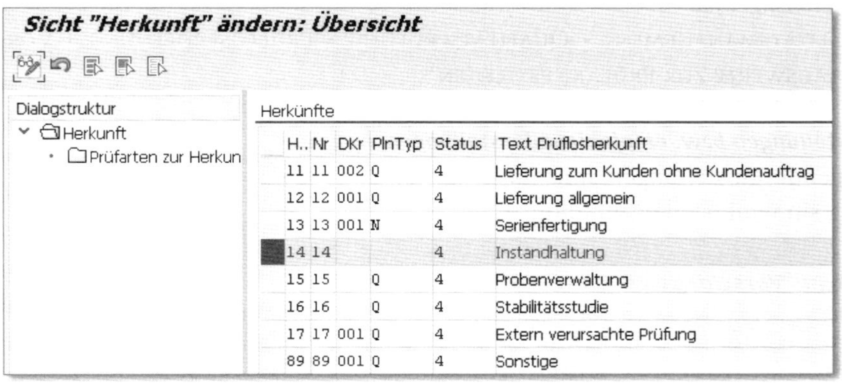

H..	Nr	DKr	PlnTyp	Status	Text Prüflosherkunft
11	11	002	Q	4	Lieferung zum Kunden ohne Kundenauftrag
12	12	001	Q	4	Lieferung allgemein
13	13	001	N	4	Serienfertigung
14	14			4	Instandhaltung
15	15		Q	4	Probenverwaltung
16	16		Q	4	Stabilitätsstudie
17	17	001	Q	4	Extern verursachte Prüfung
89	89	001	Q	4	Sonstige

Abbildung 8.57 Prüf-/Messmittelverwaltung – Prüflosherkunft

Diesem Eintrag 14 müssen Sie in der Dialogstruktur unter Prüfarten zur Herkunft Ihre Prüfart oder Ihre Prüfarten zuordnen, die Sie für die Kalibrierung von Prüf- und Messmitteln einsetzen möchten (siehe Abbildung 8.58).

Herkunft 14 zuordnen [+]

Alle Prüfarten, die für die Prüf- und Messmittelverwaltung eingesetzt werden sollen, müssen zwingend der Herkunft 14 zugewiesen werden. Ansonsten können Sie diese Prüfarten nicht für die Prüf- und Messmittelverwaltung einsetzen.

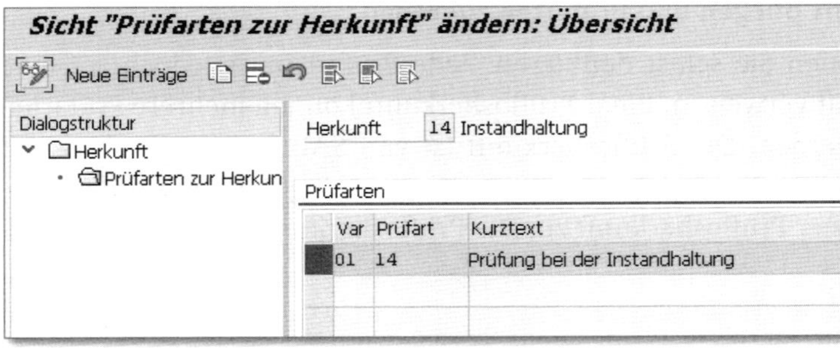

Abbildung 8.58 Prüf-/Messmittelverwaltung – Zuordnung Prüfart zur Prüflosherkunft

Vorschlagswerte zur Prüfart festlegen

Mit dieser Customizing-Funktion können Sie für die Prüfarten Vorschlagswerte hinterlegen.

Voraussetzungen
Die Prüfarten müssen definiert sein.

Customizing-Pfad
Qualitätsmanagement • Qualitätsprüfung • Prüfloseröffnung • Vorschlagswerte zur Prüfart festlegen

Einstellungen bzw. empfohlene Einstellungen
Folgende Einstellungen sind für Prüfarten zur Prüf- und Messmittelverwaltung sinnvoll (siehe Abbildung 8.59):

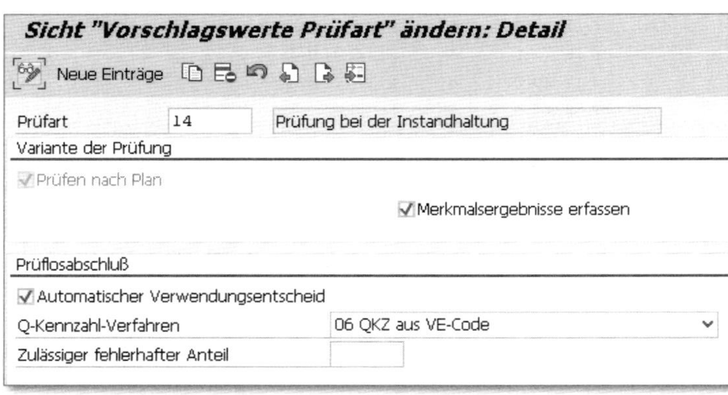

Abbildung 8.59 Prüf-/Messmittelverwaltung – Vorschlagswerte Prüfart

- Prüf- und Messmittel können nur mit einem Arbeitsplan (Anleitung oder Equipmentplan) geprüft werden. Deshalb ist das Kennzeichen PRÜFEN NACH PLAN markiert und nicht änderbar.
- Da Sie für die Prüf- und Messmittelverwaltung in der Regel eine Ergebniserfassung durchführen möchten, sollten Sie das Kennzeichen MERKMALSERGEBNISSE ERFASSEN markieren. Dann können Sie für das Prüflos eine merkmalsweise Ergebniserfassung vornehmen.
- Wenn Sie ausschließlich manuelle Verwendungsentscheide treffen möchten, sollten Sie das Kennzeichen AUTOMATISCHER VERWENDUNGSENTSCHEID nicht setzen. Wenn Sie neben manuellen auch vom System automatisch erzeugte Verwendungsentscheide zulassen möchten, markieren Sie das Kennzeichen.
- Mit dem Q-KENNZAHL-VERFAHREN legen Sie fest, wie die Qualitätskennziffer des Prüfloses ermittelt werden soll. Für die Prüf- und Messmittelverwaltung ist dies in der Regel der Verwendungsentscheid-Code.

Prüfung in der Instandhaltung

Diese Customizing-Funktion ist *die* zentrale Stelle der PM/QM-Kopplung. Hier verbinden Sie Ihre Auftragsarten, die Sie für die Prüf- und Messmittelverwaltung definiert haben, pro Werk mit den entsprechenden Prüfarten. Konsequenz: Wenn in diesem Werk und zu dieser Auftragsart ein Auftrag angelegt wird – in der Regel automatisch aus Wartungsplänen –, wird automatisch ein Prüflos mit der angegebenen Prüfart generiert.

Voraussetzungen

Die Werke, Auftragsarten und Prüfarten müssen definiert sein.

Customizing-Pfad

QUALITÄTSMANAGEMENT • QUALITÄTSPRÜFUNG • PRÜFLOSERÖFFNUNG • PRÜFUNG IN DER INSTANDHALTUNG

Einstellungen bzw. empfohlene Einstellungen

Abbildung 8.60 zeigt Ihnen, wie Sie eine Prüfart einer Auftragsart im Werk zuordnen. Details zum Einrichten der Auftragsart finden Sie in Abschnitt 8.4.1, »Customizing-Funktionen der Instandhaltung«, in der Customizing-Funktion AUFTRAGSARTEN EINRICHTEN.

[+] **Prüfarten den Auftragsarten zuordnen**

Achten Sie darauf, dass Sie Ihre Prüfarten vollständig und richtig den Auftragsarten pro Werk zuordnen. Ohne diese Zuordnung gibt es keine PM/QM-Kopplung, und es werden zu den Aufträgen keine Prüflose erzeugt. Damit könnten Sie dann keine Kalibrierung der Prüf- und Messmittel durchführen.

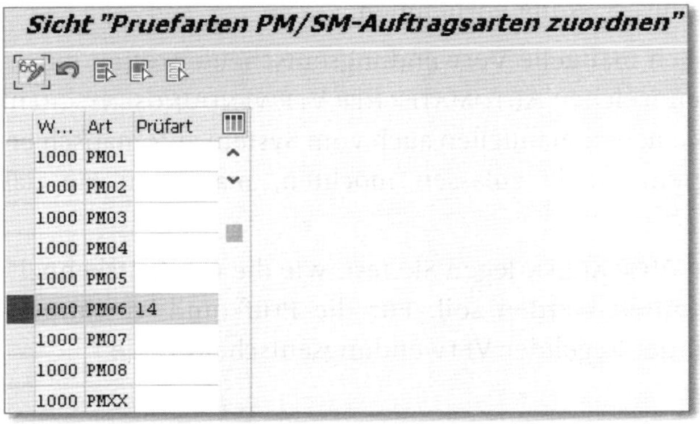

W...	Art	Prüfart
1000	PM01	
1000	PM02	
1000	PM03	
1000	PM04	
1000	PM05	
1000	PM06	14
1000	PM07	
1000	PM08	
1000	PMXX	

Abbildung 8.60 Prüf-/Messmittelverwaltung – Zuordnung von Prüfart zu Auftragsart

Katalog für Verwendungsentscheide pflegen

Mit dieser Customizing-Funktion definieren Sie die Verwendungsentscheide für die Prüflose der Prüf- und Messmittelverwaltung – insbesondere die Annahme und die Rückweisung.

Voraussetzungen

Die Folgeaktionen müssen definiert sein.

Customizing-Pfad

QUALITÄTSMANAGEMENT • QUALITÄTSPRÜFUNG • PRÜFLOSABSCHLUSS • KATALOG FÜR VERWENDUNGSENTSCHEIDE PFLEGEN

Transaktion

- QS41 für Codegruppen und Codes bearbeiten
- QS51 für Auswahlmengen pflegen

Einstellungen bzw. empfohlene Einstellungen

Die Customizing-Funktion besteht aus drei aufeinander aufbauenden Unterfunktionen:

Mit der Unterfunktion KATALOGART PRÜFEN legen Sie die Nummer und die Bezeichnung des Verwendungsentscheid-Katalogs fest. In der SAP-Standardauslieferung ist dies der Katalog 3 (siehe Abbildung 8.61), den Sie im Normalfall auch verwenden können.

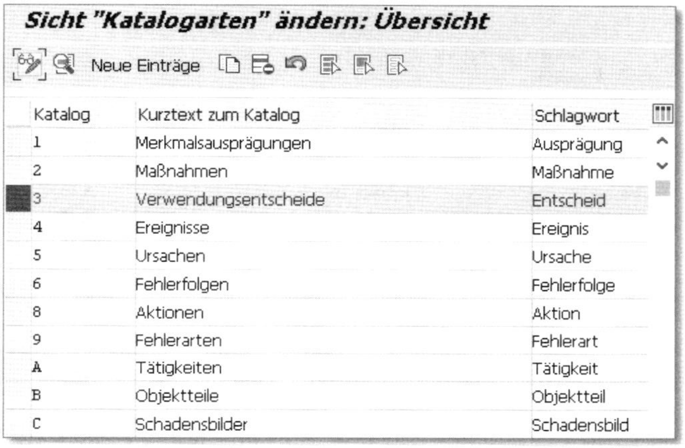

Abbildung 8.61 Prüf-/Messmittelverwaltung – Katalog für Verwendungsentscheide

Im nächsten Schritt legen Sie mit der Unterfunktion CODEGRUPPEN UND CODES BEARBEITEN zum Verwendungsentscheid-Katalog eine oder mehrere Codegruppen für die Prüf- und Messmittelverwaltung an (siehe Abbildung 8.62).

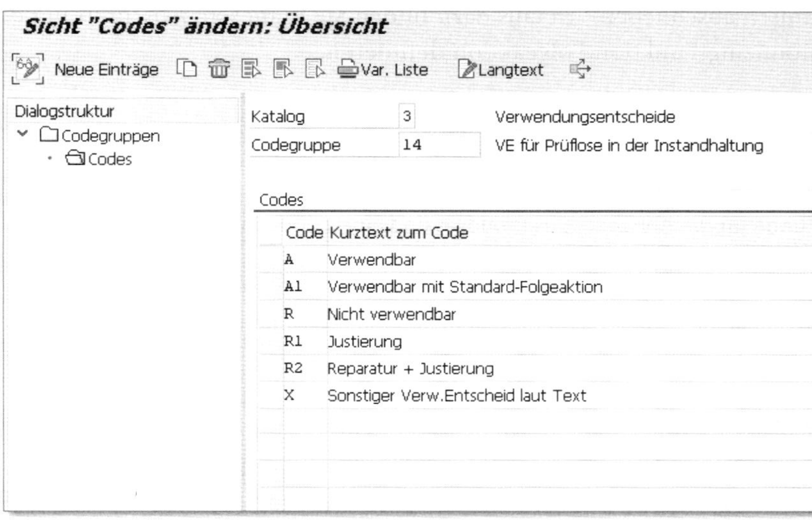

Abbildung 8.62 Prüf-/Messmittelverwaltung – Codegruppe für Verwendungsentscheide

Im dritten Schritt definieren Sie mit der Unterfunktion AUSWAHLMENGEN BEARBEITEN pro Werk die dort infrage kommenden Codes und die Folgewirkungen der Codes (siehe Abbildung 8.63):

Abbildung 8.63 Prüf-/Messmittelverwaltung – Bewertung für Verwendungsentscheide

- In der Spalte BEWERTUNG CODE legen Sie fest, ob der Code zu einer Annahme oder zu einer Rückweisung des Prüfloses führen soll.
- In der Spalte QUALITÄTSKENNZAHL können Sie diese Ja/Nein-Entscheidung auf einer Skala von 0 bis 100 verfeinern (z. B. 0 = nicht in Ordnung, 100 = in Ordnung, 66 = in Ordnung mit Einschränkungen).
- Mit den FOLGEAKTIONEN legen Sie fest, ob und – wenn ja – welche Folgeaktionen angestoßen werden sollen (z. B. Equipment sperren oder Auftrag technisch abschließen). Details dazu finden Sie in diesem Abschnitt in der Customizing-Funktion Folgeaktion definieren.

[+] **Mindestens einen Code für Annahme und Rückweisung**

Damit die Prüflose der Prüf- und Messmittelverwaltung mit einem sinnvollen Verwendungsentscheid abgeschlossen werden können, benötigen Sie mindestens einen Code für die Annahme des Prüfloses und einen Code für die Rückweisung des Prüfloses.

Darüber hinaus müssen Sie diese Codes jedem Werk zugewiesen haben, in dem Sie die Prüf- und Messmittelverwaltung implementieren wollen.

Folgeaktion definieren

Mit dieser Customizing-Funktion legen Sie die Folgeaktionen fest, die aufgrund eines getroffenen Verwendungsentscheids vom System automatisch angestoßen werden sollen.

Voraussetzungen

Es müssen keine spezifischen Voraussetzungen geschaffen werden.

Customizing-Pfad

Qualitätsmanagement • Qualitätsprüfung • Prüflosabschluss • Folgeaktion definieren

Einstellungen bzw. empfohlene Einstellungen

In der Dialogstruktur legen Sie zunächst die Gruppe der Folgeaktionen für die Prüf- und Messmittelverwaltung an (siehe Abbildung 8.64).

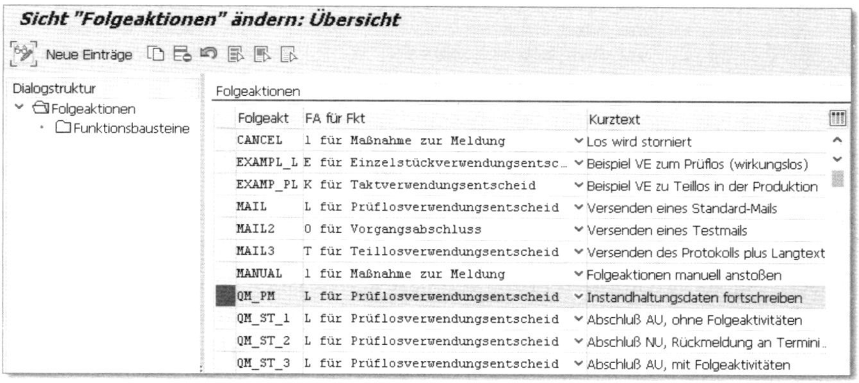

Folgeakt	FA für Fkt	Kurztext
CANCEL	1 für Maßnahme zur Meldung	Los wird storniert
EXAMPL_L	E für Einzelstückverwendungsentsc...	Beispiel VE zum Prüflos (wirkungslos)
EXAMP_PL	K für Taktverwendungsentscheid	Beispiel VE zu Teillos in der Produktion
MAIL	L für Prüflosverwendungsentscheid	Versenden eines Standard-Mails
MAIL2	0 für Vorgangsabschluss	Versenden eines Testmails
MAIL3	T für Teillosverwendungsentscheid	Versenden des Protokolls plus Langtext
MANUAL	1 für Maßnahme zur Meldung	Folgeaktionen manuell anstoßen
QM_PM	L für Prüflosverwendungsentscheid	Instandhaltungsdaten fortschreiben
QM_ST_1	L für Prüflosverwendungsentscheid	Abschluß AU, ohne Folgeaktivitäten
QM_ST_2	L für Prüflosverwendungsentscheid	Abschluß NU, Rückmeldung an Termini...
QM_ST_3	L für Prüflosverwendungsentscheid	Abschluß AU, mit Folgeaktivitäten

Abbildung 8.64 Prüf-/Messmittelverwaltung – Folgeaktionen – Übersicht

L = Prüflosverwendungsentscheid [+]

Wichtig für die Gruppe der Prüf- und Messmittelverwaltung ist die Zuordnung der Funktion L, damit die Folgeaktionen auf Basis des Verwendungsentscheids des Prüfloses gesteuert werden.

Im nächsten Schritt definieren Sie mit der Unterfunktion Funktionsbausteine, welche Folgeaktionen innerhalb der Gruppe angestoßen werden sollen. Aus Sicht der Prüf- und Messmittelverwaltung sind drei Folgeaktionen interessant (siehe Abbildung 8.65):

- Der Funktionsbaustein QFOA_OBJECT_STATUS_SET aktiviert die Folgeaktion *Equipmentstatus setzen/Streckungsfaktor ändern*. Wenn Sie den Verwendungsentscheid treffen, wird ein Pop-up-Fenster angezeigt (siehe Abbildung 8.66), in dem Sie den Status des Equipments von einsatzbereit auf nicht einsatzbereit oder umgekehrt setzen können und in dem Sie den Streckungsfaktor des Wartungsplans verändern können.

- Der Funktionsbaustein QFOA_ORDER_TECHNICAL_COMPLETE aktiviert die Folgeaktion *PM-Auftrag technisch abschließen*. Wenn Sie den Verwendungsentscheid treffen, wird im Hintergrund der Auftrag automatisch technisch abgeschlossen.

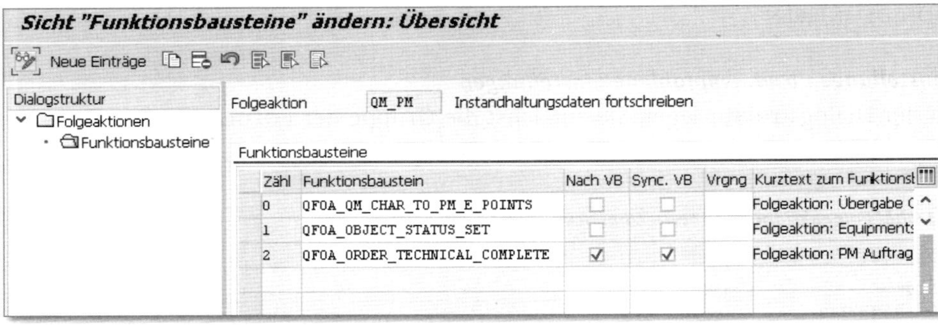

Abbildung 8.65 Prüf-/Messmittelverwaltung – Folgeaktionen – Detail

- Der Funktionsbaustein QFOA_QM_CHAR_TO_PM_E_POINTS aktiviert die Folgeaktion *Übergabe QM-Merkmalsergebnisse an PM-Messpunkte*. Mit dieser Folgeaktion können Prüfergebnisse als Messbelege an die Equipments übergeben werden. Dabei werden sowohl quantitative Prüfmerkmale (Messwerte) als auch qualitative Prüfmerkmale (Merkmale mit Katalogausprägungen) berücksichtigt. Die Verbindung zwischen den Stammprüfmerkmalen und den Messpunkten wird über ein Klassenmerkmal hergestellt.

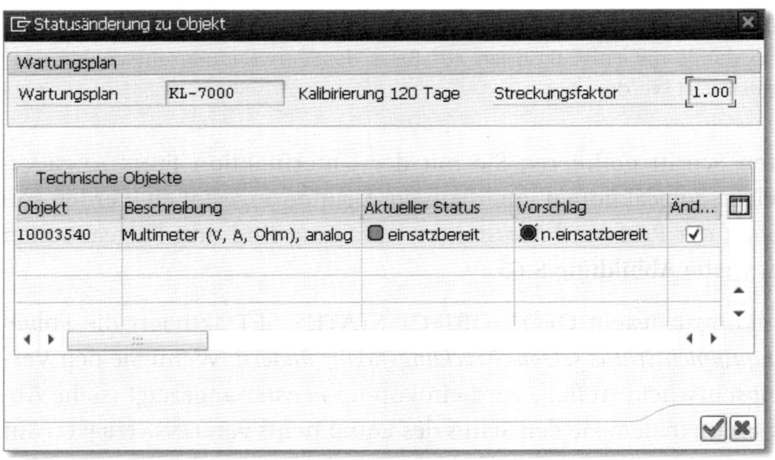

Abbildung 8.66 Prüf-/Messmittelverwaltung – Folgeaktion Status setzen

Folgeaktionen aktivieren [+]

Auf die Möglichkeit, im Hintergrund automatisch Folgeaktionen anzustoßen, sollten Sie nicht verzichten. Insbesondere die folgenden Möglichkeiten sind sehr hilfreich:

- Equipments als einsatzbereit bzw. nicht einsatzbereit zu deklarieren
- Aufträge automatisch technisch abzuschließen

Automatischen Verwendungsentscheid planen

Mit dieser Customizing-Funktion planen Sie den Ablauf des automatischen Verwendungsentscheids für Prüflose. Die Prüflose müssen folgende Bedingungen erfüllen:

- Alle Merkmale sind abgeschlossen.
- Kein Merkmal wurde rückgewiesen.
- Es wurden kein Fehler und keine Qualitätsmeldung erfasst.

Dabei wartet das System, bis die in dieser Customizing-Funktion festgelegte Wartezeit verstrichen ist. Während dieser Frist kann man in den automatischen Ablauf eingreifen. Das System vermerkt den automatischen Verwendungsentscheid im Langtext.

Voraussetzungen

Sie haben in der Customizing-Funktion VORSCHLAGSWERTE ZUR PRÜFART FESTLEGEN das Kennzeichen AUTOMATISCHER VERWENDUNGSENTSCHEID gesetzt.

Darüber hinaus müssen die Werke, die Erfassungskonfigurationen und die Verwendungsentscheide definiert sein.

Customizing-Pfad

QUALITÄTSMANAGEMENT • QUALITÄTSPRÜFUNG • PRÜFLOSABSCHLUSS • AUTOMATISCHEN VERWENDUNGSENTSCHEID PLANEN

Einstellungen bzw. empfohlene Einstellungen

Viele der in dieser Customizing-Funktion zur Verfügung stehenden Einstellungsmöglichkeiten treffen auf die Prüflose der Prüf- und Messmittelverwaltung nicht zu. Ausschließlich die folgenden Einstellungen sind dafür relevant:

- Auf der Registerkarte ERGEBNISERFASSUNG (siehe Abbildung 8.67) legen Sie die ERFASSUNGSKONFIGURATION fest. Diese sollten Sie auf AUTOMATISCH

ABSCHLIESSEN setzen. Details dazu finden Sie in der Customizing-Funktion ERFASSUNGSKONFIGURATION DEFINIEREN.

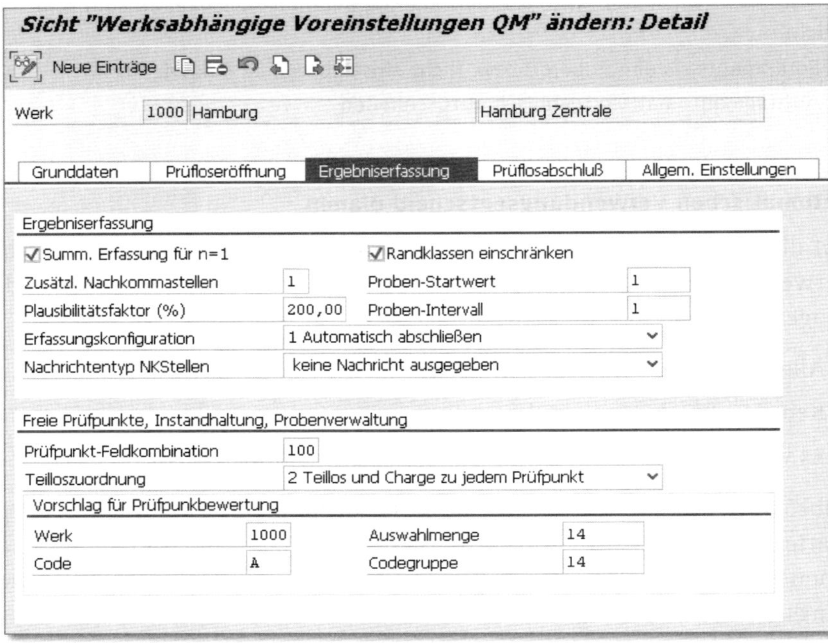

Abbildung 8.67 Prüf-/Messmittelverwaltung – automatischer Verwendungsentscheid – Ergebniserfassung

- Auf derselben Registerkarte finden Sie die Feldgruppe VORSCHLAG FÜR PRÜFPUNKTBEWERTUNG. Hier legen Sie fest, welcher Code für den Verwendungsentscheid vom System automatisch gesetzt werden soll, wenn die oben genannten Voraussetzungen erfüllt sind. Im Normalfall ist dies der Verwendungsentscheid ANNAHME.
- Auf der Registerkarte PRÜFLOSABSCHLUSS (siehe Abbildung 8.68) finden Sie die WARTEZEIT in Stunden und Minuten. Hier geben Sie an, wie viel Zeit seit Prüfloseröffnung mindestens verstrichen sein muss, bevor der automatische Verwendungsentscheid vom System getroffen werden kann.

[+]

Empfehlungen für den automatischen Verwendungsentscheid

- Setzen Sie die Erfassungskonfiguration auf AUTOMATISCH ABSCHLIESSEN.
- Tragen Sie einen Verwendungsentscheid zur Annahme ein.
- Planen Sie ausreichend Wartezeit seit Prüfloseröffnung ein.

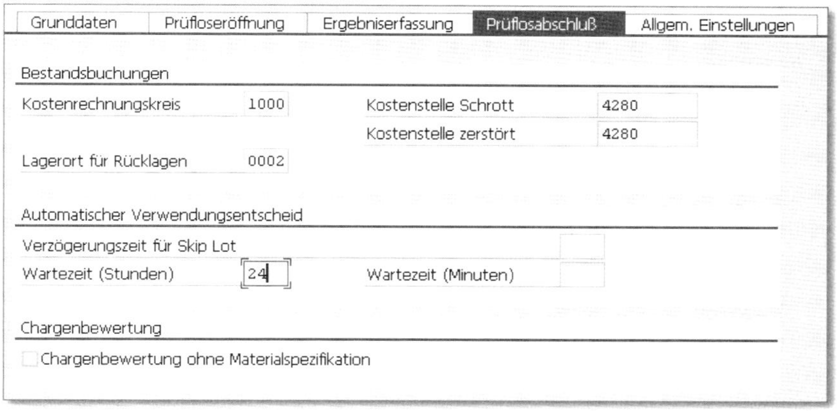

Abbildung 8.68 Prüf-/Messmittelverwaltung – automatischer Verwendungsentscheid – Prüflosabschluss

Erfassungskonfiguration definieren

Mit dieser Customizing-Funktion definieren Sie unterschiedliche Hintergrundfunktionen für die Erfassung von Merkmalsprüfergebnissen. Sie können das System veranlassen, bei der Erfassung von Prüfergebnissen bestimmte Funktionen im Hintergrund mit zu erledigen, wenn bestimmte Voraussetzungen erfüllt sind.

Voraussetzungen

Es müssen keine spezifischen Voraussetzungen geschaffen werden.

Customizing-Pfad

Qualitätsmanagement • Qualitätsprüfung • Ergebniserfassung • Erfassungskonfiguration definieren

Einstellungen bzw. empfohlene Einstellungen

Abbildung 8.69 zeigt Ihnen die Erfassungskonfigurationen, wie sie von SAP im Standard ausgeliefert werden.

Im Detailbild ist dann jeweils festgelegt, welche Funktionen ausgelöst werden. Für die im automatischen Verwendungsnachweis empfohlene Erfassungskonfiguration *1 = Automatisch abschließen* sind dies z. B.:

- Abschließen bei Weiter
- Abschießen bei Navigation
- Abschließen bei Sichern

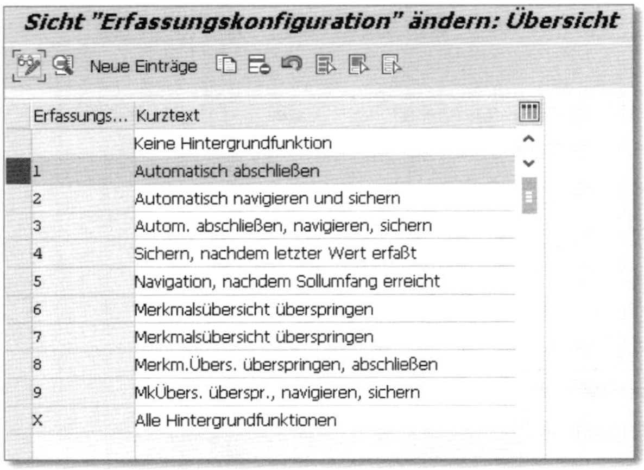

Abbildung 8.69 Prüf-/Messmittelverwaltung – Erfassungskonfiguration – Übersicht

[+]

Empfehlung zur Erfassungskonfiguration

Behalten Sie die SAP-Standardeinstellungen bei. Wenn Sie sie trotzdem verändern möchten, lesen Sie sich genau die [F1]-Hilfe der einzelnen Funktionen durch.

Mit diesen Customizing-Einstellungen sollte es Ihnen nun möglich sein, den Prozess der Kalibrierung von Prüf- und Messmitteln so durchzuführen, wie er im *Praxishandbuch Instandhaltung mit SAP*[4] beschrieben ist.

8.5 Pool Asset Management

Mit dem *Pool Asset Management* können Sie Objekte verwalten, die sich in einem Pool befinden und von dort für eine bestimmte Zeitdauer ausgeliehen werden können. Dabei kann es sich z. B. um die folgenden Objekte handeln:

- Fahrzeuge
- IT-Equipments (Notebooks, Beamer etc.)
- Handys
- Werkzeuge
- andere Objekte

Nach der Ausleihe werden die Objekte wieder an den Pool zurückgegeben, und die Leistung wird an den Kostenträger (z. B. die Kostenstelle) verrechnet.

4 Vgl. Liebstückel, K.: Praxishandbuch Instandhaltung mit SAP. S. 337–347.

Den kompletten Ablauf des Pool Asset Managements zeigt Abbildung 8.70, in der beispielhaft das Pool Asset Management für einen Fahrzeugpool dargestellt wird. Für andere Poolarten funktioniert das Pool Asset Management analog.

Das Pool Asset Management erfolgt in den folgenden Schritten:

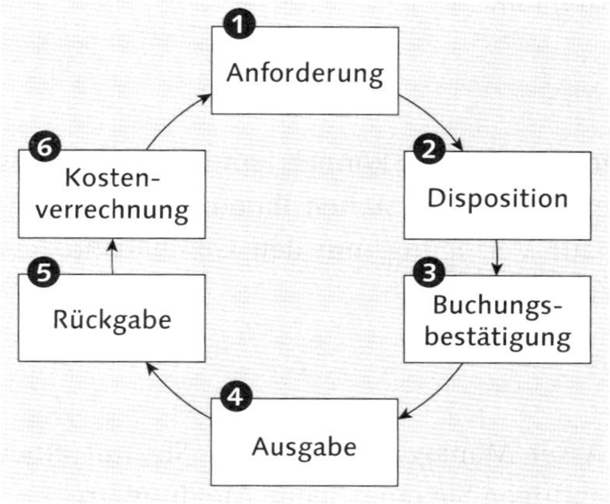

Abbildung 8.70 Pool Asset Management – Ablauf

- **Anforderung**
  Ein Mitarbeiter erfasst einen Fahrzeugbedarf im System. Er legt eine PAM-Meldung mit Informationen wie Reisedaten, Fahrer und Abrechnungsdaten an (❶). Dazu konfigurieren Sie im Customizing eine eigene Meldungsart, ein eigenes Partnerschema und die Ausstattungsmerkmale des anzufordernden Objekts.
- **Fahrzeugdisposition**
  Ein Fahrzeugdisponent ordnet dem Bedarf ein Fahrzeug zu (❷). Sie stellen im Customizing Inhalt und Layout der Plantafel ein.
- **Buchungsbestätigung**
  Der anfordernde Mitarbeiter erhält eine automatische Buchungsbestätigung per E-Mail, deren Inhalt und Layout im Customizing bestimmt werden (❸).
- **Fahrzeugausgabe**
  Der Kilometerstand des Fahrzeugs und der Bedarfszeitpunkt werden erfasst, und das Fahrzeug wird ausgegeben (❹).
- **Fahrzeugrückgabe**
  Das Fahrzeug wird zurückgegeben, und der Kilometerstand und das Datum werden erfasst (❺).

- **Kostenverrechnung**
  Die Kosten der Fahrzeugnutzung werden ermittelt und auf das Kontierungsobjekt verrechnet (❻). Für die Verrechnung wird im Hintergrund ein PAM-Auftrag angelegt, der als Bezugsobjekt das Equipment und als Abrechnungsvorschrift die Abrechnungskostenstelle der PAM-Meldung beinhaltet. Dazu stellen Sie im Customizing die für die Abrechnung benötigte Auftragsart und die Leistungsarten ein.

Business Function

Damit Sie das Pool Asset Management nutzen können, muss die Business Function `LOG_EAM_PAM` aktiviert sein. Erst dann stehen Ihnen einige der folgenden Customizing-Funktionen zur Verfügung, um den Geschäftsprozess des Pool Asset Managements einzurichten.

Überblick zur Meldungsart

Den Geschäftsprozess des Pool Asset Managements stoßen Sie mit einer PAM-Bedarfsmeldung an. Dazu benötigen Sie eine eigene Meldungsart.

Diese Customizing-Funktion ist ein zentraler Einstieg, um eine ganze Reihe von Einstellungen zu einer Meldungsart vorzunehmen. Für die PAM-Meldung benötigen Sie Folgendes:

- die Unterfunktion Bildbereiche im Meldungskopf zur Festlegung von Meldungsheader und Bezugsobjekt
- die Unterfunktion Bildschirmaufbau für erweiterte Sicht zur Festlegung des Layouts
- die Unterfunktion Partnerschema zur Festlegung der Partner

Voraussetzungen
Die Meldungsarten müssen definiert sein.

Customizing-Pfad
Instandhaltung und Kundenservice • Instandhaltungs- und Serviceabwicklung • Instandhaltungs- und Servicemeldungen • Überblick zur Meldungsart

Einstellungen bzw. empfohlene Einstellungen
Mit der Unterfunktion Bildbereiche im Meldungskopf bestimmen Sie den Header und das Bezugsobjekt der Meldung (siehe Abbildung 8.71).

- Im BILDTYP KOPF tragen Sie immer – auch für die PAM-Bedarfsmeldung – H100 HEADER INSTANDHALTUNGSMELDUNG ein.
- Beim BILDTYP OBJEKT wählen Sie für die PAM-Meldung O150 NUR EQUIPMENT, da die Objekte in einem PAM-Pool Equipments sein müssen.

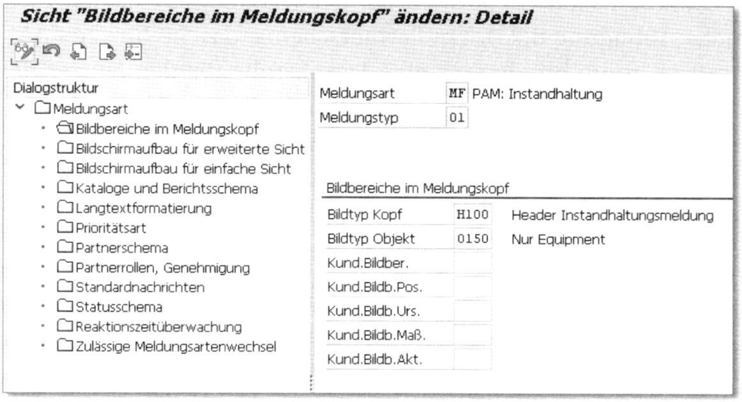

Abbildung 8.71 Pool Asset Management – Meldung Header

Mit der Unterfunktion BILDSCHIRMAUFBAU FÜR ERWEITERTE SICHT legen Sie das Layout der PAM-Meldung fest. Sie benötigen mindestens zwei Registerkarten (Abbildung 8.72):

Abbildung 8.72 Pool Asset Management – Meldung Registerkarten

- Eine Registerkarte muss 10\TAB23 sein. Diese ist von SAP für eine PAM-Meldung fest vorgegeben und beinhaltet Angaben zu den Reisedaten, zu den Ausstattungsmerkmalen, zum Fahrer und zur Abrechnung.
- Eine zweite Registerkarte sollte dann den Subscreen 065 PARTNERÜBERSICHT (TABLE-CONTROL) beinhalten. Die an der PAM-Meldung beteiligten

Partner legen Sie mit der Unterfunktion PARTNER fest. Als Träger eignen sich z. B. die Registerkarten 10\TAB01, 10\TAB02 oder 10\TAB03.

- Weitere Registerkarten (z. B. STANDORT oder TERMINÜBERSICHT) können Sie bei Bedarf ergänzen.

Mit der Unterfunktion PARTNER ordnen Sie der Meldungsart das Partnerschema zu (siehe Abbildung 8.73). Ein Partnerschema, das Sie für die PAM-Meldung einsetzen, sollte mindestens eine Partnerrolle für den Nutzer des Objekts und eine Partnerrolle für den Anforderer enthalten. Die Partnerrollen sollten entweder die Partnerart PE (Personal) oder US (SAP-Benutzer) haben. An diese Partner werden später u. a. die E-Mails mit der Reservierungsbestätigung versendet. Nähere Erläuterungen zu den Begriffen und zum Einrichten eines Partnerschemas finden Sie in Abschnitt 4.7, »Partner«.

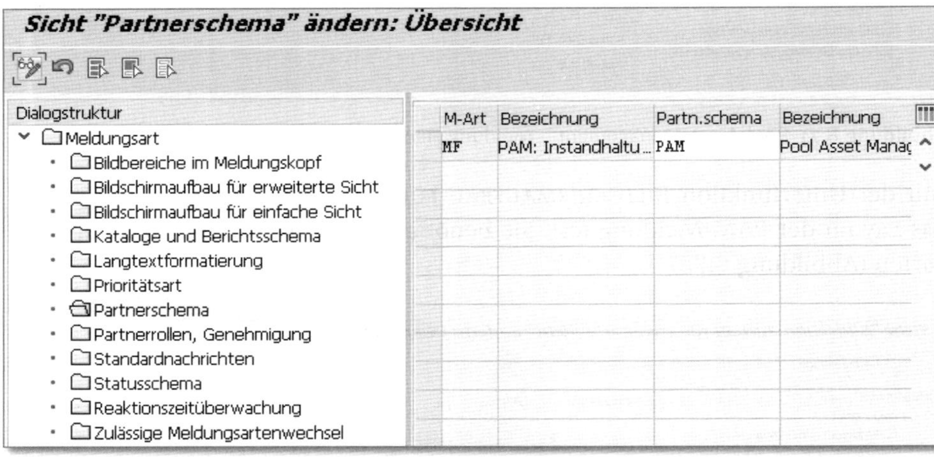

Abbildung 8.73 Pool Asset Management – Meldung Partnerschema

[+]

Empfehlungen zur PAM-Meldungsart

- Eine Registerkarte muss 10\TAB23 sein, um die PAM-Bedarfsdaten melden zu können.
- Die zugeordneten Partnerarten sollten entweder PE oder US sein, um später die E-Mail mit der Reservierungsbestätigung verschicken zu können.

Grundeinstellungen für Pool Asset Management

Mit dieser Customizing-Funktion nehmen Sie die Grundeinstellungen für das Pool Asset Management vor.

Voraussetzungen

Auftragsart, Klasse und Bestätigungstext müssen definiert sein.

Customizing-Pfad

Instandhaltung und Kundenservice • Instandhaltungs- und Serviceabwicklung • Pool Asset Management • Grundeinstellungen für Pool Asset Management

Einstellungen bzw. empfohlene Einstellungen

Folgende Einstellungen können Sie in dieser Customizing-Funktion vornehmen (siehe Abbildung 8.74):

- Die Anwendung hat immer den Festwert Pool Asset Management (FL).
- Bei Text Reservier. tragen Sie das SAPscript-Formular ein, mit dem die Benachrichtigung (E-Mail) des Anforderers bei der Reservierung oder bei der Stornierung durchgeführt werden soll. Das SAPscript-Formular selbst pflegen Sie mit der Transaktion SE71 und binden es in die Drucksteuerung ein (siehe die folgende Customizing-Funktion zur Drucksteuerung).
- Bei Auft.art int. tragen Sie für die interne Verrechnung die PAM-Auftragsart ein, über die interne Verrechnungen für die Objektnutzung vorgenommen werden sollen.
- Bei Klassenart (Festwert PAM) und Klasse geben Sie die Klasse zur Klassenart PAM an, die sich auf die PAM-relevanten Merkmale des Objekts (Equipment) sowie auf die Anforderung (PM-Meldung) beziehen.

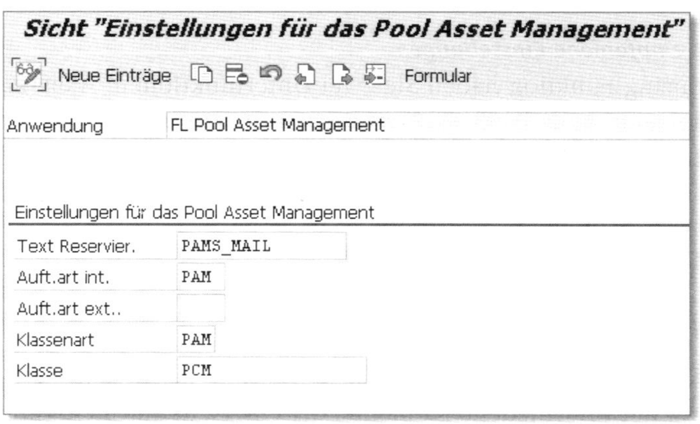

Abbildung 8.74 Pool Asset Management – Grundeinstellungen

[+] **Sie können nur eine Klasse zuordnen**

Hier zeigt sich eine Schwachstelle des SAP Pool Asset Managements: Sie können nur eine einzige Klasse zuordnen (z. B. für Fahrzeuge). Da aber andere Pools (z. B. Werkzeuge, Kräne, Notebooks) andere Klassen mit anderen Merkmalen benötigen würden, können Sie das SAP Pool Asset Management in der aktuellen Version nur für einen einzigen Pool in seinem vollen Funktionsumfang, d. h. inklusive der Ausstattungsmerkmale, nutzen.

Arbeitspapiere, Formular, Ausgabeprogramme festlegen

Damit die E-Mail mit der Reservierungsbestätigung ausgegeben bzw. versendet werden kann, müssen Sie das Formular in die normale Drucksteuerung einbinden.

Voraussetzungen
Das Ausgabeprogramm und das Formular müssen entwickelt sein.

Customizing-Pfad
Instandhaltung und Kundenservice • Instandhaltungs- und Serviceabwicklung • Instandhaltungs- und Servicemeldungen • Meldungsbearbeitung • Drucksteuerung Meldungen • Arbeitspapiere, Formular, Ausgabeprogramme festlegen

Transaktion
OIDA

Einstellungen bzw. empfohlene Einstellungen
Mit dieser Customizing-Funktion haben Sie zwei Unterfunktionen: Arbeitspapiere definieren und Arbeitspapiere zur Meldungsart festlegen. Sie benötigen allerdings nur die erste. Dort definieren Sie Folgendes (siehe Abbildung 8.75):

- eine maximal vierstellige Nummer des Arbeitspapiers
- den Reportnamen und die Form-Routine, über die die Drucksteuerung vorgenommen wird
- das SAPscript-Formular, das als Basis für die Gestaltung der Seiten dient. Das Formular enthält verschiedene Elemente, die einerseits zur Steuerung des Layouts der einzelnen Seiten dienen, andererseits aber auch Gestaltungsinformationen für Texte darstellen, die auf den einzelnen Seiten ausgegeben werden sollen.

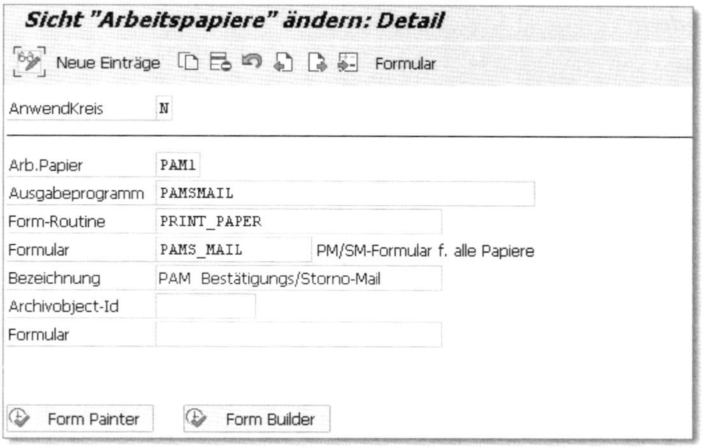

Abbildung 8.75 Pool Asset Management – Reservierungs-E-Mail

Klasse und Merkmale anlegen (CL02/CT04)

In der Customizing-Funktion Grundeinstellungen für Pool Asset Management ordnen Sie der PAM-Meldungsart eine Klasse zu. Diese Klasse verwenden Sie, um in der PAM-Meldung die Ausstattungsmerkmale spezifizieren zu können, die das auszuleihende Gerät mitbringen soll. Für einen Fuhrpark könnten dies z. B. folgende Merkmale sein:

- die Fahrzeugkategorie
- die Anzahl der Personen
- die Getriebeart
- die Winterausrüstung

Dazu legen Sie mit der Transaktion CT04 die benötigten Merkmale an und binden sie mit der Transaktion CL02 in eine Klasse der Klassenart PAM ein (siehe Abbildung 8.76).

Verknüpfungen für Merkmale und Felder bearbeiten

Mit dieser Customizing-Funktion können Sie die Verknüpfungen für Merkmale und Felder bearbeiten. Sie können maximal zwölf Ausstattungsmerkmale plus der Objektkategorie (dient zur Abrechnungsfindung) plus der Anzahl der Personen (im Fall eines Fahrzeugs) festlegen, die in der Plantafel erscheinen sollen.

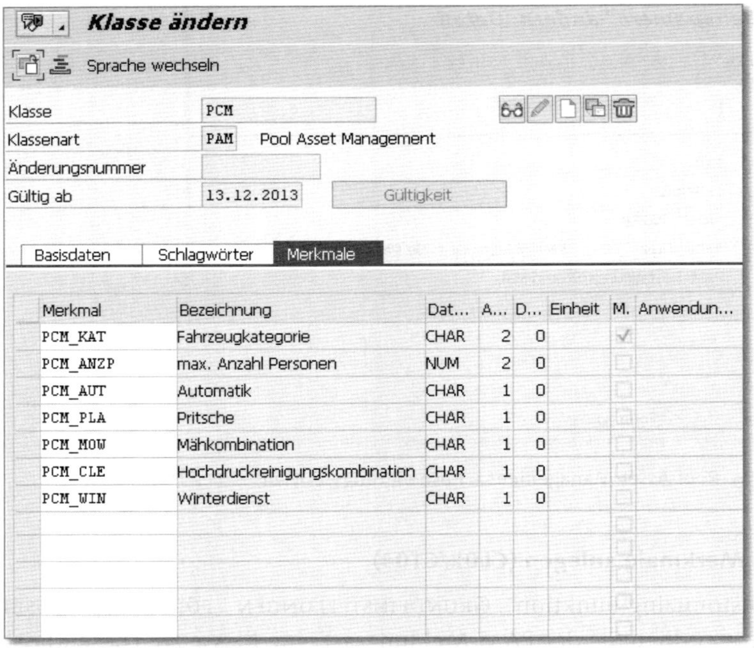

Abbildung 8.76 Pool Asset Management – Poolklasse

Voraussetzungen

Die Klasse mit den Merkmalen muss definiert und dem Pool Asset Management in der Customizing-Funktion GRUNDEINSTELLUNGEN FÜR POOL ASSET MANAGEMENT zugeordnet sein.

Customizing-Pfad

INSTANDHALTUNG UND KUNDENSERVICE • INSTANDHALTUNGS- UND SERVICEABWICKLUNG • POOL ASSET MANAGEMENT • VERKNÜPFUNGEN FÜR MERKMALE UND FELDER BEARBEITEN

Einstellungen bzw. empfohlene Einstellungen

Sie geben an, welche Eigenschaft das jeweilige Merkmal aufweist (siehe Abbildung 8.77):

- ob es sich um ein normales Ausstattungsmerkmal handelt (Spalte AUSST)
- ob das Merkmal die Anzahl der Personen repräsentiert (Spalte AP)
- ob das Merkmal die Fahrzeugkategorie definiert (Spalte M KAT)

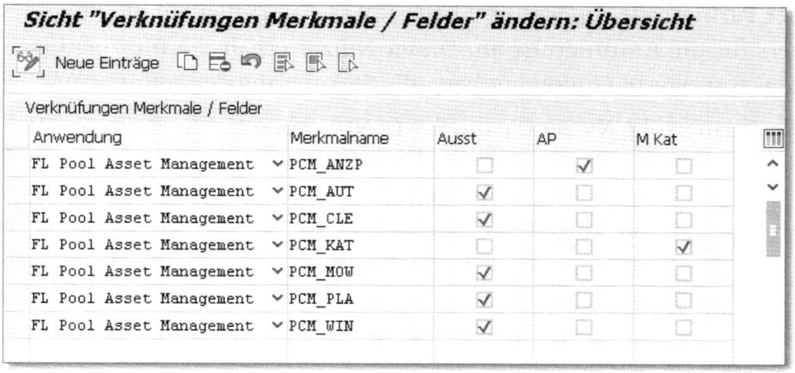
Sicht "Verknüfungen Merkmale / Felder" ändern: Übersicht

Neue Einträge

Verknüfungen Merkmale / Felder

Anwendung	Merkmalname	Ausst	AP	M Kat
FL Pool Asset Management	PCM_ANZP	☐	☑	☐
FL Pool Asset Management	PCM_AUT	☑	☐	☐
FL Pool Asset Management	PCM_CLE	☑	☐	☐
FL Pool Asset Management	PCM_KAT	☐	☐	☑
FL Pool Asset Management	PCM_MOW	☑	☐	☐
FL Pool Asset Management	PCM_PLA	☑	☐	☐
FL Pool Asset Management	PCM_WIN	☑	☐	☐

Abbildung 8.77 Pool Asset Management – Verknüpfung Merkmale und Felder

Objektverarbeitung bearbeiten

Mit dieser Customizing-Funktion können Sie festlegen, welche Objekte in der Plantafel berücksichtigt werden sollen. Die Customizing-Funktion kennt zwar schon die Auftragsart, aber die aktuelle Version des SAP Pool Asset Managements berücksichtigt nur Meldungen, keine Aufträge.

Voraussetzungen

Die Meldungsarten müssen definiert sein.

Customizing-Pfad

Instandhaltung und Kundenservice • Instandhaltungs- und Serviceabwicklung • Pool Asset Management • Objektverarbeitung bearbeiten

Einstellungen bzw. empfohlene Einstellungen

Folgende Einstellungen können Sie pro Meldungsart vornehmen (siehe Abbildung 8.78):

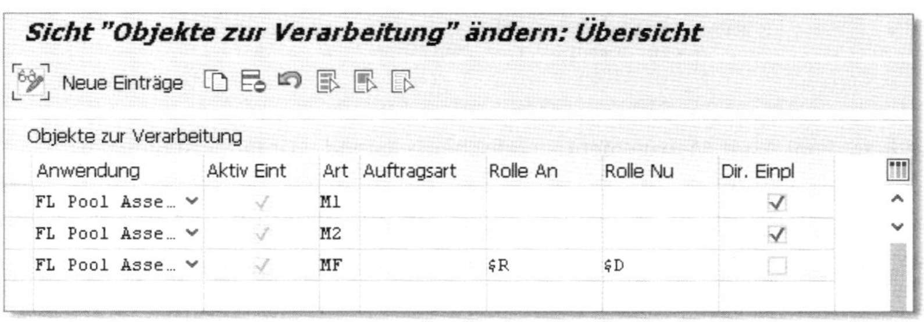
Sicht "Objekte zur Verarbeitung" ändern: Übersicht

Neue Einträge

Objekte zur Verarbeitung

Anwendung	Aktiv Eint	Art	Auftragsart	Rolle An	Rolle Nu	Dir. Einpl
FL Pool Asse…	✓	M1				☑
FL Pool Asse…	✓	M2				☑
FL Pool Asse…	✓	MF		$R	$D	☐

Abbildung 8.78 Pool Asset Management – Objekte

- Mit der Partnerrolle *Anforderer* (Spalte Rolle An) geben Sie die Rolle des Partners für die Anforderung an. Dieser Nutzer erhält die Informationen über das reservierte Equipment bzw. die Stornierung der Anforderung.
- Mit der Partnerrolle *Nutzer* (Spalte Rolle Nu) geben Sie die Rolle des Partners für die Nutzung (z. B. Fahrer im Fall eines Fahrzeugs) an.
- Über den Schalter Dir. Einpl (Direkte Einplanung) steuern Sie, dass die Meldung direkt in die Plantafel übernommen wird, ohne dass eine manuelle Einplanung notwendig ist (z. B. bei Meldungen aus Wartungsplänen oder bei Störmeldungen).

Einstellungen für die Plantafel festlegen

Mit dieser Customizing-Funktion nehmen Sie ein paar Grundeinstellungen für die grafische Plantafel vor.

Voraussetzungen

Die Kalender und Grafikprofile müssen definiert sein.

Customizing-Pfad

Instandhaltung und Kundenservice • Instandhaltungs- und Serviceabwicklung • Pool Asset Management • Einstellungen für die Plantafel festlegen

Einstellungen bzw. empfohlene Einstellungen

Folgende Einstellungsmöglichkeiten stehen Ihnen zur Verfügung (siehe Abbildung 8.79):

Anwendung	Fabri...	Feiertagsk...	Gruppe	Name	Index	Zahl	Zahl	char01	char01
FL Pool ...	01		PAM	POOL	1	500	500	A	A

Abbildung 8.79 Pool Asset Management – grafischer Leitstand – Grundeinstellungen

- In den Feldern zu den Kalendern geben Sie an, welchen Fabrikkalender und welchen Feiertagskalender Sie zugrunde legen möchten.
- In den Spalten Gruppe, Name und Index geben Sie an, welches Grafikprofil Sie verwenden möchten. Zu den Einstellungsmöglichkeiten des Grafikprofils siehe Abschnitt 6.2.3, »Terminierung«.

- Zu den Feldern ZAHL und CHAR01 sagt SAP, es seien Systemeinstellungen, die nicht verändert werden sollen. Dann hätte SAP sie auch weglassen können.

Darstellungsvarianten der Plantafel bearbeiten

Mit dieser Customizing-Funktion legen Sie Darstellungsvarianten für die grafische Plantafel (Transaktion PAM03) fest, d. h., welche Felder im oberen Teil der Plantafel (Felder zu den Equipments) und welche Felder im unteren Teil der Plantafel (Felder zu den Anforderungen) erscheinen sollen (siehe Abbildung 8.80).

Voraussetzungen
Es sind keine speziellen Voraussetzungen notwendig.

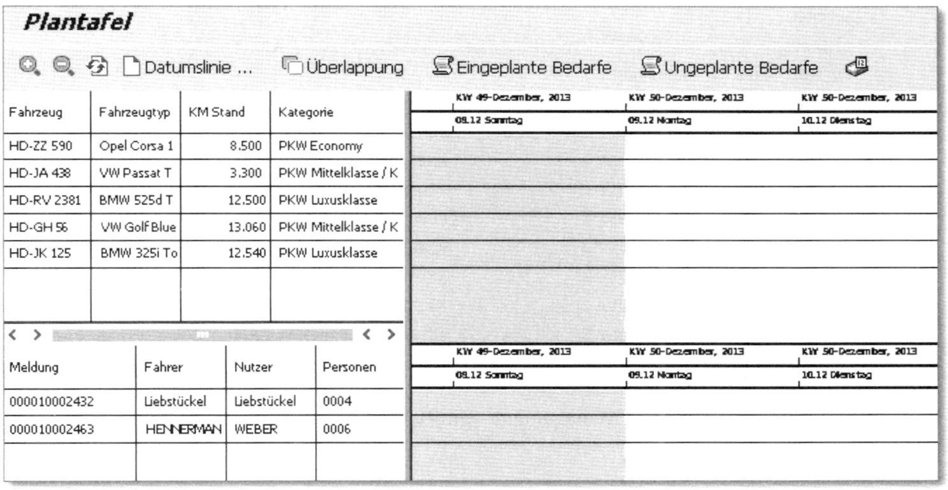

Abbildung 8.80 Pool Asset Management – grafischer Leitstand – Layout

Customizing-Pfad
INSTANDHALTUNG UND KUNDENSERVICE • INSTANDHALTUNGS- UND SERVICEABWICKLUNG • POOL ASSET MANAGEMENT • DARSTELLUNGSVARIANTEN DER PLANTAFEL BEARBEITEN

Einstellungen bzw. empfohlene Einstellungen
Folgende Festlegungen müssen Sie für die Applikation FL (Pool Asset Management) treffen (siehe Abbildung 8.81):

- Sie vergeben einen Namen für die DARSTELLUNGSVARIANTE.
- Mit der CHARTID 1 legen Sie die Felder im oberen Teil des Leitstandes fest, d. h. die Felder zu den Equipments. Mit der CHARTID 2 legen Sie hingegen die Felder im unteren Teil des Leitstandes fest, d. h. die Felder zu den Anforderungen.
- In der Spalte FELDNAME haben Sie die Auswahl zwischen 33 Feldern. Hinweis: Im oberen Teil erscheint für das Feld ROWKEY_ELEMENT die Equipmentnummer und im unteren Teil die Meldungsnummer. Die laufenden Nummern 0 werden nicht angezeigt.
- Den FELDTEXT können Sie selbst bestimmen.

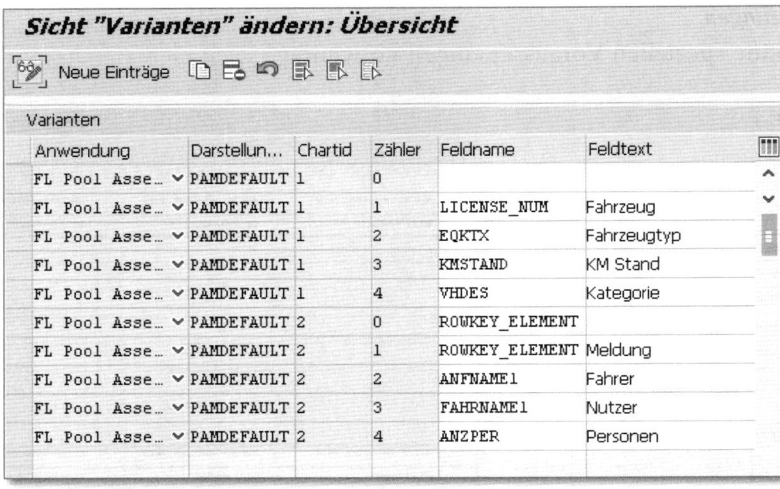

Sicht "Varianten" ändern: Übersicht

Neue Einträge

Varianten

Anwendung	Darstellun...	Chartid	Zähler	Feldname	Feldtext
FL Pool Asse...	PAMDEFAULT	1	0		
FL Pool Asse...	PAMDEFAULT	1	1	LICENSE_NUM	Fahrzeug
FL Pool Asse...	PAMDEFAULT	1	2	EQKTX	Fahrzeugtyp
FL Pool Asse...	PAMDEFAULT	1	3	KMSTAND	KM Stand
FL Pool Asse...	PAMDEFAULT	1	4	VHDES	Kategorie
FL Pool Asse...	PAMDEFAULT	2	0	ROWKEY_ELEMENT	
FL Pool Asse...	PAMDEFAULT	2	1	ROWKEY_ELEMENT	Meldung
FL Pool Asse...	PAMDEFAULT	2	2	ANFNAME1	Fahrer
FL Pool Asse...	PAMDEFAULT	2	3	FAHRNAME1	Nutzer
FL Pool Asse...	PAMDEFAULT	2	4	ANZPER	Personen

Abbildung 8.81 Pool Asset Management – grafischer Leitstand – Layout definieren

Status pflegen

Mit dieser Funktion legen Sie fest, wie die Balken der angeforderten Elemente in der Plantafel dargestellt werden sollen – insbesondere welche Farben den unterschiedlichen Status zugeordnet werden sollen.

Voraussetzungen

Es sind keine spezifischen Voraussetzungen notwendig.

Customizing-Pfad

Die Pflege der Tabelle PAMS_VSTAI hat SAP leider nicht ins Customizing eingebunden. Sie pflegen die Tabelle über die Transaktion SM30.

Einstellungen bzw. empfohlene Einstellungen

Folgende Festlegungen müssen Sie für die Applikation FL (Pool Asset Management) vornehmen (siehe Abbildung 8.82):

- Sie legen einen STATUS fest.
- Sie weisen Ihrem Status eine FARBE zu (z. B. 01 = Gelb, 03 = Blau, 04 = Grün, 06 = Rot).
- Sie weisen Ihrem Status einen SPLITTTYP zu:

  A = Abwesenheit (d. h., das Objekt steht wegen anderweitiger Maßnahmen nicht zur Verfügung)

  B = Bedarf (d. h., dieser Status repräsentiert einen Bedarf)

  E = erledigt (d. h., der Bedarf ist abgewickelt)

  S = produktiv (d. h., das Objekt ist gerade in Benutzung)

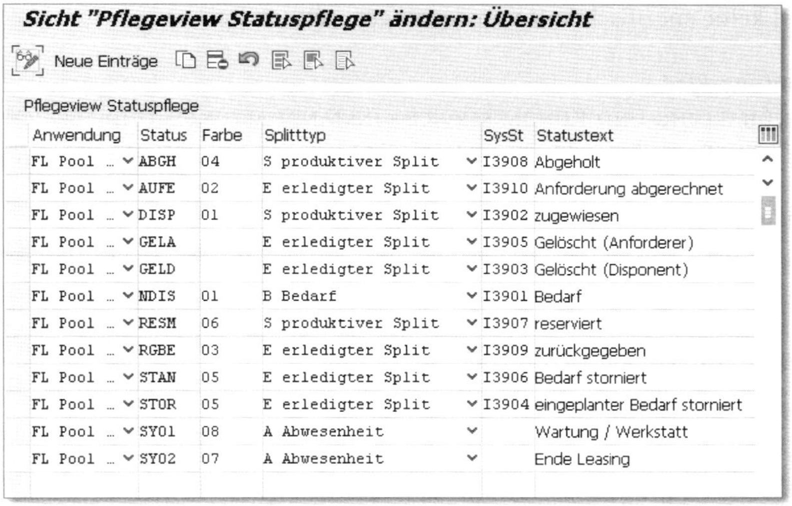

Sicht "Pflegeview Statuspflege" ändern: Übersicht

Neue Einträge

Pflegeview Statuspflege

Anwendung	Status	Farbe	Splitttyp	SysSt	Statustext
FL Pool ...	ABGH	04	S produktiver Split	I3908	Abgeholt
FL Pool ...	AUFE	02	E erledigter Split	I3910	Anforderung abgerechnet
FL Pool ...	DISP	01	S produktiver Split	I3902	zugewiesen
FL Pool ...	GELA		E erledigter Split	I3905	Gelöscht (Anforderer)
FL Pool ...	GELD		E erledigter Split	I3903	Gelöscht (Disponent)
FL Pool ...	NDIS	01	B Bedarf	I3901	Bedarf
FL Pool ...	RESM	06	S produktiver Split	I3907	reserviert
FL Pool ...	RGBE	03	E erledigter Split	I3909	zurückgegeben
FL Pool ...	STAN	05	E erledigter Split	I3906	Bedarf storniert
FL Pool ...	STOR	05	E erledigter Split	I3904	eingeplanter Bedarf storniert
FL Pool ...	SY01	08	A Abwesenheit		Wartung / Werkstatt
FL Pool ...	SY02	07	A Abwesenheit		Ende Leasing

Abbildung 8.82 Pool Asset Management – grafischer Leitstand – Status

- Sie verbinden Ihren Status mit einem Systemstatus (Spalte SYSST). Folgende Systemstatus sind sinnvoll:
  - I3901 – NDIS (nicht disponiert)
  - I3902 – DISP (eingeplant)
  - I3903 – GELD (gelöscht (Disponent))
  - I3904 – STOD (storniert (Disponent))
  - I3905 – GELA (gelöscht (Anforderer))

  - I3906 – STAN (storniert (Anforderer))
  - I3907 – RESM (benachrichtigt)
  - I3908 – ABGH (Fahrzeug ausgegeben)
  - I3909 – RGBE (Fahrzeug zurückgegeben)
  - I3910 – AUFE (Auftrag erstellt)
- Sie vergeben für Ihren Status einen STATUSTEXT.

Pool-Kategorien festlegen

Mit dieser Customizing-Funktion legen Sie die Poolkategorien fest. Diese Kategorien werden zur späteren Verrechnung der eingeplanten Bedarfe benötigt.

Voraussetzungen

Es sind keine spezifischen Voraussetzungen notwendig.

Customizing-Pfad

INSTANDHALTUNG UND KUNDENSERVICE • INSTANDHALTUNGS- UND SERVICEABWICKLUNG • POOL ASSET MANAGEMENT • POOL-KATEGORIEN FESTLEGEN

Einstellungen bzw. empfohlene Einstellungen

Sie legen die Poolkategorien und ihre Bezeichnungen fest (siehe Abbildung 8.83).

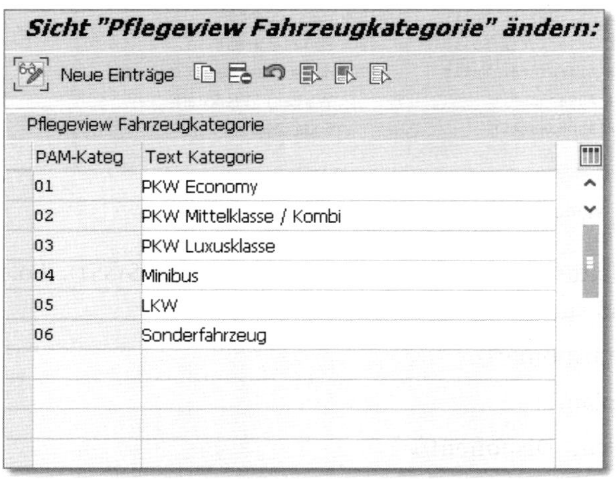

Abbildung 8.83 Pool Asset Management – Poolkategorie

Leistungsarten für Pool-Kategorien festlegen

Mit dieser Customizing-Funktion legen Sie pro Kostenrechnungskreis und Poolkategorie fest, welche Leistungsarten für die verschiedenen Verrechnungsmodalitäten verwendet werden sollen (z. B. für einen Tagessatz).

Voraussetzungen

Kostenrechnungskreise, PAM-Kategorien und Leistungsarten müssen definiert sein. Leistungsarten legen Sie mit der Transaktion KL01 an.

Customizing-Pfad

Instandhaltung und Kundenservice • Instandhaltungs- und Serviceabwicklung • Pool Asset Management • Leistungsarten für Pool-Kategorien festlegen

Einstellungen bzw. empfohlene Einstellungen

Folgende Verrechnungseinheiten stehen Ihnen zur Verfügung (siehe Abbildung 8.84):

Sicht "Pflegeview der Leistungsarten zur Fahrzeugkategorie"

Neue Einträge

Pflegeview der Leistungsarten zur Fahrzeugkategorie

KKrs	PAM-Kateg	Mietpreis	Preis / EH	Pausch 1	Pausch 2	Freie EH
1000	01	KFZM01	KFZK01	KFZP01	KFZP02	100
1000	02	KFZM02	KFZK02	KFZP01	KFZP02	100
1000	03	KFZM03	KFZK03	KFZP01	KFZP02	100
1000	04	KFZM04	KFZK04	KFZP01	KFZP02	100
1000	05	KFZM05	KFZK05	KFZP01	KFZP02	100
1000	06	KFZM05	KFZK05	KFZP01	KFZP02	100

Abbildung 8.84 Pool Asset Management – Leistungsarten zur Kategorie

- Beim Mietpreis werden in Abhängigkeit von der Einheit der Leistungsart (Stunden, Tage) die Kosten für die Ausleihzeit berechnet.
- Bei Preis / EH werden in Abhängigkeit von der Einheit dieser Leistungsart die leistungsabhängigen Kosten ermittelt, z. B. Kilometer bei Nutzung als Fahrzeug-Pool.
- Pausch 1 und Pausch 2 dienen zur Verrechnung von pauschalen Kosten (z. B. Kosten der Reinigung oder Kosten der Betankung).
- Freie EH geben an, ob es bei der Verrechnungseinheit Preis / EH freie Einheiten gibt (z. B. Freikilometer bei Nutzung als Fahrzeug-Pool).

- Die Tarife selbst pflegen Sie mit der Transaktion KP26 pro Geschäftsjahr (siehe Abbildung 8.85).

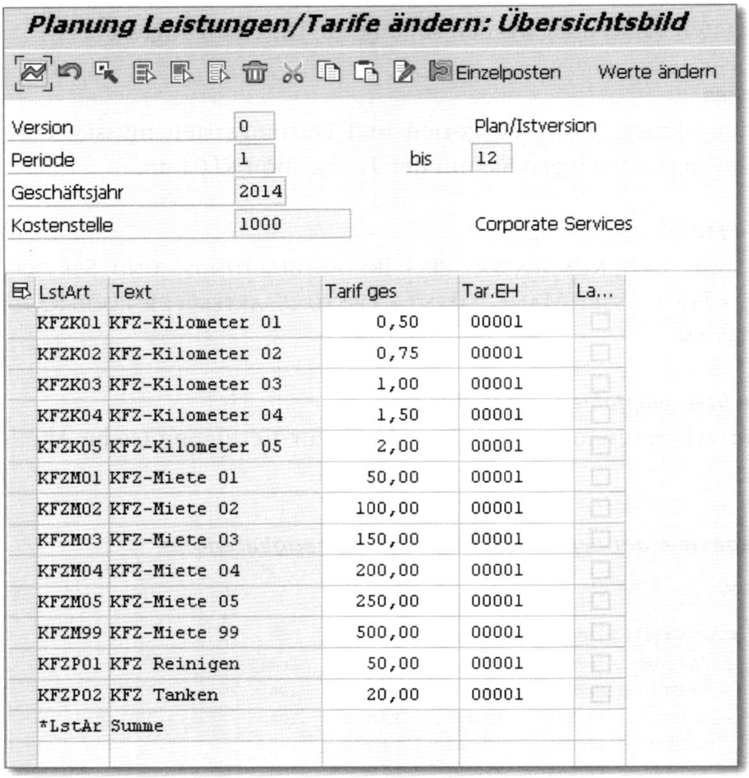

LstArt	Text	Tarif ges	Tar.EH	La...
KFZK01	KFZ-Kilometer 01	0,50	00001	
KFZK02	KFZ-Kilometer 02	0,75	00001	
KFZK03	KFZ-Kilometer 03	1,00	00001	
KFZK04	KFZ-Kilometer 04	1,50	00001	
KFZK05	KFZ-Kilometer 05	2,00	00001	
KFZM01	KFZ-Miete 01	50,00	00001	
KFZM02	KFZ-Miete 02	100,00	00001	
KFZM03	KFZ-Miete 03	150,00	00001	
KFZM04	KFZ-Miete 04	200,00	00001	
KFZM05	KFZ-Miete 05	250,00	00001	
KFZM99	KFZ-Miete 99	500,00	00001	
KFZP01	KFZ Reinigen	50,00	00001	
KFZP02	KFZ Tanken	20,00	00001	
*LstAr	Summe			

Abbildung 8.85 Pool Asset Management – Planung Leistungsarten

Auftragsarten einrichten

Wenn Sie einen PAM-Bedarf abrechnen, legt das System im Hintergrund einen Auftrag an, über den die Kosten an das Kontierungsobjekt der PAM-Meldung (Auftrag, Kostenstelle) abgerechnet werden. Mit dieser Customizing-Funktion definieren Sie die für diesen Zweck zu verwendende Auftragsart und legen einige grundsätzliche Parameter fest.

[+]

Eigene Auftragsart für Pool Asset Management

Für den Geschäftsprozess des Pool Asset Managements sollten Sie eine eigene Auftragsart definieren. Diese Auftragsart sollten Sie nicht für »normale« Instandhaltungsprozesse einsetzen – ebenso, wie Sie eine »normale« Auftragsart nicht für diesen Geschäftsprozess einsetzen sollten.

Voraussetzungen

Da die Auftragsarten nicht nur von der Instandhaltung, sondern auch von anderen Fachbereichen mit ihren entsprechenden SAP-Applikationen verwendet werden, müssen Sie sich mit Ihren Kollegen über die Nomenklatur und die Nummernkreise der Auftragsarten abstimmen.

Customizing-Pfad

Instandhaltung und Kundenservice • Instandhaltungs- und Serviceabwicklung • Instandhaltungs- und Serviceaufträge • Funktionen und Einstellungen der Auftragsarten • Auftragsarten einrichten

Einstellungen bzw. empfohlene Einstellungen

In den Einstellungen unterscheidet sich die PAM-Auftragsart nicht von den normalen Auftragsarten (siehe Abbildung 8.86).

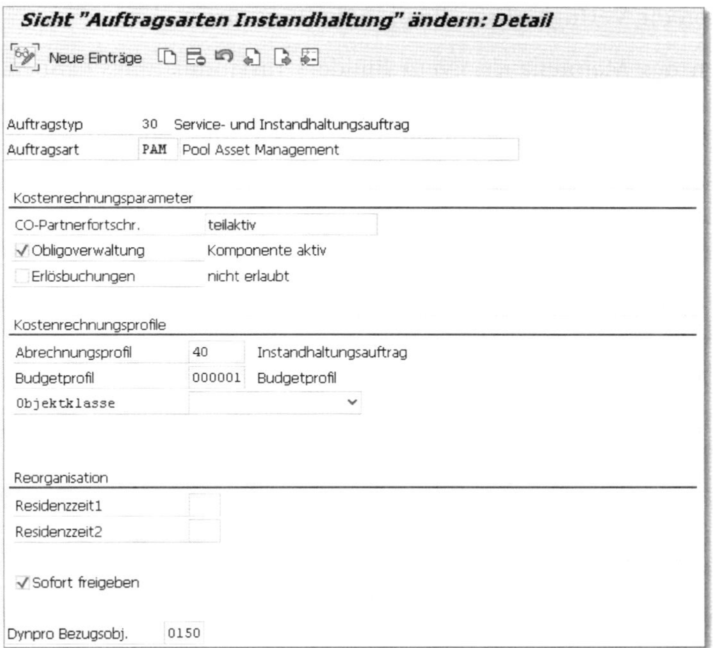

Abbildung 8.86 Pool Asset Management – Auftragsart

Mit diesen Customizing-Einstellungen sollte es Ihnen nun möglich sein, den Prozess *Pool Asset Management* so durchzuführen, wie er im *Praxishandbuch Instandhaltung mit SAP*[5] beschrieben ist.

5 Vgl. Liebstückel, K.: Praxishandbuch Instandhaltung mit SAP. S. 347–354.

8.6 Maintenance Event Builder

Mit dem *Maintenance Event Builder* (MEB) können Sie kleinere Instandhaltungsprojekte in Form einzelner Arbeitspakete planen. Sie starten den Maintenance Event Builder über die Transaktion WPS1. Beim MEB handelt es sich technisch um eine Workbench, die Sie bei der Durchführung der folgenden Aufgaben unterstützt:

- Sie überprüfen den Arbeitsvorrat an Meldungen (Backlog).
- Sie bündeln die Meldungen zu Revisionen.
- Sie erzeugen aus den Meldungen Aufträge.
- Sie ordnen die Aufgaben zu.
- Sie lassen sich diverse Informationen anzeigen, wie z. B. offene Arbeitsbedarfe, Fälligkeitstermine, Aufträge etc.
- Sie überprüfen die Verfügbarkeitssituation der Ressourcen.

Um im Rahmen des Maintenance Event Builders Instandhaltungsmaßnahmen abwickeln zu können, benötigen Sie Revisionen. Revisionen haben Beginn- und Endetermine und verfügen über eine Statusverwaltung (z. B. eröffnet, freigegeben, Zuordnungen vorhanden etc.). Revisionen legen Sie entweder explizit mit der Transaktion IWR1 oder implizit im Rahmen des Maintenance Event Builders an.

Business Function

Damit Sie den Maintenance Event Builder nutzen können, müssen die Business Functions `LOG_EAM_POM` und `LOG_EAM_POM_2` aktiviert sein. Im Mittelpunkt des Maintenance Event Builders steht die sogenannte *Revision*, der alle durchzuführenden Meldungen und Aufträge zugewiesen werden müssen.

Revisionsart pflegen

Jede Revision muss einer Revisionsart zugewiesen werden. Mit dieser Customizing-Funktion legen Sie die Revisionsarten fest – Sie bestimmen insbesondere, ob Sie die Revisionsart im Rahmen des Maintenance Event Builders oder im Rahmen der normalen Instandhaltungsabwicklung nutzen möchten (siehe Abbildung 8.87).

Voraussetzungen
Es sind keine spezifischen Voraussetzungen notwendig.

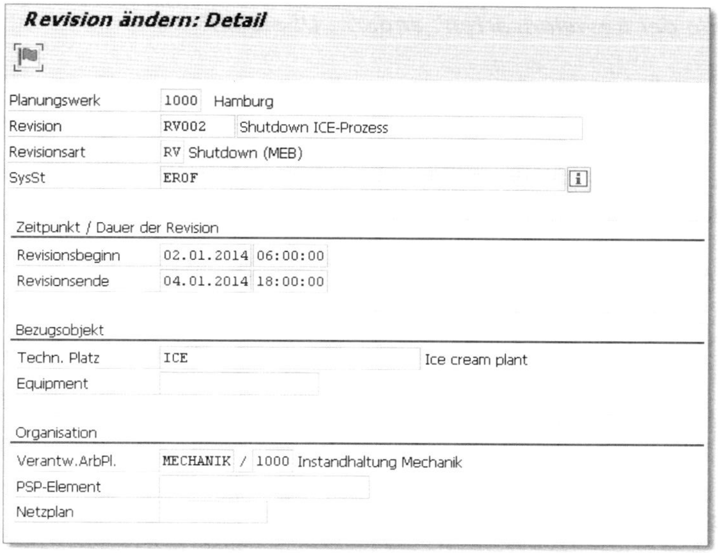

Abbildung 8.87 Maintenance Event Builder – Revision

Customizing-Pfad

Instandhaltung und Kundenservice • Instandhaltungs- und Serviceabwicklung • Maintenance Event Builder • Revisionsart pflegen

Transaktion

DIWPSC4

Einstellungen bzw. empfohlene Einstellungen

Einer Revision, die Sie im Rahmen der normalen Instandhaltungsabwicklung nutzen möchten, ordnen Sie eine Revisionsart zu, die Nicht WPS-gesteuert ist (siehe Abbildung 8.88). Diese Revisionen können Sie dann verwenden, um sie bei Meldungen und Aufträgen einzutragen. Diese Revisionen können Sie nicht im Rahmen des Maintenance Event Builders verwenden.

Umgekehrt verhält es sich bei WPS-gesteuerten Revisionsarten: Diese können Sie nur im Rahmen des Maintenance Event Builders nutzen, aber nicht für eine normale Instandhaltungsabwicklung.

Mit dieser Customizing-Einstellung sollte es Ihnen nun möglich sein, den Maintenance Event Builder so einzusetzen, wie er im *Praxishandbuch Instandhaltung mit SAP*[6] beschrieben ist.

6 Vgl. Liebstückel, K.: Praxishandbuch Instandhaltung mit SAP. S. 361–365.

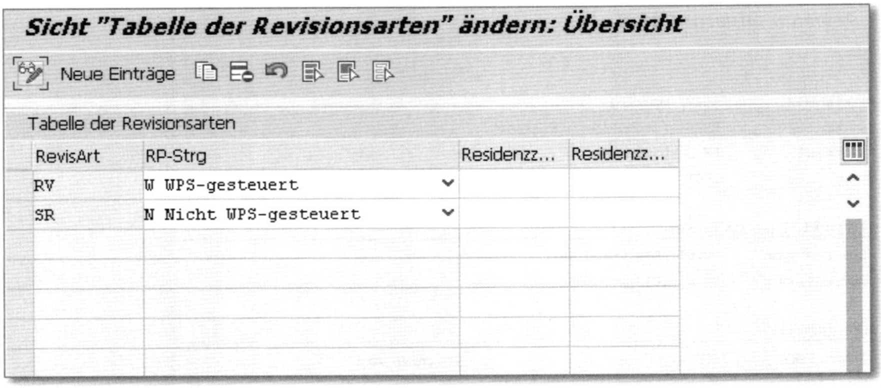

Abbildung 8.88 Maintenance Event Builder – Revisionsart

8.7 Schichtberichte und Schichtnotizen

Schichtnotizen und Schichtberichte verwenden Sie, um Vorkommnisse während einer Schicht zu dokumentieren.

In einer *Schichtnotiz* hinterlegen Sie Informationen zu einem Ereignis, z. B. in Form von Kommentaren, Zeiten oder Objekten. Schichtnotizen können z. B. die folgenden Informationen enthalten:

- allgemeine Hinweise (z. B. Schichtunterbrechung, Stromausfall)
- Dokumentation einer Störung (z. B. Ausfall Drehmaschine von/bis)
- Verbesserungsvorschläge (z. B. Drehzahl einer Maschine um 10 % reduzieren, weil ...)
- Hinweise zum Personal (z. B. Mitarbeiter Huber eine Stunde eher gegangen, weil ...)
- Hinweise zum Materialeinsatz (z. B. Gehäuse sollte mit einem maximalen Druck von 10 Bar eingespannt werden)
- Anmerkungen zum Werkzeugeinsatz (z. B. Handbohrer 9700 nicht geeignet für Material T-B400)

Ein *Schichtbericht* ist ein PDF-Dokument, das ein Schichtverantwortlicher am Ende einer Schicht aus den erfassten Schichtnotizen und anderen Belegen generiert. Wenn ein Schichtbericht unterschrieben werden muss, kann die digitale Signatur zum Einsatz kommen. Die folgenden Bestandteile können in einem Schichtbericht enthalten sein:

- Schichtnotizen
- Fertigungsleistungen
- Rückmeldungen
- Warenbewegungen
- Instandhaltungsmeldungen
- Qualitätsmeldungen
- Instandhaltungsaufträge
- Messbelege
- grafische Auswertungen

Business Functions

Damit Sie die Schichtnotizen und die Schichtberichte nutzen können, müssen die Business Functions `LOG_PP_SRN_CONF` und `LOG_PP_SRN_02` aktiviert sein.

Die folgenden Customizing-Einstellungen stehen Ihnen zur Verfügung, um Schichtnotizen und Schichtberichte an Ihre Bedürfnisse anzupassen:

Überblick zur Meldungsart

Schichtnotizen sind datentechnisch Meldungen, die mit einer eigenen Meldungsart angelegt werden *müssen*. Diese Customizing-Funktion ist ein zentraler Einstieg, um eine ganze Reihe von Einstellungen zu einer Meldungsart vorzunehmen. Für die Schichtnotiz benötigen Sie:

- die Unterfunktion Bildbereiche im Meldungskopf zur Festlegung von Meldungsheader und Bezugsobjekt
- die Unterfunktion Bildschirmaufbau für erweiterte Sicht zur Festlegung des Layouts

Voraussetzungen

Die Meldungsarten müssen definiert sein. Die Meldungsart für die Schichtnotizen *muss* vom Meldungstyp 05 (= allgemeine Meldung) sein.

Customizing-Pfad

Instandhaltung und Kundenservice • Instandhaltungs- und Serviceabwicklung • Instandhaltungs- und Servicemeldungen • Überblick zur Meldungsart

Einstellungen bzw. empfohlene Einstellungen

Mit der Unterfunktion Bildbereiche im Meldungskopf bestimmen Sie den Header der Meldung. Im Bildtyp Kopf tragen Sie für die Schichtnotizart O700 Allgemeine Meldung ein (siehe Abbildung 8.89).

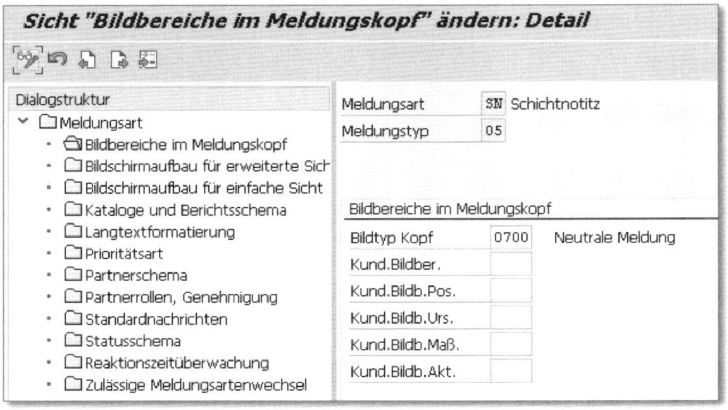

Abbildung 8.89 Schichtnotiz – Meldungsart – Bildbereich Meldungskopf

Mit der Unterfunktion Bildschirmaufbau für erweiterte Sicht legen Sie das Layout der Schichtnotiz fest. Sie benötigen eine einzige Registerkarte (siehe Abbildung 8.90). Auf dieser Registerkarte tragen Sie den Bildbereich 130 Schichtnotiz ein.

Abbildung 8.90 Schichtnotiz – Meldungsart Bildschirmaufbau

Einstellungen für Schichtnotizart festlegen

Diese Customizing-Funktion ist *die* zentrale Funktion, mit der Sie die Schichtnotizen konfigurieren. Hier legen Sie die wesentlichen Eigenschaften Ihrer Schichtnotizen fest, u. a. ob Sie der Schichtnotiz Bezugsobjekte oder Kategorien zuordnen möchten.

Voraussetzungen

Die Meldungsarten und der Katalog für die Kategorien müssen definiert sein.

Customizing-Pfad

Instandhaltung und Kundenservice • Instandhaltungs- und Serviceabwicklung • Schichtberichte/-notizen • Einstellungen für Schichtnotizen • Einstellungen für Schichtnotizart festlegen

Einstellungen bzw. empfohlene Einstellungen

Folgende Einstellungsmöglichkeiten stehen Ihnen zur Verfügung (siehe Abbildung 8.91):

- Mit dem Schalter Notiznummer legen Sie fest, dass in den Bearbeitungstransaktionen der Schichtnotiz die Nummer der Schichtnotiz immer angezeigt wird.
- Mit dem Schalter Herkunft legen Sie fest, dass in den Bearbeitungstransaktionen der Schichtnotiz immer die Informationen zur Herkunft angezeigt werden. Ist die Herkunft Arbeitsplatz/Hierarchie, werden Nummer und Kurztext des Arbeitsplatzes sowie Hierarchiekennzeichen und Werk angezeigt. Ist die Herkunft Technischer Platz/Equipment, werden Nummer und Kurztext des Technischen Platzes sowie Nummer und Kurztext des Equipments angezeigt.
- Wenn Sie das Kennzeichen Ereignis setzen, können Sie in der Schichtnotiz den Zeitpunkt oder den Zeitraum, in dem das Ereignis stattgefunden hat, erfassen.
- Wenn Sie das Kennzeichen Kategorie setzen, können Sie der Schichtnotiz eine Kategorie zuordnen. Bei Katalogart und Codegruppe geben Sie an, auf welche Kategorien Sie zugreifen möchten. Die Kategorien selbst pflegen Sie mit der Customizing-Funktion Kataloge pflegen.
- Wenn Sie das Kennzeichen Bezugsobjekt setzen, können Sie in der Schichtnotiz ein Bezugsobjekt (z. B. Equipment oder Technischer Platz) erfassen. Welche Bezugsobjekte für Sie infrage kommen, definieren Sie mit der Unterfunktion Bezugsobjekte.

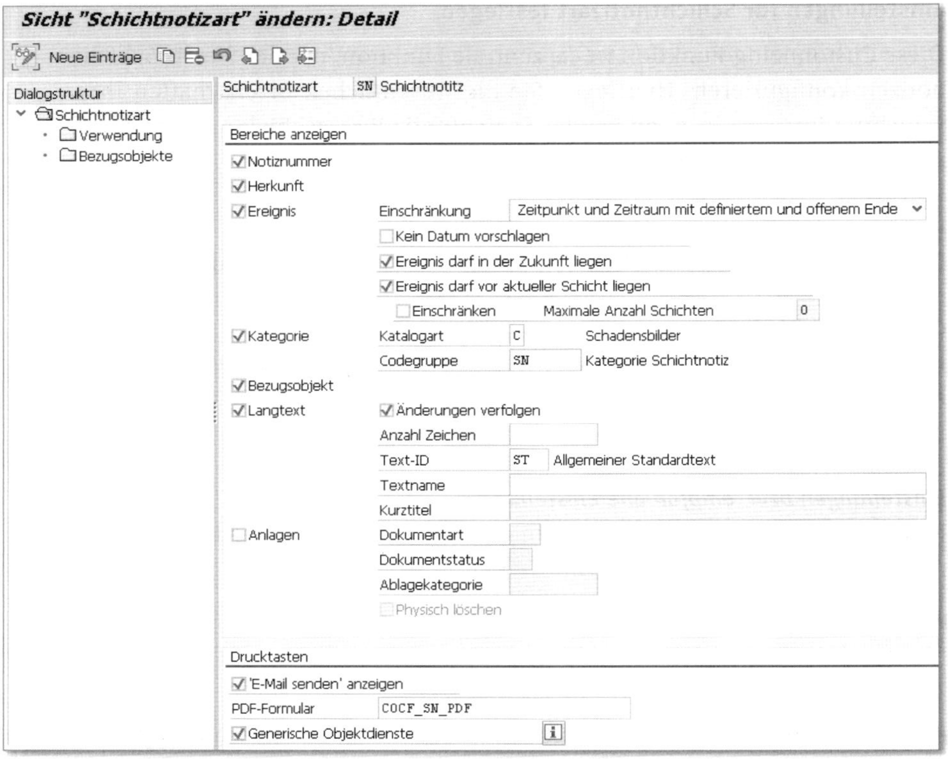

Abbildung 8.91 Schichtnotiz – Schichtnotizart

- Wenn Sie das Kennzeichen Langtext setzen, erscheint in der Schichtnotiz ein OCX-Fenster für den Langtext.
- Wenn Sie darüber hinaus das Kennzeichen Änderungen setzen, wird protokolliert, wer wann welche Ergänzungen am Langtext vorgenommen hat.
- Wenn Sie das Kennzeichen Anlagen setzen, dann blendet das System in der unteren Bildhälfte der Schichtnotiz den Bereich Anlagen ein. Sie können dann der Schichtnotiz Dokumente als Anlage hinzufügen. Sie müssen dann eine Dokumentenart und eine Ablagekategorie für die Dokumente angeben (siehe dazu Abschnitt 4.8, »Dokumente«). Außerdem müssen Sie in der Customizing-Funktion Bildschirmaufbau für erweiterte Sicht neben dem Subscreen 130 auch noch den Subscreen 131 zuordnen.
- Mit dem Schalter E-Mail senden anzeigen legen Sie fest, dass die Funktionstaste [Senden] in den Bearbeitungstransaktionen der Schichtnotiz eingeblendet wird. Das Layout der E-Mail legen Sie über das PDF-Formular fest.

- Wenn Sie das Kennzeichen GENERISCHE OBJEKTDIENSTE setzen, dann blendet das System das Symbol und Dropdown-Menü für generische Objektdienste in die Bearbeitungstransaktionen der Schichtnotiz ein.

Mit der Unterfunktion VERWENDUNG legen Sie fest, ob Sie eigenständige Schichtnotizen erzeugen möchten oder ob die Schichtnotizen als Bildbereich im Rahmen einer normalen Meldung erscheinen sollen (siehe Abbildung 8.92). Wenn sie im Rahmen einer Meldung erscheinen sollen, können Sie festlegen, ob die HERKUNFT ARBEITSPLATZ/HIERARCHIE oder TECHNISCHER PLATZ/EQUIPMENT sein soll.

Abbildung 8.92 Schichtnotiz – Schichtnotizart – Verwendung

Mit der Unterfunktion BEZUGSOBJEKTE legen Sie die für Sie wichtigen Bezugsobjekte einer Schichtnotiz fest (siehe Abbildung 8.93). Aus folgenden Bezugsobjekten können Sie auswählen:

- BUS1001002 – Charge
- EQUI – Equipment
- BUS2005 – Fertigungsauftrag
- BUS2116 – Fertigungsauftragsrückmeldung
- BUS1038 – Fertigungshilfsmittel
- BUS2007 – Instandhaltungsauftrag
- BUS2128 – Instandhaltungsauftragsrückmeldung
- BUS2038 – Instandhaltungsmeldung
- BUS1001 – Material
- BUS2092 – Messbeleg
- SAP_65106 – Messpunkt
- BUS2004 – Planauftrag
- BUS2016 – Prozessauftragsrückmeldung

- BUS0001 – Prozessauftrag
- BUS2045 – Prüflos
- BUS2078 – Qualitätsmeldung
- COCF_SR – Schichtbericht
- COCF_SN – Schichtnotiz
- BUS0010 – Technischer Platz

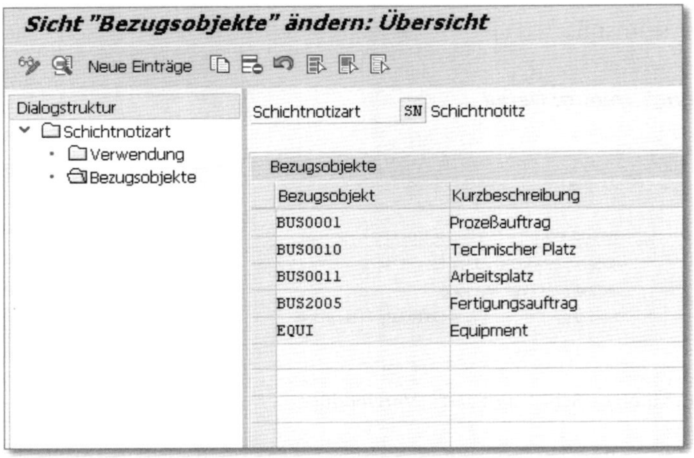

Abbildung 8.93 Schichtnotiz – Schichtnotizart Bezugsobjekte

Kataloge pflegen

Die Kategorien einer Schichtnotiz werden durch die Codegruppe eines Katalogs definiert. Mit dieser Customizing-Funktion pflegen Sie die Kataloge mit den dazugehörenden Codegruppen und Codes.

Voraussetzungen

Es sind keine speziellen Voraussetzungen nötig.

Customizing-Pfad

Instandhaltung und Kundenservice • Instandhaltungs- und Serviceabwicklung • Instandhaltungs- und Servicemeldungen • Meldungseröffnung • Meldungsinhalt • Kataloge pflegen

Transaktion

QS41

Einstellungen bzw. empfohlene Einstellungen
Es bleibt Ihnen überlassen, welchen Katalog Sie für die Kategorien der Schichtnotiz nutzen: Sie können einen eigenen definieren oder aber einen bestehenden verwenden. Abbildung 8.94 zeigt Ihnen die Kategorien einer Codegruppe, die im Katalog der Schadensbilder definiert wurde.

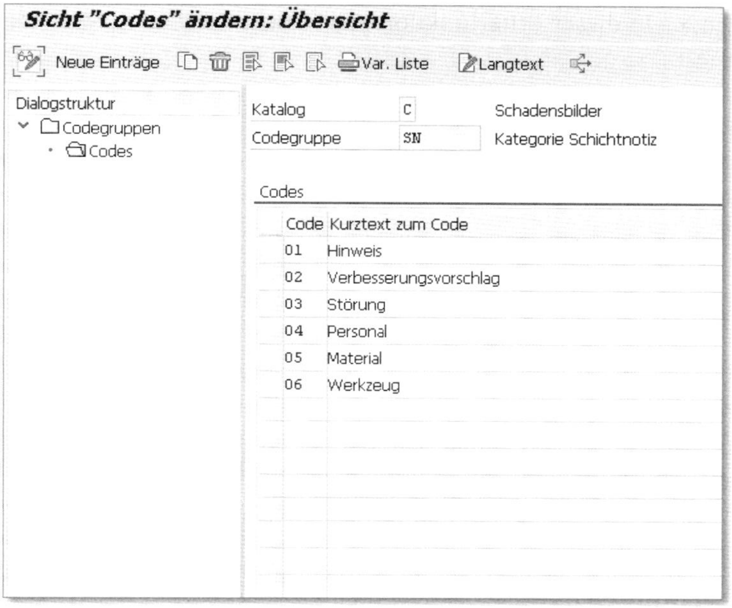

Abbildung 8.94 Schichtnotiz – Kategorie

Schichtberichtstypen festlegen

Diese Customizing-Funktion ist *die* zentrale Funktion, mit der Sie die Schichtberichte konfigurieren. Hier legen Sie fest, wie Ihre Schichtberichte nach der Generierung aussehen und welche Daten im Schichtbericht enthalten sein sollen.

Voraussetzungen
Wenn Sie digitale Signaturen verwenden möchten, müssen Sie vorher eine Signaturstrategie aufbauen.

Customizing-Pfad
Instandhaltung und Kundenservice • Instandhaltungs- und Serviceabwicklung • Schichtberichte/-notizen • Einstellungen für Schichtberichte • Schichtberichtstypen festlegen

Einstellungen bzw. empfohlene Einstellungen

Mit der Unterfunktion SCHICHTBERICHTSTYP (siehe Abbildung 8.95) legen Sie die von Ihnen benötigten Schichtberichtstypen an. Wenn Sie aufgrund unterschiedlicher Anforderungen der technischen Objekte oder Arbeitsplätze verschiedene Schichtberichte benötigen, die unterschiedliche Strukturen und Inhalte besitzen sollen, dann müssen Sie mehrere Berichtstypen anlegen. Zusätzlich legen Sie in dieser Unterfunktion pro Schichtberichtstyp folgende Eigenschaften fest:

Abbildung 8.95 Schichtberichtstyp – Übersicht

- Über die VERWENDUNG steuern Sie, ob der Schichtberichtstyp später für ARBEITSPLATZ/HIERARCHIE oder für TECHNISCHER PLATZ/EQUIPMENT generiert werden soll.
- Über den Schalter LÜCKENLOSE SCHICHTBERICHTE steuern Sie, ob ein Schichtbericht zu dem Zeitpunkt beginnen muss, zu dem der vorangegangene Schichtbericht geendet hat oder nicht.
- Wenn Sie das Kennzeichen DOKUMENTE SCHÜTZEN setzen, dann wird das erzeugte PDF-Dokument durch Verschlüsselung gegen Änderungen geschützt.
- Wenn Sie das Kennzeichen DOKUMENT PRÜFEN gesetzt haben, dann prüft das System beim Aufruf des Schichtberichts, ob er seit dem letzten Sichern verändert wurde.
- Über das Kennzeichen DIGITALE SIGNATUR legen Sie fest, ob der Schichtbericht beim Speichern und beim Ändern mit digitalen Signaturen versehen werden muss. Wenn ja, geben Sie zusätzlich die Strategie der digitalen Signatur an.
- Mit dem Schalter ABSCHLIESSEN geben Sie an, ob ein neuer Schichtbericht nur angelegt werden kann, wenn die vorangegangenen Schichtberichte abgeschlossen sind. Schichtberichte, die signiert werden müssen, sind erst nach der Signatur abgeschlossen, d. h., erst dann kann der nächste Schicht-

bericht angelegt werden. Schichtberichte, die nicht signiert werden müssen, sind sofort nach der Generierung abgeschlossen.

- Mit dem Schalter E-MAIL SENDEN ANZEIGEN legen Sie fest, dass die Funktionstaste [Senden] in den Bearbeitungstransaktionen des Schichtberichts eingeblendet wird.

Mit der Unterfunktion INHALT DES SCHICHTBERICHTS ordnen Sie eine Klasse und ein PDF-Formular zu (siehe Abbildung 8.96):

- Von SAP ist die Standardklasse CL_COCF_SR_PDF_EAM vorgesehen.
- Dieser Standardklasse ist das Standard-PDF-Formular COCF_SR_PDF_LAYOUT_EAM zugeordnet.

Für die Standardklasse ist ein eigenes Customizing vorgegeben, das Sie über die Funktionstaste CUSTOMIZING aufrufen können. Hier legen Sie die Abschnitte fest, aus denen der Schichtbericht im PDF-Formular bestehen soll.

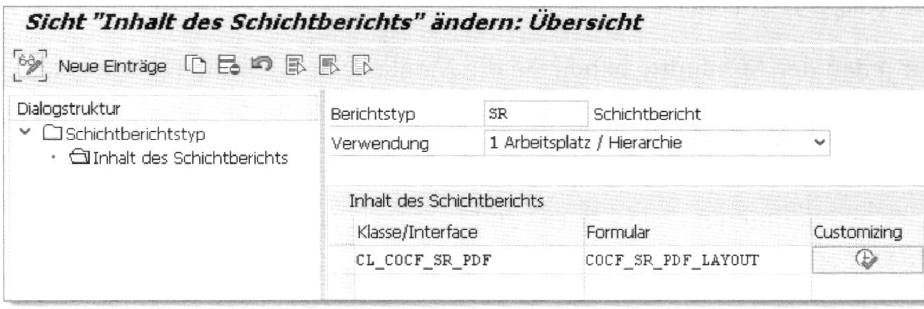

Abbildung 8.96 Schichtberichtstyp – Detail

Folgende Abschnitte stehen Ihnen zur Verfügung (siehe Abbildung 8.97):

- Deckblatt
- Liste der Schichtnotizen
- Liste der Rückmeldungen
- Liste der aggregierten Mengen
- Liste der aggregierten Leistungen
- Liste der Instandhaltungsmeldungen
- Liste der Qualitätsmeldungen
- kundeneigene Daten
- grafische Auswertungen

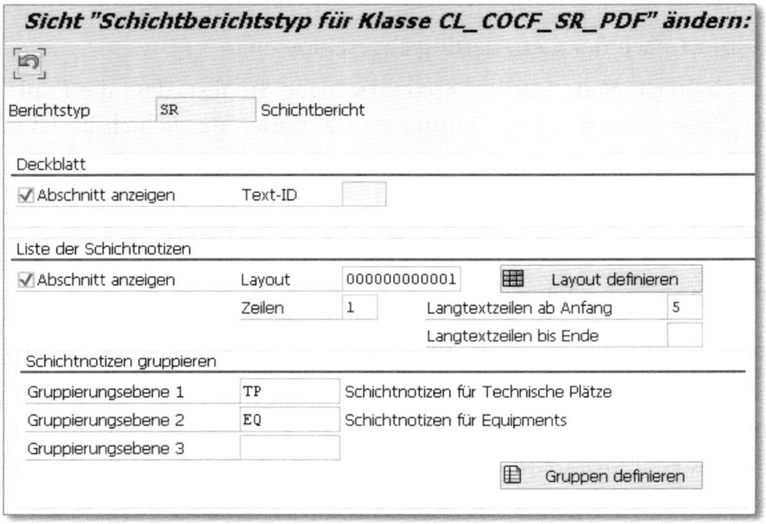

Abbildung 8.97 Schichtberichtstyp – Inhalt

Für jeden der Abschnitte haben Sie die Möglichkeit, über die Funktionstaste LAYOUT DEFINIEREN die Felder festzulegen, die in dem jeweiligen Abschnitt angezeigt werden sollen. Wie Sie solche Layouts definieren, habe ich Ihnen in Abschnitt 4.10, »Listvarianten«, vorgestellt. Sie können auch mehrzeilige Anzeigen definieren (Feld ZEILEN) und Langtexte anzeigen (Felder LANGTEXTZEILEN).

Der Abschnitt LISTE DER SCHICHTNOTIZEN hat darüber hinaus die Besonderheit, dass Sie die Schichtnotizen im Schichtbericht nach verschiedenen Kriterien gruppieren können. Über die Gruppierungsebenen erhalten Sie im Schichtbericht eine Sortierung der Schichtnotizen.

Ein Beispiel: Die Liste der Schichtnotizen soll zunächst nach dem Technischen Platz und innerhalb eines Technischen Platzes nach der Equipmentnummer sortiert werden. Dazu rufen Sie über die Funktionstaste GRUPPEN DEFINIEREN die Unterfunktion SCHICHTNOTIZGRUPPE auf.

Mit der Unterfunktion SCHICHTNOTIZGRUPPE (siehe Abbildung 8.98) definieren Sie die beiden Gliederungskriterien Technischer Platz und Equipment.

Zu jedem Gliederungskriterium definieren Sie im Detailbild (siehe Abbildung 8.99), welches Feld für die Gruppierung und Sortierung ausschlaggebend sein soll. Hier haben Sie über die [F4]-Hilfe die Auswahl zwischen beinahe 200 Feldern. Auch hier haben Sie wieder die Möglichkeit, ein Layout festzulegen. Dieses übersteuert dann das allgemeine Layout der Schichtnotizen.

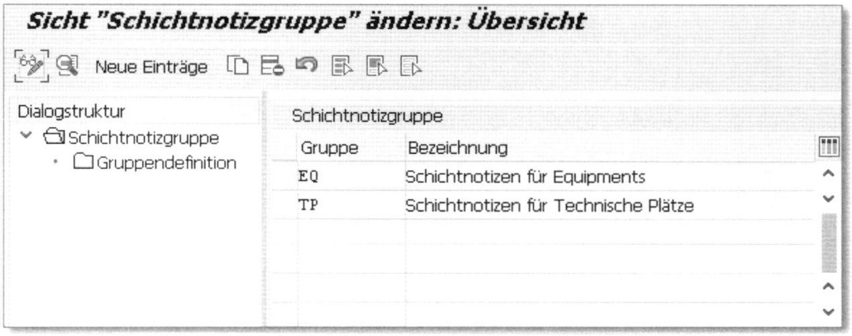

Abbildung 8.98 Schichtberichtstyp – Schichtnotizgruppe – Übersicht

Abbildung 8.99 Schichtberichtstyp – Schichtnotizgruppe – Detail

Mit dieser Customizing-Einstellung sollte es Ihnen nun möglich sein, die Schichtnotizen und Schichtberichte so einzusetzen, wie es im *Praxishandbuch Instandhaltung mit SAP*[7] beschrieben ist.

7 Vgl. Liebstückel, K.: Praxishandbuch Instandhaltung mit SAP. S. 233–240.

Es ist ein weit verbreitetes Vorurteil, dass das SAP-System benutzerunfreundlich sei. In diesem Kapitel erfahren Sie, welche Möglichkeiten das SAP-System bietet, um die Benutzerfreundlichkeit zu verbessern.

9 Die Benutzerfreundlichkeit

Im *Praxishandbuch Instandhaltung mit SAP* habe ich Ihnen verschiedene Aspekte zum Thema Benutzerfreundlichkeit des SAP-Systems vorgestellt[1]:

- Anhand der DIN EN ISO 9241 in Teil 110 wurde der Begriff der *Benutzerfreundlichkeit* definiert.
- Es wurde aufgezeigt, wie das SAP-System den darin enthaltenen sieben Grundsätzen entspricht und wie es dagegen verstößt.
- Es wurde erläutert, wie Sie Benutzerfreundlichkeit messen können, nämlich hauptsächlich über die Kennzahl der Bearbeitungsdauer.
- Sie haben erfahren, dass neben den systemtechnischen Maßnahmen zur Benutzerfreundlichkeit auch organisatorische Maßnahmen ergriffen werden müssen, um eine Benutzerakzeptanz zu erreichen.
- Es wurde begründet, warum das Thema Benutzerakzeptanz und Benutzerfreundlichkeit gerade in der Instandhaltung eine solch große Rolle spielt – stärker als etwa in kaufmännischen Abteilungen.
- Es wurden die Möglichkeiten aufgelistet, die das SAP-System zur Verbesserung der Benutzerfreundlichkeit bietet.
- In einem Labortest wurde nachgewiesen, dass die Bearbeitungszeit von Geschäftsprozessen bis zu vierfach beschleunigt werden kann, wenn Sie diese Maßnahmen zur Verbesserung der Benutzerfreundlichkeit ausprägen.

Im vorliegenden Buch sollen nun die Möglichkeiten zur Verbesserung der Benutzerfreundlichkeit vertieft werden, und ich möchte Ihnen zeigen, *wie* Sie diese Möglichkeiten ausprägen sollten. Die Möglichkeiten lassen sich in drei

1 Liebstückel, K.: Praxishandbuch Instandhaltung mit SAP. 3. Aufl. Bonn: SAP PRESS 2013. S. 567–618.

Kategorien einteilen – in der Reihenfolge, in der die Kategorien hier aufgeführt werden, sollten Sie auch deren Einsatz in Ihrem Unternehmen prüfen:

- **Kategorie 1**
  die Möglichkeiten, die der Benutzer selbst hat
- **Kategorie 2**
  die Möglichkeiten, die die IT-Abteilung ohne Programmierung hat
- **Kategorie 3**
  die Möglichkeiten, die die IT-Abteilung mit Programmierung hat

Tabelle 9.1 gibt Ihnen einen Überblick über die Maßnahmen, die in die einzelnen Kategorien fallen.

Kategorie	Wer?	Was?
1	Benutzer	▸ allgemeine Benutzerparameter ▸ instandhaltungsspezifische Benutzerparameter ▸ Rollen- und Favoritenmenüs ▸ Listvarianten ▸ personalisierte Eingabehilfen ▸ Table Controls ▸ Buttons und Tastenkombinationen ▸ SAP NetWeaver Business Client
2	IT-Abteilung (ohne Programmierung)	▸ Transaktionsvarianten ▸ Customizing ▸ Aktivitätenleiste ▸ GuiXT ▸ SAP Screen Personas
3	IT-Abteilung (mit Programmierung)	▸ Vorschalttransaktionen ▸ Weboberfläche ▸ Easy-Web-Transaktionen ▸ SAP NetWeaver Portal ▸ Customer-Exits ▸ Business Application Programming Interfaces (BAPIs) ▸ klassische Business Add-ins (BAdIs) ▸ Enhancement Points ▸ Workflows

Tabelle 9.1 Möglichkeiten zur Verbesserung der Benutzerfreundlichkeit

Diese Möglichkeiten möchte ich Ihnen nun im Detail vorstellen. Sie erfahren nicht nur, *was* Sie machen können, sondern auch, *wie* Sie es machen sollten.

9.1 Kategorie 1: Möglichkeiten des Benutzers

Ich beginne mit den am einfachsten umzusetzenden Möglichkeiten: Parameter und Einstellungen, die die Benutzer selbst ändern können.

9.1.1 Allgemeine Benutzerparameter

Viele Eingaben, die das SAP-System benötigt, bleiben aus der Sicht des Anwenders über eine gewisse Zeit konstant, wie etwa die folgenden Informationen:

- Der Benutzer gehört zu einem bestimmten Arbeitsplatz.
- Der Arbeitsplatz ist wiederum einer bestimmten Kostenstelle zugeordnet.
- Der Benutzer arbeitet in einem bestimmten Werk.
- Der Benutzer ist für einen bestimmten Technischen Platz verantwortlich.

Einen Beitrag zur Benutzerfreundlichkeit stellt die Vorbelegung von Feldern mithilfe sogenannter *Benutzerparameter* dar. Zu erreichen ist diese Vorbelegung entweder über die Transaktion SU3 oder über den Menüpfad SYSTEM • BENUTZERVORGABEN • EIGENE DATEN (siehe Abbildung 9.1). Einmal festgelegt, werden diese Felder bei der Bearbeitung von Geschäftsprozessen mit den zugeordneten Werten automatisch vorbelegt.

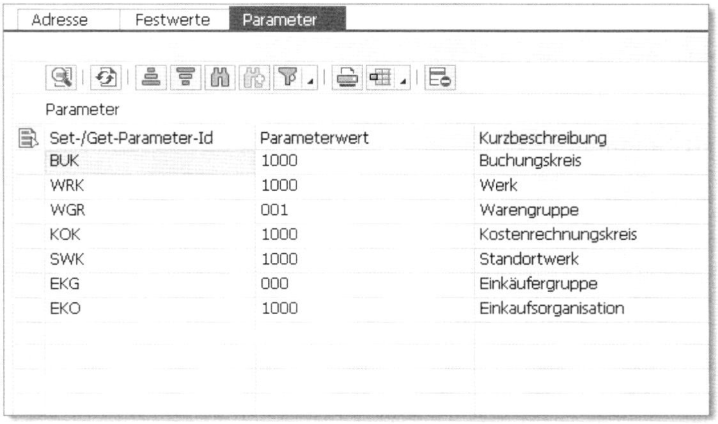

Set-/Get-Parameter-Id	Parameterwert	Kurzbeschreibung
BUK	1000	Buchungskreis
WRK	1000	Werk
WGR	001	Warengruppe
KOK	1000	Kostenrechnungskreis
SWK	1000	Standortwerk
EKG	000	Einkäufergruppe
EKO	1000	Einkaufsorganisation

Abbildung 9.1 Allgemeine Benutzerparameter

Aus Instandhaltungssicht werden folgende Parameter häufig genutzt:

- AAI – Auftragsart
- AAR – Arbeitsplatzart
- AGR – Arbeitsplatz
- BUK – Buchungskreis
- CSA – Stücklistenanwendung
- CSV – Stücklistenverwendung
- EKG – Einkäufergruppe
- EKO – Einkaufsorganisation
- EQN – Equipmentnummer
- EQT – Equipmenttyp
- IFL – Technischer Platz
- IMD – Messbeleg
- IME – Messwerterfassungsliste
- IP1 – Messpunkttyp
- IPT – Messpunkt
- IRL – Technischer Referenzplatz
- ISR – Strukturkennzeichen Technischer Platz
- IWK – Instandhaltungsplanungswerk
- KOK – Kostenrechnungskreis
- KOS – Kostenstelle
- LAG – Lagerort
- LGP – Lagerplatz
- LIS – CATS-Profil zur Listdarstellung
- MAT – Materialnummer
- MPL – Wartungsplan
- MPS – Wartungsposition
- MTA – Materialart
- PER – Personalnummer
- PIN – PP: Profil/Vorschlagswerte
- PLN – Plangruppe
- QMR – Meldungsart

- Q_ALV_GRID_INACTIVE – schaltet das ALV Grid inaktiv
- SWK – Standortwerk
- VAP – Verantwortlicher Arbeitsplatz
- WAT – Wartungsplantyp
- WGR – Warengruppe
- WRK – Werk

Die F1-Hilfe unterstützt Sie beim Finden der Parameter-ID [+]

Die Vorbelegung von Feldern über Parameter erspart Ihnen Bearbeitungszeit. Die jeweilige Parameter-ID finden Sie meistens in der technischen Info der F1-Hilfe eines Feldes.

9.1.2 Instandhaltungsspezifische Benutzerparameter

Neben den allgemeinen Benutzerparametern gibt es auch instandhaltungsspezifische Benutzerparameter. Diese rufen Sie innerhalb der Meldung über Zusätze • Einstellung • Strg/Vorschlagswerte und innerhalb des Auftrags über Zusätze • Einstellungen • Vorschlagswerte auf.

Sie finden dort insgesamt fünf Registerkarten. Auf der Registerkarte Allgemein können Sie persönliche Vorschlagswerte für Auftrags-, Meldungsart, Planungswerk, Planergruppe und verantwortlichen Arbeitsplatz hinterlegen (siehe Abbildung 9.2). Diese Parameter haben Vorrang vor den allgemeinen Benutzerparametern aus Abbildung 9.1, d. h., wenn Sie auch bei den allgemeinen Benutzerparametern Werte eingetragen haben, werden diese durch die instandhaltungsspezifischen Benutzerparameter überschrieben.

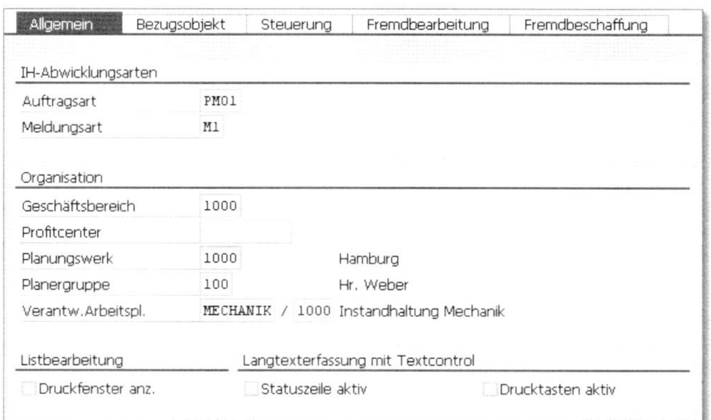

Abbildung 9.2 Instandhaltungsspezifische Benutzerparameter – Vorschlagswerte

Auf der Registerkarte Bezugsobjekt (siehe Abbildung 9.3) können Sie ein Szenario für das Bezugsobjekt hinterlegen. Folgende Szenarien stehen Ihnen zur Verfügung:

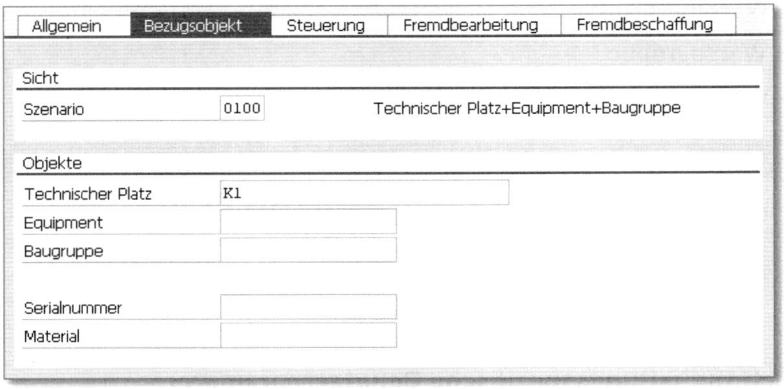

Abbildung 9.3 Instandhaltungsspezifische Benutzerparameter – Bezugsobjekt

- O100 – Technischer Platz + Equipment + Baugruppe
- O110 – Equipment + Baugruppe
- O120 – Technischer Platz (30-stellig) + Equipment + Baugruppe
- O130 – Serialnummer + Materialnummer + Gerätedaten
- O140 – Ohne Bezugsobjekt
- O150 – Nur Equipment
- O160 – Nur Technischer Platz
- O170 – Equipment + Serialnummer + Materialnummer
- O180 – Technischer Platz 1:1 + Equipment + Baugruppe
- O190 – Physische Probe

Mit der Customizing-Funktion Überblick zur Meldungsart haben Sie der Meldungsart (siehe Abschnitt 6.1.1, »Die Meldungsart«) und mit der Customizing-Funktion Auftragsarten einrichten der Auftragsart (siehe Abschnitt 6.2.1, »Die Auftragsart«) ein Szenario zugeordnet. Die instandhaltungsspezifischen Benutzerparameter übersteuern die Customizing-Einstellungen zur Meldungsart und Auftragsart. Das Szenario, das Sie dem Wartungsplantyp mit der Customizing-Funktion Wartungsplantypen einstellen zugeordnet haben (siehe Abschnitt 7.2, »Wartungspläne«), wird jedoch nicht übersteuert.

Darüber hinaus können Sie hier ein spezifisches technisches Objekt zuordnen, das dann in Meldung und Auftrag vorgeschlagen wird.

Die Registerkarte STEUERUNG gibt es nur im Auftrag, und dort haben Sie die Möglichkeit, die verschiedenen Pop-up-Fenster zu beeinflussen (siehe Abbildung 9.4):

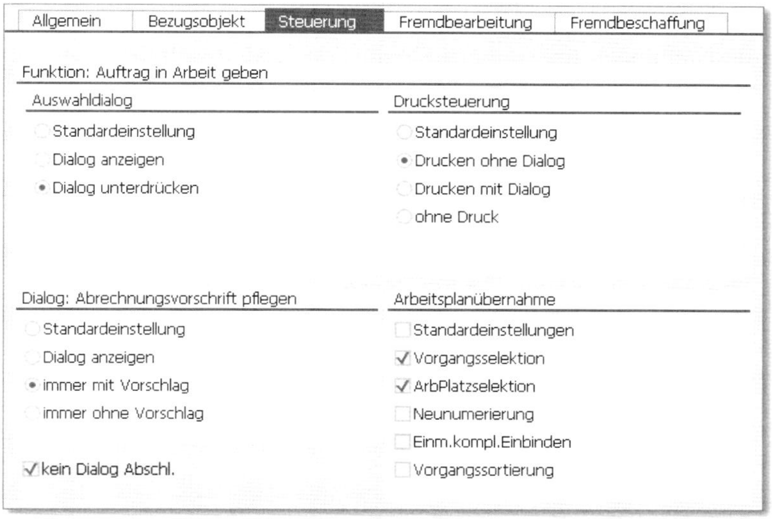

Abbildung 9.4 Instandhaltungsspezifische Benutzerparameter – Steuerung

- Sie können den AUSWAHLDIALOG über den Bereich FUNKTION: AUFTRAG IN ARBEIT GEBEN beeinflussen und damit die Standardeinstellung DIALOG ANZEIGEN übersteuern.
- Sie können die DRUCKSTEUERUNG beeinflussen und damit die Standardeinstellung DRUCKEN MIT DIALOG übersteuern.
- Sie können den Auswahldialog ABRECHNUNGSVORSCHRIFT PFLEGEN beeinflussen. Dies übersteuert dann die Standardeinstellung aus der Customizing-Funktion ABRECHNUNGSVORSCHRIFT: ZEITPUNKT UND BILDUNG DER AUFTEILUNGSREGEL FESTLEGEN, siehe Abschnitt 6.2.7, »Auftragsabrechnung«).
- Sie können das Dialogfenster beim technischen Abschluss des Auftrags unterdrücken (Schalter KEIN DIALOG ABSCHL). Dann wird der Auftrag immer mit den Vorschlagswerten (z. B. Tagesdatum und aktuelle Uhrzeit) abgeschlossen.

Neben diesen Vorschlagswerten können Sie auf dieser Registerkarte festlegen, wie die Übernahme von Arbeitsplänen in Aufträge erfolgen soll:

- ob ein Pop-up zur Vorgangsselektion erscheinen soll
- ob ein Pop-up zur Arbeitsplatzselektion erscheinen soll

- ob die ausgewählten Vorgänge in Zehnerschritten neu durchnummeriert werden sollen
- ob ein Arbeitsplan höchstens einmal komplett eingebunden werden kann
- ob die Reihenfolge der Vorgänge dieselbe wie im Arbeitsplan ist

Mit diesen Einstellungen übersteuern Sie die Standardeinstellungen aus der Customizing-Funktion VORSCHLAGSWERTE FÜR ARBEITSPLANDATEN UND PROFILZUORDNUNGEN (siehe Abschnitt 6.2.9, »Sonstige Funktionen«).

Die Registerkarten FREMDBEARBEITUNG (siehe Abbildung 9.5) und FREMDBESCHAFFUNG (siehe Abbildung 9.6) gibt es nur im Auftrag.

Abbildung 9.5 Instandhaltungsspezifische Benutzerparameter – Fremdbearbeitung

Dort legen Sie persönliche Vorschlagswerte für die Beschaffung von Dienstleistungen und Material fest (z. B. für die Einkäufergruppe oder Warengruppe).

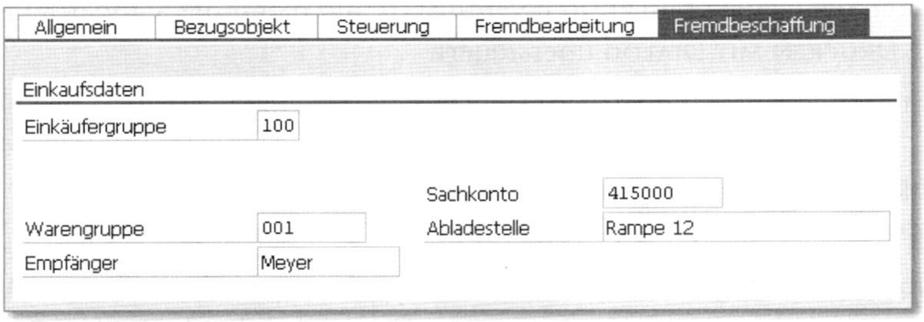

Abbildung 9.6 Instandhaltungsspezifische Benutzerparameter – Fremdbeschaffung

Diese persönlichen Vorschlagswerte übersteuern die Vorschlagswerte aus der Customizing-Funktion VORSCHLAGSWERTPROFILE FÜR FREMDBESCHAFFUNG ANLEGEN (siehe Abschnitt 6.2.2, »Materialplanung«), die Werk und Auftragsart zugewiesen werden.

Nur in der Meldung gibt es die Registerkarte AKTIVITÄTENLEISTE (siehe Abbildung 9.7).

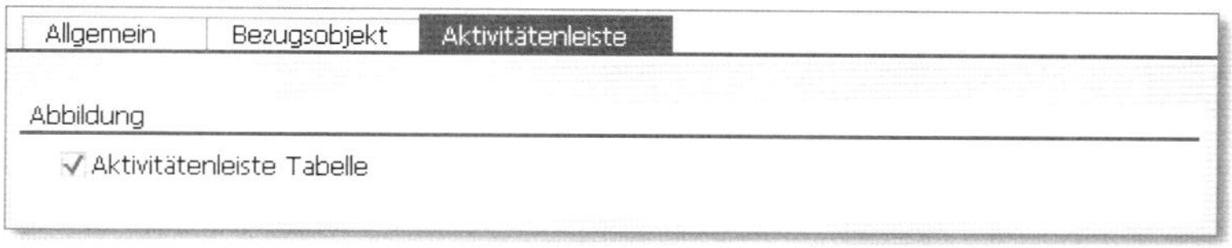

Abbildung 9.7 Instandhaltungsspezifische Benutzerparameter – Aktivitätenleiste

Wenn Sie den Schalter AKTIVITÄTENLEISTE TABELLE aktivieren, erscheinen die Aktivitäten, die Sie der Meldungsart zugewiesen haben (Customizing-Funktion AKTIVITÄTENLEISTE DEFINIEREN, siehe Abschnitt 6.1.3, »Sonstige Funktionen«), nicht als Seitenleiste, sondern als Tabelle im Header der Meldung (siehe Abbildung 9.8).

Abbildung 9.8 Aktivitätenleiste als Tabelle

Die instandhaltungsspezifischen Benutzerparameter werden in der Tabelle TPMUS gespeichert. Mit der Transaktion SE16 können Sie sich diese Tabelle anzeigen lassen (siehe Abbildung 9.9).

- Mit dem Button können Sie einen neuen Eintrag vornehmen.
- Mit dem Button können Sie einen bestehenden Eintrag ändern.

Zentrale Administration über TPMUS **[+]**

Das bedeutet, Sie können die instandhaltungsspezifischen Benutzerparameter auch zentral für Ihre Endanwender administrieren. Mit den Windows-Tastenkombinationen Strg+Y, Strg+C und Strg+V können Sie Einträge auch von einem Benutzer auf den anderen kopieren.

Nutzen Sie instandhaltungsspezifische Parameter **[+]**

Die Vorbelegung von Feldern über die instandhaltungsspezifischen Parameter erspart Ihnen Bearbeitungszeit und gibt Ihnen die Möglichkeit, Bearbeitungsschritte zu steuern.

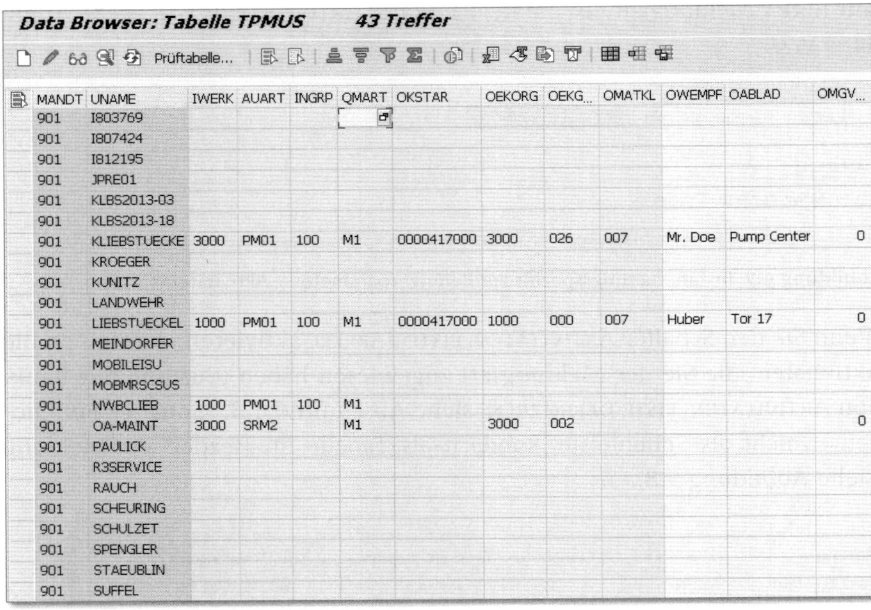

Data Browser: Tabelle TPMUS **43 Treffer**

Prüftabelle...

MANDT	UNAME	IWERK	AUART	INGRP	QMART	OKSTAR	OEKORG	OEKG...	OMATKL	OWEMPF	OABLAD	OMGV...
901	I803769											
901	I807424											
901	I812195											
901	JPRE01											
901	KLBS2013-03											
901	KLBS2013-18											
901	KLIEBSTUECKE	3000	PM01	100	M1	0000417000	3000	026	007	Mr. Doe	Pump Center	0
901	KROEGER											
901	KUNITZ											
901	LANDWEHR											
901	LIEBSTUECKEL	1000	PM01	100	M1	0000417000	1000	000	007	Huber	Tor 17	0
901	MEINDORFER											
901	MOBILEISU											
901	MOBMRSCSUS											
901	NWBCLIEB	1000	PM01	100	M1							
901	OA-MAINT	3000	SRM2		M1		3000	002				0
901	PAULICK											
901	R3SERVICE											
901	RAUCH											
901	SCHEURING											
901	SCHULZET											
901	SPENGLER											
901	STAEUBLIN											
901	SUFFEL											

Abbildung 9.9 Instandhaltungsspezifische Benutzerparameter – Tabelle TPMUS

9.1.3 Rollen und Favoriten

Mithilfe der Transaktion PFCG können Sie rollenbasierte Menüs aufbauen. Diese haben eine viel einfachere Struktur als das SAP-Standardmenü, das in der Instandhaltung bis zu sieben Stufen aufweist. Insofern ist der Start einer Transaktion aus einem Rollenmenü heraus schneller als aus einem SAP-Standardmenü. Wenn Ihnen ein Rollenmenü zugeordnet ist, erscheint dieses Menü automatisch im SAP-Einstiegsbild (siehe Abbildung 9.10).

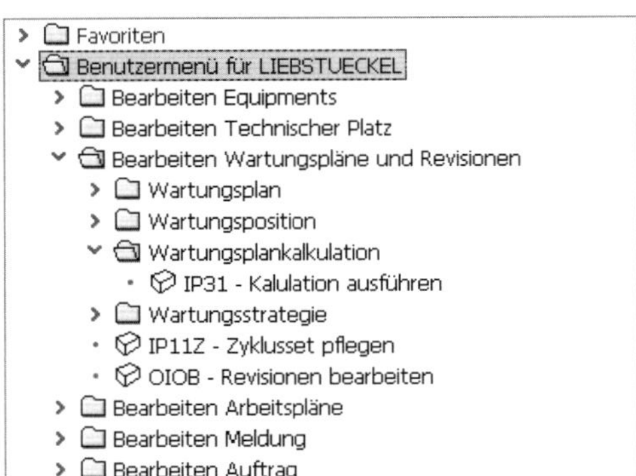

Abbildung 9.10 Rollenmenü

Eine weitere Vereinfachung stellen die Favoriten dar, bei denen der Anwender nur die von ihm benötigten Transaktionen einfügt (siehe Abbildung 9.11). Favoritenmenüs können einstufig oder mehrstufig sein. Der Start einer Transaktion erfolgt in der Regel schneller als aus dem SAP-Standardmenü.

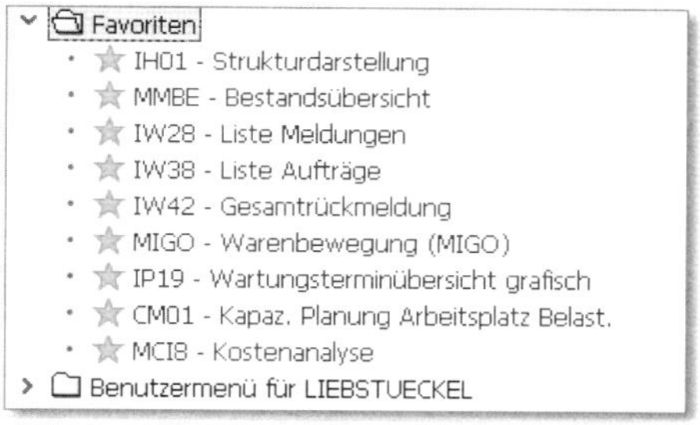

Abbildung 9.11 Favoritenmenü

Beachten Sie die folgende Einschränkung: Favoritenmenüs legt jeder Benutzer individuell für sich an. Das heißt, dass ein anderer Benutzer das Favoritenmenü seines Kollegen erst einmal nicht nutzen kann. Allerdings können Sie Favoritenmenüs über Favoriten • Download auf PC bzw. Upload von PC auf andere Benutzer kopieren.

Nutzen Sie Rollen und Favoritenmenüs [+]

Rollenbasierte Menüs und Favoriten verkürzen die Startzeit einer Transaktion. Favoritenmenüs können per Download bzw. Upload auf andere Benutzer kopiert werden.

9.1.4 Listvarianten

Ein weiteres Hilfsmittel, mit dem Sie einen erheblichen Beitrag zur Steigerung der Benutzerfreundlichkeit und der Benutzerakzeptanz leisten können, ist das Einrichten von Selektions- und Anzeigevarianten im SAP List Viewer. Der SAP List Viewer präsentiert Ihnen die Informationen nicht als starre Liste, sondern erlaubt es Ihnen, die Liste flexibel an Ihre eigenen Informationsbedürfnisse anzupassen. Sämtliche Listen von SAP EAM wurden auf diese Technik umgestellt.

Die folgenden Listen stehen Ihnen in SAP EAM zur Verfügung; in Klammern sind die jeweiligen Transaktionen angegeben:

- Liste Technische Plätze (IL05, IL06, IH06)
- Liste Referenzplätze (IL15, IH07)

- Liste Equipments (IE05, IH08)
- Liste Fahrzeuge (IE36, IE37)
- Liste Objektverbindungen und Objektnetz (IN15, IN16, IN18, IN19)
- Liste Messbelege (IK17, IK18)
- Liste Materialserialnummer (IQ08)
- Liste Material (IH09)
- Liste Messpunkte (IK07, IK08)
- Liste Referenzmesspunkte (IK07R, IK08R)
- Liste Meldungen (IW28, IW29)
- Liste Maßnahmen (IW66, IW67)
- Liste Aktionen (IW64, IW65)
- Liste Meldungspositionen (IW68, IW69)
- Liste Aufträge (IW38, IW39)
- Liste Auftragsvorgänge (IW37, IW49)
- Kombinierte Auftrags-/Vorgangsliste (IW37N, IW49N)
- Liste Komponenten (IW3K, IW3L)
- Liste Genehmigungen (IPM2, IPM3)
- Liste Rückmeldungen (IW47)
- Liste Warenbewegungen (IW3M)
- Liste Wartungspläne (IP15, IP16)
- Liste Wartungspositionen (IP17, IP18)
- Liste Wartungstermine (IP24)
- Liste Arbeitspläne (IA08, IA09)
- Liste Schichtnotizen (SHN4, ISHN4)
- Liste Schichtberichte (SHR4, ISHR4)

Ich werde Ihnen im Folgenden den SAP List Viewer am Beispiel der Auftragsliste (Transaktion IW38) präsentieren. Diese Ausführungen gelten aber gleichermaßen für jede der zuvor genannten Listen.

Die Selektion

Wenn Sie eine Liste aufrufen, erhalten Sie einen Selektionsbildschirm, der alle Selektionsmöglichkeiten beinhaltet und sich deshalb je nach Liste und Bildschirmauflösung über zwei bis vier Seiten erstreckt. Erfahrungsgemäß wird recht selten auf der zweiten oder folgenden Seite gesucht. Deshalb sollten Sie als Erstes eine Selektionsvariante anlegen.

Selektionsvariante anlegen [+]

Definieren Sie eine Selektionsvariante, deren Selektionsbedingungen sich maximal über eine Seite erstrecken. Auch bei Selektionsvarianten, die Sie in Zukunft noch anlegen werden, sollten Sie diesem Grundsatz folgen.

Sie legen eine Selektionsvariante an, indem Sie die Selektionsmaske mit einem Klick auf den Button sichern. Auf dem Folgebildschirm sollten Sie von der Möglichkeit, Selektionsbedingungen auszublenden, regen und zielgerichteten Gebrauch machen (siehe Abbildung 9.12).

Feldname	Typ	Feld schützen	Feld ausblenden
inkl.Objektliste	P		
führender Auftrag	S		✓
Übergeordneter ...	S		✓
Planungswerk	S		✓
Priorität	S		
Erfasser	S		✓
Erfassungsdatum	S		✓
Status inklusiv	S		
Status exklusiv	S		✓
Kurztext	S		✓
Letzter Änderer	S		✓

Abbildung 9.12 Feld ausblenden

Ihre Listvarianten rufen Sie dann mit einem Klick auf den Button auf, den Sie im Einstiegsbild jeder Liste finden. Auf diese Weise können Sie sich eine Liste der Selektionsvarianten anzeigen lassen und daraus die gewünschte Variante auswählen. Da diese Liste allerdings im Laufe der Zeit recht umfangreich werden kann, folgt hier der nächste Praxistipp:

Default-Variante U_BENUTZERNAME [+]

Die von Ihnen am häufigsten benutzte Selektionsvariante sollten Sie mit U_, gefolgt von Ihrem SAP-Benutzernamen, benennen (siehe Abbildung 9.13); diese Selektionsvariante wird nun beim Aufruf der Liste automatisch gezogen.

Variantenname	U_LIEBSTUECKEL
Bedeutung	Defaultvariante KarLiebstückel

Abbildung 9.13 Variantenname

Pro Selektionsfeld können Sie die folgenden Selektionsoptionen nutzen:

- **Einzelwert**
  Sie können nach einem Einzelwert (z. B. Auftragsart PM01) oder nach mehreren Einzelwerten (z. B. Auftragsart PM01, PM05, PM10) suchen.
- **Intervall**
  Sie können nach einem Intervall (z. B. Auftragsart PM01 bis PM05) oder nach mehreren Intervallen suchen.
- **Maskierte Suche**
  Sie können maskiert suchen (z. B. Auftragsart PM*; selektiert alle Auftragsarten, die mit PM beginnen).
- **Ausschluss von Elementen**
  Sie können Werte und Intervalle ausschließen (z. B. nicht die Auftragsarten PM03 und PM05–08).
- **Zwischenablage**
  Sie können Suchwerte über die Windows-Zwischenablage einbinden.

Besonders hilfreich ist die Definition der Selektionsvariablen für die *dynamische Datumsberechnung*, bei denen in Abhängigkeit vom jeweiligen Tagesdatum die Datumsselektion VON/BIS dynamisch abhängig von der ausgewählten Selektionsoption (siehe Abbildung 9.14) berechnet wird.

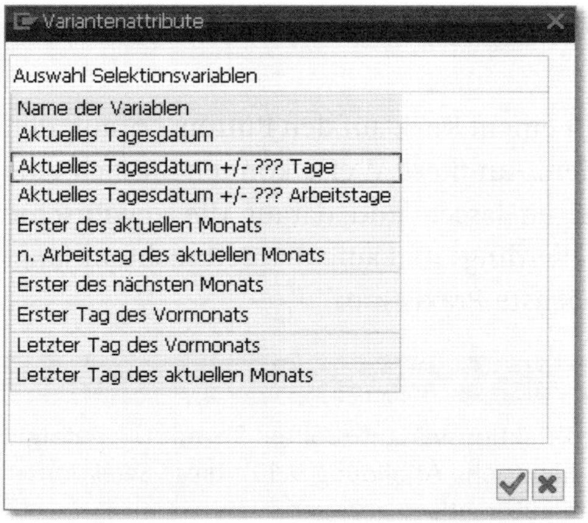

Abbildung 9.14 Datumsvariable

[+]

Dynamische Datumsberechnung

Durch den Einsatz der Selektionsvariablen DYNAMISCHE DATUMSBERECHNUNG können Sie das Selektionsdatum der Liste dynamisch bestimmen lassen.

Sehen Sie sich dazu das folgende Beispiel an: Sie haben am 01.09. die Liste mit der Selektion *Startdatum gleich Tagesdatum –180 Tage und +60 Tage* eingestellt. Daher werden am 01.09. die Daten vom 04.03. bis zum 31.10. selektiert.

Monitor aktivieren [+]

Manche Listen (nicht alle) erlauben die Aktivierung eines Monitors. Abhängig vom gewählten Parameter (z. B. Ecktermin) werden dann die Listeinträge rot, gelb oder grün markiert (z. B. rot für die überfälligen Aufträge, gelb, wenn der Beginntermin erreicht ist, aber der Endetermin noch nicht, und grün für die zukünftigen Aufträge).

Die Listdarstellung

Wenn Sie nun die Liste starten, erhalten Sie die anhand der vorgenommenen Selektionen und Einstellungen gebildete erste Grundliste (siehe Abbildung 9.15).

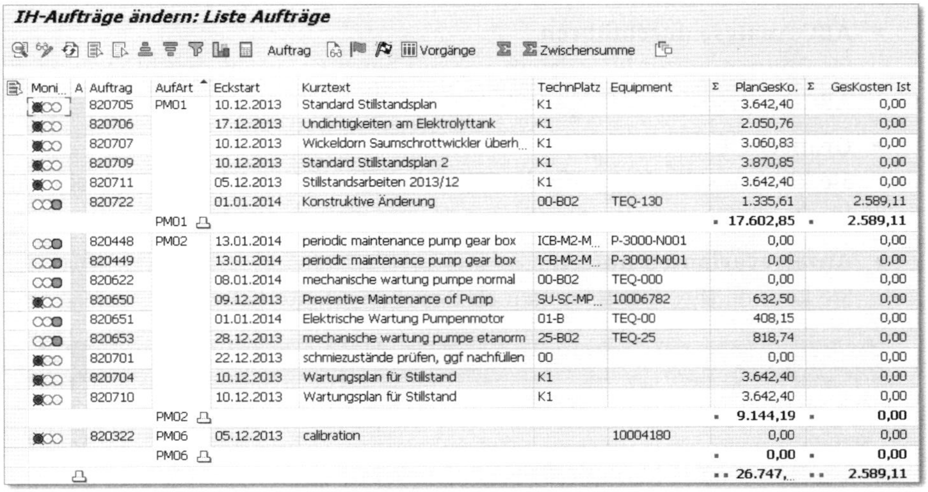

IH-Aufträge ändern: Liste Aufträge

Auftrag | Vorgänge | Zwischensumme

Moni...	A	Auftrag	AufArt	Eckstart	Kurztext	TechnPlatz	Equipment	Σ PlanGesKo.	Σ GesKosten Ist
		820705	PM01	10.12.2013	Standard Stillstandsplan	K1		3.642,40	0,00
		820706		17.12.2013	Undichtigkeiten am Elektrolyttank	K1		2.050,76	0,00
		820707		10.12.2013	Wickeldorn Saumschrottwickler überh...	K1		3.060,83	0,00
		820709		10.12.2013	Standard Stillstandsplan 2	K1		3.870,85	0,00
		820711		05.12.2013	Stillstandsarbeiten 2013/12	K1		3.642,40	0,00
		820722		01.01.2014	Konstruktive Änderung	00-B02	TEQ-130	1.335,61	2.589,11
			PM01					• **17.602,85**	• **2.589,11**
		820448	PM02	13.01.2014	periodic maintenance pump gear box	ICB-M2-M...	P-3000-N001	0,00	0,00
		820449		13.01.2014	periodic maintenance pump gear box	ICB-M2-M...	P-3000-N001	0,00	0,00
		820622		08.01.2014	mechanische wartung pumpe normal	00-B02	TEQ-000	0,00	0,00
		820650		09.12.2013	Preventive Maintenance of Pump	SU-SC-MP...	10006782	632,50	0,00
		820651		01.01.2014	Elektrische Wartung Pumpenmotor	01-B	TEQ-00	408,15	0,00
		820653		28.12.2013	mechanische wartung pumpe etanorm	25-B02	TEQ-25	818,74	0,00
		820701		22.12.2013	schmiezustände prüfen, ggf nachfüllen	00		0,00	0,00
		820704		10.12.2013	Wartungsplan für Stillstand	K1		3.642,40	0,00
		820710		10.12.2013	Wartungsplan für Stillstand	K1		3.642,40	0,00
			PM02					• **9.144,19**	• **0,00**
		820322	PM06	05.12.2013	calibration		10004180	0,00	0,00
			PM06					• **0,00**	• **0,00**
								•• **26.747,...**	•• **2.589,11**

Abbildung 9.15 Liste des SAP List Viewers

Die folgenden Optionen haben Sie nun, um das Layout der Liste nach Ihren eigenen Bedürfnissen anzupassen:

- **Felder ein- und ausblenden**
  Sie können zusätzliche Felder einblenden bzw. eingeblendete Felder ausblenden; es stehen nahezu alle Felder des auszuwertenden Objekts zur Auswahl. Bei Technischen Plätzen und Equipments können Sie zudem Felder aus der Klassifizierung einbinden.

- **Sortieren**
  Sie können nach einem Kriterium (z. B. nach Datum) oder nach mehreren Kriterien (z. B. nach Kostenstelle und innerhalb der Kostenstelle nach Datum) sortieren.
- **Summen bilden**
  Sie können bei Wert- und Mengenfeldern (z. B. Ist-Kosten) Summen bilden und sich Zwischensummen (z. B. pro Auftragsart) ausweisen lassen.
- **Spaltenbreite ändern**
  Sie können die Spalten hinsichtlich ihrer Breite optimieren.
- **Suchen**
  Sie können innerhalb einer Liste nach einem bestimmten Begriff (z. B. Undichtigkeit) suchen. Dies ist vor allem bei großen Listen eine hilfreiche Möglichkeit.
- **Filtern**
  Sie können in einer angezeigten Liste filtern (sich z. B. nur Einträge mit dem Systemstatus Frei anzeigen lassen).
- **ABC-Analyse durchführen**
  Sie können eine ABC-Analyse anhand einer Kennzahl durchführen (z. B. ABC-Analyse der Aufträge in Bezug auf die Ist-Kosten).
- **Grafische Darstellung**
  Sie können sich eine grafische Darstellung generieren lassen (z. B. ein Balkendiagramm mit der Anzahl der Aufträge pro Auftragsart).
- **Anzeigevarianten nutzen**
  Sie können Ihre Einstellungen als Anzeigevariante sichern.

[+] **Voreinstellung für Anzeigevariante**

Die am häufigsten genutzte Anzeigevariante sollten Sie sich als Voreinstellung markieren.

Die Weiterverarbeitung

Wenn Sie nun die Liste in der gewünschten Form vor sich haben, stehen Ihnen die folgenden Möglichkeiten der Weiterverarbeitung zur Verfügung:

- **Details**
  Sie markieren eine bestimmte Zeile und rufen das Datenbankobjekt auf (z. B. einen bestimmten Auftrag, um den Termin zu ändern).

- **Massenbearbeitung**
  Sie markieren mehrere Zeilen und führen für alle markierten Zeilen die gleiche Funktion aus (z. B. alle markierten Aufträge drucken oder alle markierten Aufträge mit dem gleichen Termin versehen).
- **Massenänderung**
  Im Zusammenhang mit der Listbearbeitung gibt es bei Aufträgen und Meldungen die Funktion MASSENÄNDERUNG, mit deren Hilfe Sie praktisch jedes Feld in allen selektierten Objekten in einem Zug ändern können.
- **Versenden**
  Sie verschicken die Liste per SAP-Mail.

Kein E-Mail-Button vorhanden? [+]

Wenn Sie keinen Button zum Versenden einer Liste vorfinden (z. B.), verwenden Sie die Funktion LISTE • SICHERN • OFFICE.

- **Download**
  Sie können die Liste in allen gängigen Office-Formaten abspeichern und dort weiterbearbeiten (z. B. Download der Auftragsliste nach Excel, um sie mit Pivot-Funktionen darzustellen).

Listen als periodischen Job einplanen [+]

Sie können Listen auch als periodischen Job einplanen, der dann in periodischen Abständen automatisch läuft und gewisse Folgefunktionen ausführt (z. B. das Verschicken einer E-Mail an die Produktionsleiter, die die Wartungsaufträge der kommenden Woche beinhaltet).

9.1.5 Eingabehilfen personalisieren

F4-Hilfen zeigen normalerweise alle möglichen Einträge. Diese Liste aller Einträge ist oft sehr lang (z. B. Warengruppen, Objektart, Schadensbild), obwohl der einzelne Anwender aus dieser Liste normalerweise immer nur ganz bestimmte Einträge benötigt.

Hier besteht nun die Möglichkeit, eine sogenannte *persönliche Werteliste* festzulegen. Rufen Sie dazu im entsprechenden Feld (z. B. WARENGRUPPE) die F4-Hilfe auf, markieren Sie die gewünschten Einträge, und ordnen Sie sie mithilfe des Buttons der persönlichen Werteliste zu.

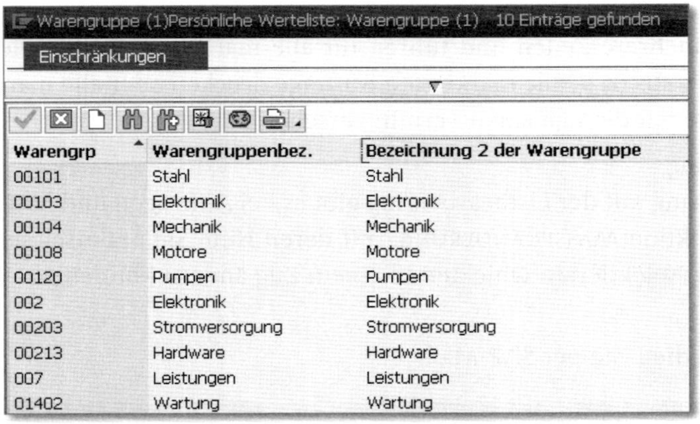

Warengrp	Warengruppenbez.	Bezeichnung 2 der Warengruppe
00101	Stahl	Stahl
00103	Elektronik	Elektronik
00104	Mechanik	Mechanik
00108	Motore	Motore
00120	Pumpen	Pumpen
002	Elektronik	Elektronik
00203	Stromversorgung	Stromversorgung
00213	Hardware	Hardware
007	Leistungen	Leistungen
01402	Wartung	Wartung

Abbildung 9.16 Persönliche Werteliste

Wenn Sie nun die [F4]-Hilfe zu diesem Feld aufrufen, erscheint automatisch die persönliche Werteliste anstelle der vollständigen Liste (siehe Abbildung 9.16). Über den Button können Sie jederzeit wieder die komplette Werteliste aufrufen.

[+]

Nutzen Sie die persönlichen Wertelisten

Die persönliche Werteliste erspart Ihnen bei [F4]-Hilfen die Suchzeit nach dem richtigen Eintrag.

9.1.6 Buttons und Tastenkombinationen

Schon seitdem die Maus als Bedienelement am Rechner etabliert worden ist, scheiden sich die Geister darüber, ob die Bedienung mit oder ohne Maus schneller ist. Diese Frage muss jeder Benutzer für sich selbst beantworten. Falls Sie die Eingaben lieber über die Tastatur vornehmen, möchte ich Ihnen die Verwendung von Tastenkombinationen und Buttons ans Herz legen.

[+]

Richten Sie eigene Tastenkombinationen ein

Stellen Sie den Anwendern, die gern mit der Tastatur arbeiten, wichtige und allgemeingültige Tastenkombinationen zur Verfügung.

Als Beispiele – nicht nur für die Instandhaltung – seien genannt:

- Über die [F11]-Taste können Sie das Sichern eines Belegs vornehmen. Diese Funktion entspricht dem Diskettensymbol in der Systemfunktionsleiste.

- Ein weiterer und beliebter Trick ist die Verwendung der Tastenkombination [F4] + [↵] in Datums- und Uhrzeitfeldern. Damit wird das aktuelle Datum bzw. die aktuelle Uhrzeit in die jeweiligen Felder übernommen.
- Die [F4]-Taste kann ganz allgemein für das Aufrufen einer Werteliste verwendet werden.

9.1.7 Table Controls

Eine weithin unbekannte und ungenutzte Möglichkeit für den Endanwender, das SAP-System an seine Bedürfnisse anzupassen, bieten die sogenannten *Table Controls*. Waren früher die SAP-Bildschirmbilder fest programmiert, d. h., alle Felder waren an einer unveränderlichen Position platziert, wurden mittlerweile viele Bildschirmbilder auf die Table-Control-Technik umgestellt, mit deren Hilfe Sie das Layout und die Feldreihenfolge der Felder selbst festlegen können.

Beispiele für Table Controls in der Instandhaltung und angrenzenden Gebieten sind unter anderem folgende:

- Vorgangsliste (siehe Abbildung 9.17), Komponentenliste, Leistungsverzeichnis und Objektliste im Auftrag

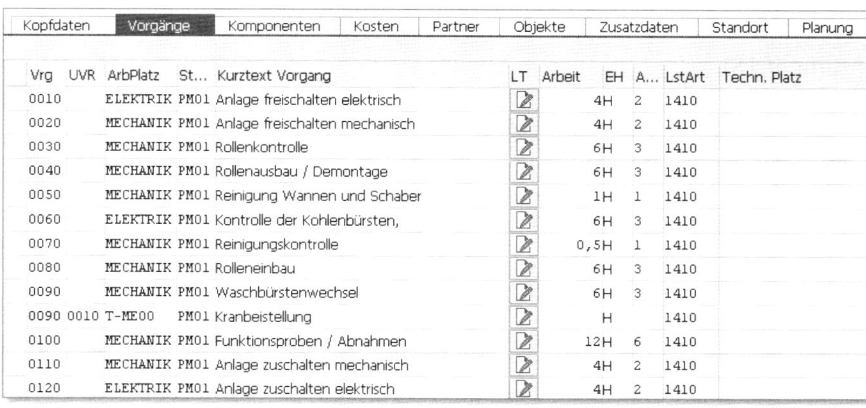

Kopfdaten | Vorgänge | Komponenten | Kosten | Partner | Objekte | Zusatzdaten | Standort | Planung

Vrg	UVR	ArbPlatz	St...	Kurztext Vorgang	LT	Arbeit	EH	A...	LstArt	Techn. Platz
0010		ELEKTRIK	PM01	Anlage freischalten elektrisch		4	H	2	1410	
0020		MECHANIK	PM01	Anlage freischalten mechanisch		4	H	2	1410	
0030		MECHANIK	PM01	Rollenkontrolle		6	H	3	1410	
0040		MECHANIK	PM01	Rollenausbau / Demontage		6	H	3	1410	
0050		MECHANIK	PM01	Reinigung Wannen und Schaber		1	H	1	1410	
0060		ELEKTRIK	PM01	Kontrolle der Kohlenbürsten,		6	H	3	1410	
0070		MECHANIK	PM01	Reinigungskontrolle		0,5	H	1	1410	
0080		MECHANIK	PM01	Rolleneinbau		6	H	3	1410	
0090		MECHANIK	PM01	Waschbürstenwechsel		6	H	3	1410	
0090	0010	T-ME00	PM01	Kranbeistellung			H		1410	
0100		MECHANIK	PM01	Funktionsproben / Abnahmen		12	H	6	1410	
0110		MECHANIK	PM01	Anlage zuschalten mechanisch		4	H	2	1410	
0120		ELEKTRIK	PM01	Anlage zuschalten elektrisch		4	H	2	1410	

Abbildung 9.17 Table Control – Vorgangsliste

- alle Partnerübersichten
- Positions-, Ursachen-, Maßnahmen- und Aktionenübersicht in der Meldung
- Zeitrückmeldung, Messwerterfassung, Warenbewegungen und Aktionen in der Gesamtrückmeldung

- Positionsübersicht im Wartungsplan
- Vorgangsübersicht, Komponentenübersicht, Wartungspakete und Leistungsverzeichnis im Arbeitsplan
- Sammelrückmeldung
- Positionsübersicht bei Materialentnahmen
- Positionsübersicht in Bestellanforderungen
- Positionsübersicht in Bestellungen

Bei allen Table Controls haben Sie die folgenden Einstellungsmöglichkeiten:

- Sie können per Drag & Drop die Spalten in der Reihenfolge anordnen, die Sie am häufigsten benötigen.
- Sie können jede Spalte so breiter oder schmaler ziehen, dass sie Ihren üblichen Eingaben entspricht.
- Sie können Felder ausblenden, die Sie nicht benötigen, und zwar dadurch, dass Sie die Spalte komplett zusammenschieben.

Das Wichtigste bei all diesen Möglichkeiten ist, dass Sie diese Einstellungen als benutzerspezifische Variante abspeichern können. An der rechten oberen Ecke jedes Table Controls befindet sich dazu das Symbol , mit dessen Hilfe Sie in ein Detailbild gelangen, in dem Sie Ihre Einstellungen als Variante anlegen und damit die Standardeinstellungen übersteuern können (siehe Abbildung 9.18).

Abbildung 9.18 Tabelleneinstellungen im Table Control

Machen Sie regen Gebrauch von den Table Controls [+]

Über individualisierte und als Variante abgespeicherte Table Controls können Sie die Erfassungs- und Suchzeiten in den Bildschirmmasken erheblich verringern und damit einen wesentlichen Beitrag zur Steigerung der Benutzerfreundlichkeit leisten.

SAP ERP 6.0 mit EHP 6 bietet für Sie und Ihre Anwender eine Besonderheit: Bisher beinhalteten die Table Controls zur Vorgangsübersicht und zur Komponentenübersicht nur eine von SAP vordefinierte Auswahl von Feldern. Schmerzlich vermisst wurden insbesondere die Einkaufsdaten. Dies hat sich nun in EHP 6 geändert, und Sie können in den beiden genannten Table Controls alle Einkaufsdaten pflegen (wie z. B. Lieferant, Warengruppe, Warenempfänger, Abladestelle oder Einkäufergruppe, siehe Abbildung 9.19).

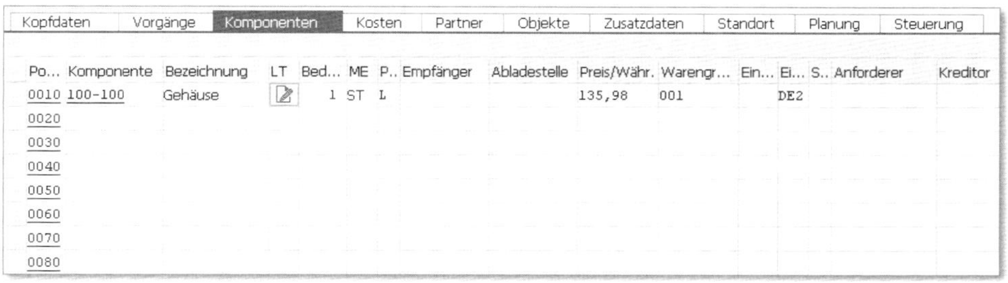

Abbildung 9.19 Einkaufsdaten in der Komponentenübersicht

Voraussetzung dafür ist die Aktivierung der Business Function LOG_EAM_CI_5.

Damit verlassen wir die Möglichkeiten der Kategorie 1, in denen jeder Benutzer seine individuellen Einstellungen vornehmen kann, und kommen zu den Möglichkeiten der Kategorie 2. Diese liegen in den meisten Unternehmen in der Verantwortung der IT-Abteilung, die jedoch keine Programmierungen vornehmen muss.

9.2 Kategorie 2: Möglichkeiten der IT ohne Programmierung

Als Erstes möchte ich Ihnen nun die Möglichkeit vorstellen, dass Sie zu einer Originaltransaktion beliebig viele angepasste Varianten anlegen können, die sogenannten *Transaktionsvarianten*.

9.2.1 Transaktionsvarianten

Wird eine Transaktion zur Abwicklung von unterschiedlichen betriebswirtschaftlichen Geschäftsvorfällen und von verschiedenen Benutzergruppen verwendet, ist es häufig sinnvoll, den Ablauf der Transaktion dem jeweiligen Geschäftsvorfall bzw. der jeweiligen Benutzergruppe anzupassen. Zum Beispiel müsste das Anlegen eines Auftrags anders aussehen, je nachdem, welche der folgenden Anwendergruppen einen Auftrag anlegt:

- Auftraggeber oder Auftragnehmer
- Elektriker oder Mechaniker
- Planer oder Techniker

Dazu eignen sich die Transaktionsvarianten.

[+]

Mit den Transaktionsvarianten jede Transaktion anpassen

Zu einer originalen Transaktion können Sie beliebig viele Transaktionsvarianten anlegen. In einer Transaktionsvariante können Sie:

- ganze Masken ausblenden
- einzelne Registerkarten ausblenden
- Menüfunktionen deaktivieren
- Drucktasten deaktivieren
- die Feldauswahlsteuerung einzelner Felder setzen (Anzeige, Muss, Ausblenden)
- den Feldinhalt vorbelegen
- bei Table Controls die Spaltenreihenfolge verändern, die Spaltenbreite ändern und die Spalten ausblenden
- der Transaktion einen eigenen Namen geben

Im Folgenden möchte ich Ihnen anhand der Transaktion IW31 zeigen, wie Sie eine angepasste Transaktionsvariante anlegen.

Sie starten die Definition einer neuen Transaktionsvariante mit der Transaktion SHDO. Im Einstiegsbild (siehe Abbildung 9.20) geben Sie die Originaltransaktion (hier IW31) und den Namen der Transaktionsvariante an (hier Z_IW31_M als Beispiel für eine angepasste IW31 für die mechanische Werkstatt).

Wenn Sie nun über den Button die Aufzeichnung starten, werden Sie durch die Bilder der Originaltransaktion geführt. Abbildung 9.21 zeigt Ihnen z. B. das erste Bild, wenn Sie die Transaktion IW31 aufrufen.

Abbildung 9.20 Transaktionsvariante – Einstieg

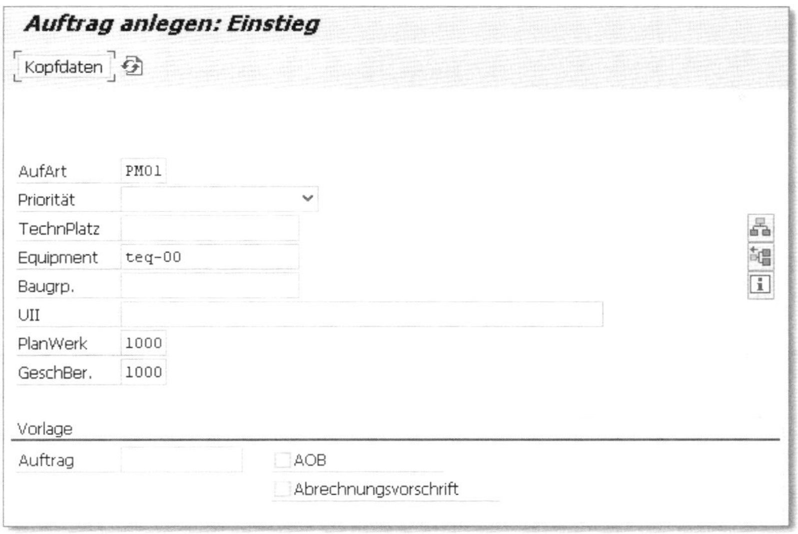

Abbildung 9.21 Transaktionsvariante – Ablauf

Bei jedem Bild geben Sie dann an, ob es angezeigt werden soll (Abbildung 9.22). Wenn Sie den Schalter BILD NICHT ANZEIGEN aktivieren, wird das Bild ausgeblendet. Für jedes Feld, das sich auf dem Bild befindet, geben Sie an:

- ob Sie eingetragenen Inhalt übernehmen möchten (Schalter MIT INHALT)
- ob Sie es nur anzeigen, aber nicht eingabebereit machen wollen (Schalter NUR AUSGABE)
- ob Sie es ausblenden möchten (Schalter UNSICHTBAR)
- ob Sie eine Eingabe erzwingen möchten (Schalter OBLIGATORISCH)

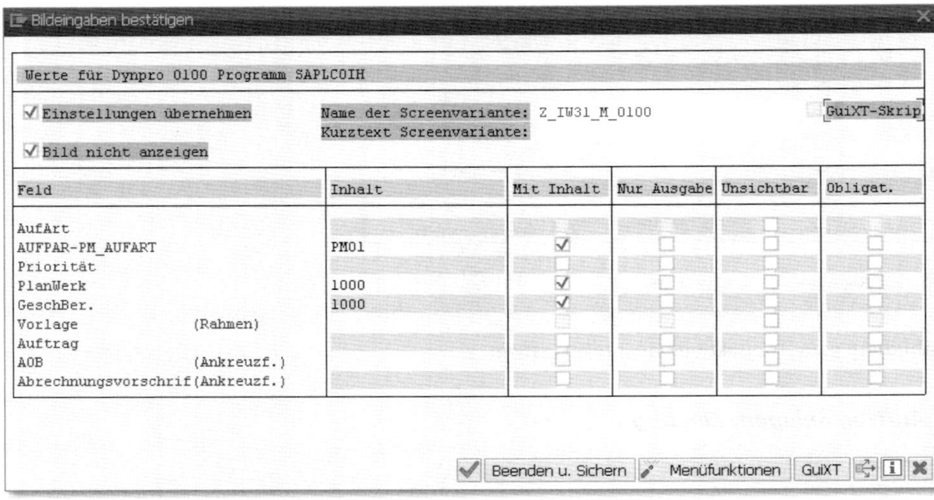

Abbildung 9.22 Transaktionsvariante – Feldeinstellungen

Sollte die Transaktion über mehrere Registerkarten verfügen, werden Sie gefragt, welche Registerkarten in der Transaktionsvariante angezeigt werden sollen (siehe Abbildung 9.23). Mit dem Schalter UNSICHTBAR blenden Sie eine Registerkarte komplett aus.

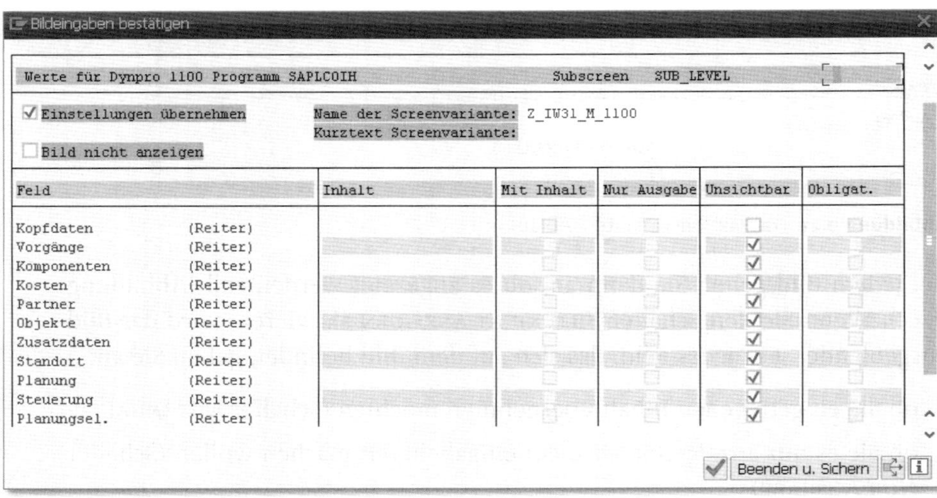

Abbildung 9.23 Transaktionsvariante – Registereinstellungen

Mit dem Button Menüfunktionen haben Sie die Möglichkeit, sowohl das Transaktionsmenü als auch die Funktionstasten zu manipulieren.

- Wenn Sie den Cursor im Bereich der MENÜLEISTE auf eine Menüfunktion stellen, können Sie diese Funktion mit dem Button deaktivieren bzw. aktivieren. Deaktivierte Menüfunktionen werden farblich markiert (siehe Abbildung 9.24). Deaktivierte Menüfunktionen werden später im Menü der Transaktionsvariante angezeigt, sind aber ausgegraut und inaktiv.

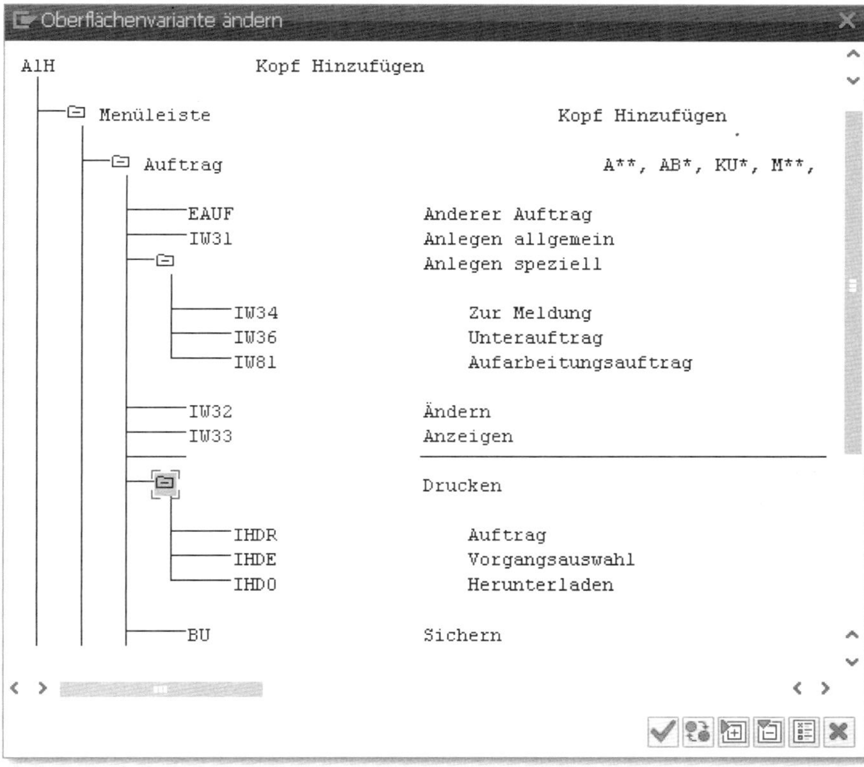

Abbildung 9.24 Transaktionsvariante – Menüleiste

- Wenn Sie den Cursor im Bereich der FUNKTIONSTASTENBELEGUNG auf eine Funktionstaste stellen, können Sie diese Funktion mit dem Button deaktivieren bzw. aktivieren. Deaktivierte Funktionstasten werden farblich markiert (siehe Abbildung 9.25) und später in der Transaktionsvariante gar nicht angezeigt.

Mit der Transaktion SE93 können Sie Ihrer Transaktionsvariante einen Transaktionsnamen zuordnen (siehe Abbildung 9.26).

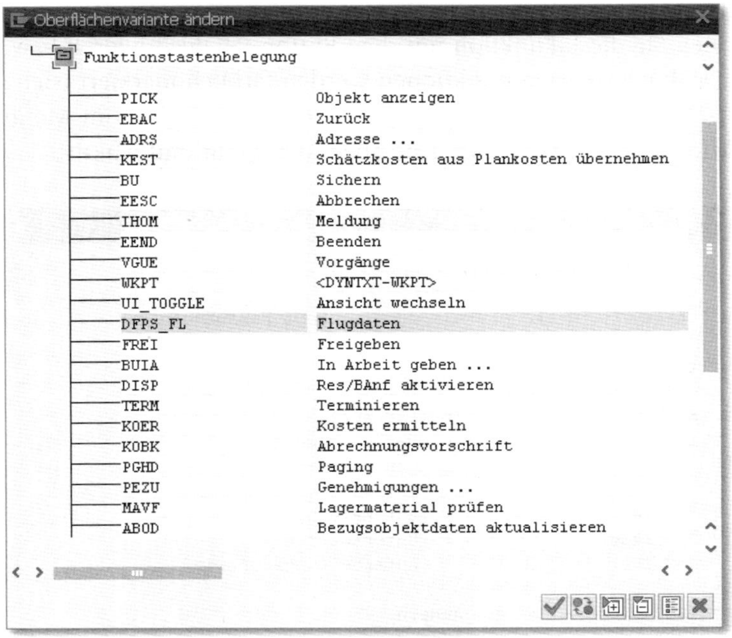

Abbildung 9.25 Transaktionsvariante – Funktionstasten

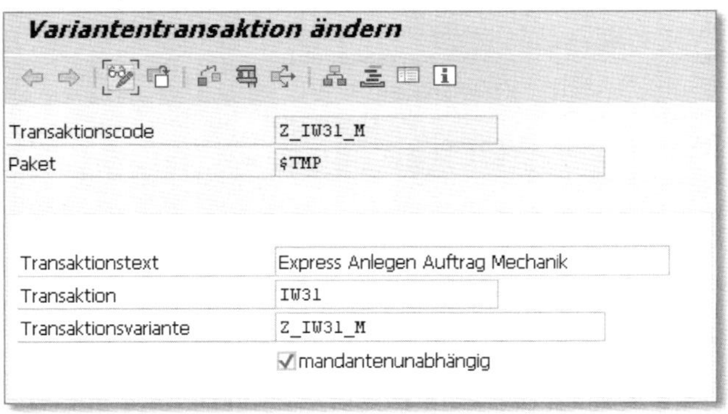

Abbildung 9.26 Transaktionsvariante – Transaktion

Wenn Sie nun diese Transaktion starten, erscheint die Originaltransaktion in einem neuen Bild. Abbildung 9.27 zeigt Ihnen die neue IW31.

Zur Vereinfachung wurden hier die folgenden Maßnahmen ergriffen:

- Das Einstiegsbild der Transaktion IW31 wurde übersprungen.
- Es wurden bestimmte Feldinhalte vorbelegt (z. B. Auftragsart und Priorität).

Abbildung 9.27 Transaktionsvariante – Ergebnis

- Es wurden alle Registerkarten bis auf eine ausgeblendet (z. B. Vorgänge, Material).
- Es wurden Menüfunktionen und Drucktasten deaktiviert (z. B. Abrechnungsvorschrift, Terminieren, Paging).
- Es wurden Subscreens ausgeblendet (z. B. das Vorgangsdetail im Auftragskopf).
- Es wurden Felder ausgeblendet (z. B. Baugruppe).
- Es wurde ein eigener Transaktionsname (hier: Transaktion Z_IW31_M) vergeben, über den die Transaktionsvariante aufgerufen werden kann.

Das Ergebnis ist eine gegenüber dem Original deutlich reduzierte Transaktion, die nur die Masken, Felder und Funktionen enthält, die der Anwender benötigt.

9.2.2 Customizing

Auch das Customizing bietet im Hinblick auf die Verbesserung der Benutzerfreundlichkeit viele Möglichkeiten. Die wichtigsten dieser Customizing-Funktionen sind im Folgenden – mit ihrer Wirkungsweise, sofern die Funktionen nicht selbsterklärend sind – aufgeführt. Die Reihenfolge der Customizing-Funktionen in dieser Liste entspricht der Reihenfolge der Customizing-Funktionen im SAP-Referenz-IMG:

- Konfigurieren des Materialstamms
  Bildschirmlayout für Materialstammdaten anpassen
- Feldauswahl Materialstamm
  Muss-Felder festlegen und Felder ausblenden
- Sichtenprofile für technische Objekte einstellen
  Bildschirmlayout für Equipments und Technische Plätze anpassen
- Feldauswahl für technische Plätze festlegen
  Muss-Felder festlegen und Felder ausblenden
- Feldauswahl für den Equipmentstammsatz festlegen
  Muss-Felder festlegen und Felder ausblenden
- Feldauswahl für spezifische Felder der Fahrzeugverwaltung einstellen
  Muss-Felder festlegen und Felder ausblenden
- Vorschlagswerte für Objekttypen transaktionsbezogen festlegen
  Vorbelegung Equipmenttyp bzw. Typ des Technischen Platzes
- Feldauswahl für Wartungsplan festlegen
  Muss-Felder festlegen und Felder ausblenden
- Feldauswahl für Arbeitsvorgangsdaten festlegen
  Muss-Felder festlegen und Felder ausblenden
- Arbeitsplätze • Feldauswahl festlegen
  Muss-Felder festlegen und Felder ausblenden
- Arbeitsplätze • Bildfolge Arbeitsplatz einrichten
  Bildschirmlayout für Arbeitsplätze anpassen
- Arbeitspläne • Profile mit Vorschlagswerten definieren
  Vorschlagswerte für Arbeitspläne
- Arbeitspläne • Feldauswahl festlegen
  Muss-Felder festlegen und Felder ausblenden
- Drucker festlegen
  Werte für Druckausgabe vorbelegen
- Abrechnungsprofile pflegen
  Vorschlagswerte für Kontierung
- Überblick zur Meldungsart • Bildbereiche im Meldungskopf
  Bezugsobjekt der Meldung festlegen

- Bildschirmmasken zur Meldungsart einstellen
  Bildschirmlayout für Meldungen anpassen
- Feldauswahl Meldungen einstellen
  Muss-Felder festlegen und Felder ausblenden
- Transaktionsstartwerte festlegen
  Vorbelegung der Meldungsart und Überspringen des Einstiegsbildes
- Meldungsarten Auftragsarten zuordnen
  Auftragsart zur Meldungsart vorbelegen
- Reaktionsüberwachung definieren
  Bereitschaftsschema und Reaktionsschema für Meldungen vorschlagen
- Auftragsarten einrichten
  Bezugsobjekt des Auftrags vorschlagen
- Vorschlagswertprofile für Fremdbeschaffung anlegen
  Werte für Material- und Dienstleistungsbeschaffungen vorschlagen
- Vorschlagswertprofile für allgemeine Auftragsdaten anlegen
  Werte für Grafik und Terminierung vorschlagen
- Vorschlagswerte für Arbeitsplandaten und Profilzuordnungen
  Werte für Fremddatenprofile, Grafikprofile und Arbeitsplanübernahme vorschlagen
- Vorschlagsauftragsarten für Wartungspositionen festlegen
  Auftragsart für Wartungsaufträge vorschlagen
- Meldungs- und Auftragsintegration definieren
  Meldungs- und Auftragsdaten in einem Bild erfassen, automatische Übernahme Langtext aus Meldung in Auftrag
- Vorschlagswerte für Steuerschlüssel Auftragsarten pflegen
  Wert für Steuerschlüssel vorschlagen
- Vorschlagswerte IH-Leistungsart pro Auftragsart
  Wert für Instandhaltungsleistungsart vorschlagen
- Einfache Auftragssicht • Sichtenprofile definieren
  Bildschirmlayout der Aufträge anpassen
- Vorschlagswerte der Komponentenpositionstypen festlegen
  Wert für den Positionstyp pro Materialart vorschlagen
- Vorschlagswert Tagesdatum als Ecktermin aktivieren
  Wert für Vorbelegung Datum festlegen
- Terminierungsparameter einstellen
  Automatische Terminierung aktivieren

- Nachrichtensteuerung
  Steuerung, ob eine Warn-, Fehler- oder keine Meldung ausgegeben werden soll
- Objektinformationsschlüssel definieren
  automatische Anzeige Objektinformationsschlüssel
- Feldauswahl für Auftragskopfdaten (PM) festlegen
  Muss-Felder festlegen und Felder ausblenden
- Feldauswahl für Auftragsvorgang (PM und CS) festlegen
  Muss-Felder festlegen und Felder ausblenden
- Feldauswahl für Komponenten (PM und CS) festlegen
  Muss-Felder festlegen und Felder ausblenden
- Bildschirmmasken für die Rückmeldung einstellen
  Bildschirmlayout für Gesamtrückmeldung anpassen
- Feldauswahl Rückmeldung einstellen
  Muss-Felder festlegen und Felder ausblenden
- Einstellungen für Schichtnotizen Bildschirmmasken festlegen
  Bildschirmlayout und Feldauswahl für Schichtnotizen anpassen
- Einstellungen für Schichtnotizart festlegen
  Werte für Kategorien vorschlagen
- Grundeinstellungen für Pool Asset Management
  Werte für Auftragsart, Klasse und Text vorschlagen

[+]

Zielgerichtetes Customizing verbessert die Benutzerfreundlichkeit

Das Customizing bietet viele Möglichkeiten, um die Benutzerfreundlichkeit von SAP EAM zu verbessern. Hervorzuheben sind hier zum einen die Möglichkeiten zur Gestaltung der Bildschirmlayouts in Meldung, Auftrag und Gesamtrückmeldung.

Zum anderen sollten Sie von der Feldauswahlsteuerung gezielten Gebrauch machen, insbesondere von der Möglichkeit des Ausblendens.

9.2.3 Aktivitätenleiste

Wenn Sie Meldungen bearbeiten, können Sie die *Aktivitätenleiste* verwenden, um Folgeaktivitäten auszuführen, die Ihnen die Meldungsbearbeitung erleichtern können. Diese werden, nachdem sie ausgeführt worden sind, als Aktionen oder Maßnahmen dokumentiert.

Die Funktionen können Sie direkt aus der Meldung heraus aufrufen, wohin Sie nach Beendigung der Funktion wieder automatisch zurückgelangen. Beispiele für Aktivitäten in der Aktivitätenleiste sind etwa die folgenden:

- einen internen Hinweis hinterlegen
- einen Telefonanruf dokumentieren
- einen Telefonanruf über SAPphone anstoßen
- eine SAP-Mail oder E-Mail senden
- eine Warenbewegung buchen
- einen Reparaturauftrag anlegen
- in der Lösungsdatenbank nach einem Problem oder einer Lösung suchen
- eine Qualitätsmeldung anlegen
- einen 8D-Report generieren
- einen Wartungsplan anlegen
- eine Stückliste zuordnen

Wie Sie sehen, handelt es sich dabei um Funktionen, bei denen Sie ansonsten die Bearbeitung der Meldung verlassen müssten und die damit einen Beitrag zur Vereinfachung eines Geschäftsprozesses leisten können.

Mithilfe der Customizing-Funktion Aktivitätenleiste definieren können Sie über die in Abbildung 9.28 gezeigten Funktionen hinaus noch weitere Funktionen hinterlegen.

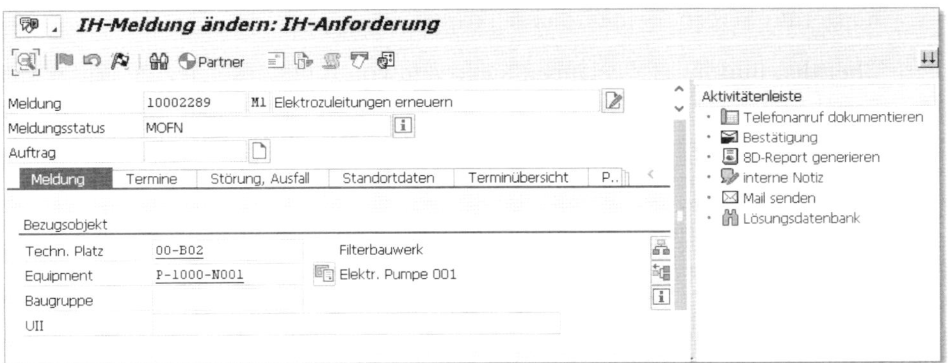

Abbildung 9.28 Aktivitätenleiste in der Meldung

Wie Sie eine Aktivitätenleiste definieren und wie Sie sie einer Meldungsart zuordnen, habe ich Ihnen in Abschnitt 6.1.3, »Sonstige Funktionen«, gezeigt.

9.2.4 GuiXT

GuiXT ist eine SAP-GUI-Komponente, die es Ihnen ermöglicht, Ihre SAP-Transaktionen entsprechend Ihren täglichen Anforderungen individuell zu gestalten, ohne dass Sie die SAP-Programme oder Masken modifizieren müssen. Im Einzelnen stehen Ihnen dazu die folgenden Möglichkeiten zur Verfügung:

- Vorbelegen von Feldern mit Werten
- Ausblenden von Feldern und Feldgruppen
- Verschieben von Feldern
- Hinzufügen und Ändern von Texten
- Hinzufügen von Feldhilfen
- Hinzufügen neuer Screen-Elemente (z. B. Ankreuzfelder, Drucktasten, Grafiken und Dokumentationen)
- Table Controls anpassen
- Menüeinträge verändern
- Feldbezeichner systemweit ändern

GuiXT arbeitet mit einer Skriptsprache, die als TXT-Datei abgelegt wird. Pro SAP-Maske können Sie in einem Skript das gewünschte Layout in Form einzelner Anweisungen definieren.

Zentrale Schaltstelle für GuiXT und alle Komponenten ist das GuiXT-Fenster (siehe Abbildung 9.29). Standardmäßig öffnen sich beim Start die Anzeigefenster für Screen-Elemente und Skript.

Über den Button 

gelangen Sie in den von Ihnen festgelegten Editor zur Skript-Erstellung. In der Standardeinstellung ist dies *Notepad*. Sie können aber auch einen anderen Editor verwenden. Die Skript-Dateien können Sie an verschiedenen Speicherorten ablegen:

- als lokale Dateien, z. B. unter *C:\GuiXT\Scripts*
- auf zentralen Fileservern, z. B. *\\demo\GuiXT\Scripts*
- auf HTTP-Servern, z. B. *http://www.demo.com/demo/scripts*
- auf FTP-Servern, z. B. *ftp://demo.com/demo/scripts*
- im SAP Web Repository (SAP-Datenbank), z. B. *sapwdf11.guixt.demo*

Jede der Ablagemöglichkeiten hat ihre Vor- und Nachteile: Zum Beispiel können Sie mit lokalen Dateien schnell entwickeln, die Skripte stehen aber dann nur auf dem lokalen PC zur Verfügung.

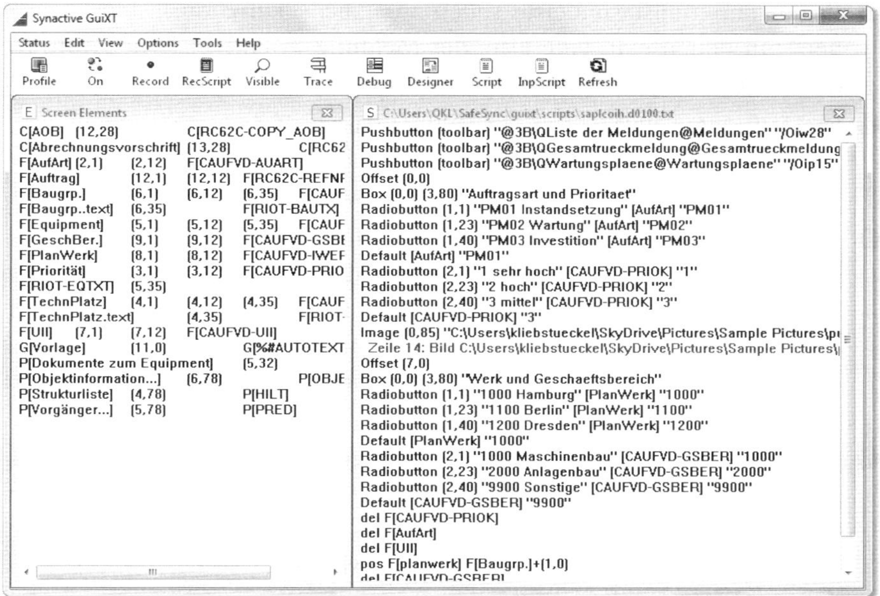

Abbildung 9.29 GuiXT – Steuerungsfenster

Lassen Sie mich die Verfahrensweise und Möglichkeiten von GuiXT anhand eines Beispiels erläutern. Am Layout der Einstiegsmaske der Transaktion IW31 sollen einige Veränderungen vorgenommen werden (siehe Abbildung 9.30):

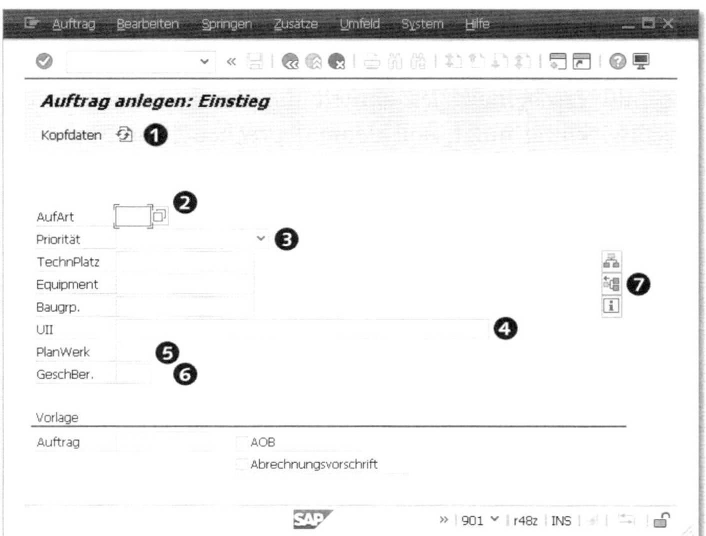

Abbildung 9.30 GuiXT – Standardmaske IW31

❶ In der Funktionstastenleiste sollen zusätzliche Funktionstasten erscheinen, mit denen man eine Liste der Meldungen, eine Liste der Aufträge und die Gesamtrückmeldung aufrufen kann.

❷ Die Auftragsart soll wegen der Fehleranfälligkeit nicht als normale [F4]-Auswahlliste auswählbar sein, sondern über Radio Buttons mit den Auftragsarten PM01, PM02 und PM03 ausgewählt werden können.

❸ Für die Priorität gilt Analoges: Sie soll nicht aus der Dropdown-Liste ausgewählt werden, weil die Anwender sich dann immer für Priorität 1 entscheiden, sondern es sollen Radio Buttons für die Prioritäten 1–3 erscheinen. Die Priorität 3 soll voreingestellt sein, d. h., der Benutzer muss sich bewusst für eine andere Priorität entscheiden, wenn sein Auftrag höher priorisiert werden soll.

❹ Das Feld UII (eindeutige Teilenummer) wird nicht benötigt und soll ausgeblendet werden. Das kann man auch mit der normalen Feldauswahl erreichen. Der Nachteil dabei ist allerdings, dass die leere Zeile erhalten bleibt. Es soll also zusätzlich dafür gesorgt werden, dass die folgenden Felder nach oben verschoben werden.

❺ Da die Instandhaltungsabwicklung nur in den Planungswerken 1000, 1100 und 1200 genutzt wird, sollen auch nur diese erscheinen – und zwar als Radio Buttons.

❻ Da die Instandhaltungsabwicklung nur in den Geschäftsbereichen 1000, 2000 und 9900 genutzt wird, sollen auch nur diese erscheinen – und zwar als Radio Buttons.

❼ Als Symbol für den nutzenden Fachbereich soll auf der rechten Seite ein entsprechendes Bild erscheinen. Da aktuell die Pumpenwerkstatt die Instandhaltungsabwicklung nutzt, soll dementsprechend das Bild einer Pumpe erscheinen.

Listing 9.1 zeigt ein Skript, das die oben genannten Anforderungen erfüllt:

```
//-----------------------------------------------------------
//Funktionstasten einfügen
//-----------------------------------------------------------
Pushbutton (toolbar) "@3B\QListe der Meldungen@Meldungen" "/Oiw28"
Pushbutton (toolbar) "@3B\
QGesamtrueckmeldung@Gesamtrueckmeldung" "/Oiw42"
Pushbutton (toolbar) "@3B\QWartungsplaene@Wartungsplaene" "/Oip15"
//-----------------------------------------------------------
//Radio Buttons für Auftragsart und Priorität
//-----------------------------------------------------------
Offset (0,0)
```

```
Box (0,0) (3,80) "Auftragsart und Prioritaet"
Radiobutton (1,1) "PM01 Instandsetzung" [AufArt] "PM01"
Radiobutton (1,23) "PM02 Wartung" [AufArt] "PM02"
Radiobutton (1,40) "PM03 Investition" [AufArt] "PM03"
Default [AufArt] "PM01"
Radiobutton (2,1) "1 sehr hoch" [CAUFVD-PRIOK] "1"
Radiobutton (2,23) "2 hoch" [CAUFVD-PRIOK] "2"
Radiobutton (2,40) "3 mittel" [CAUFVD-PRIOK] "3"
Default [CAUFVD-PRIOK] "3"
//------------------------------------------------------------
//Bild einfügen
//------------------------------------------------------------
Image (0,85) "C:\Users\kliebstueckel\SkyDrive\Pictures\
Sample Pictures\pumpe.jpg"
//------------------------------------------------------------
//Radio Buttons für Werk und Geschäftsbereich
//------------------------------------------------------------
Offset (7,0)
Box (0,0) (3,80) "Werk und Geschaeftsbereich"
Radiobutton (1,1) "1000 Hamburg" [PlanWerk] "1000"
Radiobutton (1,23) "1100 Berlin" [PlanWerk] "1100"
Radiobutton (1,40) "1200 Dresden" [PlanWerk] "1200"
Default [PlanWerk] "1000"
Radiobutton (2,1) "1000 Maschinenbau" [CAUFVD-GSBER] "1000"
Radiobutton (2,23) "2000 Anlagenbau" [CAUFVD-GSBER] "2000"
Radiobutton (2,40) "9900 Sonstige" [CAUFVD-GSBER] "9900"
Default [CAUFVD-GSBER] "9900"
//------------------------------------------------------------
//Löschen nicht benötigter Eingabefelder
//------------------------------------------------------------
del F[CAUFVD-PRIOK]
del F[AufArt]
del F[UII]
del F[CAUFVD-GSBER]
del F[CAUFVD-IWERK]
//------------------------------------------------------------
//Neupositionierung von Feldern
//------------------------------------------------------------
pos F[planwerk] F[Baugrp.]+(1,0)
```

Listing 9.1 Skript zur Anpassung der Standardmaske IW31

Sie aktivieren ein GuiXT-Skript über [Icon] • GuiXT. Wenn dann die Transaktion IW31 gestartet wird, hat sie nicht mehr ihr Standardlayout, sondern das mit GuiXT-Mitteln manipulierte (siehe Abbildung 9.31).

Abbildung 9.31 GuiXT – manipulierte Maske IW31

Auf *http://www.synactive.com* finden Sie weitere umfangreiche Informationen zum Thema GuiXT. Unter anderem liefert Synactive Inc. selbst für die Instandhaltung eine sogenannte *PM Console* aus. Dabei handelt es sich um eine Oberfläche mit Cockpit-Funktionen, die einen schnellen Überblick über die aktuelle Auftragssituation geben soll und von der aus die wichtigsten Transaktionen des Tagesgeschäfts erreichbar sind. Wenn Sie sich am SAP-System anmelden und die PM Console aufrufen (z. B. durch eine Funktionstaste oder eine Transaktion), erscheint ein Cockpit mit folgenden Funktionen (siehe Abbildung 9.32):

- Im *linken Block* (Search) finden Sie Funktionstasten, um die wichtigsten Transaktionen des Tagesgeschäfts aufzurufen (z. B. IH01 (Strukturdarstellung), IW38 (Auftragsliste) oder IW41 (Rückmeldung)).
- Im *mittleren Block* (My Orders) erhalten Sie einen Überblick über Ihre aktuelle Auftragssituation. Hier werden Kennzahlen ausgewiesen, wie viele Aufträge sich in welchem Status (z. B. überfällig, rückgemeldet) befinden und mit welcher Priorität sie angelegt sind.
- Wenn Sie eine dieser Drucktasten anklicken, erscheint im *rechten Block* des Cockpits die Liste mit den entsprechenden Aufträgen – also etwa welche Aufträge Priorität 1 oder 2 haben und überfällig sind. Diese Liste können Sie mit Selektionskriterien wie z. B. Auftragsart oder Technischer Platz weiter einschränken.

– und zwar in einer einzigen Maske. Dort können Sie auch geplante und ungeplante Materialentnahmen durchführen sowie Ausfallzeiten, Rückmeldetexte und eine Schadensursache erfassen.

- Die Gesamtrückmeldung erweitert die Funktionalität der Expressrückmeldung um die Erfassung von Messwerten und Zählerständen. Dabei werden die einzelnen Funktionen der Übersicht halber auf mehrere Registerkarten verteilt.
- Die Technische Rückmeldung beinhaltet ausschließlich technische Aspekte wie Ausfallzeiten oder Schadensursachen, aber keine Zeit- oder Materialrückmeldungen.

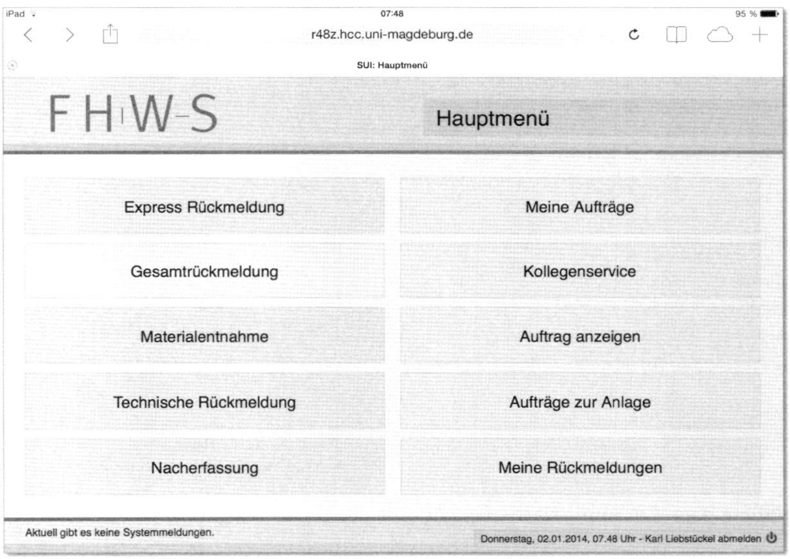

Abbildung 9.38 EAM App – Hauptmenü

- Die Nacherfassung (siehe auch Abbildung 9.39) dient dazu, eine bereits durchgeführte Arbeit nachträglich im System zu erfassen. Dabei können Sie für ein technisches Objekt (Technischer Platz, Equipment) einen Auftrag erfassen und für einen oder mehrere Mitarbeiter eine Zeitrückmeldung vornehmen. Sie können auch geplante und ungeplante Materialentnahmen durchführen sowie Ausfallzeiten, Rückmeldetexte und eine Schadensursache angeben. Wenn Sie die erfassten Daten an das SAP-System übergeben, ergibt sich der folgende Ablauf: Meldung wird eröffnet → Auftrag wird eröffnet → Auftrag wird freigegeben → Materialentnahme wird gebucht → Zeitrückmeldung wird gebucht → technische Rückmeldung wird durchgeführt → Auftrag und Meldung werden abgeschlossen.

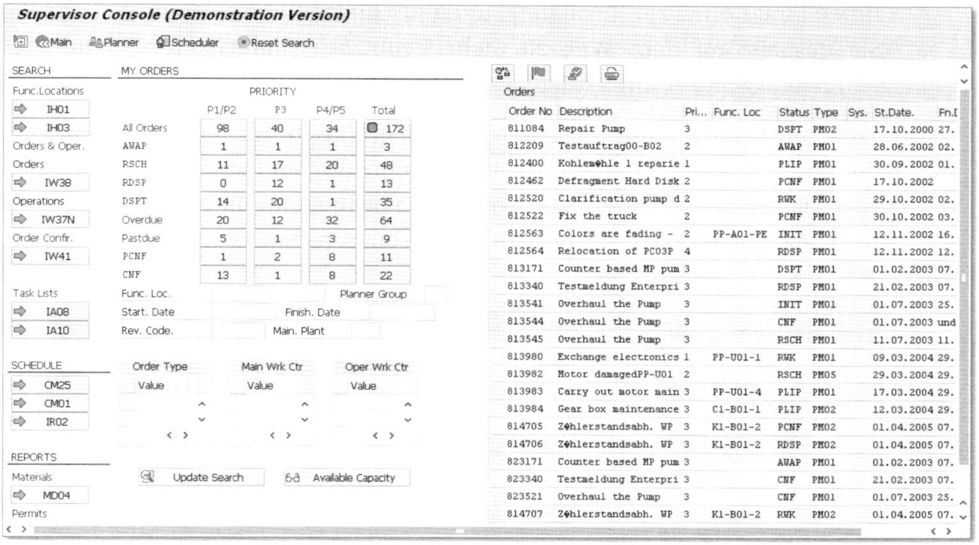

Abbildung 9.32 GuiXT – PM Console

Die PM Console gibt es in drei Varianten, die alle ein leicht unterschiedliches Aussehen haben:

- für den Instandhaltungsplaner
- für den Werkstattleiter
- für den Handwerker

Über Funktionstasten können Sie zwischen den Varianten wechseln.

Mit GuiXT können Sie Bildschirmbilder anpassen [+]

Auch GuiXT könnte für Sie ein Hilfsmittel sein, um die Bearbeitung der Geschäftsvorfälle in der Instandhaltung Ihren Bedürfnissen anzupassen bzw. zu vereinfachen und zu beschleunigen.

Kommen wir nun zu einer recht neuen Technologie, die von SAP 2013 freigegeben wurde und mit der Sie ebenfalls das Layout von Bildschirmbildern verändern können: SAP Screen Personas.

9.2.5 SAP Screen Personas

SAP Screen Personas liegt mittlerweile in der Version 2.0 vor und bietet Ihnen ähnlich wie GuiXT die Möglichkeit, die SAP-Standardbildschirmmasken an Ihre eigenen Anforderungen anzupassen und umzugestalten. Dabei stehen

Ihnen Funktionen zur Verfügung, um Bildschirmbilder zu verändern, und die Sie deshalb auf dem Weg zu mehr Benutzerfreundlichkeit und höherer Benutzerakzeptanz unterstützen.

Zum Beispiel findet ein angepasster Einstiegsbildschirm, auf dem der Anwender sein Firmenlogo und nur die von ihm benötigten Funktionen auf großen Drucktasten und mit Bildern unterlegt vorfindet (siehe Abbildung 9.33), mehr Akzeptanz als der Standardeinstiegsbildschirm des SAP-Access-Menüs.

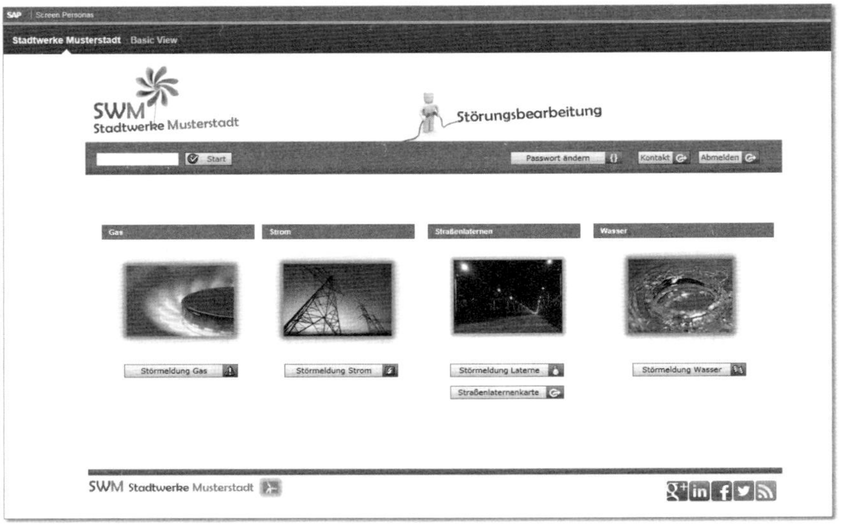

Abbildung 9.33 SAP Personas – angepasster Startbildschirm

Sie legen sogenannte *Flavors* an. Dabei handelt es sich um eine spezifische Personalisierung einer bestimmten SAP-Transaktion; ein Flavor ist immer mit einer SAP-Transaktion verknüpft (z. B. IW31). Zu einer Transaktion können Sie beliebig viele Flavors anlegen. Nach Fertigstellung eines Flavors können Sie diesen für bestimmte oder für alle Benutzer des SAP-Systems freigeben.

Die Bildschirmbilder selbst bearbeiten Sie mit einem *User Interface Editor* (kurz: UI Editor). Im UI Editor können Sie alle Steuerelemente eines Bildschirmbildes bearbeiten:

- Beschriftungen
- Radio Buttons
- Checkboxen
- Funktionstasten
- Eingabefelder

- Dropdown-Listen
- Feldgruppen
- Texte

Je nachdem, um welches Steuerelement es sich handelt, haben Sie dann folgende Möglichkeiten (nicht alle Möglichkeiten greifen bei allen Steuerelementen):

- Sie können einzelne Steuerelemente und auch eine ganze Gruppe von Steuerelementen komplett aus- oder einblenden.
- Dabei können Sie auch neue Steuerelemente definieren (z. B. eine URL auf eine Drucktaste legen).
- Per Drag & Drop können Sie einzelne Steuerelemente an die von Ihnen gewünschte Position verschieben.
- Sie können die Größe von Steuerelementen verändern.
- Sie können dem Steuerelement eine neue Quick Info geben.
- Sie können den Standardwert eines Steuerelements verändern (z. B. bei einem Eingabefeld einen Wert vorbelegen).
- Sie können den Titel und den Text eines Steuerelements anpassen.
- Mithilfe von Haftnotizen können Sie dem gewünschten Steuerelement Zusatzinformationen hinzufügen. Anders als Quick Infos werden Haftnotizen nur dann angezeigt, wenn das Steuerelement ausgewählt wird.

Abbildung 9.34 zeigt Ihnen eine auf diese Weise angepasste Meldungserfassung mit der Transaktion IW21.

Verwenden Sie den Startbildschirm aus Abbildung 9.33 und die angepasste Meldungsbearbeitung aus Abbildung 9.34, haben Sie durch den Einsatz von SAP Screen Personas die Anzahl der Klicks, die Sie zum Bearbeiten einer Meldung benötigen, von 24 auf zehn reduziert.

Neben den einzelnen Steuerelementen können Sie auch das komplette *Thema* des Flavors verändern:

- Sie können eigene Hintergrundbilder definieren (z. B. Logos einfügen, kontextabhängige Bilder anzeigen lassen, Rahmen und Farbschema definieren).
- Sie können die SAP-Standardthemen Corbu, Tradeshow, High Contrast Black und Blue Crystal anpassen.
- Für Corbu und Blue Crystal können Sie auch das Farbschema ändern.

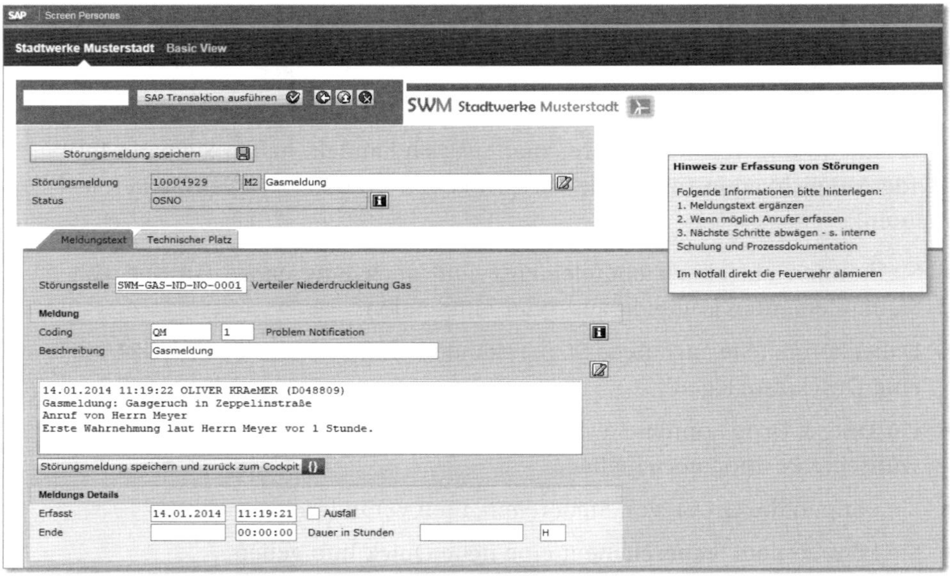

Abbildung 9.34 SAP Screen Personas – angepasste Meldungserfassung

Sie können auch Google Maps einbinden, um die Position der technischen Objekte oder Aufträge anzeigen zu lassen, falls diese über Geodaten verfügen (siehe Abbildung 9.35).

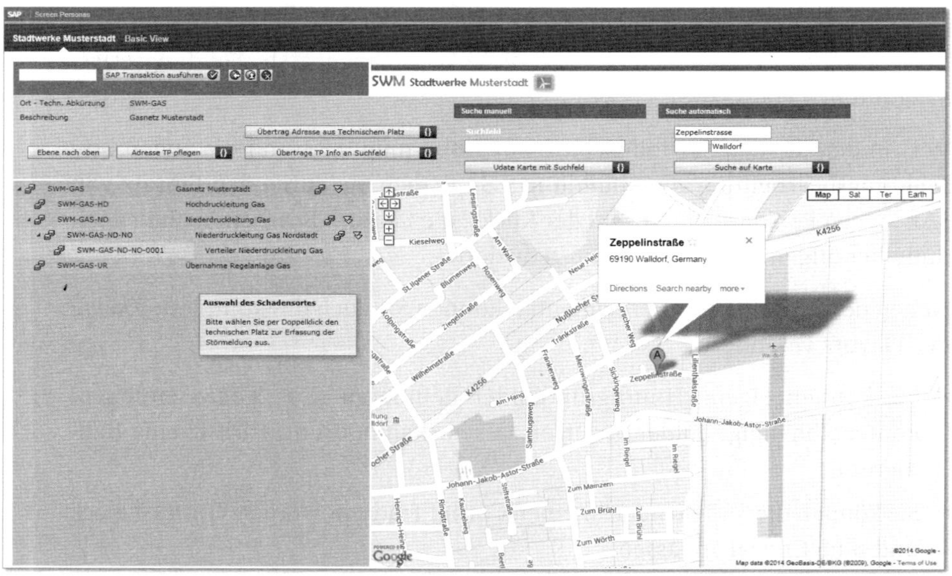

Abbildung 9.35 SAP Screen Personas – angepasste Strukturdarstellung

Unter *http://www.sapscreenpersonas.com* oder unter *http://help.sap.com/businesssuite* • SAP Screen Personas finden Sie weitere Informationen.

9.3 Kategorie 3: Möglichkeiten der IT mit Programmierung

Kommen wir nun zu den Möglichkeiten der Kategorie 3 (IT mit Programmierung).

9.3.1 Vorschalttransaktionen

Bei der Bearbeitung von Geschäftsvorfällen müssen in der Regel mehrere Transaktionen hintereinander aufgerufen werden, und innerhalb der einzelnen Transaktionen sind die einzugebenden Felder auf mehrere Bildschirmbilder verteilt.

Der Grundgedanke von Vorschalttransaktionen ist nun, eine eigene Transaktion mit einem oder wenigen Bildschirmbildern zu entwickeln. Diese Transaktion ruft im Hintergrund die originalen SAP-Transaktionen auf und übergibt die Daten. Alternativ kann die eigene Transaktion als Cockpit genutzt werden, um die Original-Transaktionen zu steuern und damit den Ablauf zu vereinfachen.

Zur Erläuterung soll ein Beispiel aus der Praxis dienen: Die Kalibrierung von Prüf- und Messmitteln ist ein sehr komplexer Prozess, bei dem mehrere SAP-Transaktionen hintereinander angesprochen werden. Im Fall eines Automobilzulieferers, der pro Werk über 20.000 Messmittel zu verwalten hatte, wären die Standardabläufe nicht handhabbar gewesen. Deshalb wurde eine Vorschalttransaktion ZMV01 (siehe Abbildung 9.36) geschaffen, aus der heraus Folgendes gestartet wird:

- Die Messmittel werden aus dem Lager ausgegeben und auf einem Technischen Platz eingebaut.
- Die Messmittel werden aus dem Technischen Platz ausgebaut und ins Lager zurückgenommen.
- Der Prüfauftrag wird aus dem Wartungsplan erzeugt.
- Die Messergebnisse werden erfasst.
- Der Verwendungsentscheid wird getroffen.
- Der Prüfauftrag wird zurückgemeldet.

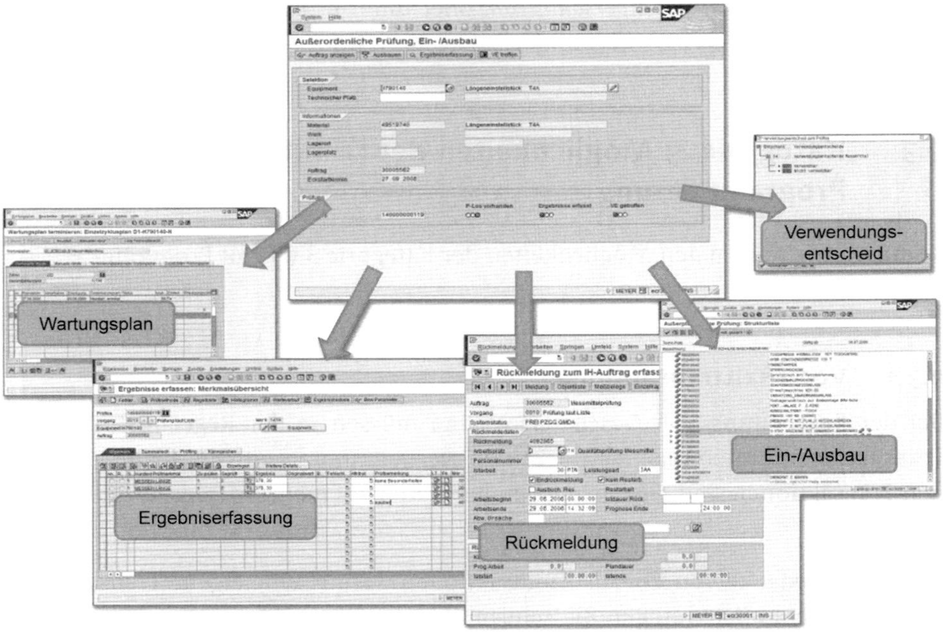

Abbildung 9.36 Vorschalttransaktion

[+] **Programmieraufwand für Vorschalttransaktion lohnt sich**

Eine Vorschalttransaktion wird die Bearbeitung eines Geschäftsvorfalls mit Sicherheit erheblich beschleunigen, ansonsten hat sie ihren Sinn verfehlt.

Die Technologie, die bei der Entwicklung von Vorschalttransaktionen und bei anderen Eigenentwicklungen häufig genutzt wird, sind BAPIs.

9.3.2 BAPIs

Um den Entwicklungsaufwand für Vorschalttransaktionen und andere Eigenentwicklungen zu vereinfachen, stellt SAP eine Reihe von *Business Application Programming Interfaces* (BAPIs) zur Verfügung. BAPIs können für die folgenden Zwecke eingesetzt werden:

- Anbindung von SAP-Systemen an das Internet
- Schaffung der Möglichkeit, SAP-Komponenten untereinander kommunizieren zu lassen
- Entwicklung von Vorschalttransaktionen
- Anbindung von Fremdsoftware und Legacy-Systemen an SAP-Systeme

- Schaffung der Möglichkeit, PC-Programme als *Frontend* für SAP-Systeme nutzen zu können
- Entwicklung von Webanwendungen, die mit dem SAP-System kommunizieren sollen
- Schaffung der Möglichkeit, Workflow-Anwendungen über Systemgrenzen hinweg kommunizieren zu können
- Schaffung der Möglichkeit, Webflow-Anwendungen über das Internet kommunizieren zu können

Sie rufen den BAPI Explorer über die Transaktion BAPI auf (siehe Abbildung 9.37). Sie können sich relativ leicht einen Überblick über die insgesamt verfügbaren BAPIs verschaffen, indem Sie durch die Hierarchie navigieren.

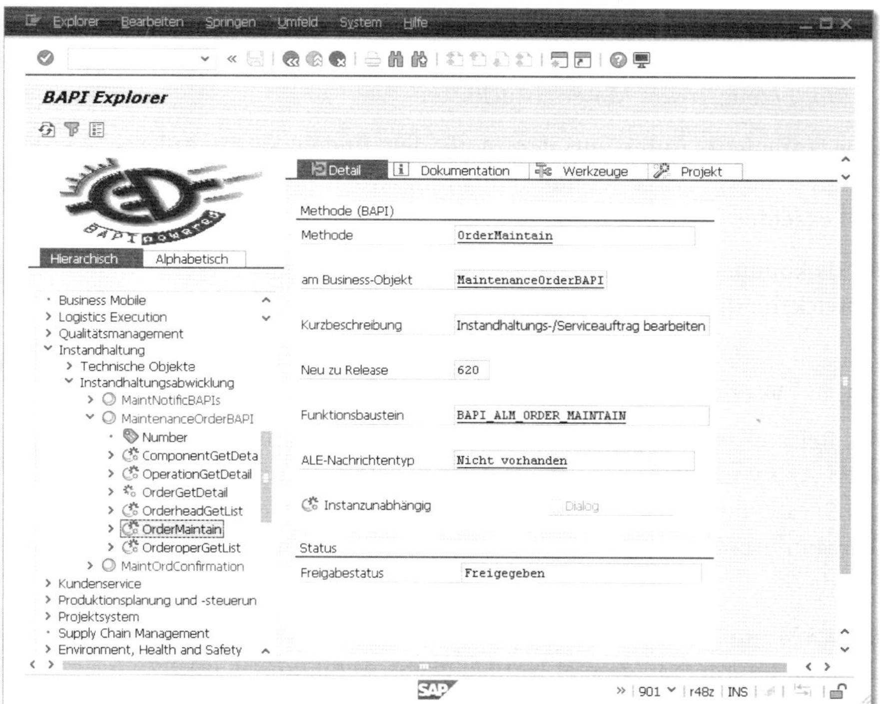

Abbildung 9.37 BAPI Explorer

Im Bereich der Instandhaltung bietet SAP Ihnen folgende BAPIs an:

- für Equipments das BAPI `Equipment` mit Methoden wie `Create` zum Anlegen von Equipmentstammsätzen oder `Dismantle` zum Ausbau von Equipments von Technischen Plätzen oder Equipmenthierarchien

- für Technische Plätze das BAPI `FunctionalLocation` mit Methoden wie `InheritChange` zum Verändern der Vererbungsparameter oder `StrucAssign` zum Ersetzen der Zuweisung übergeordneter Technischer Plätze
- für Meldungen das BAPI `MaintNotificBAPIs` mit Methoden wie `NotifCreate` zum Anlegen von Meldungen oder `NotifListPlangroup` zum Erstellen von Meldungslisten pro Planergruppe
- für Aufträge das BAPI `MaintenanceOrderBAPI` mit Methoden wie `OrderMaintain` zum Anlegen und Ändern von Aufträgen
- `MaintOrdConfirmation` mit Methoden wie `ConfCreate` zum Anlegen von Rückmeldungen
- für Materialstammsätze das BAPI `Material` mit Methoden wie `Edit` zum Verändern von Materialstammdaten oder `GetMRPList` zum Erzeugen der Dispositionsliste eines Materials
- für Stücklisten das BAPI `MaterialBOM` mit Methoden wie `CreateBomGroup` zum Erzeugen von Materialstücklisten

Eine komplette Auflistung der Methoden finden Sie in Anhang A3. Für andere Objekte wie etwa Instandhaltungsarbeitspläne oder Wartungspläne gibt es leider keine BAPIs.

BAPIs kommen in der Regel auch zum Einsatz, wenn Sie Webanwendungen entwickeln, die mit SAP-Systemen kommunizieren sollen.

9.3.3 Weboberfläche

Als Beispiel für eine Webanwendung möchte ich Ihnen im Folgenden die *EAM App* vorstellen, die vom Institut für Design und Informationssysteme (IDIS) an der Hochschule für angewandte Wissenschaften Würzburg-Schweinfurt für einen namhaften Kunden der Automobilindustrie entwickelt wurde.[2]

Die EAM App verfügt über Hauptfunktionen, wie sie gleich nach der Anmeldung im Hauptmenü gezeigt werden (siehe Abbildung 9.38):

- Die EXPRESS RÜCKMELDUNG erlaubt Ihnen Rückmeldungen für einen oder mehrere Mitarbeiter auf einen bestehenden Auftrag bzw. Auftragsvorgang

2 Mein Dank gilt den wissenschaftlichen Mitarbeitern des Instituts Florian Wolf, Tobias Schlereth und Daniel Schwarz für die Erstentwicklung der EAM App und den wissenschaftlichen Mitarbeitern Johannes Bähr, Sebastian Büchse und Michael Landwehr für die Weiterentwicklung und Adaption der EAM App auf die Hochschulsysteme.

- Meine Aufträge enthält eine Liste der aktuell offenen und abzuarbeitenden Vorgänge des Technikers.
- Der Kollegenservice enthält eine Liste der aktuell offenen Vorgänge der Kollegen des Technikers, d.h., der Personalnummern, die demselben Arbeitsplatz zugeordnet sind wie der Techniker. Der Techniker kann sich dann Aufträge von Kollegen zuordnen (z.B. weil der Kollege erkrankt oder aus einem sonstigen Grund verhindert ist).
- Die Funktion Auftrag anzeigen erlaubt die Anzeige eines bestimmten Auftrags nach Auftragsnummer.

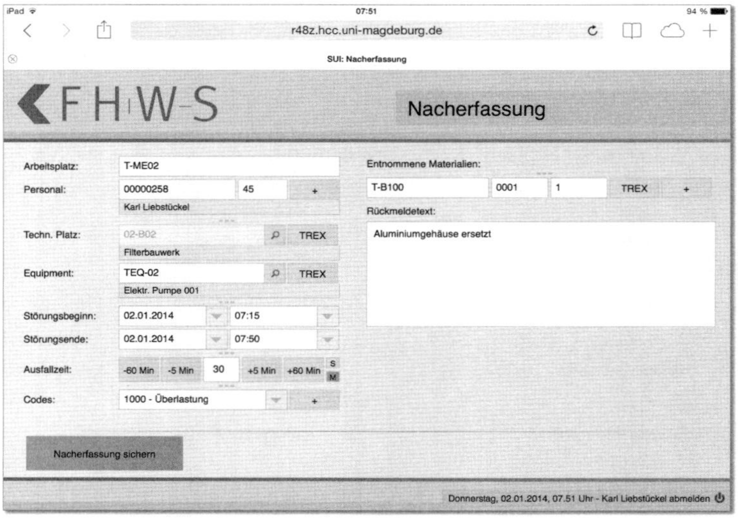

Abbildung 9.39 PM App – Nacherfassung

- In der Funktion Aufträge zur Anlage sehen Sie eine Listendarstellung aller offenen und bereits durchgeführten Vorgänge zu einem Technischen Platz oder Equipment.
- Meine Rückmeldungen zeigt die Rückmeldungen des Technikers in einem festen (z.B. diese Woche) oder frei wählbaren Zeitintervall.

Innerhalb dieser Hauptfunktionen stehen dann neben der reinen Datenerfassung noch weitere Unterfunktionen zur Verfügung wie z.B. die folgenden:

- Details anzeigen
- Drucken
- Folgeauftrag anlegen
- Auftrag technisch abschließen

Neben diesen funktionalen Eigenschaften sind die folgenden technischen Eigenschaften der EAM App erwähnenswert:

- Die EAM App wurde vollständig als Onlineszenario entwickelt, d. h., sie hat eine permanente Verbindung über LAN, WLAN oder GSM zum Backend-System und ist in der Lage, falsch eingegebene Daten sofort zu erkennen und eine entsprechende Fehlermeldung auszugeben.
- Die Gültigkeit der erfassten Daten wird dabei mithilfe eines BAPIs überprüft (z. B. ob die eingegebene Equipmentnummer oder die Auftragsnummer gültig ist).
- Mithilfe eines BAPIs werden die Daten an das SAP-System übergeben und dort verbucht (z. B. das BAPI `OrderMaintain`).
- Die EAM App wurde für HTML5 entwickelt und ist deshalb nicht nur auf einem iPad oder iPhone, sondern auch auf Desktop-PCs, Industrie-PCs oder für Android-Smartphones und Android-Tablets nutzbar.
- Die EAM App kann sowohl mit Maus und Tastatur als auch vollständig mit Touchscreens (wie z. B. bei einem iPad) bedient werden.

Webanwendungen genießen hohe Benutzerakzeptanz [+]

Fast alle Benutzer kennen Webanwendungen oder Apps für iPhone, iPad oder Smartphones aus dem privaten Umfeld. Deshalb sind sie auch im professionellen Einsatz leicht zu erlernen und bei den Benutzern sehr beliebt.

9.3.4 Customer-Exits

Mithilfe von *Customer-Exits* können Sie den SAP-Standardanwendungen Ihre eigene Funktionalität hinzufügen, ohne die SAP-Originalprogramme zu modifizieren. SAP legt innerhalb der Standardanwendungen Customer-Exits für bestimmte Programme, Bildschirmbilder und Menüs an. Diese Exits haben zunächst keine Funktion, sondern sie dienen vielmehr als vorgedachter Ein- und Ausgang, bei dem Sie eine eigene zusätzliche Funktion in das SAP-System hineinbringen können.

Customer-Exits rufen Sie über die Transaktion SMOD auf. Über die folgende Eingabe können Sie sich diese ansehen:

- technische Objekte: ITOB*, IEQM*, ILOM*, IHCL*, CCM*
- Messpunkte/Zähler: IMRC*
- Garantien: BG*

- Arbeitspläne: IAIH*
- Wartungspläne: IPRM*, CI*
- Meldungen: QQMA*
- Aufträge: IWO*, CNEX*, COZF*, IREV*
- Kapazitätsplanung: COI*, CYPP*
- Rückmeldungen: CMFU*, CONFPM*
- CATS: CATS*
- Informationssystem: MCI*
- Datenübernahmen: IBIP*
- Grafikmodule: IMSM*

Beispielhaft habe ich hier fünf Anwendungen aufgeführt, mit denen Eingaben vereinfacht und damit die Benutzerakzeptanz deutlich erhöht werden konnte:

- **Merkmale übernehmen**
  Mit dem Customer-Exit IHCL0001 können Sie die Merkmalsbewertung aus einem Materialstammsatz in die Merkmalsbewertung eines Equipments übernehmen. Falls Sie häufig neue Equipments mit Bezug zu einer Materialnummer hinzufügen, vereinfachen Sie die erforderliche Nachpflege der Klassifizierungsdaten, indem Sie Angaben, wie z. B. Leistung, Typbezeichnung oder andere technische Angaben, einmalig als Klassifizierung zum Materialstammsatz hinterlegen und diese Merkmale als Vorschlag in Ihr neues Equipment übernehmen. Im Idealfall müssen Sie die Klassifizierung gar nicht mehr nachpflegen.
- **Richtiges Werk, richtiger Lagerort**
  Der Customer-Exit CNEX0027, der eigentlich zu SAP Projektsystem gehört, aber auch von der Instandhaltung genutzt werden kann, unterstützt Sie bei der Angabe des richtigen Werkes und des richtigen Lagerortes bei der Materialplanung. Dies kann z. B. hilfreich sein, wenn Sie ein Ersatzteil nur in einem Werk vorhalten, auf das alle anderen Werke zugreifen können. Wenn Sie dann noch individuell für Ihr Unternehmen eine geschickte Suchstrategie innerhalb des Customer-Exits programmieren, müssen Sie sich dann in der Materialplanung des Auftrags keine Gedanken um das richtige Werk machen.
- **Richtiger Arbeitsplan**
  Eine enorme Verbesserung versprechen auch die Customer-Exits IWO10021 und IWO20001. Die Kombination aus beiden Customer-Exits

sorgt z. B. dafür, dass aus dem Schadens- oder Ursachencode einer Störmeldung der richtige Arbeitsplan abgeleitet wird. Bei der Auftragseröffnung aus der Störmeldung heraus stehen schon gleich die richtigen Arbeitsvorgänge im Auftrag. Das Heraussuchen des richtigen Arbeitsplans und das Einbinden des Arbeitsplans in den Auftrag entfallen – die Auftragsbearbeitung wird gerade bei standardisierten Vorgängen beschleunigt.

- **Richtige Daten in Meldung und Auftrag**
  Keine Beschleunigung der Datenerfassung, sondern vielmehr eine Vermeidung von Datenkorrekturen bewirken die Customer-Exits, die beim Sichern von Aufträgen (IWO10009) bzw. Meldungen (QQMA0014) selbst definierte Datenprüfungen vornehmen können. In der Meldung können Sie z. B. von vornherein überprüfen, ob bestimmte Kombinationen von Störungs- und Ursachencodes überhaupt plausibel sind. Diese Prüfungen nehmen ungeübten Anwendern auch ein wenig die Angst vor der Bedienung des Systems.
- **Richtige Daten in der BANF**
  Mit den Customer-Exits COZF0001 und COZF0002 können Sie bestimmte Felder zu Bestellanforderungen (BANF), die aus dem Auftrag heraus generiert werden, nach eigenen Vorgaben automatisch vorbelegen. So können Sie z. B. das Feld Anforderer mit dem Namen des angemeldeten Benutzers füllen oder in das Feld Bedarfsnummer automatisch Ihr Abteilungskurzzeichen hineinsetzen. Dies klingt im ersten Moment nicht gerade nach großen Fortschritten, nur wenn ein Anwender bei 35 Nichtlagerpositionen 35-mal dasselbe Abteilungskurzzeichen hineinschreiben muss, kommt schnell der Wunsch nach Optimierung auf.

Im Folgenden finden Sie noch ein paar weitere Beispiele, die in meiner beruflichen Praxis in Kundenprojekten eingesetzt wurden:

- Mit dem Customer-Exit IWO10004 können Sie Prüfungen zum Auftragsabschluss einbauen. Zum Beispiel wollte einer meiner Kunden verhindern, dass Aufträge technisch abgeschlossen werden, wenn noch offene Bestellanforderungen oder nicht rückgemeldete Vorgänge existieren oder nicht bei allen Objekten aus der Objektliste das Bearbeitungskennzeichen sitzt.
- Mit dem Customer-Exit CONFPM01 können Sie bei der Auftragsrückmeldung eigene Vorschlagswerte ermitteln. Zum Beispiel wollte einer meiner Kunden für bestimmte Mitarbeiter verhindern, dass deren Leistungen kostenmäßig verrechnet werden (Kennzeichen im Personalstammsatz). Wenn nun einer dieser Mitarbeiter eine Rückmeldung erfasst, wird eine Leistungsart ohne Bewertung vorgeschlagen.

- Mit dem Customer-Exit IWO10027 können Sie eine eigene Abrechnungsvorschrift erzeugen. Wenn Objektlisten eingesetzt werden, besteht häufig der Wunsch, die entstehenden Kosten des Auftrags anteilsmäßig auf die beteiligten Kostenstellen zu verteilen (siehe Abbildung 9.40). Diesen Customer-Exit können Sie so ausprogrammieren, dass die Kostenstellen der Equipments aus der Objektliste ermittelt und entsprechende Einträge mit Prozentangaben in der Abrechnungsvorschrift eingestellt werden.

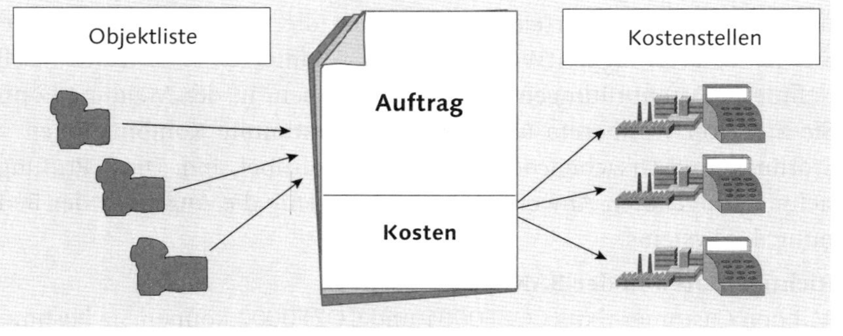

Abbildung 9.40 Customer-Exit – Abrechnungsvorschrift

- Mit dem Customer-Exit IWO10012 können Sie die Prioritätsbehandlung im Auftrag steuern. Einer meiner Kunden wollte z. B., dass die Priorität des Auftrags aus dem ABC-Kennzeichen des Equipments automatisch bestimmt wird (z. B. wenn es sich um ein A-Equipment handelt, sollte automatisch die Priorität 1 gesetzt werden). Dafür eignet sich dieser Customer-Exit.
- Ein Kunde wollte eine eigene Lösungsdatenbank anschließen und aus der Meldung heraus auf die Lösungsnummer verweisen. Dazu wurde dann der Customer-Exit QQMA0001 eingesetzt, mit dem zusätzliche Felder im Meldungskopf hinterlegt werden können.

Sie sehen anhand dieser Beispiele, dass die Möglichkeiten von Customer-Exits sehr vielfältig sind und Ihrer Phantasie wenig Grenzen setzen. Für die Instandhaltung gibt es mehr als 100 Customer-Exits. Eine vollständige Auflistung der Customer-Exits der Instandhaltung finden Sie in Anhang A4.

[+]

Customer-Exits machen den Standard einfacher und sicherer

Über Customer-Exits können Sie die Bearbeitung der Geschäftsvorfälle in der Instandhaltung Ihren Bedürfnissen anpassen bzw. sie vereinfachen und beschleunigen. Aber: Wägen Sie genau ab, ob Ihre individuelle Programmierung wirklich einen großen Effekt bringt und die Benutzerakzeptanz steigt.

Der Vollständigkeit halber sollen an dieser Stelle noch die weiteren Techniken genannt werden, wie Sie mit Programmierung den SAP-Standard erweitern oder verändern können, ohne modifizieren zu müssen.

9.3.5 BAdIs und Enhancement Points

BAdI steht für *Business Add-in*. BAdIs dienen dazu, vordefinierte Erweiterungsoptionen in den SAP-Komponenten anzulegen. Sie verfolgen also dasselbe Ziel wie Customer-Exits: Der SAP-Standard soll modifikationsfrei um zusätzliche Funktionen erweitert werden. Im Unterschied zu Customer-Exits basieren BAdIs auf ABAP Objects.

Im Gegensatz zu Customer-Exits wird bei Business Add-ins nicht von einer zweistufigen (SAP, Kunde), sondern von einer mehrstufigen Systemlandschaft (SAP, Länderversionen, Branchenlösungen, Partner, Kunde etc.) ausgegangen. Definitionen und Implementierungen von Business Add-ins können in jeder Stufe der Systemlandschaft angelegt werden. Demzufolge können BAdIs mehrfach implementiert werden, während Customer-Exits nur ein einziges Mal ausgeprägt werden können.

BAdIs werden über die Transaktion SE19, den BAdI Builder, angelegt.

BAdIs gibt es in zwei Ausprägungen (siehe Abbildung 9.41):

- klassische BAdIs
- neue BAdIs (auch *Enhancement Points* genannt)

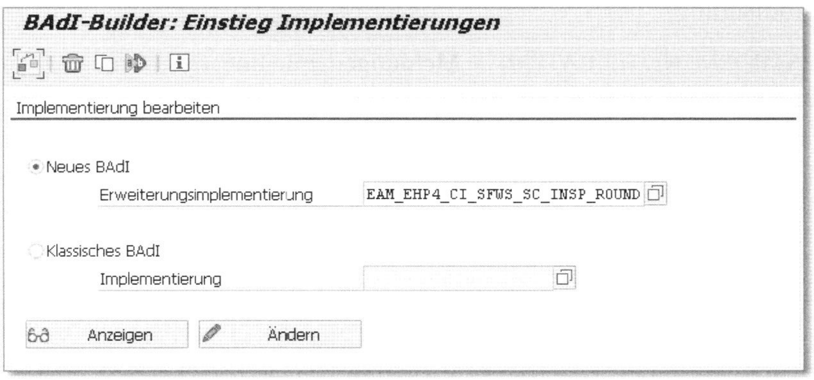

Abbildung 9.41 BAdI Builder

Im Folgenden finden Sie einige Beispiele für neue BAdIs (Enhancement Points) aus Sicht der Instandhaltung:

- EAM_EHP4_CI_SFWS_SC_LIST_ENH zur Erweiterung der Listen in der Instandhaltung (z. B. um Wartungspläne, Wartungspositionen und Wartungspakete in mehrstufigen Listen anzuzeigen)
- EAM_EHP4_CI_SFWS_SC_INSP_ROUND zur Erweiterung der Rundgangsplanung (z. B. um die Fertigungshilfsmittel als Messpunkt zu aktivieren)
- EAM_EHP4_INSPECTION_ROUNDS – Prüfungen zum Messpunkt als Fertigungshilfsmittel
- BADI_EAM_ITOBBAPI_SHIFTNOTE – Hinzufügen neuer Felder zu BAPIs für technisches Objekt
- EAM_WKCTR_SYNC_IMPL – Synchronisation Arbeitsplatz IH-Auftrag – Meldung
- EAM_WS_ORDER_RELEASE_IMPL für sicherheitsrelevante Erweiterungen bei der Auftragsfreigabe
- EAM_EHP4_CI_SFWS_SC_AUTH_ENH – zusätzliche Berechtigungsprüfung für Aufträge
- EAML_BADI_EAM_STRUCTURE_LIST – Strukturlisten erweitern um lineare Daten
- EAMWS_ORDER_CHECKLIST – Statusverwaltung für die Liste relevanter Risiken in EAM
- COCF_ES_SN_LIST, um eigene Selektionsoptionen bei der Liste Schichtnotizen definieren zu können

Im Folgenden finden Sie einige Beispiele für klassische BAdIs aus Sicht der Instandhaltung:

- EAML_PM_NOTIFICATION – Meldungen mit linearen Daten auf Kopf- und Positionsebene
- IMPL_EAM_DOC_PMAUFK – Dokumente zum Auftrag
- IMPL_EAM_DOC_PMPLKO – Dokumente zum Arbeitsplan
- IQS_MASS_CHANGE – Massenänderung von Meldungen
- IWO_MASS_CHANGE – Massenänderung von Aufträgen
- PLM_CATALOG_OCI – Aufruf der Katalogselektion über OCI-Interface

[+] **BAdIs und Enhancement Points machen den Standard einfacher und sicherer**

Genauso wie Customer-Exits können Sie mit der Ausprogrammierung von BAdIs und Enhancement Points die Bearbeitung der Geschäftsvorfälle in der Instandhaltung an Ihre Bedürfnisse anpassen bzw. sie vereinfachen und beschleunigen. Aber:

Wägen Sie genau ab, ob Ihre individuelle Programmierung wirklich einen großen Effekt bringt und die Benutzerakzeptanz steigt.

9.3.6 Workflow

Mit dem *SAP Business Workflow* können Sie betriebswirtschaftliche Geschäftsprozesse definieren, die noch nicht im System abgebildet sind. Dies können einfache Freigabe- oder Genehmigungsverfahren sein oder auch komplexere Geschäftsprozesse, wie die Anlage eines Materialstamms und die damit zusammenhängende Koordination der beteiligten Abteilungen. Der SAP Business Workflow ist umso effizienter, je häufiger Arbeitsabläufe wiederholt durchlaufen werden müssen, oder wenn der Geschäftsprozess eine Vielzahl von Bearbeitern in einer genau definierten Reihenfolge benötigt.

Aufgerufen und konfiguriert werden die Workflows im SAP-Menü über WERKZEUGE • BUSINESS WORKFLOW. Abbildung 9.42 zeigt z. B. die Transaktion SWDD, den Workflow Builder.

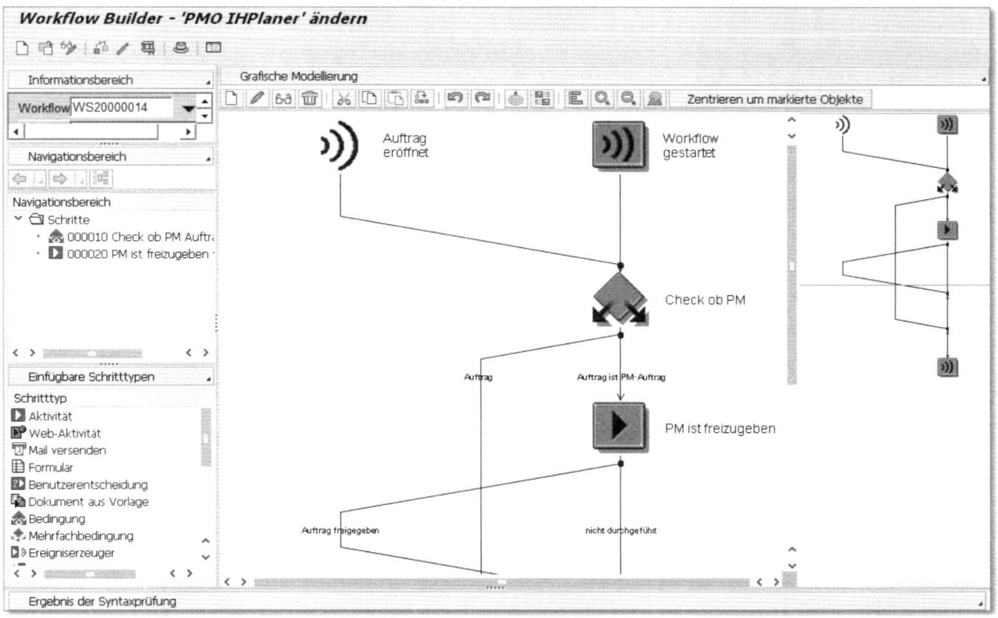

Abbildung 9.42 Business Workflow – Workflow Builder

Aus Sicht der Instandhaltungsabwicklung sind insbesondere folgende Workflows relevant:

- WS 00200065 PM: Meldung bearbeiten
- WS 00200095 PM: Meldung in Arbeit geben
- WS 00200075 PM: Meldung abschließen
- WS 00200074 PM: Maßnahme erledigen
- WS 20000014 PMO (Instandhaltungsplaner): Auftrag freigeben, technisch abschließen u. a.
- WS 20000021 PMO: dito. für den Erfasser des Auftrags
- WS 20000031 PMO: Vorgang rückmelden

Diese Szenarien sollen Sie dabei unterstützen, neu angelegte Meldungen und Aufträge zu bearbeiten, zu überwachen und abzuschließen. Zum Beispiel können Sie den Auftragserfasser informieren, wenn sein Auftrag freigegeben oder technisch abgeschlossen worden ist.

Wenn Sie in der Workflow-Definition als Bearbeiter eingetragen sind, erhalten Sie ein sogenanntes *Work Item* in Ihren Business Workplace (Transaktion SWBP, siehe Abbildung 9.43). Das Workitem können Sie direkt ausführen (in diesem Fall: Meldung bearbeiten).

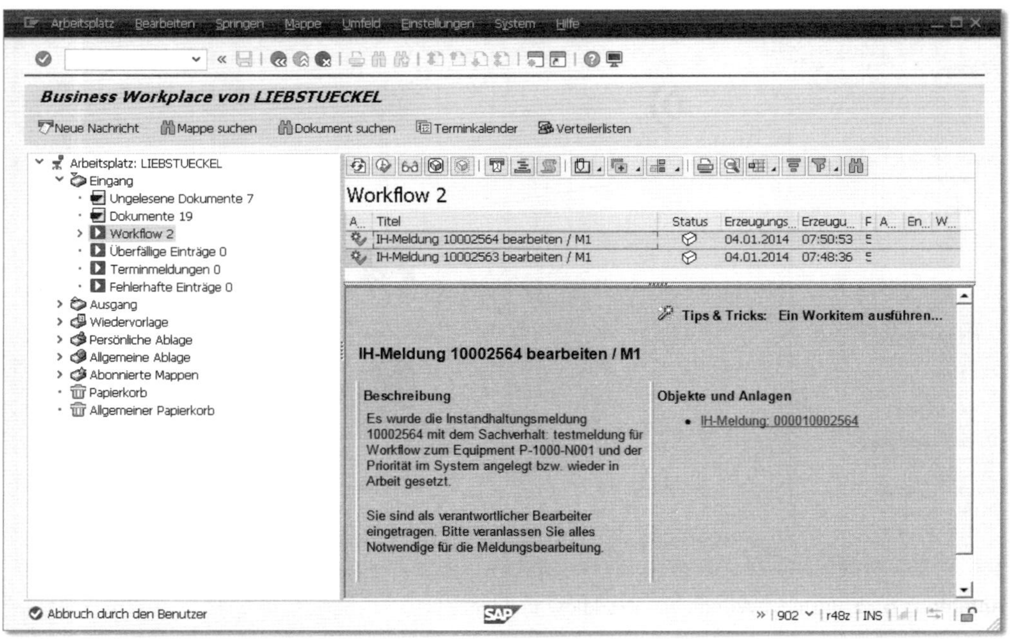

Abbildung 9.43 Business Workflow – Workitem

Die Bearbeiter der Instandhaltungsmeldungen und -aufträge pflegen Sie mit folgenden Customizing-Funktionen:

Workflow für Instandhaltungsmeldungen einstellen

Instandhaltung und Kundenservice • Instandhaltungs- und Serviceabwicklung • Instandhaltungs- und Servicemeldungen • Meldungsbearbeitung • Workflow für Instandhaltungsmeldungen einstellen

Workflow für Aufträge einstellen

Instandhaltung und Kundenservice • Instandhaltungs- und Serviceabwicklung • Instandhaltungs- und Serviceaufträge • Funktionen und Einstellungen der Auftragsarten • Workflow für Aufträge einstellen

Empfehlungen zum Meldungs- und Auftrags-Workflow [+]

Mit dem Einrichten und Aktivieren der Workflows machen Sie das SAP-System zu einem aktiven System mit einem Push-Mechanismus, mit dem Sie alle Anwender adressieren können, die Aktivitäten in der Meldungs- und Auftragsabwicklung ausführen sollen, aber ansonsten mit dem SAP-System wenig zu tun haben (z. B. einen Auftrag freigeben oder eine Maßnahme abschließen).

Vor allem können Sie die Workitems an den gewohnten E-Mail-Client der Adressaten weiterleiten (z. B. Outlook), sodass die Bearbeitung der Aufgaben extrem vereinfacht wird – bis hin zur Bearbeitung auf dem Smartphone.

Aus Instandhaltungssicht gibt es noch einen weiteren Workflow, mit dem Sie Equipmentstammdaten der Instandhaltung mit den Anlagenstammdaten der Anlagenbuchhaltung synchronisieren können (Workflow WS00400037). Zum Beispiel können Sie automatisch einen Anlagenstammsatz im Hintergrund generieren lassen, wenn Sie einen Equipmentstammsatz anlegen – und umgekehrt. Der dazu notwendige Workflow ist im System bereits vorhanden; zur Aktivierung sind allerdings einige Customizing-Einstellungen notwendig.

Bedingungen für Synchronisation der Stammdaten festlegen

Mit dieser Customizing-Funktion definieren Sie die Rahmenbedingungen, ob und – wenn ja – wie Equipments und Anlagen synchronisiert werden sollen.

Voraussetzungen
Anlagenklasse, Equipmenttyp und Objektart müssen definiert sein.

Customizing-Pfad

FINANZWESEN (NEU) • ANLAGENBUCHHALTUNG • STAMMDATEN • AUTOMATISCHES ANLEGEN VON EQUIPMENTSTAMMSÄTZEN • BEDINGUNGEN FÜR SYNCHRONISATION DER STAMMDATEN FESTLEGEN

Einstellungen bzw. empfohlene Einstellungen

Mit dieser Customizing-Funktion schaffen Sie zunächst eine Verbindung zwischen ANLAGENKLASSE und EQUIPMENTTYP bzw. OBJEKTART (siehe Abbildung 9.44), d. h., Sie ordnen zu, welcher Equipmenttyp und welche Objektart vergeben werden sollen, wenn ein Anlagenstammsatz mit einer bestimmten Anlagenklasse angelegt wird.

Dann können Sie unter ANLAGENSTAMMSATZ BEARBEITEN und EQUIPMENTSTAMMSATZ BEARBEITEN aussteuern, wie die Stammsätze im Anlege- und im Änderungsmodus synchronisiert werden sollen:

- KEINE SYNCHRONISATION: Beim Anlegen des Anlagenstammsatzes wird kein anzulegendes Equipment vorgeschlagen. Wenn Sie später zugehörige Equipments manuell anlegen, dann führt das System keinerlei Synchronisation der Stammdaten durch.
- DIREKTE SYNCHRONISATION BEIM SICHERN: Das System schlägt beim Anlegen des Anlagenstammsatzes ein Equipment vor. Beim Sichern der Anlage wird direkt der entsprechende Equipmentstammsatz (sowie die Zuordnung zwischen beiden Stammsätzen) erzeugt; zukünftige Änderungen im Anlagenstammsatz können vom System im Equipmentstammsatz synchronisiert werden (und umgekehrt).
- AUSLÖSEN EINES WORKFLOWS BEIM SICHERN: Das System schlägt beim Anlegen des Anlagenstammsatzes ein Equipment vor. Beim Sichern der Anlage wird ein bestimmtes Workflow-Ereignis ausgelöst. Je nach Ausprägung des zugeordneten Workflows (z. B. Benachrichtigung eines Verantwortlichen) wird bei dessen Ausführung der zugehörige Equipmentstammsatz erzeugt, nachfolgende Änderungen im Anlagenstammsatz können vom System im Equipmentstammsatz synchronisiert werden (und umgekehrt).
- DIREKTE SYNCHRONISATION PLUS WORKFLOW: Das System schlägt beim Anlegen des Anlagenstammsatzes ein Equipment vor. Beim Sichern der Anlage wird direkt der entsprechende Equipmentstammsatz erzeugt (und der Anlage zugeordnet), zusätzlich wird ein bestimmtes Workflow-Ereignis ausgelöst.

Abbildung 9.44 Workflow – Synchronisation Equipment und Anlage

Stammsatzfelder von Anlagen und Equipments zuordnen

Mit dieser Customizing-Funktion ordnen Sie die Felder des Anlagenstammsatzes, die im Rahmen der Synchronisation von Anlagen- und Equipmentstammsätzen abgeglichen werden sollen, den Feldern des Equipmentstammsatzes zu.

Voraussetzungen

Die Synchronisation der Anlagen- und Equipmentstammdaten muss aktiviert und definiert sein.

Customizing-Pfad

Finanzwesen (neu) • Anlagenbuchhaltung • Stammdaten • Automatisches Anlegen von Equipmentstammsätzen • Stammsatzfelder von Anlagen und Equipments zuordnen

Einstellungen bzw. empfohlene Einstellungen

In der SAP-Standardauslieferung sind alle gängigen Felder enthalten (siehe Abbildung 9.45).

Sie können weitere Zuordnungen treffen, indem Sie weitere Felder der Anlagenbuchhaltung auswählen und diesen jeweils ein weiteres Feld der Instandhaltung zuordnen. Die zur Verfügung stehenden Felder der Anlagenbuchhaltung befinden sich in der DDIC-Struktur SAAPM1, die Felder der Instandhaltung in der DDIC-Struktur SAAPM2.

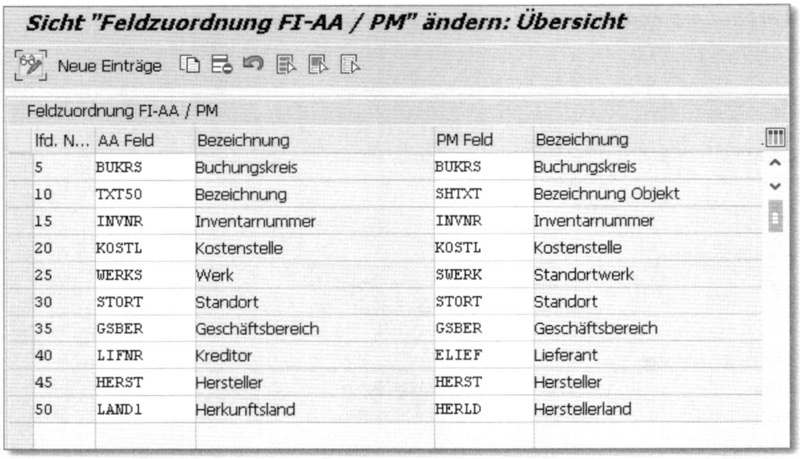

Sicht "Feldzuordnung FI-AA / PM" ändern: Übersicht

Neue Einträge

Feldzuordnung FI-AA / PM

lfd. N...	AA Feld	Bezeichnung	PM Feld	Bezeichnung
5	BUKRS	Buchungskreis	BUKRS	Buchungskreis
10	TXT50	Bezeichnung	SHTXT	Bezeichnung Objekt
15	INVNR	Inventarnummer	INVNR	Inventarnummer
20	KOSTL	Kostenstelle	KOSTL	Kostenstelle
25	WERKS	Werk	SWERK	Standortwerk
30	STORT	Standort	STORT	Standort
35	GSBER	Geschäftsbereich	GSBER	Geschäftsbereich
40	LIFNR	Kreditor	ELIEF	Lieferant
45	HERST	Hersteller	HERST	Hersteller
50	LAND1	Herkunftsland	HERLD	Herstellerland

Abbildung 9.45 Workflow – Synchronisation Daten

Wenn Sie eine noch umfassendere Feldzuordnung vornehmen wollen, dann können Sie den Customer-Exit AAPM0001 nutzen. Mit diesem Customer-Exit können Sie auch abweichende Anlagenklassen aus Feldern des Equipmentstammsatzes und abweichende Equipmenttypen aus Feldern des Anlagenstammsatzes ableiten.

[+]

Empfehlungen zum Anlagen-Workflow

Der Workflow zur Synchronisation von Equipment und Anlagen ist eher kritisch zu sehen. Grund: Instandhalter und Buchhalter haben eine völlig andere Sicht auf die Anlagen. In der Regel bevorzugen Instandhalter eine feine Strukturierung, bei der technische Aspekte im Mittelpunkt stehen, während Buchhalter eine grobe Strukturierung bevorzugen, bei der steuerliche Aspekte ausschlaggebend sind.

Vor diesem Hintergrund ist eine 1:1-Beziehung zwischen Equipment und Anlage eher unwahrscheinlich.

Anhang

A Projektpläne und Übersichten

A.1 Funktionsumfang von SAP EAM mit Zuordnung von Prioritäten

In diesem Abschnitt finden Sie Tabellen, die Sie für Ihre Projektplanung mit eigenen Terminen und Bemerkungen füllen können.

Diese Datei finden Sie auch auf der Webseite zum Buch als Download: *www.sap-press.de/3317*, dann auf die Bonusseite wechseln.

Legende:

A = muss gleich in der ersten Phase eingeführt werden

B = wird in einer späteren Ausbaustufe eingeführt

C = ist nach jetzigem Kenntnisstand nicht notwendig

Anlagenmanagement	A	B	C
Technische Plätze			
Referenzplätze			
Alternative Kennzeichnungen			
Lineare Objekte			
Equipments			
Serialnummern			
Klassifizierung			
Stücklisten			
Änderungsdienst			
Equipmenthierarchien			
Variantenkonfiguration			
Dokumente			
Genehmigungen			
Garantien			
Fertigungshilfsmittel			
Partner			
Zähler			

Anlagenmanagement		A	B	C
Messpunkte				
Synchronisierung Equipment und Anlage				

Objekt	Funktion	A	B	C
Meldung	Anwenderstatus			
	Bezugsobjekte			
	Prioritäten			
	Partner			
	Telefonintegration			
	Paging			
	Adressen			
	Objektteile			
	Schadensbilder			
	Schadensursachen			
	Maßnahmen			
	Aktionen			
	Meldungspositionen			
	Klassifizierung			
	Drucken			
	Faxen			
	Download			
	Störungen			
	Genehmigungen			
	Reaktionszeitüberwachung			
	Revisionen			
	Lösungsdatenbank			
Auftrag	Bezugsobjekte			
	Anwenderstatus			
	Prioritäten			
	Partner			
	Telefonintegration			
	Paging			
	Adressen			

Objekt	Funktion	A	B	C
	Drucken			
	Faxen			
	Download			
	Genehmigungen			
	Vorgänge			
	Terminierung			
	Anordnungsbeziehungen			
	Kapazitätsplanung			
	Verfügbarkeitsprüfung Kapazitäten			
	Reservierung von Lagermaterialien			
	Verfügbarkeitsprüfung von Lagermaterial			
	Bestellung von Nichtlagermaterial			
	Kataloganbindung (Internet-/ Intranetkataloge, Herstellerkataloge			
	Schätzkosten			
	Plan- und Ist-Kalkulation			
	Auftragsbudgets			
	Objektliste			
	Fertigungshilfsmittel			
	Verfügbarkeitsprüfung Fertigungshilfsmittel			
	Unteraufträge			
	Belastung der Produktionskapazitäten			
Rückmeldung	Zeitrückmeldungen			
	Technische Rückmeldungen			
	Wareneingänge			
	Warenentnahmen			
	Zuschlagskalkulation Gemeinkosten			
	Auftragsabrechnung			
Fremdleistungen	Fremdleistung über Leistungsverzeichnisse			
	Fremdleistung als Bestellung			
	Fremdleistung über Arbeitsplätze			
	Revisionen			
Vorbeugende Instandhaltung	Anleitungen			
	Arbeitspläne für Equipments			

Objekt	Funktion	A	B	C
	Arbeitspläne für Technische Plätze			
	Wartungsstrategien			
	Zeitbasierte Wartungspläne			
	Leistungsbasierte Wartungspläne			
	Einzelzykluspläne			
	Strategiepläne			
	Einfache Mehrfachzählerpläne			
	Erweiterte Mehrfachzählerpläne			
	Abrufobjekt Auftrag			
	Abrufobjekt Meldung			
	Abrufobjekt Prüflos			
	Abrufobjekt Leistungserfassungsblatt			
	Simulation der Kapazitätsbelastung			
	Simulation der Plankosten			
	Automatische Terminüberwachung			
Zustandsabhängige Instandhaltung	PM-PCS-Schnittstelle			
Aufarbeitung	Aufarbeitung von Serialnummern			
	Aufarbeitung von Material			
	Abrechnung nach Standardpreis			
	Abrechnung nach gleitendem Durchschnittspreis			
Kalibrierung von Prüf- und Messmitteln	Prüf- und Messmittel als Equipment			
	Prüfpläne			
	Wartungspläne für Prüfungen			
	Ergebniserfassung			
	Rückmeldung			
	Verwendungsentscheid			
Projektorientierte Instandhaltung	PSP-Elemente			
	Netzpläne			
	Manuelle Zuordnung			
	Automatische Zuordnung			
	Maintenance Event Builder			

A.2 Berechtigungsobjekte im SAP EAM

Berechtigungs-objekt	Beschreibung	Geprüfte Felder
I_AER	Auftragsnacherfassung	Instandhaltungsplanungs-werk Auftragsart
I_ALM_ME	Mobile Asset Management	Aktivität
I_AUART	PM: Auftragsart	Instandhaltungsplanungs-werk Auftragsart
I_BEGRP	PM: Berechtigungsgruppe	Transaktionscode Berechtigungsgruppe zum Technischen Objekt
I_BETRVORG	PM: Betriebswirtschaftlicher Vorgang	Betriebswirtschaftlicher Vorgang
I_CONFSTOR	PM: Massenrückmelde-storno	Rückmeldestorno
I_ILOA	Änderung Standort- u. Kontierungsdaten im Auftrag	Instandhaltungsplanungs-werk Auftragsart
I_INGRP	PM: Instandhaltungsplaner-gruppe	Transaktionscode Instandhaltungsplanungs-werk Planergruppe für Kunden-service und Instandhaltung
I_IWERK	PM: Instandhaltungs-planungswerk	Transaktionscode Instandhaltungsplanungs-werk
I_KOSTL	PM: Kostenstellen	Transaktionscode Kostenrechnungskreis Kostenstelle
I_MASS	PM: Massendatenänderung	Massendatenänderung Objektart
I_QMEL	PM/QM: Meldungsarten	Transaktionscode Meldungsart
I_ROUT	PM: Arbeitsplan	Aktivität

Berechtigungs-objekt	Beschreibung	Geprüfte Felder
I_ROUT1	PM: Arbeitspläne nach IH-Planungswerk, Arbeitsplaner, Status	Transaktionscode Instandhaltungsplanungswerk Verantwortliche Planergruppe/Abteilung Status des Planes
I_SOGEN	PM: Genehmigung	Standortwerk Schlüssel für die Genehmigung
I_SWERK	PM: Standortwerk	Transaktionscode Standortwerk
I_TCODE	PM: Transaktionscode	Transaktionscode
I_VORG_MEL	PM/QM: Betriebswirtschaftlicher Vorgang Meldungen	Meldungsart Betriebswirtschaftlicher Vorgang
I_VORG_MP	PM: Betriebswirtschaftlicher Vorgang Wartungsplanung	Wartungsplantyp Betriebswirtschaftlicher Vorgang
I_VORG_ORD	PM: Betriebswirtschaftlicher Vorgang Aufträge	Auftragsart Betriebswirtschaftlicher Vorgang
I_WPS_MEB	Revisionsplanung: Maintenance Event Builder	MEB-Bildbereiche
I_WPS_REV	Revisionsplanung: Revision Berechtigungsobjekt	Revisionsart Arbeitsplatz Werk Revisionsvorgänge für WPS-Prozess

A.3 BAPI für die Instandhaltung

Objekt	Methode	Inhalt
Equipment	Change	Mit dieser Methode können Sie ein vorhandenes Equipment verändern.
	Create	Mit dieser Methode können Sie ein neues Equipment anlegen.

Objekt	Methode	Inhalt
	CreateByReference	Mit dieser Methode können Sie ein neues Equipment mit Bezug auf ein bereits existierendes Vorlageequipment anlegen.
	Dismantle	Mit dieser Methode können Sie ein Equipment aus einem Technischen Platz oder einem übergeordneten Equipment ausbauen.
	Dismantle_IE4N	Mit dieser Methode können Sie ein Equipment an seinem übergeordneten Equipment oder Technischen Platz ausbauen. Das Equipment muss eine Serialnummer sein. Beim Ausbau wird eine Warenbewegung des Materials ins Lager durchgeführt. Es wird eine Instandhaltungsmeldung angelegt, die den Ausbau dokumentiert.
	Exchange	Mit dieser Methode können Sie zwei Equipments an ihren Einbauorten tauschen. Die Equipments müssen Serialnummern sein. Für jeden Ausbau und Einbau wird eine Instandhaltungsmeldung angelegt, die den Ausbau bzw. den Einbau dokumentiert. Es werden also vier Instandhaltungsmeldungen angelegt.
	GetCatalogProfile	Mit dieser Methode können Sie zu einem Equipment das Berichtsschema zum Tagesdatum ermitteln.
	GetDetail1	Mit dieser Methode können Sie ein vorhandenes Equipment lesen.
	GetList	Mit dieser Methode können Sie eine Liste von Equipments nach vorgegebenen Selektionskriterien selektieren.
	GetStatus	Mit dieser Methode können Sie System- und Anwenderstatus eines vorhandenen Equipments lesen.
	Install	Mit dieser Methode können Sie ein Equipment in einen Technischen Platz oder ein übergeordnetes Equipment einbauen.

Objekt	Methode	Inhalt
	InstallNonSerializedMaterial	Mit dieser Methode können Sie können Sie ein nicht serialisiertes Material in den Stücklistenkopf eines Equipments einbauen, ohne dass eine Benutzeraktion in Transaktion IE4N erforderlich ist. Zur Dokumentation des Einbaus wird eine Instandhaltungsmeldung angelegt.
	Install_IE4N	Mit dieser Methode können Sie ein Equipment in ein anderes Equipment oder einen Technischen Platz eingebaut werden. Das Equipment muss eine Serialnummer sein. Beim Einbau wird eine Warenbewegung des Materials vom Lager durchgeführt. Es wird eine Instandhaltungsmeldung angelegt, die den Einbau dokumentiert.
	RemoveNonSerializedMaterial	Mit dieser Methode können Sie können Sie ein nicht serialisiertes Material aus dem Stücklistenkopf eines Equipments ausbauen, ohne dass eine Benutzeraktion in Transaktion IE4N erforderlich ist. Beim Ausbau wird eine Warenbewegung des Materials in das Lager durchgeführt.
	Update	Mit dieser Methode ändern Sie ein Equipment.
FunctionalLocation	Change	Mit dieser Methode können Sie die Stammdaten eines einzelnen *Technischen Platzes* ändern.
	Create	Mit dieser Methode können Sie einen einzelnen *Technischen Platz* anlegen.
	GetDetail	Mit dieser Methode können Sie die Stammdaten eines einzelnen *Technischen Platzes* lesen.
	GetList	Mit dieser Methode können Sie alle *Technischen Plätze* zu lesen, die bestimmten Selektionsbedingungen genügen.
	GetStatus	Mit dieser Methode können Sie System- und Anwenderstatus eines vorhandenen Technischen Platzes lesen.
	InheritChange	Mit dieser Methode können Sie die Vererbungskennzeichen eines *Technischen Platzes* ändern.

Objekt	Methode	Inhalt
	StrucAssign	Mit dieser Methode können Sie einem *Technischen Platz* einen übergeordneten Technischen Platz zuweisen.
	StrucReplace	Mit dieser Methode können Sie einem *Technischen Platz* einen neuen übergeordneten Technischen Platz zuweisen. Damit wird die bestehende Zuweisung zu einem übergeordneten Technischen Platz ersetzt.
	StrucUnassign	Mit dieser Methode können Sie die Zuweisung eines übergeordneten *Technischen Platzes* zu einem Technischen Platz aufheben.
MaintNotific BAPIs	NotifChangeusrstat	Mit dieser Methode können Sie Anwenderstatus einer Meldung ändern
	NotifClose	Mit dieser Methode können Sie können Sie eine Meldung abschließen. Die Meldung erhält den Systemstatus "Meldung abgeschlossen".
	NotifCreate	Mit dieser Methode können Sie können Sie eine neue Meldung anlegen. Sie können bestimmte Felder vom Meldungskopf sowie Positionen, Ursachen, Maßnahmen, Aktionen und Langtexte dafür anlegen. Zusätzlich können Sie Partnerdaten pflegen.
	NotifDataAdd	Mit dieser Methode können Sie können Sie einer Meldung Positionen, Ursachen, Aktionen, Maßnahmen und Langtexte hinzufügen.
	NotifDataDelete	Mit dieser Methode können Sie können Sie Positionen, Ursachen, Aktionen, Maßnahmen und Partner einer Meldung löschen.
	NotifDataModify	Mit dieser Methode können Sie können Sie den Kopf, die Positionen, Ursachen, Aktionen, Maßnahmen und Partner einer Meldung ändern.
	NotifGetDetail	Mit dieser Methode können Sie können Sie alle Detailinformationen zu einer Meldung anzeigen.

Objekt	Methode	Inhalt
	NotifListEqui	Mit dieser Methode können Sie Meldungen selektieren, die einem Equipment zugeordnet sind.
	NotifListFuncloc	Mit dieser Methode können Sie Meldungen selektieren, die einem Technischen Platz zugeordnet sind.
	NotifListPartner	Mit dieser Methode können Sie Meldungen selektieren, die einer bestimmten Kombination aus Partnerrolle und Partner zugeordnet sind.
	NotifListPlangroup	Mit dieser Methode können Sie Meldungen selektieren, die einer bestimmten Kombination aus Planergruppe und Planungswerk zugeordnet sind.
	NotifListSortfield	Mit dieser Methode können Sie Meldungen selektieren nach dem mitgegebenen Sortierfeld.
	NotifPostpone	Mit dieser Methode können Sie Meldung zurückstellen. Die Meldung erhält den Systemstatus "Meldung zurückgestellt".
	NotifPutinprogress	Mit dieser Methode können Sie Meldung in Arbeit geben. Die Meldung erhält den Systemstatus "Meldung in Arbeit".
	NotifTaskComplete	Mit dieser Methode können Sie eine Maßnahme einer Meldung erledigen. Die Maßnahme erhält den Systemstatus "Maßnahme erledigt".
	NotifTaskRelease	Mit dieser Methode können Sie eine Maßnahme einer Meldung freigeben. Die Maßnahme erhält den Systemstatus "Maßnahme freigegeben".
	NotifTaskSuccess	Mit dieser Methode können Sie eine Maßnahme einer Meldung als erfolgreich kennzeichnen. Die Maßnahme erhält den Systemstatus "Maßnahme erfolgreich".
MaintenanceOrderBAPI	ComponentGetDetail	Mit dieser Methode können Sie die Detaildaten zu einer Auftragskomponente lesen. Es werden auch die Langtexte zurückgegeben.

Objekt	Methode	Inhalt
	OperationGetDetail	Mit dieser Methode können Sie die Detaildaten zu einem Auftragsvorgang lesen. Es werden auch die Langtexte zurückgegeben.
	OrderGetDetail	Mit dieser Methode können Sie die Auftragsdaten zu einem Auftrag lesen.
	OrderheadGetList	Mit dieser Methode können Sie eine Liste von Aufträgen nach einer Liste von Selektionsbedingungen ermitteln.
	OrderMaintain	Mit dieser Methode können Sie Aufträge und deren Unterobjekte ändern. Es können die folgenden Objekte eines Auftrags bearbeitet werden: Auftragskopf Partner Anwenderstatus Auftragsvorgänge Anordnungsbeziehungen Komponenten Langtexte zum Auftragskopf, Vorgängen und Komponenten Abrechnungsregeln Objektliste Objektlistenverknüpfung Fertigungshilfsmittel Gliederungen eines Leistungspakets Leistungszeilen eines Leistungspakets Limits eines Leistungspakets Kontraktlimits eines Leistungspakets
	OrderoperGetList	Mit dieser Methode können Sie eine Liste von Vorgängen nach einer Liste von Selektionsbedingungen ermitteln.
MaintOrd Confirmation	Cancel	Mit dieser Methode können Sie die Rückmeldung eines Auftrags stornieren. Warenbewegungen, die zusammen mit der Rückmeldung gebucht wurden (retrograde Entnahmen), werden automatisch mit storniert.

Objekt	Methode	Inhalt
	ConfCreate	Mit dieser Methode können Sie Zeitrückmeldungen zu Vorgängen von Aufträgen erfassen. Warenbewegungen zu einer Rückmeldung werden nach der Standardlogik für retrograde Entnahmen und automatischen Wareneingang zur Rückmeldung bestimmt.
	GetDetail	Mit dieser Methode Sie die Daten einer Rückmeldung zu einem Auftrag bereitstellen. Warenbewegungen, die zusammen mit der Rückmeldung gebucht wurden, werden ebenfalls bereitgestellt.
	GetList	Diese Methode liefert zu vorgegebenen Selektionskriterien (Auftrag, Vorgang, Untervorgang oder Rückmeldenummer) eine Liste aller Rückmeldungen, die diesen Selektionskriterien genügen.
	GetProp	Mit dieser Methode können Sie Vorschlagsdaten für Zeitrückmeldungen zu Vorgängen von Aufträgen bereitstellen.
Material	Availability	Diese Methode können Sie für ein bestimmtes Material in einem bestimmten Werk die noch freie verfügbaren Mengen gemäß der ATP-Logik ermitteln.
	Display	Mit dieser Methode können Sie ein Material anzeigen.
	Edit	Mit dieser Methode können Sie ein Material ändern.
	GetBatches	Mit dieser Methode können eine Liste mit Chargen zu einem Material erzeugen. Diese Liste können Sie mit Hilfe der Eingabeparameter einschränken.
	GetDetail	Diese Methode liefert eine Auswahl von mandanten-, werks- und bewertungskreis- bzw. bewertungsartspezifischen Detaildaten zu einem vorgegebenen Material.
	GetList	Diese Methode liefert eine Liste von Materialien mit Kurztext zu den angegebenen Selektionsparametern.

Objekt	Methode	Inhalt
	GETMRPLIST	Mit dieser Methode können Sie die Dispositionsliste eines Materials selektieren.
	GETSTOCK REQUIREMENTSLIST	Mit dieser Methode können Sie die aktuelle Bedarfs-/Bestandsliste eines Materials selektieren.
MATERIALBOM	CREATEBOMGROUP	Diese Methode dient dazu, eine Materialstückliste mit all ihren zugeordneten Objekten anzulegen.
	EXISTENCECHECK BOMGROUP	Diese Methode prüft, ob zum angegebenen Material und Werk und Verwendung eine Stückliste existiert.

A.4 Customer-Exits zur Instandhaltung

Stammdaten

IEQM0001 Zusätzliche Prüfungen beim Einbau von Equipments auf Techn. Platz

IEQM0002 Zusätzliche Prüfungen bei der Definition von Equipmenthierarchien

IEQM0003 Zusätzliche Prüfungen vor der Verbuchung eines Equipments

IEQM0004 Objekt ist zum Vertragspartner zulässig (Auftrag → Wartungsvertrag)

IEQM0005 Objekt zum SD-Vertrag zulässig

IEQM0006 Objekt zum SD-Vertrag zulässig (Pflegen Wartungsvertrag)

IEQM0007 Prüfung/Änderung Herstellerfeld Equipmentstamm

IHCL0001 Equipment anlegen mit Vorlage Material: Klassen/Merkmale

ILOM0001 Zusätzliche Prüfungen vor der Verbuchung eines Technischen Platzes

ILOM0002 Strukturprüfung von Platznummern

ITOB0001 Customer-Include-Subscreen für Stammdaten Techn. Objekte

ITOB0002 Feldänderungen an Kopiervorlage

ITOB0003 Customer-Include-Subscreen für Flottenobjektdaten

ITOB0004 Fleet-Identifikationsdaten: Checks

Messpunkte

IMRC0001 Feldinhalte bei Messpunkten und Messbelegen festlegen

IMRC0002 Messpunkt: Menü-Exit für kundenspezifische Funktion

IMRC0003 Messbeleg: Menü-Exit für kundenspezifische Funktion

IMRC0004 Prüfungen für neuen Messbeleg

IMRC0005 Messpunkt: Exit in AUTHORITY_CHECK_IMPT

Garantien

BG000001 Garantieprüfung

BG000002 Garantieprüfung Popup

BG000003 Änderung des Garantieprüfungsergebnis

Arbeitspläne

IAIH0001 Arbeitsplankopf mit kundeneigenen Feldern erweitern

Wartungspläne

IPRM0002 Ermitteln Plandatumsangaben Wartungsplan

IPRM0003 Userfelder: Wartungsplan

IPRM0004 Wartungsplan/-position: Kundenprüfung zum Zeitpunkt "SICHERN"

IPRM0005 Ermitteln Offset für leistungsabhängige Strategiepläne

Meldungen

QQMA0001 User Subscreen zum Meldungskopf

QQMA0008 User Subscreen für Meldungsposition

QQMA0010 User Subscreen für zusätzliche Daten zur Ursache

QQMA0011 User Subscreen für zusätzliche Daten zur Maßnahme

QQMA0012 User Subscreen für zusätzliche Daten zur Aktion

QQMA0014 Prüfungen vor dem Sichern einer Meldung

QQMA0015 Exit vor Aufruf der F4-Hilfe zum Katalog

QQMA0016 Funktion 'User Daten' Menü 'Springen > Maßnahme'

QQMA0017 Funktion 'User Daten' Menü 'Springen > Aktionen'

QQMA0018 Terminbelegung nach Eingabe der Priorität

QQMA0019 Default-Partner beim Hinzufügen einer Meldung

QQMA0021 Funktion "User Daten" im Menü "Springen"

QQMA0022 Funktion "User Daten" im Menü "Springen > Ursache"

QQMA0023 QM/PM/SM: Funktion 'User Daten' im Menü 'Springen > Pos.'

QQMA0024 Deaktivieren von Funktionscodes im Menü

QQMA0025 Default-Werte beim Hinzufügen einer Meldung

QQMA0026 Berechtigungsprüfung bei Einstieg in Meldungstransakt

QQMA0027 Vorschlagswerte beim Hinzufügen einer Maßnahme

QQMA0029 Wechsel der Meldungsart

QQMA0030 Prüfung eines Statuswechsels auf Zulässigkeit

Aufträge

COZF0001 Bestellanforderung zum Fremdvorgang ändern

COZF0002 Bestellanforderung zur Fremdkomponente ändern

IWO10001 Anlegen eines IH-Unterauftrags

IWO10002 Kundenprüfung zur Auftragsfreigabe

IWO10004 Kundenprüfung zum Auftragsabschluss

IWO10005 Kundenspezifische Ermittlung des Profitcenters

IWO10006 Ausschließen von Funktionscodes

IWO10007 Kundenerweiterung Genehmigungen im Auftrag

IWO10008 Kundenerweiterung: Ermittlung des Tax Jurisdiction Code

IWO10009 Kundenprüfung zum Zeitpunkt 'Sichern'

IWO10010 Kundenerweiterung zur Ermittlung des PSP-Elementes

IWO10011 Kundenerweiterung für KomponentenSelektion

IWO10012 Prioritätsbehandlung auf Kopf Zentral

IWO10015 F4-Hilfe für Userfelder am Vorgang

IWO10016 Kundenerweiterung zur Prüfung der AVO-Userfelder

IWO10017 Ermitteln externe Auftragsnummer nach Kundenlogik

IWO10018 Userfelder am Auftragskopf

IWO10020 automatisches Einbinden Arbeitsplan

IWO10021 automatische Arbeitsplan-Übernahme bei Auftragserzeugung aus Meldung

IWO10022 Kalender ermitteln

IWO10025 Findung verantwortliche Kostenstelle

IWO10026 Setzen des Status 'Nicht Durchführen'

IWO10027 Kundeneigene Abrechnungsvorschrift erzeugen

IWO10029 Einbinden einer Stückliste in den Auftrag

IWO10030 Vorbelegen Felder für Ergebnisobjekt

IWO10031 Ausblenden der Personalnummer im Auftrag

IWO10033 Kundeneigene Berechtigungsprüfung

IWO10034 Vorgang Status basiert auf dem Status der Kapazitätsbedarfe

IWO20001 Arbeitsplan-Übernahme in Auftrag

IWOC0001 Anlegen Meldung: Bestimmung des Bezugsobjektes

IWOC0002 Prüfung Zulässigkeit Statuswechsel

IWOC0003 Berechtigungsprüfung Bezugsobjekt und Planergruppe

IWOC0004 Einstufige Listbearbeitung ALV-Einstellungen ändern

CNEX0026 Kundenerweiterung zur allgemeinen Prüfung des Materials

CNEX0027 Kundenerweiterung: Werk-, Lagerort-Findung zu einer Komponente

Rückmeldungen

CMFU0001 Kundenspezifischen Bildschirmaufbau festlegen

CMFU0002 Parameter für Zeitrückmeldung und Warenbewegungen setzen

CONFPM01 Auftragsrückmeldung.: Kundenspezifische Vorschlagswerte ermitteln

CONFPM02 PM/SM-Auftragsrückmeldung: Kundenspezifische Eingabeprüfungen 1

CONFPM03 Auftragsrückmeldung: Kundenspezifische Prüfung nach Vorgangsselektion

CONFPM04 Auftragsrückmeldung: Kundenspezifische Eingabeprüfungen 2

CONFPM05 Auftragsrückmeldung: Kundenspezifische Ergänzungen bei Sichern

Informationssystem

MCI10001 MCI1: PMIS/QMIS-Fortschreibung

B Der Autor

Dr. Karl Liebstückel ist Professor für Wirtschaftsinformatik und Business Software an der Hochschule für angewandte Wissenschaften Würzburg-Schweinfurt. Er beschäftigt sich seit über 25 Jahren mit dem Thema SAP in der Instandhaltung. Während seiner beruflichen Tätigkeit sammelte Karl Liebstückel umfangreiche Praxiserfahrung in über 70 Instandhaltungsprojekten. Er war von 2003–2012 im Vorstand der Deutschsprachigen SAP Anwendergruppe (DSAG), von 2007–2012 deren Vorstandsvorsitzender und hat dort von 2001–2008 den Arbeitskreis »Instandhaltung und Servicemanagement« geleitet. Er besitzt ein eigenes Beratungsunternehmen und ist Autor mehrerer Bücher im Logistikbereich. Davor war er 13 Jahre Mitarbeiter der SAP AG in den Bereichen Entwicklung, Beratung und Training für Instandhaltung und Servicemanagement (letzte Positionen: Platinum Consultant und Global Product Manager). Sie können gerne mit dem Autor per E-Mail Kontakt aufnehmen (*karl@liebstueckel.com*) oder von seiner Website weitere Materialien zum Thema Instandhaltung herunterladen (*http://www.liebstueckel.com*).

C Danksagung

Zu guter Letzt möchte ich mich bei all den Personen bedanken, die ihren Beitrag zum Gelingen dieses Buches geleistet haben:

- Bei meiner Lektorin bei SAP PRESS, Frau **Kerstin Billen**, dass sie so viel Geduld mit mir hatte, dass sie sich mit viel Akribie und Hingabe durch den Stoff gearbeitet und viele Verbesserungsvorschläge eingebracht hat.
- Bei meinen ehemaligen SAP-Kollegen um Herrn **Dr. Achim Krüger**, dass sie mich mit Informationen und Bildmaterial – auch bisher unveröffentlichtem – zum Thema SAP Screen Personas versorgt haben.
- Bei den Mitarbeitern von **Symantec Inc.**, dass sie mir Bildmaterial und Software zu SAP GuiXT zur Verfügung gestellt haben.
- Bei den drei wissenschaftlichen Mitarbeitern am Institut für Design und Informationssysteme (IDIS), **Daniel Schwarz**, **Tobias Schlereth** und **Florian Wolf**, für die Entwicklung der EAM-App. Außerdem auch bei den drei studentischen Mitarbeitern am selben Institut, **Johannes Bähr**, **Sebastian Büchse** und **Michael Landwehr**, für die Erweiterung der App und der Adaption auf die Hochschulsysteme.
- Bei meinem ehemaligen Chef, Herrn **Rolf-Peter Westhues**, dass er mir in meiner aktiven SAP-Zeit alle Möglichkeiten zur Ausgestaltung meiner Aufgabe gegeben hat – ohne diese Freiheiten wären die Erfahrungen, die jetzt in dieses Buch eingeflossen sind, nicht möglich gewesen.
- Bei meinen Söhnen **Justin** und **Jonas**, die mittlerweile beide selbst im SAP-Umfeld tätig sind, dass sie mir mit ihrem fachmännischen Auge immer wieder kritisches Feedback zu meinem Manuskript gegeben haben.
- Und schließlich bei meiner Frau **Brigitta**, dass sie bereit war, während der Zeit der Manuskripterstellung ein Stück auf mich zu verzichten, und für ihre liebevolle moralische Unterstützung.

Index

A

B

C

D

E

F

T

U

V

W

Z

Katalog & Newsletter

Ja, bitte senden Sie mir kostenlos den neuen **Katalog**. Für folgende SAP-Themen interessiere ich mich besonders: (Bitte Entsprechendes ankreuzen)

- ■ Programmierung
- ■ Administration
- ■ IT-Management
- ■ Business Intelligence
- ■ Logistik
- ■ Marketing und Vertrieb
- ■ Finanzen und Controlling
- ■ Personalwesen
- ■ Branchen und Mittelstand
- ■ Management und Strategie

➤ Ja, ich möchte den **SAP PRESS-Newsletter** abonnieren. Meine E-Mail-Adresse lautet:

____

www.sap-press.de

SAP PRESS

Teilnahmebedingungen und Datenschutz:
Die Gewinner werden jeweils am Ende jeden Monats ermittelt und schriftlich benachrichtigt. Mitarbeiter der Galileo Press GmbH und deren Angehörige sind von der Teilnahme ausgeschlossen. Eine Barablösung der Gewinne ist nicht möglich. Der Rechtsweg ist ausgeschlossen. Ihre freiwilligen Angaben dienen dazu, Sie über weitere Titel aus unserem Programm zu informieren. Falls sie diesen Service nicht nutzen wollen, genügt eine E-Mail an **service@galileo-press.de**. Eine Weitergabe Ihrer persönlichen Daten an Dritte erfolgt nicht.

Absender

Firma

Abteilung

Position

Anrede   Frau ☐   Herr ☐

Vorname

Name

Straße, Nr.

PLZ, Ort

Telefon

E-Mail

Datum, Unterschrift

Bitte freimachen!

Antwort

SAP PRESS
c/o Galileo Press
Rheinwerkallee 4
53227 Bonn